Laser

Hans Joachim Eichler · Jürgen Eichler

Laser

Bauformen, Strahlführung, Anwendungen

8., aktualisierte und überarbeitete Auflage

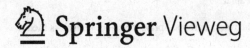

Hans Joachim Eichler
Institut für Optik und Atomare Physik
TU Berlin
Berlin, Deutschland

Jürgen Eichler
FB II Mathematik, Physik, Chemie
Beuth Hochschule für Technik Berlin
Berlin, Deutschland

ISBN 978-3-642-41437-4
DOI 10.1007/978-3-642-41438-1

ISBN 978-3-642-41438-1 (eBook)

Die Deutsche Nationalbibliothek verzeichnet diese Publikation in der Deutschen Nationalbibliografie; detaillierte bibliografische Daten sind im Internet über http://dnb.d-nb.de abrufbar.

Springer Vieweg
© Springer-Verlag Berlin Heidelberg 1990, 1991, 1998, 2002, 2003, 2006, 2010, 2015

Gedruckt auf säurefreiem und chlorfrei gebleichtem Papier.

Springer Fachmedien Wiesbaden GmbH ist Teil der Fachverlagsgruppe Springer Science+Business Media (www.springer.com)

Vorwort der achten, aktualisierten Auflage zum „International Year of Light 2015"

Die United Nations haben 2015 als „Internationales Jahr des Lichtes und der lichtbasierten Technologien" erklärt. Es „soll an die Bedeutung von Licht als elementare Lebensvoraussetzung für Mensch, Tier und Pflanzen und daher auch als zentraler Bestandteil von Wissenschaft und Kultur erinnern. Wissenschaftliche Erkenntnisse über Licht erlauben ein besseres Verständnis des Kosmos, führen zu besseren Behandlungsmöglichkeiten in der Medizin und zu neuen Kommunikationsmitteln". Die Nobelpreise 2014 für Physik und Chemie belegen die aktuelle Bedeutung der Optik und Photonik, wo Laserlichtquellen die Technologie vorantreiben.

Im Mai 1960 demonstrierte T. Maiman in den Hughes Research Laboratories, Kalifornien den ersten funktionierenden Laser. Ein Mitarbeiter des US-amerikanischen Wissenschaftlers beobachte mit einem Rubinstab, der mit einer Blitzlampe angeregt wurde, erstmals eine rot emittierende kohärente Strahlungsquelle. Die Erfindung des Lasers beruht auf theoretischen Vorarbeiten von Basov und Prokhorov, UdSSR, sowie Schawlow und Townes, USA, die dafür im Jahre 1964 den Nobelpreis erhalten haben.

In den 1960 folgenden Jahrzehnten entstanden viele unterschiedliche Lasertypen, die zunehmend Einsatz für verschiedene Anwendungen fanden. Viele tausend Wissenschaftler und Ingenieure waren daran beteiligt. Laser, Photonik und Optik entwickelten sich schnell weiter, so dass regelmäßige Neubearbeitungen des Buches notwendig sind, um den aktuellen wissenschaftlichen und technologischen Stand zu skizzieren. Gleichzeitig soll mit dieser neuen Auflage die Verbreitung als eBook in XML-Format erleichtert werden. Besonders große Bedeutung besitzen Laser für wissenschaftliche und technische Messungen, Informationstechnologien, Materialbearbeitung und Medizin. Dieses Buch soll einen Überblick über die dafür verwendeten Laser und ihre verschiedenen Einsatzmöglichkeiten geben.

In den Kap. 1 und 2 werden Grundlagen der Laserphysik dargestellt. Danach werden die speziellen Lasertypen und -materialien beschrieben. Dabei wird zunächst auf die Gaslaser eingegangen, bei denen das Licht von Atomen, Ionen oder Molekülen emittiert wird. Laser mit neutralen Atomen werden vorwiegend im sichtbaren Spektralbereich betrieben. Dort arbeiten auch die Ionenlaser. Diese sind darüber hinaus wie UV-Moleküllaser mit elektronischen Übergängen für die ultravioletten Spektralbereiche geeignet. Infrarot-Moleküllaser haben kleine Emissionsfrequenzen, emittieren aber wie z. B. der Kohlendioxidlaser hohe Leistungen. Sehr aktuelle Lasertypen, die Festkörper-, Halbleiter-, Freie-Elektronen- und Röntgenlaser, werden jeweils in den Kap. 9 bis 11 beschrieben. Bei der Darstellung der verschiedenen Laser wird auch kurz auf typische Anwendungen eingegangen. Von immer größerer Bedeutung sind die in Kap. 10 dargestellten Halbleiter-Diodenlaser, bei denen sich in den letzten Jahren wieder viele Neuerungen ergeben haben.

Diodenlaser werden für viele Anwendungen direkt eingesetzt und dienen auch zum Pumpen von Festkörperlasern, die dann vorteilhafte Strahlparameter, z. B. hohe Pulsenergien ausweisen.

In den Kap. 13 und folgenden werden optische Laserkomponenten, wie Spiegel, Polarisatoren und Modulatoren beschrieben, mit denen Laser in verschiedenen Betriebsarten aufgebaut werden können. Von besonderem Interesse ist dabei der Pulsbetrieb, der Aufbau von frequenzstabilen, schmalbandigen Lasern sowie von abstimmbaren Lasern. In diesem Zusammenhang wird auch die externe Frequenzumsetzung durch nichtlineare optische Effekte kurz dargestellt. Außerdem werden Geräte zur Charakterisierung der Laserstrahlung beschrieben.

Abschließend wird ein Überblick der verschiedenen Anwendungsgebiete und der Zukunftsperspektiven der Laserentwicklung gegeben. Mit der zunehmenden Verbreitung des Lasers wird die Einhaltung von Sicherheitsvorschriften immer wichtiger, die in Kap. 24 skizziert sind.

Das vorliegende Buch ist aus Manuskripten von Vorlesungen entstanden. Dabei gehen wir in Vorlesungen an vielen Stellen wesentlich tiefer auf theoretische Ableitungen ein, während sich dieses Übersichtsbuch auf die Darstellung von Ergebnissen konzentriert. Abiturwissen in Mathematik sollte zum Verständnis ausreichen. Das Buch wird daher nicht nur von Universitäts- und Fachhochschulstudenten, sondern auch von Ingenieuren, Lehrern sowie Schülern verwendet.

Bilder wurden uns von Kollegen und Firmen überlassen, die in den jeweiligen Bildunterschriften zitiert sind. Außerdem haben uns Prof. Th. Moeller, Prof. H. Weber und Prof. U. Woggon sowie unsere Mitarbeiter Dipl. Phys. Haro Fritsche, Frau A. Haack, Dr. O. Lux und Frau C. Scharfenorth sehr geholfen. Ebenso danken wir Prof. G. Ankerhold, Fachhochschule Koblenz, Herrn E. Bergmann, Fa. Coherent Göttingen, Dipl. Phys. M. Grehn, Uni-Klinik Würzburg, Dr. E. Haack, Fa. Inofex, Berlin, und PD Dr. E. Soergel, Universität Bonn.

Berlin, Juli 2015   H. J. Eichler, J. Eichler

Inhaltsverzeichnis

Licht, Atome, Moleküle, Festkörper

Seit der experimentellen Realisierung der ersten Lasersysteme, des Rubin-Lasers im Jahre 1960 und des Helium-Neon-Lasers im Jahre 1961, sind eine Fülle verschiedener weiterer Systeme entwickelt worden. In diesem Buch werden zunächst die allgemeinen physikalischen Grundlagen der Lasertechnik sowie anschließend der Aufbau der wichtigsten Lasertypen, Gas-, Festkörper- und Halbleiterlaser, und elektrooptischer Bauelemente beschrieben. Gegenüber konventionellen Lichtquellen (Glüh- und Gasentladungslampen) zeichnen sich Laser durch starke Bündelung (geringe Divergenz), geringe spektrale Linienbreite (Monochromasie, Kohärenz), hohe Intensität und die Möglichkeit, kurze Pulse zu erzeugen, aus. Daraus ergeben sich zahlreiche Anwendungen, z. B. in der Messtechnik, Holographie, Medizin, Materialbearbeitung und in der Nachrichtenübertragung. Diese Anwendungen werden ebenfalls im Überblick dargestellt.

Im folgenden Abschnitt werden zunächst einige zum Verständnis von Lasern notwendige Grundlagen behandelt, insbesondere Eigenschaften von Licht und die Energiezustände von Atomen, Molekülen und Festkörpern, die Laserstrahlung emittieren können.

1.1 Eigenschaften von Licht

Zur Beschreibung der Eigenschaften von Licht werden meistens vereinfachte Modelle benutzt. Eine erste Annäherung ist die Vorstellung, dass Lichtquellen, z. B. die Sonne oder ein Laser, Lichtstrahlen aussenden. Diese Strahlen können nach der Quantentheorie als die geradlinigen Bahnen von Lichtteilchen oder Photonen aufgefasst werden, die von der Lichtquelle emittiert werden. Wenn man jedoch versucht, mit einer Lochblende einen scharf begrenzten Strahl herzustellen, so treten hinter der Blende die noch später zu behandelnden Beugungserscheinungen auf, die zu einer Strahlaufweitung gegenüber dem Lochdurchmesser führen. Es gelingt daher nicht, einen scharfen Lichtstrahl herzustellen. Dies wird durch das Wellenmodell des Lichts erklärt. Teilchen- und Wellenmodell können zu einer einheitlichen theoretischen Beschreibung vereinheitlicht werden, die jedoch

© Springer-Verlag Berlin Heidelberg 2015
H.J. Eichler, J. Eichler, *Laser*, DOI 10.1007/978-3-642-41438-1_1

schwierige Mathematik erfordert und deshalb hier nicht verwendet wird. Zur Erklärung vieler Beobachtungen reicht das Wellenmodell oder das Teilchenmodell aus. Die Erfahrung lehrt, welches Modell jeweils anzuwenden ist. Beispielsweise ist die Absorption und Emission von Licht weitgehend mit dem Teilchenbild zu verstehen, während zur Beschreibung der Lichtausbreitung und von Interferenzerscheinungen das Wellenbild herangezogen werden kann.

1.1.1 Lichtwellen, elektromagnetische Strahlung

Die Wellenoptik beschreibt das Licht als transversale elektromagnetische Welle, in der die elektrische Feldstärke E und eine damit gekoppelte magnetische Feldstärke H periodisch und mit gleicher Frequenz f schwingen. Die Vektoren von E, H und die Ausbreitungsrichtung der Welle stehen stets senkrecht aufeinander. Abbildung 1.1 stellt die Feldstärken zu einem festen Zeitpunkt in Abhängigkeit von einer Ortskoordinate in Ausbreitungsrichtung dar.

Um eine Vorstellung von der räumlichen Ausdehnung von Lichtwellen zu erhalten, werden die Phasenflächen der Wellen betrachtet, z. B. die Orte maximaler Feldstärken zu einem festen Zeitpunkt. Der Abstand zweier derartiger benachbarter Phasenflächen ist die Wellenlänge. Bei einer ebenen Welle sind die Phasenflächen parallele Ebenen, bei einer Kugelwelle ergeben sich konzentrische Kugelflächen. Die Schnittlinien dieser Phasenflächen mit einer Ebene sind in Abb. 1.2 dargestellt. Eng begrenzte Ausschnitte aus Wellen werden als Lichtstrahlen bezeichnet. Die Richtung der Lichtstrahlen ist senkrecht zu den Phasenflächen, die auch als Wellenflächen oder Wellenfronten bezeichnet werden.

Zwischen Frequenz f, Wellenlänge λ und Ausbreitungsgeschwindigkeit c besteht der Zusammenhang

$$c = \lambda \cdot f \, . \tag{1.1}$$

Im Vakuum beträgt die Lichtgeschwindigkeit $c = 2{,}998 \cdot 10^8 \, \text{m/s}$.

Abb. 1.1 Elektrische (E) und magnetische Feldstärke (H) in einer ebenen Lichtwelle zu einem festen Zeitpunkt. Die Welle breitet sich in z-Richtung aus. Der Abstand zur Lichtquelle ist als groß angenommen (Fernfeld)

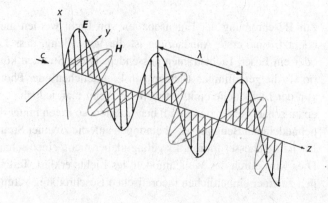

Abb. 1.2 Vereinfachte Darstellungen von realen Lichtwellen (Oben: ebene Welle mit einer Ausbreitungsrichtung = Strahlrichtung senkrecht zu den Phasenflächen. Unten: Kugel- oder Zylinderwelle mit radialen Strahlrichtungen). Dargestellt sind Schnittlinien der Phasenflächen mit maximaler Feldstärke von ebenen Wellen und Kugelwellen mit einer Ebene, die die Ausbreitungsrichtung enthält

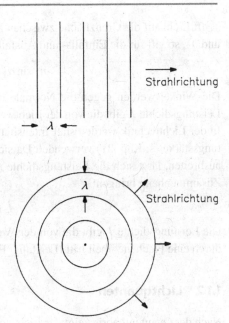

Die reziproke Wellenlänge $1/\lambda$ ist der Frequenz proportional und wird als Wellenzahl bezeichnet (Einheit cm^{-1}). Eine ausführlichere Darstellung der Ausbreitung von Lichtwellen wird in Kap. 12 gegeben.

Für die meisten optischen Erscheinungen reicht es aus, die elektrische Feldstärke des Lichtes zu betrachten. Die Feldstärke einer Lichtwelle ist allerdings nicht direkt messbar. Statt dessen kann die Intensität oder Leistungsdichte I bestimmt werden, die durch den zeitlichen Mittelwert des Quadrats der Feldstärkeamplitude E gegeben ist:

$$I = \sqrt{\varepsilon\varepsilon_0/\mu\mu_0}\,\overline{E^2}\,. \qquad (1.2)$$

Dabei bedeuten $\varepsilon_0 = 8{,}854 \cdot 10^{-12}\,A\,s/V\,m$, ε die relative Dielektrizitätszahl, $\mu_0 = 4\pi \cdot 10^{-7}\,V\,s/A\,m$ und μ die relative magnetische Permeabilität. Der waagerechte Strich über E^2 symbolisiert den zeitlichen Mittelwert. Die Einheit der elektrischen Feldstärke ist V/m, die der Leistungsdichte W/m^2. Die Proportionalitätskonstante $Z = \sqrt{\mu\mu_0/\varepsilon\varepsilon_0}$ hat die Dimension eines Widerstandes und wird daher als Wellenwiderstand bezeichnet. Für Vakuum und Luft ($\varepsilon = 1, \mu = 1$) gilt $Z = 377\,V/A = 377\,\Omega$.

In einem transparenten Medium breitet sich das Licht langsamer als im Vakuum aus. Die Lichtgeschwindigkeit c' im Medium ist gegeben durch

$$c' = c/n\,. \qquad (1.3a)$$

Die Materialkonstante n wird Brechzahl (oder Brechungsindex) genannt, welche durch die relative Dielektrizitätszahl ε und die Permeabilität μ gegeben ist:

$$n = \sqrt{\varepsilon\mu}\,. \qquad (1.3b)$$

Trifft Licht auf die Grenzfläche zwischen zwei optischen Medien mit den Brechzahlen n_1 und n_2, so gilt für die Einfalls- und Ausfallswinkel α_1 und α_2 das Brechungsgesetz:

$$n_1 \sin \alpha_1 = n_2 \sin \alpha_2 \ . \tag{1.4}$$

Die Winkel werden gegen die Normale der Grenzfläche gemessen. Die Intensität oder Leistungsdichte I gibt die von der Lichtwelle mitgeführte Leistung pro Flächeneinheit an. In der Lichttechnik werden statt Intensität die Begriffe Bestrahlungsstärke und Beleuchtungsstärke (s. Kap. 21) verwendet. Da sich Lichtwellen mit der Lichtgeschwindigkeit c ausbreiten, lässt sich die Leistungsdichte mit der Energiedichte ρ (Energie/Volumen) in Zusammenhang bringen:

$$I = \rho c \ . \tag{1.5}$$

Die Leistungsdichte I gibt die von der Welle mitgeführte Energie an, die pro Zeiteinheit durch eine Flächeneinheit tritt (Leistung/Fläche).

1.1.2   Lichtquanten

Nach der Quantentheorie zeigt das Licht sowohl Wellen- wie auch Teilcheneigenschaften. Dieser Dualismus wird auch experimentell beobachtet. In der korpuskularen Beschreibung besteht das Licht aus Quanten oder Photonen mit der Energie W, die sich mit der Lichtgeschwindigkeit c bewegen:

$$\boxed{W = hf = hc/\lambda \ .} \tag{1.6}$$

Dabei bedeutet $h = 6{,}626 \cdot 10^{-34}$ J s das Plancksche Wirkungsquantum, f die Frequenz und λ die Wellenlänge des Lichtes. In der Atom- und Laserphysik wird die Energie eines Photons statt in Joule oft durch Elektronenvolt angegeben. 1 Elektronenvolt (eV) ist die Energie ($W = eU$, $e = 1{,}602 \cdot 10^{-19}$ A s), die ein Elektron gewinnt, wenn es durch eine Spannung von 1 Volt (V) beschleunigt wird. Es gilt:

$$\boxed{1\,\text{eV} = 1{,}602 \cdot 10^{-19}\,\text{J} \ .}$$

Folgende Gleichung erlaubt die Berechnung der Energie in eV, wenn die Wellenlänge des Lichtes bekannt ist:

$$W = 1{,}24\,\text{eV}\,\mu\text{m}/\lambda \ .$$

Die Energiedichte ρ in einer Lichtwelle wird durch die Photonendichte Φ (Photonen/Volumen), und die Leistungsdichte I durch die Stromdichte der Photonen ϕ (Photonen/Zeit · Fläche) gegeben:

$$\begin{aligned} \rho &= hf \cdot \Phi \\ I &= hf \cdot \phi \ . \end{aligned} \tag{1.7}$$

1.1.3 Polarisation

Hat die elektrische Feldstärke E immer dieselbe Richtung, so wird die Lichtwelle als linear polarisiert und die Richtung von E als Schwingungsrichtung bezeichnet. Eine ausführlichere Darstellung der Polarisationseigenschaften von Licht findet sich in Kap. 15. Das Licht der meisten Lichtquellen (Sonne, Glühlampe, Gasentladungslampen) ist unpolarisiert und kann als ein statistisches Gemisch von Wellen mit allen möglichen Polarisationsrichtungen aufgefasst werden.

1.1.4 Farbe von Licht

Sichtbares Licht kann verschiedene Farben besitzen, die sich in den Frequenzen und Wellenlängen unterscheiden. Das menschliche Auge nimmt die Wellenlängen des Lichtes mit unterschiedlicher Empfindlichkeit wahr, wie in Abb. 1.3 dargestellt. An den sichtbaren Spektralbereich schließt sich zu kürzeren Wellenlängen der ultraviolette und zu längeren Wellenlängen der infrarote Spektralbereich an (Tab. 1.1 und 1.2). Das Sonnenspektrum hat sein Maximum im sichtbaren Bereich, und es entspricht ungefähr der Strahlung eines schwarzen Körpers mit einer Temperatur von 6000 K (Abb. 1.4).

Abb. 1.3 Spektraler Verlauf der Empfindlichkeit des menschlichen Auges: $V(\lambda)$ helladaptiert, $V'(\lambda)$ dunkeladaptiert

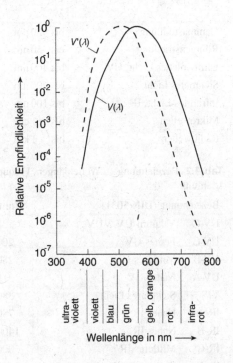

Abb. 1.4 Sonnenspektrum im Vergleich mit der Emission eines schwarzen Körpers bei 6000 K (AM = Air Mass, AM 0 = Spektrum ohne Atmosphäre, AM 1 = mit Atmosphäre)

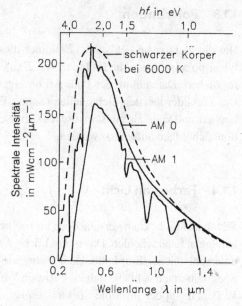

Tab. 1.1 Wellenlängen, Frequenzen und Photonenergien von elektromagnetischer Strahlung. Die angegebenen Spektralbereiche sind nicht scharf definiert, die Zahlenwerte sind Richtwerte (1 eV = $1{,}602 \cdot 10^{-19}$ J)

	λ	f	hf
Gammastrahlung	bis　50 pm	$6 \cdot 10^{18}$ Hz	24,8 keV
Röntgenstrahlung	bis　50 nm	$6 \cdot 10^{15}$ Hz	24,8 eV
Ultraviolettes Licht, UV	bis 400 nm	$7{,}5 \cdot 10^{14}$ Hz	3,1 eV
Sichtbares Licht	bis 700 nm	$4{,}3 \cdot 10^{14}$ Hz	1,77 eV
Infrarotes Licht, IR	bis 100 μm	$3 \cdot 10^{12}$ Hz	12,4 meV
Mikrowellen	bis　　1 cm	$3 \cdot 10^{10}$ Hz	124 μeV
Radiowellen	bis　　1 km	$3 \cdot 10^{5}$ Hz	1,24 neV

Tab. 1.2 Bezeichnungen, Wellenlängen, Frequenzen und Photonenenergien im Bereich der Laserstrahlung

Bezeichnung (DIN 5031)		λ (nm)	f (10^{14} Hz)	hf (eV)
UV-C	Vakuum-UV, VUV	100–200	30–15	12,4–6,2
UV-C	Fernes UV	200–280	15–10,7	6,2–4,4
UV-B	Mittleres UV	280–315	10,7–9,5	4,4–3,9
UV-A	Nahes UV	315–380	9,5–7,9	3,9–3,3
VIS	Sichtbares Licht	380–780	7,9–3,9	3,3–1,6
IR-A	Nahes IR	780–1400	3,9–2,1	1,6–0,9
IR-B	Nahes IR	1400–3000	2,1–1,0	0,9–0,4
IR-C	Mittleres IR	3000–50.000	1,0–0,06	0,4–0,025
IR-C	Fernes IR, THz-Strahlung	50.000–1 mm	0,06–0,003	0,025–0,001

Abb. 1.5 Elektronenbahnen des Wasserstoffatoms. Die Bahnen haben Radien mit $r_n = 0{,}53 \cdot 10^{-10} \cdot n^2$ Meter

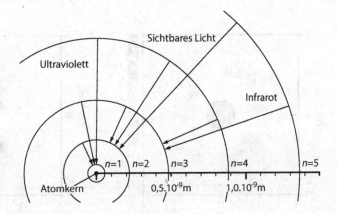

1.2 Atome: Elektronenbahnen, Energieniveaus

Das einfachste Atom ist das *Wasserstoffatom*. Es besteht aus einem positiv geladenen Atomkern (Proton) und einem negativen Elektron, das durch die elektrische Feldstärke (Coulomb-Wechselwirkung) an den Kern gebunden ist. Nach der Vorstellung von Bohr bewegt sich das Elektron in einer kreisförmigen Bahn um den Kern, wobei nur bestimmte Bahnradien (Abb. 1.5) auftreten, die bestimmten Bahnenergien E_n entsprechen. Die erlaubten Energien sind durch die Hauptquantenzahl n bestimmt:

$$E_n = -E_i/n^2 \quad n = 1, 2, 3, \dots \tag{1.8}$$

wobei E_i die Ionisierungsenergie darstellt. Für das Wasserstoffatom gilt $E_i = 13{,}6\,\text{eV}$. Die Energiewerte E_n (auch Energieniveaus oder -terme genannt) können in einem Niveauschema nach Abb. 1.6 dargestellt werden. Das negative Vorzeichen gibt an, dass die inneren Bahnen eine kleinere Energie besitzen als die äußeren. Es muss Energie zugeführt

Abb. 1.6 Energieniveauschema des Wasserstoffatoms mit Hauptquantenzahl $n = 1, 2, 3$ und Bahndrehimpulsquantenzahl $l = \text{s}, \text{p}, \text{d}, \text{f} \dots, \text{d. h.}$ $l = 0, 1, 2, 3, \dots$.

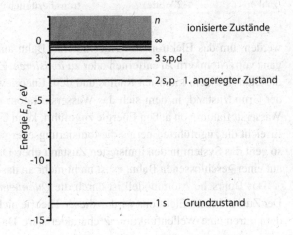

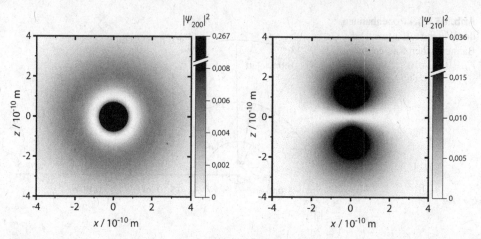

Abb. 1.7 Zwei Beispiele für die räumliche Verteilung der Aufenthaltswahrscheinlichkeit $|\Psi|^2$ von Elektronen im Wasserstoffatom mit $n = 2$ (weitere Quantenzahlen s. Tab. 1.3). Die Verteilungen sind rotationssymmetrisch um die z-Achse. Die Aufenthaltswahrscheinlichkeiten sind in Einheiten von $10^{30}\,\mathrm{m}^{-3}$ als Schwärzung dargestellt

Tab. 1.3 Quantenzahlen von Elektronenzuständen im Wasserstoffatom und von Zuständen einzelner Elektronen in Atomen mit mehreren Elektronen

Quantenzahl	Mögliche Werte	Physikalische Bedeutung
Hauptquanten-zahl n	$1, 2, 3, \ldots$ $= $ K, L, M-Schale	Maßgeblich für die Energie des Zustandes (bei Mehr-elektronenatomen hängt die Energie auch von den anderen Quantenzahlen ab); Maß für den Bahnradius
Bahndrehimpuls-quantenzahl l	$0, 1, 2, 3, \ldots, (n-1)$ $= $ s, p, d, f $\ldots$ (n Werte)	Bestimmt den Drehimpuls des Zustandes; gibt Form der Elektronenwolke an, die im Fall $l \neq 0$ nicht kugel-symmetrisch ist
Magnetische Quantenzahl m_l	$-l \leq m_l \leq l$ $(2l + 1$ Werte)	Bestimmt den Betrag des Drehimpulses bezüglich einer festen Raumrichtung (z. B. Magnetfeld) und gibt die Orientierung des Atoms im Raum an
Spinquanten-zahl m_s	$m_s = -\frac{1}{2}, +\frac{1}{2}$ (2 Werte)	Gibt den Wert des Eigendrehimpulses (Spin) des Elek-trons bezüglich einer festen Raumrichtung an

werden, um das Elektron von einer inneren Bahn auf eine äußere Bahn zu heben oder ganz vom Atomkern zu entfernen oder zu *ionisieren*. Zur Hauptquantenzahl $n = 1$ gehört die Bahn mit dem kleinsten Radius und dem Energiewert $E_1 = -E_i = -13,6\,\mathrm{eV}$. Es ist der Grundzustand, in dem sich das Wasserstoffatom normalerweise befindet. Wird dem Wasserstoffatom von außen Energie zugeführt, kann es in angeregte Zustände übergehen. Erreicht die zugeführte Energie die Ionisierungsenergie $E_i = 13,6\,\mathrm{eV}$ oder höhere Werte, so geht das System in den ionisierten Zustand über. Das Elektron bewegt sich nicht mehr auf einer geschlossenen Bahn, es ist nicht mehr an das Atom gebunden.

Das Bohrsche Atommodell ist durch die *Quantenmechanik* weiterentwickelt worden. Der Zustand eines Elektrons wird in dieser Theorie nicht durch eine bestimmte Bahn, sondern durch eine Wellenfunktion Ψ charakterisiert. Dabei gibt $|\Psi|^2$ die räumliche Vertei-

lung der Aufenthaltswahrscheinlichkeit des Elektrons an (Abb. 1.7). Die Wellenfunktion
Ψ wird durch die Angabe von 4 Quantenzahlen bestimmt (Tab. 1.3).

Für die Lasertechnik ist die *Entstehung von Licht* in Atomen, Molekülen und Festkörpern von großer Bedeutung. Licht entsteht durch Übergang der Elektronen von einem
höheren Energieniveau auf ein niedrigeres. Für das Wasserstoffatom sind derartige Übergänge in Abb. 1.5 eingezeichnet. Dabei treten Spektrallinien auf, die für das jeweilige
Atom charakteristisch sind. Der Prozess der Lichterzeugung wird in Kap. 2 genauer behandelt.

1.3 Atome mit mehreren Elektronen

Atome bestehen aus einem positiven Kern und einer Elektronenhülle, in der sich meist
mehrere Elektronen befinden. Die Kernladungszahl ist gleich der Elektronenzahl, so dass
ein Atom normalerweise elektrisch neutral ist. Jedes Elektron bewegt sich im elektrischen
Feld (Coulombfeld) des Atomkerns, das durch die anderen Elektronen teilweise abgeschirmt wird. Im Zentralfeldmodell kann jeder Zustand eines Elektrons näherungsweise,
wie im Wasserstoffatom, durch ein bestimmtes Orbital mit einem Satz von vier Quantenzahlen (n, l, m_l, m_s) nach Tab. 1.3 gekennzeichnet werden. Nach dem Pauli-Prinzip muss
jedes atomare Elektron in mindestens einer der vier Quantenzahlen verschieden von den
anderen Elektronen sein.

Beim Aufbau eines Atoms werden zuerst die Zustände mit der niedrigsten Energie
besetzt, in der Regel die mit den kleinsten Hauptquanten- und Bahndrehimpulsquantenzahlen. Zustände gleicher Hauptquantenzahl n werden als zu einer Schale gehörig
bezeichnet. Wegen des Pauli-Prinzipes kann jede Schale $2n^2$ Elektronen aufnehmen. Betrachtet man im periodischen System der Elemente Atome mit zunehmender Elektronenzahl, so werden bei den Atomen die einzelnen Schalen sukzessiv aufgefüllt (Abb. 1.8).
Bei Ordnungszahlen der Elemente über 18 treten Unregelmäßigkeiten im Schalenaufbau
des Periodensystems auf. Besonders deutlich wird dies bei den Seltenen Erden, bei denen
nicht aufgefüllte innere Schalen auftreten.

Abb. 1.8 Aufbau der Atome
des Periodischen Systems
durch Auffüllung der Schalen
mit Elektronen (nicht maßstäb-
lich)

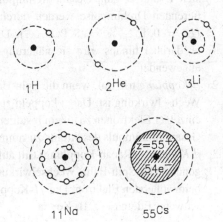

Die Energie eines Elektrons wird bei Atomen schwerer als Wasserstoff nicht mehr durch die Hauptquantenzahl n allein bestimmt, sondern auch durch die Bahndrehimpuls-quantenzahl l. Nach Tab. 1.3 hat l jeweils n Werte. Entsprechend werden die Schalen in n Unterschalen aufgeteilt. Jede Unterschale enthält $2(2l + 1)$ Plätze, die sich durch die unterschiedlichen, möglichen Werte der Quantenzahlen m_l, m_s ergeben. Die Verteilung der Elektronen auf die verschiedenen Unterschalen nennt man Konfiguration der Elektronen.

Für die Elektronenkonfiguration ist folgende Bezeichnung üblich

$$n_1 l_1^{a_1}, n_2 l_2^{a_2}, \ldots$$

Als hochgestellter Index a_i wird die Zahl der Elektronen in einer Unterschale angegeben, welche durch die Haupt- und Bahndrehimpulsquantenzahlen $n_i\, l_i$ bestimmt ist. In den Bezeichnungen der Konfiguration wird meist $l = 0, 1, 2, 3$ durch die Buchstaben s, p, d, f ersetzt (z. B. Grundzustand des Neon $1\text{s}^2\, 2\text{s}^2\, 2\text{p}^6$).

1.3.1 ·Kopplung der Elektronen

Neben der anziehenden Wechselwirkung der Elektronen mit dem Atomkern tritt zusätzlich eine individuelle abstoßende Coulomb-Wechselwirkung zwischen den Elektronen auf. Außerdem kommt es zu einer Spin-Bahn-Wechselwirkung, wobei die magnetischen Momente der Bahndrehimpulse auf die magnetischen Eigenmomente der Elektronen wirken. Dies führt dazu, dass die Energieniveaus auch von m_l und m_s abhängen (Aufspaltung der Energieniveaus). Je nach relativer Größe der Coulomb- und Spin-Bahn-Wechselwirkung werden die Drehimpulse der einzelnen Elektronen verschieden kombiniert oder „gekoppelt". Dabei werden insbesondere drei Grenzfälle betrachtet.

1. *LS-Kopplung* (Russel-Saunders-Kopplung) tritt auf, wenn die Coulomb-Wechselwirkung groß gegen die Spin-Bahn-Wechselwirkung ist. In diesem Fall koppeln die Einzelspins zunächst zu einem Gesamtspin S und die Einzelbahndrehimpulse zu einem Gesamtbahndrehimpuls L. Bedingt durch die Spin-Bahn-Wechselwirkung setzen sich L und S zum Gesamtdrehimpulsvektor J zusammen. Die Beträge der resultierenden Drehimpulse werden durch die Quantenzahlen S, L und J beschrieben ($L = 0, 1, 2, \ldots = $ S, P, D, $\ldots$). Die LS-Kopplung gilt gut für leichte Elemente, darüber hinaus wird sie näherungsweise für eine große Zahl weiterer Elemente angewendet.

2. *jj-Kopplung* tritt auf, wenn die Spin-Bahn-Wechselwirkung groß gegen die Coulomb-Wechselwirkung ist. Dabei koppeln zunächst die Spins und Bahndrehimpulse jeweils einzelner Elektronen zu einem resultierenden Drehimpuls. Diese setzen sich dann zum Gesamtdrehimpuls des Atoms zusammen. Die jj-Kopplung gilt für schwere Atome.

3. *jl-Kopplung* (Racah-Kopplung) tritt auf, wenn die Coulomb-Wechselwirkung groß gegenüber der Spin-Bahn-Wechselwirkung bei den inneren Elektronen ist, jedoch klein beim äußersten Elektron. Die jl-Kopplung ist wichtig zur Beschreibung der Spektren schwerer Edelgase, z. B. Xenon.

Tab. 1.4 Beispiele für die Auswahlregeln bei der Absorption und Emission von Licht (elektrische Dipolstrahlung) durch Atome und Ionen

Auswahlregeln	Ursache
$\Delta J = 0, \pm 1$ aber: $J_{\text{Anfang}} = 0 \rightarrow J_{\text{Ende}} = 0$ verboten	Photon hat Drehimpuls $h/2\pi$ (bei Dipolstrahlung), deshalb muss sich J oder die Orientierung von J ändern
$\sum l_i$ gerade $\leftrightarrow \sum l_i$ ungerade d. h. keine Übergänge zwischen Termen gleicher Parität	Photon hat ungerade Parität, Parität ist multiplikative Quantenzahl
Nur im Falle von LS-Kopplung gültig: $\Delta L = 0, \pm 1$ aber: $L_{\text{Anfang}} = 0 \rightarrow L_{\text{Ende}} = 0$ verboten	Folgt aus $\Delta J = 0, \pm 1$ und Interkombinationsverbot
$\Delta S = 0$ „Interkombinationsverbot", d. h. Übergänge zwischen Termen verschiedener Multiplizität sind verboten	Keine magnetische Wirkung des Photons

Neben den bisher erläuterten Quantenzahlen wird als weitere die Parität P eingeführt, die für alle Kopplungstypen von Bedeutung ist. Sie kann die Werte $P = \pm 1$ annehmen, und sie beschreibt die Symmetrie der Wellenfunktion gegenüber Spiegelung. Die Parität ergibt sich aus dem Bahndrehimpuls der Elektronen in den einzelnen Schalen. Gilt $\sum l_i =$ ungerade, so ist $P = -1$ und entsprechend $P = +1$ für eine gerade Summe. Zustände ungerader (engl. odd) Parität werden durch ein hochgestelltes „o" an der LS-Bezeichnung gekennzeichnet.

1.3.2 Auswahlregeln

Ein Atom kann seinen Energiezustand durch Absorption und Emission von Licht ändern. Ein erlaubter Übergang ist dann möglich, wenn die dabei auftretenden Änderungen der Quantenzahlen sogenannten Auswahlregeln gehorchen. Beispiele von Auswahlregeln sind in Tab. 1.4 zusammengefasst. Übergänge, die durch die Auswahlregeln ausgeschlossen sind, nennt man verbotene Übergänge. Diese sind langlebig oder metastabil. Auf die Absorption und Emission von Licht wird in Kap. 2 ausführlicher eingegangen.

1.4 Moleküle

Moleküle bestehen aus mehreren Atomkernen und einer Elektronenhülle, wobei einzelne Elektronen einem bestimmten Atomkern zugeordnet sein können oder sich gleichmäßig im gesamten Molekülbereich aufhalten. Die Energiezustände von Molekülen sind wie bei Atomen durch elektronische Anregungen gegeben, es treten aber noch zusätzlich Schwingungs- und Rotationsenergien auf.

1.4.1　Elektronische Zustände

Moleküle werden durch das Zusammenwirken der Bindungskräfte der Elektronen und der abstoßenden Coulomb-Kraft der Atomkerne gebildet. Die chemische Bindung von Molekülen wird an einem System aus zwei Atomen beschrieben, z. B. H und Cl. Die Atome ziehen sich gegenseitig an und bilden ein Molekül HCl, wobei sich ein gegenseitiger Abstand (Kernabstand) r_0 einstellt (Abb. 1.9a). Verkleinert man den Abstand, stoßen sich die Atome ab, vergrößert man ihn, ziehen sie sich an.

Die Potenzialkurve X in Abb. 1.9a gibt die Wechselwirkungsenergie (potenzielle Energie) eines zweiatomigen Moleküls in Abhängigkeit vom Kernabstand r an. Die Kurve hat bei r_0 ein Minimum. Um die molekulare Bindung aufzubrechen, müssen die Atome getrennt werden. Dafür ist die Bindungsenergie E_B erforderlich, welche die Tiefe des so genannten Potenzialtopfes angibt. Die Kurve X bezieht sich auf den elektronischen Grundzustand. Genau wie bei Atomen können Elektronen in höhere Bahnen angeregt werden. In diesem Fall ergeben sich andere Potenzialkurven bei höheren Energien. Wird das Molekül vom Grundzustand in angeregte Zustände übergeführt, so ändert sich der Kernabstand (r_1, r_2, r_3 usw.) und die Bindungsenergie.

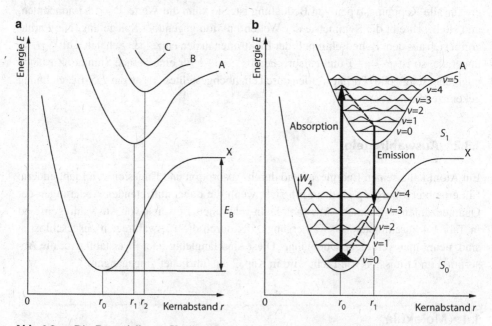

Abb. 1.9 a Die Potenzialkurve X gibt schematisch die potenzielle Energie eines Moleküls im Grundzustand in Abhängigkeit vom Kernabstand an. Die Bindungsenergie beträgt E_B. Potenzialkurven elektronisch angeregter Zustände werden mit A, B, C usw. bezeichnet. **b** S_0 gibt einen häufig vorkommenden Grundzustand mit antiparallelen Elektronenspins an (vgl. Abb. 8.2). Die Schwingungsniveaus sind mit $v = 0, 1, 2, \ldots$ bezeichnet. Auf den Niveaus sind die örtlichen Verteilungen der Aufenthaltswahrscheinlichkeit W_v dargestellt. Übergänge finden hauptsächlich ohne Änderung des Kernradius zwischen Schwingungszuständen mit maximalen W-Werten statt

Tab. 1.5 Quantenzahlen von zweiatomigen Molekülen

Quantenzahl	Werte	Physikalische Bedeutung
λ	$0, 1, 2, \ldots \triangleq \sigma, \pi$	Komponente des Bahndrehimpulses eines Elektrons in Richtung der Molekülachse
Λ	$0, 1, 2, \ldots \triangleq \Sigma, \Pi, \Delta$	Komponente des Gesamtbahndrehimpulses in Richtung der Molekülachse
Σ		Komponente des Gesamtspins in Richtung der Molekülachse
$2\Sigma + 1$	$0, 1, 2, \ldots$	Multiplizität. Sie wird als hochgestellter Index der Bahndrehimpulsquantenzahl beigefügt
P	g, u	Parität, Symmetrie gegen Raumspiegelung
	$+, -$	Symmetrie bezüglich der Ebene durch Molekülachse
v	$0, 1, 2, \ldots$	Schwingungsquantenzahl
J	$0, 1, 2, \ldots$	Rotationsquantenzahl

Tab. 1.6 Auswahlregeln bei der Absorption und Emission von Licht durch Moleküle (elektrische Dipolstrahlung)

Auswahlregel	Bemerkung
$\Delta\Lambda = 0, \pm 1$	Gilt für zweiatomige Moleküle
$\Delta v = \pm 1$	Gilt für Übergänge im gleichen elektronischen Zustand
$\Delta v_e = 0, \pm 1, \ldots$	Gilt für elektronische Übergänge. Nach dem Franck-Condon-Prinzip ändert sich dabei nicht der Kernabstand (vgl. Abb. 1.9b). Sind die Potenzialkurven ähnlich (keine Änderung des Kernabstandes), so ist $\Delta v = 0$ bevorzugt. Bei verschobenen Kurven X und A ändert sich v
$\Delta J = 0, \pm 1$	$\Delta J = 0$ gilt nur bei elektronischen Übergängen. Im gleichen elektronischen Zustand gilt $\Delta J = 1$ (R-Zweig) oder $\Delta J = -1$ (P-Zweig)

Als Symbole werden X für den elektronischen Grundzustand und für die angeregten Zustände A, B, ... usw. verwendet. Die Quantenzahlen zweiatomiger Moleküle λ, Λ, Σ, usw. sind in Tab. 1.5 dargestellt. Bei Übergängen von Elektronen von einem höheren in ein tieferes elektronisches Niveau entsteht Strahlung, die häufig im ultravioletten Spektralbereich liegt. Die Auswahlregeln sind in Tab. 1.6 zusammengefasst.

1.4.2 Schwingungen und Rotationen

Neben der Elektronenenergie eines Moleküls treten zwei Energieanteile auf Grund von Kernbewegungen auf. Zum einen können die Atome im Molekül um ihre Gleichgewichtslage schwingen, und zum anderen kann das Molekül um seine Hauptträgheitsachsen rotieren. Damit setzt sich die Gesamtenergie eines Moleküls zusammen aus Elektronenenergie, Schwingungsenergie und Rotationsenergie

$$E = E_e + E_v + E_J \, . \tag{1.9}$$

Abb. 1.10 Energieniveaus
eines Moleküls mit elek-
tronischen (X und A),
Schwingungs- und Rotati-
onszuständen

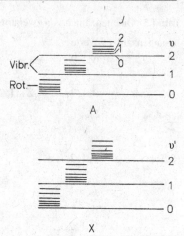

Die Elektronenenergie beträgt zwischen $E_e = 1$ und $20\,\text{eV}$, die Schwingungsenergie liegt
zwischen $E_v = 0,5$ und $10^{-2}\,\text{eV}$, während die Rotationsenergie kleiner als $E_J \approx 10^{-2}\,\text{eV}$
ist. Das Termschema eines Moleküls ist somit komplizierter als das von Atomen. Nach
Abb. 1.10 (und Abb. 1.9b) gehören zu jedem elektronischen Niveau X, A, B, C, ... mehrere äquidistante Vibrationsniveaus. Darüber bauen sich dann die Rotationsniveaus auf.

Die Schwingungs- und Rotationsenergie ist ebenso wie die Elektronenenergie gequantelt. Die Schwingungs- und Rotationsniveaus werden durch die Quantenzahlen
$v = 0, 1, 2, 3, \ldots$ und $J = 0, 1, 2, 3, \ldots$ (nicht mit Gesamtdrehimpuls zu verwechseln)
bezeichnet:

$$E_v = \left(v + \frac{1}{2}\right)hf \tag{1.10}$$

$$E_J = hc B_r J(J + 1) . \tag{1.11}$$

Dabei bedeuten $h = 6{,}626 \cdot 10^{-34}\,\text{J\,s}$ das Plancksche Wirkungsquantum, f die Frequenz
eines Quantes der Molekülschwingung, $c = 3 \cdot 10^8\,\text{m/s}$ die Lichtgeschwindigkeit und B_r
die Rotationskonstante.

Moleküle können in die verschiedenen Rotations-Vibrations-Niveaus angeregt werden
(Abb. 1.9b). Von dort können Sie in tiefere Niveaus übergehen, wobei Strahlung emittiert
wird. Dabei sind Übergänge zwischen elektronischen Niveaus, Rotations- oder Vibrationsniveaus möglich. Die Wellenlänge der entstehenden Strahlung liegt dabei jeweils im
ultravioletten, infraroten und fernen infraroten Spektralbereich. Die Auswahlregeln für die
Absorption und Emission sind in Tab. 1.6 zusammengefasst.

Mehratomige Moleküle können in unterschiedlicher Form schwingen. Dieses wird
am CO_2-Molekül, einem linearen, symmetrischen, dreiatomigen Molekül (Abb. 1.11),
dargestellt. Für das CO_2-Molekül sind drei Fundamentalschwingungen möglich: die symmetrische Longitudinalschwingung mit der Frequenz f_1, die Biegeschwingung mit der

Abb. 1.11 Fundamentalschwingungen des CO_2-Moleküls bestehend aus einem zentralen Kohlenstoffatom C, an das zwei Sauerstoffatome gebunden sind. Die Schwingungsfrequenzen sind $f_1, f_2 = f_{2a} = f_{2b}, f_3$

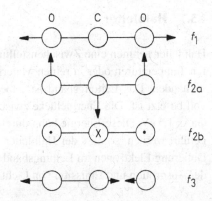

Frequenz $f_2 = f_{2a}$, f_{2b} und die asymmetrische Longitudinalschwingung f_3. Jede Schwingung ist gequantelt und kann unabhängig von den anderen existieren. Zur Bezeichnung eines Schwingungsniveaus sind drei Zahlen (v_1, v_2, v_3) notwendig. Bei der Biegeschwingung sind die Schwingungen in und senkrecht zur Zeichenebene f_{2a} und f_{2b} gleichwertig, man nennt deshalb die Schwingung mit f_2 entartet. Der Entartungsgrad wird durch einen hochgestellten Index l in (v_1, v_2^l, v_3) angezeigt (vgl. Abschn. 6.2).

Die in diesem Abschnitt dargestellten, relativ einfachen Moleküle mit wenigen Atomen werden in Infrarot- und Ultraviolettgaslasern (Kap. 6 und 7) benutzt. Von zusätzlicher Bedeutung für die Lasertechnik sind Farbstoffmoleküle, die aus wesentlich mehr Atomen bestehen. Diese komplexen Moleküle werden in Kap. 8 ausführlicher dargestellt.

1.5   Energieniveaus in Festkörpern

Festkörper bestehen aus einer großen Anzahl von Atomen, die in Kristallen regelmäßig angeordnet sind. Durch die Wechselwirkung der Atome untereinander entstehen in Festkörpern aus den diskreten Niveaus freier Atome kontinuierliche Energiebänder. Von besonderer Wichtigkeit für die elektrischen und optischen Eigenschaften sind die beiden obersten, voll oder teilweise besetzten Bänder. In teilweise gefüllten Bändern können sich Elektronen unter dem Einfluss elektrischer Felder bewegen und somit elektrischen Strom leiten. Bei vollen Bändern ist das nicht möglich.

Eine grobe Einteilung der Festkörper ist daher nach ihrer elektrischen Leitfähigkeit möglich. Bei Metallen ist das oberste Energieband, das so genannte Leitungsband, teilweise besetzt, so dass eine hohe Leitfähigkeit vorhanden ist. Diese elektrische Leitfähigkeit ist mit starker optischer Absorption verbunden, so dass Metalle keine Lasertätigkeit zeigen.

Bei Isolatoren ist das Leitungsband unbesetzt, so dass kein Strom fließen kann. Der Abstand zum nächsten tiefer liegenden Band, dem so genannten Valenzband, ist so groß, dass keine Absorption im sichtbaren Spektralbereich stattfinden kann. Isolatoren, wie Gläser, Keramiken und Kristalle sind daher in reiner Form durchsichtig.

1.5.1 Halbleiter

Halbleiter nehmen eine Zwischenstellung zwischen Metallen und Isolatoren ein. Bei tiefen Temperaturen oder in reinen Materialien ist ebenfalls keine elektrische Leitfähigkeit vorhanden. Das Leitungsband ist unbesetzt, während das darunterliegende Valenzband voll besetzt ist. Die Energielücke zwischen den Bändern beträgt bei Silizium 1,2 eV, bei GaAs 1,5 eV. Diese Energie kann durch Temperaturerhöhung oder Lichteinstrahlung zugeführt werden, so dass der Halbleiter elektrisch leitend wird. Außerdem können durch Dotierung Elektronen im Leitungsband erzeugt werden. Die Energiebänder und Prozesse der Absorption und Emission von Licht werden im Abschn. 1.6 und Kap. 10 behandelt.

1.5.2 Fremdatome in Isolatoren

Fehlordnungen oder eingebaute Fremdatome bilden Defekte im Gitteraufbau von Festkörpern. Elektronen, die an derartige Störstellen gebunden sind, haben charakteristische Energiezustände, die durch die Störstelle und die Wirkung des umgebenden Kristallgitters bestimmt sind.

Bei Festkörperlasern werden Kristalle oder Gläser mit Fremdatomen dotiert. Es handelt sich um Metallatome, wie Ti, Cr, Co, Ni, oder um die Seltenen Erdatome, wie Nd, Ho, Er.

Ein Beispiel für Energieniveaus, die von Fremdatomen in einem Kristall stammen, bilden die Zustände von Chromionen in einem Rubinkristall. Dieser besteht beim Rubinlaser aus Aluminiumoxid (α-Al_2O_3, Korund), dem etwa 0,05 % Chrom beigegeben ist (Abschn. 9.1). Beim Gitteraufbau des Korunds werden einige Al^{3+}-Ionen durch Cr^{3+}-Ionen ersetzt. Das elektrostatische Kristallfeld, das die Cr^{3+}-Ionen beeinflusst, ist in seiner Wirkung kleiner als die Coulomb-Wechselwirkung der Elektronen im Atom. Die Wirkung des Kristallfeldes auf die Energieterme der Cr^{3+}-Ionen ist in Abb. 1.12 dargestellt. Links sind die Energien der freien Ionen angegeben. Die Wirkung des kubischen Anteils des Kristallfeldes führt zu einer Verschiebung und Aufspaltung der Energiezustände. Statt diskreter Energiezustände treten teilweise Energiebanden auf. Der trigonale Anteil des Kristallfeldes sowie die Spin-Bahnwechselwirkung führen zu weiteren Aufspaltungen. Die zur Bezeichnung der Energiezustände verwendeten Buchstaben A, E, T, . . . geben keine Bahndrehimpulse an, sondern Symmetrieeigenschaften der Elektronenverteilungen.

Besonders wichtige Beispiele für die Energieniveaus von Störstellen liefern die Seltenen Erden, die in Kristalle eingebaut werden und dort als Ionen vorliegen. Bei diesen finden optische Übergänge in der unvollständig aufgefüllten $4f$-Schale statt. Die Wirkung des Kristallfeldes ist klein gegen die inneratomare Wechselwirkung, da die $4f$-Schale durch Elektronen in äußeren Schalen gegen das Kristallfeld abgeschirmt ist. Die Energiezustände der Seltenen Erden sind daher in Kristallen nahezu die gleichen wie die bei freien Ionen. Dies spielt beispielsweise bei Neodymlasern eine wichtige Rolle, die z. B. aus dotierten YAG-Kristallen aufgebaut sind (Abschn. 9.2).

Abb. 1.12 Energieniveauschema des Rubinkristalls
(Al_2O_3:Cr^{3+})

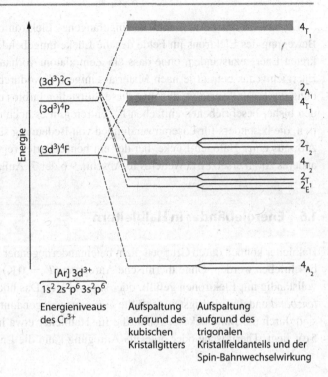

Energieniveaus des Cr^{3+}

Aufspaltung aufgrund des kubischen Kristallgitters

Aufspaltung aufgrund des trigonalen Kristallfeldanteils und der Spin-Bahnwechselwirkung

1.5.3 Farbzentren

Alkalihalogenid-Kristalle (z. B. KCl) können mit einem Überschuss von Alkaliatomen hergestellt werden. Der Mangel an Halogenatomen führt zu Leerstellen, Anionenlücken, im Kristall (Abb. 1.13). Die Valenzelektronen überschüssiger Alkaliatome sind nicht ge-bunden, sie werden in die Anionenlücken eingefangen.

Abb. 1.13 Farbzentren in Al-
kalihalogenid-Kristallen

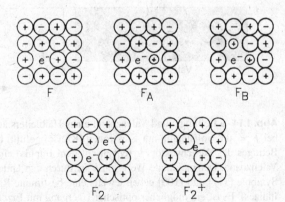

Ein am Ort einer Anionenlücke eingefangenes Elektron nennt man Farbzentrum. Die
Bewegung des Elektrons im Felde der die Lücke umgebenden Alkaliatome führt zu diskreten Energiezuständen, ohne dass ein Zentralatom vorhanden ist. Der Abstand dieser
Energieniveaus beträgt je nach Material einige eV, wodurch eine charakteristische Färbung der Kristalle erfolgt, die ohne diese Störstellen farblos und durchsichtig sind. Außer
den bisher beschriebenen einfachen F-Zentren gibt es noch eine Reihe anderer Farbzentren, die besonders für Laseranwendungen von Bedeutung sind. Das F_A-Zentrum besteht
z. B. aus einer Halogen-Lücke, bei der ein benachbartes reguläres Alkaliatom durch ein
anderes Atom ersetzt ist (Weiteres in Abschn. 9.6 der 7. Auflage).

1.6 Energiebänder in Halbleitern

Halbleiter können durch Gruppen dicht beieinanderliegender Energieniveaus oder *Bänder*
beschrieben werden. Ohne thermische Anregung ($T = 0$ K) sind diese Bänder entweder
vollständig mit Elektronen gefüllt, oder sie sind leer. Das höchste gefüllte Band wird *Valenzband* und das niedrigste ungefüllte *Leitungsband* genannt (Abb. 1.14a). Beide Bänder
sind durch die Bandlücke getrennt, die für Halbleiter etwa im Bereich zwischen 0,1 bis
5 eV liegt. Thermische oder optische Anregung kann die Energie eines Elektrons derart

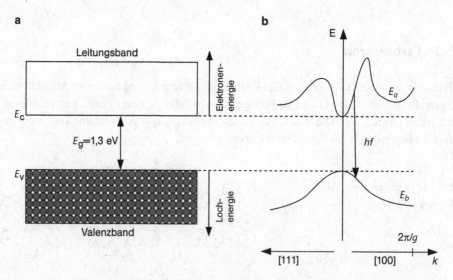

Abb. 1.14 a Leitungs- und Valenzband eines Halbleiters am Beispiel von InP. Das Valenzband ist
bei $T = 0$ K vollständig mit Elektronen (Kreise) gefüllt. **b** Energie E_a und E_b als Funktion des
Betrages des Wellenvektors k (entspricht dem Impuls) eines Elektrons im Leitungsband und im
Valenzband. Der maximale Wert von k ist durch den Gitterabstand g gegeben ($k = 2\pi/g$). Die
Symbole [111] und [100] geben jeweils eine bestimmte Raumrichtung im Kristall an (Millersche
Indizes). Es ist ein möglicher optischer Übergang mit Erzeugung eines Photons hf eingezeichnet,
falls ein entsprechendes Elektron-Loch-Paar vorhanden ist. Es gilt die Auswahlregel $\Delta k = 0$

ändern, dass es vom Valenzband in das Leitungsband übergeht, wobei eine positive Ladung – ein *Loch* – im Valenzband entsteht, weil die positive Ladung eines Atomkernes
dann nicht mehr vollständing kompensiert ist. Der umgekehrte Prozess der Rekombination eines Elektrons aus dem Leitungsband mit einem Loch ist ebenfalls möglich und
verläuft unter Energieabgabe, beispielsweise der Emission eines Photons.

Elektronen in Leitungsband werden durch äußere elektrische Felder bewegt, so dass
sich Stromleitung ergibt (n-Leitung). Ebenso führen Löcher im Valenzband zu einer elektrischen Leitfähigkeit (p-Leitung). Dabei werden die Löcher nacheinander von Elektronen
aufgefüllt. Da sich die Elektronen zum Pluspol bewegen, wandern die Löcher entgegengesetzt zum Minuspol, so dass man von positiven Löchern spricht. Bei niedrigen
Temperaturen wird in Halbleitern die Leitfähigkeit klein, da dann nur wenige bewegliche Elektronen im Leitungsband und Löcher im Valenzband vorhanden sind.

1.6.1 Energien der Elektronen und Löcher

Die Elektronen in einem Band haben unterschiedliche Energien und Impulse. Für freie
Elektronen gilt für den Impuls $p = m_0 v$, wobei m_0 die Elektronenmasse und v die Geschwindigkeit darstellen. Elektronen haben Eigenschaften als Teilchen und Welle (Dualismus). Daher kann dem Elektron eine Wellenlänge λ zugeordnet werden, die mit dem
Impuls p verbunden ist:

$$p = \frac{h}{\lambda} = \hbar k \ . \tag{1.12a}$$

Dabei ist $k = 2\pi/\lambda$ der Betrag des Wellenvektors und $\hbar = h/2\pi$ ist durch das Plancksche
Wirkungsquantum h gegeben. Teilweise wird der Impuls p verkürzt durch k ausgedrückt.
Damit erhält man für die kinetische Energie E_{frei}:

$$E_{\text{frei}} = \frac{m_0 v^2}{2} = \frac{p^2}{2m_0} = \frac{\hbar^2 k^2}{2m_0} \ . \tag{1.12b}$$

Nach (1.12b) ist die E-k-Beziehung eine quadratische Funktion.

In der Nähe der unteren Kante des Leitungsbandes (Abb. 1.14b) können die Elektronen
näherungsweise als frei angesehen werden, so dass (1.12b) gültig ist. Die Wirkung der
benachbarten Atome wird dadurch berücksichtigt, dass statt der Elektronenmasse m_0 eine
effektive Elektronenmasse im Leitungsband m_c eingeführt und die Energiekante E_c des
Leitungsbandes addiert wird. Damit erhält man für die Energie E_a eines Elektrons im
Leitungsband:

$$\boxed{E_a = E_c + \frac{\hbar^2 k^2}{2m_c} \ .} \tag{1.13a}$$

Die effektive Masse eines Elektrons gibt die Krümmung der Bandstrukturkurve $E(k)$ im Minimum z. B. an der Stelle $k = 0$ an. Das Valenzband ist für $k = 0$ negativ gekrümmt, was sich formal durch eine negative effektive Masse $-m_v$ beschreiben lässt. Für die Energie eines Elektrons im Valenzband gilt:

$$E_b = E_v - \frac{\hbar^2 k^2}{2m_v} . \qquad (1.13b)$$

Im Gegensatz zu (1.13a) tritt ein Minuszeichen auf und der Term $\hbar^2 k^2 / 2m_v$ ist von der Energie der obereren Bandkante des Valenzbandes E_v abzuziehen. Die Energie der Bandlücke (engl. gap) beträgt $E_g = E_c - E_v$.

Die Gleichungen (1.13a) und (1.13b) sind nur in der Nähe der Bandkanten bei kleinen Impulsen und k-Werten gültig. Außerhalb dieses Bereiches treten große Abweichungen auf (Abb. 1.14b).

1.6.2 Direkte und indirekte Halbleiter

Liegt das Maximum des Valenzbandes bei dem gleichen k-Wert wie das Minimum des Leitungsbandes, so ist von direkten Halbleitern die Rede (Abb. 1.14b). Bei indirekten Halbleitern, z. B. Silizium, ist dagegen das Leitungsbandminimum gegenüber dem Valenzbandmaximum im k-Raum verschoben (Abb. 1.15).

Lichtabsorption und -emission erfolgen hauptsächlich durch Übergänge zwischen den Bändern ohne signifikante Änderung des Elektronenimpulses $0 \leq \hbar k \leq \frac{h}{g}$ (mit einer Gitterkonstante g des Halbleitermaterials von etwa 10^{-10} m), da die Photonenimpulse

Abb. 1.15 Vereinfachte Bandstruktur des indirekten Halbleiters Silizium. Beim Übergang vom Minimum des Leitungsbandes zum Maximum des Valenzbandes ändert sich der Elektronenimpuls. Indirekte Übergänge (siehe auch Abb. 10.5) sind sehr unwahrscheinlich und für Laser wenig geeignet

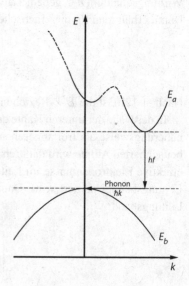

$p_p = \frac{h}{\lambda_p}$ (mit $\lambda_p =$ Wellenlänge etwa 10^{-6} m) klein gegen die Elektronenimpulse sind. Insbesondere Elektronenübergänge vom energetischen Minimum des Leitungsbandes, wo sich die meisten Elektronen aufhalten, zum Maximum des Valenzbandes können in direkten Halbleitern mit $\Delta k \approx 0$, d. h. ohne Beteiligung von Phononen, vonstatten gehen. Direkte Halbleiter sind daher im Gegensatz zu indirekten die effektiveren Photonenemitter und finden Einsatz in Leucht- und Laserdioden. Bei Übergängen zwischen dem Minimum des Leitungsbandes und dem Maximum des Valenzbandes in indirekten Halbleitern ist $\Delta k \neq 0$ und der Impuls muss von Phononen (Gitterschwingungen) aufgenommen werden. Ein Beispiel dafür ist Silizium (Abb. 1.15). Derartige Übergänge sind unwahrscheinlich, da drei Partner daran beteiligt sind: Photon, Elektron und Phonon.

1.6.3 Zustandsdichten

Für die Berechnung der Emissionseigenschaften von Halbleiterlaser ist die Kenntnis der Verteilung der Elektronen und positiven Löcher im Leitungs- und Valenzband wichtig. Die Dichte der Elektronen mit einer bestimmten Energie E ergibt sich aus dem Produkt von Zustandsdichte und Besetzungswahrscheinlichkeit. Die Zustandsdichten $\varrho_c(E)$ und $\varrho_v(E)$ beschreiben, wie viele Elektronen einen bestimmten Energiezustand im Leitungs- und Valenzband einnehmen können. Die Einheiten betragen $1/m^3$. Die Zustandsdichten können in Bandkantennähe folgendermaßen ausgedrückt werden (siehe Abschn. 1.6.7 „Elektronenwellen in Halbleitern"):

$$\rho_c(E) = \frac{(2m_c)^{3/2}}{2\pi^2\hbar^3}(E - E_c)^{1/2}, \quad E \geq E_c, \tag{1.14}$$

$$\rho_v(E) = \frac{(2m_v)^{3/2}}{2\pi^2\hbar^3}(E_v - E)^{1/2}, \quad E \leq E_v. \tag{1.15}$$

Ein Energiezustand kann mehrfach besetzt sein. Die Ursache dafür ist, dass sich Elektronen mit einer bestimmten Energie in verschiedene Richtungen bewegen können. $\varrho_c(E)$ ist die Zustandsdichte im Leitungsband und $\varrho_v(E)$ im Valenzband.

1.6.4 Besetzungswahrscheinlichkeit (Fermi-Verteilung)

Die Wahrscheinlichkeit, dass bei gegebener Temperatur T ein Zustand der Energie E mit einem Elektron besetzt ist, ergibt sich aus der Fermi-Verteilung:

$$f(E) = \frac{1}{\exp[(E - F)/kT] + 1}, \tag{1.16}$$

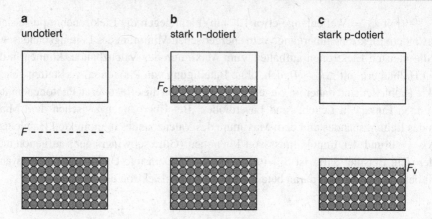

Abb. 1.16 a Fermi-Energie F in einem undotierten (intrinsischen) Halbleiter, **b** Fermi-Energie im Leitungsband F_c bei starker n-Dotierung, **c** Fermi-Energie im Valenzband F_v bei starker p-Dotierung. Die Besetzung der Elektronen (Kreise) ist bei $T = 0\,\mathrm{K}$ gezeichnet

wobei k die Boltzmann-Konstante und F die Fermi-Energie darstellen und thermisches Gleichgewicht zwischen den Ladungsträgern im Leitungs- und Valenzband vorausgesetzt wurde. Für nicht dotierte oder intrinsische Halbleiter liegt F ungefähr in der Mitte der Bandlücke (Abb. 1.16a). Entsprechend dem Pauli-Prinzip, dass jeder Elektronenzustand nur mit maximal einem Elektron besetzt ist, gilt stets $f(E) \leq 1$. Die Wahrscheinlichkeit dafür, dass ein Zustand unbesetzt bzw. mit einem Loch besetzt ist, beträgt $1 - f(E)$.

1.6.5 Dotierung

Die elektrischen Eigenschaften eines Halbleitermaterials lassen sich durch Dotierung erheblich ändern. Das Einbringen von *Donatoren* (Atome mit mehr Valenzelektronen als das Grundmaterial) erzeugt einen Überschuss an frei beweglichen Elektronen, wohingegen das Dotieren mit *Akzeptoren* (Atome mit weniger Valenzelektronen als das Grundmaterial) einen Überschuss an Löchern hervorruft. Entsprechend der Dotierung spricht man von n- oder p-Halbleitern. Die Dotierung führt zu einer Erhöhung der elektrischen Leitfähigkeit. Eine n-Dotierung verschiebt die Fermi-Energie nach oben, eine p-Dotierung nach unten. Bei sehr starker Dotierung wird die Fermi-Energie bis in das Leitungsband (bei n-Dotierung) oder das Valenzband (bei p-Dotierung) verschoben (Abb. 1.16b, c). Damit entsteht ein teilweise besetztes Band. Der Halbleiter verhält sich wie ein Metall, er ist entartet. Derartig dotierte Halbleiter werden für Diodenlaser eingesetzt.

1.6.6 Ladungsträgerinjektion, Elektronendichte und Fermi-Energie

Elektronen und Löcher können optisch, d. h. durch Einstrahlung von Licht, oder elektrisch durch Stromfluss in p-n-Übergängen erzeugt werden.

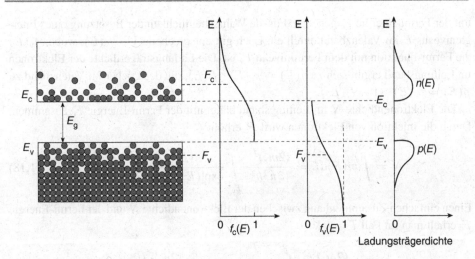

Abb. 1.17 Halbleiter im Quasigleichgewicht (Fermi-Verteilung $f_c(E)$ und $f_v(E)$ sowie Ladungs-trägerdichten der Elektronen $n(E)$ und positiven Löcher $p(E)$)

Beim Fließen eines Stromes I in einem p-n-Übergang werden in die aktive Zone Elektronen transportiert, wo sie rekombinieren können. Die Änderung der Elektronendichte N ist durch folgende Ratengleichung bestimmt:

$$\frac{dN}{dt} = \frac{I}{eV} - \frac{N}{\tau}\,. \tag{1.17}$$

Dabei ist I der Injektionsstrom, V das Volumen der aktiven Zone, τ die Lebensdauer der Ladungsträger und e die Elektronenladung. Im stationären Fall ($dN/dt = 0$) ist $N = I\tau/eV$ direkt dem Strom proportional.

Obwohl bei Ladungsträgerinjektion kein thermisches Gleichgewicht zwischen den Bändern besteht und die Fermiverteilung nach (1.16) deshalb nicht gültig ist, können sich die Ladungsträger dennoch jeweils innerhalb eines Bandes im Gleichgewicht befinden. Dieser Fall liegt insbesondere dann vor, wenn die Energie-Relaxationszeiten für Übergänge innerhalb eines Bandes beträchtlich kürzer sind als für Übergänge zwischen den Bändern. In üblicherweise verwendeten Halbleitermaterialien ist dies der Fall. Man spricht von einem Quasi-Gleichgewicht und definiert separate Fermi-Energien F_c für das Leitungsband und F_v für das Valenzband. Die Quasi-Fermi-Energien F_c und F_v befinden sich innerhalb des Leitungs- bzw. Valenzbandes. Beispielsweise gibt F_c an, bis zu welcher Energie das Leitungsband bei $T = 0\,\mathrm{K}$ besetzt ist. Ohne Ladungsträgerinjektion fallen die Fermi-Energien F_c und F_v zusammen und das gemeinsame Fermi-Niveau F liegt für undotierte Halbleiter in der Mitte der Bandlücke.

Abbildung 1.17 zeigt die Ladungsträgerverteilung eines Halbleiters im Quasi-Gleichgewicht. Die Wahrscheinlichkeit, dass ein Energieniveau E im Leitungsband mit einem Elektron besetzt wird, ist durch $f_c(E) = 1/(\exp((E-F_c)/kT)+1)$, die Fermi-Verteilung mit der Fermi-Energie F_c gegeben. Für die Wahrscheinlichkeit der Besetzung eines Energieniveaus E im Valenzband durch ein Loch gilt entsprechend $1 - f_v(E)$, wobei $f_v(E)$ die Fermi-Funktion mit dem Ferminiveau F_v ist. Die Ladungsträgerdichte der Elektronen im Leitungsband ergibt sich zu $n(E) = \rho_c(E) \cdot f_c(E)$, die der Löcher im Valenzband zu $p(E) = \rho_v(E) \cdot (1 - f_v(E))$.

Die Elektronendichte N im Leitungsband hängt mit der Fermi-Energie F_c zusammen. Durch die Injektion von Elektronen wird F_c erhöht:

$$N = \int_{E_c}^{\infty} m(E)\mathrm{d}E = \frac{(2m_e)^{3/2}}{2\pi^2\hbar^3} \int_{E_c}^{\infty} \frac{(E - E_c)^{1/2}}{\exp[(E - F_c/kT)] + 1}\mathrm{d}E. \qquad (1.18)$$

Einen einfachen Zusammenhang zwischen der Elektronendichte N und der Fermi-Energie F_c erhält man im Fall $T = 0K$:

$$N(T = 0) = \frac{(2m_c)^{3/2}}{2\pi^2\hbar^3} \int_{E_c}^{E_F} (E - E_c)^{1/2}\mathrm{d}E = \frac{(2m_e)^{3/2}}{3\pi^2\hbar^3}(E_F - E_c)^{3/2}.$$

1.6.7 Elektronenwellen in Halbleitern

Für viele Probleme der Halbleitertechnik, z. B. zur Berechnung der Zustandsdichten oder zum Verständnis von Quantum-well-Lasern, müssen die Elektronen als Wellen angesehen werden.

Zur Berechnung der Zustandsdichten nach (1.14) und (1.15) stellt man sich in einem Halbleiterwürfel der Kantenlänge L vor. Die Wellenfunktion Ψ muss periodische Randbedingungen erfüllen, z. B. $\Psi(x, y, z) = \Psi(x + L, y, z)$, für y und z entsprechend. Die Randbedingungen werden durch folgende Bedingungen für den Betrag des Wellenvektors erfüllt

$$k = 0, \quad \pm\frac{2\pi}{L}, \quad \pm\frac{4\pi}{L} \quad \text{oder} \quad k = \pm n\frac{2\pi}{L}. \qquad (1.19)$$

Die Bedingung (1.19) kann auch dadurch erklärt werden, dass sich im Halbleiterwürfel stehende Wellen nach $\lambda = L/n$ (n = ganze Zahl) bilden. Die zulässigen Werte von k unterscheiden sich jeweils um $2\pi/L$. Dies gilt in allen drei Raumrichtungen. Man sagt daher, dass ein Elektronenzustand im „k-Raum" das Volumen $(2\pi/L)^3 = (2\pi)^3/V$ einnimmt. Dabei ist $V = L^3$ das Volumen des Halbleiters.

Ein Volumenelement im k-Raum besteht aus einer Kugelschale mit dem Radius k und der Dicke $\mathrm{d}k$: $4\pi k^2 \mathrm{d}k$. Die Zahl der Elektronenzustände N in diesem Volumenelement beträgt

$$N = \frac{4\pi k^2}{(2\pi)^3}V\mathrm{d}k.$$

Dabei wurde das Volumenelement im k-Raum ($4\pi k^2 \mathrm{d}k$) durch das Volumen eines Elektronenzustandes im k-Raum $(2\pi)^3/V$ geteilt. Damit wird die Zahl der Elektronenzustände

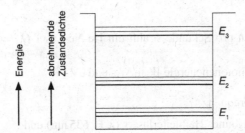

Abb. 1.18 Elektronenzustände mit den Energien E_1, E_2, E_3 in einem Quantum well. Diese Energien ergeben sich, wenn sich die Elektronenwellen senkrecht auf die Wände zu bewegen. Daneben gibt es noch andere Ausbreitungsrichtungen, die zu anderen Energien führen. Scharfe Energiezustände ergeben sich nur für einen Quantenpunkt

pro Volumen V und pro dk, die als Zustandsdichte $\varrho = N/(V\,dk)$ bezeichnet wird:

$$\varrho(k) = \frac{k^2}{\pi^2}. \tag{1.20}$$

Jeder Elektronenzustand kann mit 2 Elektronen mit unterschiedlicher Spinrichtung (Pauli Prinzip) besetzt werden. Daher wird in (1.20) ein Faktor 2 berücksichtigt.

Man führt die Energien der Elektronen nach (1.13a) und (1.13b) ein und erhält damit die Zustandsdichten $\varrho(E)$ im Leitungs- und Valenzband nach (1.14) und (1.15). In $\varrho(k) = N/(V\,dk)$ muss dabei dk durch dE ausgedrückt werden, um $\varrho(E)$ zu erhalten.

1.6.8 Quantum Well

Ein Quantum-Graben (engl. quantum well) oder Quanten-Topf ist eine Halbleiterstruktur, in der eine dünne Schicht eines Halbleiters geringen Abstandes zwischen zwei Schichten eines Halbleiters mit höherem Bandabstand eingebettet ist (Abb. 10.23). Die Dicke d beträgt 1–50 nm entsprechend 3–200 Atomlagen. Bei dieser geringen Ausdehnung kommt die Quantelung von k zur deutlichen Wirkung. In Abb. 1.18 sind die Elektronenzustände in einem Leitungsband für $n = 1, 2, 3$ gezeigt. Man kann die Zustände mit (1.19) und (1.13a) berechnen.

1.7 Aufgaben

1.1

(a) Eine 100 W-Glühlampe strahlt eine Lichtleistung von $P = 1$ W. Wie groß ist die Leistungsdichte in $r = 0,1$ und 1 m Entfernung?

(b) Vergleichen Sie die Leistungsdichte der Glühlampe mit der Leistungsdichte eines 1 mW-He-Ne-Lasers ($\lambda = 633$ nm) mit einem Strahldurchmesser von $d = 0,7$ mm.

1.2

(a) Wie viel Photonen pro Sekunde strahlt ein He-Ne-Laser ($\lambda = 633$ nm) mit $P = 1$ mW ab?

(b) Wie groß ist die Photonenenergie W in W s und eV?

1.3 Wie groß ist die Frequenz

(a) der roten Strahlung eines Halbleiterlasers ($\lambda = 635$ nm) und

(b) der blauen Strahlung eines Argonlasers ($\lambda = 488$ nm)?

1.4 Berechnen Sie die Energie der Quanten eines CO_2- und Argonlasers (mit $\lambda = 10.600$ und 488 nm) in J und eV.

1.5 Berechnen Sie die Energiezustände von atomarem Wasserstoff sowie die Wellenlängen der Übergänge $E_2 \rightarrow E_1$ sowie $E_3 \rightarrow E_2$ als Zahlenwerte.

1.6 Skizzieren Sie entsprechend Abb. 1.10 die Rotations-Schwingungs-Niveaus des elektronischen Grundzustands X des Stickstoffmoleküls N_2 mit der Schwingungsfrequenz $f \approx 7 \cdot 10^{13}$ Hz und der Rotationskonstante $B_r = 1{,}96$ cm^{-1}.

1.7 Einer Schmelze von Al_2O_3 wird eine Masse von 0,05 % Cr_2O_3 beigefügt. Wie viele Cr-Atome bzw. Cr-Ionen sind pro cm^3 vorhanden?

1.8 Ab welcher Wellenlänge wird Silizium für Strahlung transparent? Der Abstand zwischen Valenz- und Leitungsband beträgt 1,2 eV.

1.9 Man berechne die Zustandsdichte $\varrho_c(E)$ von Elektronen in einem parabolischen Band.

1.10 Man zeige, dass die Fermi-Funktion $f(E)$ für $T \rightarrow 0$ in eine Sprungfunktion übergeht ($f(E) = 1$ für $E < E_f$ und $f(E) = 0$ für $E > E_f$) und skizziere diese.

1.11 Man berechne den Wert der Fermi-Funktion für die Energie $E = 0, E = E_f$ und $E \rightarrow \infty$ und skizziere $f(E)$ für $T > 0$.

1.12 Man zeige, dass für $E \gg E_f$ und $E \gg kT$ die Fermi-Verteilung in die Boltzmann-Verteilung übergeht.

Weiterführende Literatur

1. Bergmann L, Schäfer C (2004) Lehrbuch der Experimentalphysik, Bd III, 9. Aufl. Walther de Gruyter, Berlin

2. Kittel C (2013) Einführung in die Festkörperphysik. Oldenbourg, München

3. Meschede D (2005) Optik, Licht und Laser. 2. Aufl. Teubner, Wiesbaden

Absorption und Emission von Licht

2

Nachdem im ersten Kapitel grundlegende Eigenschaften von Atomen, Molekülen, Festkörpern und Halbleitern behandelt wurden, soll im folgenden die Wechselwirkung von Licht mit Materie dargestellt werden. Spezielle Arten der Wechselwirkung sind die Absorption von Licht aber auch die Emission und die Lichtverstärkung, welche die Grundlagen des Lasers bilden.

2.1 Absorption

Licht wird beim Durchgang durch eine Materialschicht absorbiert. Zur Beschreibung der Absorption wird eine ebene Lichtwelle mit einer Intensität I_0 (in W/m^2) betrachtet, die auf eine Schicht der Dicke d einfällt (Abb. 2.1). Hinter der Schicht hat die Welle eine geringere Intensität als vorher. Die durchtretende Leistungsdichte $I = I(d)$ ist proportional zur eingestrahlten I_0 und hängt exponentiell von der Schichtdicke ab (Beersches Gesetz):

$$I = I_0 \exp(-\alpha d) \, . \tag{2.1}$$

Die für jedes Material charakteristische Größe α (in m^{-1}) wird als Absorptionskonstante oder Absorptionskoeffizient bezeichnet. Beispiele für den Koeffizienten sind: $\alpha \approx$ 1 bis $10 \, km^{-1}$ (Glasfaser) und $\alpha \approx 1 \, nm^{-1}$ (Metalle).

Zur Ableitung des Gesetzes wird in der Schicht eine Koordinate x eingeführt. Es wird angenommen, dass die an einer Stelle x vorhandene Intensität $I(x)$ um einen Betrag dI vermindert wird, wenn die Lichtwelle sich von x nach $x + dx$ fortbewegt. Die absorbierte Intensität dI ist proportional zur vorhandenen Intensität $I(x)$ und zu dx. Der Proportionalitätsfaktor α ist der bereits eingeführte Absorptionskoeffizient:

$$dI = -\alpha I(x) dx \, . \tag{2.2}$$

Die Integration dieser Gleichung mit den Randbedingungen $I(0) = I_0$ und $I(d) = I$ ergibt das Beersche Absorptionsgesetz (2.1) (Aufgabe 2.1).

© Springer-Verlag Berlin Heidelberg 2015
H.J. Eichler, J. Eichler, *Laser*, DOI 10.1007/978-3-642-41438-1_2

Abb. 2.1 Durchgang von
Licht durch einen absorbierenden Stoff der Dicke d:
$I = hf \cdot \Phi$ (siehe (1.5)
und (1.7))

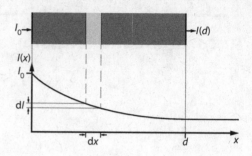

2.1.1 Atomistische Deutung der Absorption

Der Vorgang der Absorption kann atomistisch beschrieben werden. Atome oder Moleküle besitzen diskrete oder gequantelte Energiezustände $E_1, E_2, E_3, \ldots$, die sich in einem
Termschema übersichtlich darstellen lassen (Abb. 2.2). In Flüssigkeiten (z. B. Farbstofflösungen) und Festkörpern bilden sich aus den scharfen Zuständen Energiebänder. Im
ungestörten Fall befinden sich alle Atome (oder Moleküle) im Zustand der niedrigsten
Energie E_1, dem Grundzustand. Trifft Licht mit der Frequenz f_{12} auf ein Atom, so kann
es in einen höheren Energiezustand E_2 übergehen, falls die Bohrsche Bedingung

$$\boxed{E_2 - E_1 = hf_{12}}$$

(2.3)

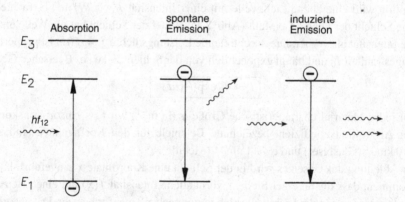

Abb. 2.2 Absorption: Ein Photon hf_{12} hebt ein Elektron aus einem unteren Energieniveau E_1 in
ein höheres E_2. Das Photon verschwindet dabei.
Spontane Emission: Ein Elektron, das sich anfangs in einem höheren oder angeregten Zustand befindet, geht in einen unteren Energiezustand über und emittiert dabei ein Photon.
Induzierte Emission: Ein Photon trifft auf ein angeregtes Elektron, das dadurch in ein tieferes Energieniveau übergeht. Gleichzeitig entsteht ein zweites gleichartiges Photon. Das einfallende Licht
wird also verstärkt.

erfüllt ist, wobei $h = 6{,}626 \cdot 10^{-34}$ J s das Plancksche Wirkungsquantum bedeutet. Dem Licht wird dadurch ein Lichtquant mit der Energie hf_{12} entzogen. Die Intensität I wird also vermindert, es hat Absorption stattgefunden.

Der Absorptionskoeffizient lässt sich aus der Zahl der absorbierten Photonen oder der Übergänge von Zustand E_1 nach E_2 berechnen. Diese Zahl pro Zeit- und Volumeneinheit wird mit $\mathrm{d}N_1/\mathrm{d}t|_a$ bezeichnet. Der Index a symbolisiert, dass der Übergang durch Absorption stattfindet. $\mathrm{d}N_1/\mathrm{d}t|_a$ ist proportional zur Dichte der Atome N_1 (Zahl der Atome/Volumen) im Grundzustand und zur Stromdichte der Photonen ϕ (Zahl der Photonen/Zeit·Fläche):

$$\left.\frac{\mathrm{d}N_1}{\mathrm{d}t}\right|_a = -\sigma_{12}N_1\phi \; . \tag{2.4}$$

Der Proportionalitätsfaktor σ_{12} ist der Wirkungsquerschnitt für Absorption. Er gibt die effektive Fläche an, mit welcher das Atom die Photonen absorbiert. Das negative Vorzeichen kommt daher, dass die Atomdichte N_1 abnimmt.

Die Zahl der Übergänge $\mathrm{d}N_1/\mathrm{d}t|_a$ ist auch gleich der Veränderung der Photonendichte (Zahl der Photonen/Volumen) $\mathrm{d}\Phi/\mathrm{d}t$. Man setzt $\Phi = \phi/c$ [(1.5) und (1.7)] und mit $c = \mathrm{d}x/\mathrm{d}t$ erhält man:

$$\left.\frac{\mathrm{d}N_1}{\mathrm{d}t}\right|_a = \frac{\mathrm{d}\Phi}{\mathrm{d}t} = \frac{1}{c}\frac{\mathrm{d}\phi}{\mathrm{d}t} = \frac{\mathrm{d}t}{\mathrm{d}x}\frac{\mathrm{d}\phi}{\mathrm{d}t} = \frac{\mathrm{d}\phi}{\mathrm{d}x} \; . \tag{2.5}$$

Die Stromdichte der Photonen ϕ ist proportional zur Leistungsdichte I (1.7). Durch Gleichsetzen von (2.4) und (2.5) ergibt sich für Abnahme von I durch Absorption:

$$\boxed{\left.\frac{\mathrm{d}I}{\mathrm{d}x}\right|_a = -\sigma_{12}N_1 I \; .} \tag{2.6}$$

Durch Vergleich mit (2.2) erhält man:

$$\alpha = \sigma_{12}N_1 \; . \tag{2.7}$$

Der Absorptionskoeffizient α wächst mit der Dichte der absorbierenden Atome oder Moleküle N_1 und damit z. B. auch mit der Konzentration einer Farbstofflösung.

Der Wirkungsquerschnitt σ_{12} kann durch den Einstein-Koeffizienten für Absorption B_{12} ausgedrückt werden, falls natürliche Linienbreite, siehe Abschn. 2.4, vorliegt:

$$\sigma_{12} = B_{12}hf_{12}/c \; . \tag{2.8}$$

2.2 Spontane Emission

Es erhebt sich nun die Frage, was mit den Atomen in angeregten Zuständen geschieht. Diese zerfallen nach einer gewissen Zeit wieder in den Grundzustand (Abb. 2.2). Die dabei freiwerdende Energie kann als Lichtquant abgestrahlt werden; allerdings nicht in Ausbreitungsrichtung der einfallenden Welle, sondern in eine beliebige Raumrichtung, so

Tab. 2.1 Lebensdauer von Laserniveaus und Wirkungsquerschnitte σ für induzierte Emission

Lasertyp	λ (nm)	τ_2 (ob. Niv.)	τ_1 (unt. Niv.)	σ (cm^2)
He-Ne	633	10…20 ns	12 ns	$3 \cdot 10^{-13}$
Ar$^+$	488	9 ns	0,4 ns	
Excimer (KrF)	248	1…10 ns	< 1 ps	10^{-16}
CO$_2$	10.600	1…10 ms		10^{-16}
Niederdruck			100 ns	
Hochdruck			1 ns	
Farbstoff Rh6G	600	5 ns	$\leq$ 10 ps	$2 \cdot 10^{-18}$
Rubin	694	3 ms	∞	$2 \cdot 10^{-20}$
Nd:YAG	1064	230 µs	30 ns	$8 \cdot 10^{-19}$
Nd:Glas	1064	300 µs	50…100 ns	$4 \cdot 10^{-20}$
Halbleiter GaAs	800	4 ns		10^{-16}

dass der einfallenden Welle tatsächlich Energie entzogen wird, wie es in obigen Rechnungen angenommen wurde.

Der Prozess der Rückkehr eines Atoms aus einem angeregten Zustand in einen tiefliegenden Zustand unter Aussendung eines Lichtquants wird als spontane Emission bezeichnet, falls er ohne äußere Einwirkung stattfindet. Die Abnahme der Atomdichte im oberen Zustand N_2 durch spontane Emission wird mit Hilfe der Lebensdauer für spontane Emission τ beschrieben:

$$\frac{dN_2}{dt}\bigg|_{sp} = -\frac{N_2}{\tau}. \tag{2.9}$$

Die reziproke Lebensdauer $A = 1/\tau$ wird als Einstein-Koeffizient für spontane Emission bezeichnet, falls τ nur durch Abstrahlung von Licht bedingt ist. Typische Beispiele für Lebensdauern sind $\tau \approx 10^{-9}$ s für erlaubte Übergänge und $\tau \approx 10^{-3}$ s für verbotene Übergänge von metastabilen Niveaus. Nur Grundzustände sind wirklich stabil mit $\tau = \infty$.

Die Rückkehr eines Elektrons vom angeregten Zustand in den Grundzustand kann auch ohne Strahlung erfolgen. In diesem Fall ist $A = 0$; trotzdem besitzt das Elektron im angeregten Zustand eine endliche Lebensdauer τ'. Es gilt daher im allgemeinen Fall $\tau' \leq 1/A$. Die Energie des angeregten Elektrons wird im allgemeinen nicht nur zur Emission eines Photons verwendet, sondern kann auch in anderer Form, z. B. als Gitterschwingung (Erwärmung) oder durch Stoßvorgänge abgegeben werden.

Einige Beispiele für die Lebensdauer von Laserniveaus sind in Tab. 2.1 angegeben.

2.3 Lichtverstärkung durch induzierte Emission

Neben dem Prozess der spontanen Emission, der durch die Beobachtung von Fluoreszenz schon lange bekannt war, postulierte Einstein die induzierte oder stimulierte Emission. Danach kann die Rückkehr eines Atoms aus einem angeregten Zustand in einen tiefer liegenden Zustand nicht nur spontan erfolgen, sondern auch durch äußere Einwirkung einer Lichtwelle, welche die Bohrsche Frequenzbedingung erfüllt. Die induzierte Emission ist der Umkehrvorgang zur Absorption. Die Anzahl dieser Prozesse pro Zeit- und Volumeneinheit $dN_2/dt|_i$ ist durch zu (2.4) und (2.6) analoge Beziehungen gegeben:

$$\left.\frac{dN_2}{dt}\right|_i = \sigma_{21} N_2 \phi \quad \text{und}$$

$$\boxed{\left.\frac{dI}{dx}\right|_i = \sigma_{21} N_2 I} .$$

(2.10)

Dabei bedeuten N_2 die Dichte der angeregten Atome, σ_{21} den Wirkungsquerschnitt für induzierte Emission, t die Zeit und x die Koordinate in Ausbreitungsrichtung. Der Index i zeigt an, dass die Gleichungen für den Prozess der induzierten Emission gelten. Die Leistungsdichte I einer eingestrahlten Lichtwelle nimmt zu, die Welle wird verstärkt. Damit entfällt das negative Vorzeichen in (2.10).

Während bei der spontanen Emission das Photon statistisch in verschiedene Richtungen emittiert wird, wird bei der induzierten Emission das entstehende Photon in Ausbreitungsrichtung des einfallenden Photons abgestrahlt. Im Wellenbild kann ausgesagt werden, dass die induzierte Welle kohärent zur einfallenden Lichtwelle ist, d. h. sie hat gleiche Frequenz und Phase.

Durch thermodynamische oder quantenmechanische Überlegungen kann gezeigt werden, dass die Wirkungsquerschnitte für Absorption und induzierte Emission gleich sind, falls die Niveaus gleiches statistisches Gewicht aufweisen:

$$\boxed{\sigma_{12} = \sigma_{21} = \sigma} \quad (\text{und}\, B_{12} = B_{21} = B) .$$

(2.11)

Die Koeffizienten A und B sind nach Einstein verknüpft durch

$$\frac{A}{B} = \frac{8\pi h f_{12}^3}{c^3} .$$

Besitzen die Niveaus mit E_1 und E_2 Unterzustände, so gilt:

$$\boxed{g_1 \sigma_{12} = g_2 \sigma_{21}} .$$

(2.12)

Dabei bedeuten g_1 und g_2 die jeweilige Anzahl der Unterzustände.

Die durch induzierte Emission entstehenden Lichtquanten führen im Gegensatz zur spontanen Emission zu einer Verstärkung der eingestrahlten Lichtwelle. Die induzierten Lichtquanten haben dieselbe Frequenz, Richtung und Phase wie die eingestrahlten.

2.3.1 Verstärkungsfaktor

Die Funktion des Lasers beruht auf der induzierten Emission. Daher wird im Folgenden die spontane Emission vernachlässigt.

Der Verstärkung durch induzierte Emission $dI|_i$ wirkt die Absorption $dI|_a$ entgegen. Insgesamt gilt für die Änderung der Intensität:

$$dI = dI|_a + dI|_i \ .$$

Für Niveaus mit den Entartungsgraden $g_1 = g_2$ gilt [(2.6) und (2.10)]:

$$\frac{dI}{dx} = -\sigma N_1 I + \sigma N_2 I \quad \text{oder}$$

$$\frac{dI}{dx} = \sigma \left(N_{L_2} - N_{T_1}\right) I \ . \tag{2.13}$$

Durch Integration über die Dicke d des Mediums erhält man das verallgemeinerte Beersche Gesetz

$$\boxed{\begin{aligned} \frac{I}{I_0} &= \exp\left(\sigma(N_2 - N_1)d\right) \quad \text{oder} \\ G &= \frac{I}{I_0} = \exp(gd) \ . \end{aligned}} \tag{2.14}$$

Für den Fall $N_2 > N_1$ wächst die Intensität an, da der Exponent der e-Funktion positiv wird. Das Licht wird dann in der Materieschicht verstärkt. Diese Lichtverstärkung durch induzierte Emission (engl. Light Amplification by Stimulated Emission of Radiation, abgekürzt: Laser) ist der grundlegende Mechanismus, auf dem die Funktion des Lasers beruht. Eine Verstärkung tritt nur auf, wenn sich mehr Atome im oberen Niveau 2 befinden als im unteren 1. Ist diese Bedingung nicht erfüllt, so überwiegt die Absorption durch den Zustand 1. Eine weitere Bedingung lautet, dass die Frequenz des eingestrahlten Lichtes dem Frequenzabstand der beiden Niveaus gleich ist. Das Verhältnis von durchtretender Intensität I zur einfallenden Intensität I_0 wird als Verstärkung, Verstärkungsfaktor oder Gewinn G (engl. gain) bezeichnet. Die Größe

$$\boxed{g = \sigma \cdot (N_2 - N_1)} \tag{2.15}$$

stellt die differentielle Verstärkung (engl. gain coefficient) oder in Analogie zum Absorptionskoeffizienten [vgl. (2.7)] den Verstärkungskoeffizienten dar.

Für kleine Werte gd gilt näherungsweise für den Verstärkungsfaktor oder Gewinn

$$\boxed{G = \exp(gd) \approx 1 + gd \ .} \tag{2.16}$$

In einer He-Ne-Gasentladung eines Lasers von 1 m Länge erreicht man im kontinuierlichen Betrieb Verstärkungsfaktoren von etwa $G = 1,1$. Man sagt in diesem Fall, dass dies Verstärkung $gd = 10\,\%$ beträgt. Mit optisch gepumpten Nd:YAG-Kristallen lassen sich wesentlich höhere Verstärkungsfaktoren von etwa $G = 10$ erreichen. Bei einer Kristalllänge von $d = 5\,\text{cm}$ ergibt sich $g = (\ln G)/d = 0{,}46\,\text{cm}^{-1}$. Weitere Beispiele für Verstärkungsfaktoren werden bei der Beschreibung der verschiedenen Lasertypen gegeben.

2.3.2 Boltzmann-Verteilung, negative Temperatur

Das wichtigste Problem beim Bau eines Lasers ist, die Bedingung $N_2 > N_1$ zu erfüllen, also ein angeregtes Niveau 2 gegenüber einem tiefer liegenden Niveau 1 stärker zu besetzen. Man spricht in diesen Fällen von einer Überbesetzung oder einer Inversion. Im Normalzustand befinden sich fast alle Atome im Grundzustand. Durch thermische Stöße erfolgt jedoch eine gewisse Anregung höhergelegener Energiezustände mir den Energien $E_1, E_2, E_3, \ldots$. Die Besetzungszahlen $N_1, N_2, N_3, \ldots$ sind durch die Boltzmann-Verteilung gegeben, falls sich das System im thermischen Gleichgewicht befindet. Aus Überlegungen der statistischen Wärmelehre erhält man:

$$\boxed{\frac{N_2}{N_1} = \frac{g_2}{g_1} \exp\left(-\frac{E_2 - E_1}{kT}\right).}$$ (2.17)

Dabei ist T die absolute Temperatur in K und $k = 1{,}38 \cdot 10^{-23}\,\text{J/K} = 8{,}6 \cdot 10^{-5}\,\text{eV/K}$ die Boltzmann-Konstante. Die Größen g_1 und g_2 stellen die Zahl der Unterniveaus der Zustände 1 und 2 dar. Bei Zimmertemperatur ist $T = 300\,\text{K}$ und $kT = 24{,}9\,\text{meV}$. Angeregte Zustände mit Energien von einigen eV, von denen Lichtemission stattfinden könnte, sind thermisch nur schwach angeregt. Erst für $T \rightarrow \infty$ erhält man nach (2.17) gleiche Besetzung $N_2 = N_1$. Dies bedeutet, dass in thermischen Lichtquellen eine Besetzungsinversion und damit eine Lasertätigkeit nicht erzielt werden kann. Formal erhält man eine Besetzungsinversion für negative Temperaturen.

2.4 Linienbreite

Bisher wurde davon ausgegangen, dass die Energieniveaus E_1 und E_2 scharf sind und Lichtabsorption oder Emission nur mit der Frequenz f_{12} erfolgt. Tatsächlich haben jedoch die Niveaus und die optischen Linien eine Unschärfe. Dies muss in den Gleichungen zur Absorption und Verstärkung von Licht berücksichtigt werden.

Dazu wird in folgendem eine Linienformfunktion $F(f)$ eingeführt, welche die Abhängigkeit des Wirkungsquerschnittes $\sigma(f) = \sigma F(f)$ und damit des Absorptions- oder Verstärkungskoeffizienten von der Frequenz angibt (Abb. 2.3). Weiterhin gilt für die differentielle Verstärkung $g(f) = gF(f)$, wobei g den Maximalwert angibt.

Man unterscheidet zwischen einer homogenen und inhomogenen Linienverbreiterung. Die spontane Emission und z. B. der Einfluss von Stößen in Gasen und Gitterschwingungen in Festkörpern führen zu einer für alle Atome gleichartigen oder homogenen Verbreiterung. Daneben gibt es inhomogene Prozesse, bei denen einzelne Atome unterschiedliche Übergangsfrequenzen haben. Ein Beispiel dafür ist die Doppler-Verbreiterung, bei welcher die Frequenz von der Geschwindigkeit des Atoms abhängt. Auch der Stark-Effekt in Festkörpern wirkt auf die Atome unterschiedlich, wenn die felderzeugende Umgebung verschieden ist.

2.4.1 Natürliche Linienbreite

Die natürliche Linienbreite wird durch die Lebensdauer τ der beteiligten Niveaus bestimmt. Es handelt sich um eine homogene Verbreiterung. Nach der Unschärferelation von Heisenberg gilt:

$$\Delta E = \frac{h}{2\pi\tau} \, . \tag{2.18}$$

Die Niveaus besitzen somit eine natürliche Breite ΔE. Aus der Bohrschen Bedingung $hf_{12} = E_2 - E_1$ folgt die Bandbreite Δf_n einer Linie

$$\Delta f_n = \frac{1}{2\pi}\left(\frac{1}{\tau_1} + \frac{1}{\tau_2}\right) \, , \tag{2.19}$$

wobei τ_1 und τ_2 die Lebensdauer des unteren und oberen Niveaus sind. Durch eine genauere Theorie erhält man die Linienformfunktion

$$F_n(f) = \frac{(\Delta f_n/2)^2}{(f - f_{12})^2 + (\Delta f_n/2)^2} \, . \tag{2.20}$$

Diese Linienform $F_n(f)$ wird als Lorentz-Profil bezeichnet (Abb. 2.3).

Mit Tab. 2.1 für die Lebensdauern $\tau_{1,2}$ können einige Linien von wichtigen Lasern berechnet werden. Die beobachteten Bandbreiten (Tab. 2.2) der optischen Übergänge sind wesentlich größer, da noch weitere Prozesse zur Linienverbreiterung beitragen.

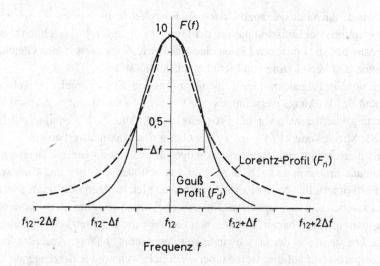

Abb. 2.3 Linienformfunktionen: Gauß- und Lorentz-Profil

Tab. 2.2 Beispiele für Linienbreiten von Laserübergängen

Lasertyp	Wellenlänge in nm	Linienbreite	Mechanismus
He-Ne Gastemperatur 300 K	632	1,5 GHz	Doppler, inhomogen
Argon-Ionen Gastemperatur 2000 K	488	4 GHz	Doppler, inhomogen
Excimer KrF	248	10 THz	Überlappende Schwingungsniv.
CO_2	10 600		
10 mbar, 300 K		60 MHz	Doppler, inhomogen
1 bar		4 GHz	Stöße, homogen
10 bar		150 GHz	Überlappende Rotationsniv.
Farbstoff Rh6G	600	80 THz	Überlappende Schwingungsniv.
Rubinlaser	694	330 GHz	Gitterschwingungen, homogen
Nd:YAG	1064	120 GHz	Wie Rubinlaser
Nd:Glas	1064	7500 GHz	Starkeffekt durch statistische E-Felder, inhomogen
Halbleiter GaAs	800	10 THz	Energiebänder der Elektronen im period. Kristallfeld

2.4.2 Stoßverbreiterung

Elastische Stöße zwischen Gasteilchen führen ebenfalls zu einer homogenen Verbreiterung. Da die Zahl der Stöße mit dem Druck ansteigt, spricht man auch von einer Druckverbreiterung. Beim elastischen Stoß wird beim Emissionsprozess die Phase der emittierten Lichtwelle verändert. Es entstehen endliche Wellenzüge der Dauer τ_S, in denen die Phase konstant ist. Durch Fourieranalyse ergibt sich für das Frequenzspektrum ein Lorentz-Profil. Die Halbwertsbreite Δf_S ist durch die mittlere Zeit zwischen zwei Stößen τ_S gegeben. Mit $\tau_1 = \tau_2 = \tau_S$ ergibt sich aus (2.19):

$$\boxed{\Delta f_S = \frac{1}{\pi \tau_S}.} \tag{2.21}$$

Aus den Gesetzen der Thermodynamik kann die Stoßzeit und damit Δf_S abgeschätzt werden

$$\Delta f_S = \sqrt{\frac{3}{4mkT}} \cdot d^2 p, \tag{2.22}$$

wobei m die Masse der Atome oder Moleküle und d deren Durchmesser bedeuten. $k = 1{,}3807 \cdot 10^{-23}$ J/K ist die Boltzmann-Konstante und T die absolute Temperatur. Die Stoßverbreiterung Δf_S ist proportional zum Gasdruck p. Normalerweise ist die Stoßverbreiterung Δf_S wesentlich größer als die natürliche Linienbreite Δf_n. Für den He-Ne-Laser erhält man $\Delta f_n \approx 10\,\text{MHz}$ und $\Delta f_S = 100\,\text{MHz}$.

Die Stoßverbreiterung im Festkörper beruht auf der Wechselwirkung mit den Kristallschwingungen (Phononen) und führt auch zu einem Lorentz-Profil. Diese Verbreiterung kann man beispielsweise beim Nd:YAG-Laser beobachten (Tab. 2.2).

2.4.3 Doppler-Verbreiterung

Die inhomogene Doppler-Verbreiterung wird durch die Frequenzverschiebung gegeben, welche durch die Geschwindigkeit der Atome oder Moleküle verursacht wird (Doppler-Effekt). Bewegt sich ein strahlendes Atom mit der Geschwindigkeit von $v \ll c$ in Richtung eines Detektors, so wird folgende Frequenz f'_{12} beobachtet:

$$f'_{12} = f_{12} \left(1 \pm v/c\right) . \tag{2.23}$$

Dabei ist f_{12} die Frequenz des ruhenden Teilchens. Die beiden Vorzeichen geben an, ob sich das Teilchen auf den Detektor zu oder weg bewegt. In Gasen herrscht im thermischen Gleichgewicht eine Maxwellsche Geschwindigkeitsverteilung. Der Begriff inhomogen bedeutet hier, dass jedes Teilchen eine andere Geschwindigkeit und damit eine andere Frequenz der Strahlung hat (Abb. 2.4). Aus der Maxwell-Verteilung folgt die Linienformfunktion (Aufgabe 2.10). Sie besitzt ein Gauß-Profil und ist durch

$$F_D(f) = \exp\left(-\left(\frac{2\left(f - f_{12}\right)}{\Delta f_D}\right)^2 \ln 2\right) \tag{2.24}$$

gegeben. Für die Halbwertsbreite erhält man

$$\boxed{\Delta f_D = \frac{2 f_{12}}{c} \sqrt{2kT \ln 2 / m} .} \tag{2.25}$$

Abb. 2.4 Dopplerverbreiterung

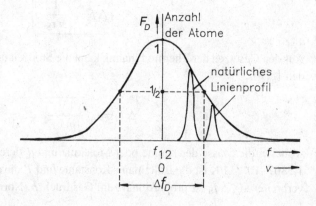

Δf_D beträgt z. B. 1,5 GHz für einen He-Ne-Laser und ist damit wesentlich größer als die natürliche Linienbreite Δf_n und die Stoßverbreiterung Δf_S.

Bei gleicher Halbwertsbreite fällt das Gauß-Profil steiler mit der Frequenz ab als die Lorentz-Kurve (Abb. 2.3).

2.4.4 Weitere Verbreiterungsmechanismen

Für *Glaslaser* ist die inhomogene Verbreiterung durch örtlich inhomogene Kristallfelder von Bedeutung (Tab. 2.2), die unterschiedlich auf eingebaute laseraktive Atome (z. B. Seltene Erden) wirken. Dies führt zu einer Frequenzverschiebung durch den statistischen Stark-Effekt. In *Halbleiterlasern* ist die Verbreiterung auf die Bandstruktur zurückzuführen, wobei die Breite durch die Energieverteilung der Elektronen und Löcher gegeben wird.

Normalerweise sind mehrere Mechanismen der Verbreiterung gleichzeitig vorhanden. Die natürliche Linienbreite ist dabei meist vernachlässigbar. Beim *Gaslaser* treten hauptsächlich die Stoß- und Doppler-Verbreiterung auf, wobei bei kleinem Druck die Doppler-Verbreiterung überwiegt. Bei *Festkörperlasern* findet man die homogene Verbreiterung durch Gitterschwingungen oder die nichthomogene durch den statistischen Stark-Effekt. Bei *Farbstoffen* tritt eine besonders breite homogene Linie auf, da engliegende Rotations-Vibrations-Niveaus durch Wechselwirkung zwischen Molekülen verbreitert werden.

2.5 Inversionserzeugung und -abbau

Verstärkung von Licht und damit eine Lasertätigkeit kann nur erfolgen, wenn in den Besetzungsdichten eine Inversion vorhanden ist ($N_2 > N_1$). Die verschiedenen Pumpmechanismen zur Erzeugung der Inversion werden hier nur kurz vorgestellt. Eine ausführliche Beschreibung wird bei der Darstellung der verschiedenen Lasertypen gegeben.

Bei *Gaslasern* werden zum Pumpen meist spezielle Mechanismen der Gasentladung herangezogen. Dabei wird die Energie an das obere Laserniveau durch Elektronen- oder Atomstöße übertragen. Besteht das Gas nur aus einer Spezies (z. B. Edelgas-Ionenlaser) erfolgt die Anregung direkt durch Elektronenstoß. Sind mehrere Spezies vorhanden (z. B. He-Ne- oder CO_2-Laser), so kann resonante Energieübertragung zwischen verschiedenen Atomen oder Molekülen ausgenutzt werden (Stoß 2. Art). Dabei ist es günstig, wenn das eine Teilchen einen langlebigen Zustand besitzt, von welchem das obere Laserniveau des anderen Atoms resonant angeregt wird. Andere Verfahren bei Gaslasern sind: Pumpen durch chemische Reaktionen (z. B. HF-Laser), durch gasdynamische Prozesse (z. B. spezielle CO_2-Laser) oder seltener durch Licht.

Festkörper- und *Farbstofflaser* werden optisch gepumpt. Die Pumplichtquelle muss eine hohe Strahlungsdichte in einem Spektralbereich haben, welcher zur Anregung des obe-

Abb. 2.5 Intensitätsabhängigkeit des Verstärkungsfaktors

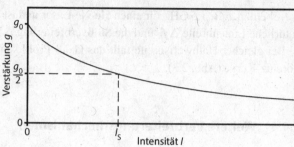

Abb. 2.6 Homogene Sättigung des Linienprofils. Durch Einstrahlung von Lichtern mit der Intensität I wird die Verstärkung homogen abgebaut

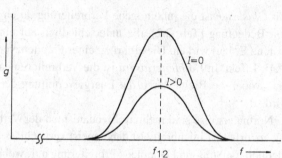

ren Laserniveaus führt. Dafür werden Blitzlampen, verschiedene kontinuierliche Lichtquellen sowie häufig Laser eingesetzt.

Halbleiterlaser werden durch elektrischen Strom gepumpt, wobei Elektronen ins obere Valenzband injiziert werden, welches das obere Laserniveau darstellt.

2.5.1 Sättigung der Verstärkung

Im Fall einer Besetzungsinversion ($N_2 > N_1$) wird Licht, welches mit einer Frequenz innerhalb der Linienbreite in ein Medium gestrahlt wird, verstärkt. Der Verstärkungskoeffizient g ist in (2.15) für den Fall angegeben, dass die Lichtintensität klein ist. Strahlt man Licht höherer Leistungsdichte I ein, so werden die oberen Niveaus umso stärker entleert, je größer I ist. Dies führt zu einer Abnahme der Verstärkung, die im Fall homogener Sättigung gegeben ist durch (Abb. 2.5 und 2.6)

$$g = \frac{g_0}{1 + I/I_S} . \tag{2.26}$$

Dabei ist g_0 die Verstärkung bei sehr kleiner Intensität ($I = 0$) und I_S bezeichnet man als Sättigungsintensität. Aus den Ratengleichungen (2.43, 2.44) kann I_S berechnet werden:

$$I_S = \frac{h f_{12}}{\sigma_{21} \tau} . \tag{2.27}$$

Abb. 2.7 Sättigung bei einer inhomogenen Linie (spektrales hole-burning). Durch Einstrahlung von Licht mit einer Frequenz f_L wird die Verstärkung stark abgebaut

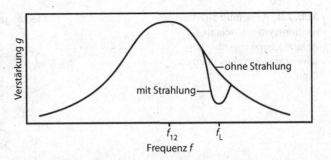

Dabei sind σ_{21} der Wirkungsquerschnitt für stimulierte Emission und τ die Lebensdauer des oberen Niveaus. Die Berechnung von (2.26) und (2.27) wird in Aufgabe 2.12 durchgeführt.

Ein Beispiel für das Auftreten *homogener* Sättigung ist bei natürlicher Linienbreite gegeben. Erhöht man die Intensität I, so beobachtet man eine gleichmäßige, homogene Sättigung des Linienprofils (Abb. 2.6). Auch Linien, welche durch Gitterschwingungen verbreitert sind, z. B. beim Nd:YAG-Laser, zeigen ein derartiges Verhalten.

Anders ist das Verhalten der Sättigung bei *inhomogener* Verbreiterung von Linien, z. B. bei Dopplerverbreiterung. Jedes Atom (Molekül) in einem Gas ist durch eine bestimmte Geschwindigkeit v gekennzeichnet, die sich im Laufe der Zeit ändern kann. Aufgrund des Doppler-Effekts ergibt sich jeweils eine zugeordnete Übergangsfrequenz f. Wird nun Licht mit einer bestimmten Frequenz f_L eingestrahlt, so tritt nur eine Wechselwirkung mit Atomen passender Geschwindigkeit bzw. Frequenz auf, und es kommt zu einer selektiven Abnahme der Verstärkung im Bereich der Einstrahlfrequenz (hole burning, Abb. 2.7). Die Breite des Loches liegt im Bereich der natürlichen Linienbreite Δf_n oder der Stoßbreite Δf_S, falls diese größer ist. Das Loch wird nach dem Abschalten der Intensität wieder aufgefüllt. Das beschriebene Verhalten tritt bei Gaslasern, z. B. dem He-Ne- oder CO_2-Laser auf.

2.6 Lichtemission durch beschleunigte Elektronen

Licht entsteht durch Übergänge von Elektronen aus angeregten Zuständen mit der Energie E_2 in Atomen, Molekülen und Festkörpern in Zustände geringerer Energie E_1. Wie in den vorangegangenen Abschnitten erläutert, wird die Differenzenergie in Form von Lichtquanten oder Photonen abgestrahlt. Quantenmechanisch bedeutet dies, dass sich während der Abstrahlung die Wellenfunktionen des Elektrons in den „stationären" Zuständen überlagern, so dass sich eine räumliche Oszillation der Ladungsdichte mit der Frequenz $f_{12} = (E_2 - E_1)/h$ ergibt, die einem schwingenden elektrischen Dipol entspricht.

Die von einem solchen Dipol abgestrahlte Intensität ist in Abb. 2.8 dargestellt. Senkrecht zur Schwingungsrichtung ist die Abstrahlung maximal, in Schwingungsrichtung findet keine Abstrahlung statt. Bei der Abstrahlung durch ein einzelnes Atom gibt die

Abb. 2.8 Ausschnitt aus der
rotationssymmetrischen
Abstrahlcharakteristik eines
schwingenden elektrischen
Dipols

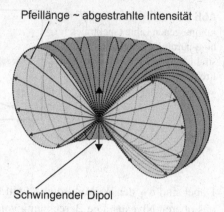

Pfeillänge ~ abgestrahlte Intensität

Schwingender Dipol

in Abb. 2.8 dargestellte Winkelverteilung die Wahrscheinlichkeit an, mit der ein Photon in
eine bestimmte Richtung emittiert wird, wenn nacheinander viele Anregungs- und Emissionsprozesse stattfinden.

Die Winkelverteilung nach Abb. 2.8 setzt eine bestimmte Orientierung des emittierenden Dipols, z. B. eines Atoms, voraus. Sind viele Dipole oder Atome mit statistischer
Orientierungsverteilung vorhanden oder ändert ein atomarer Dipol zwischen aufeinander-
folgenden Emissionsprozessen die Orientierung statistisch, so ergibt sich eine kugelsym-
metrische Verteilung der emittierten Photonen.

Die Oszillation einer Ladungsdichte stellt ein Beispiel für eine (nicht konstant) beschleunigte Bewegung dar. Auch Elektronen, die z. B. in einem Synchrotron auf einer
Kreisbahn umlaufen, sind beschleunigte Ladungen, wobei die Beschleunigung eine Änderung der Richtung des Geschwindigkeitsvektors bedeutet, auch wenn der Betrag dieses
Vektors konstant bleibt (Radialbeschleunigung). Die derart beschleunigten Elektronen in
einem Synchrotron emittieren die „Synchrotronstrahlung", die allerdings ein breites Spektrum besitzt, da keine oszillatorische Bewegung des Elektrons auf der Bahn vorliegt.

Elektronen können auch durch ein örtlich periodisches Magnetfeld (Undulator), das
senkrecht zu ihrer Anfangs-Translationsgeschwindigkeit gerichtet ist, zu einer Oszillation
bewegt werden. Dies führt dann zu einer Lichtemission bei einer entsprechenden Frequenz
und kann zum Bau von Freie-Elektronen-Laser (FEL) ausgenutzt werden (siehe Kap. 11).

2.7 Aufbau von Lasern

In Lasern wird zunächst spontan emittiertes Licht durch induzierte Emission verstärkt. Damit die induzierten Emissionsprozesse überwiegen, und es damit zu den speziellen Eigenschaften der Laserstrahlung kommt, muss entweder der Verstärkungsfaktor des Materials
bei einem Durchlauf groß genug sein (Superstrahler), oder aber es muss für einen mehrfachen Durchgang der Laserphotonen durch das verstärkende Material gesorgt werden. Dies
führt zu der charakteristischen Laseranordnung aus aktivem Material und Spiegeln.

Abb. 2.9 Aufbau eines Super-
strahlers

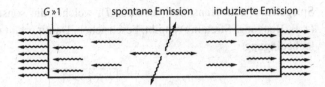

2.7.1 Superstrahlung

Ein Superstrahler kann als Vorstufe oder einfache Ausführungsform eines Lasers aufgefasst werden. Er besteht aus einem stabförmigen Material, in dem durch ein geeignetes
Verfahren Überbesetzung erzeugt wird (Abb. 2.9). Zunächst finden spontane Emissionsprozesse in alle Richtungen statt. Die in Richtung der Stabachse emittierten Photonen
laufen eine relativ große Wegstrecke durch das angeregte Medium und werden dabei verstärkt. Ist der Verstärkungsfaktor groß genug, so tritt in Vorwärtsrichtung intensives, ge-
bündeltes Licht auf, das als Superstrahlung bezeichnet wird. Zum Beispiel arbeiten Stickstofflaser teilweise in dieser Betriebsart und sollten somit korrekter als N_2-Superstrahler
bezeichnet werden.

2.7.2 Laser: Schwellenbedingung

Die Verstärkung der meisten Materialien ist zu gering, um intensive Superstrahlung zu
erreichen. Eine Erhöhung der Verstärkung kann z. B. durch Vergrößerung der Länge des
laserfähigen Materials erreicht werden. Dem sind jedoch technische Grenzen gesetzt. Statt
dessen wird das Material zwischen zwei parallele Spiegel gebracht (Abb. 2.10). Spontan in
axialer Richtung emittiertes Licht wird in einer solchen Laseranordnung zunächst in dem
Material verstärkt, wenn auch nur schwach. Nach Reflexion an den Spiegeln durchläuft
das Licht das Material erneut und wird weiter verstärkt, so dass sich die Lichtintensität
permanent erhöht, bis sich schließlich ein stationärer Gleichgewichtswert einstellt. Damit die Intensität zunächst anwächst, muss der Verstärkungsfaktor G so groß sein, dass
die Verluste ausgeglichen werden können. Diese werden durch den Reflexionsgrad R der

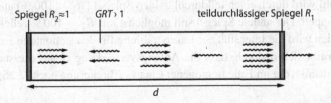

Abb. 2.10 Prinzipieller Aufbau eines Lasers: Ein spontan emmittiertes Photon wird verstärkt. Die
Photonlawine tritt teilweise als Laserstrahl durch den teildurchlässigen Spiegel aus

Spiegel und den Transmissionsfaktor T, welcher die sonstigen Verluste je Durchgang (z. B. Beugung, Streuung) angibt, beschrieben. Damit erhält man die so genannte Schwellenbedingung

$$GRT \geq 1 \, . \tag{2.28}$$

Haben beide Spiegel unterschiedliche Reflexionsgrade R_1 und R_2, ist statt R der geometrische Mittelwert

$$R = \sqrt{R_1 R_2} \tag{2.29}$$

einzusetzen.

Die Schwellenbedingung (2.28) lässt sich auch als Bedingung für die Differenz der Besetzungsdichte $N_2 - N_1$ an der Laserschwelle angeben. Man setzt für den Verstärkungsfaktor G die Gleichung (2.14) ein:

$$GRT = RT \exp \sigma \, (N_2 - N_1) \, d \, , \tag{2.30}$$

wobei σ den Wirkungsquerschnitt für stimulierte Emission und d die Länge des Lasermediums darstellen. Für die Schwelleninversion erhält man mit der Näherung $\ln 1/x \approx 1 - x$ für $x \approx 1$:

$$N_2 - N_1 \geq \frac{\ln(1/RT)}{\sigma d} \approx \frac{1 - RT}{\sigma d} \, . \tag{2.31}$$

Die Näherung im letzten Teil der Gleichung gilt für kleine Verluste, d. h. $RT \approx 1$. Bei Festkörperlasern (z. B. Nd:YAG) liegt der Schwellwert für die Besetzung der oberen Niveaus bei $N_2 \approx 10^{17} \, \text{cm}^{-3}$, bei Gaslasern sind kleinere, bei Halbleiter- und Farbstofflasern größere Werte möglich.

In allen Gleichungen wurde eine unterschiedliche Entartung der Niveaus nicht berücksichtigt. Dies kann durch Ersetzen von $N_2 - N_1$ durch $N_2 - (g_2/g_1) \, N_1$ korrigiert werden.

2.7.3 Stationärer Laserbetrieb

Der Laserstrahl wird durch einen teildurchlässigen Spiegel ($R_1 < 100\,\%$) aus dem Resonator ausgekoppelt. Der andere Spiegel soll möglichst mit $R_2 = 100\,\%$ reflektieren.

Im folgenden wird die Intensität der Laserstrahlung für den stationären Fall berechnet. Dieser Fall ergibt sich dadurch, dass die Anfangsverstärkung G auf die stationäre Verstärkung G_L absinkt, die im Falle homogener Linienverbreiterung nach (2.26) gegeben ist durch:

$$G_L = \exp(gd) = \exp \frac{g_0 d}{1 + I/I_S} \, . \tag{2.32}$$

Die Bedingung für den stationären Fall lautet:

$$G_L RT = 1 \, . \tag{2.33}$$

Die stationäre Intensität im Resonator ergibt sich daraus zu:

$$I = I_S \left(\frac{g_0 d}{\ln(1/RT)} - 1 \right) \, . \tag{2.34}$$

Für kleine Verstärkungen $1 + gd \approx 1$, und $RT \approx 1$ ergibt sich näherungsweise (mit $\ln 1/x \approx 1 - x$):

$$I \approx I_S \left(\frac{g_0 d}{1 - RT} - 1 \right) \, . \tag{2.35}$$

In der Gleichung bedeuten I_S die Sättigungsintensität, g_0 den Verstärkungskoeffizienten bei kleinen Signalen, d die Länge des aktiven Mediums, T den Transmissionsfaktor und R den Reflexionsgrad nach (2.29).

Die Intensität der ausgekoppelten Laserstrahlung I_{out} ist durch

$$I_{\text{out}} = \frac{I}{2} (1 - R_1) \approx I (1 - R) \tag{2.36}$$

gegeben. Der Faktor $\frac{1}{2}$ gibt an, dass sich die Gesamtintensität I aus den Teilintensitäten von zwei Wellen zusammensetzt, die entgegengesetzte Ausbreitungsrichtung im Resonator besitzen. Für die Gültigkeit der Näherung im letzten Teil der Gleichung wurde $R_2 = 1$ und $R_1 \approx 1$ angenommen, so dass $R = \sqrt{R_1} \approx (1 + R_1)/2$ gilt.

Die Gleichungen (2.35) und (2.36) können benutzt werden, um die Ausgangsintensität eines Lasers abzuschätzen, wenn der Verstärkungskoeffizient g_0 und die Sättigungsintensität I_S aus Messungen bekannt sind. Die Größen g_0 und I_S können auch aus den Besetzungszahlen und den Wirkungsquerschnitten bzw. den Einstein-Koeffizienten bestimmt werden.

In Abb. 2.11 ist die Abhängigkeit der Intensitäten I und I_{out} vom Reflexionsgrad $R = \sqrt{R_1}$ dargestellt. Es existiert ein optimaler Reflexionsgrad R_{opt} für den Spiegel zur Aus-

Abb. 2.11 Abhängigkeit der internen Intensität I in einem Laserresonator und der Ausgangsintensität I_{out} vom Reflexionsgrad $R = \sqrt{R_1}$. Dabei ist $R_2 = 1$ angenommen

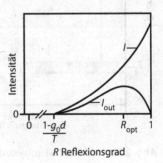

kopplung maximaler Laserleistung. Für He-Ne-Laser liegt der optimale Reflexionsgrad R_1 zwischen 95 und 99 %, bei Festkörperlasern bei 20 bis 90 % und bei hochverstärkenden Excimerlasern bei etwa 5 %.

2.8   Zeitliches Emissionsverhalten, Ratengleichungen

Zur Beschreibung des zeitlichen Emissionsverhaltens von Lasern, z. B. im Pulsbetrieb, werden Raten- oder Bilanzgleichungen für die Besetzungsdichten der beteiligten Niveaus und die Photonendichte im Resonator verwendet. Man unterscheidet zwischen Drei- und Vierniveau-Lasern (Abb. 2.12). Eines der wenigen wichtigen Dreiniveau-Systeme ist der Rubinlaser. Bei Festkörperlasern ist das Niveau 3 in beiden Fällen ein breites Absorptionsband, welches die Energie schnell auf das obere Laserniveau 2 überträgt ($\tau_{32} \ll \tau_{21}$).

Der Nachteil der *Dreiniveau-Laser* liegt darin, dass das untere Laserniveau der Grundzustand ist. Damit muss sehr stark gepumpt werden, um eine Inversion zu erzielen.

Günstiger sind *Vierniveau-Systeme*, weil das untere Laserniveau weiter zerfallen kann, z. B. beim Nd-Laser. Die Bilanzgleichung für die Besetzungsdichte N_1 des Grundzustandes lautet:

$$\frac{\mathrm{d}N_1}{\mathrm{d}t} = \underbrace{- \left|\frac{\mathrm{d}N_1}{\mathrm{d}t}\right|_\mathrm{a}}_{-\text{ Absorption}} + \underbrace{\frac{N_2}{\tau_{21}}}_{+\text{ spont. Emission}} + \underbrace{\left|\frac{\mathrm{d}N_2}{\mathrm{d}t}\right|_\mathrm{i}}_{+\text{ induz. E.}} - \underbrace{\frac{N_1}{\tau_{10}}}_{-\text{ spont. Zerfall}}$$

$$\text{vom oberen Niveau}$$

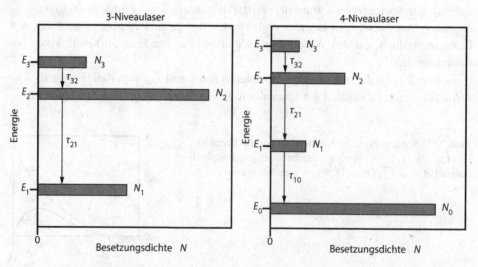

Abb. 2.12 Drei- und Vierniveau-Laser: Energieniveaus $E_0 \ldots E_3$ und Besetzungsdichten $N_0 \ldots N_3$

Nach Einführung der Photonendichte Φ [(1.5) und (1.7)]

$$\phi = \Phi c \tag{2.37}$$

ergibt sich unter Berücksichtigung von (2.4) und (2.10)

$$\frac{dN_1}{dt} = \sigma \cdot c \, (N_2 - N_1) \, \Phi + \frac{N_2}{\tau_{21}} - \frac{N_1}{\tau_{10}} \, . \tag{2.38}$$

Dabei sind: ϕ = Stromdichte der Protonen (Zahl der Photonen/Zeit · Fläche), Φ = Photonendichte (Zahl der Photonen/Volumen), c = Lichtgeschwindigkeit, $N_{1,2}$ = Dichte der Atome im unteren (1) und oberen Zustand (2) (Atome/Volumen), σ = Wirkungsquerschnitt für induzierte Emission und Absorption (Fläche), τ = Lebensdauer für spontane Emission zwischen den jeweiligen Zuständen 0, 1, 2 (Zeit). Für das obere Laserniveau gilt unter der Annahme, dass das Pumpniveau sehr schnell zerfällt ($N_3 \approx 0$):

$$\frac{dN_2}{dt} = + \quad \left|\frac{dN_1}{dt}\right|_a \quad - \quad \frac{N_2}{\tau_2} \quad - \quad \left|\frac{dN_2}{dt}\right|_i \quad + \quad W_p N_0$$

$$\quad \ \ \, | \qquad\qquad\quad | \qquad\qquad\quad | \qquad\qquad\quad |$$

$$+ \ \ \text{Absorption} \ - \ \text{spontane E.} \ - \ \text{induz. E.} \ + \ \text{Pumprate}$$

$$= -\sigma c \, (N_2 - N_1) \, \Phi - \frac{N_2}{\tau_2} + W_p N_0 \, . \tag{2.39}$$

Dabei ist W_p die normierte Pumprate (Zahl der Photonen/Zeit). Das Produkt $W_p N_0$ gibt an, wie viele Teilchen pro Zeit- und Volumeneinheit in das obere Laserniveau angeregt werden. Die Größe $\tau_2 = (1/\tau_{21} + 1/\tau_{20})^{-1}$ ist die Lebensdauer des oberen Niveaus E_2.

Die Summe der Besetzungsdichten N ist gleich der Dichte der Laseratome (z. B. $1{,}4 \cdot 10^{20} \, \text{cm}^{-3}$ für Nd:YAG-Laser):

$$N = N_0 + N_1 + N_2 \, . \tag{2.40}$$

Die Gleichung für die Photonendichte Φ lautet:

$$\frac{d\Phi}{dt} \ = \ - \quad \left|\frac{dN_1}{dt}\right|_a \quad + \quad \frac{\eta N_2}{\tau_{21}} \quad + \quad \left|\frac{dN_2}{dt}\right|_i \quad - \quad \frac{\Phi}{\tau_r} \, .$$

$$\qquad\qquad\quad | \qquad\qquad\quad | \qquad\qquad\quad | \qquad\qquad\quad |$$

$$- \ \ \text{Absorption} \ + \ \text{spont. E.} \ + \ \text{induz. E.} \ - \ \text{Abstrahlung}$$

Dabei ist η der Teil der spontanen Emission, welcher in axialer Richtung strahlt. Da das Licht in einem Laser vorwiegend durch induzierte Emission erzeugt wird, kann die spontane Emission vernachlässigt werden. Mit (2.4) und (2.10) erhält man:

$$\frac{d\Phi}{dt} = \sigma c \, (N_2 - N_1) \, \Phi - \frac{\Phi}{\tau_r} \, . \tag{2.41}$$

Die Abstrahlung (ausgekoppelter Laserstrahl) und sonstigen Resonatorverluste sind dabei charakterisiert durch die Lebensdauer eines Photons im Resonator

$$\tau_r = \frac{d}{c\,(1 - RT)}\,.$$ (2.42)

Hierbei ist die Länge d des aktiven Mediums gleich der Resonatorlänge angenommen.

Bei einem ideal arbeitenden Vierniveau-Laser ist die Lebensdauer τ_{10} des unteren Niveaus sehr kurz, so dass $N_1 \approx 0$ und $N = N_0 + N_2$ ist. Die Änderung der Besetzungsdichte des oberen Laserniveaus ist gegeben durch die Pumprate abzüglich der spontanen Emission und abzüglich der stimulierten Emission:

$$\frac{dN_2}{dt} \approx W_p N_0 - \frac{N_2}{\tau_2} - N_2 \sigma c \Phi$$ (2.43)

Die Photonendichte Φ wird verringert durch den ausgekoppelten Laserstrahl (plus andere Verluste) und erhöht durch die stimulierte Emission:

$$\frac{d\Phi}{dt} \approx -\frac{\Phi}{\tau_r} + N_2 \sigma c \Phi\,.$$ (2.44)

Diese Gleichungen stellen ein gekoppeltes nichtlineares System dar, das keine allgemeine einfache Lösung besitzt. Es soll daher zunächst die stationäre Lösung und dann eine Näherung für kleine dynamische Abweichungen angegeben werden. Genauere, zeitabhängige numerische Lösungen für Pulslaser werden im Kap. 17 diskutiert.

2.8.1 Stationäre Lösung der Ratengleichungen

Im stationären Fall mit

$$\frac{d\Phi}{dt} = 0$$

ergibt sich aus (2.44), wobei der Index s stationär abkürzt:

$$N_{2s} = \frac{1}{\tau_r c \sigma} = \frac{1 - RT}{\sigma d}\,.$$ (2.45)

Dies entspricht der Schwellwertbedingung (2.31) unter der Voraussetzung $N_1 \approx 0$. Die stationäre Photonendichte folgt mit $dN_2/dt = 0$ aus (2.43):

$$\Phi_s = \frac{W_p N_{0s} - N_{2s}/\tau_2}{N_{2s} \sigma c}\,.$$

Einsetzen von (2.45) ergibt

$$\Phi_s = \tau_r N_{0s} \left(W_p - W_E\right) \approx \tau_r N \left(W_p - W_E\right) . \qquad (2.46)$$

Dabei ist die stationäre Teilchendichte im Grundzustand N_{0s} bei vielen Vierniveau-Lasern etwa gleich der Gesamtteilchendichte N, da nur relativ wenige Atome angeregt werden. Die Einsatzpumprate W_E (Zahl der Photonen/Zeit) ist in (2.46) gegeben durch

$$W_E = \frac{N_{2s}}{N_{0s}} \frac{1}{\tau_2} . \qquad (2.47)$$

Dies bedeutet, dass folgender Wert

$$W_E N_{0s} = N_{2s}/\tau_2$$

von Atomen (pro Volumen und Zeit) in das obere Laserniveau gepumpt werden muss, um die Laserschwelle zu erreichen.

Nach (2.46) steigt die Photonendichte Φ_s oberhalb der Schwellpumprate W_E linear mit der Pumprate W_p an. Daraus folgt für die Ausgangsleistung P, die in einer Strahlquerschnittsfläche A emittiert wird:

$$I = P/A = (1 - R) hfc\Phi_s \sim W_p - W_E . \qquad (2.48)$$

Eine derartige lineare Abhängigkeit wird z. B. bei Festkörperlasern beobachtet, bei denen W_p der Anregungsleistung bzw. Anregungsenergie der Pumplichtquelle proportional ist. Auch bei Halbleiterlasern ist (2.48) anwendbar, wobei dort W_p proportional zum Anregungsstrom ist.

Gleichung (2.48) entspricht der früher abgeleiteten Gleichung (2.35). In beiden Fällen steigt die Intensität I des Laserstrahls oberhalb einer Schwelle mit der Pumprate an, wenn angenommen wird, dass der Verstärkungskoeffizient g_0 proportional zu W_p ist.

2.8.2 Schwache Relaxationsschwingungen

Die Bilanzgleichungen (2.43) und (2.44) für die Besetzungszahl N_2 des oberen Laserniveaus und die Photonendichte Φ sollen nun für den Fall gelöst werden, dass Abweichungen von den stationären Werten auftreten:

$$N_2 = N_{2s} + n , \quad N_0 = N_{0s} - n , \qquad (2.49)$$

$$\Phi = \Phi_s + \phi . \qquad (2.50)$$

Solche Abweichungen treten z. B. auf, wenn im Laser eine kurzzeitige Störung auftritt. Es ist dann die Frage, wie schnell sich die Photonenzahl wieder auf den stationären Wert einstellt. Auch beim Einschalten von Lasern treten Ausgleichsvorgänge auf.

Tab. 2.3 Zeitkonstanten ω und δ der Besetzungszahlrelaxation bei $W_p/W_E = 2$

Laser	$\delta \approx 1/\tau_2$ (s^{-1})	R	d (cm)	$1/\tau_r$ (s^{-1})	ω (Hz)	Schwingung
He-Ne	10^8	0,99	10	$3 \cdot 10^7$	$5 \cdot 10^7$	Nein
Nd:YAG	$4 \cdot 10^3$	0,5	10	$1,5 \cdot 10^9$	$4 \cdot 10^6$	Ja
GaAs	$2 \cdot 10^8$	0,3	0,02	10^{12}	$2 \cdot 10^{10}$	Ja

Zunächst werden die Abweichungen n und ϕ (im Folgenden nicht mit der Photonen-flußdichte ϕ verwechseln) von den stationären Werten als klein angenommen. Dann folgt durch Einsetzen von (2.49) und (2.50) in (2.43) und (2.44) unter Berücksichtigung von (2.45) näherungsweise (Linearisierung):

$$\frac{dn}{dt} = -\left(W_p + \frac{1}{\tau_2} + \sigma c \Phi_s\right) n - N_{2s} c \sigma \phi$$

$$= -W_p\left(1 + \frac{N_{0s}}{N_{2s}}\right) n - \phi/\tau_r . \tag{2.51}$$

$$\frac{d\phi}{dt} = c\sigma\Phi_s n . \tag{2.52}$$

Elimination von ϕ aus (2.51) ergibt:

$$\frac{d^2n}{dt^2} + 2\delta\frac{dn}{dt} + \omega^2 n = 0 \tag{2.53}$$

mit der Dämpfungskonstanten

$$\delta = \frac{1}{2}W_p\left(1 + \frac{N_{0s}}{N_{2s}}\right) \approx \frac{1}{2\tau_2} \cdot \frac{W_p}{W_E} \tag{2.54}$$

und der Relaxationsfrequenz

$$\omega = \sqrt{c\sigma\Phi_s/\tau_r} = \sqrt{\frac{1}{\tau_2\tau_r}\left(\frac{W_p}{W_E} - 1\right)} . \tag{2.55}$$

In (2.54) ist $N_{0s} \gg N_{2s}$ angenommen wie für einen Vierniveau-Laser üblich. Gleichung (2.53) beschreibt gedämpfte Schwingungen. Der Charakter der Lösung ist von der relativen Größe von δ und ω abhängig. Die Größen δ und ω sollen daher für typische Gas-, Festkörper- und Diodenlaser abgeschätzt werden. Dabei wird $W_p/W_E = 2$ angenommen und τ_r nach (2.42) berechnet. τ_2 wird Tab. 2.1 entnommen, die Ergebnisse für δ und ω zeigt Tab. 2.3.

Für $\delta \geq \omega$, also für das Beispiel des Gaslasers, ergeben sich monoton abfallende Lösungen von (2.53). Für $\delta < \omega$, also für Nd:YAG-Festkörperlaser und Diodenlaser, ergeben sich gedämpfte Oszillationen für n:

$$n = n_{max} \exp(-\delta t) \cos\sqrt{\omega^2 - \delta^2} t . \tag{2.56}$$

Der Wert von n_{max} ist z. B. der Anfangswert einer kleinen Störung, die eine Relaxationsschwingung auslöst. Für die Photonendichte $\Phi = \Phi_s + \phi$ ergeben sich nach (2.52) ähnliche Oszillationen.

2.8.3 Starke Relaxationsschwingungen, Spiken von Lasern

Die Oszillationen der Photonendichte können auch nach (2.44) in verbesserter Näherung berechnet werden. Mit $N_2 = N_{2s} + n$ und der Schwellenwertbedingung (2.45) $N_{2s}\sigma c = 1/\tau_r$ ergibt sich

$$\frac{d\Phi}{dt} \approx n\sigma c\Phi \ . \tag{2.57}$$

Gleichung (2.56) soll hier unter Vernachlässigung der Dämpfung verwendet werden:

$$n\,(\delta = 0) = n_{max}\cos\omega t \ . \tag{2.58}$$

Einsetzen in (2.57) und Integration ergibt:

$$\Phi \approx \Phi_s \exp\left(\frac{c\sigma n_{max}}{\omega}\sin\omega t\right) \ . \tag{2.59}$$

Dabei ist Φ_s die stationäre Photonendichte nach (2.50) vor der Anregung der Relaxationsschwingung. Dieses Ergebnis zeigt, dass die Relaxationsschwingungen in der Photonendichte bei genauerer Rechnung nicht sinusförmig moduliert sind, sondern dass bei genügend großen Schwankungen n_{max} der Besetzungszahl die Photonendichte Φ in Form von Spitzen oder Spikes oszilliert. Die Höhe eines Spikes ist gegeben durch

$$\Phi_{max} = \Phi_s \exp\left(\frac{c\sigma}{\omega}n_{max}\right)$$
$$= \Phi_s \exp\left(\frac{p}{\omega\tau_r}\right) \quad \text{mit} \quad p = \frac{n_{max}}{N_{2s}}$$

und die Breite durch

$$t_S = 2\sqrt{\frac{2\ln 2}{\omega c\sigma n_{max}}} = 2\sqrt{\frac{2\ln 2\,\tau_r}{p\omega}} \ .$$

Als Beispiel ergibt sich mit $p = 1\,\%$ und den oben angegebenen Zahlenwerten $\tau_r \approx 7\cdot 10^{-10}$ s und $\omega = 4\cdot 10^6$ Hz eine maximale Photonendichte $\Phi_{max} = 40\Phi_s$ und eine Spikebreite von $t_S = 3\cdot 10^{-7}$ s. Die Spikebreite t_S ist wesentlich kleiner als die Spikefolgezeit $2\pi/w \approx 1,5\cdot 10^{-6}$ s. Geringe Fluktuationen der Besetzungszahl führen also zu starken Änderungen der Photonendichte und damit der Ausgangsleistung.

2.8.4 Auftreten von Relaxationsschwingungen, Spikes

Die Bilanzgleichungen (2.43) und (2.44) werden benutzt, um die Relaxationsoszillationen beim Einschalten von kontinuierlichen Lasern und die Spikeemission von gepulsten Festkörperlasern zu erklären. Gleichung (2.59) stellt dafür eine grobe Näherung dar. Zur genauen Beschreibung sind jedoch numerische Lösungen der Bilanzgleichungen notwendig, die in Kap. 17 besprochen werden.

Die Bilanzgleichungen und deren Lösungen sind in diesem Abschnitt in starker Anlehnung an die Verhältnisse beim 4-Niveau-Festkörperlaser besprochen worden, z. B. für Nd:YAG-Laser. Ähnliche Bilanzgleichungen lassen sich jedoch auch für den Rubinlaser, einen 3-Niveau-Festkörperlaser, aufstellen. Auch der Rubinlaser zeigt im Pulsbetrieb ausgeprägte, teilweise chaotische Relaxationsschwingungen oder Spikes.

Auch Diodenlaser zeigen Relaxationsschwingungen, die z. B. bei der schnellen Modulation dieser Laser für die Nachrichtenübertragung zu vermeiden sind.

2.9 Aufgaben

2.1 Man beweise: Die Integration von $dI = -\alpha I(x)dx$ (2.2) ergibt $I = I_0 \exp(-\alpha d)$ (2.1).

2.2 In einem 5 cm langen Nd-Laserkristall tritt Strahlung mit einer Leistung von 1 W ein und mit 3 W aus. Wie groß sind
(a) der Verstärkungsfaktor G und
(b) die differentielle Verstärkung g?

2.3 Ein Lasermedium besitzt eine differentielle Verstärkung von $0{,}05\,\mathrm{cm}^{-1}$. Um welchen Faktor wird das Licht nach 12 cm verstärkt?

2.4 Ein 1 m langer He-Ne-Laser erreicht einen Verstärkungsfaktor von $G = 1{,}1$. Wie groß ist die differentielle Verstärkung?

2.5 Das obere Niveau eines He-Ne-Lasers hat eine Lebensdauer von 20 ns, das untere von 12 ns. Wie groß ist die natürliche Linienbreite? Vergleichen Sie den Wert mit der Stoß- und Dopplerverbreiterung aus der Literatur.

2.6 Berechnen Sie die Dopplerverbreiterung im He-Ne-Laser (bei 100 °C) und vergleichen Sie das Ergebnis mit der gemessenen Linienbreite von 1,5 GHz.

2.7 Ein Farbstofflaser (Rh6G) besitzt eine Linienbreite von 80 THz. Die Mittenwellenlänge liegt bei 0,60 μm. Berechnen Sie die maximale und minimale Wellenlänge des Laserstrahles.

2.8 Man berechne den optimalen Reflexionsgrad R_{opt} des Auskoppelspiegels, der bei einem Laser mit homogener Linienverbreiterung und schwacher Verstärkung zu maximaler Ausgangsleistung führt. Man berechne R_{opt} numerisch für einen kontinuierlichen Miniatur-YAG-Laser mit $g_0 d = 0{,}2; T = 0{,}98; I_S = 10\,\text{W/cm}^2$. Man gebe außerdem die Leistungsdichte im und außerhalb des Resonators sowie die Ausgangsleistung bei einer Strahlquerschnittsfläche von $1\,\text{mm}^2$ an.

2.9 Welchen minimalen Reflexionsgrad müssen die Spiegel eines 50 cm langen He-Ne-Lasers mindestens haben, damit die rote bzw. die grüne Linie anschwingt? Die differentielle Verstärkung beträgt $0{,}1\,\text{m}^{-1}$ bzw. $0{,}005\,\text{m}^{-1}$.

2.10 Es soll gezeigt werden, dass der durch den Dopplereffekt inhomogen verbreiterte Verstärkungskoeffizient dünner Gase durch eine Gauß-Funktion gegeben ist [(2.24) und (2.25)]. Die Verstärkungsfrequenzbreite eines Gasteilchens (Masse m, Resonanzfrequenz ν_{12}) werde als beliebig klein angenommen. Man gehe von der Maxwellverteilung der Gasteilchen aus, welche die Anzahl der Teilchen mit einer bestimmten Geschwindigkeitskomponente u beschreibt:

$$p(u) \propto \exp\left(-\frac{mu^2}{2kT}\right) .$$

2.11 Gegeben sei ein 2-Niveau-System (Gesamtbesetzungszahlen N_a, N_b), in dem die Energieniveaus g_a- und g_b-fach entartet sind. Man berechne das Verhältnis der Wirkungsquerschnitte und Einsteinkoeffizienten für Absorption und induzierte Emission. Wie ist dieses Verhältnis für einen Übergang zwischen dem Grundzustand und dem ersten angeregten Zustand des Wasserstoffatoms?

2.12
(a) Man berechne für einen Vierniveau-Laser im stationären Zustand die Besetzungsdichte N_2 des oberen Laserniveaus unter der Annahme, dass das untere Laserniveau sehr schnell zerfällt ($N_1 = 0$). Es ist möglich, (2.43) zu benutzen.
(b) Man beweise mit dem Ergebnis (2.26) und (2.27).

Weiterführende Literatur

1. Yariv A, Yeh P (2006) Photonics. Oxford University Press
2. Bäuerle D (2008) Laser: Grundlagen und Anwendungen in Photonik, Technik, Medizin und Kunst. Teubner, Stuttgart
3. Reider G (2005) Photonik. Springer, Berlin
4. Dolus R (2010) Photonik: Physikalisch-technische Grundlagen der Lichtquellen, der Optik und des Lasers. Oldenbourg, München

Lasertypen 3

Das Kunstwort „Laser" bedeutet „light amplification by stimulated emission of radiation" und beschreibt den grundlegenden Prozess der „Lichtverstärkung durch stimulierte Emission", der zur Entstehung der Laserstrahlung führt. Die stimulierte Emission ist bereits um 1905 von Einstein zur Erklärung des Planckschen Strahlungsgesetzes postuliert worden. Erst im Jahre 1960 gelang es Maiman, diesen Prozess zur Erzeugung kohärenten Lichtes auszunutzen. Die bis dahin gebräuchlichen Strahlungsquellen, Sonne, Glüh- und Gasentladungslampen senden Licht in alle Raumrichtungen mit relativ unbestimmten Frequenzen aus, während der Laser im Gegensatz dazu einen gut gebündelten Strahl mit hoher Frequenzschärfe emittiert.

Die ungerichtete Strahlung konventioneller Lichtquellen ist eine Folge der statistischen spontanen Emission der angeregten Atome der Quelle. Bei einem Laser wird im Gegensatz dazu durch die induzierte Emission die Lichtausstrahlung der Atome gekoppelt, so dass eine etwa ebene Lichtwelle mit einer genau definierten Frequenz entsteht. Die Ausbreitungsrichtung dieser Welle wird durch zwei Spiegel gegeben, die entlang der Längsachse des Lasermaterials parallel angeordnet sind und einen so genannten optischen Resonator bilden.

Bis heute sind etwa zehntausend verschiedene Laserübergänge bekannt, die Strahlung im Wellenlängenbereich von unter 0,01 μm bis über 1000 μm erzeugen und damit die Spektralgebiete der weichen Röntgenstrahlung, des ultravioletten, sichtbaren und infraroten Lichtes sowie der Millimeterwellen abdecken.

Gegenüber der Strahlung konventioneller Lichtquellen zeichnet sich Laserlicht durch folgende Eigenschaften aus:

- geringe spektrale Linienbreite,
- starke Bündelung (geringer Divergenzwinkel),
- hohe Strahlleistung oder Pulsenergie,
- Eignung zur Erzeugung ultrakurzer Lichtpulse.

© Springer-Verlag Berlin Heidelberg 2015
H.J. Eichler, J. Eichler, *Laser*, DOI 10.1007/978-3-642-41438-1_3

Die geringe spektrale Linienbreite ist mit einer hohen Frequenzstabilität, Monochromasie oder Einfarbigkeit des Lichtes verknüpft und hängt auch mit einer guten zeitlichen Kohärenz zusammen. Die starke Bündelung des Laserlichtes oder geringe Divergenz wird auch als hohe Strahlqualität bezeichnet und ist mit einer hohen örtlichen Kohärenz verknüpft.

Typenübersicht

Laser können nach verschiedenen Merkmalen klassifiziert werden. Oft wird eine Einteilung in folgende Klassen benutzt:

- Diodenlaser (sehr häufig technisch angewandt),
- Festkörperlaser,
- Flüssigkeitslaser,
- Gaslaser,
- Freie-Elektronen-Laser (Laborgeräte),

je nach Aggregatzustand des Lasermaterials. Diese Einteilung unterscheidet sich etwas von der dieses Buches.

Bei den Festkörperlasern sind besonders bedeutend die klassischen, optisch gepumpten Laser sowie die Halbleiterinjektionslaser oder Diodenlaser. Diese sind am stärksten verbreitet und werden als eigene Klasse angesehen, obwohl man sie auch den Festkörperlasern zuordnen könnte. Bei den Flüssigkeitslasern sind bisher nur die Farbstofflaser allgemein verbreitet.

Das wichtigste Problem beim Aufbau eines Lasers ist die Anregung des aktiven Materials, die so genannte Inversionserzeugung, die zur Lichtverstärkung führt. Die zur Anregung des Lasermediums notwendige Energie kann auf verschiedene Weise zugeführt werden. Der erste Rubinlaser wurde durch Einstrahlung von Licht angeregt, was als Vorbild für viele weitere Laser diente. Man bezeichnet solche Geräte als optisch gepumpte Laser. In ähnlicher Weise können mit Elektronen- oder anderen Teilchenstrahlen angeregte Laser gebaut werden. Diese sind nicht mit dem Freie-Elektronen-Laser zu verwechseln, bei denen die Elektronen selbst das Lasermedium darstellen. Gase können durch elektrische Energiezufuhr angeregt werden, was zur Klasse der Gasentladungslaser führt. Eine direkte elektrische Anregung ist bei Halbleitern möglich, was die Klasse der Injektionslaser oder Diodenlaser ergibt. Zusammenfassend unterscheidet man also nach der Art der Anregung des Lasermaterials folgende Lasertypen:

- optisch gepumpte Laser (Anregung mit Blitzlampe, kontinuierlicher Lampe, anderem Laser, Diodenlaser)
- elektronenstrahlgepumpte Laser (z. B. realisiert bei Sonderformen der Gaslaser und Halbleiterlaser)
- Gasentladungslaser (z. B. in Glimm-, Bogen-, Hohlkathodenentladungen)
- chemische Laser (Anregung durch chemische Reaktion)
- gasdynamische Laser (Inversionserzeugung durch Expansion eines heißen Gases).
- Injektionslaser oder Diodenlaser (Anregung durch Stromdurchgang in einem Halbleiter)

Die verschiedenen Lasersysteme haben sehr unterschiedliche Eigenschaften, wobei sich der heutige Stand der Laserentwicklung in folgenden Spitzenwerten ausdrückt (in Klammern die Spitzenwerte im Jahr 2000):

Wellenlängenbereich	0,1 nm bis 1 mm	(10 nm bis 1 mm)
Frequenzstabilität	10^{17}	(10^{15})
Leistung kontinuierlicher Laser	10^8 W	$(10^6$ W$)$
Spitzenleistung gepulster Laser	10^{17} W	$(10^{13}$ W$)$
Spitzenintensität gepulster Laser	10^{25} W/cm^2	$(10^{20}$ W/cm$^2)$
Kürzeste Impulsdauer	10^{-17} s	$(10^{-15}$ s$)$

Diese Spitzenwerte werden voraussichtlich in den nächsten Jahren weiter erhöht. Allerdings werden diese Werte nur mit speziell entwickelten Lasern jeweils einzeln erreicht und haben hauptsächlich für die Grundlagenforschung Bedeutung. Breiter gestreute Anwendungen ergeben sich mit weniger hochgezüchteten, kommerziellen Systemen. Zur Auswahl geeigneter Laser werden in diesem Kapitel zunächst Übersichten ihrer wichtigsten Eigenschaften, wie Wellenlänge und Ausgangsleistung gegeben. Anschließend wird in den folgenden Kapiteln auf die verschiedenen Lasertypen im Detail eingegangen.

3.1 Wellenlängen und Ausgangsleistungen

In Tab. 3.1 sind die Wellenlängen verschiedener Laser dargestellt, die von verschiedenen Firmen angeboten werden. Mit Techniken der Frequenzumsetzung (z. B. Verdopplung, Verdreifachung, Vervierfachung der Frequenz, wie in Kap. 19 dargestellt) und abstimmbaren Lasern (Abschn. 3.2) kann heute praktisch jede beliebige Wellenlänge zwischen 0,01 μm und 1 mm erzeugt werden. Tab. 3.1 zeigt jedoch, dass es für bestimmte Spektralbereiche besonders geeignete Laser gibt.

Tab. 3.1 Ausgewählte kommerzielle Laser nach Wellenlängen geordnet

Wellenlänge	Bezeichnung	Betriebsart, mittlere Leistung
0,152 μm	F_2 -Excimerlaser	Pulse, einige W
0,192 μm	ArF-Excimerlaser	Pulse, einige W
0,222 μm	KrCl-Excimerlaser	Pulse, einige W
0,248 μm	KrF-Excimerlaser	Pulse, einige 10 W
0,266 μm	Nd-Laser, vervierfacht	Pulse, einige 0,1 W
0,308 μm	XeCl-Excimerlaser	Pulse, einige 10 W
0,325 μm	He-Cd-Laser	Kont., einige mW
0,337 μm	N_2-Laser	Pulse, einige 0,1 W
0,35 μm	Ar^+-, Kr^+-Laser	Kont., 2 W

Tab. 3.1 (Fortsetzung)

Wellenlänge	Bezeichnung	Betriebsart, mittlere Leistung
0,351 µm	XeF-Excimerlaser	Pulse, einige 10 W
0,355 µm	Nd-Laser, verdreifacht	Pulse, einige 10 W
0,38 … 0,55 µm	GaInN-Diodenlaser	Kont., 10 mW
0,3 … 1,0 µm	Farbstofflaser	Pulse, einige 10 W
0,4 … 0,9 µm	Farbstofflaser	Kont., einige W
0,442 µm	He-Cd-Laser	Kont., einige 10 mW
0,45 … 0,52 µm	Ar^+-Laser	Kont., mW bis 30 W
0,51 … 0,58 µm	Cu-Laser	Pulse, einige 10 W
0,532 µm	Nd-Laser, verdoppelt	Pulse und kont., 100 W cw
0,543 µm	He-Ne-Laser, grün	Kont., einige 0,1 mW
0,632 µm	He-Ne-Laser, rot	Kont., bis zu 100 mW
0,63 … 0,67 µm	InGaAsP-Diodenlaser	Kont., 10 mW
0,694 µm	Rubinlaser	Pulse, einige W
0,7 … 0,8 µm	Alexandrit-Laser	Pulse, einige W
0,7 … 1 µm	Titan-Saphir	Pulse und kont., einige W
0,75 … 0,98 µm	GaAlAs-Diodenlaser	Kont. und Pulse, bis 1 W
0,8 … 2,4 µm	Cr-LiSAF u. a. vibr. Laser	Kont., um 1 W
1,03 µm	Yb-Faser- oder Scheibenlaser	Kont. und Pulse, über 10 kW
1,06 µm	Nd-Laser und Faserlaser	Kont. und Pulse, über 1 kW cw
1,15 µm	He-Ne-Laser, infrarot NIR	Kont., mW
1,1 … 1,6 µm	InGaAsP-Diodenlaser	Kont. und Pulse, mW cw
1,3 µm	Jodlaser	Pulse
1,32 µm	Nd-Laser	Kont. und Pulse, einige W cw
1,52 µm	He-Ne-Laser	Kont., mW
1,54 µm	Er-Faserlaser	Kont., einige W
1,9 µm	Tm-Faserlaser	Kont., einige W
2 … 4 µm	Xe-He-Laser	Kont., mW
2,06 µm	Ho-Laser und Faserlaser	Pulse
2,6 … 3,0 µm	HF-Laser	Kont. und Pulse, bis 100 W cw
2,7 … 30 µm	Bleisalz-Dioden-Laser	Kont., mW
3 … 300 µm	Quantenkaskadenlaser	Kont., bis einige W
2,9 µm	Er-Laser	Pulse
3,39 µm	He-Ne-Laser, MIR	Kont., mW
3,6 … 4 µm	DF-Laser	Kont. und Pulse, bis 100 W cw
5 … 6 µm	CO-Laser	Kont., 10 W
9 … 11 µm	CO_2-Laser	Kont. u. Pulse, bis mehrere kW cw
40 … 1000 µm	Ferninfrarot-Laser	Kont., bis 1 W

Die Laser können gepulst oder kontinuierlich betrieben werden. Statt „kontinuierlich" wird auch oft die englische Abkürzung „cw" für „continuous wave" verwendet.

Im cw-Betrieb gibt man die Leistung der Strahlung (in Watt) an. Bei gepulstem Laser gibt es mehrere charakteristische Größen: die Pulsenergie W (in Joule), die Pulsdauer τ und den zeitlichen Abstand der Pulse T. Daraus kann die mittlere Pulsleistung P_m berechnet werden:

$$P_m = \frac{W}{\tau} . \tag{3.1}$$

Für die mittlere Leistung P erhält man

$$P = \frac{W}{T} = W f_p , \tag{3.2}$$

wobei f_p die Pulswiederholfrequenz ist.

Die verschiedenen Laser sind in Tab. 3.2 entsprechend dem aktiven Medium in Gas-, Flüssigkeits- und Festkörperlaser eingeteilt. Die wichtigsten flüssigen Lasermaterialien sind Farbstofflösungen, so dass diese als repräsentativ für Flüssigkeitslaser in der Tab. 3.2 dargestellt sind.

Die *Gaslaser* werden hauptsächlich elektrisch in Gasentladungen betrieben bis auf die langwelligen Moleküllaser, die meist mit CO_2-Lasern optisch angeregt werden.

Tab. 3.2 Wellenlängen λ, erreichbare cw-Ausgangsleistungen P, Pulsenergien W und Pulsdauern τ häufig benutzter und kommerzieller Laser

Bezeichnung	Material	λ (µm)	P (Watt)	W (J)	τ
Gaslaser					
Excimerlaser	ArF	0,19		1	20 ns
	KrF	0,25 (Gasentladung)		1	10 ns
	XeCl	0,308	–	1	20 ns
Stickstofflaser	N_2	0,34	–	0,1	1 ns
He-Cd-Laser	Cd	0,32…0,44	0,05	–	–
Edelgasionenlaser	Kr^+	0,33…1,09	10	–	–
	Ar^+	0,35…0,53	20	–	–
Kupferdampfl.	Cu	0,51; 0,58	–	0,002	20 ns
He-Ne-Laser	Ne	0,63; 1,15; 3,39	0,05	–	–
HF-Laser	HF	2,5…4	10.000	1	1 µs
CO-Laser	CO	5…7	20	0,04	1 µs
CO_2-Laser	CO_2	9…11	15.000	10.000	10 ns
Optisch gepumpte Moleküllaser	H_2O	28; 78; 118	0,01	10^{-5}	30 µs
	CH_3OH	40…1200	0,1	0,001	100 µs
	HCN	331; 337	1	0,001	30 µs

Tab. 3.2 (Fortsetzung)

Bezeichnung	Material	λ (μm)	P (Watt)	W (J)	τ
Festkörperlaser					
Rubinlaser	Cr:Al$_2$O$_3$	0,69		400	10 ps
Alexandritlaser	Cr:BeAl$_2$O$_4$	0,7…0,8		1	10 μs
Titan-Saphir-Laser	Ti:Al$_2$O$_3$	0,7…1,0	50	–	6 fs
Vibronische Festkörper-Laser		0,8…2,5			
Glaslaser	Nd:Glas	1,06	1000		1 ps
		0,21; 0,27; 0,36; 0,53 (mit Frequenzvervielfachung)			
YAG-Laser	Nd:YAG	1,06	1000	400	10 ps
		1,05…1,32 (7 Linien mit Abstimmelementen)			
Holmiumlaser	Ho:YLF	2,06	5	0,1	100 μs
Erbiumlaser	Er:YAG	2,94	1	1	100 μs
Farbzentrenlaser	KCl u. a.	1…3,3	0,1	–	–
Farbstofflaser		0,4…0,8	1	25	6 fs
		0,05…12 (mit Frequenzumsetzung)			
Halbleiterinjektionslaser					
Galliumnitridlaser	GaN	0,38…0,53	10		
Zinkselenidlaser	ZnSe	0,42…0,50			
	GaAlAs	0,65…0,88	10		5 ps
Galliumarsenidlaser	GaAs	0,904			
	InGaAsP	0,63…2			
Bleisalzlaser	PbCdS	2,8…4,2	0,001		
	PbSSe	4…8			
	PbSnTe	6,5…32			
Quanten-Kaskadenlaser		3…300			

Festkörper- und *Farbstofflaser* werden optisch mit Gasentladungslampen oder anderen Lasern gepumpt. Der am häufigsten verwendete Festkörperlaser, der Nd:YAG-Laser, wird z. B. im kontinuierlichen Betrieb meist mit Krypton-Bogenlampen angeregt und im gepulsten Betrieb mit Xenonblitzlampen. *Farbstofflaser* werden oft mit Edelgasionenlasern oder Excimerlasern optisch gepumpt. *Halbleiterinjektionslaser*, die oft auch als *Halbleiterlaser* oder Diodenlaser bezeichnet werden, bilden eine besondere Klasse von Festkörperlasern. Hier erfolgt eine direkte elektrische Anregung, d. h. eine Umwandlung von elektrischer Energie in Licht ohne eine Gasentladung. Wegen der direkten Umwandlung haben diese Laser hohe Wirkungsgrade und sind außerdem sehr kompakt aufgebaut. Wie bei Gas- und Festkörperlasern werden inzwischen geringe Divergenz und spektrale Breite der emittierten Strahlung erreicht. Es gibt infrarote, rote, grüne, blaue und ultraviolette Diodenlaser. Für Anwendungen sind Diodenlaser daher wegen der Kompaktheit und des hohen Wirkungsgrades anderen Geräten vorzuziehen, wenn nicht besonders hohe Ausgangsleistungen, Frequenzstabilität und geringe Strahldivergenz gefordert sind.

3.2 Abstimmbare Laser

Alle Laser lassen sich in ihrer Frequenz über einen gewissen Bereich Δf abstimmen. Durch Differenzieren der Gleichung $f = c/\lambda$ erhält man

$$\frac{\Delta f}{f} = -\frac{\Delta \lambda}{\lambda} \, , \tag{3.3}$$

wobei $\Delta \lambda$ der abstimmbare Wellenlängenbereich und f bzw. λ die mittlere Frequenz bzw. Wellenlänge angeben.

Bei dem klassischen He-Ne-Laser beträgt die Frequenzbreite etwa $\Delta f = 10^9$ Hz bei einer Mittenfrequenz von etwa $f = 5 \cdot 10^{14}$ Hz. Der relative Abstimmbereich ergibt sich also zu $\Delta f/f = 2 \cdot 10^{-6}$. Von einem abstimmbaren Laser im engeren Sinne spricht man allerdings nur, wenn $\Delta f/f$ wesentlich größer ist:

$$\Delta f/f = |\Delta \lambda/\lambda| = 10^{-2} \quad \text{bis} \quad 10^{-1} \, .$$

Derartige abstimmbare Laser sind in Abb. 3.1 dargestellt. Die verschiedenen Systeme werden in den folgenden Kapiteln noch genauer beschrieben.

Die früher am häufigsten verwendeten abstimmbaren Systeme sind die *Farbstofflaser*. Mit verschiedenen Farbstofflösungen kann ultraviolettes, sichtbares und infrarotes Licht mit 0,3 bis 1,5 µm Wellenlänge erzeugt werden. Die Abstimmbereiche liegen bei $\Delta f/f = 5 \ldots 15\,\%$. Die Farbstofflaser können mit Blitzlampen optisch gepumpt werden. Bessere Strahlqualitäten ergeben sich jedoch bei Anregung mit Festkörper- oder Gaslasern.

Ähnlich aufgebaut sind die *F-Zentren-* oder *Farbzentrenlaser*, die vor allem für das nahe Infrarot bis 3 µm geeignet sind. Als Lasermedien werden dabei Kochsalz und andere Alkalihalogenidkristalle mit verschiedenen Störstellen benutzt.

Da die Farbstoffe und F-Zentren als Lasermaterialien teilweise nicht sehr stabil sind, wurden die *vibronischen Festkörperlaser* entwickelt, bei denen Oxid- und Fluoridkristalle verwendet werden, die mit verschiedenen Metallionen dotiert sind. Der bekannteste ist der Titan-Saphir-Laser ($Ti:Al_2O_3$), der einen breiten Abstimmbereich von 700 bis 1050 nm und einen höheren Wirkungsgrad als Farbstofflaser besitzt. Im nahen Infrarotbereich oberhalb 700 nm haben die vibronischen Festkörperlaser die Farbstofflaser und F-Zentren-Laser verdrängt. Durch Frequenzverdopplung ergibt sich Strahlung für den sichtbaren Bereich.

Als abstimmbare Quellen für den ultravioletten Spektralbereich stehen die *Excimerlaser* zur Verfügung, die allerdings nur kleine relative Abstimmbereiche bis zu 1 % besitzen. Um breite Bereiche zu erhalten, kann man von langwelligeren abstimmbaren Lasern ausgehen, die frequenzverdoppelt werden. Auch höhere Summenfrequenzbildungen und andere Techniken der *Frequenzumsetzung* werden eingesetzt.

Für das mittlere und ferne Infrarot stehen die *Moleküllaser* zur Verfügung. Diese besitzen zahlreiche Linien und ermöglichen damit eine diskontinuierliche Abstimmung von einer Linie zur benachbarten. Bei hohen Drucken ergibt sich eine starke Verbreiterung der Linien, so dass sich diese überlagern, und damit eine kontinuierliche Abstimmung möglich wird.

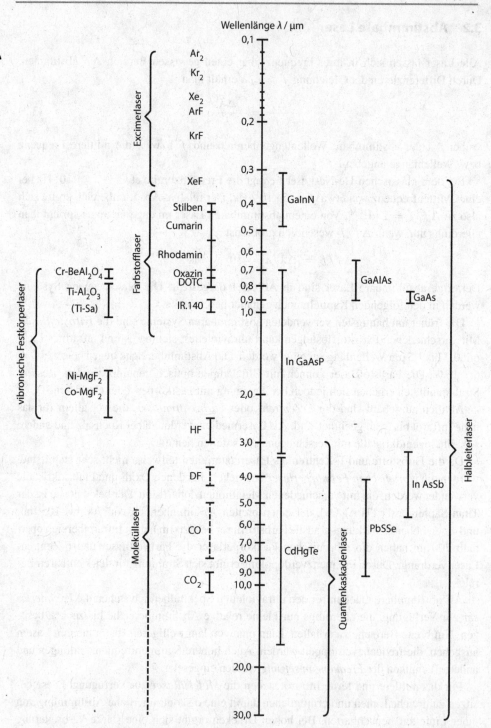

Abb. 3.1 Kontinuierlich abstimmbare Laser. Rubin-, Nd:YAG- und andere klassische Festkörperlaser sind nur etwa über 1 nm = 0,001 µm abstimmbar

Halbleiterlaser können durch Änderung des Anregungsstromes oder Variation der Temperatur abgestimmt werden, wobei Abstimmbereiche von 0,1 bis 1 % möglich sind. Mit Laserdioden aus verschiedenen Materialien bzw. Mischkristallsystemen kann der Bereich von 0,38 bis 30 μm überdeckt werden. Für 3 bis 300 μm setzen sich Quantenkaskadenlaser durch.

3.3 Frequenzstabile Laser

Laser fester Frequenz können mit nichtlinear-optischen Methoden in der Frequenz verändert werden. Frequenzverdopplung und -vervielfachung ist z. B. mit geeigneten nichtlinearen Kristallen möglich. Mit *parametrischen Oszillatoren* kann eine kontinuierliche Frequenzabstimmung erreicht werden, wie in Abschn. 19.4 dargestellt.

Für Anwendungen beispielsweise in der interferometrischen Messtechnik und Holographie werden besonders wellenlängen- bzw. frequenzstabile Laser benötigt. Die theoretisch erreichbare Frequenzstabilität wird in Kap. 20 diskutiert. Im Prinzip kann jeder Laser bezüglich seiner Emissionsfrequenz mehr oder weniger stabilisiert werden. Häufig verwendet werden He-Ne- und Argonionenlaser, deren Spiegelabstand geregelt wird, so dass sich eine konstante Emissionsfrequenz ergibt. Auch die Frequenz bzw. Wellenlänge von Diodenlasern lässt sich stabilisieren.

Die Stabilisierungstechniken sind weit entwickelt, so dass es möglich ist, die Frequenz von Lasern an die ^{133}Cs-Atomuhr anzuschließen. Diese besitzt eine relative Unsicherheit von nur $\Delta f / f = \pm 10^{-14}$, so dass die Frequenz eines entsprechend stabilisierten Lasers mit der gleichen kleinen Genauigkeit angegeben werden kann. Da die Lichtgeschwindigkeit seit dem Jahre 1983 auf $c = 299.792.458$ m/s „festgelegt" ist, kann auch die Wellenlänge im besten Fall mit einer Unsicherheit von nur $\pm 10^{-14}$ bestimmt werden. Diese Unsicherheit bezieht sich auf die absoluten Werte von Frequenz und Wellenlänge. Die Frequenz von Lasern kann mit noch höherer Genauigkeit stabilisiert werden, jedoch lässt sich dann nicht mehr angeben, welchen absoluten Wert sie besitzt. In diesem relativen Sinn sind Frequenzstabilitäten von 10^{15} und besser erreichbar. Ein roter Laser mit einer Wellenlänge von 600 nm und Frequenz von $5 \cdot 10^{14}$ Hz kann auf weniger als 0,5 Hz stabilisiert werden.

Für die meisten Anwendungen sind derartig hohe Frequenzstabilitäten, die einen großen technischen Aufwand erfordern, meist nicht erforderlich. Durch verschiedene vereinfachte Maßnahmen zur Stabilisierung kann aber praktisch jede gewünschte Frequenzgenauigkeit bis zu den angegebenen Grenzen erreicht werden.

3.4 Hochleistungslaser

Bei Leistungsangaben sind kontinuierliche und gepulste Systeme zu unterscheiden, wobei im Pulsbetrieb kurzzeitig bedeutend höhere Leistungen erreicht werden können.

Häufig eingesetzte Hochleistungslaser sind die CO_2- und *Festkörperlaser*, besonders *Nd:YAG-Laser*, die zur Materialbearbeitung und bei geringerer Leistung in der Chirurgie viel verwendet werden. Kommerzielle, kontinuierliche CO_2-Laser mit 10,6 µm Wellenlänge nähern sich dem Leistungsbereich von 100 kW, während Nd:YAG-Laser mit 1,06 µm und Faserlaser mit Leistungen bis etwa 10–20 kW angeboten werden. Die Strahlung dieser Festkörperlaser lässt sich durch Glasfasern übertragen, was ein wesentlicher Vorteil gegenüber den CO_2-Lasern ist.

Mit *Nd:Glas-Pulslasern* lassen sich z. B. Leistungen von etwa

$$10 \text{ Terawatt} = 10^{13} \text{ W}$$

erzielen mit Emissionsdauern von etwa 1 ns $= 10^{-9}$ s.

Derartige große Leistungen werden zu Voruntersuchungen zur laserinduzierten Kernfusion benötigt und können nur in wenigen Laboratorien auf der Welt realisiert werden, da dafür große Anlagen erforderlich sind. Noch höhere Pulsleistungen erhält man mit *Ultrakurzpulslasern* (z. B. Titan-Saphir-Laser) bei Pulsdauern im ps- und fs-Bereich.

Mit normalen Tischaufbauten lassen sich mit Festkörperlasern Leistungen von einigen

$$\text{Gigawatt} = 10^9 \text{ W}$$

im Pulsbetrieb realisieren.

Excimerlaser sind in den letzten Jahren intensiv weiterentwickelt worden, so dass heute ähnliche mittlere Leistungen wie mit Festkörperlasern erreichbar sind. Zu beachten ist, dass bisher nur Pulsbetrieb möglich ist. Von Vorteil kann die erheblich kürzere Wellenlänge sein, wodurch die Mechanismen der Wechselwirkung des Laserlichtes mit Materialien stark beeinflusst werden. Während z. B. in der Materialbearbeitung mit Festkörper- und CO_2-Lasern hauptsächlich thermische Prozesse eine Rolle spielen, ist mit Excimerlasern das direkte Aufbrechen chemischer Bindungen möglich. Dadurch gelingt es, in Kunststoffen oder am Auge sehr scharfe Schnitte durchzuführen, ohne thermische Veränderung von Material, das der Schnittkante benachbart ist.

Die größten kontinuierlichen Leistungen von einigen

$$\text{Megawatt} = 10^6 \text{ W}$$

wurden mit chemischen HF- oder DF-*Lasern* erreicht. Derartige Anlagen sind für militärische Untersuchungen zur Raketenabwehr gebaut worden, finden aber wenig praktische Anwendungen. Auch andere Lasersysteme, z. B. *Freie-Elektronenlaser,* sind im Rahmen dieses Programms mit hohen Leistungen projektiert worden, haben aber bisher keine weitere Verbreitung erlangt.

Vielfältige Anwendung könnten in Zukunft *Hochleistungs-Diodenlasersysteme* finden, wegen des kompakten Aufbaus, hohen Wirkungsgrades und einer Wellenlänge von etwa 800 bis 1000 nm, die sich gut zur Übertragung mit Glasfasern eignet. Es werden Leistungen über 10 kW erzielt. Die dabei erzielten Strahldivergenzen sind noch relativ hoch, d. h. die Strahlqualitäten entsprechend niedrig; jedoch sind weitere Fortschritte zu erwarten.

3.5 Ultrakurze Lichtimpulse

Mit Lasern (z. B. 800 nm Wellenlänge) können ultrakurze Lichtimpulse erzeugt werden; die kürzesten Pulse haben Zeitdauern unterhalb von 1 fs:

$$10^{-15} \, \text{s} = 1 \, \text{fs} = 1 \, \text{Femtosekunde}.$$

Die Spektralanalyse eines kurzen Pulses ergibt ein Frequenzband Δf. Dieses ist mit der Pulsbreite τ über folgende Ungleichung verknüpft:

$$\tau \geq \frac{1}{2\pi \Delta f} . \tag{3.4}$$

Statt des Faktors $\frac{1}{2\pi}$ ist hier auch oft eine von der Pulsform abhängige Konstante anzusetzen, die Werte zwischen 0,1 und 1 annehmen kann. Durch Erzeugung höherer Harmonischer in Gasen lassen sich noch kürzere Pulse im Attosekundenbereich (10^{-19} s) darstellen. Dabei liegt die Photonenenergie um 100 eV und die Wellenlänge bei etwa 15 nm.

Daraus folgt, dass zur Erzeugung kurzer Lichtpulse nur Laser geeignet sind, die breite spektrale Emissionsbereiche besitzen. Aus diesem Grunde werden die kürzesten Pulse zur Zeit mit Titan-Saphir-Lasern erzeugt, die mit frequenzverdoppelten Nd-Festkörperlasern oder Argonlasern im grünen Spektralbereich gepumpt werden. Der Ti-Sa-Laser wird nicht mit einer scharfen Emissionsfrequenz betrieben, sondern so, dass viele longitudinale Moden und damit ein breites Frequenzspektrum emittiert wird. Durch passive Modenkopplung (Kap. 17) wird eine einheitliche Phase der Moden eingestellt, so dass sich durch Überlagerung ein kurzer Puls mit nur einigen fs Breite ergibt. Eine weitere Pulsverkürzung kann durch nichtlineare Impulskompression erreicht werden (Abschn. 17.5).

Auch durch Modenkopplung anderer Laser können kurze Lichtpulse erzeugt werden, jedoch sind wegen der geringen Linienbreite die erreichten Pulsdauern größer. Mit Nd-Glaslasern lassen sich Pulsdauern von etwa

$$10^{-12} \, \text{s} = 1 \, \text{ps} = 1 \, \text{Pikosekunde}$$

und mit Gaslasern von 100 ps erreichen.

Kurze Laserpulse erlauben die Untersuchung schnell ablaufender Prozesse in der Biologie, Chemie und Technik. Man spricht von einer zeitlichen Mikroskopie hoher Auflösung. Im Femtosekundenbereich sind die dafür entwickelten Methoden konkurrenzlos, da die elektrische Messtechnik auf die Pikosekundenbereiche und längere Zeiten begrenzt ist.

3.6   Laserparameter

Neben den Laserkenndaten

- Wellenlänge, Frequenz,
- Leistung, Energie und
- Pulsdauer

gibt es weitere wichtige Parameter, die in den folgenden Abschnitten besprochen werden:

- Wirkungsgrad, technischer Aufwand,
- Strahlprofil, transversale Modenstruktur, örtliche Kohärenz,
- Strahldivergenz, Fokussierbarkeit, Strahlqualität,
- Polarisation.

Von Bedeutung sind auch Stabilitätseigenschaften, die in Kap. 20 einführend dargestellt sind:

- Amplitudenstabilität (kurzzeitige Fluktuationen, Langzeitdrift von cw-Lasern),
- Pulsamplituden-, Pulsdauer- und Pulsformschwankungen bei gepulsten Lasern, Schwankungen der Pulsfolgefrequenz (Jitter),
- Frequenzstabilität, Linienbreite, zeitliche Kohärenz und
- Richtungsstabilität, Polarisationsstabilität.

Für den praktischen Einsatz von Lasern ist die Kenntnis und Festlegung dieser Parameter notwendig, um befriedigende Anwendungsergebnisse zu erzielen. Darüber hinaus müssen wirtschaftliche Faktoren wie Anschaffungs- und Unterhaltungskosten, Standzeit, notwendige Wartungsarbeiten usw. berücksichtigt werden.

Laser mit den verschiedensten Eigenschaften werden von zahlreichen Firmen hergestellt und vertrieben. Ein Überblick ist den im Literaturverzeichnis angegebenen Zeitschriften zu entnehmen, die teilweise jährliche Listen von Lasergeräten und -zubehör und der Hersteller veröffentlichen.

Der Bau von Lasern erfordert feinmechanisches, optisches und elektronisches Knowhow, bei Gaslasern auch Erfahrungen mit der Vakuumtechnik. Mit derartigen Kenntnissen haben auch Schüler Laser selbst hergestellt. Eine aufwendigere Technologie ist für die Züchtung von Laserkristallen notwendig sowie für die Herstellung von Halbleiterschichten für Injektionslaser. Auch der Aufbau größerer und zuverlässig arbeitender Laseranlagen ist nur mit industriellen Entwicklungs- und Fertigungsmethoden möglich.

In den folgenden Kapiteln werden die Lasertypen im einzelnen behandelt. Gaslaser können in einem sehr breiten Wellenlängenbereich vom fernen Infrarot bis zum Gebiet der weichen Röntgenstrahlung emittieren. Für die verschiedenen Spektralgebiete sind *Gase* geeignet, die Atome, Ionen oder Moleküle enthalten:

Infrarot: Moleküle, Rotations- und Schwingungsübergänge (Kap. 6),
Sichtbar: Atome und Ionen, elektronische Übergänge (Kap. 4 und 5),
Ultraviolett: Moleküle, elektronische Übergänge (Kap. 7),
Röntgen: Ionen, elektronische Übergänge (Kap. 5 und 11).

Im Vergleich dazu sind *Festkörper-, Farbstoff-* und *Halbleiterlaser* (Kap. 8–10) vorwiegend auf den sichtbaren bis infraroten Spektralbereich beschränkt. *Elektronenstrahllaser* (Kap. 11) sind für einen ähnlich breiten Spektralbereich wie Gaslaser geeignet.

3.7 Aufgaben

3.1 Ein Festkörperlaser liefert Pulse von 0,5 ms Dauer (Halbwertszeit) mit 10 mJ Pulsenergie.

(a) Wie groß ist die mittlere Pulsleistung bei rechteckiger bzw. dreieckiger Pulsform?
(b) Wie steigt die Pulsleistung bei Verkürzung der Pulse auf 5 ns (Güteschaltung)?
(c) Wie groß ist die mittlere Leistung bei einer Pulsfolgefrequenz von 100 Hz?

3.2 Beweisen Sie die Gleichung $\Delta f / f = -\Delta \lambda / \lambda$.

3.3 Wie groß sind die relativen Abstimmbereiche

(a) eines Argonlasers und
(b) eines Farbstofflasers?

Benutzen Sie Tab. 2.2.

3.4 Wie groß muss die Leistung eines gepulsten Festkörperlasers sein, der auf einen Durchmesser von 5 µm fokussiert wird, damit eine Feldstärke von 10^{10} V/cm entsteht? (Dieser Wert übersteigt die Feldstärke, die in Atomen auf die Elektronen wirkt.)

3.5 Wie groß ist die kürzeste Pulsbreite τ, die von einem Farbstofflaser bzw. von einem Ti-Sa-Laser erzeugt werden kann (Tab. 2.2)?

3.6 Wie groß ist die Pulsspitzenleistung bei einem Gauß-förmigen Puls

$$P = P_{spitze} \exp(-t^2/\tau^2)?$$

Weiterführende Literatur

1. Kneubühl HJ (2008) Laser. Vieweg+Teubner, Wiesbaden
2. Dienstl K (2081) Der Laser: Grundlagen und klinische Anwendung. Springer, Berlin
3. Graf T (2009) Laser: Grundlagen der Laserstrahlquellen. Vieweg+Teubner, Wiesbaden
4. Menzel R (2007) Photonics. Springer, Berlin
5. Träger F (2007) Handbook of Lasers and Optics. Springer

Laserübergänge in Gasen aus neutralen Atomen

4

Atome emittieren eine Vielzahl von Linien im sichtbaren Spektralbereich. Als Beispiel sei an die Balmer-Serie des Wasserstoffs erinnert (Abb. 1.5) mit Wellenlängen von 365 bis 656 nm und mehr. Auch wenn H-Atome sich bisher nicht als gutes Lasergas erwiesen haben, so können deren Energieniveauschema und der emittierte, sichtbare Wellenlängenbereich als charakteristisch auch für andere Atome angesehen werden. Ein Grund für die schlechte Eignung von H-Atomen als Lasermedien ist, dass Wasserstoff bei normalen Temperaturen stabile Moleküle H_2 bildet, die in einer Gasentladung erst dissoziiert werden müssten, um ein H-Atom-Gas zu erzeugen. Zur Erzeugung sichtbaren Lichtes ist z. B. das Edelgas Neon geeignet, da Ne in atomarer Form vorliegt.

Dies führt zum He-Ne-Laser, wobei das Neon durch Stöße mit He-Atomen angeregt wird, wonach Laserstrahlung emittiert wird.

Neben den Linien im Sichtbaren emittieren die Atome auch ultraviolettes Licht, jedoch enden die entsprechenden Übergänge oft im Grundzustand, der als unteres Laserniveau wegen hoher Besetzung ungeeignet ist. Zum Aufbau von UV-Lasern werden Übergänge in Ionen (Kap. 5) und Molekülen (Kap. 7) verwendet.

Neben der sichtbaren Emission gibt es in Atomen zahlreiche infrarote Übergänge. Die emittierten Linien haben jedoch im Vergleich zur Anregungsenergie des oberen Laserniveaus geringe Photonenenergien, so dass der Quantenwirkungsgrad für die Erzeugung von infrarotem Licht klein ist. Besser lässt sich infrarote Emission mit Molekülen, wie in Kap. 6 behandelt, anregen, da bei diesen die lichtemittierenden Zustände nur relativ geringe Abstände zum Grundzustand besitzen.

Man erkennt also am Beispiel des Energieniveauschemas des H-Atoms (Abb. 1.5 und 1.6), dass sich atomare Gase vor allem zum Aufbau von Lasern für den sichtbaren Spektralbereich eignen.

© Springer-Verlag Berlin Heidelberg 2015
H.J. Eichler, J. Eichler, *Laser*, DOI 10.1007/978-3-642-41438-1_4

4.1 Helium-Neon-Laser

Der Helium-Neon-Laser strahlt wie Dioden- oder Halbeiterlaser (Kap. 10) im sichtbaren Spektralbereich. Die Leistung kommerzieller Typen reicht von unterhalb 1 mW bis zu einigen 10 mW. Besonders verbreitet sind schwächere He-Ne-Laser um 1 mW, welche wegen ihrer guten Strahlqualität hauptsächlich als Justierlaser und für andere Aufgaben der Messtechnik eingesetzt werden. Im infraroten und roten Bereich wurde der He-Ne-Laser zunehmend durch den Diodenlaser verdrängt. He-Ne-Laser können neben roten auch orange, gelbe und grüne Linien emittieren. Dies wird durch selektive Spiegel ermöglicht.

4.1.1 Niveauschema

Die für die Funktion des He-Ne-Lasers wichtigen Energieterme des Heliums und Neons sind in Abb. 4.1 dargestellt. Die Laserübergänge finden im Neonatom statt. Die stärksten Linien sind durch die Übergänge mit den Wellenlängen 633, 1153 und 3391 nm gegeben (Tab. 4.1).

Die Elektronenkonfiguration des Ne im Grundzustand ist $1s^2\,2s^2\,2p^6$, wobei die 1. Schale ($n = 1$) und 2. Schale ($n = 2$) mit jeweils 2 und 8 Elektronen abgeschlossen ist. Die höheren Zustände von Abb. 4.1 entstehen dadurch, dass ein $1s^2\,2s^2\,2p^5$-Rumpf vorhanden ist und ein Leuchtelektron nach $3s, 4s, 5s, \ldots, 3p, 4p, \ldots$ usw. angeregt wird. Dieser Einelektronenzustand koppelt mit dem Rumpf. Im LS-Schema wird für die Energieniveaus des Ne der Einelektronenzustand (z. B. 5s) sowie der resultierende Gesamtbahndrehimpuls L ($=$ S, P, D, $\ldots$) angegeben. An den Bezeichnungen S, P, D, $\ldots$ gibt der untere Index den Gesamtdrehimpuls J und der obere die Multiplizität $2S + 1$ an, z. B. $5s\,^1P_1$ (Kap. 1).

Abb. 4.1 Termschema des He-Ne-Lasers. Beim Neon sind Termbezeichnungen nach Paschen angenommen, z. B. $3s_2, 3s_3, 3s_4, 3s_5$ und $2p_1$, $2p_2, 2p_3, 2p_4$ bis $2p_{10}$. In einer Gasentladung werden durch Eletronenstöße metastabile He-Atome angeregt. Diese übertragen ihre Energie durch „Stöße 2. Art" auf Ne-Atome, die Licht im Sichtbaren und Infrarot emittieren

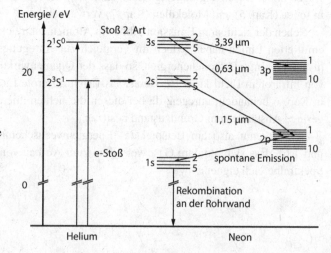

Tab. 4.1 Übergangsbezeich-	LS Kopplungsschema	Paschen	Wellenlängen
nungen der intensivsten Linien	$5s\,^1P_1 \rightarrow 4p\,^3P_2$	$3s_2 \rightarrow 3p_4$	3,391 µm (infrarot)
des He-Ne-Lasers	$4s\,^1P_1 \rightarrow 3p\,^3P_2$	$2s_2 \rightarrow 2p_4$	1,153 µm (infrarot)
	$5s\,^1P_1 \rightarrow 3p\,^3P_2$	$3s_2 \rightarrow 2p_4$	0,633 µm (rot)

Häufig wird alternativ die phänomenologische Bezeichnung nach Paschen benutzt (Abb. 4.1). Die s-Zustände werden mit 1s, 2s, 3s … nummeriert und die p-Zustände mit 2p, 3p, … Dabei werden die Unterterme von 2 bis 5 (für s-Zustände) und 1 bis 10 (für p-Zustände) durchgezählt.

4.1.2 Anregung

Das aktive Medium des He-Ne-Lasers ist ein Gasgemisch, dem in einer elektrischen Entladung Energie zugeführt wird. Die oberen Laserniveaus (2s- und 3s-Niveaus nach Paschen) werden durch Stöße mit metastabilen He-Atomen ($2\,^3S_1$, $2\,^1S_0$) selektiv besetzt. Bei den Stößen wird nicht nur kinetische Energie ausgetauscht, sondern die Energie der angeregten Heliumatome wird auf die Neonatome übertragen. Man nennt diesen Prozess einen Stoß 2. Art

$$He^* + Ne \rightarrow He + Ne^* + \Delta E \ , \tag{4.1}$$

wobei der Stern jeweils einen angeregten Zustand symbolisiert. Die Energiedifferenz beträgt im Fall der Anregung des 2s-Niveaus $\Delta E = 0{,}05\,eV$. Diese wird beim Stoß in kinetische Energie umgewandelt, die sich dann als Wärme verteilt. Für das 3s-Niveau liegen die Verhältnisse ähnlich. Diese resonante Energieübertragung von He auf Ne ist der hauptsächliche Pumpvorgang bei der Erzeugung der Inversion. Dabei wirkt sich die lange Lebensdauer des metastabilen He-Zustandes günstig für die Selektivität der Besetzung des oberen Laserniveaus aus.

Die Anregung der He-Atome geschieht durch Elektronenstoß, entweder direkt oder durch zusätzliche Kaskadenübergänge aus höheren Niveaus. Wegen der großen Lebensdauer der metastabilen Zustände ist die Dichte der He-Atome in diesen Zuständen hoch. Die oberen Laserniveaus 2s und 3s können aufgrund von Auswahlregeln für elektrische Dipolübergänge nur in die tiefer liegenden p-Niveaus übergehen. Für die Lasertätigkeit ist es günstig, dass die Lebensdauer der s-Zustände (oberes Laserniveau) mit etwa 100 ns größer ist als die der p-Zustände (unteres Laserniveau) mit 10 ns.

4.1.3 Wellenlängen

Im folgenden sollen die wichtigsten Laserübergänge nach Bild und Tab. 4.1 genauer beschrieben werden. Die bekannteste Linie im Roten (0,63 µm bzw. 633 nm) entsteht

Tab. 4.2 Wellenlängen λ, Ausgangsleistungen und Linienbreiten Δf des He-Ne-Lasers. Übergangsbezeichnungen nach Paschen. Die intensivsten Linien sind fettgedruckt

Farbe	λ nm	Übergang (Paschen)	Leistung mW	Δf MHz	Verstärkung %/m
Infrarot	**3391**	$3s_2 \rightarrow 3p_4$	> 10	280	10.000
Infrarot	1523	$2s_2 \rightarrow 2p_1$	1	625	
Infrarot	**1153**	$2s_2 \rightarrow 2p_4$	1	825	
Rot	640	$3s_2 \rightarrow 2p_2$			
Rot	635	$3s_2 \rightarrow 2p_3$			
Rot	**633**	$3s_2 \rightarrow 2p_4$	> 10	1500	10
Rot	629	$3s_2 \rightarrow 2p_5$			
Orange	612	$3s_2 \rightarrow 2p_6$	1	1550	1,7
Orange	604	$3s_2 \rightarrow 2p_7$			
Gelb	594	$3s_2 \rightarrow 2p_8$	1	1600	0,5
Grün	543	$3s_2 \rightarrow 2p_{10}$	1	1750	0,5

durch einen $3s_2 \rightarrow 2p_4$ Übergang. Das untere Niveau zerfällt durch spontane Strahlung innerhalb von 10 ns in das $1s$-Niveau (Abb. 4.1). Dieses ist gegenüber Zerfall durch elektrische Dipolstrahlung stabil, so dass es eine lange natürliche Lebensdauer hat. Daher sammeln sich Atome in diesem Zustand an, so dass dieser stark besetzt wird. In der Gasentladung kollidieren Atome in diesem Zustand mit Elektronen, wodurch die 2p- und 3p-Niveaus wieder angeregt werden. Dadurch verringert sich die Besetzungsinversion, und die Laserleistung wird begrenzt. Die Entleerung des 1s-Zustandes erfolgt in He-Ne-Lasern hauptsächlich durch Stöße mit der Wand des Entladungsrohres. Daher nehmen die Verstärkung und der Wirkungsgrad mit zunehmendem Rohrdurchmesser ab. In der Praxis ist daher der Durchmesser auf etwa 1 mm begrenzt. Dadurch ist wiederum die Ausgangsleistung von He-Ne-Lasern auf einige 10 mW beschränkt.

Die am Laserübergang beteiligten Konfigurationen 2s, 3s, 2p und 3p sind in zahlreiche Unterniveaus aufgespalten. Dies führt beispielsweise zu weiteren Übergängen im sichtbaren Spektralbereich, die in Tab. 4.2 aufgeführt sind. Bei allen sichtbaren Linien des He-Ne-Lasers ist der Quantenwirkungsgrad mit 10 % nicht sehr groß. Man erkennt aus dem Termschema (Abb. 4.1), dass die oberen Laserniveaus etwa 20 eV über dem Grundzustand liegen. Dagegen beträgt die Energie der roten Laserstrahlung nur etwa 2 eV.

Strahlung im Infraroten bei 1,157 μm entsteht durch 2s $\rightarrow$ 2p Übergänge. Das gleiche gilt für die etwas schwächere Linie bei 1,523 μm. Beide Infrarot-Linien werden in kommerziellen Lasern angeboten.

Das Besondere an der Linie im Infraroten bei 3,391 μm ist die hohe Verstärkung. Im Kleinsignalbereich, d. h. beim einfachen Durchlaufen kleiner Lichtsignale, beträgt sie etwa 20 dB/m. Dieses entspricht einem Faktor 100 für einen 1 m langen Laser. Das obere Laserniveau ist dasselbe wie bei dem bekannten roten Übergang (633 nm). Für die hohe Verstärkung ist einerseits die sehr kurze Lebensdauer des unteren 3p-Niveaus verantwortlich. Andererseits liegt dies an der relativ langen Wellenlänge bzw. der kleinen Frequenz der Strahlung. Generell nimmt das Verhältnis von induzierter und spontaner Emission für kleine Frequenzen f zu. Die Kleinsignalverstärkung g ist im allgemeinen proportional zu

$$g \sim f^{-2}.$$

Ohne selektive Elemente, z. B. mit Goldspiegeln, emittiert der He-Ne-Laser auf der 3,39 μm-Linie und nicht im Roten bei 633 nm. Das Anschwingen der Infrarot-Linie wird durch selektive Resonatorspiegel und durch Absorption in den (Brewster-) Fenstern des Entladungsrohres verhindert. Dadurch kann die Laserschwelle für die 3,39 μm-Strahlung genügend erhöht werden, so dass nur die schwächere rote Linie bei 633 nm auftritt.

4.1.4 Aufbau

Die zur Anregung notwendigen Elektronen werden in einer Gasentladung erzeugt (Abb. 4.2), die mit einer Spannung von etwa 2 kV bei Strömen von 5 bis 10 mA betrieben wird. Die Entladungslänge ist typischerweise 10 cm oder größer, der Durchmesser der Entladungskapillare beträgt etwa 1 mm und entspricht dem Durchmesser des emittierten Laserstrahls. Bei Vergrößerung des Rohrdurchmessers nimmt der Wirkungsgrad ab, da für die Entleerung des $1s$-Niveaus Wandstöße notwendig sind. Für optimale Ausgangsleistung wird ein totaler Fülldruck p von $p \cdot D = 500\,\mathrm{Pa} \cdot \mathrm{mm}$ verwendet, wobei D der Rohrdurchmesser ist. Das Mischungsverhältnis He/Ne hängt von der gewünschten Laserlinie ab. Für die bekannte rote Linie wird He : Ne = 5 : 1 und für die infrarote Linie bei 1,15 μm He : Ne = 10 : 1 angegeben. Die Betriebsspannung liegt im kV-Bereich, der Strom beträgt einige mA. Zum Start der Entladung ist ein erhöhter Spannungspuls erforderlich. Der Wirkungsgrad für die 633 nm-Linie liegt um 0,1 %, da der Anregungsprozess nicht sehr effizient ist. Die Betriebsdauer eines He-Ne-Lasers beträgt etwa 20.000 Betriebsstunden.

Die Verstärkung unter diesen Bedingungen liegt bei etwa $gd \approx G - 1 = 5\,\%$, so dass Spiegel mit hohem Reflexionsvermögen verwendet werden müssen. Bei kleineren Lasern

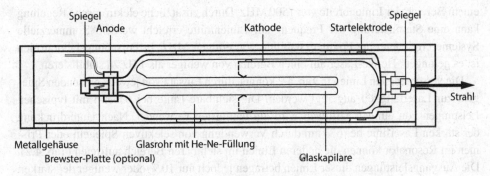

Abb. 4.2 Aufbau eines He-Ne-Lasers für polarisierte Strahlung im mW-Bereich

in Massenproduktion ist die Verspiegelung direkt auf den Endfenstern aufgebracht, was die Konstruktion wesentlich vereinfacht. Um den Laserstrahl nur auf einer Seite auszukoppeln, wird auf dieser ein teildurchlässiger Spiegel verwendet (z. B. $R = 98\,\%$), auf der anderen Seite ein Spiegel mit möglichst hohem Reflexionsvermögen ($\approx 100\,\%$). Die Verstärkung für die anderen sichtbaren Übergänge ist wesentlich kleiner (Tab. 4.2).

4.1.5 Strahleigenschaften

Zur Selektion einer Polarisationsrichtung wird die Entladungsröhre mit zwei schrägen Fenstern versehen, oder es wird, wie in Abb. 4.2 gezeigt, eine Brewster-Platte in den Resonator eingefügt. Das Reflexionsvermögen an einer optischen Oberfläche wird Null, wenn das Licht unter dem so genannten Brewsterschen Winkel auftrifft, und das Licht parallel zur Einfallsebene polarisiert ist. Licht mit dieser Polarisationsrichtung tritt also ohne Verlust durch das Brewster-Fenster hindurch. Dagegen ist das Reflexionsvermögen für die senkrecht zur Einfallsebene polarisierte Komponente hoch, so dass diese im Laser unterdrückt wird.

Der Polarisationsgrad (Verhältnis der Leistung in der Polarisationsrichtung zur Leistung in der dazu senkrechten Richtung) beträgt bei üblichen kommerziellen Systemen $1000 : 1$. Wird der Laser ohne Brewster-Platten mit internen Spiegeln betrieben, so ergibt sich eine unpolarisierte Emission.

Der Laser oszilliert normalerweise in der transversalen TEM_{00}-Mode, wobei mehrere axiale Moden auftreten. Bei einem Spiegelabstand von $L = 30\,cm$ beträgt ihr Frequenzabstand $\Delta f' = c/2L = 500\,MHz$. Die Mittenfrequenz der roten Linie liegt bei $4{,}7 \cdot 10^{14}\,Hz$. Da Lichtverstärkung innerhalb eines Bereichs von $\Delta f = 1500\,MHz$ (Doppler-Breite) stattfinden kann, werden bei $L = 30\,cm$ etwa drei verschiedene Frequenzen emittiert: $\Delta f/\Delta f' = 3$. Die Kohärenzlänge beträgt etwa 20 bis 30 cm. Durch Verwendung eines kleineren Spiegelabstands ($\leq 10\,cm$) lässt sich Einfrequenzbetrieb erreichen.

Infolge thermischer und anderer Änderungen des optischen Spiegelabstandes verschieben sich die axialen Eigenfrequenzen des Laserresonators. Im Einfrequenzbetrieb ergibt sich damit keine stabile Emissionsfrequenz, sondern diese bewegt sich unkontrolliert in einem Bereich der Linienbreite von 1500 MHz. Durch zusätzliche elektronische Regelung kann eine Stabilisierung der Frequenz auf Linienmitte erreicht werden. Kommerzielle Systeme erreichen eine Frequenzstabilität von einigen MHz. In Forschungslaboratorien ist es gelungen, He-Ne-Laser auf einen Bereich von weniger als 1 Hz zu stabilisieren.

Die verschiedenen Linien in Tab. 4.2 können durch Einsatz von jeweils passenden Spiegeln zur Lasertätigkeit angeregt werden. Die sichtbare Linie bei 633 nm mit typischen Leistungen von einigen Milliwatt wird am häufigsten verwendet. Nach Unterdrückung der starken Laserlinie bei 633 nm durch Verwendung von selektiven Spiegeln oder Prismen im Resonator können die anderen Linien im sichtbaren Bereich auftreten (Tab. 4.2). Die Ausgangsleistungen dieser Linien betragen jedoch nur 10 % oder weniger der starken Linie. Kommerziell sind die He-Ne-Laser in verschiedenen Wellenlängen erhältlich.

4.2 Metalldampf-Laser (Cu, Au)

Die wichtigsten Vertreter der neutralen Metalldampf-Laser sind der Kupfer- oder Gold-dampf-Laser, welche im sichtbaren und benachbarten Bereich strahlen. Die Wellenlängen liegen im gelben und grünen (Cu) sowie im roten und ultravioletten (Au) Bereich (Abb. 4.3 und 4.4). Die Metalldampf-Laser zeichnen sich durch hohe Leistung (1 bis 10 W) und Wirkungsgrad (bis 1 % für Cu) aus. Dauerstrichbetrieb ist wegen der langen Lebensdauer des unteren Laserniveaus nicht möglich. Im Pulsbetrieb können Wiederholfrequenzen im kHz-Bereich erreicht werden (Tab. 4.3).

4.2.1 Niveauschema

Der relativ hohe Wirkungsgrad von 0,2 % (Au) bis zu 1 % (Cu) kann unter anderem durch das Termschema, welches für beide Lasertypen die gleiche Struktur aufweist, erklärt wer-den. Man entnimmt Abb. 4.3 einen Quantenwirkungsgrad (Verhältnis von Energie des Laserphotons und Anregungsenergie des oberen Laserniveaus) für den Cu-Laser von etwa 0,6. Dies führt zu Wirkungsgraden, die größer als beim Argon- und He-Ne-Laser sind.

Das obere Laserniveau wird durch Elektronenstoß in einer Gasentladung besetzt. Die Anregung erfolgt stark selektiv, was durch die unterschiedliche Parität gegenüber dem Grundzustand erklärt werden kann. Das obere Laserniveau hat einen optisch erlaubten Übergang zum Grundzustand. Dies führt zu einer kurzen natürlichen Lebensdauer von etwa 10 ns.

Bei hinreichender atomarer Dichte ($> 10^{13}$ cm^{-3}) tritt jedoch Strahlungseinfang auf, so dass die emittierte spontane Strahlung wieder absorbiert wird. Die effektive Lebens-dauer erhöht sich dadurch auf 10 ms. Die Lasertätigkeit wird somit erst durch den Prozess

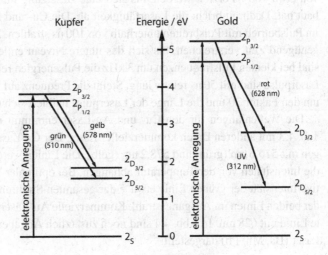

Abb. 4.3 Termschema des Cu- und Au-Lasers

Tab. 4.3 Eigenschaften von kommerziellen Kupfer- und Goldlasern

		Cu-Laser	Au-Laser
Wellenlänge	(nm)	510,6/578,2	627,8
Mittlere Leistung	(W)	60	10
Pulsenergie	(mJ)	10	2
Pulsdauer	(ns)	15...60	15...60
Spitzenleistung	(kW)	< 300	50
Pulsfrequenz	(kHz)	5...15	6...10
Strahldurchmesser	(mm)	40	40
Strahldivergenz (instabiler Resonator)	(rad)	$0,6 \cdot 10^{-3}$	$0,6 \cdot 10^{-3}$

Abb. 4.4 Wellenlängen atomarer Metalldampflaser

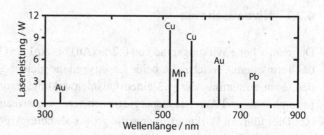

des Strahlungseinfanges bei höherer Gasdichte möglich. Bei geringer Dichte ist die Lebensdauer zu klein, so dass die Verluste durch spontane Emission zu groß sind.

Die unteren Laserniveaus haben die gleiche Parität wie der Grundzustand, so dass hier ein optischer Übergang verboten ist. Das untere Laserniveau ist also metastabil. Die Relaxationszeit hängt von den Betriebsbedingungen ab und liegt im Bereich von 10 µs bis einigen 100 µs. Daher kann eine Besetzungsinversion nur während einer kurzen Zeitdauer von etwa 100 ns erzielt werden, bis sich eine Besetzung im unteren Laserniveau aufgebaut hat. Dadurch bricht die Laserfähigkeit ab. Die Cu- und Au-Laser können somit nur im Pulsbetrieb mit Pulsbreiten unterhalb von 100 ns strahlen. Zwischen zwei Pulsen muss genügend Zeit verstreichen, bis sich das untere Niveau entleert hat. Aus diesem Grund sind bei kleinen Pulsfrequenzen um 3 kHz die Pulsenergien relativ hoch (etwa 10 mJ). Die Laserpulse sind mit 50 ns relativ lang. Steigt die Frequenz auf 20 kHz, so sinkt die Energie um den Faktor 20 und die Länge der Laserpulse halbiert sich („self-termination").

Die Wellenlängen für den Cu- und Au-Laser entnimmt man dem Termschema und Tab. 4.3 mit anderen Daten kommerzieller Laser. Der Cu-Laser emittiert zwei Wellenlängen mit 510,6 nm (grün) und 578,2 nm (gelb). Die Linien werden simultan erzeugt, wobei die Intensitäten von der Temperatur abhängen. Bei optimaler Temperatur beträgt die relative Intensität der grünen Linie etwa $\frac{2}{3}$ der gesamten Strahlung. Oft erfolgt die Trennung der beiden Linien im Ausgangsstrahl. Kommerzielle Au-Laser liefern insbesondere die rote Linie mit 628 nm. In Abb. 4.4 sind noch zusätzlich Angaben über andere Metalldampf-Laser (Ba, Mn, Pb) dargestellt.

4.2.2 Aufbau

An den Enden eines thermisch isolierten Keramikrohres befinden sich zwei Elektroden, zwischen denen die gepulste Entladung zündet. Die entstehende Wärme reicht aus, um das Entladungsrohr aufzuheizen, so dass die Metallfüllung verdampft. Für den Cu-Laser beträgt die Betriebstemperatur um 1500 °C und für den Au-Laser 1600 °C. Zur Verbesserung der Qualität der Entladung wird Neon mit einem Druck von etwa 3000 Pa als Puffergas beigemischt. Das Metall kondensiert an kühlen Stellen und die Metallfüllung muss nach einer Betriebsdauer von etwa 300 Stunden nachgefüllt werden. Die Laserrohre sind um 1 m lang bei einem Durchmesser von 1 bis 8 cm.

Wegen des metastabilen Laserendzustandes muss die Anregung mit ns-Pulsen erfolgen (10 kV, 1000 A, einige kHz) (Tab. 4.3). Die elektrische Leistung der Netzgeräte beträgt um 10 kW. Die Kühlung der Laser erfolgt durch Wasser oder bei Lasern bis zu 10 W durch Luftgebläse. Die Betriebsdauer der Laserrohre liegt bei 1000 bis 3000 Stunden.

Die hohe differenzielle Verstärkung von 0,1 bis 0,3 cm^{-1} (für Cu) stellt nur geringe Anforderungen an die Laserspiegel, und es tritt Lasertätigkeit auch ohne Spiegel auf. Bei kommerziellen Lasern wird das Entladungsrohr mit Glasfenstern abgeschlossen, und es können externe Spiegel verwendet werden (10 % und 100 % Reflexionsgrad). Stabile Resonatoren liefern einen multimoden Strahl mit 2 bis 8 cm Durchmesser, gleichmäßiger Intensitätsverteilung und einer Divergenz von 3 bis 5 mrad. Instabile Resonatoren verkleinern die Divergenz auf etwa 0,5 mrad bei etwas verringerter Leistung. Die Bandbreite einer einzelnen Cu-Linie beträgt 6 bis 8 GHz.

4.2.3 Cu-Erzeugung aus Verbindungen

Eine wesentliche Senkung der Betriebstemperatur und damit des technologischen Aufwandes für die Entladungsanordnung ist möglich, wenn der Kupferdampf aus Cu-Verbindungen erzeugt wird. Bei Verwendung von Kupferhalogeniden (z. B. Kupfer-

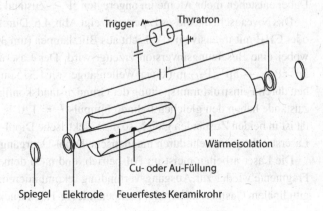

Abb. 4.5 Aufbau eines Metalldampflasers. Der Aufbau befindet sich in einem Rohr als Vakuummantel, der auch als Gaspuffer dient

Trigger — Thyratron

Wärmeisolation

Cu- oder Au-Füllung

Spiegel Elektrode Feuerfestes Keramikrohr

bromid) sind Betriebstemperaturen von 400 bis 600 °C, bei Kupferacetat etwa 200 °C ausreichend. Beim Laserbetrieb kann ein Doppelpulsverfahren verwendet werden. In einem ersten Entladungspuls wird das Kupferbromid dissoziiert, in einem zweiten Puls wird das obere Laserniveau durch Elektronenstoß besetzt. Für optimale Lasertåtigkeit ist dabei eine Verzögerung zwischen den Pulsen von 180 bis 300 µs einzuhalten. Typische Geräte arbeiten mit einer Pulsfrequenz von 2 bis 6 kHz. Die Laserenergie der beiden Linien 510,6 und 578,2 nm beträgt im Multimodebetrieb 0,5 bis 2,5 mJ bei Pulslängen von etwa 20 ns.

4.3 Jodlaser, COIL

Atomare Jodlaser mit Wellenlängen von 1,3 µm gibt es in zwei Varianten. Für Anwendungen mit höchsten Ausgangsleistungen wird der Sauerstoff-Jodlaser (COIL, chemical oxygen iodine laser) untersucht, welcher zur Klasse der chemischen Laser gehört. In einer chemischen Reaktion wird angeregter Sauerstoff O_2^* (z. B. aus H_2O_2) erzeugt. Das Jodatom wird in einer Gasentladung, z. B. aus CH_3I oder C_3H_7I, gebildet und es wird in einer schnellen Strömung mit Sauerstoff gemischt. Die Anregungsenergie wird in einem Stoßprozess an das Jodatom nach folgender Gleichung übertragen

$$O_2^* + I \rightarrow O_2 + I^* . \tag{4.2}$$

Chemische Laser können sehr hohe Leistungen (bis über 100 kW) und Pulsenergien erzeugen. Dies liegt daran, dass Energie sehr effektiv in chemischen Verbindungen gespeichert und schnell zur Laseranregung eingesetzt werden kann.

Im folgenden soll der früher erfundene optisch gepumpte Jodlaser beschrieben werden. Er beruht darauf, dass jodhaltige Moleküle durch ultraviolette Strahlung aufgebrochen werden, wobei atomares Jod in einem angeregten Zustand frei wird, z. B.

$$C_3F_7I + hf \rightarrow C_3F_7 + I^* . \tag{4.3}$$

Dabei entstehen mehr Atome im angeregten $^2P_{1/2}$-Zustand als im $^2P_{3/2}$-Grundzustand.

Das Niveauschema dieses Lasertyps zeigt Abb. 4.6. Durch Photodissoziation von C_3F_7I oder CH_3I mit intensivem UV-Licht aus Blitzlampen (um 300 nm) entsteht atomares Jod, wobei eine Besetzungsinversion erzeugt wird. Der Laserübergang findet auf der Linie $5p^5 \ ^2P_{1/2} \rightarrow 5p^5 \ ^2P_{3/2}$ mit einer Wellenlänge von 1,315 µm statt. Diese Zustände entstehen durch Feinstrukturaufspaltung der Grundzustandskonfiguration $[Kr]4d^{10} 5s^2 p^5$. Beide Zustände haben den gleichen Bahndrehimpuls $L = 1$, d. h. es sind P-Zustände. Die Parität ist in beiden Zuständen gleich, so dass elektrische Dipol-Übergänge verboten sind. Die Laserstrahlung entsteht durch magnetische Dipol-Übergänge.

Die Laser arbeiten meist im Pulsbetrieb, und nach dem Puls können die molekularen Fragmente wieder zur Ausgangsverbindung rekombinieren. In einer Anordnung mit longitudinalem Gasfluss kann beim Pumpen mit Hg-Hochdrucklampen auch kontinuierlicher

Abb. 4.6 Niveauschema des
Jodlasers

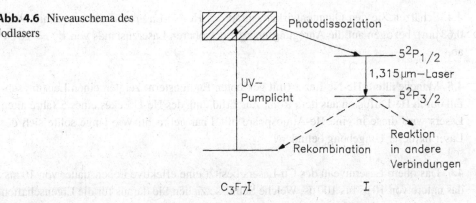

Betrieb erzielt werden, wobei etwa 40 mW erreicht wurden. Jodlaser können in folgenden Betriebsarten eingesetzt werden: lange Pulse (um 3 μs, 3 J), Q-Switch (um 20 ns, 1 J) und Modenkopplung (2 ns bis 0,1 ns). Im Fall der Modenkopplung kann durch ein Puffergas die natürliche Linie verbreitert werden.

Jodlaser können mit Gasdurchfluss (C_3F_7I) betrieben werden, wobei das verbrauchte Gas mit einer Vakuumpumpe entfernt wird. Andere Konstruktionen verwenden abgeschlossene Laser, in denen das Gas umgewälzt und wiederverwendet wird. Es werden Pulsfolgefrequenzen bis zu 10 Hz erzeugt. Kurze Pulse, die durch Q-Switch oder Modenkopplung erzeugt werden, können vervielfacht werden. Dabei entstehen Wellenlängen von 658, 438 und 329 nm. Durch den Aufbau von Laser-Verstärker-Anordnungen können hohe Pulsenergien im kJ-Bereich und Spitzenleistungen im TW-Bereich erzielt werden. Daraus ergeben sich Anwendungen in der Laserfusion (Abschn. 23.4). Untersucht werden auch Jodlaser, die durch das Sonnenlicht gepumpt werden.

4.4 Aufgaben

4.1 Berechnen Sie die Zahl der Neon-Atome in einem He-Ne-Laser mit einem Kapillardurchmesser von 1 mm und einer Länge von 20 cm. Wie viele Photonen pro Sekunde werden von einem Atom bei einer Ausgangsleistung von 1 mW emittiert? (Fülldruck $p = 500$ Pa, $p_{He} : p_{Ne} = 5 : 1$, Avogadrokonstante $N = 6,022 \cdot 10^{23}$ mol^{-1}, Molvolumen bei 1 bar = 10^5 Pa entspricht 22,4 Liter).

4.2 Man zeige, dass nach dem LS-Kopplungsschema die Neon-Konfigurationen $1s^2\, 2s^2\, 2p^5\, np$ (mit $n = 3, 4, \ldots$) zehnfach aufgespalten sind und gebe die entsprechenden Termbezeichnungen an.

4.3 Welchen minimalen Reflexionsgrad muss der Auskoppelspiegel eines 20 cm langen He-Ne-Lasers haben, der die grüne Linie erzeugen soll (Tab. 4.2)?

4.4 Schätzen Sie den Quantenwirkungsgrad des He-Ne-Lasers für die rote Linie ($\lambda = 0{,}63\,\mu m$), bezogen auf die Anregungsenergie des oberen Laserzustands von $W' = 20\,\text{eV}$ ab.

4.5 Manche ältere He-Ne-Laser (mit geklebten Endfenstern) zeigten einen Leistungsabfall durch He-Diffusion aus dem Rohr. Zur Erhöhung des He-Druckes eines 5 Jahre alten Lasers wird diese in eine He-Atmosphäre mit 1 bar gebracht. Wie lange sollte sich der Laser in dieser Umgebung befinden?

4.6 Das obere Laserniveau des Cu-Lasers besitzt eine effektive Lebensdauer von $10\,\text{ms}$, das untere von $10\,\mu s$ bis $100\,\mu s$. Welche Schlüsse ziehen Sie daraus für die Eigenschaften der Strahlung?

4.7 Im Cu-Laser tritt bei ausreichend hoher atomarer Dichte ($n > 10^{13}\,\text{cm}^{-3}$, $T \approx 1500\,^\circ\text{C}$) Strahlungseinfang auf, wodurch die Lebensdauer des oberen Laserniveaus verlängert wird. Geben Sie den entsprechenden Dampfdruck an.

Weiterführende Literatur

1. Willett CS (1974) Introduction to Gas Lasers: Population Inversion Mechanisms. Pergamon Press
2. Cherrington BE (1979) Gaseous Electronics and Gas Lasers. Pergamon Press

Ionenlaser

5

Bei den Ionenlasern handelt es sich um Gasentladungslaser, die den Lasern mit atomaren Gasen ähneln. Ein Ion ist ein Atom, bei dem ein oder mehrere Elektronen meist aus den äußeren Bahnen abgelöst ist. Das Ion ist daher positiv geladen, wobei die Ladung einer oder mehrerer Elementarladungen e entspricht. Die verbleibenden Elektronen können ähnlich wie in einem Atom angeregt werden und emittieren Licht bei dem Übergang in den Grundzustand oder andere angeregte Zustände. Laserübergänge sind ebenfalls wie in Atomen möglich. Da zu jedem Atom mehrere Ionen gehören, ergibt sich durch deren Existenz eine Vielzahl von zusätzlichen Laserlinien.

Ionen werden in jeder Gasentladung durch Stoß von Elektronen, angeregten Atomen oder anderen Ionen mit Atomen erzeugt, die Atome werden „ionisiert" und Teilchen angeregt, so dass Gasentladungen neben atomaren Übergängen auch Licht durch Elektronenübergänge in Ionen emittieren. In Ionen sind die äußeren Elektronen durch das Kernfeld stark gebunden, so dass sich Zustände mit großen Energiedifferenzen ergeben und Strahlung kürzerer Wellenlänge als mit Atomen möglich wird.

Ionen können außer durch elektrische Entladungen auch in laserinduzierten Plasmen erzeugt werden. Dazu wird der Strahl eines gepulsten Hochleistungslasers z. B. auf ein festes Target fokussiert. Dieses verdampft. Durch die hohe zugeführte Energiedichte werden Elektronen und Ionen gebildet, wobei sehr hohe Ionisierungsgrade erzeugt werden, d. h. viele Elektronen von den Atomen abgelöst werden. Derartige Ionen emittieren kurzwelliges Licht und eignen sich zum Aufbau von Röntgenlasern, worauf in Abschn. 11.2 eingegangen wird.

Ionen können auch in Festkörpern als Kristallgitterbausteine oder als Störstellen vorhanden sein. Sie liegen dort sogar in stabiler Form vor, während Ionen in Gasentladungen und anderen Plasmen mit Elektronen rekombinieren und wieder Atome bilden. Störstellenionen bilden die Grundlage wichtiger Festkörperlaser, die in Kap. 9 besprochen werden.

© Springer-Verlag Berlin Heidelberg 2015
H.J. Eichler, J. Eichler, *Laser*, DOI 10.1007/978-3-642-41438-1_5

5.1   Laser für kurze Wellenlängen

Die Energiezustände E_n des äußersten Elektrons („Leuchtelektrons") eines Ions können näherungsweise mit einem wasserstoffähnlichen Modell beschrieben werden. Danach
wird die Ladung des Atomkerns abzüglich der Ladung der inneren Elektronen zu einer
effektiven Kernladungszahl Z zusammengesetzt. Das Leuchtelektron bewegt sich nach
diesem vereinfachten Modell im Feld einer punktförmigen Ladung, so dass die Energiezustände entsprechend der Bohrschen Theorie des Wasserstoffatoms gegeben sind durch

$$E_n = -\,(13{,}6\,\text{eV})\,Z^2/n^2 \;. \tag{5.1}$$

Dabei ist n die Hauptquantenzahl, bzw. Bahnnummer. Für $Z = 1$ ergeben sich die in
Abschn. 1.2 dargestellten Energiezustände des Wasserstoffatoms.

  Gleichung 5.1 und Abb. 5.1 zeigen, dass die Elektronenenergien von Ionen ($Z \geq 2$)
größer sind, als Elektronenenergien von Atomen ($Z = 1$). Dies liegt daran, dass wegen
der höheren, effektiven Kernladung das Leuchtelektron in einem Ion fester gebunden ist
als in einem Atom. Gleichung (5.1) gilt exakt nur für H (Wasserstoffatom, $Z = 1$), He$^+$
(einfach positiv geladenes Heliumion, $Z = 2$), Li^{++} (zweifach geladenes Lithiumion,
$Z = 3$) und andere vollständig ionisierte Atome. Bei anderen Ionen ist jedoch ebenso
zu beobachten, dass die Elektronenenergien im Durchschnitt mit dem Ionisierungsgrad
zunehmen.

Abb. 5.1 Energiezustände des
Elektrons im Wasserstoffatom
(H) und Heliumion (He$^+$)

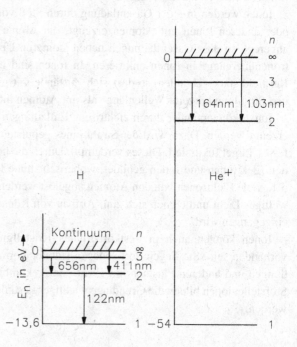

Lasertätigkeit findet normalerweise zwischen angeregten Zuständen von Atomen und Ionen statt, da eine Inversion gegenüber dem Grundzustand nur schwer herzustellen ist. Übergänge zwischen angeregten Zuständen im Wasserstoffatom ergeben Wellenlängen hauptsächlich im sichtbaren und infraroten Spektralbereich. Ähnliches gilt auch für kompliziertere neutrale Atome. Die Erzeugung kurzwelliger, ultravioleter Strahlung ist dagegen durch Übergänge in angeregten Zuständen von Ionen möglich, wie in Abb. 5.1 für He angedeutet. Mit höher ionisierten Atomen können nach (5.1) noch kürzere Wellenlängen erzeugt werden (siehe Abschn. 11.2, Röntgenlaser). Ergänzend soll hier noch darauf hingewiesen werden, dass das H-Atom und das He^+-Ion sich bisher als nicht besonders geeignet für Lasertätigkeit gezeigt haben und hier nur als einfache Beispiele für die spektralen Emissionseigenschaften von Atomen und Ionen diskutiert worden sind.

Die Erzeugung kürzerer Wellenlängen durch Ionenlaser im Vergleich zu atomaren Lasern wird auch deutlich, wenn der Argonionenlaser mit dem He-Ne-Laser verglichen wird. Dieser atomare Laser hat rote und grüne Linien, während der Argonionenlaser grüne, blaue und ultraviolette Linien emittiert.

Zusammenfassend ist bisher festzustellen, dass ein Ion im Mittel kürzere Wellenlängen emittiert als ein Atom. Ein weiterer Weg kürzere Wellenlängen als mit Atomen möglich zu erzeugen, besteht in der Verwendung von Molekülen. Diese besitzen zwar ähnliche Elektronenenergien wie Atome, jedoch kann durch Schwingungen der Grundzustand aufgespalten oder gar instabil werden, wie bei Excimeren. Damit sind dann auch Laserübergänge in den Grundzustand mit großen Übergangsenergien (im Wasserstoffatom der Lyman-Serie entsprechend) möglich. Derartige molekulare UV-Laser werden in Kap. 7 beschrieben.

5.2 Edelgasionenlaser

Mit den ionisierten Edelgasen Ne, Ar, Kr und Xe wurde in Gasentladungen auf über 250 Linien im Spektralbereich von 175 nm bis etwa 1100 nm Lasertätigkeit erzielt. Je höher der Ionisationszustand ist, desto kürzere Wellenlängen und größere Photonenenergien können in der Regel erreicht werden, da die Leuchtelektronen immer fester gebunden werden (Abschn. 5.1). Einige der Laserlinien stammen aus Übergängen in bis zu vierfach ionisierten Edelgasen. Ein derartig hoher Ionisationszustand mit der notwendigen Ionendichte kann nur im Pulsbetrieb erzielt werden.

Von besonderer Bedeutung sind kontinuierliche (cw) Laser in ein- und zweifach ionisierten Edelgasen. Der Hauptvertreter dieses Typs ist der Argonionenlaser, welcher in Sonderformen Leistungen über 100 W im blaugrünen Bereich und bis zu 60 W im nahen Ultravioletten liefern kann. Der Kryptonlaser mit cw-Leistungen von einigen Watt erweitert den Spektralbereich bis ins nahe Infrarot. Die stärksten cw-Ionenlaserlinien sind in Abb. 5.2 dargestellt.

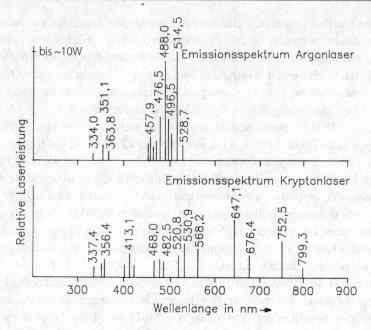

Abb. 5.2 Die stärksten Linien kontinuierlicher Edelgasionenlaser

5.2.1 Argonionenlaser

Ein Schema für den hauptsächlichen Anregungsprozess der oberen Laserniveaus ist in Abb. 5.3 für Argon gegeben. Durch Elektronenstoß wird ein Argonatom ionisiert. Durch einen zweiten Stoß wird dann das Argonion in das obere Laserniveau angeregt. Andere Anregungsmechanismen bestehen darin, dass eine Besetzung durch Strahlungszerfälle von höheren Niveaus erfolgt, oder dass eine Elektronenstoßanregung aus tieferen metastabilen Zuständen des Argonions stattfindet. Vermutlich liefern alle drei Prozesse wichtige Beiträge zur Besetzung des oberen Laserniveaus, wobei z. B. Kaskadenübergänge aus höheren Niveaus einen Anteil von 25 bis 50 % haben.

Wie aus Abb. 5.3 ersichtlich, liegt das obere 4p-Laserniveau 35,7 eV über dem Grundzustand des Argonatoms und 20 eV über dem des Argonions. Damit können nur energiereiche Elektronen zur Anregung beitragen, und es ergibt sich ein kleiner Quantenwirkungsgrad (= Energie des angeregten Laser-Zustands/Energie des Laser-Übergangs) um 10 %. Diese Angabe bezieht sich auf den Grundzustand des Argonions, da dieser in der Entladung wieder angeregt werden kann. Das untere 4s Laserniveau wird durch einen Strahlungsübergang (72 nm) mit einer Lebensdauer von 1 ns schnell entleert. Dagegen ist die Lebensdauer des oberen 4p Zustandes mit 10 ns größer. Die kurze Lebensdauer des unteren Laserniveaus hält die Besetzung sehr klein. Damit kann eine Inversion trotz der relativ ineffizienten Anregung des oberen Laserniveaus erfolgen.

Abb. 5.3 Energieniveaus und Anregungsprozess beim Argonlaser. Ar II ist die spektroskopische Bezeichnung für das Ion Ar^+. Das Ar-Atom wird als Ar I bezeichnet

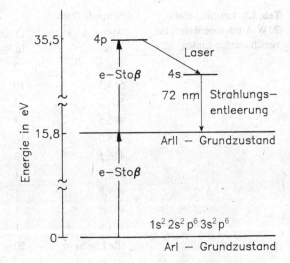

Da die 4p- und 4s-Zustände aufgespalten sind, entstehen mehrere Laserübergänge mit unterschiedlichen Intensitäten. In Abb. 5.4 sind zehn Laserlinien eingetragen, von denen die intensivsten bei einer Wellenlänge von 488,0 nm (blau) und 514,5 nm (grün) liegen. In kommerziellen Lasern werden Leistungen dieser Linien im 0,1 W-Bereich mit Luftkühlung und im Watt-Bereich mit Wasserkühlung angeboten (Tab. 5.1).

Wegen der zweistufigen Elektronenstoßanregung steigt die Leistung des Argonlasers etwa quadratisch mit dem Strom. Für Argonlaser hoher Leistung sind wegen der erforderlichen Ionisierung und Anregung große Ströme auf kleinen Querschnitten erforderlich. Dies macht einen im Vergleich zu He-Ne-Lasern hohen technologischen Aufwand notwendig.

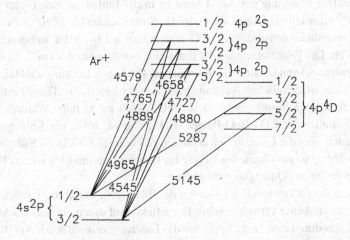

Abb. 5.4 4p → 4s-Übergänge des Argonlasers

Tab. 5.1 Leistung eines 20 W-Argonionenlasers bei verschiedenen Linien

Normale Optik		UV-Optik	
Wellenlänge in nm	Leistung in W	Wellenlänge in nm	Leistung in W
528,7	2	385,1–351,1	3
514,5	10	363,8–333,6	5
501,7	2	335,8–300,3	2
496,5	3	305,5–275,4	0,6
488,0	10		
476,5	3		
472,7	1		
465,8	1		
457,9	1		
454,5	1		
alle Linien	20		

Bei weiterer Steigerung der Stromdichte kann Argon auch zweifach ionisiert werden. Dazu ist eine Energie von 43 eV erforderlich. Etwa 25–30 eV über dem Grundzustand von Ar^{2+} existieren weitere Laserniveaus. Diese emittieren ultraviolette Laserstrahlung mit 334, 351 und 364 nm. Die Leistung kann in speziellen Lasern einige Watt betragen. Diese UV-Argonlaser werden kaum noch eingesetzt, da hohe Stromdichten und starke Magnetfelder erforderlich sind.

5.2.2 Aufbau

Für eine effektive Anregung der Ar^+-Linien ist in der Entladung eine Elektronendichte von 10^{14} cm^{-3} erforderlich. Dieser Wert wird bei Stromdichten bis zu 10^3 A cm^{-2} in sogenannten Bogenentladungen erreicht. Der Gasdruck liegt bei 1–100 Pa, wobei reines Argon verwendet wird. Die Feldstärke längs der Entladung beträgt etwa 4 V cm^{-1}. Die Temperatur des Neutralgases kann bis zu $5 \cdot 10^3$ K erreichen. Die hohen Leistungsdichten verlangen einen beträchtlichen technischen Aufwand beim Bau der Laserrohre. Diese bestehen meist aus wassergekühlten Keramikrohren, meist BeO, welches eine hohe Wärmeleitfähigkeit wie etwa Aluminium hat. Da BeO-Pulver stark giftig ist, sollte die Entsorgung dieser Rohre am besten über die Lieferfirmen erfolgen. Al eignet sich nicht als Rohrmaterial, da es elektrisch leitet, so dass keine Entladung im Rohrinneren möglich ist. Im Pulsbetrieb wurden auch Rohre aus Quarzglas verwendet.

Durch die hohe Elektronendichte werden die Elektronen radial nach außen gedrückt, wodurch die Stromdichte verringert wird. Der Effekt wird durch ein äußeres Magnetfeld kompensiert, das durch eine lange Spule um das Laserrohr erzeugt wird. Auf die Elektronen wirkt die Lorentz-Kraft, die senkrecht zur Achse und radialen Bewegungskomponente steht. Dadurch wird die Bewegung aus der radialen Richtung in eine kreis- bzw. spiralförmige Bahn umgelenkt und die Entladung auf die Achse konzentriert. Dieses verringert die Wirkung des Plasmas auf die Materialien des Laserrohres, was die Lebensdauer des Rohres stark erhöht. Zusätzlich vergrößert sich die Pumprate und der Wirkungsgrad des Lasers. Die hohen Ströme werden aus direkt geheizten Vorratskathoden gezogen. Als Anoden können gekühlte Kupferbauteile dienen.

Durch die großen Ströme in der Entladung findet ein Impulsübertrag von den Elektronen auf das Gas statt, und es erfolgt eine Gasdrift zur Kathode hin. Das Gas im Ionenlaser verbraucht sich, da die Entladung die Ionen in die Wand treibt. Dieser Gasverlust wird bei kommerziellen Lasern automatisch aus einem angeschlossenen Reservoir kompensiert.

Im Gegensatz zum He-Ne-Laser spielen Wandeffekte zur Inversionserzeugung keine Rolle, und es sind große Durchmesser des Laserrohres möglich. Der Verstärkungsfaktor für die 488 nm Linie beträgt bei einer Länge von 50 cm etwa $G = 1,35$. Man beschränkt wegen der Strahlqualität die Strahldurchmesser auf 1,5 bis 2 mm. Die Wirkungsgrade sind meist kleiner als 10^{-3}.

Durch Verwendung von breitbandigen Laserspiegeln wird gleichzeitig Emission auf verschiedenen Linien erreicht. Zur Selektion einzelner Wellenlängen wird ein Brewster-Prisma im Laserresonator eingesetzt. Zur Vermeidung von Reflexionsverlusten treffen bei diesem Prisma die Strahlen etwa unter dem Brewster-Winkel auf die Prismenflächen. Die andere Seite des Prismas ist senkrecht zum Laserstrahl orientiert, der an der ersten Fläche gebrochen wurde. Die senkrechte Rückfläche ist hoch verspiegelt. Je nach Wellenlänge ist die Strahlablenkung an der ersten Fläche unterschiedlich. Durch Drehen des Prismas können die verschiedenen Linien eingestellt werden. Typische Leistungen eines kommerziellen 20 W Lasers mit und ohne Wellenlängenselektion zeigt Tab. 5.1. Wegen der hohen Temperatur im Entladungsbereich beträgt die Linienbreite auf Grund von Doppler-Verbreiterung bis zu 6 GHz. Ohne frequenzselektierende Elemente liegt die Kohärenzlänge im cm-Bereich. Für holographische Anwendungen wird dieser Wert durch ein Etalon im Resonator vergrößert. In diesem Fall kann die Bandbreite auf 5 MHz reduziert werden. Nahezu alle kommerziellen Edelgasionenlaser liefern den Grundmode TEM_{00}. Trotz der hohen Belastung der Rohre durch die hohen Ströme werden Lebensdauern von mehreren 1000 Betriebsstunden erreicht.

5.2.3 Kryptonionenlaser

Entladungsrohre für Kryptonlaser sind nahezu baugleich mit denen der Argonlaser. Da sich während des Betriebes das Gas schneller verbraucht als beim Argonlaser muss ein größeres Gasreservoir vorhanden sein. Die stärkste Linie der Kryptonlaser liegt bei 647 nm (rot) mit Leistungen von einigen Watt. Die Intensität der anderen Linien hängt stark vom Druck ab. Daher haben Laser, welche eine Selektion einzelner Linien erlauben, eine aktive Kontrolle des Druckes. Die Linien des Kr^+-Lasers liegen zwischen 337 und 799 nm (Abb. 5.2). Der geringe Wirkungsgrad des Kryptonionenlasers erfordert höhere Stromdichten als beim Argonlaser gleicher Leistung. Zusätzlich tritt ein verstärktes

Sputtering auf, da die Kr-Ionen schwerer sind und höhere Energie haben. Daher sind die meisten Laser dieses Typs mit Wasser gekühlt, während Argonionenlaser kleiner Leistung mit Luftkühlung auskommen.

5.2.4 Anwendungen

Argon- und Kryptonionenlaser im roten und blau-grünen Spektralbereich waren über Jahrzehnte Standardgeräte, die inzwischen weitgehend durch Dioden- und Festkörperlaser ersetzt wurden. Besonders wichtig waren Anwendungen in der Augenheilkunde zur Behandlung der Netzhaut, z. B. Befestigung loser Netzhaut am Augenhintergrund, siehe Abschn. 23.3.

5.3 Metalldampfionenlaser (Cd, Se, Cu)

Neben den Edelgasionenlasern existieren weitere Gaslaser, die auf Übergängen in Ionen beruhen. Technische Bedeutung hat der He-Cd-Laser. Da die Metalle bei diesen Lasern verdampft werden, handelt es sich um Gaslaser.

5.3.1 He-Cd- und He-Se-Laser

Kontinuierliche Emission vom infraroten bis zum ultravioletten Spektralbereich kann mit Cadmium- und Selen-Ionen erreicht werden. Zur Anregung der Laserniveaus und zum Betrieb der Gasentladung enthalten diese Laser zusätzlich Helium. Aus Übergängen in Cd-Ionen ($Cd^+ = Cd\,II$) werden 11 Laserlinien von 887,7 bis 325,0 nm und in Se-Ionen ($Se^+ = Se\,II$) 46 Laserlinien von 1258,6 bis 446,8 nm beobachtet. Die stärksten Laserlinien und die entsprechenden Übergänge sind in Tab. 5.2 dargestellt.

Abbildung 5.5 zeigt Termschemata für den He-Cd- und den He-Se-Laser. Die Anregung der oberen Laserniveaus der Cd-Linien geschieht durch Penning-Stoß. Ein Cd-Atom stößt mit einem He-Atom, welches in einem metastabilen Niveau bis etwa 20 eV angeregt ist, zusammen. Dabei geht das He-Atom in den Grundzustand über. Die Anregungsenergie des He-Atoms reicht zur Ionisation des Cadmiums aus. Nach dem Stoß befindet sich das Cd-Ion in einem angeregten $5s^2$-Zustand (Abb. 5.5). Die überschüssige Energie wird dem aus dem Ionisationsprozess herrührenden Elektron als kinetische Energie mitgegeben.

Bei He-Se-Laser erfolgt die Anregung durch Stöße mit He-Ionen, die in der Gasentladung entstehen. Die oberen Laserniveaus werden durch Ladungsaustausch zwischen einem Se-Atom und einem He-Ion besetzt. Das He-Ion geht dabei in den atomaren Grundzustand über, während das Selen ionisiert und in einen 5p-Zustand übergeführt wird. Anregung durch Ladungsaustausch findet auch beim He-Cd-Laser statt.

Die Anregung des Cadmiums bzw. des Selens erfolgt in Glimmentladungen mit Helium in Entladungsgefäßen aus Quarzglas oder in Hohlkathodenentladungen. Im ersten Fall

Tab. 5.2 Wellenlängen des He-Cd- und He-Se-Lasers

Ion	Übergang	Wellenlänge (nm)	Leistung kommerz. Laser
Cd II	$6g\,^2G_{9/2} \rightarrow 4f\,^2F^0_{7/2}$	636,8 (rot)	
Cd II	$4f\,^2F^0_{7/2} \rightarrow 5d\,^2D_{5/2}$	537,8 (grün)	
Se II	$5p\,^2D^0_{3/2} \rightarrow 5s\,^2P_{1/2}$	530,5 (grün)	
Se II	$5p\,^2D^0_{5/2} \rightarrow 5s\,^2P_{3/2}$	525,3 (grün)	
Se II	$5p\,^4D^0_{5/2} \rightarrow 5s\,^4P_{3/2}$	517,6 (grün)	
Se II	$5p\,^4D^0_{5/2} \rightarrow 5s\,^4P_{5/2}$	506,9 (blaugrün)	
Se II	$5p\,^4D^0_{3/2} \rightarrow 5s\,^4P_{3/2}$	499,3 (blau)	
Se II	$5p\,^2D^0_{5/2} \rightarrow 4p\,^4P_{3/2}$	497,6 (blau)	
Cd II	$5s^2\,^2D_{5/2} \rightarrow 5p\,^2P^0_{3/2}$	441,6 (blau)	100 mW
Cd II	$5s^2\,^2D_{3/2} \rightarrow 5p\,^2P^0_{1/2}$	325,0 (ultraviol.)	10 mW

wird der Metalldampfdruck durch Heizen (Cd: 350 °C, Se: 270 °C) eines Metallreservoirs in der Nähe der Anode erzeugt. Durch Kataphorese, d. h. entladungsbedingte Drift der Metallionen zur Kathode, stellt sich im Entladungsrohr ein gleichmäßiger Metalldampfdruck von etwa 8 Pa ein.

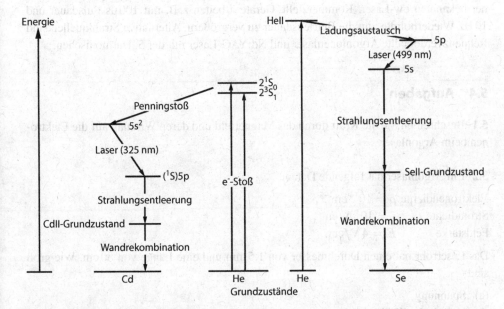

Abb. 5.5 Termschemata für den He-Cd- und He-Se-Laser. Cd II und Se II sind Symbole für die Ionen Cd^+ und Se^+

Kommerziell werden He-Se-Laser mit 1 bis 5 mW Ausgangsleistung im Spektralbereich von 460 bis 650 nm vertrieben. Die gewünschten Wellenlängenbereiche werden durch entsprechende Spiegel eingestellt. Die Ausgangsleistung kommerzieller He-Cd-Laser beträgt bei 325 nm 1 bis 8 mW und bei 441,6 nm bis zu 60 mW. Durch gleichzeitigen Betrieb der roten, grünen und blauen Linien kann weiße Laserstrahlung erzeugt werden. Die Lebensdauer abgeschmolzener He-Cd-Laser beträgt 6000 Stunden oder mehr, beim Betrieb im UV etwa die Hälfte. Die Begrenzung erfolgt meist durch Verunreinigung der Entladung, Cd-Niederschläge an der Optik oder anderen Stellen sowie Gasaufzehrung des Heliums. Der Wirkungsgrad von etwa 0,01 % liegt wie bei dem des He-Ne- und Ar-Lasers. Die Laser sind in der Regel luftgekühlt.

5.3.2   Weitere Metalldampfionenlaser

Lasertätigkeit kann in einer Reihe weiterer Ionen in Metalldämpfen (Cu, Ag, Au) erzielt werden, wobei für schwer verdampfbare Metalle Hohlkathodenentladungen geeignet sind. Dabei wird der Metalldampf durch Stöße von Edelgasionen mit der Metallkathode erzeugt (sputtering). Die Edelgasionen werden in einer Gasentladung gebildet, so dass keine Heizung zur Metallverdampfung notwendig ist. Von besonderem Interesse sind Ne-Cu- und He-Ag-Laser, da sie die einzigen kontinuierlichen Laser sind, die im Spektralbereich bis 220 nm emittieren. Mit Kupferionenlasern lassen sich Ausgangsleistungen bis 1 W realisieren. Diese Metalldampfionenlaser (nicht zu verwechseln mit gepulsten Kupfer- oder Golddampfatomlasern nach Abschn. 4.2) emittieren die kürzesten Wellenlängen aller bisher bekannten cw-Laser. Kommerzielle Geräte arbeiten z. B. mit 100 µs Pulsdauer und 10 Hz Wiederholrate, um die Betriebsdauer zu vergrößern. Alternative Strahlquellen sind frequenzverdoppelte Argonionenlaser und Nd:YAG-Laser mit der 5. Harmonischen.

5.4   Aufgaben

5.1 Beschreiben Sie die Kraft durch das Magnetfeld und deren Wirkung auf die Elektronen beim Argonlaser.

5.2 Ein Argonlaser hat folgende Daten:

Elektronendichte $\rho = 10^{14}\,\text{cm}^{-3}$,
Stromdichte $\quad i = 10^3\,\text{A/cm}^2$,
Feldstärke $\quad\; E = 4\,\text{V/cm}$.

Das Laserrohr hat einen Durchmesser von 1,5 mm und eine Länge von 80 cm. Wie groß sind

(a) Spannung,
(b) elektrischer Widerstand und
(c) mittlere Elektronendriftgeschwindigkeit?

5.3 Zur Kühlung eines 5 W-Argon-Lasers mit einem Wirkungsgrad 0,05 0 l Wasser pro Minute verbraucht. Berechnen Sie die Temperaturerhöhung des Kühlwassers.

5.4 Ein Au-Laser besitzt eine Pulsenergie von 2 mJ, eine Pulsdauer von 20 ns und eine Pulsfrequenz von 6 kHz. Berechnen Sie die mittlere Leistung und die Spitzenleistung.

5.5 Begründen Sie anhand der Laserlinien, welche Gaslaser ein weißes Strahlungsgemisch erzeugen können.

5.6

(a) Warum steigt die Leistung beim Argon- und Kryptonlaser etwa quadratisch mit dem Strom an?
(b) Gilt das gleiche für Metalldampfionenlaser?

Weiterführende Literatur

1. Willett CS (1974) Introduction to Gas Lasers: Population Inversion Mechanisms. Pergamon Press
2. Cherrington BE (1979) Gaseous Electronics and Gas Lasers. Pergamon Press

Infrarot-Moleküllaser

6

Laserstrahlung im Infraroten wird häufig mit Gaslasern erzeugt, wobei vor allem die Strahlung molekularer Gase ausgenutzt wird. Bei Strahlungsübergängen zwischen *Rotationsniveaus* eines Moleküls, dessen Schwingungszustand ungeändert bleibt, treten relativ kleine Energiedifferenzen auf. Der entsprechende Wellenlängenbereich liegt zwischen 25 µm und 1 mm. Man spricht in diesem Zusammenhang von Ferninfrarot-Lasern (Abschn. 6.1). Die Energiedifferenzen zwischen *Vibrations-Rotations-Niveaus* desselben elektronischen Zustandes sind größer. Daher ist die Wellenlänge derartiger Laserstrahlung kleiner; sie liegt zwischen 5 µm und 30 µm (Abschn. 6.2). Besonders weit verbreitet ist der CO_2-Laser, der eine Wellenlänge von 10 µm emittiert. Finden Laserübergänge zwischen verschiedenen *elektronischen Niveaus* statt, so liegen die Wellenlängen im sichtbaren und ultravioletten Bereich. Besonders wichtig sind die Stickstoff- und Excimerlaser (Kap. 7).

6.1 Ferninfrarot-Laser

Der Wellenlängenbereich von 50 µm bis 1 mm (Submillimeterwellen) wird als „fernes Infrarot" (FIR) bezeichnet. Diese Wellen werden seit etwa 1990 meist Terahertz-Strahlung genannt. Ferninfrarot-Laser haben typische Ausgangsleistungen von 100 mW bis 1 Watt mit Frequenzen von 0,1 bis 10 THz und werden vor allem für spektroskopische und auch andere wissenschaftliche Anwendungen eingesetzt. Alternativ lässt sich THz-Strahlung durch elektronische Gun-Elemente, Auston-Switches, Quantenkaskadenlaser und nichtlineare Differenzfrequenzbildung erzeugen.

6.1.1 Optisch gepumpte Laser

FIR-Laser werden häufig optisch gepumpt. Es sind einige hundert verschiedene Emissionslinien bekannt. Der Aufbau soll am Beispiel des CH_3F (Methanfluorid)-Lasers erläutert werden, welcher mit der 9,55 µm-Linie des CO_2-Lasers gepumpt wird (Abb. 6.1). Die

© Springer-Verlag Berlin Heidelberg 2015
H.J. Eichler, J. Eichler, *Laser*, DOI 10.1007/978-3-642-41438-1_6

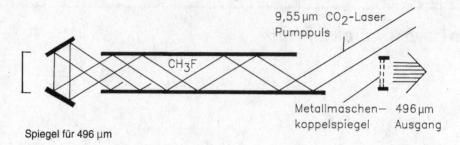

Abb. 6.1 Schematische Darstellung eines CH_3F-Ferninfrarot-Lasers (nach Kneubühl und Sigrist), welcher mit einem CO_2-Laser gepumpt wird

Tab. 6.1 Beispiele für Eigenschaften von Ferninfrarotlasern (nach J. Hecht)

Typ	Wellenlängen	cw-Leistung	Pulsparameter	Anregung
H_2O	28 µm	10 mW	Auch gepulst	Elektrisch
	78 µm			
	119 µm	6 mW		
D_2O	66 µm		2,5 µs; 40 mJ	Optisch
CH_3OH	112 µm	100 mW		Optisch
HCN	337 µm	100 mW		Elektrisch
	311 µm	3 mW		
CH_3F	496 µm		50 ns; 50 mJ	Optisch

Pumpstrahlung wird schräg in den Resonator eingekoppelt. Zur Auskopplung der Laserstrahlung kann ein teildurchlässiger Koppelspiegel verwendet werden. Die Leistungsdaten sind in Tab. 6.1 angegeben.

Das Termschema mit den stärksten Laser-Übergängen ist in Abb. 6.2 gezeichnet. In dem Schema ist J die Drehimpulszahl und K die Quantenzahl, welche die Komponente des Drehimpulses auf die Symmetrieachse des CH_3F-Moleküls angibt.

Andere Beispiele für laser-gepumpte FIR-Laser sind in Tab. 6.1 aufgeführt. Der Methanol-Laser (CH_3OH) emittiert in einem sehr breiten Wellenlängen-Bereich von 40 bis 1200 µm. FIR-Laser werden kommerziell mit den dafür notwendigen Pumplasern angeboten (Tab. 6.2). Der Quantenwirkungsgrad für die Umwandlung der Pump- in die Laserstrahlung liegt bei einigen ‰ bis zu 30 %. Der Wirkungsgrad bezogen auf die Leistung ist kleiner, da die FIR-Photonen kleinere Energie als die Pumpquanten besitzen.

6.1.2 Elektrisch angeregte FIR-Laser

Eine Anregung in Gasentladungen ist für FIR-Laser nur bei stabilen, einfachen Molekülen möglich. Dies liegt daran, dass größere Moleküle in der Entladung dissoziieren. Die ersten molekularen FIR- Laser wurden mit longitudinalen Gasentladungen betrieben. Es handelt sich um den H_2O-, HCN- und ICN-Laser, welcher die längste Wellenlänge von 774 µm

Abb. 6.2 Vereinfachtes Termschema eines FIR-Lasers (CH_3F). Als Pumpstrahlung wird die P(20)-Linie eines CO_2-Lasers bei etwa 9,5 µm verwendet (J = Drehimpulsquantenzahl, K = Quantenzahl siehe Text)

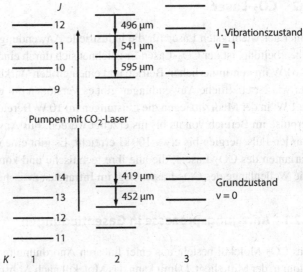

Tab. 6.2 Kommerzielle Ferninfrarotlaser nach Wellenlängen geordnet

Wellenlänge	Typ	Wellenlänge	Typ
41,0 µm	CD_3OD	255 µm	CD_3OD
46,7 µm	CH_3OD	375 µm	$C_2H_2F_2$
57,0 µm	CH_3OD	433 µm	HCOOH
70,6 µm	CH_3OH	460 µm	CD_3I
96,5 µm	CH_3OH	496 µm	CH_3F
118,8 µm	CH_3OH	570 µm	CH_3OH
148,5 µm	CH_3NH_2	599 µm	CH_3OH
163,0 µm	CH_3OH	764 µm	$C_2H_2F_2$
184,0 µm	CD_3OD	890 µm	$C_2H_2F_2$
198,0 µm	CH_3NH_2	1020 µm	$C_2H_2F_2$
229,1 µm	CD_3OD	1022 µm	$C_{13}H_3F_2$

produziert. Später wurden auch transversale Entladungen eingesetzt, welche ähnlich wie beim TEA-CO_2-Laser (Abschn. 6.2) aufgebaut waren. Ein Beispiel ist der CH_3F-Laser.

Der wichtigste elektrisch angeregte FIR-Laser ist der HCN-Laser mit den stärksten Linien bei 311 und 337 µm. Die Strahlung entsteht zwischen Vibrations-Rotationsniveaus des HCN-Moleküls. Leistungsangaben finden sich in Tab. 6.1. Die wichtigsten Anwendungen der FIR-Laser liegen in der hochauflösenden Spektroskopie von Molekülen und von Rydberg-Atomen, der Festkörper-Spektroskopie, dem Studium magneto-optischer Phänomene und der Diagnostik von Plasmen.

Die Handhabung und Messtechnik der FIR-Strahlung erfordert spezielle Verfahren, die in der Literatur genauer dargestellt sind. Laserspiegel für den FIR-Bereich bestehen z. B. aus ZnSe, Si oder speziellem kristallinen Quarz. Der Strahl kann durch ein zentrales Loch ausgekoppelt werden. Es werden auch Spiegel aus Maschendraht eingesetzt.

6.2 CO$_2$-Laser

Einer der wichtigsten Laser für die industrielle Anwendung, insbesondere in der Materialbearbeitung, ist der CO$_2$-Laser. Er zeichnet sich durch eine hohe Leistung bis zu nahezu 100 kW im kontinuierlichen Betrieb und einen großen Wirkungsgrad von 10 bis 20 % aus. Für wissenschaftliche Anwendungen gibt es Versionen mit geringer Leistung bis herunter zu 1 W; in der Medizin liegen die Leistungen im 10 W-Bereich. Im Pulsbetrieb können Laserpulse im Bereich von ns bis ms erzeugt werden. Für Anwendungen in der Kernfusion wurden Pulsenergien bis etwa 100 kJ erreicht. Es gibt eine größere Anzahl konstruktiver Varianten des CO$_2$-Lasers, die alle ihre technische und kommerzielle Bedeutung haben. Die Wellenlänge des CO$_2$-Lasers liegt im Infraroten zwischen 9 µm und 11 µm.

6.2.1 Anregungsprozesse in Gasentladungen

Das CO$_2$-Molekül besteht aus einer linearen Anordnung mit drei Atomen, wobei das C-Atom in der Mitte liegt. Damit kann das Molekül nach Abb. 6.3 drei verschiedene Schwingungen ausführen: (a) Biegeschwingungen, (b) symmetrische Streckschwingungen und (c) asymmetrische Streckschwingungen. Es entstehen somit drei Serien von Vibrationszuständen, die mit den Niveaus (010), (100) und (001) beginnen. Die Laserstrahlung geht vom (001)-Niveau aus, wobei Wellenlängen um 9,6 µm und 10,6 µm entstehen. Die Übergänge enden im (020)- und (100)-Niveau.

Das Lasermedium besteht aus einem CO$_2$-N$_2$-He-Gasgemisch, welches durch eine Gasentladung angeregt wird. Die Bevölkerung des oberen Laserniveaus erfolgt zu einem

Abb. 6.3 Termschema des CO$_2$-Lasers. Die Anregung des oberen Laserniveaus erfolgt durch Stöße (2. Art) mit metastabilen N$_2$-Molekülen. Es entstehen zahlreiche Laserlinien um 9,6 oder 10,6 µm. Die Schwingungsformen des CO$_2$-Moleküls sind mit a), b) und c) im Kasten dargestellt, f_2, f_1, f_3 sind die dazugehörigen Frequenzen

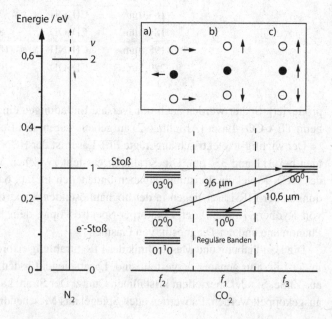

Abb. 6.4 Aufspaltung der Vibrations-Rotationsniveaus des CO$_2$-Moleküls und Darstellung der Laserübergänge. Die Energiezustände (02^{0}0) und (10^{0}0) sind stark gekoppelt und werden daher auch mit (10^{0}0)$_I$ und (10^{0}0)$_{II}$ bezeichnet

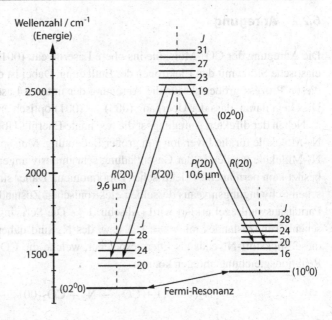

Teil durch Stöße mit Elektronen der Entladung. Wichtiger ist die Anregung durch Stöße mit metastabilen N$_2$-Molekülen (Abb. 6.3), die sich in der Gasentladung bilden. Durch diesen Vorgang wird nur das obere Laserniveau angeregt, so dass eine Inverson entsteht, die zur induzierten Emission führt.

Laseremission kann in zwei Wellenlängenbereichen um 9,6 µm und 10,6 µm auftreten, je nachdem, in welches Vibrationsniveau der Übergang führt. In Abb. 6.3 ist das Energieniveauschema dargestellt, welches nur die so genannten regulären Banden darstellt. Diese bestehen aus mehr als hundert Linien, da die Schwingungsniveaus durch Rotationen aufgespalten sind (Abb. 6.4). Daneben existieren noch Sequenzbanden und „hot-band-Übergänge" (siehe 7. Aufl.). Bei normalen cw-CO$_2$-Lasern tritt in der Regel nur der Wellenlängenbereich von 10,6 µm auf. Der Grund dafür liegt in einem schnellen Energieaustausch zwischen den beteiligten Niveaus, der in Abschn. 6.2.5 erläutert wird. Bemerkenswert ist der hohe Quantenwirkungsgrad von etwa 45 %, den man leicht aus dem Termschema ablesen kann (Abb. 6.3). Dadurch erklärt sich der hohe gesamte Wirkungsgrad, der die Umsetzung von elektrischer in optische Energie beschreibt.

Das aktive Medium eines CO$_2$-Lasers enthält neben CO$_2$ und N$_2$ im allgemeinen 60 bis 80 % Helium. Das Helium ist nicht direkt am Laserprozess beteiligt. Es hat die Aufgabe, den Druck im Laserrohr zu erhöhen. Die Stabilität der Entladung wird verbessert und die Temperatur des Gasgemisches günstig für den Laserprozess beeinflusst. Weiterhin wird das untere Laserniveau durch Stöße mit He entleert. Der Stickstoff erfüllt eine analoge Aufgabe wie das Helium beim He-Ne-Laser, d. h. die N$_2$-Moleküle werden durch Elektronenstöße in der Entladung angeregt und übertragen dann ihre Energie auf die CO$_2$-Moleküle.

6.2.2 Anregung

Die Anregung der CO_2-Moleküle ins obere Laserniveau (001) erfolgt teilweise durch in-
elastische Stöße mit den Elektronen der Entladung. Dabei ist der Wirkungsquerschnitt für
diesen Prozess größer als für die Anregung der unteren Laserniveaus (100) und (020).
Dies liegt daran, dass der Übergang (000) → (001) optisch erlaubt ist.

Neben der direkten Anregung ist die resonante Energie-Übertragung durch metastabile
N_2-Moleküle für die Inversion von großer Bedeutung. Man spricht von Stößen 2. Art. Die
N_2-Moleküle werden in der Gasentladung sehr intensiv angeregt. Molekularer Stickstoff
besitzt kein permanentes elektrisches Dipolmoment. Daher sind optische Übergänge zwischen Schwingungsniveaus desselben elektronischen Zustandes verboten, was durch die
Paritätsauswahlregel erklärt wird (Abschn. 1.4). Die Schwingungsniveaus des elektronischen Grundzustandes mit $v = 1, 2$, usw. des N_2 sind daher metastabil. Damit wirken
diese Stickstoff-Niveaus als Energiespeicher, welche die CO_2-Moleküle nach folgender
Reaktionsgleichung anregen können

$$N_2(v = 1) + CO_2 \rightarrow N_2 + CO_2(001) + \Delta E \ . \tag{6.1}$$

Der Prozess der Energieübertragung nach (6.1) ist sehr effektiv, da die Energieniveaus
bis auf $\Delta E \cong 18\,cm^{-1}$ nahezu gleich sind. Diese Differenz ist wesentlich kleiner als die
thermische Energie $kT \cong 200\,cm^{-1}$ bei 300 K.

Dieser resonante Energieaustausch durch Stoß 2. Art ist sehr effektiv, da auch N_2-
Moleküle in höheren Vibrationszuständen mit $v = 2$ Energie an das CO_2-Molekül über-
tragen können. Nach Abb. 6.3 wird analog zu (6.1) das (00^02)-Niveau von CO_2 besetzt.
Es kann dadurch Laserstrahlung in den Sequenzbanden angeregt werden.

6.2.3 Energieniveauschema

Eine Darstellung der Energieniveaus ist in Abb. 6.3 gezeigt. Dabei werden die symboli-
schen Bezeichnungen aus Abschn. 1.4 übernommen. (Abb. 1.11). Die Vibrationszustände
des CO_2-Moleküls werden durch die Quantenzahlen

$$(v_1 v_2^l v_3) \tag{6.2}$$

bestimmt. Die Quantenzahlen v_1, v_2, v_3, entsprechen den drei möglichen Schwingungen,
die unabhängig voneinander auftreten. Der Index l beschreibt den Entartungsgrad und
weist auf das Vorhandensein eines Drehmomentes der entarteten Biegeschwingung hin.
Falls beide zueinander senkrechte Schwingungen (mit v_{2a} und v_{2b} aus Abschn. 1.4) angeregt sind, ergibt sich bei einer bestimmten Phasenlage der Schwingungen eine Rotation
und ein Drehmoment. Die Quantenzahl l kann die positiven Werte

$$l = v_2, v_2 - 2, v_2 - 4, \ldots, 1 \text{ oder } 0 \tag{6.3}$$

annehmen. Die Schwingungsenergien nach (1.10) betragen $hf_1 \cong 1351{,}2\,\mathrm{cm}^{-1}$ für die symmetrische Streckschwingung, $hf_2 \cong 672{,}2\,\mathrm{cm}^{-1}$ für die Knickschwingung und $hf_3 \cong 2396{,}4\,\mathrm{cm}^{-1}$ für die asymmetrische Streckschwingung.

Die totale Vibrationsenergie von CO$_2$-Molekülen beträgt in der harmonischen Näherung

$$E_v = \left(v_1 + \frac{1}{2}\right) hf_1 + \left(v_2 + \frac{1}{2}\right) hf_2 + \left(v_3 + \frac{1}{2}\right) hf_3 \,. \tag{6.4}$$

Ein Problem des CO$_2$-Lasers betrifft die Entleerung der unteren Laserniveaus, welche eine Mischung aus (10^00) und (02^00) darstellen. Die Lebensdauern alleine durch strahlende Übergänge liegen mit einigen ms relativ hoch. Beim He-Ne-Laser tritt ein ähnliches Problem auf, wobei Wandstöße eine Rolle spielen. Dies ist auch beim CO$_2$-Laser der Fall. Hinzu kommt jedoch eine Entleerung dieser Niveaus durch Stöße mit anderen Molekülen, wobei insbesondere das Helium von Bedeutung ist. Dadurch wird auch das Zwischenniveau (01^10), nicht aber die oberen Laserniveaus entleert. Zusätzlich ist die Wärmeleitfähigkeit des Heliums relativ groß, so dass die Temperatur der Entladung gesenkt wird. Dies reduziert die thermische Besetzung der unteren Niveaus des CO$_2$-Lasers.

Das obere Laserniveau besitzt die Quantenzahlen (00^01). Von ihm gehen die regulären Banden aus. Zusätzlich wird in der Gasentladung das nächste Vibrationsniveau (00^02) angeregt, was zu den Sequenzenbanden führt. Für die Besetzung der (00^0n) Schwingungsniveaus gilt eine Boltzmann-Verteilung, wobei effektive Temperaturen bis etwa 3000 K erreicht werden. Die Lebensdauer der angeregten (00^0n) Niveaus beträgt etwa 2 ms. Bei Entleerung eines der (00^0n) Niveaus während des Laservorganges sorgt ein sehr schneller Relaxationsprozess ($\tau \approx 100\,\mathrm{ns}$) über CO$_2$-CO$_2$ Stöße für eine Aufrechterhaltung der Boltzmann-Verteilung.

Die beiden unteren Laserniveaus sind in Abb. 6.3 nur unvollständig bezeichnet. Häufig werden sie präziser mit $(10^00)_I$ und $(10^00)_{II}$ symbolisiert. Die Niveaus $(10^0n)_{I,II}$ der regulären ($n = 0$) und Sequenzbanden ($n = 1$) stellen eine Überlagerung von zwei dicht beieinanderliegenden Schwingungsniveaus (10^0n) und (02^0n) dar (Fermi-Resonanz), wodurch die beiden Laser-Emissionsbereiche bei 10,6 µm und 9,6 µm entstehen. Mit anderen Worten sind z. B. $(10^00)_I$ und $(10^00)_{II}$ zwei verschiedene Mischungen der Zustände (10^00) und (02^00). Bisweilen werden die Laserendzustände statt mit $(10^00)_I$ und $(10^00)_{II}$ auch vereinfacht mit (10^00) und (02^00) bezeichnet (Abb. 6.4).

Bei höher angeregten Zuständen kommt es ebenfalls zu Fermi-Resonanzen, wobei auch mehr als nur zwei Niveaus beteiligt sein können. Zur besseren Unterscheidung der sich ergebenen Mischzustände wird häufig eine modifizierte Notation der Energieniveaus im CO$_2$-Molekül verwendet. Dabei werden die Quantenzahlen v_1, v_2, l und v_3 hintereinander geschrieben und um die Rangzahl r erweitert, welche die einzelnen Mischzustände in energetischer Reihenfolge durchnummeriert: $(v_1 v_2 l v_3 r)$.

Entsprechend werden die zuvor genannten Endzustände des CO$_2$-Lasers mit (10001) und (10002) bezeichnet. Ein weiteres Beispiel für eine Fermi-Resonanz bilden die Zustände, die nach alter Notation mit (30^01), (22^01), (14^01) und (06^01) angegeben wurden. Sie formen eine so genannte Fermi-Triade, wobei die einzelnen Niveaus als Mischzustände entsprechend abnehmender Energie mit (30011), (30012), (30013) und (30014) bezeichnet werden.

Die Energieniveaus (00^01), (00^02), ... sind nicht völlig äquidistant (anharmonischer Oszillator), daher sind die Emissionslinien, die von den höheren Niveaus ausgehen (Sequenzlinien), gegenüber den regulären Linien etwas verschoben. Neben diesen starken Emissionslinien existieren noch die so genannten „Hot-Band"-Übergänge, die über CO_2-CO_2-Stoßprozesse ebenfalls mit angeregt werden. Abbildung 6.3 gibt eine Übersicht der bekanntesten Laserübergänge in einem Termschema. Durch Aufspaltung der einzelnen Schwingungsniveaus in Rotationszustände entsteht eine große Anzahl von dicht nebeneinander liegenden Emissionslinien, die zu den verschiedenen Laserbanden gehören. Die in Abb. 6.3 eingezeichneten Laserübergänge geben lediglich die Zentren dieser Banden an.

6.2.4 Laserlinien

Wegen der Aufspaltung der Laserniveaus besteht das Spektrum des CO_2-Lasers aus zahlreichen Linien. In Abb. 6.4 sind die Vibrations-Rotations-Niveaus der regulären Banden des CO_2-Lasers dargestellt. Jedem Schwingungszustand sind zahlreich gequantelte Rotationen des Moleküls überlagert, wobei die Rotationsenergie wesentlich kleiner als die Schwingungsenergie ist. Die Rotationsenergie E_J wird durch die Quantenzahl J charakterisiert (1.11)

$$E_J = hcB_r J(J+1) \,. \tag{6.5}$$

Die Größe B_r ist durch das Massenträgheitsmoment Θ des Moleküls gegeben. Das klassische Analogon der Gleichung (6.5) ist die Gleichung für die kinetische Energie eines Rotators aus der Mechanik der Drehbewegung $W = (\Theta/2)\omega^2$, wobei ω die Kreisfrequenz ist.

Das CO_2-Molekül ist linear, spiegelsymmetrisch, und der Kernspin der ^{16}O Atome ist Null. Aufgrund dieser Symmetrieeigenschaften treten nur gerade Quantenzahlen J bei symmetrischen Vibrationen, z. B. (10^00), auf. Dagegen ist J ungerade bei asymmetrischen Vibrationszuständen, z. B. (00^01). Ersetzt man ^{16}O durch ein Isotop mit einem Kernspin, so sind alle J-Zustände vorhanden. Nach Tab. 1.6 gelten für optische Übergänge (elektrische Dipolstrahlung) folgende Auswahlregeln für die Änderung der Quantenzahl J beim Übergang

$$\Delta J = \pm 1 \quad \text{erlaubt} \quad \text{und}$$
$$\Delta J = 0 \quad \text{verboten} \,. \tag{6.6}$$

Die Übergänge mit $\Delta J = -1$ werden als P-Zweig bezeichnet, diejenigen mit $\Delta J = +1$ als R-Zweig. Dabei wird der Laserübergang durch die Quantenzahl J des unteren Niveaus

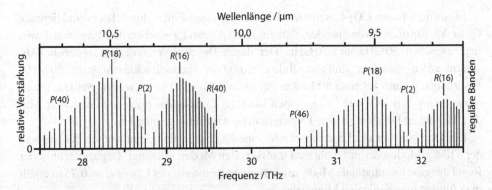

Abb. 6.5 Emissionslinien des CO$_2$-Lasers

symbolisiert, d. h. die Änderung ΔJ bezieht sich auf dieses Niveau. Man bezeichnet die Übergänge durch Angabe des Zweiges P oder R und der Rotationsquantenzahl J des Endzustandes, z. B. $P(20)$ und $R(20)$.

Durch Übergänge in dem Termschema nach Abb. 6.4 erhält man die zahlreichen regulären Linien des CO$_2$-Lasers nach Abb. 6.5. Ebenfalls dargestellt sind die Emissionslinien in den Sequenzbanden des CO$_2$-Moleküls. Es ergeben sich jeweils R- und P-Zweige zwischen 9,4 und 10,6 µm, welche durch die beiden verschiedenen Endzustände der Laserübergänge entstehen.

Die Verstärkung der einzelnen Laserlinien in Abb. 6.5 erklärt sich aus der unterschiedlichen Besetzung der Rotationsniveaus, die durch eine Boltzmann-Verteilung gegeben ist, wobei das statistische Gewicht des jeweiligen Rotationsniveaus berücksichtigt werden muss. Man erhält so für die Besetzungszahlen N_J der Rotationsniveaus innerhalb eines Schwingungszustandes

$$N_J \sim (2J + 1) \exp[-hcB_r J(J + 1)/k_B T] . \tag{6.7}$$

Mit zunehmender Quantenzahl J steigt der Entartungsgrad $2J + 1$, während der exponentielle Faktor abnimmt. Aus (6.7) erhält man durch Differenzieren nach J und Nullsetzen die Rotationsquantenzahl J_m mit maximaler Besetzung

$$J_m \approx \left(k_B T / 2hc B_r - \frac{1}{2} \right)^{1/2} . \tag{6.8}$$

Die Boltzmann-Temperatur beträgt etwa $T = 350$ bis 400 K. Dadurch erhält man maximale Besetzung bei der Quantenzahl $J_m \approx 17$. Von diesen oder benachbarten Niveaus wird also die stärkste Laserlinie ausgehen, wobei die Linie in den verschiedenen Zweigen durch $P(18)$ und $R(16)$ gegeben wird. Diese Abschätzungen stehen in ungefährer Übereinstimmung mit der gemessenen Verstärkung einzelner Laserlinien in Abb. 6.5. Der Relaxationsprozess, der diese thermische Verteilung auch während des Laservorganges aufrecht erhält, führt zu einer Thermalisierungszeit von weniger als 1 µs.

In abstimmbaren CO_2-Lasern werden die Emissionslinien durch hochreflektierende Gitter im Resonator voneinander getrennt. Der Abstand zwischen den Emissionslinien liegt zwischen 30 GHz und 50 GHz. Der durch Doppler-Verbreiterung gegebene Abstimmbereich einzelner Emissionslinien beträgt in Niederdrucklasern etwa 50 MHz. Lasertätigkeit kann auf etwa 80 Linien zwischen 9,2 und 10,8 µm erreicht werden. Durch Verwendung von ^{18}O- und ^{13}C-Isotopen kann der Emissionsbereich noch erweitert werden. Bei hohen Drucken ist eine kontinuierliche Abstimmung möglich.

Der Durchmesser des Laserrohres oder eine Modenblende bestimmen, ob der Laser in der TEM_{00}-Mode oder mit mehreren transversalen Moden schwingt. Dagegen tritt in der Regel nur eine longitudinale Mode auf. Für einen Resonator der Länge $L = 0,75$ m erhält man für den longitudinalen Modenabstand

$$\Delta f = c/2L = 200 \, \text{MHz} \, . \tag{6.9}$$

Dies ist mehr als die Dopplerverbreiterung einer Laserlinie von 50 MHz. Deshalb kann nur eine Mode auftreten. Der Linienabstand wurde bereits mit 30 bis 50 GHz angegeben.

6.2.5 Dauerstrich- und Pulsbetrieb

Der schnelle Energieausgleich (Thermalisierung) zwischen den Rotationsniveaus hat wichtige Konsequenzen für das Emissionsspektrum des CO_2-Lasers. Im Dauerstrichbetrieb ohne Frequenzselektion wird in der Regel die stärkste Linie um $P(20)$ dominieren. Diese Linie wird zuerst anschwingen, und die Besetzung des entsprechenden Rotationsniveaus wird abnehmen. Da aber bei kontinuierlichen Lasern die Thermalisierungszeit (≤ 1 µs) kleiner ist als die Lebensdauer (gegenüber spontaner und induzierter Emission), führt dies zu einem schnellen Energieausgleich. Damit sinkt die Besetzung aller Rotationsniveaus, und die Boltzmann-Verteilung bleibt bestehen. Der Vorgang ähnelt dem Problem der Sättigung der Verstärkung bei homogener Linienverbreiterung. Die Verstärkung in der anschwingenden Laserlinie bleibt also stets maximal, da die Besetzung durch die benachbarten Rotationszustände schnell nachgefüllt wird. Kontinuierliche CO_2-Laser strahlen daher ohne frequenzselektierende Elemente oft nur auf einer Linie, und zwar der Linie mit maximalem Überschuss der Verstärkung über den Resonatorverlusten.

Die natürliche Lebensdauer der oberen Laserniveaus liegt um 2 ms, so dass beim Pumpen Energie gespeichert werden kann. Damit ist eine Pulsverkürzung durch eine Güteschaltung (Q-Switch) des CO_2-Lasers möglich (Abschn. 17.2). Während der Emission des Q-Switch-Pulses im ns-Bereich kann eine Energieübertragung zwischen Rotationsniveaus nicht stattfinden. Die Überbesetzung in der stärksten Linie wird daher sehr schnell abgebaut, so dass diese zum Erlöschen kommt. Somit können benachbarte Linien, deren Verstärkung über der Laserschwelle liegt, anschwingen. Im Q-Switch-Betrieb werden also mehrere Linien des P- und R-Zweiges emittiert, wobei bisher Niederdruck CO_2-Laser vorausgesetzt wurden.

Bei CO$_2$-Lasern mit hohem Druck wird durch eine kurze Kollisionszeit zwischen den CO$_2$-Molekülen der Energieaustausch zwischen Rotationsniveaus sehr beschleunigt. Die Thermalisierungszeit kann damit kürzer als die Dauer des Laserpulses im Q-Switch-Betrieb werden. Damit wird die Boltzmann-Verteilung während der Pulsdauer aufrecht erhalten, und man beobachtet bei hohen Gasdrucken im Q-Switch Betrieb die Emission nur einer Linie.

Es gibt mehrere Betriebsarten für CO$_2$-Laser, die in folgende Typen unterteilt werden können:

6.2.6 Laser mit langsamer axialer Gasströmung

Der typische Aufbau besteht aus einem wassergekühlten Glasrohr mit 1 bis 3 cm Durchmesser (Abb. 6.6). In dem CO$_2$-He-N$_2$-Gemisch wird eine Gleichstromentladung in axialer Richtung erzeugt. Die optimale Zusammensetzung des Gases, hängt von dem Rohrdurchmesser der Strömungsgeschwindigkeit und der Auskopplung ab und beträgt beispielsweise 9 % CO$_2$, 11 % N$_2$ und 80 % He bei einem Gesamtdruck von 20 mbar = 20 hPa. Die Gasströmung dient zur Entfernung von Dissoziationsprodukten wie CO und O$_2$ aus dem aktiven Volumen. Die Laserleistung kann mit dem Entladungsstrom reguliert werden. Mit Lasern dieses Typs lassen sich Leistungen bis 100 W pro Meter Entladungslänge erzielen. Der Wirkungsgrad liegt über 10 %.

Bei hohen Strömen wird die Verstärkung reduziert, da durch Temperaturerhöhung die thermische Besetzung des unteren Laserniveaus steigt. Die Stromstärke bei maximaler Leistung beträgt etwa 80 mA (bei 14 mbar und 2,5 cm Durchmesser). Die Laserleistung und der Wirkungsgrad hängen nur wenig vom Rohrdurchmesser ab, so dass eine wesentliche Erhöhung der Leistung nicht möglich ist. Die Kühlung der Entladung erfolgt bei diesem Lasertyp wegen der langsamen Strömung hauptsächlich durch Wärmeübertragung

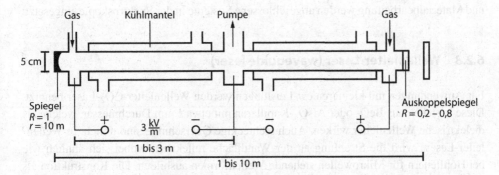

Abb. 6.6 Aufbau eines longitudinalen CO$_2$-Lasers, bestehend aus zwei Segmenten. Durch Aneinanderreihung weiterer Segmente können aktive Längen bis 10 m aufgebaut werden. (Als Auskoppelspiegel kann z. B. auch eine unbeschichtete Ge-Scheibe mit $R \approx 70\%$ verwendet werden.)

zur Rohrwand. Das Laserrohr wird meist mit Wasser gekühlt. Kommerzielle CO_2-Laser dieses Typs sind mit einer speziell gemischten Gasflasche mit etwa 10 l und 140 bar ausgerüstet, welche für etwa 50 Betriebsstunden ausreicht. Der Gasfluss und das Abpumpen des verbrauchten Gases erfolgen automatisch. Derartige Systeme werden mit Erfolg in der Materialbearbeitung kleiner Bauteile eingesetzt. In der Medizin hat sich im Bereich von einigen 10 W der abgeschlossene CO_2-Laser durchgesetzt.

6.2.7 Abgeschlossener Laser (sealed-off laser)

Der CO_2-Laser mit langsamer Gasströmung benötigt eine externe Gasversorgung. Dieser Nachteil wird im abgeschlossenen Laser vermieden. Bei dieser Bauform werden die Dissoziationsprodukte CO und O_2 durch Zugabe von geringen Mengen von H_2O, H_2 oder O_2 chemisch umgewandelt. Weiterhin spielt das Elektrodenmaterial eine wichtige Rolle, wobei Platin oder Nickel (500 K) als Katalysatoren für die Umwandlung von CO in CO_2 wirken. Die wichtigsten Reaktionen für die Umwandlung von CO in CO_2 sind

$$CO^* + OH \rightarrow CO_2^* + H \quad \text{und}$$
$$CO + O \xrightarrow{Pt} CO_2 . \tag{6.10}$$

Der Stern kennzeichnet angeregte Schwingungszustände der Moleküle.

Kontinuierliche Entladungen in abgeschmolzenen Entladungsrohren werden typischerweise mit einem Gasgemisch von etwa 20 % CO_2, 20 % N_2 und 60 % He bei einem Fülldruck von 10^3 bis $2,5 \cdot 10^3$ Pa betrieben. Die Ausgangsleistung ist durch Erwärmen des Gasgemisches, die zur thermischen Besetzung der unteren Laserniveaus führen kann, und durch CO_2-Dissoziation begrenzt. Es können Dauerleistungen bis etwa 60 W/m mit mehreren 1000 Betriebsstunden erreicht werden. Insbesondere bei kleineren Leistungen und als Wellenleiterlaser hat dieser Lasertyp Vorteile. Neben Anwendungen in der Medizin und Materialbearbeitung werden abgeschlossene Systeme in der Spektroskopie eingesetzt.

6.2.8 Wellenleiter-Laser (waveguide laser)

Für Anwendungen mit kleineren cw-Leistungen werden Wellenleiter-CO_2-Laser benutzt. Diese bestehen aus BeO- oder Al_2O_3-Kapillaren mit etwa 1 mm Durchmesser, welche als dielektrische Wellenleiter wirken. Auch rechteckige Querschnitte sind üblich. In Wellenleiter-Lasern wird die Strahlung an der Wandfläche reflektiert, wobei sich ähnlich wie bei Hohlleitern für Mikrowellen stehende Wellenformen ausbilden. Die Konstruktion als Wellenleiter verringert die Beugungsverluste, die bei normalen Bauformen mit kleinem Querschnitt groß wären. Man bedenke dabei, dass 1 mm Durchmesser einer Strecke von 100 Wellenlängen mit 10 µm entspricht. Eine analoge Bauform des He-Ne-Lasers hätte somit einen Durchmesser von 0,06 mm.

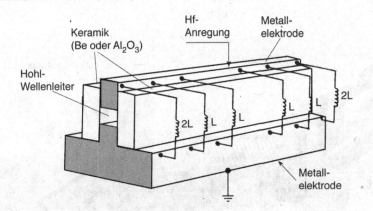

Abb. 6.7 Aufbau eines Wellenleiter-CO_2-Lasers mit Hochfrequenz-Anregung

Die Anregung kann über eine übliche Gleichstromentladung erfolgen. Dabei wird eine longitudinale Entladung ähnlich wie in Abb. 6.6 eingesetzt. Eine andere Bauform und eine Hochfrequenzanregung mit etwa 30 MHz zeigt Abb. 6.7. Der Hf-Strom fließt dabei quer zum Laserstrahl. Das hat den Vorteil einer etwa hundertfach reduzierten Spannung an den Elektroden (Die elektrische Feldstärke ist bei longitudinaler und transversaler Entladung etwa gleich). Die Vorteile der Hf-Anregung liegen darin, dass gas-chemische Vorgänge an der Kathode vermieden werden. Weiterhin zeichnen sich Hochfrequenz-Entladungen durch eine hohe Stabilität aus.

Der Vorteil der Wellenleiter-Laser ist, dass diese Typen sehr kompakt und oft als abgeschlossene Laser erhältlich sind. Der kleine Durchmesser begünstigt die Wärmeabfuhr an die Wand, und bei Leistungen von einigen 10 Watt ist eine Wasserkühlung nicht nötig. Der Wellenleiter-Laser wird aufgrund des kleinen Rohrdurchmessers bei einem relativ hohen Druck von $2 \cdot 10^4$ Pa betrieben, was zu einer hohen Leistung pro Volumen führt. Die Verstärkung ist mit 0,04 cm^{-1} hoch. Bei Resonatorlängen um 10 cm ergeben sich Ausgangsleistungen im Bereich von 1 bis 2 W. Bei längeren Rohren erhält man Leistungen von einigen 10 W. Wegen des relativ hohen Fülldrucks von etwa $2 \cdot 10^4$ Pa entstehen Linienverbreiterungen von etwa 1 GHz. Damit kann eine Feinabstimmung innerhalb dieses Bereiches erfolgen. Anwendungen dieses Lasertyps finden sich in der IR-Spektroskopie, der medizinischen Messtechnik sowie im Spurengasnachweis und Umweltschutz.

6.2.9 Laser mit schneller Gasströmung

Um höhere Leistungen von vielen kW zu erzielen, lässt man die Gasmischung sehr schnell durch den Entladungsraum strömen. Die schnelle Strömung hat zwei Vorteile. Einerseits bleibt das Gas dadurch kühl, wodurch die Besetzung des unteren Laserniveaus klein gehalten wird. Andererseits werden die Dissoziationsprodukte, die in der Entladung ent-

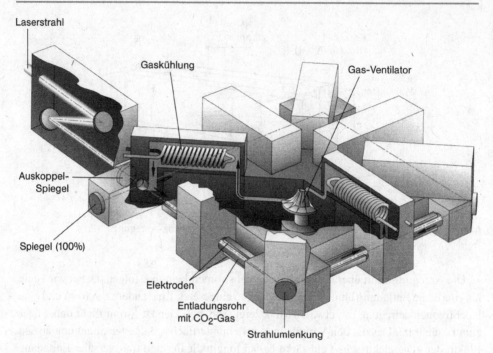

Laserstrahl
Gaskühlung
Gas-Ventilator
Auskoppel-Spiegel
Spiegel (100%)
Elektroden
Entladungsrohr mit CO_2-Gas
Strahlumlenkung

Abb. 6.8 CO_2-Laser (etwa 10 kW) für die Materialbearbeitung. Das Gas strömt durch die transversal angeregten Entladungsrohre (etwa je 20 cm lang) mit nahezu Schallgeschwindigkeit. Das heiße Gas wird durch einen Wärmeaustauscher gekühlt (Firma Trumpf)

stehen, abgeführt. Kommerzielle Systeme dieser Art erreichen bis zu 400 W/m und mehr (Abb. 6.8). Axiale Gasströmungen bei Geschwindigkeiten bis zu 300 m/s liefern eine relativ gute Strahlqualität.

6.2.10 Hochfrequenz-angeregte Laser

In der Materialbearbeitung mit CO_2-Lasern sind zwei Entwicklungen erkennbar. Zum einen werden kompakte, abgeschlossene Laser für die Feinbearbeitung und auch für die Medizin eingesetzt. Zum anderen sind Hochleistungs-Laser, welche durch axiale oder transversale Gasströmung gekühlt werden, in Betrieb. Zur Erzielung hoher Strahlqualitäten können beide Lasertypen durch Hochfrequenz-Spannung angeregt werden.

Die Hf-Leistung wird dabei meist kapazitiv an zwei parallele Elektroden-Platten quer zum Laserstrahl angelegt (Abb. 6.7). Bei Hf-Anregung kann die Energie homogener in die Entladung gebracht werden als im Fall der Gleichstrom-Anregung. Damit steigen die Strahlqualität und der Wirkungsgrad. Ein weiterer Vorteil liegt darin, dass zwischen den Metallelektroden und dem Plasma ein dielektrisches Material, z. B. Glas, liegen kann, so dass keine Berührung des Plasmas mit der Metalloberfläche erfolgt. Damit wird die Gasverunreinigung herabgesetzt, so dass auch bei kW-Lasern ohne Gasaustausch gearbeitet werden kann. Bei einer Hf-Entladung ist außerdem keine Kathode nötig, die zu Instabilitäten führt. Vorteilhaft ist auch, dass Ballastwiderstände, welche Gleichstromentladungen mit negativer Charakteristik stabilisieren, nicht notwendig sind. Allerdings ist die Hochfrequenztechnik zur Einkopplung der Strahlung in das niederohmige Plasma aufwändig.

6.2.11 Transversaler Atmosphärendruck-Laser (TEA-Laser)

Die Ausgangsleistung longitudinaler CO$_2$-Laser kann durch Erhöhung des Druckes bis etwa 100 mbar und der Spannung vergrößert werden. Bei höherem Druck wird die Entladung instabil. In gepulsten Entladungen ($\approx$ 1 µs) kann Lasertätigkeit erzielt werden, bevor die Instabilitäten einsetzen, so dass Gasdrucke über 1 bar möglich sind. Da die Feldstärke bis zu 100 kV/m beträgt, werden zur Reduzierung der Spannung transversal angeordnete Elektroden eingesetzt (Abb. 6.9). Man nennt diesen Typ auch TEA-Laser, eine Abkürzung für „transversaly excited atmospheric pressure laser".

Um die Entladung homogen über ein großes Volumen auszudehnen, wird das Gas z. B. durch UV- oder Elektronenstrahlen vorionisiert. Kommerzielle TEA-Laser werden mit Pulsenergien bis zu einigen kJ angeboten bei Frequenzen von 3/min. Man erzielt pro Liter Gasgemisch eine Pulsenergie bis zu 50 J. Bei Pulsdauern zwischen 0,1 µs und 10 µs treten Spitzenleistungen im GW-Bereich auf. Der Puls bei TEA-Lasern besteht aus einem Hauptpuls von 0,1–0,5 µs Dauer gefolgt von einem Schwanz mit etwa 1 µs Dauer. Der Hauptpuls wird durch direkte Anregung der Laserniveaus in der Entladung verursacht und die langsame Komponente durch Energieübertragung von N$_2$- auf CO$_2$-Moleküle. Aufgrund des hohen Druckes verbreitert sich die Linie auf einige GHz, so dass Modenkopplung möglich ist. Die Pulsbreite ist umgekehrt proportional zur Bandbreite, wobei 100 ps erzeugt werden können. Die typischen Pulsdaten für TEA-Laser sind in Tab. 6.3 zusammengefasst. Die Anwendungen liegen auf dem Bereich der Plasmaforschung, Spektroskopie, Photochemie und Beschriftung von Werkstücken.

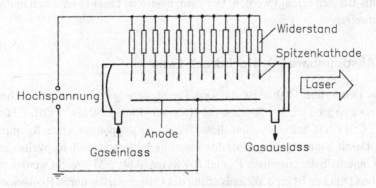

Abb. 6.9 Schematische Darstellung eines Lasers mit Querentladung, z. B. CO$_2$-Laser

Tab. 6.3 Eigenschaften von CO_2-Lasern

Typ (Anwendung)	maximale Leistung (cw)	Pulsenergie; Spitzenleistung	Pulsdauer/-frequenz
Abgeschlossener Laser (Ma, Me)	100 W		
Wellenleiter-Laser (Mo, S, Me)	50 W		
Langsame axiale Strömung (Ma)	< kW		
– Gepulst (Ma)		1 J/l; kW/m	> µs/100 Hz
– Q-Switch (Ma)			100 ns/1 kHz
Schnelle Gasströmung (Ma)	100 kW		
TEA-Laser (Ma)		10 J/l; GW	100 ns/kHz
Gasdynamischer Laser (Ma)	100 kW	10 J	
Hochdrucklaser (S, U)	Siehe TEA- und Wellenleiterlaser		

Ma = Materialbearbeitung, Me = Medizin, Mo = Monomode-Laser, S = Spektroskopie, U = Ultrakurze Pulse

6.2.12 Gasdynamische CO_2-Laser

Bei gasdynamischen Lasern wird die Besetzungsinversion durch eine schnelle Expansion eines heißen Gases erreicht. Dabei wird ein Gemisch, (8 % CO_2 92 % N_2) auf etwa 1400 K erhitzt und auf 17 bar komprimiert. Im thermischen Gleichgewicht beträgt dann die Besetzung des oberen Laserniveaus (00^01) etwa 10 %, die des unteren 25 %. Durch eine Reihe paralleler Düsen expandiert das Gemisch, wobei es sich abkühlt (350 K, 0,1 bar). Da die Lebensdauer des oberen Laserniveaus wesentlich länger als die des unteren ist, relaxiert das untere Niveau erheblich schneller. Damit kann sich eine Besetzungsinversion aufbauen. Die optimale Expansionsgeschwindigkeit liegt bei etwa Mach 4. Bei der Expansion bleiben die $v = 1$ Schwingungsniveaus der N_2-Moleküle besetzt. Sie wirken wie ein Energiespeicher, welcher das obere Laserniveau zusätzlich auffüllt. Die optische Achse des Lasers steht senkrecht zur Strömungsgeschwindigkeit. Kontinuierliche gasdynamische CO_2-Laser liefern Leistungen bis zu 80 kW. Im Pulsbetrieb können energiereiche Pulse im ms-Bereich erzeugt werden. Der gasdynamische Laser konnte sich in der Praxis nicht durchsetzen.

6.2.13 Abstimmbare CO_2-Hochdruck-Laser

Bei einem Druck über 10 bar ist die Druckverbreiterung in einem natürlichen CO_2-Gemisch etwa so groß wie der Abstand der Rotations-Linien (30 bis 50 GHz). Für andere Isotope ($^{12}C^{16}O^{18}O$) halbieren sich diese Werte, da doppelt so viele Rotationslinien auftreten. Damit kann mit CO_2-Hochdrucklasern eine kontinuierliche Wellenlängenabstimmung innerhalb der einzelnen P- und R-Zweige (Abb. 6.5) erreicht werden.

Bei hohen Drucken ist eine Vorionisierung des Gasgemisches durch Röntgenstrahlung vorteilhaft. Systeme mit Elektronenstrahlanregung wurden bis zu Drucken von 50 bar

Tab. 6.4 Strahleigenschaften kommerzieller CO_2-Laser

Typ	Strahldurchmesser	Divergenz
Axiale Strömung	5–70 mm	1–3 mrad
Abgeschlossener Laser	3–4 mm	1–2 mrad
Wellenleiter-Laser	1–2 mm	8–10 mrad
TEA-Laser	5–100 mm	0,5–10 mrad

betrieben. Aufgrund ihrer großen Bandbreite sind Hochdrucklaser auch zur Erzeugung ultrakurzer Pulse geeignet, wobei Impulsdauern von weniger als 30 ps erzielt werden.

Die Anwendungen von CO_2-Lasern sind in Tab. 6.3 skizziert. Tabelle 6.4 fasst die Strahleigenschaften kommerzieller CO_2-Laser zusammen.

6.2.14 Perspektiven

CO_2-Laser stellen eine ausgereifte Technologie dar, aber werden teilweise durch Festkörperlaser verdrängt. Für viele Anwendungen in der Materialbearbeitung sind CO_2-Laser jedoch weiterhin sehr wichtig und finden neue Einsatzgebiete zur Bearbeitung von Polymeren und Kompositmaterialien. Auch für die Laserchirurgie sind CO_2-Laser weiterhin von Bedeutung, siehe Abschn. 23.3.

6.3 CO-Laser

Der CO-Laser ist ähnlich aufgebaut wie der CO_2-Laser. Ein wesentlicher Unterschied liegt darin, dass die Emissions-Wellenlänge um 5 µm liegt. Dem Gas des CO-Lasers wird ähnlich wie beim CO_2-Laser ebenfalls Stickstoff (N_2) und Helium beigemischt. Der Anregungsmechanismus und das Termschema des CO-Lasers ist jedoch stark unterschiedlich (Abb. 6.10). Zweiatomige Moleküle besitzen nur eine Serie von Schwingungsniveaus. In gepulsten oder kontinuierlichen Gasentladungen kann die Anregung dieser Niveaus durch Stöße von Elektronen mit CO-Molekülen erfolgen. Zusätzlich erfolgt wie beim CO_2-Laser eine starke Besetzung durch Stöße mit metastabilen N_2-Molekülen. Nahezu 90 % der Elektronenenergie in Gasentladungen kann in CO-Molekülen in Schwingungsenergie umgewandelt werden. Beim CO-Laser kann die Quantenausbeute sehr hoch werden, denn das untere Laserniveau eines bestimmten Laserüberganges kann zum oberen Laserniveau des nächsten Laserüberganges werden (Kaskaden).

In der Gasentladung werden tiefer und höher liegende Schwingungsniveaus angeregt. Der wesentliche Relaxationsprozess zum Abbau der Besetzung höherer Niveaus ist der Übertrag eines Teils der Schwingungsenergie eines angeregten Schwingungszustandes auf den Grundzustand (v-v-Stoß)

$$CO(v = m) + CO(v = 0) \rightarrow CO(v = m - 1) + CO(v = 1) - \Delta E . \qquad (6.11)$$

Abb. 6.10 Vergleich des Termschemas des CO-Lasers mit dem des CO_2-Lasers. Die Anregung der CO-Schwingungsniveaus erfolgt durch Elektronenstoß, Stöße mit angeregten N_2-Molekülen und Übergänge aus höheren Schwingungsniveaus. Laserübergänge des CO-Lasers z. B. $v_{co} = 4 \to 3, 3 \to 2, 2 \to 1, 1 \to 0$

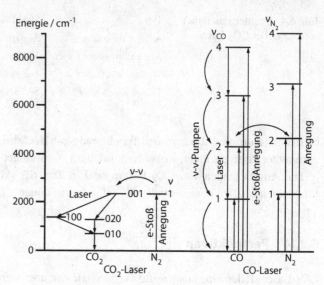

Der Abstand der Schwingungsniveaus beim CO-Molekül (anharmonischer Oszillator) ist nicht völlig äquidistant, sondern er nimmt mit steigender Quantenzahl v ab.

Der daraus herrührende Energiedefekt ΔE muss bei einem Stoß durch Translationsenergie überbrückt werden. Ist die Temperatur des Gases so gering, dass $\Delta E > kT$ ist, so findet die v-v-Relaxation in den Grundzustand nur bis zu einem bestimmten Niveau statt. Darüber liegende Zustände werden nun durch Relaxation aus höheren Niveaus stärker besetzt als darunterliegende. Zusammengefasst findet bei der Anregung eine Inversion dadurch statt, dass höhere Vibrationsniveaus nicht durch die Relaxation nach (6.11) zerfallen können. Je tiefer die Temperatur, um so tiefer liegt die Schwingungsquantenzahl, bis zu welcher eine Relaxation stattfinden kann. Bei luftgekühlten Entladungsrohren (Wandtemperatur $\approx$ Raumtemperatur) tritt eine Überbesetzung vor allem zwischen den Schwingungsniveaus mit den Quantenzahlen $v = 9$ und $v = 8$ auf. Für die Lasertätigkeit des CO-Lasers ist eine vollständige Inversion der v-Zustände nicht unbedingt erforderlich. Es reicht eine Teil-Inversion zwischen den Rotationsniveaus der Laserübergänge.

Zum Aufbau des CO-Lasers ist eine effektive Gaskühlung notwendig. Daher wurden Entladungsrohre mit flüssigem Stickstoff auf 77 K gekühlt. Bei Konvektionskühlung werden Gasströme mit Überschallgeschwindigkeit benutzt. Zur besseren Gaskühlung und zur Erhöhung der Stabilität wird die Entladung mit einem He-Zusatz betrieben. Ein weiterer Zusatz von N_2 soll die Verteilung der Elektronengeschwindigkeit günstig beeinflussen. Außerdem ist die Anregung von CO-Laserniveaus über Energieaustausch mit angeregten N_2-Molekülen möglich. Die Entladungsanordnungen für CO-Laser entsprechen denen des CO_2-Lasers.

Typische Entladungsparameter bei einem 1 m langen, luftgekühlten Entladungsrohr mit 2 cm Durchmesser sind: Fülldruck $1,6 \cdot 10^3$ Pa He, 58 Pa CO, 400 Pa N_2, Brennspannung

9 kV, Entladungsstrom 20 mA, cw-Ausgangsleistung 25 W mit 12 % Wirkungsgrad. Kommerzielle CO-Laser werden mit Ausgangsleistungen von 2 bis 20 W im Spektralbereich von 5 bis 6 μm angeboten; Pulslaser erreichen 40 mJ Energie, die Laserpulslängen betragen einige μs.

Während der theoretische Quantenwirkungsgrad des CO_2-Lasers 41 % beträgt, liegt der entsprechende Wert bei CO-Laser aufgrund der Kaskadenstruktur bei nahezu 100 % (Abb. 6.10). CO-Laser können daher auch sehr hohe Wirkungsgrade für die Umwandlung elektrischer Leistung in Laserstrahlleistung besitzen. Allerdings muss auch eine große Kühlleistung aufgebracht werden, wodurch der Gesamtwirkungsgrad sinkt und das Gesamtsystem komplex wird. CO-Laser sind daher sehr viel weniger gebräuchlich als CO_2-Laser.

Ein möglicher Vorteil ist der wesentlich größere spektrale Bereich. Da die Vibrationsniveaus anharmonisch sind, entstehen zwischen den unterschiedlichen Niveaus sehr viele Linien. Das Frequenzspektrum liegt zwischen 4,744 μm beim $P(9)$-Übergang vom ersten zum nullten Niveau ($v = 1 \rightarrow v = 0$) und 8,225 μm beim $P(8)$-Übergang vom 37. zum 36. Niveau ($v = 37 \rightarrow v = 36$).

6.4 HF-Laser, Chemische Laser

Durch chemische Reaktionen können eine Reihe von Molekülen zu Lasertätigkeit angeregt werden; Wasserstofffluorid-Laser sind ein besonders intensiv untersuchtes Beispiel. Chemische Laser können sehr hohe Leistungen erzeugen, da Energie effektiv in chemischen Verbindungen gespeichert werden kann.

Die gespeicherte Energiedichte pro Volumen ist in chemischen Verbindungen um Größenordnungen höher als bei elektrischen Kondensatoren. Die meisten chemischen Laser strahlen auf Übergängen zwischen Schwingungsniveaus zweiatomiger Moleküle. Die Strahlung liegt im infraroten Spektralbereich zwischen 1 und 10 μm (Tab. 6.5). Große chemische Laser wurden für militärische Anwendungen untersucht, insbesondere für Systeme im Weltraum.

Tab. 6.5 Einige chemische Laser	Aktives Medium	Reaktion	Wellenlänge in μm
	I	$O_2^* + I \rightarrow O_2 + I^*$	1,3
	HF	$H_2 + F \rightarrow HF^* + H$	2,6–3,5
		$H + F_2 \rightarrow HF^* + F$	2,6–3,5
	HCl	$H + Cl_2 \rightarrow HCl^* + Cl$	3,5–4,2
	DF	$D_2 + F \rightarrow DF^* + D$	3,5–4,1
	(wie HF)	$D + F_2 \rightarrow DF^* + F$	3,5–4,1
	HBr	$H + Br_2 \rightarrow HBr^* + Br$	4–4,7
	CO	$CS + O \rightarrow CO^* + S$	4,9–5,8
	CO_2	$DF^* + CO_2 \rightarrow CO_2^* + DF$	10–11

6.4.1 Termschema und Anregungsprozesse

Chemische Reaktionen können so ablaufen, dass als Endprodukt ein Molekül in einem angeregten Schwingungszustand des Elektronengrundniveaus entsteht. So ist z. B. die Reaktion, die zur HF-Bildung führt, exotherm:

$$F + H_2 \rightarrow H + HF + \Delta H \tag{6.12}$$

mit $\Delta H = 132\,\text{kJ/Mol} = 1,3\,\text{eV/Molekül}$. Der Energieüberschuss ΔH geht mit nahezu 70 % in die Schwingungsniveaus des HF-Moleküls bis zur Schwingungsquantenzahl $v = 3$. Durch Übergänge zwischen diesen Niveaus mit verschiedener Quantenzahl v entsteht bei der chemischen Reaktion Strahlung. Die Anregung ist selektiv, so dass Besetzungsinversion zwischen den Schwingungsniveaus erreicht wird.

Das Energie- und Reaktionsschema des HF-Lasers ist in Abb. 6.11 dargestellt. Die Ausgangsstoffe sind $F + H_2$. Durch die Reaktion nach (6.12) wird ΔH frei. Diese Energie kann sich auf verschiedene Schwingungsniveaus des HF-Moleküls mit den Quantenzahlen $v = 0, 1, 2$ und 3 verteilen, wobei für $v = 3$ zusätzliche thermische Energie notwendig ist. Die Übergangsraten auf die verschiedenen Schwingungszustände, welche die Besetzung dieser Niveaus bestimmen, sind durch k_0 bis k_3 gegeben. Das Verhältnis beträgt $k_0 : k_1 : k_2 : k_3 = 0,15 : 0,3 : 1 : 0,5$. Damit wird das Niveau $v = 2$ am stärksten besetzt, und es tritt eine Besetzungsinversion zum Niveau $v = 1$ auf.

Jeder Schwingungszustand ist durch Rotationen der Moleküle aufgespalten. Im Gegensatz zum CO_2-Laser gibt es bei zweiatomigen Molekülen nur eine Serie von Rotationsniveaus mit $J = 0, 1, 2, 3, \dots$. Diese Rotationsniveaus sind in Abb. 6.11 nur für die Zustände $v = 1$ und 2 gezeigt. Zwischen diesen Vibrations-Rotationszuständen liegen

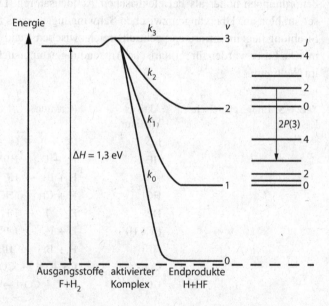

Abb. 6.11 Termschema eines HF-Lasers

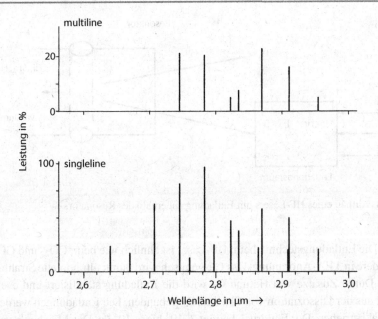

Abb. 6.12 Emissionslinien des HF-Lasers. *Multiline:* bei breitbandigen Spiegeln schwingen alle Linien gleichzeitig; *singleline:* durch selektive Elemente (Gitter) tritt jeweils nur eine Linie auf

die intensivsten Linien des HF-Lasers im Wellenlängenbereich zwischen 2,7 und 3,3 μm (Abb. 6.12). Die intensive $2P(3)$-Linie des P-Zweiges ist als Beispiel in Abb. 6.11 einge-zeichnet. Dabei bedeutet die Ziffer 2 die Quantenzahl v des Ausgangszustandes und die Ziffer 3 in Klammern die Rotationsquantenzahl J des Endzustandes.

Für die Reaktion nach (6.12) muss atomares F vorhanden sein. Dies kann durch Reak-tion von molekularem F_2 mit atomarem Wasserstoff gebildet werden.

$$H + F_2 \rightarrow F + HF + 410\,\text{kJ/Mol}\,. \tag{6.13}$$

Das bei der Reaktion entstehende atomare Fluor kann zur Reaktion nach (6.12) führen. Damit übersteigt wie bei einer Kettenreaktion die Zahl der angeregten HF-Moleküle die Zahl der ursprünglich erzeugten F-Atome. Durch die in (6.13) auftretende Reaktionswär-me werden auch höhere Schwingungszustände des HF-Moleküls besetzt, und es kann Lasertätigkeit bis zu $v = 6$ beobachtet werden.

6.4.2 Bauformen

Die HF-Moleküle können aus molekularem F_2 und H_2 in Gasentladungen gebildet wer-den, wobei als Ausgangsstoffe Fluor- und Wasserstoffdonatoren wie SF_6 und H_2 oder C_2H_6 genommen werden. Atomares Fluor wird in der Entladung durch Dissoziation ge-bildet, ein F-Atom reagiert mit einem H_2-Molekül, so dass ein angeregtes HF-Molekül

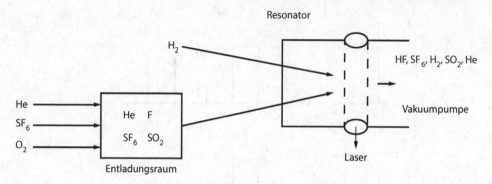

Abb. 6.13 Aufbau eines HF-Lasers mit Entladung außerhalb des Resonators

entsteht. Die Entladungstechnik beim HF-Laser ist ähnlich wie beim CO_2- und CO-Laser, insbesondere in TEA-Anordnung. Das Gasgemisch wird durch ultraviolette Strahlung vorionisiert. Durch Zusätze von He und O_2 wird die Entladung stabilisiert und eventueller Schwefel aus der Dissoziation von SF_6 zu SO_2 gebunden. Die Entladungen werden meist transversal betrieben. Der Fülldruck beträgt $2 \cdot 10^3$ bis $6 \cdot 10^4$ Pa. Das Mischungsverhältnis ist abhängig von den jeweiligen F- und H-Donatoren. Ein typisches Druckverhältnis für die F- und H-Verbindung ist 10 : 1. Als Spannungen werden 20 bis 40 kV eingestellt. Die Ausgangsenergien für Pulse im multiline Betrieb erreichen einige J für kommerzielle Laser. In experimentellen Systemen wurden Pulsenergien von 1 kJ demonstriert. Die Pulslänge liegt zwischen 50 und 200 ns. Das verbrauchte Gas wird aus dem Entladungsraum gepumpt. Nach Abtrennung von HF kann es jedoch wiederverwendet werden. Bei geringer Zufuhr von SF_6 und H_2 kann der Laser so mit einer Füllung mehrere Stunden betrieben werden.

Durch thermische oder Mikrowellen-Dissoziation von F_2 kann ein Strom atomaren Fluors F erzeugt und in einem Reaktionsvolumen mit H_2 gemischt werden, so dass auch kontinuierliche Lasertätigkeit erzielt werden kann. Ein Beispiel für den Aufbau eines HF-Lasers zeigt Abb. 6.13. Dabei wird z. B. in einer Entladung außerhalb des Resonators atomares F hergestellt. Im Resonator wird dieses mit H_2 zur Reaktion gebracht. Derartige HF-Laser im cw-Betrieb werden mit Leistungen von 1 bis 150 W angeboten. Sonderbauformen erreichen kontinuierliche Leistungen bis 10 kW. Da die Anregungsenergie durch eine chemische Reaktion nach (6.12) geliefert wird, sind elektrische Wirkungsgrade bis 70 % möglich.

Kontinuierliche und gepulste Laser können im multiline-Betrieb eingesetzt werden, oder es kann eine Linie ausgewählt werden (Abb. 6.13). Die Auswahl geschieht durch ein drehbares Gitter im Resonator. In diesem Fall beträgt die Leistung einige 10 % des Wertes ohne Selektion. TEM_{00}-Betrieb ist möglich, oft werden aber für eine gute Strahlqualität instabile Resonatoren eingesetzt. HF- und DF-Laser werden mit stark korrodierenden Gasen betrieben, und selbst kommerzielle Geräte sind vorwiegend nur für den Laborbetrieb geeignet.

6.5 Aufgaben

6.1 Wie stark ist das untere $0,15\,\mathrm{eV}$-Laserniveau des CO_2-Lasers bei $100\,^{\circ}\mathrm{C}$ und $800\,^{\circ}\mathrm{C}$ thermisch besetzt?

6.2 Man berechne den Energieabstand zwischen den Rotationslinien des CO_2-Lasers. Die Rotationskonstante für das obere und untere Laserniveau beträgt $B_r = 0,5\,\mathrm{cm}^{-1}$.

6.3 Das obere Laserniveau des CO_2-Lasers besitzt bei $T = 370\,\mathrm{K}$ eine maximale Besetzungszahl bei $J_m \approx 17$. Man schätze daraus die Rotationskonstante B_r.

6.4 Versuchen Sie, elementar zu begründen, warum die Schwingungsniveaus des N_2- und CO-Moleküls nahezu gleiche Energie aufweisen.

6.5 Ein CO_2-TEA-Laser erzeugt $0,1\,\mu\mathrm{s}$-Pulse mit einer Energie von $10\,\mathrm{J/l}$. Das aktive Volumen besitzt einen Querschnitt von $1\,\mathrm{cm}^2$ und eine Länge von $10\,\mathrm{cm}$. Berechnen Sie:

(a) die Spitzenleistung und
(b) die mittlere Leistung bei einer Pulsfolgefrequenz von $f = 2\,\mathrm{kHz}$.

6.6 Schätzen Sie aus dem Termschema des HF-Lasers den Quantenwirkungsgrad ab. Wie viele g Fluor (F_2) benötigt man ungefähr für einen Puls mit $1\,\mathrm{J}$?

Weiterführende Literatur

1. Wittemann, WJ (1987) The CO_2-Laser. Springer Series in Opt. Sci, Bd. 53. Springer, Berlin
2. Eden, G, Eichler, J (2004) Lasers, Gas. The Optic Encyclopedia. Vol. 2, pp. 1135 ff. Wiley-VCH, Weinheim

UV-Moleküllaser

Gepulste Lasertätigkeit im ultravioletten Spektralbereich wird durch Übergänge zwischen Elektronenniveaus in Molekülen erzielt. Dabei werden zweiatomige stabile Moleküle wie H_2, N_2 und Excimere, vor allem Edelgashalogenide wie ArF, KrF, XeCl, als aktive Medien eingesetzt. Excimere sind Moleküle, die nur kurzzeitig im angeregten Zustand existieren und nach Übergang in den Grundzustand schnell zerfallen. Die stärksten UV-Laserlinien von Molekülen sind in Tab. 7.1 zusammengefasst.

Als kommerzielle Systeme sind Stickstoff- und Excimerlaser erhältlich. Wegen des hohen Wirkungsgrades haben besonders die Edelgashalogenlaser für den ultravioletten Spektralbereich ähnliche technologische Bedeutung erlangt wie die CO_2-Laser für den infraroten Bereich.

7.1 Stickstofflaser

Der N_2-Laser ist ein technisch relativ einfach funktionierendes System, und er wurde daher in vielen Laboratorien und auch von Schülern selbst gebaut. Er liefert kurze Pulse mit einer Wiederholfrequenz von etwa 100 Hz, wobei die Pulsdauer bei Atmosphärendruck-Lasern im Nano- oder Subnanosekunden-Bereich liegt. Die stärkste Linie liegt im Ultravioletten bei einer Wellenlänge von 337 nm, und eignet sich zum Pumpen von Farbstofflasern. Andere Anwendungen kleiner N_2-Laser liegen dort, wo früher UV-Lampen eingesetzt werden, z. B. bei Untersuchungen zur Fluoreszenz. Der Nachteil dieses Lasertyps ist die geringe Fähigkeit des Gases, Energie zu speichern, so dass die Pulsenergie auf einige 10 mJ beschränkt ist. Daher werden oft als Alternative der Excimer- oder frequenzvervielfachte Nd:YAG-Laser eingesetzt, welche energiereichere Pulse im ultravioletten Bereich produzieren. Der Wirkungsgrad des N_2-Lasers beträgt weniger als 1‰.

© Springer-Verlag Berlin Heidelberg 2015
H.J. Eichler, J. Eichler, *Laser*, DOI 10.1007/978-3-642-41438-1_7

Tab. 7.1 Wellenlängen der wichtigsten UV-Moleküllaser (Gaslaser)

Molekül	Wellenlänge nm
XeF	351…353
N_2	337
XeCl	308
Br_2	291
XeBr	282
KrF	248
KrCl	222
ArF	193
CO	181…197
ArCl	175
Xe_2	172
H_2, D_2, HD Lyman band	150…162
F_2	157
Kr_2	146
Ar_2	126
H_2 Werner band	123
H_2 Werner band	116

7.1.1 Termschema

Beim N_2-Laser rührt die Strahlung aus $C\,^3\Pi_u$–$B\,^3\Pi_g$-Übergängen (Abb. 7.1 und Abschn. 1.4) her. Die Hauptlinie mit der Wellenlänge 337,1 nm entsteht durch Übergang zwischen den Schwingungsniveaus mit $v = 0$. Durch Übergänge zwischen anderen Schwingungsniveaus derselben Elektronenzustände können mit geringerer Intensität weitere ultraviolette Wellenlängen angeregt werden. Außerdem ist unter Beteiligung anderer Elektronenzustände Emission im Infraroten möglich.

Verstärkungsfaktoren $G = 10^{10}$ und mehr sind bei 1 m Entladungslänge möglich (100 db/m), so dass starke Emission auch ohne optische Rückkopplung mit Spiegeln erreicht wird. Derartige Superstrahlung kann geringe Divergenz und spektrale Linienbreite ähnlich wie ein Laserstrahl besitzen. Durch den Einsatz von Laserspiegeln (100 % und etwa 8 %) wird jedoch die Strahlqualität und die Pulsenergie erhöht.

Der Anregungsprozess des Stickstofflasers ist relativ ungünstig, da der obere Laserzustand eine wesentlich kürzere Lebensdauer hat als der untere. Zur Anregung von Lasertätigkeit wird der obere Laserzustand ($C\,^3\Pi_u$) in schnell gepulsten Gasentladungen durch Elektronenstoß sehr effektiv aus dem Grundzustand besetzt. Die Lebensdauer dieses C-Zustandes beträgt 40 ns. Sie ist wesentlich kleiner als die des B-Zustandes mit 10 µs, in welchem der Laserübergang endet. Diese Lebensdauer kann durch Energieübertragung aus höheren N_2-Niveaus und durch Stöße mit anderen N_2-Molekülen bis auf 10 ms ansteigen. Eine Besetzungsinversion wird deshalb nur im Pulsbetrieb erreicht. Notwendig

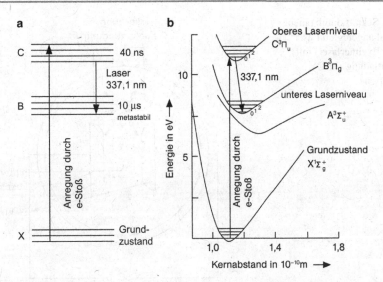

Abb. 7.1 a Vereinfachtes Termschema des Stickstofflasers. Die Hauptlinie entsteht durch Übergänge zwischen jeweils dem untersten Vibrationsniveau der C- und B-Zustände. **b** Genaueres Energieniveauschema

dazu ist eine gepulste Entladung mit hoher Spannung und hohem Strom mit einer Anstiegszeit, die kleiner ist, als die Lebensdauer des oberen Laserniveaus (40 ns). Da das untere Laserniveau durch Elektronenstoß kaum besetzt wird, kann vorübergehend eine Besetzungsinversion aufgebaut werden. Es entsteht ein Laserpuls im ns-Bereich. Da sich damit das untere B-Niveau auffüllt, bricht die Lasertätigkeit bei längerer Anregung ab (self-termination). Dieses Niveau zerfällt spontan in den metastabilen A-Zustand, welcher eine lange Lebensdauer bis zu einigen Sekunden besitzen kann. Dadurch wird die Entleerung des unteren Laserniveaus behindert und die Folgefrequenz auf etwa 100 Hz eingeschränkt. Höhere Frequenzen erfordern einen schnellen Gasaustausch.

7.1.2 Aufbau

Die Entladung beim N_2-Laser wird meist quer zur Strahlrichtung betrieben (Abb. 7.2). Der Aufbau ähnelt sehr stark den Excimerlasern, die bei manchen Konstruktionen auch mit Stickstoff gefüllt als N_2-Laser betrieben werden können. Als Gas wird reiner Stickstoff in Standardqualität benutzt. Der optimale N_2-Fülldruck ist von der Entladungsgeometrie abhängig; er liegt zwischen $3 \cdot 10^3$ und 10^5 Pa. Die Pulslänge ist druckabhängig: sie beträgt etwa 0,3 ns bei Atmosphärendruck und bis zu 20 ns bei einigen 10 Pa Betriebsdruck. Mit kommerziellen N_2-Lasersystemen werden Energien bis 10 mJ bei Folgefrequenzen bis 100 Hz erreicht. Die Pulsleistungen liegen im kW- bis MW-Bereich. Laserübergänge finden zwischen mehreren Rotationszuständen statt, so dass die spektrale Bandbreite etwa 0,1 nm beträgt. Die Kohärenzlänge liegt um 1 mm.

Abb. 7.2 Schnitt durch einen
transversal angeregten Laser
(N$_2$- oder Excimerlaser) mit
Funkenentladung zur UV-
Vorionisation

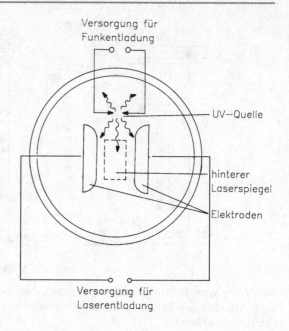

Versorgung für
Funkentladung

UV–Quelle

hinterer
Laserspiegel

Elektroden

Versorgung für
Laserentladung

Wie bei anderen Lasern mit hohem Verstärkungsfaktor hat der Strahl keine besonders
gute Qualität. Er ist unpolarisiert und besteht aus zahlreichen longitudinalen und transversalen Moden. Bei Lasern höherer Leistung ist der Strahlquerschnitt aufgrund der transversalen Entladungsform rechteckig, z. B. mit 6 mm × 30 mm Querschnittsfläche (Abb. 7.2).
Die Strahldivergenz beträgt einige mrad. Größere N$_2$-Laser erfordern einen ständigen Gasdurchfluss, z. B. 0,1 bis 40 l/min. Meist sind die kommerziellen Stickstofflaser luftgekühlt,
außer bei hohen Pulsfolgefrequenzen. Die Technologie der Laserköpfe kann einfach sein.
Dagegen erfordern die benötigten Schaltkreise zur Hochspannungserzeugung mit Thyra-
trons, welche z. B. 30 kV in 2 ns schalten, erhebliche Erfahrung.

7.2 Excimerlaser

Als Excimere bezeichnet man Moleküle, die keinen stabilen Grundzustand besitzen. Das
Wort ist eine Abkürzung für excited dimer, was ein zweiatomiges Molekül (dimer) beschreibt, das nur im angeregten (excited) Zustand kurzfristig „stabil" ist. Wenn das Molekül seine Anregungsenergie durch Strahlung abgibt und somit in den Grundzustand
zurückkehrt, zerfällt es wieder in seine zwei Atome. Der Grundzustand hat also im Vergleich zum angeregten Zustand eine extrem kurze Lebensdauer. Bei Excimerlasern ist
dieser instabile Grundzustand zugleich das untere Laserniveau, was wegen der kurzen
Lebensdauer für eine Überbesetzung günstig ist. In Lasern werden insbesondere Edelgas-
Halogen-Verbindungen, wie ArF*, KrF*, XeCl*, XeF*, und Edelgasdimere, wie Ar$_2^*$, Kr$_2^*$
eingesetzt. Der Index * gibt an, dass es sich um elektronisch angeregte Moleküle handelt,

die im Grundzustand nicht oder nur sehr kurz existieren. Die meisten Edelgase gehen im Grundzustand keine chemischen Verbindungen ein. Daher untersuchte man schon vor der Entwicklung der Excimerlaser die Mischung von Edelgasen mit chemisch aggressiven Molekülen, den Halogenen, in elektrischen Entladungen, in denen Ionen und angeregte Zustände erzeugt wurden. Dabei zeigte sich intensive UV-Strahlung, die zur Entwicklung von Excimerlaser führte. Die Excimerlaser können energiereiche Pulse mit über 1 J im ultravioletten Bereich bei Durchschnittsleistungen über 300 Watt liefern.

In kommerziellen Excimerlasern werden fast ausschließlich Edelgas-Halogen-Verbindungen eingesetzt mit Wellenlängen von 193 bis 351 nm. Ähnlich aufgebaut sind auch F_2-Laser, die bei 157 nm emittieren.

In ihrem Aufbau sind die Excimerlaser den Stickstoff- und TEA-CO_2-Lasern vergleichbar. Obwohl korrosive Halogene als Gase verwendet werden, ist es diesem Lasertyp gelungen, sich stark durchzusetzen. Er ist heutzutage ein wichtiger kommerzieller Laser im ultravioletten Bereich, mit zahlreichen industriellen, medizinischen und wissenschaftlichen Anwendungen.

7.2.1 Energieniveaus

Die Energiezustände von zweiatomigen excimeren Edelgashalogeniden, welche für die Lasertätigkeit eingesetzt werden, zeigt Abb. 7.3. Dort ist die Energie der Moleküle oder das Potenzial in Abhängigkeit vom Abstand beider Atome dargestellt. R bedeutet ein Edelgasatom (rare gas) und X ein Halogenatom.

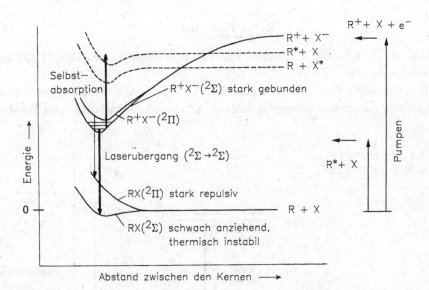

Abb. 7.3 Energiezustände eines typischen Excimers (R = Edelgas, z. B. Kr; X = Halogen, z. B. F)

Die Potenzialkurve des Grundzustandes $^2\Sigma$ ist sehr flach oder weist ein schwaches Minimum auf. Für XeCl* ist die Potenzialtiefe etwa gleich der thermischen Energie kT, so dass die Moleküle thermisch instabil sind und spontan dissoziieren. Nach Abb. 7.3 ist der Grundzustand in ein Σ und Π-Niveau aufgespalten, wobei die Π-Potenzialkurve stark abstoßend ist.

Die angeregten Zustände $^2\Sigma$ und $^2\Pi$ von KrF* haben tiefe Minima, in denen die Atome einen bestimmten Gleichgewichtsabstand besitzen. In diesen Zuständen ist das Molekül stark ionisch gebunden, da ein angeregtes Edelgasatom einem Alkaliatom ähnlich ist. Die Bindung der Edelgashalogenide ist daher wie bei den Alkalihalogeniden, z. B. NaCl. Ein positives Edelgasion R^+ verbindet sich mit einem negativen Halogenion X^-. Es sind auch schwach kovalent gebundene Moleküle möglich (in Abb. 7.3 gestrichelt gezeichnet), die z. B. aus einem angeregten Edelgasatom R^* und einem Halogenatom im Grundzustand bestehen.

Die Excimere werden in Gasentladungen hauptsächlich durch Stöße von angeregten Kr-Atomen (Kr*) mit F_2 gebildet:

$$\boxed{Kr^* + F_2 \rightarrow KrF^* + F\,.} \qquad (7.1)$$

Beim Annähern von Kr* an F_2 gibt Kr* eines seiner äußeren Elektronen an F_2 ab, so dass sich F_2^- und Kr^+ bilden. Bei der Anziehung beider Ionen wird ein F-Atom aus F_2^- herausbefördert und Kr^+ und F^- bilden KrF* (harpoon reaction).

Daneben tritt auch ein Rekombinationsprozess von Ionen auf, die in der Gasentladung gebildet werden. Zur Erhaltung des Impulses bei dem Prozess ist noch ein dritter Reaktionspartner notwendig, der in der Reaktionsgleichung (7.2) weggelassen wurde:

$$\boxed{Kr^+ + F^- \rightarrow KrF^*\,.} \qquad (7.2)$$

Dabei wurde als Beispiel KrF* gewählt, wobei die Reaktionen für die anderen Edelgashalogenide analog sind.

Ein vereinfachtes Termschema für dem KrF*-Laser zeigt Abb. 7.4. Die Laserstrahlung wird aus dem gebundenen angeregten Zustand $^2\Sigma$ emittiert. Danach dissoziiert das Mole-

Abb. 7.4 Vereinfachtes Termschema für den KrF*-Laser

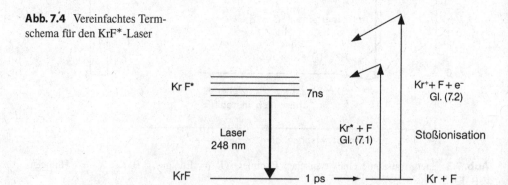

Abb. 7.5 Emissionsspektrum des Excimers KrF*

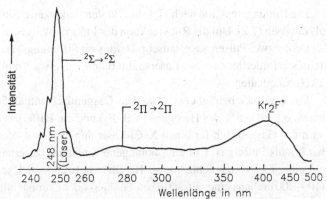

kül im Grundzustand schnell z. B. innerhalb von etwa 1 ps in seine beiden Atome, wodurch die Besetzung des Laserendzustandes praktisch Null bleibt. Dieses ist die ideale Betriebsart für einen Laser. Die Lebensdauer der oberen Laserniveaus beträgt demgegenüber z. B. 7 ns für KrF* und 16 ns für XeF*.

Abbildung 7.5 zeigt als typisches Beispiel für das Spektrum von Edelgashalogeniden die spontane Emission von KrF*, das in einer Entladung gebildet wird. Die zwei Banden im ultravioletten Bereich stammen von $^2\Sigma \rightarrow {}^2\Sigma$ und $^2\Pi \rightarrow {}^2\Pi$-Übergängen. Ein weiteres Band um 400 nm wird dem dreiatomigen Excimer Kr_2F^* zugeschrieben.

Generell ist Lasertätigkeit bei Lasern im ultravioletten Bereich schwerer zu erzielen als bei langen Wellenlängen im Infraroten. Dies liegt u. a. daran, dass der Einsteinkoeffizient für stimulierte Emission bei gegebener Lebensdauer $\tau = 1/A$ etwa umgekehrt proportional zur 3. Potenz der Frequenz ist (2.11). Hinzu kommt, dass der Laserendzustand ungebunden oder nur schwach gebunden ist. Übergänge in diese Zustände haben ein breites Frequenzspektrum. Aus diesen Gründen ist der frequenzabhängige Wirkungsquerschnitt für stimulierte Emission relativ klein. Atomare und molekulare Übergänge haben Wirkungsquerschnitte von $\sigma = 10^{-15}$ bis 10^{-12} cm^2, während für Excimerlaser etwa 10^{-16} cm^2 gilt. Der kleine Wirkungsquerschnitt für stimulierte Emission erfordert zur Erzeugung von Laserstrahlung ein sehr starkes Pumpen. Aus diesem Grunde ist es bisher nicht gelungen, kontinuierliche Strahlung mit Excimerlasern zu erzeugen. Bei den erforderlichen großen Entladungsströmen treten nach kurzer Zeit Entladungsinstabilitäten und Materialprobleme auf.

7.2.2 Konstruktion

Bei kommerziellen Lasern erfolgt die Anregung in einer Hochspannungsentladung, welche wegen des hohen Gasdrucks quer zum Laserstrahl liegt. Der Aufbau ist ähnlich wie beim N_2- oder TEA-CO_2-Laser (Abb. 7.2). Um Verstärkung zu erzielen, müssen elektrische Leistungsdichten von einigen 100 MW/l im Gasvolumen eingesetzt werden. Derartige Leistungen lassen sich nur im Pulsbetrieb erreichen.

Die Bildungsreaktion nach (7.1) hat für den praktischen Einsatz die größere Bedeutung als die nach (7.2). Um die Rückreaktion des Fluorradikals F zu ermöglichen, wird das Gas zwischen zwei Pulsen ausgetauscht. Dafür sind Strömungsgeschwindigkeiten von einigen 10 m/s erforderlich, um bei Laserstrahlbreiten von etwa 5 mm Repetitionsraten von etwa 1 kHz zu erhalten.

Der Gasdruck beträgt etwa 3 bar. Das Gasgemisch enthält 5 bis 10 % des aktiven Edelgases, 0,1 bis 0,5 % des Halogens (z. B. F_2) und ein Puffergas (He oder Ne). Als Beispiel wird das Gasgemisch für einen XeCl-Laser angegeben: 4–5 mbar HCl, 80 mbar Xe, 2,4 bar Ne als Puffergas. Um eine homogene Entladung zu erhalten, ist eine Vorionisation mit einer Elektronendichte von $\approx 10^9\,cm^{-3}$ notwendig. Diese kann durch UV-Strahlung (100–200 nm) aus einer zusätzlichen Funken- oder Coronaentladung oder durch Röntgenstrahlung bewirkt werden. Bei dem hohen Gasdruck zerfällt die homogene Entladung nach einigen 10 ns in statistische Entladungskanäle. Daher werden die Spannungspulse von etwa 50 kV auf 10 bis 30 ns Dauer begrenzt. Bei der großen Pumprate lässt sich eine hohe Verstärkung von $g = (0{,}1\text{–}0{,}2)\,cm^{-1}$ erzielen, und die Pulsenergien der Laserstrahlung betragen bis zu 4 Joule pro Liter Gas, ähnlich wie beim CO_2-Laser. Die Besetzungsdichte des oberen Laserniveaus liegt bei $(10^{14}\text{–}10^{15})\,cm^{-3}$. Der Wirkungsgrad eines derartigen Excimerlasers beträgt 1–2 %.

Wegen des Überganges von einem gebundenen in einen freien Zustand ist die spektrale Bandbreite der Laserstrahlung mit 1 bis 2 nm relativ groß. Die kurze Pulsdauer hat eine geringe Anzahl von optischen Umläufen im Resonator zur Folge. Es gibt damit keinen Wettbewerb zwischen verschiedenen longitudinalen Moden, d. h., diese entwickeln sich unabängig voneinander im Bereich der Verstärkungsbandbreite, so dass 10^5 bis 10^7 Moden entstehen. Die Kohärenzlänge ist daher mit etwa 0,1 mm klein. Das Strahlprofil ist nach Abb. 7.2 oft rechteckig, typisch 1 cm × 2 cm. Die Strahlqualität ist nicht sehr gut, aber kann durch instabile Resonatoren verbessert werden.

Aufgrund der hohen Verstärkung werden nur geringe Anforderungen an die Spiegel gestellt. Zur Auskopplung kann eine unbeschichtete Scheibe benutzt werden, welche an jeder Fläche 4 % reflektiert. Quarzglas gehört zu den Standardmaterialien im ultravioletten Spektralbereich. Die Transparenz von Quarzglas fällt für kürzere Wellenlängen. Zudem wird es durch Flusssäure HF angegriffen, die in der Entladung gebildet werden kann. Aus diesen Gründen wird bei kommerziellen Excimerlasern MgF_2 oder CaF_2 als Fenstermaterial eingesetzt, auch Saphir Al_2O_3 mit guter Wärmeleitung bei hohen Laserleistungen. Wegen der stark korrosiven Eigenschaften des Lasergases werden Beschichtungen zur Ver- und Entspiegelung der Röhrenfenster teilweise nur an der Außenfläche angebracht.

Die meisten kommerziellen Excimerlaser sind mit einer Vakuumpumpe versehen, welche einen Gasaustausch ermöglicht. Die abgepumpten Gase sind toxisch und müssen aufgefangen und entsorgt werden. Die Zahl der Pulse bis zu einer neuen Füllung sind in Tab. 7.2 angegeben. In der Regel kann der Laserkopf nacheinander mit unterschiedlichen Gasmischungen betrieben werden, so dass Laserstrahlung in verschiedenen Bereichen des UV-Spektrums erzeugt werden kann. Während des Betriebs kann das Lasergas kontinuierlich gereinigt werden, da die chemisch agressiven Halogene mit den Materialien Moleküle

Tab. 7.2 Typische Daten von kommerziellen Excimerlasern

Lasergas	Einheit	F_2^*	ArF*	KrF*	XeCl*	XeF*
λ	nm	157	193	248	308	351
E	mJ	10–40	10–500	10–600	300–1000	400
t_P	ns	– 10 bis 30 –				
Reprate	Hz	2000	400	400	400	400
Mittlere Leistung	W	40	80	180	500	100
Gaslebensdauer	10^6 Pulse	50	100	250	100	70

bilden und das Lasergas verunreinigen. Beispielsweise erzeugt Fluor CF_4 und Freone, die durch eine Kältefalle entfernt werden können.

Die kürzeste Wellenlänge (157 nm) in Tab. 7.2 liefert der F_2-Laser, der den beschriebenen Excimerlasern in der Gaschemie, in Entwurf und der Elektronik ähnelt. Die Laser arbeiten mit einer Füllung von 99,85 % He und 0,15 % F_2. Die erforderliche Leistungsdichte im Gasvolumen ist wegen der großen Ionisierungsenergie von He und F_2 etwa um den Faktor 10 größer als bei den Excimerlasern.

Die Eigenschaften der wichtigsten kommerziellen Excimerlaser sind in Tab. 7.2 zusammengefasst. Eine häufige Anwendung ist das Pumpen von Farbstofflasern für spektroskopische Untersuchungen. Andere Einsatzgebiete liegen in Photochemie, Mikro-Materialbearbeitung, Photolithographie und in der Medizin zur Ablation von Gewebe.

7.2.3 Lithographie-Laser

Excimerlaser finden Einsatz in Belichtungsmaschinen für die Photolithographie von Halbleiterstrukturen zur Herstellung von integrierten Schaltkreisen, Mikroprozessoren und Speicherchips. Eingesetzt werden zur Zeit KrF-Laser mit 248 nm Wellenlänge und der ArF-Laser mit 193 nm. Problematisch ist dabei die relativ große Linienbreite von 1 nm. Bei Verwendung von Linsenoptiken zur Abbildung können diese relativ breiten Emissionsbereiche wegen chromatischer Abbildungsfehler zu unscharfen Strukturen führen.

Die Excimer-Laser werden daher für den Einsatz in der Photolithographie spektral eingeengt. Beim KrF-Laser wird z. B. mit einem Reflexionsgitter nach Abschn. 18.4 und einem zusätzlichen Luftspaltetalon (Abb. 18.7) eine Reduzierung der Linienbreite auf 0,3 pm erreicht. Beim ArF-Laser ergibt ein konkaves Gitter und spezielles Resonatordesign eine Linienbreite von 0,4 pm.

Eine alternative Methode, chromatische Fehler zu vermeiden, besteht in der Verwendung von Spiegeloptiken zur Abbildung. Derartige Reflexionsoptiken haben keine chromatischen Fehler, da die Reflexion im Gegensatz zur Brechung in einer Linse nicht vom Material abhängt. Allerdings variiert der Reflexionsgrad für parallel bzw. senkrecht zur Einfallsebene polarisiertes Licht deutlich mit dem Einfallswinkel (s. Abschn. 14.1), besonders wenn dieser stark von der Spiegelnormalen abweicht. Um zu vermeiden, dass der Reflexionsgrad sich mit der Polarisation der einfallenden Laserstrahlung unkontrolliert ändert, werden Reflexionsoptiken mit polarisationsverbesserten Lasern betrieben, die außerdem auf einige 10 pm in der Emissionsbreite spektral eingeengt sind.

7.2.4 Kristallisation von Si-Schichten, Mikrostrukturierung von FBGs

Bei der Fertigung von LCD- und OLED-Displays und Bildschirmen werden Excimer-Laser zum Annealing von amorphen Silizium-Schichten umfangreich eingesetzt. Diese Schichten werden auf das Displayglas aufgedampft und nehmen zunächst die amorphe Struktur des Glases an. Zur Erhöhung der Ladungsträgermobilität werden die amorphen Schichten durch Laserbestrahlung in polykristallines Si umgewandelt werden. Die daraus gefertigten Thin-Film-Transistoren bekommen so bessere Eigenschaften; man kann sie kleiner gestalten, was insbesondere für hochauflösende Displays wichtig ist, da die Fläche der Transistoren für die leuchtende Anzeige verlorengeht. Zum anderen gestatten die kleineren Transistoren einen schnelleren Bildwechsel, was für Videoanwendungen interessant ist. Polykristalline Transistoren können einen größeren Strom tragen, was für OLED-Displays sehr wichtig ist, diese arbeiten nur mit Transistoren aus polykristallinen Silizium zufriedenstellend.

Weiter dienen Excimer-Laser zum Bohren von feinen Düsen, so werden über eine Maskenabbildung zum Beispiel die Düsen für Tintenstrahldrucker hergestellt. Düsen aus Glas für Impfpistolen werden einzeln mit einem fokussierten Strahl gebohrt.

Excimer-Laserstrahlung ändert in transparenten Gläsern die Brechzahl in dem bestrahlten Volumen. Dies wird zum Schreiben von Faser-Bragg-Gittern (FBGs) in Glasfasern ausgenutzt. Dies sind periodische Brechzahlstrukturen in Richtung der Achse der Glasfasern. Die Periodenlänge beträgt z. B. eine halbe Lichtwellenlänge. Damit entspricht die Struktur einem Vielschichtenspiegel (Abschn. 14.3) und wird als integrierter Spiegel in Faserlasern eingesetzt. In Transmission wirkt das FBG als optisches Frequenzfilter. Zur Herstellung von FBGs wird die Faser durch die Mantelfläche mit einem Excimerlaser mit z. B. 248 nm Wellenlänge bestrahlt. Das Strahlprofil wird durch eine periodische Maske moduliert, um die gewünschte Periodenlänge des FBGs zu erzeugen.

7.3 Aufgaben

7.1 Die Lebensdauer des oberen Laserniveaus des Stickstofflasers beträgt $\tau_1 = 40$ ns, die des unteren $\tau_2 = 10$ µs bis 10 ms. Welche Konsequenzen ergeben sich daraus für das zeitliche Verhalten des Laserstrahlung?

7.2 Ein 0,5 m langer N_2-Laser (Querschnitt 4×11 mm) bei einem Druck von 0,05 bar benötigt zur Anregung eine elektrische Feldstärke von etwa 10 kV/cm. Wie groß ist der notwendige Spannungspuls bei longitudinaler und transversaler Anregung?

7.3 Die Pulsdauer eines Excimerlasers beträgt 20 ns. Wie viel Umläufe macht die Laserwelle in einem 1,2 m langen Resonator?

7.4 Berechnen Sie den minimalen Reflexionsgrad der Laserspiegel für einen 0,9 m langen Stickstofflaser mit einer differentiellen Verstärkung von $g = 25 \, \text{m}^{-1}$.

7.5 In Tab. 7.2 werden für einen kommerziellen KrF*-Laser folgende Daten angegeben: Pulsenergie $E = 1$ J, Pulsdauer $\tau \approx 20$ ns, Spitzenleistung $P_S = 15$ MW, Pulsfolgefrequenz $f = 100$ Hz, Durchschnittsleistung $\overline{P} = 20$ W. Prüfen Sie, ob diese Angaben miteinander konsistent sind.

7.6 Ein Excimerlaser zur Materialbearbeitung strahlt mit einer Querschnittsfläche von $A = 1 \, \text{mm}^2$ und einer Pulsenergie von $Q = 50$ mJ. Welche Materialdicke d wird abgetragen ($\rho = 1000 \, \text{kg/m}^3$)? Machen Sie vereinfachte Annahmen (Verdampfungswärme $L = 2200 \, \text{kJ/kg}$).

Weiterführende Literatur

1. Basting D, Marowski G (2004) Excimer Laser Technology. Wiley-VCH, Weinheim

Farbstofflaser

Mit weit über 100 Farbstoffen in wässerigen oder organischen Lösungen (Konzentration im Bereich 10^{-3} Mol/Liter) kann je nach Farbstoff abstimmbare Lasertätigkeit von etwa 300 nm bis über 1 µm erreicht werden. Das Pumpen erfolgt in der Regel optisch, wobei gepulster und kontinuierlicher Betrieb erreicht wird. Der Farbstofflaser findet Anwendungen in der Spektroskopie, Dermatologie, Biologie, Umweltschutz und Analysetechnik. Aufgrund der hohen Bandbreite eignet sich dieser Lasertyp zur Erzeugung ultrakurzer Pulse bis in den Femtosekundenbereich, ist aber inzwischen durch Festkörperlaser weitgehend abgelöst.

8.1 Laser mit organischen Farbstoffen

In Farbstofflasern entsteht die induzierte Emission durch Fluoreszenzübergänge in Farbstoffmolekülen. Es handelt sich um vielatomige Moleküle mit konjugierten Bindungen und einem ausgedehnten π-Elektronensystem. Der Fluoreszenzwirkungsgrad ist groß. Die chemische Struktur eines typischen Farbstoffmoleküles ist in Abb. 8.1 dargestellt. Die elektronischen Energiezustände werden in Singulett- und Triplettzustände eingeteilt (Gesamtspin $S = 0$ bzw. 1). Im Singulettzustand stehen die Elektronenspins antiparallel, während im Triplettzustand zwei Spins parallel liegen. Die niedrigsten Energiezustände in diesen beiden Termsystemen (Abb. 8.2) werden mit S_0 und T_1 bezeichnet, die höheren mit S_1, T_2, S_2 usw. Übergänge vom Singulett- zum Triplettsystem sind nur mit geringer Wahrscheinlichkeit möglich (vgl. $\Delta S = 0$ Auswahlregel in Tab. 1.4). Die elektronischen Niveaus sind durch Schwingungen und Rotationen im Molekül sowie Wechselwirkungen mit dem Lösungsmittel stark verbreitert. Einzelne Schwingungs- oder Rotationsniveaus können in den Absorptions- oder Fluoreszenzspektren nicht aufgelöst werden. Zur Vereinfachung werden im folgenden die angeregten Zustände innerhalb der elektronischen Banden S_0, S_1, T_1 usw. als Schwingungsniveaus bezeichnet.

© Springer-Verlag Berlin Heidelberg 2015
H.J. Eichler, J. Eichler, *Laser*, DOI 10.1007/978-3-642-41438-1_8

Abb. 8.1 Struktur des Laser-
farbstoffes Rhodamin 6G

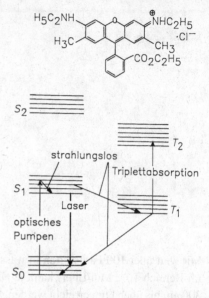

Abb. 8.2 Termschema und
Übergänge beim Farbstofflaser

Farbstofflösungen zeigen nach Abb. 8.3 eine starke Lichtabsorption in einem breiten Wellenlängenbereich, die durch $S_0 \rightarrow S_1$ Übergänge hervorgerufen wird (Singulett-Absorption). Durch sehr schnelle strahlungslose Übergänge gelangen die angeregten Elektronen innerhalb von ps in das niedrigste S_1-Schwingungsniveau. Nach einigen ns gehen sie dann mit großer Quantenausbeute durch strahlende Übergänge in die Schwingungszustände des S_0-Grundzustandes über. Das dabei abgestrahlte Licht ist gegenüber dem absorbierten zum Langwelligen verschoben (Abb. 8.2 und 8.3). Die höheren Schwingungszustände des Grundzustandes S_0 zerfallen durch Stöße mit dem Lösungsmittel innerhalb von ps in den untersten Zustand. Diese Übergänge zwischen den Vibrationsniveaus erfolgen strahlungslos, was zu einer Erwärmung der Farbstoff-Flüssigkeit führt.

Abb. 8.3 Wirkungsquerschnitte für Singulett-
Absorption σ_a, Triplett-Absorption σ_T und induzierte
Emission σ_e von Rhodamin
6G in Abhängigkeit von der
Wellenlänge

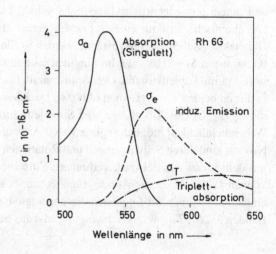

8.1.1 Optisches Pumpen

Farbstoffe werden durch optisches Pumpen zu Lasertätigkeit angeregt. Das obere Laserniveau ist das tiefste S_1-Schwingungsniveau. Die Lebensdauer im Bereich von 1 ns ist länger als die des unteren Laserzustandes, welcher ein angeregtes Schwingungsniveau des S_0-Grundzustandes ist. Dieses relaxiert innerhalb von ps in das unterste Schwingungsniveau.

Bei dem Anregungsprozess treten folgende Verluste auf: die Absorption in höhere Singulett-Zustände ($S_1 \rightarrow S_2$) sowie strahlungslose Übergänge in den Triplett-Zustand $S_1 \rightarrow T_1$). Beim intensiven Pumpen wird der S_1-Zustand stark besetzt. Da die Energieabstände zwischen den einzelnen S-Zuständen etwa gleich sind, finden beim Pumpen auch $S_1 \rightarrow S_2$ Übergänge statt, wodurch die Lasertätigkeit behindert wird. Der T_1-Zustand ist metastabil (10^{-7}–10^{-3} s), so dass sich während eines Pumpprozesses eine große Zahl von Farbstoffmolekülen in diesem Zustand sammeln können. Diese können durch Absorption der zu verstärkenden Strahlung in höhere Triplettniveaus angeregt werden und damit den Laserprozess behindern oder unterdrücken.

Die Zeit für den Übergang $S_0 \rightarrow S_1$ liegt im Bereich von 10 ns. Bei Anregung des Farbstofflasers mit kurzen Pulsen spielen Tripletteffekte keine Rolle. Bei Pulsdauern größer als 100 ns und bei kontinuierlicher Anregung kann dieses „triplett-quenching" jedoch bei manchen Farbstoffen eine Lasertätigkeit verhindern. Durch Zusätze, wie O_2 oder Cyclooctatetraen (COT), kann die T-Besetzung durch Stöße abgebaut werden. Dadurch wird die unerwünschte Triplettabsorption der Laserstrahlung verkleinert. Eine andere Methode zur Reduzierung von Tripletteffekten wird bei kontinuierlichen Lasern angewendet, bei denen der Farbstoff durch die Anregungszone strömt. Bei Geschwindigkeiten von 10 bis 100 m/s bewegen sich die Farbstoffe innerhalb von 1 μs durch die aktive Zone. Eine hohe T_1-Besetzung kann sich damit nicht aufbauen.

8.1.2 Anregung durch Blitzlampen

Die Verwendung von Blitzlampen führt zu relativ ökonomischen Konstruktionen. Dabei werden spezielle, koaxial um eine zylindrische Laserküvette angeordnete Lampen mit kurzen Anstiegszeiten (100 ns) verwendet, von denen Laserpulse von 0,1 bis 3 μs Dauer erzeugt werden. Diese Blitzlampen bestehen aus einem Doppelzylinder, wobei sich im inneren Zylinder die Farbstofflösung und in der Wandung der Entladungskanal befindet. Die Pumpenergien betragen 50 bis 500 J. Daneben werden auch lineare Xe-Blitzlampen (10–60 J), ähnlich wie bei den Festkörperlasern, eingesetzt. Wegen der Besetzung des Triplettzustandes sind kurze Pumppulse notwendig.

Die Ausgangsleistung kommerzieller Farbstofflaser mit Blitzlampen kann bis zu 10 W betragen, die Pulsenergie einige Joule. Die Pulsfolgefrequenzen liegen im Bereich von 1 bis 100 Hz. Dabei ist es notwendig, die optisch gepumpte Farbstofflösung mechanisch umzuwälzen, um störende Aufheizeffekte zu vermeiden. Der Wirkungsgrad für die Um-

Tab. 8.1 Eigenschaften von Farbstofflasern mit verschiedenen Pumpquellen (nach Kneubühl, Sigrist). Die zitierten Abstimmbereiche werden bei Verwendung mehrerer Farbstoffe erreicht

Pumpe	Mittlere Leistung	Spitzen- leistung	Pulsdauer	Linienbreite
Blitzlampe	100 W	10^5 W	$0{,}1$–$10\,\mu s$	Multim.: 10^{-1}–10^{-2} nm Monom.: 10^{-4} nm
Nd:YAG (532; 355 nm)	1 W	10^6 W	10 ns	100 MHz
N_2-Laser	1 W	10^5 W	1–10 ns	Fourier-begrenzt
Excimer-Laser	10 W	10^7 W	1–10 ns	

wandlung von elektrischer, zum Betrieb der Blitzlampe notwendiger Energie in Laserstrahlung liegt bei 0,5 %. Beim Pumpen mit Blitzlampen wird die Farbstofflösung relativ stark erwärmt. Dies führt zu Schlieren, wodurch die optische Qualität des Strahles verschlechtert und ein Monomode-Betrieb erschwert wird.

Die Eigenschaften von Farbstofflasern, welche mit Blitzlampen und Lasern gepumpt werden, werden in Tab. 8.1 verglichen. Blitzlampenanregung ist vor allem zur Erzeugung hoher Laserenergie und großer mittlerer Leistung geeignet.

8.2 Farbstofflaser gepumpt mit Gas- oder Festkörperlasern

Farbstofflaser für spektroskopische Anwendungen werden meist mit anderen gepulsten oder kontinuierlichen Lasern gepumpt. Die Pumpwellenlänge kann optimal zur Anregung des Farbstoffs gewählt werden. Damit werden störende Aufheizeffekte vermieden und gute Strahlqualität erreicht.

8.2.1 Gepulste Laser (ns)

Oft werden als Pumpquellen für Farbstofflaser andere gepulste Laser im ultravioletten oder sichtbaren Spektralbereich eingesetzt: Stickstofflaser (337 nm), Excimerlaser (UV) oder frequenzvervielfachte Nd:YAG-Laser (532 nm und 355 nm). Diese Pumplaser liefern Pulse im ns-Bereich bei Leistungen zwischen 1 bis 100 MW. Die Pumpdauer ist kleiner als die Übergangszeit im Triplett-System ($S_1 \rightarrow T_1$), so dass sich keine nennenswerte Triplett-Besetzung aufbauen kann. Daher können auch Farbstoffe eingesetzt werden, die wegen ihrer kurzen ($S_1 \rightarrow T_1$) Übergangszeit zum Pumpen mit Blitzlampen ungeeignet sind. Ein Lichtpuls von 1 ns Länge entspricht einem Wellenzug von 30 cm. Die Länge des Resonators des Farbstofflasers muss deutlich kleiner sein, damit die Laserwelle möglichst oft das aktive Medium durchläuft.

Die Strahlung zum Pumpen kann longitudinal oder transversal in die Farbstofflösung eingebracht werden. Bei Pulslasern wird oft transversal gepumpt (Abb. 8.4). Die Pumpstrahlung wird mit einer Zylinderlinse fokussiert. Die Strahlung wird stark absor-

Abb. 8.4 Aufbau eines gepulsten Farbstofflasers mit
transversaler Anregung. Die
Farbstoffküvette besitzt schräge Wände, damit es nicht zu
einer Lasertätigkeit zwischen
den Flächen kommt

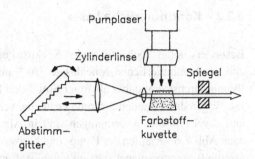

biert, und maximale Inversion herrscht in einer dünnen Schicht in der Brennlinie von
etwa 0,2 mm Breite. Zur Selektion der Wellenlänge wird der schmale Laserstrahl durch
ein Teleskop oder mehrere Prismen aufgeweitet und an einem drehbaren Beugungsgitter
reflektiert. Der Hauptgrund für die Aufweitung liegt darin, dass eine größere Gitterfläche
bestrahlt wird. Dadurch steigt die spektrale Schärfe der Strahlung, da das Auflösungsvermögen mit der Zahl der wirksamen Gitterstriche zunimmt. Die erreichbare Linienbreite
liegt bei 0,1 nm. Weiterhin wird durch die Aufweitung die Leistungsdichte und die Divergenz der Strahlung reduziert. Die Pulsfolgefrequenz kann bei Nd:YAG- oder Excimer-
Pumplasern bis zu einigen 100 Hz betragen.

Für Farbstofflaser, welche mit gepulsten Lasern gepumpt werden, gibt es eine große
Zahl von Farbstoffen mit unterschiedlichen Eigenschaften. In Abb. 8.5 ist das spektrale
Verhalten von Verbindungen, welche mit verschiedenen Excimerlasern im Ultravioletten
angeregt werden können. Es wird lückenlos der Wellenlängenbereich zwischen 300 und
1000 nm überdeckt.

Der Strahlung des Pumplasers kann mit einer Maske eine Gitterstruktur aufgeprägt
werden. Dadurch ergibt sich eine örtlich verteilte Rückkopplung (distributed feed-back,
DFB) und der Laser arbeitet ohne externe Spiegel.

Die Vorteile beim Pumpen mit Pulslasern sind im Vergleich zu Blitzlampen folgende:
hohe Spitzenleistung im MW-Bereich, kurze ns-Pulse, Pulsfolgefrequenzen über 100 Hz,
große Abstimmbereiche insbesondere beim Pumpen mit UV-Lasern.

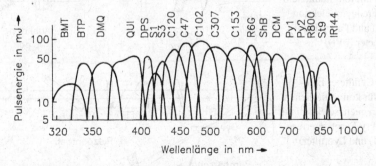

Abb. 8.5 Abstimmbereiche und typische Pulsenergien verschiedener Farbstoffe beim Pumpen mit
Eximerlasern (Datenblatt der Firma Lambda-Physik)

8.2.2 Kontinuierliche Laser

Besonders in der hochauflösenden Spektroskopie werden Farbstofflaser eingesetzt, welche mit kontinuierlichen Ionenlasern (Ar^+ und Kr^+) gepumpt werden. Die Farbstofflösung durchströmt dabei als freier Strahl den Bereich des Brennpunktes des Pumpstrahles. Wegen der schnellen Strömung tritt eine verringerte Triplettbesetzung und -absorption auf. Zwei typische Anordnungen sind in Abb. 8.6 und 8.7 dargestellt. In dem Aufbau nach Abb. 8.6 verlaufen der Pump- und Farbstoff-Laserstrahl koaxial. In diesem Fall müssen die Resonatorspiegel speziell verspiegelt werden, so dass die Pumpwelle durchtreten kann. In dem gebräuchlicheren Aufbau nach Abb. 8.7 läuft der Pumpstrahl leicht verkippt gegen die Resonatorachse neben den Spiegeln vorbei in den Farbstoff. Dieser Aufbau hat den Vorteil, dass der Farbstoffstrahl, der aus einer spaltförmigen Düse austritt, im Brewsterwinkel eingesetzt wird. Dadurch werden Reflexionsverluste vermieden und der Laserstrahl wird polarisiert. Durch den schrägen Farbstoffstrahl tritt jedoch eine elliptische Verzerrung (Astigmatisierung) des Laserstrahls auf. Diese wird durch den gefalteten Resonatoraufbau kompensiert, da bei schiefer Reflexion an einem Hohlspiegel ebenfalls eine astigmatische Verzerrung auftritt. Die Pumpschwelle liegt je nach Fokussierung und Zahl der optischen Flächen im Resonator zwischen einigen mW und W. Abhängig vom Farbstoff können bis zu 30 % der eingestrahlten Leistung umgewandelt werden. Die Elemente zur Selektion der Wellenlänge in Abb. 8.7 werden in Kap. 18 und weiter unten beschrieben.

Bei kontinuierlichen Farbstofflasern kann im Monomode-Betrieb eine hohe Frequenzstabilität (MHz bis kHz) durch Temperatur- und mechanische Stabilisierung sowie aktive Regelung erreicht werden. Besonders hohe Leistungen im Monomode werden mit Ringlasern erzielt (Abb. 8.8). In einem linearen Resonator nach Abb. 8.6 oder 8.7 bilden sich stehende Wellen aus, was zu einer räumlichen Modulation der Verstärkung führt. Durch dieses „spatial hole burning" können Modensprünge auftreten (Kap. 13). In einem Ringre-

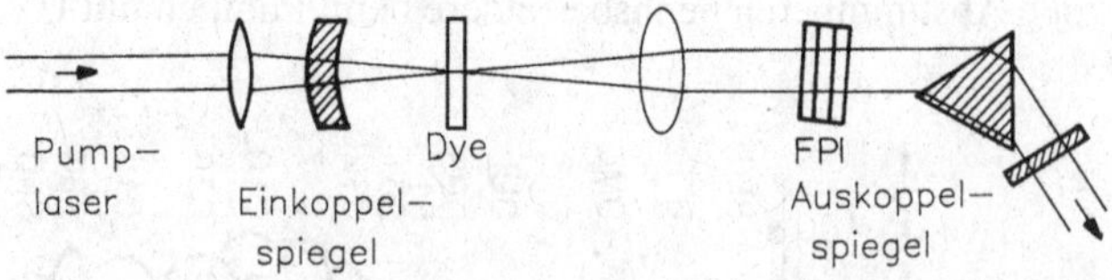

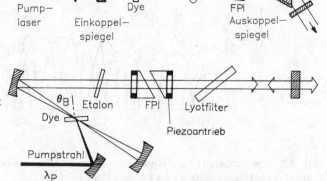

Abb. 8.6 Aufbau eines Farbstofflasers mit longitudinalem Pumpen (Frequenzselektion mit Prisma und Fabry-Pérot-Interferometer (FPI))

Abb. 8.7 Gefalteter Farbstofflaser für kontinuierlichen Betrieb (Frequenzselektion mit Etalon, Fabry-Pérot-Interferometer (FPI) und Lyotfilter)

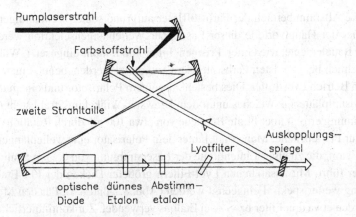

Abb. 8.8 Ring-Farbstofflaser für den Monomode-Betrieb

sonator (Abb. 8.8) kann durch besondere optische Elemente eine nur in einer Richtung laufende Welle erzwungen werden. Diese Elemente, die eine so genannte optische Diode bilden, bestehen z. B. aus einem Faraday-Dreher und einem Polarisator. Dadurch kann polarisiertes Licht nur in einer Richtung passieren. In Gegenrichtung sind die Verluste so hoch, so dass nur eine umlaufende Welle anschwingt. Durch Ringlaser werden also stehende Wellen vermieden und alle aktiven Moleküle können zur Verstärkung beitragen. Im Monomode-Betrieb wird somit eine bis zu 15 fach höhere Leistung erzielt.

Die Abstimmbereiche für Farbstofflaser bei kontinuierlicher Anregung sind in Abb. 8.9 dargestellt. Es wird das gesamte sichtbare Spektrum bis ins nahe Infrarote um 1 μm abgedeckt. Beim Pumpen mit UV-Lasern erstreckt sich der Bereich bis ins nahe UV.

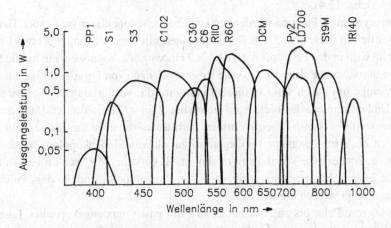

Abb. 8.9 Abstimmbereiche und Ausgangsleistungen verschiedener Farbstoffe bei Anregung mit kontinuierlichem Ar^+- oder Kr^+-Laser (Datenblatt der Firma Coherent Radiation). Vergleich mit Abb. 8.5 zeigt, dass bei cw Lasern die Abstimmbereiche schmaler sind als bei Pulslasern

Der große Abstimmbereich der Farbstofflaser aufgrund seiner breitbandigen Fluoreszenz ist einer der Hauptvorteile dieser Laser. Zur Wellenlängenselektion werden unterschiedliche Bauelemente, wie Gitter, Prismen, Filter und Etalons eingesetzt. Während Gitter hauptsächlich bei gepulsten Farbstofflasern eingesetzt werden, benutzt man bei kontinuierlichem Betrieb Lyot-Filter. Dies besteht aus einem Polarisator und einem doppelbrechenden Kristallplättchen, welches unter dem Brewster-Winkel im Strahl steht (Kap. 18). Die Abstimmung erfolgt über breite Bereiche von etwa 100 nm durch Rotation des Filters senkrecht zur Plattenebene. Man erhält hinter dem Polarisator eine wellenlängenabhängige Transmission, die zu einer Linienbreite der Laserstrahlung von 0,1 nm ähnlich wie bei einem Gitter führt. Mit zusätzlichen Lyot-Filtern größerer Dicke oder FPI-Etalons kann die Strahlung weiter spektral eingeengt werden (Abb. 8.7 und 8.8). Für den Monomode-Betrieb werden etwa drei Filter bzw. zwei Etalons verwendet. Zur kontinuierlichen Durchstimmung eines Monomodelasers werden die Resonatorlänge sowie die Transmission der selektiven Elemente gleichzeitig verändert. Abstimmbereiche ohne Modensprünge von etwa 100 GHz wurden erreicht.

Statt Farbstofflasern werden inzwischen häufig TiSa-Laser verwendet, die mit frequenzverdoppelten Nd:YAG-Lasern bei 532 nm gepumpt werden. Die Wellenlängen von TiSa-Lasern lassen sich von 700–1100 nm verändern (Kap. 9). Durch Frequenzverdopplung werden etwa 350–500 nm erreicht.

8.2.3 Ultrakurze Pulse

In Lasern großer optischer Bandbreite treten normalerweise zahlreiche Moden auf. Durch das Verfahren der Modenkopplung können die einzelnen Wellen so überlagert werden, dass in regelmäßigen Abständen ($t = 2L/c$) kurze Pulse entstehen. Bei kontinuierlich gepumpten Farbstofflasern werden synchrones Pumpen und passive Modenkopplung eingesetzt (Abschn. 17.4).

Für das synchrone Pumpen wurden modengekoppelte Ionenlaser verwendet. Derartige Ionenlaser liefern Pulse von 200 ps Dauer mit einer mittleren Leistung von etwa 1 W. Der Pumpstrahl wird in den Farbstoff nach Abb. 8.7 eingestrahlt. Voraussetzung für die Erzeugung von ultrakurzen Pulsen ist, dass die Resonatorlängen von Pump- und Farbstofflaser bis auf wenige μm gleich sind. In diesem Fall wird die Verstärkung des Lasermediums mit der Umlauffrequenz des Lichtes im Resonator $f = c/2L$ moduliert. Dazu muss die Relaxationszeit des oberen Laserniveaus des Farbstoffes von etwa 5 ns kleiner sein als die Umlaufzeit $2L/c$ im Resonator. Im Gegensatz zur aktiven Modenkopplung werden nicht die Verluste, sondern die Verstärkung moduliert. Es entstehen dadurch im Farbstofflaser Pulse, die 2 bis 3 Zehnerpotenzen kürzer als die Pumpimpulse sind, so dass Pulsbreiten um 0,1 ps erzeugt werden können.

Noch kürzere Pulse bis zu 25 fs lassen sich mit passiv modengekoppelten Lasern erzielen. Hier wird mit kontinuierlichen Pumplasern gearbeitet. Dadurch entfällt die Notwendigkeit, die Längen von Farbstoff- und Pumplaser aufeinander zu stabilisieren. Die Modenkopplung wird durch einen sättigbaren Absorber bewirkt. Ursprünglich wurden

Tab. 8.2 Erzeugung ultrakurzer Pulse mit Farbstofflasern

Verfahren	Pulsdauer	Länge des Wellenzuges
Anregung mit Pulslaser	100 ps	50.000 Wellenlängen
Synchrones Pumpen	100 fs	50 Wellenlängen
Passive Modenkopplung	25 fs	12 Wellenlängen
+ Pulskompression	6 fs	3 Wellenlängen

Ringlaseranordnungen (ohne optische Diode) verwendet, ähnlich wie in Abb. 8.8 dargestellt, jedoch mit einem zweiten Fokus. In diesen wird der sättigbare Absorber ebenfalls als Freistrahl angeordnet. In dem Laser bilden sich dann zwei umlaufende Impulse aus, die sich im Absorber treffen und ihn ausbleichen. Ein einzelner Impuls hätte geringere Intensität, würde den Absorber weniger ausbleichen und bildet sich daher nicht aus. Die nichtlineare Transmission führt bei jedem Umlauf zu einer Verkürzung der beiden Impulse bis sich ein Gleichgewicht mit pulsverlängernden Effekten (Gruppengeschwindigkeitsdispersion) einstellt. Das Verfahren wird als „colliding pulse modelocking" (CPM) bezeichnet. Inzwischen wurde gezeigt, dass vergleichbare Pulsdauern auch mit passiven Absorbern in linearen Resonatoren nach Abb. 8.7 erzeugt werden können.

Eine weitere Verkürzung bis in den Bereich einiger Femtosekunden kann durch Pulskompression in Glasfasern erfolgen (Tab. 8.2), und der Lichtwellenzug besteht dann nur noch aus wenigen Wellenlängen.

8.3 Organische Festkörper-Laser

Ähnlich wie bei Halbleiterlasern (Kap. 10) lassen sich auch aus organischen Materialien DFB-Laser aufbauen. Das verwendete Materiel kann ein Polymer (Kunststoff) sein, dem ein Laserfarbstoff beigemischt ist, oder fluoreszierende Polymere, die selbst als Verstärkungsmedium dienen. Gegenwärtig ist bei solchen Strukturen nur optisch gepumpte, gepulste Laseremission möglich und die Betriebsdauer ist wegen der eingeschränkten photochemischen Stabilität organischer Emitter begrenzt. Ein großer Vorteil gegenüber konventionellen Farbstofflasern besteht hingegen in der viel kompakteren und einfacheren Konstruktion.

Die DFB-Struktur wird durch Ätzen oder mechanisches Prägen eines periodischen Rillenmusters in den organischen Film, oder auch durch Aufbringen des Films auf eine periodisch strukturiertes Substrat, erzeugt. Organische DFB-Laser sind im Allgemeinen nicht durchstimmbar, die Emissionswellenlänge ist durch die Gitterkonstante der Struktur vorgegeben. Bei Verwendung eines Elastomers (Gummi) für die DFB-Struktur kann allerdings durch Dehnen des Films die Gitterkonstante beeinflusst und somit die Laseremission breitbandig durchgestimmt werden.

Für potentielle Anwendungen wird organischen Halbleitern ein hohes Entwicklungspotential zugeschrieben. Zwar ereichen organische Leuchtdioden mit inkohärenter Emission mittlerweile eine Lebensdauer von vielen Tausend Stunden und eine Konversion von elektrischer Leistung in Lichtleistung von ca. 20 %, die Realisierung einer organischen Laserdiode steht jedoch noch aus.

Neben den beschriebenen künstlich erzeugten organischen DFB-Strukturen eignen sich auch selbstorganisierte periodische Strukturen zur Erzeugung von Laseremission. Ein Beispiel sind cholesterische Flüssigkristalle. Sie bestehen aus stäbchenförmigen Molekülen, die innerhalb einer Ebene eine gemeinsame Vorzugsorientierung besitzen und dadurch eine optische Anisotropie erzeugen. Diese Vorzugsorientierung dreht sich kontinuierlich, wodurch sich eine helixartige Orientierungsfernordnung ergibt, verbunden mit einer eindimensionalen Modulation der dielektrischen Eigenschaften. Wird dem Flüssigkristall ein Laserfarbstoff beigemischt, lässt sich tatsächlich Laseremission erzeugen. Die Periodizität der Helixstruktur kann durch Temperaturänderung oder elektrische Felder beeinflusst werden, was eine einfache Durchstimmung der Laseremission erlaubt. Der Durchstimmbereich ist allein durch den Emissionsbereich des verwendeten Farbstoffs begrenzt.

8.4 Aufgaben

8.1 Ein cw-Farbstofflaser wird mit einem Argonlaser (Strahldivergenz 1 mrad) gepumpt. Der Pumpstrahl wird durch eine Linse mit $f = 5$ cm in die Farbstofflösung fokussiert, die mit einer Geschwindigkeit von $v = 50$ m/s strömt. Vergleichen Sie die Aufenthaltsdauer der Farbstoffmoleküle im Pumpstrahl mit der Triplett-Lebensdauer.

8.2 Ein Rh6G-Laser ($\lambda = 580$ nm) wird mit einem Stickstofflaser ($\lambda = 337$ nm) gepumpt. Wie hoch ist der maximal mögliche Wirkungsgrad?

8.3 Erklären Sie mit Hilfe strahlenoptischer Überlegungen die Funktion des 3-Spiegel-Resonators nach Abb. 8.7.

8.4 Welchen Vorteil haben Ring-Farbstofflaser (Abb. 8.8)?

8.5 Ein Farbstofflaser strahlt zwischen 560 und 650 nm. Schätzen Sie die minimale Pulsdauer bei Modenkopplung ab.

8.6 Ein farbstoffdotierter DFB-Laser soll bei einer Wellenlänge von $\lambda = 560$ nm emittieren. Welche Gitterperiode Λ muss in das dotierte Polymer mit $n = 1{,}4$ eingeprägt werden?

Weiterführende Literatur

1. Stuke M (Hrsg) (1992) Dye Lasers: 25 Years. Springer, Berlin
2. Chénais S, Forget S (2012) Recent advances in solid-state organic lasers. Polymer International 61:390–406

Festkörperlaser 9

Das aktive Medium der meisten Festkörperlaser besteht aus Kristall- oder Glasstäben von einigen cm Länge, aus Scheibchen oder aus Fasern mit z. B. 10–100 µm Dicke bzw. Durchmesser, die mit lichtemittierenden Ionen dotiert sind. Dazu werden sogenannte Übergangsmetalle wie Ti, Cr, Co oder seltene Erden wie Nd, Ho, Er, Tm oder Yb verwendet. Die Laserstrahlung entsteht teilweise durch Übergang in inneren ungefüllten Schalen, die durch äußere Schalen weitgehend vom Kristallfeld abgeschirmt sind. Die Übergänge sind dann wie bei freien Atomen schmalbandig, und sie liegen im infraroten oder sichtbaren Spektralbereich. Daneben existieren auch breitbandige Niveaus, welche zu abstimmbaren Lasern führen.

Bei der Dotierung wird ein Teil (etwa 10^{-4} bis 10^{-1}) der Atome des Wirtsmaterials durch Fremdatome ersetzt. Demnach liegt die Dichte der laseraktiven Teilchen bei etwa $10^{19}\,\mathrm{cm}^{-3}$, was wesentlich größer als die Dichte in Gaslasern (10^{15} bis $10^{17}\,\mathrm{cm}^{-3}$) ist. Die Anregung erfolgt durch sogenanntes optisches Pumpen mit Lampen, Halbleiterlaserdioden oder anderen Lasern. Da die Lebensdauer der oberen Laserniveaus oft lang ist, lassen sich große elektronische Energiemengen in Festkörpern speichern und hohe optische Pulsenergien und -leistungen mit kurzen Pulsdauern extrahieren. Das Wirtsmaterial des Festkörperlasers – Kristall oder Glas – muss gute optische, mechanische und thermische Eigenschaften besitzen, z. B. Schlierenfreiheit, Bruchfestigkeit und hohe Wärmeleitfähigkeit. Als Kristalle werden Oxide und Fluoride, als Gläser Silikate und Phosphate eingesetzt.

Beispiele für die Oxide sind Saphir und Granate, bekannt als Schmucksteine. Das erste Lasermaterial war Cr-dotierter Saphir Al_2O_3, genannt Rubin. Bei den Granaten ist besonders $Y_3Al_5O_{12}$ (YAG = Yttrium Aluminium Granat), bekannt, welches für Neodymlaser eingesetzt wird. Außerdem werden Wolframate wie $KGd(WO_4)_2$ und Vanadate wie YVO_4 verwendet. Bei den Fluoriden wurden insbesondere CaF_2 und $YLiF_4$ (YLF) untersucht und mit verschiedenen Ionen dotiert, wie Nd, Ho und Er.

Bei der speziellen Klasse der vibronischen Festkörperlaser sind die Energieniveaus durch Wechselwirkung der Leuchtelektronen mit Kristallschwingungen verbreitert. Dies

© Springer-Verlag Berlin Heidelberg 2015
H.J. Eichler, J. Eichler, *Laser*, DOI 10.1007/978-3-642-41438-1_9

ermöglicht eine breitbandige kontinuierliche Abstimmung der Laserwellenlänge. Die wichtigsten Vertreter sind der Alexandrit-Laser (Cr^{3+}:$BeAl_2O_4$) und der Titan-Saphir-Laser (Ti^{3+}:Al_2O_3).

Eine weitere Klasse der abstimmbaren Festkörperlaser stellen die Farbzentrenlaser dar, bei denen Alkalihalogenidkristalle mit Defekten, die eine Färbung der Kristalle hervorrufen, verwendet werden. Dazu wird auf die 7. Auflage dieses Buches verwiesen.

Im Folgenden werden die wichtigsten kommerziellen Festkörperlaser behandelt, deren Wellenlängen im roten bis infraroten Spektralbereich zwischen 0,7 und 3 µm liegen.

9.1 Rubinlaser

Die erste Realisierung eines Lasers im Jahre 1960 wird Maiman an den Hughes Research Laboratories in Kalifornien zugeschrieben. In der Folge setzten dann weltweit intensive Forschungstätigkeiten zu Lasern ein. In der Bundesrepublik Deutschland wurden die ersten Laser in Laboren der Firma Siemens in München gebaut, während es in der DDR erstmals in Jena gelang, einen Rubin-Laser zu entwickeln.

Der Rubinlaser arbeitet mit einem synthetischen Rubin-Kristallstab als aktivem Medium. Dieser besteht aus einem Al_2O_3-Wirtskristall (Saphir), welcher mit Chrom dotiert ist (Cr^{3+}:Al_2O_3). Beim Ziehen des Kristalls wird der Schmelze von Al_2O_3 etwa 0,05 Gewichtsprozent Cr_2O_3 hinzugegeben. Damit werden im Kristallgitter ungefähr 10^{19} Al^{3+}-Ionen durch Cr^{3+}-Ionen ersetzt, wodurch der Kristall seine rötliche Farbe erhält. Die Laserübergänge finden in den Elektronenschalen der Cr^{3+}-Ionen statt.

9.1.1 Termschema

Das vereinfachte Termschema des Rubin-Lasers ist in Abb. 9.1 gezeigt. Durch optisches Pumpen (meist mit Blitzlampen) werden Elektronen aus dem Grundniveau $^4A_2$ in die Bänder $^4F_2$ und $^4F_1$ gehoben. Das Absorptionsspektrum des Rubins für das Pumplicht ist in

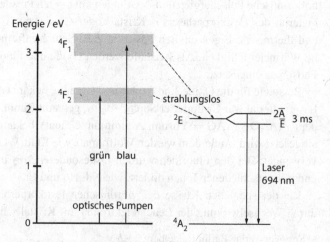

Abb. 9.1 Energieniveaus und Übergänge des Rubinlasers

Abb. 9.2 Absorptionsspektrum von Rubin (Dotierung $1{,}9 \cdot 10^{19}\,\mathrm{cm}^{-3}$ in Al_2O_3) bei Zimmertemperatur (*obere Kurve:* Elektrisches Feld des Lichtes senkrecht zur *c*-Achse, *untere Kurve:* parallel) (nach Kneubühl, Sigrist und Koechner)

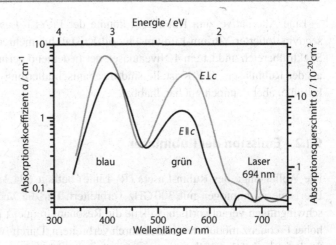

Abb. 9.2 dargestellt. Die dort verwendeten Bezeichnungen der Energieterme entsprechen nicht den Bezeichnungen bei freien Atomen und Ionen, sondern stammen aus der Kristallfeldtheorie, die die Wirkung des elektrischen Feldes der umgebenden Wirtskristallatome auf die Cr^{3+}-Störstellen beschreibt.

Von den Absorptionsbändern gehen die Elektronen in weniger als 1 ns strahlungslos in das obere Laserniveau ^2E über. Dieses spaltet in das $\overline{E}$- und $2\overline{A}$-Niveau mit dem Abstand von $29\,\mathrm{cm}^{-1}$ auf. Zwischen beiden Niveaus findet ein schneller Energieaustausch statt ($< 1\,$ns), so dass das Verhältnis der Besetzungszahlen nach der Boltzmann-Verteilung berechnet werden kann. Für Zimmertemperatur erhält man aufgrund der geringen Energiedifferenz eine etwa gleich starke Besetzung beider Niveaus. Beide Niveaus sind also stark gekoppelt, und die gemeinsame Lebensdauer des $\overline{E}$- und $2\overline{A}$-Niveaus beträgt 3 ms; die Niveaus werden als metastabil bezeichnet. Wegen dieser langen Lebensdauer ist es möglich, dass sich während eines kurzen Pumplichtpulses eine große Zahl von Elektronen im oberen Laserniveau sammelt, so dass es bei genügend intensiver Einstrahlung zur Überbesetzung gegenüber dem Grundniveau kommt. Die Fluoreszenz besteht aus der R_1- und R_2-Linie vom $\overline{E}$- bzw. $2\overline{A}$-Niveau. Die R_1-Linie erreicht die Laserschwelle früher, so dass normalerweise nur diese anschwingt.

In Abb. 9.2 ist dargestellt, dass die Absorption des Pumplichtes anisotrop ist, d. h. von der Richtung der Lichtfeldstärke E zur Kristallachse c abhängt. Das gleiche gilt für die Emissionswirkungsquerschnitte, so dass die Laseremission in derjenigen Richtung polarisiert ist, in welcher der Wirkungsquerschnitt für stimulierte Emission am größten ist.

Der Rubin-Laser ist ein Dreiniveau-System, was nachteilig ist, da etwa 50 % der Atome angeregt werden müssen, ehe es zu einer Überbesetzung und Lichtverstärkung kommt. Das verlangt eine hohe Pumpenergie zum Erreichen der Laserschwelle. Günstig ist die lange Lebensdauer von 3 ms des oberen Laserniveaus, so dass die Pumpleistung mäßig bleibt. Wegen der hohen erforderlichen Pumprate wird der Rubinlaser meist gepulst betrieben. Ein weiterer Nachteil des Dreiniveau-Systems liegt darin, dass Selbstabsorption insbesondere in schwach gepumpten Bereichen des Kristalls stattfindet.

Eine Alternative zum Rubinlaser könnte der Pr:YLF-Laser darstellen. Ein mit Praseodym dotierter Yttrium-Lithium-Fluorid-Kristall hat mehrere Emissionslinien im roten Spektralbereich und ist ein 4-Niveaulaser, der bedeutend geringere Pumpenergie benötigt als der Rubinlaser. YLF-Kristalle sind mechanisch allerdings nicht so stabil wie Rubinkristalle, aber dennoch gut handhabbar.

9.1.2 Emission der Rubinlaser

Die Wellenlänge des Rubin-Lasers (R_1-Linie) beträgt 694,3 nm bei Zimmertemperatur. Die Linie ist homogen mit 300 GHz verbreitert. Für die Verbreiterung sind die Gitterschwingungen verantwortlich, welche die Resonanzfrequenz jedes Laseratomes mit sehr hoher Frequenz modulieren und dadurch verbreitern. Durch Abkühlen auf 77 K (flüssiger Stickstoff) wird die Wellenlänge auf 693,4 nm verschoben.

Im Rubin kann außerdem eine zweite Linie R_2 mit einer Wellenlänge von 692,9 nm angeregt werden, wenn die eigentlich dominante R_1-Linie unterdrückt wird. Die R_2-Linie geht von dem Niveau $2\overline{A}$ aus, das sich etwas oberhalb des $\overline{E}$-Niveaus befindet. Da zwischen beiden Niveaus ein schneller Energieaustausch besteht, baut die R_1-Linie, die den größeren Verstärkungsfaktor besitzt, im Laserbetrieb die Überbesetzung ab.

Die maximale Pulsenergie eines Rubinkristalls kann aus der Cr-Konzentration von etwa $n = 1,6 \cdot 10^{19}$ cm^{-3} und der Energie der Photonen von $hf = 1,8$ eV $= 2,86 \cdot 10^{-19}$ W s abgeschätzt werden. Bei extrem starkem Pumpen wird der Grundzustand völlig entleert. Man erhält dann in den $2\overline{A}$- und $\overline{E}$-Niveaus eine gespeicherte Energiedichte im Kristall von $E = n \cdot hf = 4,6$ J/cm^3. Im Laserpuls kann man so eine maximale Energiedichte von

$$E_\mathrm{p} \approx nhf/2 = 2,3 \, \mathrm{J/cm}^3$$

erhalten. Dabei ist vorausgesetzt, dass das obere Laserniveau während der Emission nicht mehr gepumpt wird.

Der Rubinlaser kann ebenso wie andere Festkörperlaser in folgenden Betriebsarten benutzt werden: Normalbetrieb, Q-Switch und Modenkopplung (Tab. 9.1). Der kontinuierliche Betrieb (Leistung 1 mW) ist ohne praktische Bedeutung. Im Normalbetrieb erfolgt die Emission eines Rubin-Lasers während eines Pumppulses (etwa 1 ms) nicht kontinuierlich, sondern mit starken statistischen Intensitätsschwankungen oder Spikes (Abb. 9.3). In Sonderfällen werden auch regelmäßige Relaxationsschwingungen beobachtet. Das Auftreten

Tab. 9.1 Verschiedene Betriebsarten des Rubinlasers ($\lambda = 694,3$ nm) mit typischen Emissionswerten

Betriebsart	Pulsdauer	Pulsleistung	Pulsenergie
Normalpuls	0,5 ms	100 kW	50 J
Q-Switch	10 ns	100 MW	1 J
Modenkopplung	20 ps	5 GW	0,1 J

Abb. 9.3 Normale Emissionspulse (Spikes) beim Rubinlaser (*untere Kurve*) und Puls der Blitzlampe (*obere Kurve*)

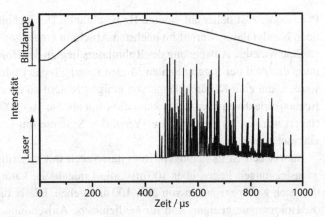

der Spikes kann als Einschwingen des Lasers gedeutet werden, der nach dem Einschalten des Pumplichtes seine stationäre Intensität erst erreicht, nachdem die Intensität mehrmals über den stationären Endwert übergeschwungen ist. Das Auftreten von Spikes kann sich bei Problemen der Materialbearbeitung günstig auswirken.

Um definierte Strahleigenschaften bei hoher Energie zu erzielen, werden Oszillator-Verstärkersysteme benutzt. Im Oszillator können die Strahldivergenz, die Intensitätsverteilung im Strahl (bevorzugt TEM_{00}-Mode), die Linienbreite und das zeitliche Emissionsverhalten einfacher kontrolliert werden, da nicht gleichzeitig eine hohe Ausgangsenergie notwendig ist. Diese wird mit einer oder mehreren Verstärkerstufen erzielt. Der maximal mögliche Verstärkungskoeffizient liegt bei $g = 0,2\,cm^{-1}$. Mit einem 20 cm langen Stab ist damit eine Verstärkung von $G = e^4 \approx 50$ möglich, was auch praktisch realisiert werden kann. Dabei ist zu beachten, dass sich diese Verstärkungswerte nur auf kleine Eingangsintensitäten beziehen.

9.1.3 Aufbau von Rubinlasern

Kommerzielle Rubinstäbe werden bis zu einer Länge von 30 cm mit Durchmessern bis zu 2,5 cm hergestellt. Die optimale Dotierung liegt bei 0,05 % Gewichtsanteilen Cr_2O_3, das entspricht einer Cr^{3+}-Konzentration von $n = 1,6 \cdot 10^{19}\,cm^{-3}$. Um die Laserschwelle zu erreichen, ist eine minimale Pumpenergie $E_s \approx 0,5 \cdot n \cdot h \cdot f_p \simeq 3,2\,J\,cm^{-3}$ erforderlich, wobei $hf_p = 2,5\,eV = 4 \cdot 10^{-19}\,J$ die Energie eines Pumpphotons bedeutet. Wegen Verlusten bei der Umwandlung von elektrischer in Lichtenergie und bei der Einkopplung der Lichtenergie in den Laserstab sind die elektrischen Schwellpumpenergiedichten mit etwa $100\,J/cm^3$ wesentlich höher. Bei Pumpenergiedichten von 200 bis $800\,J/cm^3$ werden je nach Pumppulsdauer Ausgangsenergiedichten von $E_{aus} = 2$ bis $4\,J/cm^3$ mit Wirkungsgraden bis zu 1 % erreicht.

Die Pumpquelle muss dem Absorptionsspektrum (Abb. 9.2) angepasst sein. Durch das Pumpen wird der Laserstab erwärmt, so dass Linseneffekte im Stab auftreten können. Die

Pulsfrequenz ist daher auf wenige Hz beschränkt. Der technische Aufbau ist ähnlich wie beim Neodymlaser, worauf im nächsten Abschnitt eingegangen wird.

Eine wichtige Anwendung des Rubinlasers liegt in der Holographie. Für diesen Einsatz muss die Zahl der longitudinalen Moden innerhalb der Linienbreite erheblich verringert werden, um eine Kohärenzlänge von einigen Metern zu erzielen. Durch den Einbau von frequenzselektiven Elementen kann die Linienbreite von $300\,GHz$ auf z. B. $30\,MHz$ verringert werden. Es werden Laser-Verstärker-Systeme mit Energien zwischen 1 und $10\,J$ eingesetzt.

Inzwischen ist es gelungen, Rubinlaser auch mit Laserdioden zu pumpen. Die Ausgangsleistungen liegen über $100\,mW$, die Linienbreite kann kleiner als $1\,MHz$ sein, so dass sich Kohärenzlängen von über $100\,m$ ergeben. Dieser diodengepumpte Laser ist für die Holographie geeignet und für medizinische Anwendungen, z. B. in der Hämatologie und der DNA-Sequenzierung.

9.2 Neodym-YAG-Laser und Alternativen

Der wichtigste Festkörperlaser ist der Neodymlaser, bei welchem die Strahlung von Nd^{3+}-Ionen erzeugt wird. Das Nd^{3+}-Ion kann in verschiedene Wirtsmaterialien eingebaut werden, wobei für Laserzwecke am häufigsten YAG-Kristalle (Yttrium-Aluminium-Granat – $Y_3Al_5O_{12}$) und verschiedene Gläser verwendet werden. Der YAG-Kristall weist eine hohe Verstärkung und geeignete mechanische und thermische Eigenschaften auf, so dass er für zahlreiche kontinuierliche und gepulste Laser eingesetzt wird.

Der Nd:YAG-Laser ist einer der wichtigsten Lasertypen für Wissenschaft und Technik speziell für Anwendungen in der Messtechnik, Materialbearbeitung, Medizin, Spektroskopie und Holographie.

Ein anderer gelegentlich verwendeter Kristall ist Nd:Cr:GSGG, bei welchem die Absorptionsbänder gut der Emission der Blitzlampen angepasst sind, so dass sich ein hoher Wirkungsgrad ergibt. Nachteilig sind starke thermische Linseneffekte, die durch Erwärmung beim optischen Pumpen auftreten.

Für spezielle Anwendungen, z. B. als modengekoppelter Oszillator für große Glas-Laser zur Plasmaforschung, wird Nd:YLF eingesetzt.

Nd:Glaslaser weisen eine hohe Bandbreite auf, die zur Erzeugung kurzer Pulse von Bedeutung ist. Die Gläser können in großen Volumina gefertigt und als Hochenergie-Verstärker eingesetzt werden. Dauerstrichbetrieb von Nd:Glaslasern ist wegen der kleinen Verstärkung nicht möglich.

9.2.1 Nd:YAG-Termschema

Gegenwärtig wird für Neodymlaser am häufigsten der Nd:YAG-Kristall eingesetzt. Reiner YAG ($Y_3Al_5O_{12}$) ist ein farbloser, optisch isotroper Granat mit kubischer Struktur. Durch

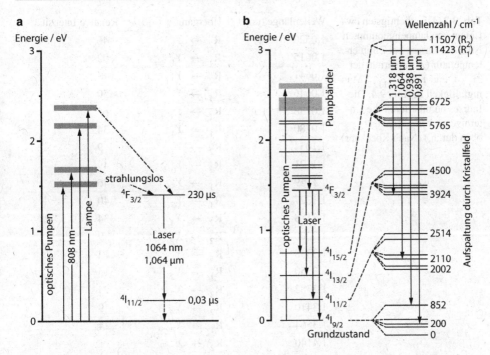

Abb. 9.4 a Energieniveaus beim Nd:YAG-Laser. **b** Energieniveaus von weiteren Nd:YAG-Lasern (nach A. A. Kaminskii). Die wichtigsten Übergänge vom $^4F_{3/2}$-Niveau sind: $\rightarrow$ $I_{9/2}$ (0,94 μm) $\rightarrow$ $I_{11/2}$ (1,06 μm) $\rightarrow$ $I_{13/2}$ (1,35 μm) $\rightarrow$ $I_{15/2}$ (1,7 bis 2,1 μm)

Dotierung in der Schmelze mit Nd_2O_3 werden etwa 1 % der Y^{3+}-Ionen durch Nd^{3+} ersetzt, wobei sich eine Nd^{3+}-Dichte von $\bar{n} = 1,4 \cdot 10^{20}$ cm^{-3} ergibt. Der Radius beider Seltener Erden ist um 3 % verschieden, so dass bei zu starker Dotierung Spannungen entstehen können.

Die elektronische Konfiguration {Kr} $4d^{10} 4f^3 5s^2 5p^6$ des Nd^{3+}-Ions zeichnet sich dadurch aus, dass die 4f-Unterschale nur teilweise gefüllt ist. Bei freien Ionen ergibt sich zu dieser Konfiguration eine Reihe verschiedener Energiezustände, die nach dem LS-Kopplungsschema bezeichnet werden (z. B. $^4F_{3/2}$, $^4I_{11/2}$). Die zusätzliche Wirkung des Kristallfeldes ist schwach verglichen mit dem System Cr^{3+}:Al_2O_3, da die 4f-Schale durch die 5s- und 5p-Elektronen abgeschirmt ist. Die Energiezustände der Ionen im Kristall entsprechen daher weitgehend denen der freien Ionen, wobei durch das elektrische Kristallfeld eine kleine zusätzliche Aufspaltung stattfindet.

Das vereinfachte Termschema des Nd:YAG-Lasers zeigt Abb. 9.4a. Die meisten kommerziellen Laser strahlen mit der intensivsten Linie bei 1,064 μm zwischen den $^4F_{3/2}$- und $^4I_{11/2}$-Niveaus. Weitere Laserlinien sind in der ausführlicheren Darstellung von Abb. 9.4b und Tab. 9.2 zu entnehmen.

Tab. 9.2 Die wichtigsten cw-Linien von lampengepumpten Nd:YAG-Lasern bei Zimmertemperatur (X entspricht der $^4I_{13/2}$ und Y der $^4I_{11/2}$ Mannigfaltigkeit in Abb. 9.4. Die Indizes nummerieren die Unterniveaus von unten nach oben durch.) (Nach Koechner)

Wellenlänge (µm)	Übergang	Relative Intensität
1,0520	$R_2 \to Y_1$	46
1,0615	$R_1 \to Y_1$	92
1,0641	$R_2 \to Y_3$	100
1,0646	$R_1 \to Y_2$	≈ 50
1,0738	$R_1 \to Y_3$	65
1,0780	$R_1 \to Y_4$	34
1,1054	$R_2 \to Y_5$	9
1,1121	$R_2 \to Y_6$	49
1,1159	$R_1 \to Y_5$	46
1,1227	$R_1 \to Y_6$	40
1,3188	$R_2 \to X_1$	34
1,3200	$R_2 \to X_2$	9
1,3338	$R_1 \to X_1$	13
1,3350	$R_1 \to X_2$	15
1,3382	$R_2 \to X_3$	24
1,3410	$R_2 \to X_4$	9
1,3564	$R_1 \to X_4$	14
1,4140	$R_2 \to X_6$	1

Die Anregung erfolgt durch optisches Pumpen in breite Energiebänder und strahlungslose Übergänge in das obere Laserniveau. Die dabei freiwerdende Energie wird als Wärme an den Kristall abgegeben. Abb. 9.5 zeigt den Absorptionskoeffizienten als Funktion der Anregungswellenlänge. Man erkennt deutlich die verschiedenen Pumpbänder, von welchen die Energie strahlungslos auf das obere Laserniveau übertragen wird.

Das $^4F_{3/2}$-Niveau hat eine Lebensdauer von etwa 230 µs. Dieser große Wert erklärt sich dadurch, dass im freien Ion elektrische Dipolübergänge innerhalb einer Konfiguration wegen der Paritätsauswahlregel nicht stattfinden. Durch die Kristallfeldstörung wird die für das freie Ion gültige Auswahlregel aufgehoben.

Die Zeit für den strahlungslosen Übergang vom unteren Laserniveau $^4I_{11/2}$ in den Grundzustand beträgt etwa 30 ns. Das untere Laserniveau liegt 0,24 eV über dem Grundniveau, es ist daher bei Zimmertemperatur praktisch nicht besetzt.

9.2.2 Laseremission

Der Nd-Laser ist ein Vierniveausystem mit dem Vorteil einer vergleichsweise geringen Laserschwelle. Die Laserlinien im YAG werden durch thermische Gitterschwingungen homogen verbreitert. Die Linienbreite ist bei Zimmertemperatur mit etwa 100 GHz für

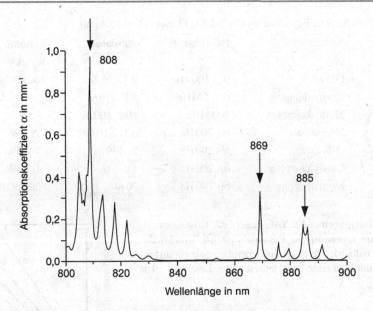

Abb. 9.5 Absorptionsspektrum von Nd:YAG (Dotierung 1 %, at.). Zum Pumpen eines Nd:YAG-Lasers mit Laserdioden sind die Wellenlängen 808, 869 und 885 nm geeignet

Festkörper relativ gering. Dies ist eine Voraussetzung für hohe Verstärkung bei relativ geringer Pumpleistung. Damit bietet sich der Nd:YAG-Kristall als aktives Medium für cw-Hochleistungslaser an.

Unter üblichen Betriebstemperaturen emittiert der Nd:YAG-Laser nur die stärkste $^4F_{3/2} \rightarrow {}^4I_{11/2}$-Linie mit einer Wellenlänge von 1,0641 μm. Durch Verwendung frequenzselektiver Elemente im Resonator, wie Etalon, Prisma, selektive Spiegel, können auch zahlreiche andere Linien angeregt werden. Tabelle 9.2 zeigt die relative Intensität verschiedener Laserübergänge eines speziellen cw-Lasers. Bei Kühlung des Laserkristalls dominiert die 1,061 μm-Linie. Zusätzlich können bei tiefen Temperaturen oder durch Pumpen mit Laserdioden weitere Übergänge erzeugt werden, insbesondere bei 0,946 μm. Kommerzielle Laser strahlen bei 1,064 μm und seltener um 1,3 μm.

Handelsübliche YAG-Laserstäbe haben eine Länge bis zu 150 mm und einen Durchmesser bis 10 mm. Der YAG-Kristall wird mit etwa 0,7 % Gewichtsanteil Nd dotiert. Das entspricht einer Nd^{3+}-Ionenkonzentration von $1{,}4 \cdot 10^{20}$ cm^{-3}. Im kommerziellen Betrieb kann beispielsweise mit einem 75 mm langen YAG-Laserstab mit 6 mm Durchmesser eine Ausgangsleistung von etwa 300 W bei einem Wirkungsgrad bis zu 4,5 % erreicht werden. Die Laserschwelle liegt bei etwa 2 kW elektrischer Pumplampen-Leistung (Kr-Bogenlampe). Für viele Anwendungen ist das Pumpen mit Laserdioden günstiger (Abb. 9.5). Kontinuierlich gepumpte YAG-Laser werden auch mit periodischer Güteschaltung betrieben, wodurch sich Impulse mit einer Dauer von einigen 100 ns, Spitzenleistungen von einigen

Tab. 9.3 Verschiedene Betriebsarten des Nd:YAG Lasers ($\lambda = 1,06\,\mu$m)

Anregung	Betriebsart	Pulsfrequenz	Pulsdauer	Leistung
cw	cw	–	–	W...kW
cw	Q-Switch	0...100 kHz	0,1...0,7 μs	100 kW
cw	Cavity dumping	0...5 MHz	10...50 ns	
cw	Modenkopplung	100 MHz	10...100 ps	
Puls	Normalpuls	bis 200 Hz	0,1...10 ms	10 kW
Puls	Q-Switch	bis 200 Hz	3...30 ns	10 MW
Puls	Cavity dumping	bis 200 Hz	1...3 ns	10 MW
Puls	Modenkopplung	bis 200 Hz	30 ps	einige GW

Abb. 9.6 Energie eines Nd:YAG-Lasers mit Kristalldurchmesser 6 mm, Länge 50 mm, Pumppuls 100 μs, Grundmode:
a, b, c Normalbetrieb mit verschiedenen Pumpanordnungen;
a′ Betrieb mit Pockelszelle als Güteschalter, Laserpuls 10 ns

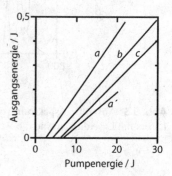

100 kW und Pulsfolgefrequenzen von einigen kHz ergeben. Noch kürzere Impulse von 10 bis etwa 100 ps lassen sich durch aktive Modenkopplung erzielen (Tab. 9.3).

Nd-Laser sind Vierniveausysteme. Im Vergleich zum Rubinlaser können Nd-Laser daher ohne weiteres kontinuierlich betrieben werden. Bei gepulster Anregung ergeben sich geringere Pumpenergien und höhere Wirkungsgrade von einigen Prozenten. Die geringen Pumpenergien erlauben höhere Pulsfolgefrequenzen bis in den kHz-Bereich, bei kontinuierlicher Anregung bis zu 100 MHz.

In Abb. 9.6 ist die Ausgangsenergie als Funktion der elektrischen Pumpenergie an der Blitzlampe für einen kleinen YAG-Laser (Kristall 50 mm lang, 6 mm Durchmesser) dargestellt. Die Ausgangsenergie ist stark von der Betriebsart abhängig. Ein Vergleich der Emissionseigenschaften für den Betrieb mit Normalpuls, Q-Switch, Cavity dumping und Modenkopplung ist in Tab. 9.3 gezeigt. Im Normalbetrieb treten wie beim Rubinlaser statistische Relaxationsschwingungen (Spikes) auf (Abb. 9.3). Die Strahlqualität nimmt mit steigender Pumpleistung ab. Daher werden zur Verbesserung der Emissionseigenschaften, wie beim Rubinlaser, Oszillator-Verstärker-Kombinationen verwendet. Eine im oberen Laserniveau gespeicherte Pumpenergiedichte von 1 J/cm^3 ergibt eine differentielle Verstärkung für kleine Signale von $g = 4,7\,\text{cm}^{-1}$. Derartig hohe Kleinsignalverstärkungen können nachteilig sein, da ein Laserverstärker damit leicht in einen nicht erwünschten Oszillatorbetrieb übergehen kann.

9.2.3 Nd:Cr:GSGG-Laser

Neben dem YAG-Laser gibt es für Neodym noch eine Vielzahl anderer kristalliner Wirtsmaterialien. Im Fall von $Nd:Cr:Gd_3Sc_2Ga_3O_{12}$ (GSGG) werden die breiten Absorptionsbanden des Chrom (Cr^{3+}) im Sichtbaren für den Pumpprozess ausgenutzt (vgl. Abb. 9.2). Der eigentliche Laserprozess läuft im Neodym (Nd^{3+}) ab. Nach der Anregung findet ein effektiver Energietransfer von nahezu 100 % von Cr^{3+} auf das obere Laserniveau des Nd^{3+} statt. Dies führt zu einer Steigerung des Wirkungsgrades auf 5 %. Die stärkste Wellenlänge liegt wie beim YAG-Laser bei 1,06 μm.

Nachteilig ist, dass starke thermische Linseneffekte auftreten, weil die Wärmeleitfähigkeit und Wärmekapazität etwas kleiner sind als beim YAG-Kristall, während die anderen Materialeigenschaften ähnlich sind. Die Verstärkung ist etwas geringer und die Sättigung etwas höher. Wegen des hohen Wirkungsgrades stellt somit das Material Nd:Cr:GSGG einen interessanten Laserkristall für blitzlampengepumpte Laser kleiner mittlerer Leistung dar.

9.2.4 Nd:YLF

Im Unterschied zu den Nd:YAG-Lasern liefert der $Nd:LiYF_4$-Laser eine Linie bei 1,053 μm. Es handelt sich um einen ${}^4F_{3/2} \rightarrow {}^4I_{11/2}$-Übergang (Abb. 9.4). Durch Drehen eines Polarisators im Resonator kann die starke 1,047 μm-Linie eingestellt werden. Beide Linien sind senkrecht zueinander polarisiert. Die 1,053 μm-Strahlung wird durch Neodym-Phosphatgläser verstärkt, so dass derartige Kombinationen aus Oszillator und Verstärker eingesetzt werden. Der Nd:YLF-Laser kann auch bei 1,313 und 1,321 μm betrieben werden. Es treten dabei wieder zwei Polarisationsrichtungen auf, die durch ${}^4F_{3/2} \rightarrow {}^4I_{13/2}$-Übergänge entstehen (Abb. 9.4).

Der Wirkungsquerschnitt für stimulierte Emission und die Verstärkung von Nd:YLF sind etwa um einen Faktor zwei kleiner als beim Nd:YAG. Weitere Unterschiede sind geringe Linsenwirkung und Depolarisation durch Erwärmung. Bei kontinuierlich gepumpten modengekoppelten Lasern liefert Nd:YLF etwa 10 ps lange Impulse, etwa halb so lang wie üblicherweise bei Nd:YAG.

9.2.5 Polarisationserhaltende Laser-Kristalle

Ein gravierender Nachteil von Nd:YAG-Kristallen ist eine starke, über den Querschnitt variierende Doppelbrechung, die als Folge der Erwärmung durch optisches Pumpen entsteht. Durch die Doppelbrechung wird die Laserstrahlung depolarisiert und die Strahlqualität besonders bei Hochleistungslasern stark herabgesetzt. Dies lässt sich durch Einsatz polarisationserhaltender Kristalle wie Nd:YLF oder Nd:YALO vermeiden. Letztere (auch YAP genannt) wurden früher zahlreich in Russland produziert, sind jedoch sonst nicht sehr gebräuchlich, da der Herstellungsprozess für Kristalle optisch hoher Qualität aufwendiger ist als bei Nd:YAG. Weiterhin ist die thermische Linsenwirkung etwa um einen Faktor zwei größer als in Nd:YAG. Nd:YLF ist in dieser Beziehung günstiger, ist aber relativ teuer und wird nur in kleinen Abmessungen hergestellt.

9.2.6 Laserkristalle mit Diodenanregung

Zum Aufbau von diodengepumpten Lasern (siehe Abschn. 9.6) werden neben Nd:YAG und Nd:YLF auch Nd:YVO eingesetzt. Letztere basieren auf Yttrium-Vanadat YVO_4 oder YVO, das z. B. für eine Pumpwellenlänge von 808 nm einen etwa fünffach höheren Absorptionsquerschnitt als Nd:YAG besitzt, wodurch kürzere Kristalllängen möglich sind. Außerdem wird statt Nd:YAG auch teilweise mit Ytterbium dotiertes YAG eingesetzt. Dies zeigt Lasertätigkeit bei 1047 und 1030 nm und kann mit Laserdioden von 968, 941 und 936 nm Wellenlänge gepumpt werden. Damit sind Emissionswirkungsgrade über 90 % möglich, da z. B. die Pumpphotonen bei 968 nm fast die gleiche Wellenlänge wie die Laserphotonen haben. Dies resultiert in einer geringeren Wärmeerzeugung, was den Aufbau von Hochleistungslasern erleichtert. Für Lampenanregung ist Yb:YAG nicht geeignet, da die Absorptionslinien zum Pumpen zu schmal sind.

9.2.7 Konstruktion von lampengepumpten Nd-Lasern

Die Anregung der Nd-Laser erfolgt durch optisches Pumpen. Eine Gasentladungslampe wird in einer Pumpkammer parallel zum Laserstab gelegt. Die Pumpkammer ist mit einer hoch reflektierenden Schicht ausgekleidet, so dass das Pumplicht möglichst effektiv in das Lasermaterial gestrahlt wird (Abb. 9.7). Oft werden zur homogenen Ausleuchtung des Laserstabes auch Pumpkammern mit diffus reflektierenden Oberflächen eingesetzt. Die durch das Pumpen im Kristall erzeugte Wärme wird meist durch eine Wasserkühlung abgeführt. Für gepulste Nd:YAG-Laser werden Xe-Blitzlampen (0,6 bis 2 bar) verwendet,

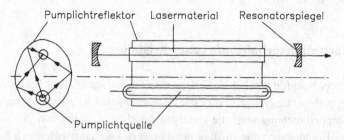

Abb. 9.7 Anordnung zum optischen Pumpen von Festkörperlasern mit einer Gasentladungslampe

Abb. 9.8 Emission einer
Xe-Blitzlampe (0,4 bar) bei
verschiedenen Stromdichten

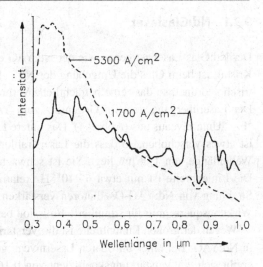

während im kontinuierlichen Betrieb Hochdruck-Kr-Lampen (4 bis 6 bar) eingesetzt werden. In doppel-elliptischen Anordnungen werden auch zwei Lampen eingebaut. Das Spektrum der Pumpquelle sollte dem Anregungsspektrum nach Abb. 9.5 möglichst entsprechen, um eine möglichst hohe Absorptionseffizienz zu gewährleisten. Bei Xe-Blitzlampen ist dieses nur unbefriedigend der Fall (Abb. 9.8). Eine bessere Anpassung und ein höherer Wirkungsgrad werden beim Pumpen mit GaAlAs-Diodenlasern erreicht, welche zwischen 805 und 809 nm emittieren.

9.3 Glaslaser

Anstelle von Kristallen können auch Gläser, z. B. Silikat- oder Phosphatglas, basierend auf SiO_2 oder P_2O_5, mit Neodym oder anderer Dotierung als Lasermedien eingesetzt werden. Die Gläser werden teilweise höher dotiert als Kristalle und mit größeren Abmessungen hergestellt. Damit können Pulse mit hohen Energien und Leistungen erzielt werden. Die Pulsfolgefrequenz ist allerdings kleiner als bei kristallinen Lasern, und kontinuierlicher Betrieb ist schwieriger zu erreichen, da die Wärmeleitfähigkeit geringer ist. Die Linienbreite ist wegen der amorphen Struktur des Glases etwa 50 mal größer als bei Kristallen, wodurch kürzere Pulse entstehen können, da bei Modenkopplung die Pulsbreite durch die reziproke Linienbreite begrenzt ist (Kap. 17).

Dotierte Gläser lassen sich als dünne Glasfasern ausziehen, mit denen diodengepumpte Faserlaser aufgebaut werden. So lassen sich z. B. Nd-Faserlaser realisieren, die kontinuierliche Ausgangsleistungen bis zu 1000 Watt mit beugungsbegrenzter Strahlung emittieren. Unter Ausnutzung von up-conversion-Prozessen lassen sich in Fasern auch sichtbare Laserlinien erzeugen bei Pumpen mit Nahinfrarot-Dioden. Zum Beispiel emittieren Thulium-dotierte Fluoridglasfasern blaues Laserlicht und mit Nd-Dotierung sogar ultraviolettes.

9.3.1 Nd:Glaslaser

Der Nd:Glas-Laser ist genau wie der Nd:YAG ein Vierniveausystem. Im Vergleich zum Kristall ist beim Glas die Umgebung der Nd^{3+}-Ionen ungleichmäßig und wenig geometrisch geordnet, so dass eine beträchtliche Verbreiterung der Niveaus und Linien auftritt. Der Laserübergang geht im Gegensatz zum YAG niederigeren der beiden niedrigsten $^4F_{3/2}$-Unterniveaus aus (Abb. 9.4). Das untere Laserniveau in einem der $^4I_{11/2}$-Zustände ist etwas verschoben, so dass die Laserstrahlung bei Silikatgläsern ebenfalls bei einer Wellenlänge von 1,06 µm liegt. Sie ist schwach ($\pm 0{,}01$ µm) von der Glasart abhängig. Die Linienbreite ist mit etwa $6 \cdot 10^{12}$ Hz relativ groß. Mit Silikatgläsern lässt sich die Strahlung von Nd:YAG-Oszillatoren verstärken. Phosphatgläser weisen einen höheren Wirkungsquerschnitt für stimulierte Emission bei einer Wellenlänge von 1,054 µm auf.

Wegen der großen Linienbreite ist die Verstärkung im Nd:Glas wesentlich geringer als in Nd:YAG. Bei einer im oberen Laserniveau gespeicherten Energiedichte von $1 \, J/cm^3$ ergibt sich ein Verstärkungskoeffizient von $0{,}16 \, cm^{-1}$. Damit ist es möglich, eine sehr hohe Energie zu speichern, bevor die Laserschwelle erreicht wird. Mit einem Nd:Glas-Laser mit Verstärker wurde z. B. eine Laserleistung von 27 TW in 90 ps erzeugt.

Obwohl die Verstärkung von Nd:Glas kleiner ist als beim YAG, eignet es sich aufgrund der einfacheren Herstellung für den Einsatz in Laserverstärkern mit großem aktiven Volumen. Nd:Glas-Stäbe werden bis zu Längen von 2 m und bis zu 10 cm Durchmesser angefertigt. In Laserverstärkern zur Untersuchung der Kernfusion werden Nd:Glas-Scheiben mit Durchmessern von über 50 cm verwendet. Die Dotierungen liegen meistens bei 3 % Nd-Gewichtsanteil, jedoch sind auch höhere Dotierungen möglich. Gläser haben kleine Wärmeleitungskoeffizienten ($\sim 0{,}01 \, W \, cm^{-1}K^{-1}$). Wegen der dadurch entstehenden Kühlprobleme sind Nd:Glas-Stäbe für Laserbetrieb mit hoher mittlerer Pumpleistung, also für kontinuierlichen Betrieb oder Betrieb mit großer Wiederholrate, nicht geeignet.

Kommerzielle Glaslaser haben Pulsfolgefrequenzen, die meist unterhalb von 1 Hz liegen. Als Beispiel für ein kommerzielles Gerät sollen Betriebsdaten für einen Laser mit einem 15 cm langen Glasstab mit 1,2 cm Durchmesser angegeben werden. Der optische Resonator wird von zwei Spiegeln im Abstand von 70 cm gebildet. Als Auskoppelspiegel wird ein Planspiegel mit einer Reflexion von etwa 45 % verwendet. Der andere hochreflektierende Spiegel hat einen Krümmungsradius von etwa 10 m. Als Schwellpumpenergie mit einer Wendel-Blitzlampe ergibt sich etwa 1 kJ. Bei 5 kJ Pumpenergie werden etwa 70 J Laserenergie emittiert. Die Strahldivergenz beträgt dabei 0,01 rad.

9.3.2 Vergleich von Lasermaterialien

In Tab. 9.4 werden wichtige physikalische Parameter für Rubin, Nd:YAG und Nd:Glas verglichen. Für den Dauerstrichbetrieb eignet sich vor allem der Nd:YAG-Kristall. In Rubin und Nd:Glas kann mehr Energie gespeichert werden, was zu intensiven Pulsen führt.

Tab. 9.4 Vergleich von Materialparametern für Rubin, Nd:YAG und Nd:Glas (nach Koechner)

	Einheit	Cr^{3+}:Al_2O_3	Nd:YAG	Nd:Glas
Wellenlänge	nm	694,3	1064,1	1062,3
Photonenenergie	10^{-19} J	2,86	1,86	1,86
Brechungsindex		1,763 o.	1,82	1,51…1,55
		1,755 a. o.		
Stimulierte Emission σ	cm^2	$2,5 \cdot 10^{-20}$	$5 \cdot 10^{-19}$	$3 \cdot 10^{-20}$
Spontane Lebensdauer	µs	3000	230	300
Dotierung	cm^{-3}	$1,6 \cdot 10^{19}$	$1,4 \cdot 10^{20}$	$2,8 \cdot 10^{20}$
Dotierung	Gew. %	0,05	0,75	3,1
Fluoreszenz-Linienbreite	cm^{-1}	11	6,5	300
Wärmeleitfähigkeit (300 K)	$W\,m^{-1}\,K^{-1}$	42	14	1,2
Ausdehnungskoeff.	10^{-6} K	5,8	8	7…11
Inversion bei $g = 0,01\,cm^{-1}$	cm^{-3}	$8,4 \cdot 10^{18}$	$1,1 \cdot 10^{16}$	$3,3 \cdot 10^{17}$
Energie bei $g = 0,01\,cm^{-1}$	$J\,cm^{-3}$	2,3	$2,0 \cdot 10^{-3}$	$6,0 \cdot 10^{-2}$
g bei 1 J	cm^{-1}	0,087	4,73	0,16

Die große Linienbreite des Nd:Glases führt bei Modenkopplung zu besonders kurzen Pulsen unterhalb 100 fs, während mit Nd:YAG-Lasern nur etwa 10 ps erreicht werden.

9.4 Erbium, Holmium- und Thuliumlaser

Experimentell wurde Lasertätigkeit in über 100 Linien von Er- und Ho-Ionen in verschiedenen Kristallen und Gläsern festgestellt. Erbiumlaser mit Wellenlängen um 1,5 µm und knapp 3 µm und Holmiumlaser um 2 µm werden kommerziell hergestellt.

9.4.1 Erbiumlaser

Der Erbiumlaser ist von zunehmendem Interesse, da er spezielle Wellenlängen von 2,7 bis 2,9 µm und um 1,6 µm zur Verfügung stellt.

Beim kristallinen Er-Laser werden als Wirtskristalle meist YAG, $YAlO_3$, YSGG oder YLF (= $YLiF_4$) eingesetzt. Die Dotierung ist für die Erzeugung von Wellenlängen um 2,94 µm relativ hoch. Bei Er:YAG-Kristallen werden dafür um 50 % der Y-Atome durch Er ersetzt. Für die Erzeugung von Wellenlängen um 1,6 µm werden geringere Dotierungen von 0,5 bis 2 % verwendet. Das Termschema der Er^{3+}-Ionen ist in den verschiedenen Kristallen ähnlich, wobei Verschiebungen der Linien vorkommen (Abb. 9.9). Hinsichtlich medizinischer Anwendungen von besonderer Bedeutung sind die Wellenlängen um 2,9 µm. Diese Strahlung wird außergewöhnlich stark von Wasser absorbiert ($\alpha = 10^4\,cm^{-1}$), so dass damit Gewebe präzise abgetragen werden kann.

Abb. 9.9 Energieniveaus
sowie Pump- und Laser-Über-
gänge von Er^{3+} in YAG

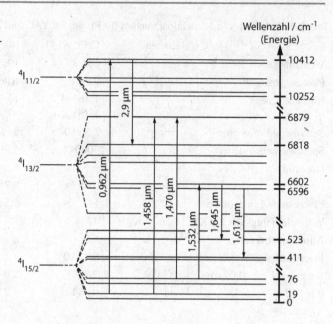

Zur Erzeugung dieser Ausgangswellenlängen wird der Erbiumlaser wie die anderen Festkörperlaser mit Blitzlampen oder Laserdioden (beispielsweise um 0,96 μm) gepumpt. Die beteiligten, absorbierenden Niveaus, z. B. $^4I_{11/2}$, sind stets aufgespalten, so dass jeweils Wellenlängenbänder von etwa 5 nm Breite zur Anregung beitragen. Das in Abb. 9.9 dargestellte Termschema von Er:YAG zeigt die Stark-Aufspaltung der unteren drei Zustände. Da das $^4I_{13/2}$-Niveau eine längere Lebensdauer (etwa 5,6 ms) hat als das $^4I_{11/2}$-Niveau (0,1 ms), müssen die Pumppulse für den Laserbetrieb bei 2,9 μm schnelle Anstiegszeiten aufweisen. Vor dem nächsten Puls muss die Entleerung des unteren Laserniveaus abgewartet werden. Die Übertragung der Pumpenergie auf die verschiedenen Niveaus von Erbium ist ein komplizierter Vorgang. Neben dem einfachen spontanen Zerfall der oberen Zustände treten auch Energieaustauschprozesse zwischen benachbarten Er-Ionen auf. Beispielsweise wird das untere 2,9 μm-Laserniveau entleert, indem die freiwerdende Energie für eine $^4I_{13/2} \rightarrow {}^4I_{9/2}$-Anregung eines anderen Ions benutzt wird (up-conversion). An dem Vorgang, der zur Besetzung des oberen Laserniveaus führt ($^4I_{9/2} \rightarrow {}^4I_{11/2}$), sind zahlreiche Phononen beteiligt.

Typische Pulsenergien eines 3 μm-Er-Lasers liegen bei 10 bis 100 mJ. Zur Erzielung höherer Energien werden Laser-Verstärker eingesetzt. Da Er:YAG eine nur kleine Verstärkung aufweist, werden für Laser-Verstärkung YAlO$_4$ oder YSGG eingesetzt ($g_0 \approx$ 0,15 cm^{-1}). Mit 8 cm langen Kristallen können somit Verstärkungsfaktoren von über 3 erreicht werden.

Q-Switch bei 3 μm ist möglich. Neben elektrooptischen Schaltern werden piezoelektrische Bauelemente eingesetzt, die auf dem Prinzip der gestörten Totalreflexion beruhen. Man bezeichnet sie als FTIR-Modulatoren (FTIR = frustrated total internal reflection).

Abb. 9.10 Experimenteller Aufbau eines resonant diodengepumpten Er:YAG-Lasers

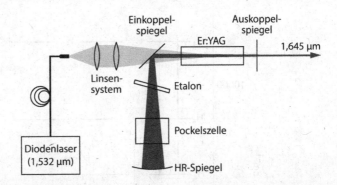

Abbildung 9.9 zeigt, dass weitere Laserlinien bei 1,617 und 1,645 µm erzeugt werden können. Dies erfolgt unter Beteiligung unterschiedlicher Stark-Niveaus der beiden unteren Zustände $^4I_{13/2}$ und $^4I_{15/2}$. Die Besetzung des oberen Laserniveaus wird durch optisches Pumpen mit Wellenlängen um 1,5 µm, genauer 1,458 µm, 1,470 µm und 1,532 µm, erreicht. Da die Pumpniveaus und das obere Laserniveau zu derselben Mannigfaltigkeit ($^4I_{3/2}$) gehören, spricht man auch von resonantem Pumpen. Aufgrund des geringen Quantendefekts zeichnet sich dieser Quasi-Zweiniveau-Laserprozess durch eine sehr hohe Quanteneffizienz sowie einen geringen Wärmeeintrag in das Verstärkungsmedium aus. Die Realisierung resonant gepumpter Er:YAG-Laser ist erst durch die Entwicklung leistungsstarker InP-Diodenlaser im Wellenlängenbereich um 1,5 µm möglich geworden und ist von zunehmenden Interesse für die Laser-Fernerkundung. So können gepulste Laserquellen bei 1,617 µm und 1,645 µm für die satellitengestützte Messung der atmosphärischen Konzentration von Kohlenstoffdioxid und Methan eigesetzt werden. Der experimentelle Aufbau eines kompakten gütegeschalteten Er:YAG-Lasers ist in Abb. 9.10 gezeigt. Der Laser wird von einem schmalbandigen Diodenlaser bei 1,532 µm gepumpt, so dass etwa 96 % der Pumpstrahlung absorbiert wird. Dies führt zu einer optischen Gesamteffizienz von 25 % und einer Ausgangspulsenergie von über 6 mJ. Durch die Verwendung mehrerer diodengepumpter Laserverstärker lassen sich auch weitaus höhere Energien (>100 mJ) erreichen. Eine weitere Anwendung von 1,6-µm-Lasern besteht in der augensicheren Entfernungsmessung. Strahlung dieser Wellenlänge wird an der Oberfläche des Auges absorbiert (Eindringtiefe 0,1 mm), was gegenüber Strahlung, die durch die Augenlinse auf die Netzhaut fokussiert wird, weniger schädlich ist (Faktor $5 \cdot 10^5$).

Er-dotierte Glasfasern werden als Laserverstärker für 1,55 µm Wellenlänge in der Telekommunikation genutzt. Gepumpt wird mit Laserdioden bei 980 nm oder auch 1470 nm (siehe Abschn. 9.6).

9.4.2 Holmiumlaser, Thuliumlaser

Ho-Laser sind wichtige Strahlungsquellen im so genannten augensicheren Bereich um 2 µm. Anwendungen finden sich beispielsweise in der Entfernungsmessung und Medizin, speziell in der Urologie.

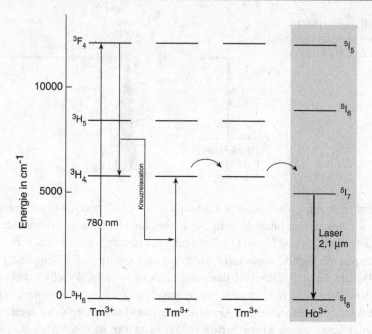

Abb. 9.11 Energieniveauschema von Ho^{3+} und des diodengepumpten Tm,Ho:YAG-Lasers. Tm^{3+} wird durch die 780 nm-Strahlung angeregt. Danach erfolgt eine Tm-Tm-Kreuzrelaxation, wobei ein Pumpphoton zwei Tm^{3+}-Ionen anregt. Deren Energie wird auf das obere Laserniveau von Ho^{3+} übertragen, so dass das Pumpphoton doppelt genutzt wird

Holmium kann in die gleichen Wirtskristalle wie beim Erbiumlaser eingebaut werden. Die wichtigste Linie liegt bei 2,1 µm; es handelt sich um den $^5I_7 \rightarrow {}^5I_8$-Übergang, wobei die Lasertätigkeit im Grundzustand endet (Abb. 9.11). Daher arbeitet der Laser, ebenso wie der Rubinlaser, bei Zimmertemperatur nur im Pulsbetrieb. Es können Pulse bis zu 500 mJ, auch im Q-Switch-Betrieb, erzeugt werden. Bei Temperaturen des flüssigen Stickstoffs ist auch ein kontinuierlicher Betrieb möglich.

Gebräuchlich sind Ho:YAG-Laser, die mit Blitzlampen gepumpt werden. Dabei werden die höheren ^5I-Niveaus angeregt, die ihre Energie auf das obere $^5I_7$-Laserniveau übertragen (Abb. 9.11). Dessen Lebensdauer beträgt 8,5 ms.

Eine neuere Entwicklung ist der diodengepumpte Tm,Ho:YAG-Laser. Das Thulium dient dabei zur Absorption der Pumpstrahlung bei 780 nm, wodurch das $^3H_4$-Niveau besetzt wird. Durch eine Tm-Tm-Kreuzrelaxation (Abb. 9.11) wandert die Energie über weitere Tm-Ionen, bis schließlich das obere Laserniveau von Ho^{3+} besetzt wird. Anschließend findet der Laserübergang statt.

Lasertätigkeit kann auch durch den Übergang von $^3H_4 \rightarrow {}^3H_6$ des Tm^{3+}-Ions erreicht werden. Es ergeben sich Wellenlängen von 1,9–2,0 µm, die für die ablative (abtragende) Chirurgie eingesetzt werden.

9.5 Abstimmbare Festkörperlaser

Breitbandige Abstimmbarkeit wird durch Laserübergänge von Ti-, V-, Cr-, Co-, Ni- und Tm-Ionen in verschiedenen Wirtskristallen erreicht. Beim Einbau dieser Ionen in Festkörper ist die Wirkung des Kristallfeldes stärker als z. B. beim Nd-Laser. Ähnlich wie bei Farbstoffen können daher elektronische Niveaus in verschiedene, eng benachbarte Schwingungszustände aufspalten. Die optischen Spektren zeigen daher stark vibronisch verbreiterte Übergänge. Darauf beruhen die so genannten vibronischen Festkörperlaser. Damit ist wie beim Farbstofflaser die Möglichkeit gegeben, kontinuierlich abstimmbare Laser zu bauen. Der Abstimmbereich kann über 30 % Prozent von der zentralen Wellenlänge betragen.

Anregung mit Blitzlampen ist nur bei wenigen der in Abb. 9.12 dargestellten Laser möglich. Die meisten Laser benötigen zum Pumpen Nd:YAG-, Kr^+- oder Ar^+-Laser und müssen für Ni-, Cr- und V-Dotierung bei tiefen Temperaturen, z. B. mit flüssigem N_2 betrieben werden, was den kommerziellen Gebrauch einschränkt. Nach Abb. 9.12 kann mit vibronischen Lasern der rote und infrarote Spektralbereich erzeugt werden.

Als Beispiel für vibronische Festkörperlaser werden im folgenden die Alexandrit- sowie die Titan-Saphir-Laser ausführlicher besprochen. Der Alexandrit-Laser kann gut mit Blitzlampen gepumpt werden, was zu relativ einfachen Aufbauten führt. Titan-Saphir-Kristalle werden meist mit anderen Lasern, vorzugsweise mit frequenzverdoppelten Nd:YAG-Lasern, z. T. auch noch mit Argonionenlasern, angeregt. Dies ergibt zwar etwas komplexere Lasersysteme, aber dafür sehr große Abstimmbereiche. Der TiSa ist daher inzwischen viel weiter verbreitet als der Alexandrit-Laser.

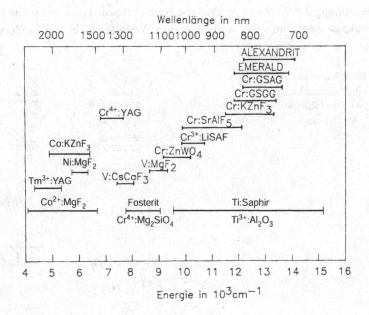

Abb. 9.12 Wellenlängen-Bereiche vibronischer Festkörperlaser (nach Koechner)

9.5.1 Alexandrit-Laser

Das Lasermedium, der Alexandrit-Kristall, besteht aus $BeAl_2O_4$, welches mit etwa 0,14 Gewichtsprozent $(5 \cdot 10^{19}\,Ionen/cm^3)$ Chrom (Cr^{3+}) dotiert ist. Das Niveauschema ähnelt stark dem des Rubins (Abb. 9.13), wobei die gleichen Energieniveaus des Cr-Ions auftreten. Die Wechselwirkung mit dem Kristallgitter ist jedoch stärker im Fall des Alexandrit, wobei insbesondere der Grundzustand durch Vibrationen stark verbreitert wird. Die Pumpbänder sind genau wie beim Rubinlaser die vibronisch verbreiterten $^4T_2$- und $^4T_1$-Zustände. Im Betrieb als abstimmbarer vibronischer Laser werden Übergänge ausgenutzt, die ein Vierniveausystem darstellen. Das obere Laserniveau $(\tau \approx 260\,\mu s)$ gehört zum $^4T_2$-Band, das untere zum Band des Grundzustandes $^4A_2$. Die Breite dieses Bandes bestimmt den kontinuierlichen Abstimmbereich von 0,701 bis 0,818 μm.

Neben dem abstimmbaren Band kann beim Alexandrit-Laser der gleiche Übergang wie beim Rubin auftreten. Es handelt sich um den Zerfall des ^2E-Niveaus $(\tau \approx 1,54\,ms)$ in den $^4A_2$-Grundzustand. In diesem Fall erfolgt die Übertragung der Energie auf das obere Laserniveau wie beim Rubinlaser. Diese Kombination von Drei- und Vierniveaulaser ist eine interessante Eigenschaft, die sowohl beim Alexandrit wie auch in Smaragd $(Cr^{3+}:Be_3Al_2(SiO_3)_6)$ vorhanden ist.

Der Alexandritkristall kann mit Blitzlampen oder kontinuierlichen Bogenlampen gepumpt werden. Der Betrieb dieses Lasers ist vergleichbar mit dem anderer Festkörperlaser. Die Pulsenergie erhöht sich mit zunehmender Temperatur, so dass der Laserkristall meist bei 100 °C betrieben wird. Dieser Effekt liegt daran, dass das langlebige ^2E-Niveau als Speicher dient, von welchem das um 800 cm^{-1} höher liegende $^4T_2$-Band thermisch angeregt wird.

Die Abstimmung der Wellenlänge kann wie beim Farbstoff-Laser mit einem Lyotfilter erfolgen, welches einen einfachen Aufbau, geringe Verluste und eine hohe Zerstörungs-

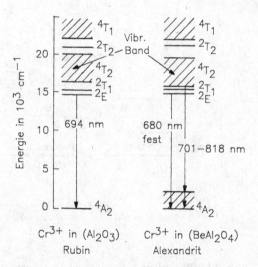

Abb. 9.13 Energieniveaus und Übergänge eines Alexandrit-(Cr^{3+}:$BeAl_2O_4$) und Rubinlasers (Cr^{3+}:Al_2O_3) (nach Hecht)

Tab. 9.5 Verschiedene Betriebsarten des Alexandrit-Lasers bei 750 nm Wellenlänge (nach Kneubühl, Sigrist)

Betriebsart	Normalpuls	Q-Switch	Moden-kopplung	cw
Pulsdauer	$\leq 200\,\mu s$	$\approx 20\,ns$	$\approx 8\,ps$	∞
Pulsenergie	$\leq 5\,J$	$\approx 2\,J$	$\approx 1\,mJ$	–
Pulsfolge-frequenz	$\leq 125\,Hz$	$\approx 100\,Hz$	12,5 Hz	–
mittl. Leistung	$\leq 100\,W$	$\leq 20\,W$	–	$\leq 60\,W$
Wirkungsgrad	$\approx 3\,\%$	$\approx 1,2\,\%$	–	$\approx 1\,\%$

schwelle hat. Die typischen Daten wie Linienbreite und Leistung sind in Tab. 9.5 zusammengefasst.

9.5.2 Titan-Saphir-Laser

Besonders groß ist der Abstimmbereich beim Ti-Sa-Laser, was auf das Fehlen von Selbstabsorption vom oberen Laserniveau aus zurückzuführen ist. Das Energieniveauschema ist in Abb. 9.14 dargestellt.

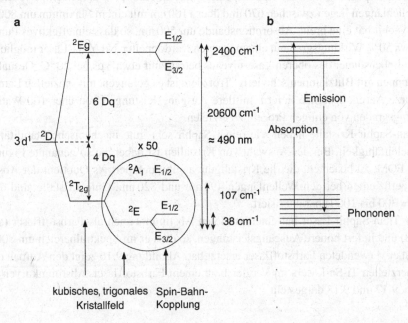

Abb. 9.14 a Niveauschema des Ti^{3+}-Ions im Saphir. Die Laserniveaus entstehen aus der $3d^1$-Konfiguration durch Wirkung des Kristallfeldes, das einen starken kubischen und einen schwachen trigonalen Anteil besitzt. Eine weitere Aufspaltung erfolgt durch die Spin-Bahn-Kopplung und schließlich die Verbreiterung durch Gitterschwingungen (Phononen). (Dq ist ein Maß für die Kristallfeldaufspaltung); **b** Vereinfachtes Niveauschema des Ti-Sa-Lasers

Abb. 9.15 Saphir mit 0,1 Ge-
wichts% Ti_2O_3: Absorption
und Emission von parallel (π)
und senkrecht (σ) zur c-Achse
von Saphir polarisiertem Licht
(nach A. Hoffstädt, Optisches
Institut der TU Berlin und Firma Elight in Teltow bei Berlin)

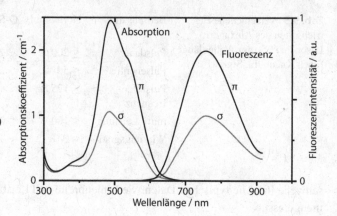

Das freie Ti^{3+}-Ion hat in der äußersten Schale ein Elektron. Durch den kubischen Anteil des Kristallfeldes ergeben sich zu dieser Elektronenkonfiguration die Zustände ^2E
und $^2T_2$. Der trigonale Anteil des Kristallfeldes und die Spin-Bahn-Kopplung führen zu
weiteren Aufspaltungen, die jedoch wegen starker Verbreiterungen infolge von Wechselwirkungen mit Gitterschwingungen nicht aufgelöst sind.

Die Absorptions- und Fluoreszenzspektren sind in Abb. 9.15 dargestellt. Die Emissionswellenlängen liegen zwischen 670 und über 1100 nm mit einem Maximum um 800 nm.
Titan-Saphir hat eine breite Absorptionsbande um 500 nm, so dass ein effektives Pumpen
mit etwa 50 % Wirkungsgrad mit einem frequenzverdoppelten Nd:YAG-Laser möglich ist.

Die Lebensdauer des oberen Laserniveaus beträgt nur etwa 3 μs bei 20 °C. Deshalb ist
das Pumpen mit Blitzlampen schwierig. Trotzdem ist es gelungen, mit speziellen Lampen,
die kurze Anregungsblitze liefern, mittlere Ausgangsleistungen von über 100 Watt mit
Wirkungsgraden von einigen Prozent zu erzielen.

Titan-Saphir-Kristalle haben wie reiner Saphir sehr gute mechanische Stabilität und
Wärmeleitfähigkeit. Bei der Auswahl von Kristallen ist dabei die so genannte Figure of
merit, FOM, zu beachten, die die Kristallgüte angibt, definiert als Quotient der Absorptionskoeffizienten bei den Wellenlängen 490 nm und 820 nm. Gute Kristalle sind durch
FOM = 300 bis 1000 charakterisiert.

Der Titan-Saphir-Laser hat einen größeren Abstimmbereich als Farbstofflaser (siehe
Kap. 8) und liefert höhere Ausgangsleistungen, so dass er im Spektralbereich um 800 nm
die früher verwendeten Farbstofflaser ersetzt hat. Abbildung 9.16 zeigt den Aufbau eines
kommerziellen Ti-Sa-Lasers im Vergleich zu einem Farbstofflaser. Abstimmkurven sind
in Abb. 9.17 und 9.18 dargestellt.

9.5.3   Yb:YAG-Laser

Diodengepumptee Yb-dotierte Laser haben verschiedene Vorteile und Unterschiede zu
Nd-Lasern. Das Termschema ist einfacher und der Quantenwirkungsgrad sowie die Lebensdauer des oberene Laserniveaus sind größer.

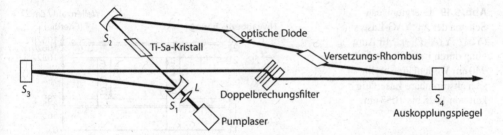

Abb. 9.16 Aufbau eines kommerziellen Titan-Saphir-Lasers (abgekürzt Ti-Sa-Laser), Firma Coherent, Model 899-01. Der grüne Strahl eines frequenzverdoppelten Nd-Lasers wird von der Linse L durch den Spiegel S_1 in den TiSa-Kristall fokussiert. Die Spiegel S_1, S_2, S_3, S_4 bilden einen achtförmigen Laserresonator. Wegen der optischen Diode läuft der entstehende Laserstrahl nur in einer Umlaufrichtung, so dass keine stehende Welle entsteht. Dadurch wird örtliches Lochbrennen im TiSa-Kristall vermieden und die Laser-Wellenlänge kann mit den doppelbrechenden Filtern von etwa 700 bis 1000 nm kontinuierlich durchgestimmt werden

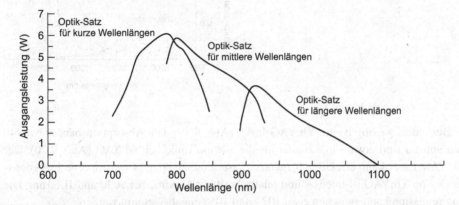

Abb. 9.17 Abstimmkurven eines kontinuierlichen Ti-Sa-Lasers (Firma Coherent)

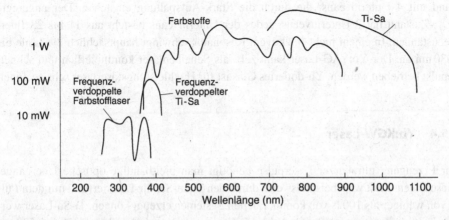

Abb. 9.18 Abstimmkurven eines kontinuierlichen Ti-Sa-Lasers im Vergleich zu kontinuierlichen Farbstofflasern (Firma Coherent)

Abb. 9.19 Energieniveau-Schema des Yb:YAG-Lasers (Yb^{3+}:$Y_3Al_5O_{12}$). Mit Anregung durch Laserdioden bei 940 nm Wellenlänge ergibt sich abstimmbare Lasertätigkeit von 1025 bis 1053 nm

Abb. 9.20 Absorptions- und Emissionsspektrum (Wirkungsquerschnitt) von Yb:YAG (Dotierung 15 %, at; 300 K)

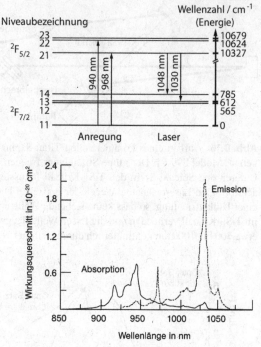

Besonders wichtig ist der Yb:YAG-Laser (Abb. 9.19). Die Absorptionsbänder bei 940 und 968 nm sind etwa 5 mal breiter als die 808 nm Linie bei Nd:YAG (Abb. 9.20). Der Yb:YAG-Laser kann effektiv mit InGaAs-Laserdioden gepumpt werden. Die Emissionsbande von Yb:YAG ist intensiv und relativ breit mit Maxima bei 1030 und 1060 nm. Die Laseremission kann zwischen etwa 1025 und 1053 nm abgestimmt werden.

Das Energieniveau-Schema von Yb:YAG in Abb. 9.19 zeigt den $^2F_{7/2}$ Grundzustand mit 4 Unterniveaus, die durch die Stark-Aufspaltung entstehen. Der angeregte $^2F_{5/2}$-Zustand hat 3 Unterniveaus. Jedes der Unterniveaus besteht aus 11 bis 23 Energiezuständen. In einem nicht selektivem Resonator schwingt hauptsächlich die Linie bis 1030 nm an. Der Yb:YAG-Laser kann z. B. als Scheibenlaser kontinuierlich und schnell gepulst betrieben werden. Yb-dotiertes Glas ist für Hochleistungsfaserlaser sehr geeignet.

9.5.4 Yb:KGW-Laser

Zur Erzeugung ultrakurzer Laserpulse benötigt man breitbandige optische Übergänge. Diese Eigenschaft wird beispielsweise durch den Titan-Saphir-Laser erfüllt, mit dem Pulse von weniger als 100 fs von kommerziellen Systemen erzeugt können. Ti-Sa-Laser werden im Grünen gepumpt, wofür Nd:YAG-Laser mit Frequenzverdoppelung bei 532 nm dienen. Dagegen hat der Yb:YAG-Laser zum Pumpen starke Absorptionslinien bei 940 und 980 nm. In diesem Bereich stehen Laserdioden-Systeme mit Leistungen von einigen 10 W zur Verfügung, was den Aufbau ultrakurz gepulster Laser erheblich vereinfacht.

Der Laserkristall Yb:KGW besteht aus einem Wolframat (engl. tungstate), wobei K für Kalium, G für Gadolinium und W für WO_4 steht. Der Kristall absorbiert bei Einstrahlung in einer Achsenrichtung besonders stark. Termschemen und Spektren sind ähnlich wie bei Yb:YAG.

In kommerziellen Systemen wird z. B. der KGW-Laserstab von beiden Achsenrichtungen mit Laserdioden von je 30 W gepumpt werden, wobei die Strahlung über Glasfasern zugeführt wird. Das Emissionsspektrum des Lasers liegt zwischen etwa 1020 und 1060 nm mit einem Maximum bei 1048 nm. Es kann passive Modenkopplung (durch einen sättigbaren Bragg-Reflektor) erfolgen und die Pulsfrequenz liegt je nach Resonanzlänge bei 80 MHz. Die minimale Pulsdauer beträgt 500 fs. Einzelne Pulse können mit einer Pulsfrequenz von 7 kHz mit einem regenerativen Yb:KGW-Verstärker (auch mit Dioden gepumpt) verstärkt werden, wobei eine mittlere Leistumng von 4 W erzielt wird.

9.6   Diodengepumpte Festkörperlaser

Das Pumpen von Festkörperlasermaterialien mit Diodenlasern ergibt kompakte Laserquellen, die mit gutem Wirkungsgrad und hoher Strahlqualität arbeiten. Da keine Gasentladungen zur Anregung dienen, besitzen diodengepumpte all-solid-state-laser auch hohe mechanische Stabilität und lange Lebensdauer. Die Strahlung von Diodenlasern kann gut in Glasfasern eingekoppelt werden, so dass sich aus dieser Kombination neue Möglichkeiten für den Aufbau von Lasersystemen mit interessanten Eigenschaften ergeben.

Beim Pumpen mit Diodenlasern wird die Strahlung einer Laserdiode oder eines Laserarrays mit Hilfe von Linsen longitudinal oder transversal in das Lasermaterial eingestrahlt (Abb. 9.21 und 9.22). Beim longitudinal gepumpten Laser wird die Pumpstrahlung mit einem optischen System z. B. auf die Endfläche eines Nd:YAG-Stabes fokussiert (Abb. 9.21). Typische Fleckdurchmesser sind 50 μm bis zu einigen 100 μm. Der genaue Wert richtet sich nach dem Durchmesser der TEM_{00}-Resonatormode. Die Pumpstrahlung dringt tief in den Laserstab ein und wird nahezu vollständig absorbiert. Der Laserspiegel,

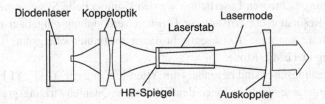

Abb. 9.21 Diodengepumpter Festkörperlaser: Beim longitudinal gepumpten oder endgepumpten Festkörperlaser wird die Strahlung aus einem Diodenlaser durch einen der Resonanzspiegel in den Laserstab eingekoppelt. Das angeregte Volumen wird an das Volumen der Grundmode (TEM_{00}) angepasst, wodurch eine gute Strahlqualität entsteht

Abb. 9.22 Beim transversal
gepumptem oder seiten-
gepumpten Laser wird die
Strahlung von Laserdioden in
Form von Barren oder Stacks
durch die Mantelflächen des
Laserstabes eingekoppelt

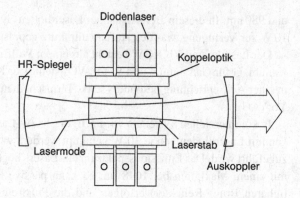

durch welchen die Pumpstrahlung eingebracht wird, ist hoch reflektierend (100 %) für die
Nd:YAG-Strahlung (1,06 μm) und transparent mit Antireflex-Schichten versehen für die
Strahlung der Laserdiode (0,81 μm).

Typische lasergepumpte Nd:YAG-Systeme geringer Leistung benutzen Diodenarrays
mit einigen Watt kontinuierlicher Laserleistung bei einem Wirkungsgrad um 50 %. Der
Laserstab ist ungefähr 1 cm lang mit einem Durchmesser von 0,5 mm. In effizienten Systemen erzeugt fast jedes Pumpphoton ein Laserphoton. Der gesamte Wirkungsgrad eines
diodenlasergepumpten Nd:YAG-Systems liegt um 10 %. Da eine Erwärmung erheblich
reduziert wird, liefern derartig gepumpte Laser eine sehr gute Strahlqualität. Kontinuierlicher Betrieb mit einigen Watt Ausgangsleistung in der TEM_{00}-Mode ist möglich.
Die Emission besitzt sehr hohe zeitliche Stabilität. Die mittlere Lebenserwartung beträgt 10.000 Stunden und mehr. Höhere Leistungen erhält man bei transversalem Pumpen
(Abb. 9.22). Weitere Anordnungen zeigt Abb. 9.23.

Besonders geeignet sind auch Nd-dotierte Yttrium-Vanadat-Kristalle, die eine hohe
Pumplichtabsorption aufweisen. Mit $Nd:YVO_4$ lassen sich außerdem deutlich größere optische Verstärkungen als mit Nd:YAG erreichen. Diodengepumpte Neodymlaser können
auch in Güteschaltung und Modenkopplung betrieben werden. Neben den mit Nd dotierten Materialien werden auch andere Laserkristalle mit Laserdioden gepumpt (Abb. 9.24).
Mit Cr : $LiSrAlF_6$-(LiSAF)-Kristallen lassen sich von 780–920 nm abstimmbare Laseremission sowie ultrakurze, modengekoppelte Pulse erzeugen.

Zur Erzeugung sichtbaren Laserlichtes werden kommerzielle Systeme hergestellt, bei
denen in den Resonator ein Kristall zur Frequenzverdopplung eingebaut ist. Bei einer
Umwandlungsrate von nahe 100 % entsteht damit kontinuierliche grüne (0,53 μm) und
blaue Strahlung in TEM_{00}-Mode.

Für Hochleistungslaser sind besonders mit Ytterbium dotierte YAG-, YLF- und andere
Kristalle von Interesse, da diese Ionen deutlich höhere Quantenwirkungsgrade als Nd^{3+}-
Ionen besitzen.

Diodengepumpte Festkörperlaser sind ein entscheidender Fortschritt in der Lasertech-
nologie, durch welchen Strahlung im Infraroten und Sichtbaren mit hoher Strahlqualität
und gutem Wirkungsgrad erzeugt wird.

Abb. 9.23 Anordnungen zum Pumpen von Festkörperlasern mit Laserdioden (S = Spiegel für Laser, A = Antireflexschicht für Pumpstrahlung)

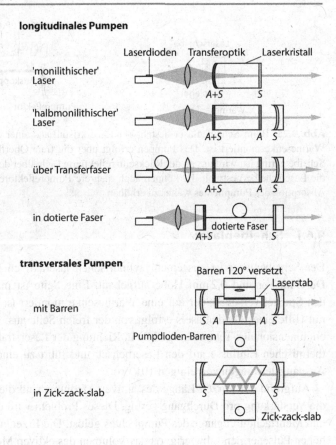

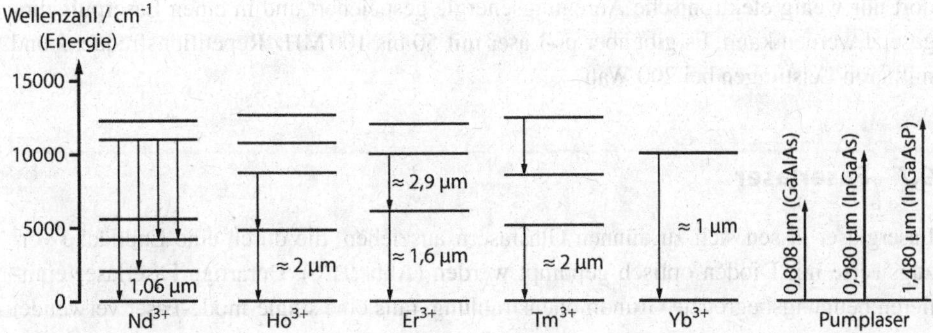

Abb. 9.24 Energieniveaus (vereinfacht, schwarze Balken) wichtiger laserfähiger Ionen in Kristallen und geeignete Pumpwellenlängenbereiche (graue Balken) von Diodenlasern. Die damit anregbaren Laserübergänge sind durch senkrechte Pfeile angegeben (vgl. Abb. 9.4 u. a.). Nach A. A. Kaminskii „Laser crystals"

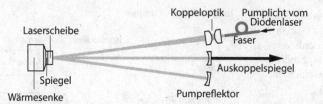

Abb. 9.25 Beim Scheibenlaser besteht der Lagerkristall aus einer dünnen Scheibe, die auf eine Wärmesenke montiert ist. Das Pumpen erfolgt über die freie Oberfläche. Da die Absorption der Scheibe gering ist, wird das an der Rückseite reflektierte Licht über den Punpreflektor nochmals auf die Laserscheibe gestrahlt. Es können auch mehrere Pumpreflektoren verwendet werden, um die Absorption des Pumplichtes weiter zu erhöhen

9.6.1 Scheibenlaser

Der Scheibenlaser ist aus einem zylindrischen laseraktiven Material von etwa 10 mm Durchmesser und 0,2 mm Höhe aufgebaut. Eine Seite ist mit einem hochreflektierenden Spiegel versehen, der auf eine Wärmesenke montiert ist (Abb. 9.25). Das Pumpen mit Hilfe eines Diodenlasers erfolgt von der freien Seite aus. Beim Pumpen entsteht ein eindimensionales Temperaturgefälle in Richtung der Laserstrahlachse. Dies reduziert die thermischen Einflüsse auf den Laserbetrieb und führt zu einer guten Strahlqualität bei Ausgangsleistungen von einigen 10 kW.

Aufgrund der kurzen Länge des aktiven Mediums sind die Pumplichtabsorption und die Verstärkung pro Durchgang gering. Dieses Problem wird durch eine hohe Dotierung und Mehrfachdurchgänge des Pumplichtes gelöst. Die Erzeugung von kurzen Pulsen mit hohen Pulsenergien schwierig, da das Volumen des aktiven Mediums klein ist und somit dort nur wenig elektronische Anregungsenergie gespeichert und in einen Laserpuls umgesetzt werden kann. Es gibt aber ps-Laser mit 50 bis 100 MHz Repetitionsfrequenz und mittleren Leistungen bei 200 Watt.

9.7 Faserlaser

Lasergläser lassen sich zu dünnen Glasfasern ausziehen, die durch eine Endfläche vorzugsweise mit Dioden optisch gepumpt werden (Abb. 9.26). Derartige Faserlaser emittieren beugungsbegrenzte Grundmodenstrahlung, falls eine single-mode-Faser verwendet

Abb. 9.26 Aufbau eines linearen Faserlasers. In den Faserenden befindet sich Faser-Bragg-Gitter, die durch ihre periodische Brechzahlstruktur ähnlich wirken wie Multischichtspiegel. Die Länge der dotierten Faser beträgt 1–10 m, zu Platzeinsparungen wird diese zum Ring gerollt

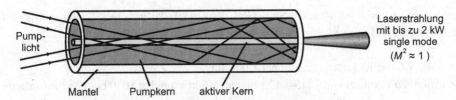

Laserstrahlung
mit bis zu 2 kW
single mode
($M^2 \approx 1$)

Pump-
licht

Mantel   Pumpkern   aktiver Kern

Abb. 9.27 Im Doppelkern-Faserlaser wird die Laserstrahlung im aktiven Kern erzeugt. Monomode-Betrieb ist bis zu Kerndurchmessern von 20 bis 40 μm möglich. Die Pumpstrahlung wird im Multimode-Kern geführt, der den laseraktiven Kern umhüllt. Das Pumplicht koppelt über die gesamte Faserlänge in den aktiven Kern ein und wird dort absorbiert

wird. Wegen der großen Oberfläche der Faser im Verhältnis zum Volumen findet eine gute Wärmeabfuhr statt, so dass keine zusätzliche Kühlung derartiger Faserlaser notwendig ist.

Höhere Leistungen werden von Faserlasern mit einem Doppelkern erzielt (Abb. 9.27). Der aktive Kern, der die Strahlqualität des Systems bestimmt, ist von einem zweiten Kern umgeben. Dieser so genannte Pumpkern führt die Pumpstrahlung aus einem Diodenlaser. Der Pumpkern ist nicht ganz rund, sondern hat einen D-förmigen oder sechseckigen Querschnitt (Abb. 9.28). Dadurch wird erreicht, dass alle Pumpstrahlen den Kern treffen. Die cw-Leistung eines Doppelkern-Faserlasers kann im Monomode-Betrieb, d. h. $M^2 \approx 1$, bis zu einigen kW betragen und ist durch nichtlineare Effekte, wie z. B. die stimulierte Raman-Streuung, sowie durch Materialschäden bei hohen Lichtintensitäten begrenzt. Für hohe Leistungen wird der Monomode-Kerndurchmesser möglichst groß gehalten, indem der Brechzahlunterschied in der Faser verkleinert wird. Allerdings führt das zu einer geringen numerischen Apertur und zu hohen Biegeverlusten.

Eine weitere Vergrößerung des Kerndurchmessers bis etwa 100 μm für Monomode-Laser ist durch den Einsatz von laseraktiven photonischen Kristallfasern (Abschn. 12.7) möglich. Diese bestehen aus dotierten Quarzglasfasern, die luftgefüllte Kapillaren (zylindrische Hohlräume) enthalten. Auch photonische Doppelkern-Faserlaser sind konstruierbar. Es lassen sich so mit Yb-dotierten SiO_2-Fasern in Oszillator-Verstärker-Anordnungen (MOPA) Multi-MW-Spitzenleistungen, einige mJ Pulsenergie, 50 W mittlere Leistung und nahezu optimale Strahlqualität $M^2 \approx 1$ erreichen.

Mit Faserkerndurchmessern von einigen 100 μm oder Faserbündeln sind Laserleistungen bis 100 kW möglich, allerdings liegt dann kein Monomode-Betrieb vor, so dass die Strahlqualität herabgesetzt und $M^2 \gg 1$ wird (Abb. 9.29).

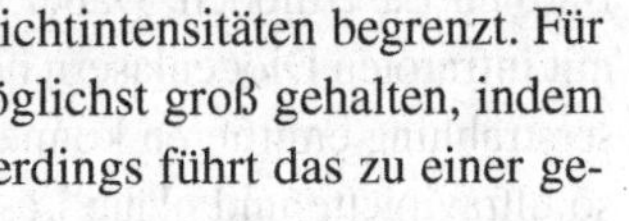

Abb. 9.28 Sechseckige und D-förmige Pumpkerne verhindern, dass Pumpstrahlung im äußeren Mantel bleibt. Die Strahlung wird vollständig im dotierten Kern absorbiert

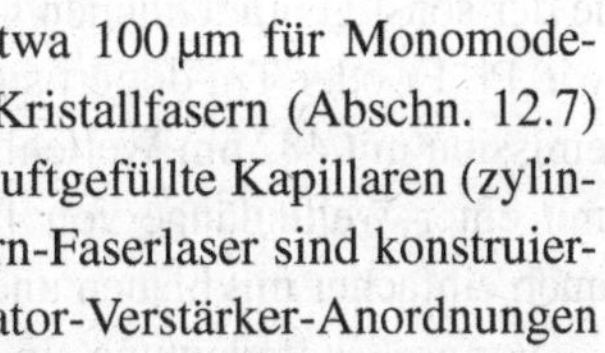

Abb. 9.29 Pumpen eines Hochleistungs-Faserlasers vom Faserende oder von der Seite. Im Koppler werden die einzelnen Pumpfasern miteinander verschmolzen

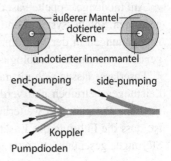

äußerer Mantel
dotierter Kern
undotierter Innenmantel

end-pumping   side-pumping

Koppler
Pumpdioden

Als Fasermaterial wird meinst SiO_2-Glas verwendet, das bis etwa 2,3 μm transparent ist. Das Glas kann mit verschiedenen seltenen Erd-Ionen dotiert werden:

Neodym, Nd ergibt Laseremission bei 1,064 μm.

Ytterbium, Yb emittiert von 1015–1120 nm, am effektivsten bei 1030 bis 1080 nm, erlaubt stärkere Dotierung und kann Nd-Faserlaser ersetzen.

Erbium, Er: Laseremission von 1530–1620 nm „augensicher", mit Frequenzverdopplung etwa 800 nm als Ersatz für TiSa-Laser.

Yb-Er co-dotierte Fasern ergeben breite Pumpbänder, Laseremission tritt durch Übergänge im Er auf.

Thulium, Tm ergibt Emission im „augensicheren" Wellenlängenbereich von 1750 bis 2100 nm.

Holmium, Ho ergibt Emission von 2050 bis 2150 nm, wird oft mit Tm-Lasern bei 1950 nm gepumpt, falls bei dieser Wellenlänge leistungsstarke Diodenlaser nicht verfügbar sind. Ein weiteres Fasermaterial ist ZBLAN-(ZrF_4-BaF_2-LaF_3-AlF_3-NaF) und Tellur-Glas. Mit Tm, Ho, Ho/Pr, Dy und Er ergibt sich Laseremission bei fast 4 μm.

Up-conversion-Prozesse in Fasern ergeben sichtbare Laseremission beim Pumpen mit infraroten Laserdioden. Dabei werden durch zwei- oder mehrstufige Absorptionsprozesse mit infraroten Diodenlasern hochliegende Energieniveaus angeregt, die kurzwelligere Laserstrahlung emittieren können. Mit Nd- oder Tm-dotierten Fluoridglasfasern lassen sich so ultraviolette und blaue Laseremissionen realisieren. Verwendet werden dabei an Stelle der sonst gebräuchlichen Quarzglasfasern ZBLAN-Fasern, die mit seltenen Erd-Ionen wie Pr, Er oder Tm dotiert sind. Die Thulium-Ionen beispielsweise ergeben blaue Laseremission mit 482 nm Wellenlänge und Ausgangsleistungen bis zu 0,1 Watt beim Pumpen mit einer Wellenlänge von 1120 nm. Solche Leistungen lassen sich jedoch inzwischen auch einfacher mit blauen und grünen Diodenlasern erzeugen (Abschn. 10.8).

Vor großer Bedeutung sind auch Erbium-dotierte Glasfasern von einigen Metern Länge, die in optischen Verstärkern für 1,55 μm Wellenlänge in der Glasfaserkommunikation eingesetzt werden. Ein solcher „Erbium doped fiber amplifier" wird als EDFA bezeichnet. Thulium-dotierte Fasern dienen, gepumpt bei 1,047 oder 1,4 μm, als Faserverstärker für das so genannte S-Band zwischen 1,46 und 1,53 μm. Eine rauschärmere Alternative bilden Raman-Faserverstärker wie in Abschn. 19.5 dargestellt.

Auf modengekoppelte Faserlaser zur Erzeugung ultrakurzer Pulse wird in Kap. 17 eingegangen. Solche Systeme sind mit mittleren Leistungen bei 1 kW verfügbar und erlauben Anwendungen in der Mikromaterialbearbeitung und Nachtechnologie sowie in der Augenchirurgie und Dermatologie.

Faserlaser lassen sich mit fast beliebigen Pulsbreiten von fs und ps bis cw mit hohen Leistungen betreiben und verdrängen teilweise andere Festkörperlaser, die jedoch u. a. für hohe Pulsenergien weiterhin bedeutend sind. Ein wichtiger Vorteil von Faserlasern ist, dass die Führung des Laserstrahls in der Faser zwischen den Spiegeln gegen äußere Störungen geschützt ist, so dass sich eine stabile Emission ergibt.

9.8 Aufgaben

9.1

(a) Berechnen Sie die maximale Energiedichte, die nach dem Pumpen eines Rubinlasers mit einer Cr-Konzentration von 0,05 Gewichtsprozent Cr_2O_3 (Massenzahl von $Cr = 52$, $O = 16$, Dichte von Rubin $\rho = 4\,\mathrm{g/cm^3}$, Avogadro-Konstante $N = 6{,}02 \cdot 10^{23}\,\mathrm{mol^{-1}}$) im Kristall gespeichert werden kann. Beachten Sie, dass nur die Cr-Atome zum Laserprozess beitragen.

(b) Welche maximale Energie kann in einem Laserpuls emittiert werden (Kristalldurchmesser $d = 3\,\mathrm{mm}$, Länge $l = 5\,\mathrm{cm}$)?

(c) Wie hoch sind die Pulsspitzenleistung und die Intensität bei einer Pulsdauer von $10\,\mathrm{ns}$?

9.2 Die R_1-Linie des Rubin-Lasers besitzt eine Wellenlänge von 694,3 nm. Die R_2-Linie geht von einem Niveau aus, welches um $29\,\mathrm{cm^{-1}}$ höher liegt. Berechnen Sie die Wellenlänge der R_2-Linie.

9.3 Berechnen Sie für einen Nd:YAG-Laser die Schwellinversion. Die Spiegel haben die Reflexionskoeffizienten $R_1 = 1$ und $R_2 = 0{,}8$. Der Laserstab ist $d = 5\,\mathrm{cm}$ lang. Der Wirkungsquerschnitt für induzierte Emission beträgt $\sigma = 3{,}5 \cdot 10^{-19}\,\mathrm{cm^2}$.

9.4 Berechnen Sie für den Nd:YAG-Kristall ($1{,}06\,\mu\mathrm{m}$) die Sättigungsintensität. Die Lebensdauer des oberen Laserniveaus beträgt $230\,\mu\mathrm{s}$ und der Wirkungsquerschnitt für induzierte Emission $3{,}5 \cdot 10^{-19}\,\mathrm{cm^2}$. Welche Laseroszillatorleistung muss in einem Nd:YAG-Verstärker mit einem Durchmesser von $d = 8\,\mathrm{mm}$ eingestrahlt werden, um die gespeicherte Energie effektiv in den verstärkten Strahl zu übernehmen?

9.5 Ein Nd-Festkörperlaser wird mit einem Kondensator von $10\,\mu\mathrm{F}$ und einer Spannung von $1\,\mathrm{kV}$ betrieben. Der Wirkungsgrad beträgt $1\,\%$.

(a) Wie hoch sind Pulsenergie und Pulsleistung für normale Pulse von 0,1 ms Dauer?

(b) Berechnen Sie die mittlere Leistung bei einer Pulsfolgefrequenz von 10 Hz.

9.6 Ein gepulster Nd-Laser wandelt $1{,}5\,\%$ der Energie der Blitzlampe in Laserstrahlung um. Berechnen Sie:

(a) die Pulsenergie, Pulsleistung und mittlere Leistung der Laserstrahlung bei einer Pulsdauer von 0,2 ms, einer Pumpenergie von 1 J und einer Wiederholrate von 20 Hz sowie

(b) die gleichen Größen bei Güteschaltung (ohne Verluste) mit einer Pulsdauer von 5 ns.

9.7 Eine Pumpkammer mit elliptischem Querschnitt für einen Nd:YAG-Laser ist zu dimensionieren. Blitzlampe und Stab sollen einen Mittelachsenabstand von 10 mm haben. Das Verhältnis der Halbachsen betrage 1,15. Wie groß sind die Halbachsen der Pumpkammer?

9.8

(a) Warum kann der Erbiumlaser bei 3 µm nicht kontinuierlich betrieben werden?
(b) Welche Eigenschaften machen ihn für die Medizin interessant?

9.9 Vergleichen Sie den Rubinlaser mit dem Alexandritlaser.

9.10 Warum wird der Titan-Saphir-Laser vorzugsweise mit anderen Lasern gepumpt? Welche Laser kommen dafür in Frage?

Weiterführende Literatur

1. Kaminskii AA (1996) Crystalline Lasers. CRS Press, Boca Raton

2. Koechner W (1996) Solid-State Laser Engineering. Springer, Berlin

3. Paschotta R (2008) Encyclopedia of Laser Physics and Technology. Wiley-VCH, Weinheim

4. Peuser P, Schmitt NP (1994) Diodengepumpte Festkörperlaser. Springer, Berlin

5. Denker B, Shklovsky E (2013) Handbook of Solid-State Lasers. Woodhead Publishing

Halbleiterlaser, Diodenlaser 10

Kurz nach der Realisierung des ersten Lasers überhaupt wurde bereits 1961 über den Halbleiterlaser berichtet. Zunächst wurde nur gepulster Betrieb bei tiefen Temperaturen erreicht, aber später auch kontinuierlicher Betrieb bei Raumtemperatur. Der Halbleiterlaser ist von großem wirtschaftlichen Interesse und wird in großen Stückzahlen in Konsumartikeln wie digitalen Musikrecordern, CD-, DVD- und Blu-ray-Massenspeichern für Personalcomputer und in Laserdruckern eingesetzt. Weitere Anwendungen finden sich beispielsweise in der Telekommunikation, Materialbearbeitung und Medizintechnik. Die bedeutendsten Eigenschaften im Vergleich zu anderen Lasern sind:

- Kleine Abmessungen im Mikro- bis Millimeterbereich (Abb. 10.1), so dass die Halbleiterlaser leicht in verschiedene Geräte eingebaut werden können.
- Direkte Anregung mit kleinen elektrischen Strömen und Spannungen, z. B. 10 mA bei 2 V für Ausgangsleistungen um 10 mW, so dass die Versorgung durch konventionelle Schaltungen stabil und effektiv möglich ist.
- Bei Anregung mit hohen Strömen sind mit Breitstreifenlasern (1 cm breite Barren) Ausgangsleistungen von einigen 100 W und mit Laserstapeln bis zu einigen Kilowatt möglich.
- Hoher Wirkungsgrad bis 80 %.
- Direkte Modulationsmöglichkeit über den Anregungsstrom mit Frequenzen über 10 GHz. Dies ist wichtig für die Anwendung zur Übertragung großer Datenraten über Glasfasern.
- Kleine Strahldurchmesser, die eine direkte Einkopplung in Glasfasern zur optischen Nachrichtenübertragung ermöglichen.
- Integrierbarkeit mit elektronischen Komponenten und Schaltungen, sowie optischen Wellenleitern und anderen Elementen. Damit können komplexe optoelektronische Schaltkreise entweder auf der Basis von Polymeren, Gläsern, InP-Kristallschichten und III-V-Verbindungen, aber neuerdings auch auf Siliziumsubstraten hergestellt werden.

© Springer-Verlag Berlin Heidelberg 2015
H.J. Eichler, J. Eichler, *Laser*, DOI 10.1007/978-3-642-41438-1_10

Abb. 10.1 Diodenlaser auf
Standard-C-Mount-Halter
(Copyright: Ferdinand-Braun-
Institut, Leibniz-Institut für
Höchstfrequenztechnik)

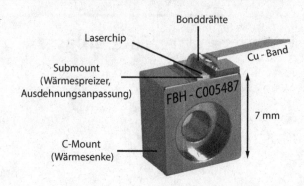

- Herstellung durch Halbleitertechnologie, die Massenproduktion zu geringen Kosten ermöglicht.

Als nachteilig wird manchmal angesehen, dass aufgrund des kleinen Resonatorquerschnitts die Strahlung durch Beugung stark divergent wird. Durch eine geeignete Linse oder Kollimationsoptik können aber auch relativ einfach nahezu parallele Strahlenbündel erzeugt werden. Außerdem ist die Frequenzstabilität einfacher Diodenlaser relativ gering. Es gibt jedoch auch aufwendigere aber kompakte Bauformen, die Licht mit geringer Linienbreite und hoher Frequenzstabilität emittieren. Die Kohärenzlänge kann so z. B. bis auf 30 m erweitert werden, so dass auch der Einsatz in der Holographie möglich ist. Die hauptsächliche Anwendung liegt jedoch in der Informations- und Messtechnik.

Diodenlaser, welche direkt durch elektrischen Strom gepumpt werden, können je nach Material in vier Gruppen eingeteilt werden.

- Langwellige Laser aus III-V-Verbindungen, wie GaAs, GaAlAs, InP und InGaAsP und GaSb strahlen im Gelben, Roten und nahen Infraroten zwischen 600 und 2200 nm. Derartige Laser können kontinuierlich und gepulst bei Raumtemperatur betrieben werden. Sie werden z. B. für die Nachrichtenübertragung, optische Datenspeicherung auf CDs und DVDs sowie zur Materialbearbeitung eingesetzt.
- Als zweite Gruppe werden die grün, blau und ultraviolett emittierenden InGaN-Laser angesehen. Diese kurzwelligen Laser befinden sich seit einigen Jahren in einer rasanten Entwicklung, die vor allem durch den Einsatz in der Blu-ray-Disc und DVD-Speichertechnik motiviert ist. Aber auch für Anwendungen in der spektroskopischen Analytik sowie eventuell für Mehrfarben-Laserdisplays sind kurzwellige Diodenlaser von großer zukünftiger Bedeutung.
- Dagegen strahlen die Bleisalz-Diodenlaser im mittleren Infraroten zwischen 3 und 30 μm. Sie können nur bei tiefen Temperaturen $T < 100$ K angeregt werden und sind für spektroskopische Messungen einsetzbar.
- Alternativ wurden für infrarote Strahlung bis über 100 μm die Quantenkaskadenlaser entwickelt, die die Bleisalzlaser vielfach übertreffen und verdrängen.

Die laseraktiven Halbleiter-Schichten werden in verschiedener Form realisiert:

- Homostrukturen
- Heterostrukturen
- Quantengraben- und Quantenpunkt-Schichten (engl.: quantum well und quantum dot laser)

Diese Schichten werden wiederum zum Aufbau verschiedener Lasertypen eingesetzt:

- kantenemittierende Laser
  - Laserdioden mit transversalem single-mode Betrieb
  - Rippenwellenleiterlaser (engl.: ridge wave guide laser)
  - Trapezverstärker (engl.: tapered amplifier)
  - DFB-Laser (engl.: distributed feedback laser)
  - DBR-Laser (engl.: distributed Bragg reflector laser)
  - Breitstreifenlaser (engl.: broad area laser)
  - eindimensionale Laserarrays oder Barren (engl.: bars)
  - zweidimensionale Laserarrays oder Stapel (engl.: stacks)
- oberflächenemittierende Laser VCSEL (engl.: vertical cavity surface emitting laser).

Neben den Diodenlasern gibt es noch Halbleiterlaser, bei denen die Anregung durch optisches Pumpen oder durch Beschuss mit hochenergetischen Elektronen erfolgt. Auch mit diesen können Wellenlängen im Sichtbaren und Ultravioletten erzeugt werden. Die optisch gepumpten Halbleiterlaser OPSL erlangen zunehmend technische Bedeutung. Ein OPSL (optically pumped semiconduvtor laser) ist ähnlich wie ein Scheibenlaser aufgebaut (Absch. 9.6). Diese sind besonders für die resonatorinterne Frequenzverdopplung und -verdreifachung geeignet mit Ausgangsleistungen bis zu einigen Watt im sichtbaren und ultravioletten Bereich.

Bei *Quantenkaskadenlasern* werden keine pn-Diodenstrukturen zur Inversionserzeugung verwendet. Technologisch sind sie den Diodenlasern verwandt. Die Anregung erfolgt durch direkte Elektronenstrominjektion in obere elektronische Energiezustände von dünnen Halbleiterschichten.

10.1   Lichtverstärkung in pn-Dioden

In Halbleitern sind die Energiezustände der Elektronen nicht scharf, wie in Gasen, sondern durch breite Bänder gegeben. In p-Leitern entstehen durch geeignete Drehung positive Löcher im unteren Band (Valenzband *VB*). Dagegen werden bei n-Leitern Elektronen in das obere Band (Leitungsband *LB*) eingebracht (Abb. 10.3). Positive Löcher p bzw. bewegliche Elektronen n werden durch Akzeptor- bzw. Donatoratome mit Konzentrationen von

Abb. 10.2 Prinzip eines Diodenlasers: Lichtemission durch Übergang von Elektronen aus dem Leitungsband in freie Zustände (Löcher) im Valenzband

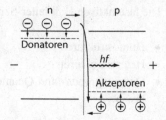

z. B. $> 10^{18}\,\text{cm}^{-3}$ erzeugt (Abb. 10.2). Durch Anlegen einer Spannung ($+$ am p-Bereich, $-$ am n-Bereich) bewegen sich die Löcher p und Elektronen n auf die Grenzfläche zu und rekombinieren dort. Die freiwerdende Energie der Elektronen wird in Form von Photonen emittiert. An den spiegelnden Endflächen des Laserchips werden die Photonen in das Halbleitermaterial reflektiert und es baut sich Laserstrahlung auf, die aus einer teildurchlässigen Endfläche austritt.

Bei einer genaueren Betrachtung ist zu berücksichtigen, dass sich die Bänder in der Nähe der Grenzfläche wie bei einer elektrischen Gleichrichterdiode verbiegen (Abb. 10.3). Die Energieniveaus der kontinuierlichen Bänder sind etwa bis zur Fermienergie F_c bzw.

Abb. 10.3 Aufbau eines Diodenlasers (Homostruktur) als pn-Übergang bei hoher Dotierung; **a** Energiebänder getrennter Halbleiterbereiche mit hoher n- bzw. p-Dotierung, E_g = Bandlücke (bandgap), F_c und F_v = Fermienergie des n-, bzw. p-Leiters, *LB*, *VB* = Leitungs- bzw. Valenzband. **b** Befinden sich n- und p-Bereiche in Kontakt, so diffundieren Elektronen ins p-Gebiet und Löcher ins n-Gebiet. Es entsteht eine Raumladungsdichte ρ und **c** eine Anhebung der Elektronenenergie im p-Bereich mit einer Potenzialdifferenz V_D, die die Diffusion begrenzt (*F* = gemeinsame Fermienergie)

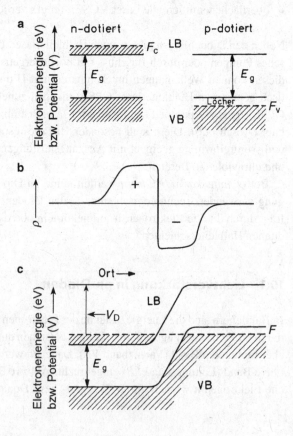

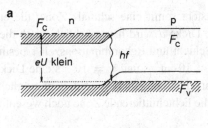

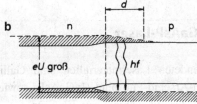

Abb. 10.4 Entstehung von Strahlung (Photonen mit der Energie hf) im Diodenlaser durch Rekombination von Elektronen mit Löchern bei Anlegen einer Spannung U in Durchlassrichtung. Die Spannung vermindert die Potenzialdifferenz zwischen n- und p-Gebiet. **a** Kleine Spannung ergibt nur schwache Lichtemission **b** größere Spannung erzeugt intensivere Strahlung. (Der Abstand der Ferminiveaus wird durch die äußere Spannung U bestimmt: $eU = F_c - F_v$)

F_v mit Elektronen bzw. Löchern besetzt. Da hohe Dotierungen verwendet werden, befinden sich die Fermienergien in den Bändern und nicht, wie bei schwachen Dotierungen, dazwischen. Bringt man p- und n-Leiter in engen Kontakt, so entsteht eine pn-Diode, das Grundelement des Halbleiterdiodenlasers. Es diffundieren solange Elektronen ins p-Gebiet und Löcher ins n-Gebiet, bis die entstehende Raumladung und Potenzialdifferenz V_D

$$V_D \approx \frac{kT}{e} \ln\left(\frac{N_A N_D}{n_1^2}\right)$$ (10.1)

so groß ist, dass die Fermienergien im p- und n-Leiter zusammenfallen. Dabei bedeuten N_A und N_D die Dichten der Akzeptoren und Donatoren im p- bzw. n-Leiter, und n_1 ist die relativ geringe thermisch erzeugte Elektronendichte im undotierten Halbleiter bei der Temperatur T. k ist die Boltzmann-Konstante und e die Elementarladung.

Die in Abb. 10.3 dargestellte Ortsabhängigkeit des Potenzials V und der Ladungsdichte ρ folgt aus der Poissongleichung mit der elektrischen Feldkonstante ε_0 und der relativen Dielektrizitätszahl ε:

$$-\partial^2 V/\partial x^2 = \rho/\varepsilon\varepsilon_0 .$$ (10.2)

Wird eine Spannung U von der Größenordnung der Energielücke ($eU \approx E_g$) in Durchlassrichtung der Diode gelegt, so verringert sich die Potenzialdifferenz zwischen den beiden Energiebändern. Es entsteht ein Fluss von Elektronen und positiven Löchern in entgegengesetzten Richtungen. Freie Elektronen im Leitungsband driften in den p-Bereich und positive Löcher im Valenzband in den n-Bereich, wobei die Beweglichkeit der Elektronen größer ist. Es entsteht somit eine schmale Zone, die eine Besetzungsinversion aufweist (Abb. 10.4). Die Dicke d wird hauptsächlich durch die Diffusionskonstante D der Elektronen in der p-Schicht und Rekombinationszeit τ bestimmt: $d = \sqrt{D \cdot \tau}$. Für GaAs erhält man mit $D = 10\,\mathrm{cm^2/s}$ und $\tau = 10^{-9}\,\mathrm{s}$ eine Dicke $d \approx 1\,\mu\mathrm{m}$. In diesem schmalen Bereich ist Lichtverstärkung und Lasertätigkeit möglich. In Heterostruktur- und Quantengrabenlasern ist die lichtemittierende Zone noch wesentlich kleiner.

10.2 GaAlAs- und InGaAsP-Laser

Die am häufigsten verwendeten Lasermaterialien sind Gallium-Aluminium-Arsenid (GaAlAs), Indium-Gallium-Arsenid-Phosphid (InGaAsP) sowie Gallium-Indium-Nitrid (GaInN). Die Elemente Al, Ga, In gehören zur III. Gruppe des chemischen Periodensystems, die Elemente P, As zur V. Gruppe. Deshalb werden diese Mischkristallsysteme als III-V-Halbleiter bezeichnet im Gegensatz zu den II-VI-Halbleitern wie z. B. CdS und ZnSe.

Die Wellenlängen der Laserdioden hängen vom Bandabstand des Halbleiters ab, in welchem Elektronen und Löcher rekombinieren. In binären Halbleitern aus zwei Komponenten hat der Bandabstand einen festen Wert, welcher bei GaAs 1,43 eV beträgt, was einer Emissionswellenlänge von 868 nm entspricht. Bei Halbleitern aus drei oder vier Komponenten kann durch das Mischungsverhältnis der Bandabstand nach Abb. 10.5 variiert werden. Im Fall von GaAlAs liegt die Variation längs der gestrichelten Linie zwischen

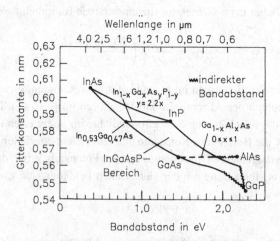

Abb. 10.5 Bandabstände, Wellenlängen und Gitterkonstanten für InGaAsP und GaAlAs als Funktion der atomaren Anteile. Für GaAlAs liegen die Größen x und y auf der *gestrichelten Linie*. Für InGaAsP liegen die Größen innerhalb der Fläche, die von den Verbindungskurven zwischen InAs, InP, GaP, GaAs und wieder InAs eingeschlossen wird. Halbleiter mit indirektem Bandabstand sind für Diodenlaser ungeeignet

1,43 und 1,92 eV, d. h. zwischen 868 und 646 nm. Für den Halbleiter InGaAsP ist die Wellenlängenvariation von 564 bis 3545 nm nach Abb. 10.5 größer.

Für Diodenlaser sind Halbleiter mit direkten Übergängen erforderlich; indirekte Übergänge sind ungeeignet und in Abb. 10.5 speziell markiert. Der Unterschied zwischen direkten und indirekten Halbleitern bzw. Halbleiterübergängen wird in Abschn. 1.6 beschrieben. Eine weitere Einschränkung ist, dass Halbleiterschichten am einfachsten auf Substrate aufgewachsen werden können, die etwa gleiche atomare Gitterkonstanten besitzen. Aus diesem Grund lässt sich $Ga_{1-x}Al_xAs$ auf GaAs und $In_{1-x}Ga_xAs_yP_{1-y}$ mit $0 \leq x \leq 1$ und $y \approx 2{,}2x$ auf InP gut produzieren. Derartige InGaAsP-Laser können im Bereich von 1000 bis 1700 nm hergestellt werden. Kürzere Wellenlängen bis 650 nm, d. h. rotes sichtbares Licht, kann mit InGaAsP auf InGaP erzeugt werden. Gelbe Diodenlaser bis 570 nm verwenden AlGaInP auf einem geeigneten Substrat.

Bei GaAlAs-Lasern besteht das Problem der Oxidation des Aluminiums, was zur Beschädigung der Endflächen durch Absorption des Laserlichts führen kann. Um dies zu verhindern, wird möglichst aluminiumfreies InGaAsP eingesetzt.

Beim Fertigungsprozess ist eine genaue Kontrolle der Wellenlänge des Lasers nur innerhalb einer Unsicherheit im Nanometerbereich möglich. Für die Nachrichtenübertragung sind Wellenlängen von 1300 bis 1600 nm besonders geeignet, da optische Fasern in diesem Bereich eine minimale Dämpfung und Dispersion aufweisen. Es werden daher InGaAsP-Laser verwendet (Abschn. 10.9). GaAlAs-Laser um 780 nm werden in großen Stückzahlen für die optische Abtastung von Ton- und Datenträgern (CDs) eingesetzt.

10.3   Bauformen von Diodenlasern

Den schematischen Aufbau eines Diodenlasers zeigt Abb. 10.6. Zwei planparallele Stirnflächen, die durch Spalten des Kristalls entlang bestimmter Gitterebenen erzeugt werden können, bilden den Resonator. Die Endflächen können auch vollständig oder teilweise ver-

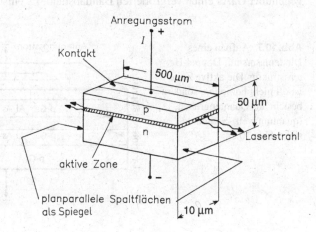

Abb. 10.6 Schicht-Aufbau eines einfachen Diodenlasers (Homostruktur)

spiegelt sein. Derartige Strukturen nennt man Fabry-Pérot-Laserdioden (im Gegensatz zun den später dargestellten DFB-Lasern). Da z. B. der Brechungsindex des GaAs-Halbleiters $n = 3{,}6$ beträgt, errechnet sich der Reflexionsgrad zu $R = [(n - n') / (n + n')]^2 = 0{,}32$ mit $n' = 1$ für Luft. Eine zusätzliche Verspiegelung ist nicht unbedingt notwendig, da die Verstärkung von Diodenlasern sehr hoch ist. Die anderen Flächen des Kristalls sind rau, so dass keine Oszillationen in unerwünschten Bereichen auftreten. Aufgrund der Beugung an dem schmalen Emissionsquerschnitt beträgt die Divergenz der austretenden Strahlung rund $30°$ quer zur aktiven Schicht. In der anderen Richtung ist die Divergenz kleiner, da die Schichtbreite größer als die Dicke der aktiven Zone d ist.

Beim Homostruktur-Laser nach Abb. 10.6 besteht die p- und n-Schicht aus demselben Material, welches unterschiedlich dotiert ist. Eine Führung des Strahls in der laseraktiven Schicht ist kaum gegeben und der Strahl kann in nicht laseraktive Bereiche eindringen. Dadurch entstehen Verluste und der Schwellstrom für den Einsatz der Lasertätigkeit ist hoch. Bei Raumtemperatur liegt er bei etwa $100 \, \text{kA/cm}^2$, so dass ein kontinuierlicher Betrieb nicht möglich ist.

10.3.1   Doppel-Heterostruktur

Eine beträchtliche Verringerung der Schwellstromdichte und des Schwellstromes erhält man durch Laser mit Doppel-Heterostruktur nach Abb. 10.7. Bei einer Heterostruktur ändert sich der Bandabstand der angrenzenden Bereiche. Da Bandabstand und Brechungsindex voneinander abhängen, entsteht in der Heterostruktur ein Sprung des Brechungsindexes. Durch den dadurch entstehenden Wellenleiter wird der Laserstrahl genauer in der aktiven Zone geführt, so dass die Verluste wesentlich geringer sind. Die aktive Zone besteht aus einer 0,1 bis 0,5 µm dicken GaAs-Schicht mit Übergängen zu einem p-GaAlAs- und einem n-GaAlAs-Bereich (Abb. 10.7). Löcher und Elektronen aus dem p- bzw. n-Bereich werden in die aktive GaAs-Zone injiziert, in welcher die Überbesetzung entsteht.

In Abb. 10.8 sind die Energiebänder eines Heterostrukturlasers dargestellt. GaAlAs hat gegenüber GaAs einen vergrößerten Bandabstand. Es entsteht daher in der aktiven GaAs-

Abb. 10.7 Aufbau eines Diodenlasers mit Doppel-Heterostruktur. Die aktive Zone ist oft nicht homogen, sondern besteht aus Quantengraben (quantum well)-Schichten, siehe Abb. 10.24

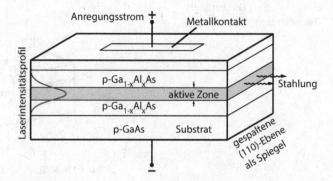

Abb. 10.8 Energiebänder der Elektronen und Löcher in einem Doppel-Heterostruktur-Laser, sowie örtliche Verteilung des Brechungsindexes n und der Lichtintensität

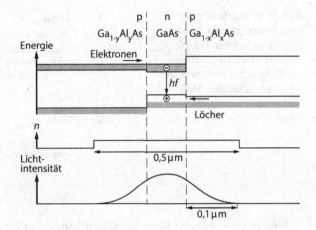

Schicht eine Potenzialmulde für die Elektronen des oberen Leitungsbandes und ein Berg für die positiven Löcher des Valenzbandes. Damit wird eine Diffusion von Elektronen und Löchern aus dem eng begrenzten Lasermedium verhindert. Ein weiterer wichtiger Vorteil liegt darin, dass der Brechungsindex von GaAlAs etwa 5 % kleiner ist als von GaAs. Das Profil des Brechungsindexes wirkt wie ein Wellenleiter (siehe Kap. 12), und die Ausdehnung des Laserstrahls quer zur aktiven Schicht wird eingeengt. Die Einengung der aktiven Zone und der Lasermoden führt zu einer Reduktion des Schwellstromes von etwa $100\,\text{kA/cm}^2$ auf $1\,\text{kA/cm}^2$. Dadurch wird ein kontinuierlicher Laserbetrieb bei Raumtemperatur möglich.

Die Entwicklung der Heterostrukturen zur kontrollierten Beeinflussung des Bandverlaufes sowie der optischen Konstanten bedeutete auch einen weitreichenden Fortschritt auf dem Gebiet der Hochleistungs- und Optoelektronik. Die beiden Wissenschaftler Zhores I. Alferov und Herbert Kroemer wurden dafür im Jahr 2000 mit dem Physiknobelpreis ausgezeichnet.

10.3.2 Transversaler monomode und multimode-Betrieb, Streifenlaser

Eine weitere Verringerung der notwendigen Anregungsströme und eine Verbesserung der Strahleigenschaften erhält man durch eine seitliche Führung des Stromes und der Strahlung in der aktiven Schicht. Durch eine hinreichend schmale aktive Zone wird nur der transversale Grundmode zugelassen, was die Stabilität der Emission erhöht. Die Einengung der Laserzone kann durch eine streifenförmige Stromzufuhr (Abb. 10.9) erfolgen. Der Anregungsstrom fließt nur durch einen schmalen Bereich, da die seitlichen Bereiche hochohmig sind. Die Verstärkung ist auf diesen schmalen Bereich konzentriert. Man nennt diese Lasertypen *gewinngeführt* (gain guided). Nachteilig ist es, dass weder der Strom noch die Strahlung seitlich exakt begrenzt werden.

Abb. 10.9 Streifenförmige Diodenlaser: gewinn- und indexgeführt (schwarz: aktive Schicht). Bei geringer Breite und Höhe der aktiven Schicht entsteht transversaler Monomodebetrieb mit elliptischem Strahlprofil

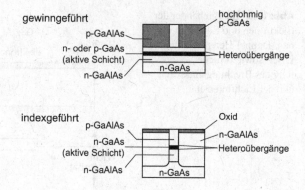

Eine präzise seitliche Begrenzung erhält man bei *indexgeführten* Lasern, welche in der „buried heterostructure" Anordnung in Abb. 10.9 dargestellt ist. Bei diesem Lasertyp wird die aktive Zone seitlich durch eine n-Schicht begrenzt. Dadurch wird der Strom präziser durch das aktive Medium geführt. Zusätzlich fällt der Brechungsindex seitlich ab, so dass eine Wellenleiter-Struktur entsteht. Damit wird ein kontinuierlicher, transversaler Monomodebetrieb erreicht (Abb. 10.10). Dadurch wird die Einkopplung in optische Fasern erleichtert. Für indexgeführte Diodenlaser liegt der Schwellstrom um 10 mA bei Raumtemperatur.

Um die Ausgangsleistung zu erhöhen, kann bei *Breitstreifen-Lasern* auf den transversalen Grundmodebetrieb verzichtet und eine breite aktive Zone bis etwa 200 µm verwendet werden (Abb. 10.11). Die Leistungen gehen bis in den Bereich mehrerer 10 Watt. Für einen 1 cm breiten Laserbarren mit 3 mm Resonatorlänge, auf dem mehrere parallele Streifen angeordnet sind, werden Ausgangsleistungen bis 1 kW bei Wellenlängen von 800 bis 980 nm erwartet. Ein solcher Barren (Abb. 10.13) besteht aus 20 bis 100 Breitstreifen-Lasern mit typischen Füllfaktoren um 40 % für cw und 90 % für Pulsbetrieb.

Abb. 10.10 Diodenlaser mit transversalem Monomodebetrieb

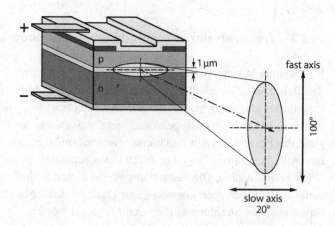

Abb. 10.11 Breitstreifenlaser mit Fernfeldprofil sowie schematischer Darstellung der Schichtstruktur (QWs = Quantengräben). Wegen der großen Breite der aktiven Zone ist die Strahldivergenz kleiner als in Abb. 10.10 (Copyright: Ferdinand-Braun-Institut, Leibniz-Institut für Höchstfrequenztechnik (FBH)).

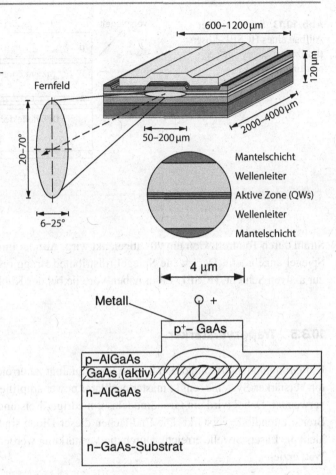

Abb. 10.12 Schematischer Querschnitt durch einen Rippenwellenleiter-Laser (engl.: ridge waveguide laser)

10.3.3 Rippenwellenleiter-Laser

Eine seitliche Führung des Laserstrahls im aktiven Bereich kann auch durch rippenähnliche Strukturen nach Abb. 10.12 erfolgen. Die Rippe mit einer Breite von einigen Mikrometern wirkt wie ein Wellenleiter. Dabei hängt der effektive Brechungsindex von der Materialdicke ab. Ein Rippenwellenleiter besitzt einen Grundmode mit relativ großem Querschnitt, so dass sich Ausgangsleistungen bis 1 Watt erreichen lassen.

10.3.4 Horizontal-cavity surface-emitting Laser (HCSEL)

Ein kantenemittierender Laser kann nach Abb. 10.13 zu einem oberflächenemittierenden Laser modifiziert werden. Dazu wird die aktive Schicht unter 45° angeätzt, so dass der

Abb. 10.13 Schematischer
Aufbau eines HCSEL-Lasers
(horizontal-cavity surface-
emitting laser)

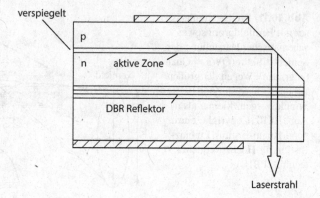

Strahl durch Totalreflexion um 90° abgelenkt wird. Auf der linken Kante im Bild wird ein
Spiegel angebracht. Der zweite Spiegel (distributed Bragg reflector, DBR) liegt parallel
zur aktiven Schicht. HCSEL-Laser haben Vorteile bei der Kühlung und Montage.

10.3.5   Trapezverstärker

Um Grundmodebetrieb und damit hohe Strahlqualität zu erreichen, werden Laseroszilla-
tor-Verstärker-Systeme (engl.: master oscillator power amplifier oder MOPA, Abb. 10.14)
verwendet. Dabei wird ein Grundmodelaser niedriger Leistung durch eine trapezförmige
Breitstreifendiode verstärkt. Die Endflächen dieser Diode sind entspiegelt, so dass diese
nicht die Laserschwelle erreicht. Durch die Verstärkung werden Leistungen von mehreren
Watt erzielt.

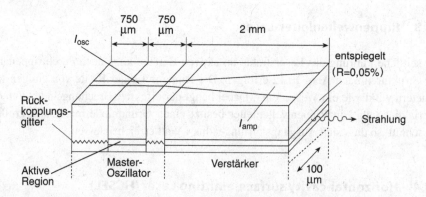

Abb. 10.14 Schema einer Diodenlaser-Oszillator-Verstärker-Konfiguration bestehend aus einem
Oszillator (z. B. DBR-Laser) mit einem Trapezverstärker („tapered amplifier“) (I_{osc} = Strom für
Laser-Oszillator, I_{amp} = Strom für Laser-Verstärker) (nach Peuser, Fa. Daimler-Benz)

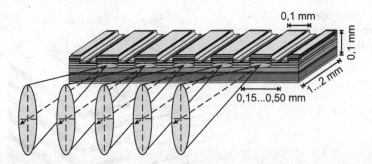

Abb. 10.15 Diodenlaser-Array aus mehreren parallel angeordneten Streifenlasern (Copyright: Ferdinand-Braun-Institut, Leibniz-Institut für Höchstfrequenztechnik (FBH))

Tab. 10.1 Vergleich von Laserbarren mit Einzelemittern sowie der Kombination mehrerer Einzelemitter ($\Uparrow \widehat{=}$ Vorteil, $\Rightarrow \widehat{=}$ neutral, Brillanz siehe Kap. 11)

	Laserbarren	Einzelemitter	Mehrere Einzelemitter
Leistung	$\Uparrow\Uparrow$	$\Rightarrow$	$\Uparrow$
Brillanz	$\Rightarrow$	$\Rightarrow$	$\Uparrow$
Effizienz	$\Rightarrow$	$\Uparrow\Uparrow$	$\Rightarrow$
Kosten (Modul)	$\Rightarrow$	$\Uparrow$	$\Rightarrow$
Kosten (Aufbau)	$\Uparrow$	$\Rightarrow$	$\Uparrow$

10.3.6 Laserarrays und -stapel für hohe Ausgangsleistungen

Auf einem Träger oder Barren (engl.: bar) können mehrere Streifenlaser parallel nebeneinander angeordnet werden, wodurch „arrays" gebildet werden (Abb. 10.15). Die Vor- und Nachteile von Laserbarren gegenüber einzelnen oder mehreren Einzelemittern zeigt Tab. 10.1. Die Breite von Laserbarren kann bis in den Bereich mehrerer Zentimeter reichen, während die Länge, d. h. die Resonatorlänge der Einzelemitter, typischerweise nur 1–2 mm beträgt. Der Abstand der einzelnen Streifenlaser liegt im gezeigten Beispiel zwischen 0,15 und 0,50 mm. Derartige Barren liefern kontinuierliche Leistungen bis über 200 W. Eine wichtige Anwendung besteht im Pumpen von Festkörperlasern, insbesondere Nd-Lasern.

Schließlich können mehrere Barren zu einem Stapel (engl.: stack) zusammengefasst werden, so dass sich kontinuierliche Ausgangsleistungen bis in den Kilowattbereich ergeben (Abb. 10.16 und 10.17). Die Strahlqualität ist dann zwar gering, aber derartige Anordnungen können dennoch zur Materialbearbeitung, z. B. für Schweißungen mit Nahtbreiten im Millimeterbereich eingesetzt werden. Es werden auch epitaktisch gestapelte Stacks hergestellt, die hohe Pulsleistungen erzeugen.

Breitstreifenlaser werden mit Treppenspiegeln optisch gestapelt (Abb. 10.18) um hohe kontinuierliche Leistungen zu erzielen. Die Streifen liegen dabei nebeneinander, um die Wärme gut abzuleiten. Eine weitere Leistungssteigerung ist durch Polarisations- oder Wellenlängen-Multiplexing möglich (Abb. 10.19).

Abb. 10.16 Stapel oder Stack
von Laserarrays (nach Peuser,
Fa. Daimler-Benz, Ottobrunn)

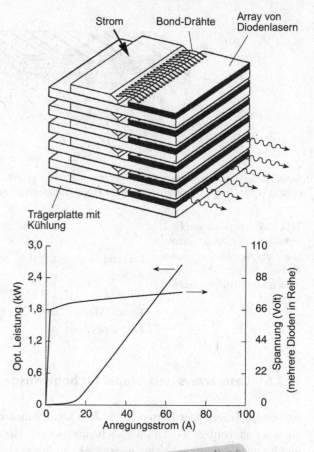

Abb. 10.17 Ausgangsleistung
und Strom eines Hochleis-
tungsdiodenlaserstapels. Es
werden optische Ausgangsleistungen über 10 kW erreicht

Abb. 10.18 Optisch gestapelte
Laserstrahlen mit Treppenspiegeln. Oben: Verlauf eines
Strahls, unten: Überlagerung
von 12 Strahlen (Firma Di-
rect Photonics Industries, DPI
Berlin)

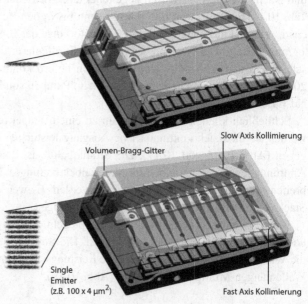

Abb. 10.19 Polarisations- und Wellenlängenmultiplikator zur Erhöhung der Strahlleistung

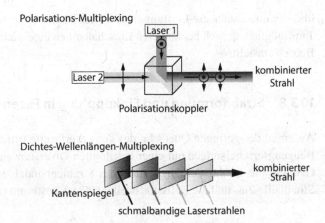

Polarisations-Multiplexing

Laser 1

Laser 2

kombinierter Strahl

Polarisationskoppler

Dichtes-Wellenlängen-Multiplexing

Kantenspiegel

kombinierter Strahl

schmalbandige Laserstrahlen

10.3.7 Montage und Wärmeableitung bei Hochleistungsdiodenlasern

Ein besonderes Problem beim Aufbau von Hochleistungslasern ist die Ableitung der Wärme, die in der lichtemittierenden Halbleiterstruktur erzeugt wird, weil die elektrische Energie dort nicht vollständig in Laserstrahlung umgewandelt wird. Der Wirkungsgrad liegt etwa bei 50 %, es werden 80 % angestrebt.

Die lichtemittierende Halbleiterstruktur besteht i. Allg. aus mehreren Schichten mit einer Gesamtdicke von einigen µm. Die Schichten werden auf ein Substrat aufgebracht, das wesentlich dicker ist, z. B. 50 µm. Um eine gute Wärmeableitung zu erreichen, wird die metallisierte Schichtseite der Laserstruktur mit einem geeigneten Lot, z. B. eine Indium-Gold-Legierung, auf eine metallische Wärmesenke, z. B. einen Kupferblock gelötet, der einen wesentlich größeren Querschnitt besitzt als die Laserstruktur. Dadurch wird der Wärmestrom aufgeweitet und an die Umgebung übertragen. Zur Verbesserung der Wärmeableitung kann der Kupferblock durch Mikrokanäle mit Wasser gekühlt werden. Auch Peltierelemente werden zur Wärmeabfuhr eingesetzt. Zwischen die Laserstruktur und die Kupferwärmesenke kann auch eine Diamantschicht zur Spreizung des Wärmestroms angeordnet werden. Diamant besitzt eine sehr hohe Wärmeleitfähigkeit und vergrößert dadurch schnell den Querschnitt, durch den Wärme strömt.

Halbleiterlaser können auch zweiseitig gekühlt werden. Dafür wird das Substrat abgetragen. Die Firma Jenoptik Laserdiode hat so einen einzelnen Barren mit einer Ausgangsleistung von etwa 500 Watt betrieben. Um hohe Laserleistungen bei kleiner Wärmeerzeugung zu erzielen, werden Laserdioden auch gepulst oder quasikontinuierlich (engl.: quasi continous wave qcw) betrieben. Das Verhältnis von Pulsbreite zu Pulsabstand wird als duty cycle (on-off-Verhältnis) bezeichnet und liegt meist zwischen 1 % bis 20 % bei Pulsdauern von ns bis ms. Die mittlere Wärmeerzeugung wird entsprechend herabgesetzt. Die Temperatur steigt während der Pulsdauer nicht auf den stationären Wert an, der der Spitzenleistung entspricht. Es ist im qwc-Betrieb möglich, mit höheren Anregungsströmen zu arbeiten als im cw-Betrieb und dadurch Pulsspitzenleistungen zu erzielen, die z. B. 2-fach über der maximalen cw-Leistung liegen. Dies ist allerdings nur bis zu Pulsdauern bis etwa 1 ms möglich, da sich bei längeren Einschaltzeiten eine stationäre Temperatur wie im cw-Betrieb einstellt.

10.3.8 Strahlformung und Einkopplung in Fasern

Aufgrund des geringen Querschnittes der Laserfacette tritt der Laserstrahl aufgrund von Beugungserscheinungen mit einer bestimmten Divergenz aus. Im idealisierten Fall eines Gauß-Strahls ist der Öffnungswinkel des Strahlenbündels im Fernfeld θ_0 nur durch die Strahltaille $2w_0$ und die Emissionswellenlänge λ bestimmt (Abschn. 12.5):

$$\theta_0 = \frac{\lambda}{\pi w_0} \ . \tag{10.3}$$

Als Maß für die Strahlqualität wird hierbei die Beugungsmaßzahl M^2 verwendet (Abschn. 12.5). Für einen transversal monomodigen Laser beträgt sie $M^2 = 1$, während sich beispielsweise für einen Breitstreifenlaser Werte von $M_x^2 = 1$ und $M_y^2 = 10$ bis 100 ergeben (Abb. 10.20).

Zur Kollimierung (Parallelisierung), Fokussierung oder auch Einkopplung der Strahlung in Glasfasern sind daher Maßnahmen zur Strahlformung erforderlich. Dies geschieht im einfachsten Fall durch eine Linse (Abb. 10.21) oder Zylinderlinse (Abb. 10.28). Befindet sich die Laserfacette im Abstand der einfachen Brennweite der Linse, so kann der Laserstrahl (analog zur geometrischen Optik) kollimiert werden. Zur Fokussierung muss sich die Laserfacette außerhalb der doppelten Linsenbrennweite befinden, um die Strahltaille verkleinert abzubilden, d. h. zu fokussieren. Die Stärke der Fokussierung wird hierbei von der numerischen Apertur der Linse $A_N = D/2f$, wobei D den Strahldurchmesser an der Linse und f deren Brennweite darstellen, sowie der verwendeten Wellenlänge λ beeinflusst. Für den minimalen Strahlradius w_0' nach der Fokussierung gilt (Abschn. 12.3):

$$w_0' \geq \frac{2f\lambda}{\pi D} \geq \frac{\lambda}{\pi A_N} \ . \tag{10.4}$$

Abb. 10.20 Strahldivergenz von beugungsbegrenzten Gauß-Strahlen ($M^2 = 1$) sowie nicht beugungsbegrenzter Strahlung ($M^2 > 1$)

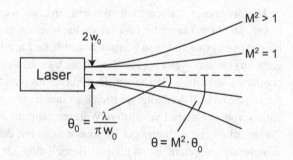

Abb. 10.21 Transformation von Diodenlaser-Strahlung durch eine Linse: **a** Kollimierung bzw. **b** Fokussierung

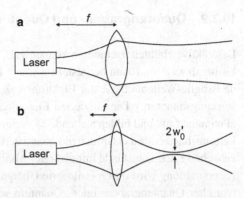

Um die Laserstrahlung in Glasfasern einzukoppeln, existieren verschiedene Konzepte (Abb. 10.22). Für Monomode-Laser kann im Fall einer geringen Strahldivergenz eine direkte Kopplung erfolgen. Dazu wird die Faser sehr dicht an die Laserfacette herangeführt, so dass die Laserstrahlung innerhalb des Akzeptanzkegels der Faser in diese eingekoppelt wird. Bei höheren Strahldivergenzen kann die Strahleinkopplung durch eine zwischen Laser und Faser positionierte Linse erfolgen. Alternativ dazu ist auch die Nutzung einer kegelförmigen Faser möglich, bei der die Strahlkollimation durch den Linseneffekt der spezielle geformten Faser stattfindet.

Die Strahlung mehrerer Einzelemitter, die mit den beschriebenen Methoden in jeweils eine Faser eingekoppelt wurden, kann durch einen Faserkombinierer in eine einzelne Faser überführt werden. Dadurch sind höhere Leistungen bei einer gleichbleibend guten Strahlqualität möglich.

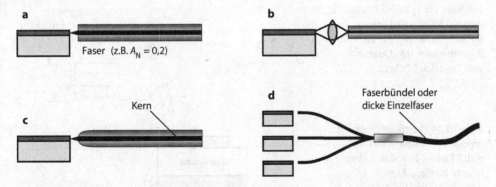

Abb. 10.22 Konzepte zur Einkopplung von Laserstrahlung in Glasfasern: **a** direkte Kopplung, **b** Kopplung mit Linse, **c** kegelförmige (getaperte) Faser mit einer Abrundung an der Spitze, die als Einkoppellinse wirkt, **d** Kombination mehrerer Einzelemitter durch Zusammenführung von Glasfasern. Die Einzel-Fasern können in einem Bündel zusammengefasst oder mit einer dicken Einzelfaser verschmolzen werden

10.3.9 Quantengraben- und Quantenpunkt-Laser

Laseraktive Halbleiterschichten können z. B. durch Molekularstrahl-Epitaxie mit Dicken bis herab zu $d \approx 10$ nm hergestellt werden. Diese Dicke ist von der Größenordnung der de Broglie-Wellenlänge λ der Elektronen ($\lambda = h/p$, mit $p =$ Impuls, $h =$ Plancksches Wirkungsquantum). Die injizierten Elektronen und Löcher befinden sich damit in einem „Potenzialtopf" und bilden stehende Materiewellen. Die Energiezustände des Valenz- und Leitungsbandes sind entsprechend quantisiert. Anstelle der kontinuierlichen Bandstruktur entstehen Energiezustände mit diskreter Minimalenergie $E_1, E_2, E_3 \ldots$ (Abb. 10.23). Die Laserstrahlung wird durch induzierte Übergänge zwischend diesen Niveaus erzeugt. Ein typischer Quantengraben- oder „Quantum well"-Laser besteht aus einer aktiven GaAs-Schicht umgeben von n- und p-GaAlAs. Auch aus anderen Halbleitermaterialien können solche Laser aufgebaut werden. Mehrere Quantengräben mit Zwischenschichten können zu einem Stapel zusammengefasst werden und bilden dann einen „multiple quantum well" (Abb. 10.24), der z. B. zum Aufbau oberflächenemittierender Laser (VCSEL) verwendet wird (Abschn. 10.6).

Der Vorteil von „Quantum well"-Lasern liegt in einer weiteren Verringerung des Schwellstromes um das Zwei- bis Dreifache. Außerdem ist die Temperaturabhängigkeit des Schwellstromes geringer, so dass kontinuierlicher Betrieb bis zu 100 mW bei

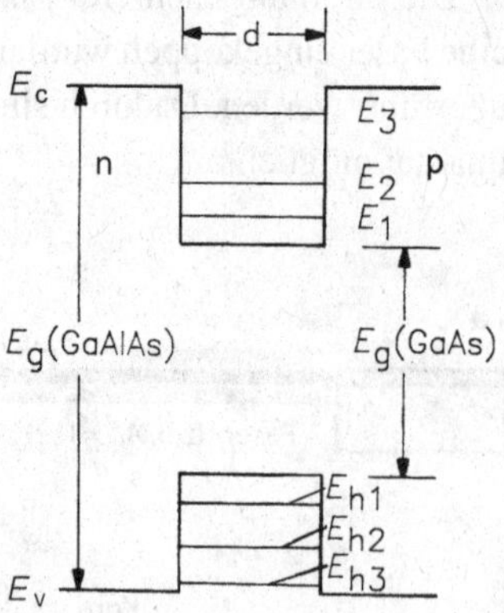

Abb. 10.23 Vereinfachte Energiestruktur bei einem „Quantum-well" Laser, E_1, E_2, E_3 sind Energiezustände von Elektronen, E_{h1}, E_{h2}, E_{h3} die Energiezustände von Löchern (siehe Abb. 10.8). Die Elektronen fließen von der n-Seite ein und rekombinieren im „Quantumwell" mit den Löchern

Abb. 10.24 Vertikale Struktur eines „multiple quantum well"-Lasers. Die aktive Zone besteht hier aus 3 Quantengräben. Die Dicke des Wellenleiters bestimmt die vertikale (fast axis) Divergenz der austretenden Laserstrahlung. Einmodiger Betrieb ist mit dünnem Wellenleiter möglich

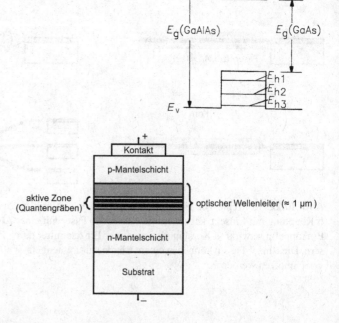

Raumtemperatur möglich ist. Die Emissionswellenlänge wird von der Schichtdicke, dem verwendeten Material sowie der Verspannung der aktiven Schichten beeinflusst. Die Lebensdauer beträgt bis zu 10^5 Stunden. „Quantum well" Laser werden auch als Streifenlaser ausgebildet und zu „Arrays" angeordnet.

Bei einem Quantengraben ist die Bewegung der Elektronen in einer Richtung eingeschränkt. Nur in den zwei Dimensionen parallel zur Schichtoberfläche ist eine freie Elektronenbewegung möglich. Eine weitere Reduktion der Dimensionalität ergibt sich für Quantendrähte und Quantenpunkte. Letztere werden durch kleine Quader, Kugeln oder Pyramiden aus Halbleitermaterial realisiert, so dass die Elektronenbewegung in allen drei Raumrichtungen quantisiert ist. Mehrere Quantenpunkte (engl.: quantum dots), die in einer geeigneten Matrix eingebettet sind, bilden effektive Lasermaterialien. Ein Vorteil derartiger Quantenpunktlaser ist eine sehr geringe Temperaturabhängigkeit der Emissionswellenlänge, was für die Nachrichtenübertragung in Glasfasern und andere wellenlängenempfindliche Anwendungen von Bedeutung sein könnte.

10.4   Emissionseigenschaften von Diodenlasern

Verbreitet sind kommerzielle GaAlAs-Laser mit Wellenlängen zwischen 640 und 880 nm (Tab. 10.2). Durch Veränderung der Al-Konzentration werden der Bandabstand und damit die Wellenlänge gesteuert. Als Substrat wird GaAs benutzt, und die Systeme werden daher auch als GaAlAs/GaAs- oder GaAs-Laser bezeichnet. Die Leistung im transversalen Monomode-Betrieb beträgt bis zu 100 mW bei einem Wirkungsgrad bis 50 %.

Tab. 10.2 Wellenlängenbereiche und exemplarische Ausgangsleistungen von kommerziellen Halbleiterlasern mit transversalem Grundmode und hoher Strahlqualität im kontinuierlichen Betrieb. Die Reihenfolge der chemischen Elemente in der Materialbezeichnung variiert, z. B. GaAlAs $\hateq$ AlGaAs

Lasertyp/Akt. Material	Wellenlänge	Leistung	Anwendungsbeispiele
InGaN	0,38...0,53 μm	200 mW	Fluoreszenzanregung, Blu-ray-DVD, Piko-Projektoren
AlGaInP	0,63...0,69 μm	500 mW	Scanner, Display, DVD
InGaAsP auf InGaP	0,65...0,73 μm	100 mW	Biophotonik
GaAlAs	0,65...0,88 μm	100 mW	Optische Sensorik, CD
InGaAs	0,88...0,98 μm	500 mW	Festkörperlaserpumpen
InGaAs	um 1,064 μm	500 mW	Ersatz für Nd:YAG-Laser
InGaAsP auf InP	1,1...1,9 μm	50 mW	Messtechnik, Kommun.
AlGaInAsSb auf GaSb	1,9...3,0 μm	50 mW	Nachtsicht-Beleuchtung
Quantenkaskadenlaser	3...300 μm	1000 mW	LIDAR, free-space comm., Messtechnik, Gas-Detektion
PbCdS	2,8...4,2 μm	1 mW	Messtechnik
PbSSe	4,0...8,5 μm	1 mW	Gas-Detektion
PbSnTe	6,5...32 μm	1 mW	Gas-Detektion
PbSnSe	8,5...32 μm	1 mW	Gas-Detektion

Auch InGaAsP-Laser werden mit Heterostrukturen aufgebaut. Mit einem Substrat aus InGaP strahlen sie im roten Bereich bei 650 und 700 nm. Wird als Substrat InP verwendet, erhält man Wellenlängen zwischen 900 und 1600 nm. InGaAsP-Laser werden auch kurz als InP-Laser bezeichnet. InGaAs-Laser können bei 1,06 μm strahlen (siehe untere Kurve von Abb. 10.5) und werden daher auch als Ersatz oder zur Simulation von Nd:YAG-Lasern eingesetzt. Zum Vergleich und zur Ergänzung sind in Tab. 10.2 auch Diodenlaser aufgenommen, die erst im Folgenden besprochen werden.

Die Bandbreite von Laserdioden liegt zwischen 0,1 nm für longitudinale Monomode-Laser und 100 nm in gepulsten Lasern. Die Wellenlänge verschiebt sich um 0,25 nm/°C bei $Ga_xAl_{1-x}As$ und 0,5 nm/°C bei $In_xGa_{1-x}As_yP_{1-y}$. Oft strahlen die Laser in mehreren Moden, und es treten aufgrund von Temperaturänderungen Modensprünge auf (Modenabstand $\Delta\lambda = \lambda^2/2nL \approx 0,6$ nm, n = Brechungsindex, L = Resonatorlänge, λ = Wellenlänge).

Zum Betreiben von kontinuierlichen Laserdioden benötigt man eine Konstantstromquelle, welche gegen Schaltspitzen abgeschirmt ist, da sonst der Laser durch Überspannung (electrical overstress) zerstört werden kann.

10.4.1 Strahlungscharakteristiken

Der Diodenlaser zeigt eine Abhängigkeit der Ausgangsleistung vom Anregungsstrom nach Abb. 10.25. Unterhalb der Schwelle (engl.: threshold) I_{th} erhält man spontane Emission mit großer spektraler Bandbreite ähnlich wie bei einer Leuchtdiode. An der Schwelle werden die Verluste kompensiert und induzierte Emission setzt ein. Oberhalb der Schwelle hängt die Ausgangsleistung linear vom Pumpstrom ab, wie bereits in Abschn. 2.8 angedeutet. Die lineare Abhängigkeit ist darauf zurückzuführen, dass näherungsweise ein konstanter Anteil der als Strom injizierten Elektronen zur Emission von Photonen führt. Die Abhängigkeit der Ausgangsleistung von der Spannung ist komplizierter, da bereits im idealisierten Fall ein exponentieller Zusammenhang zwischen Strom und Spannung besteht. Aus diesem Grund werden Diodenlaser meist mit Stromregelung betrieben, die Spannungsvariation ist dabei relativ gering. Die Ausgangsleistung ist stark tempe-

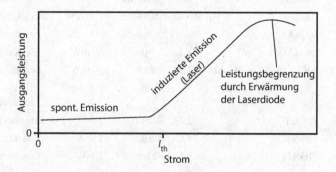

Abb. 10.25 Abhängigkeit der Intensität der Laserstrahlung vom Strom (I_{th} = Schwellstrom)

Abb. 10.26 Emissionsspektrum einer Laserdiode (Streifenlaser) in Abhängigkeit vom Pumpstrom (Schwellstrom 155 mA). Nach Einsetzen der induzierten Emission entwickelt sich mit zunehmender Anregung eine Monomodeschwingung (Man beachte die Änderung im Maßstab der Laserleistung P)

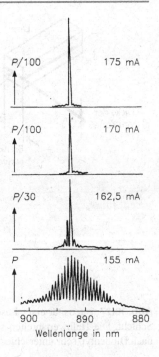

raturabhängig. Zur Charakterisierung wird oft der mit der Temperatur T ansteigende Schwellstrom

$$I_{th} \sim \exp\left(T/T_0\right)$$

betrachtet und die charakteristische Temperatur T_0 angegeben. Diese beträgt z. B. für einen GaAlAs-Laser etwa 200 K und für einen InGaAsP-Laser etwa 50 K. Die Entwicklung temperaturstabilerer Laser ist weiterhin Ziel laufender Forschungsarbeiten, um externe Temperaturregelung zu vermeiden.

Das spektrale Verhalten eines Diodenlasers ist in Abb. 10.26 dargestellt. Bei hohen Strömen kann sich bei Streifenlasern eine longitudinale Mode durchsetzen. Die in Abb. 10.26 gezeigte Tendenz ist typisch, jedoch erreichen nicht alle Lasertypen Monomodebetrieb. Zur Verbesserung der longitudinalen Modenselektion kann eine Gitterstruktur mit einer Periode $\Lambda = m\lambda_0/2n_0$ auf dem laseraktiven Bereich eingeätzt werden, wobei λ_0 die Emissionswellenlänge, n_0 die zugehöriger effektiver Brechungsindex der Wellenleiterstruktur und m eine ganze Zahl ≥ 1 bedeutet. Die Reflexionen des Laserlichtes an den Gitterfurchen ergeben bei konstruktiver Interferenz eine bevorzugte Wellenlänge, was als *distributed feedback* (DFB) bezeichnet wird. Destruktive Überlagerung der von den verschiedenen Gitterfurchen reflektierten Teilwellen mit benachbarten Wellenlängen führt zu deren Unterdrückung und damit zur Selektion der bevorzugten Wellenlänge bis hin zum Monomodebetrieb derartiger DFB-Laser. Ähnlich aufgebaut sind DBR-Laser, bei denen die reflektierende Gitterstruktur (*distributed Bragg reflector*) außerhalb des aktiven Bereichs angebracht ist und dort die spiegelnden Endflächen ersetzt (Abb. 10.14). Laser

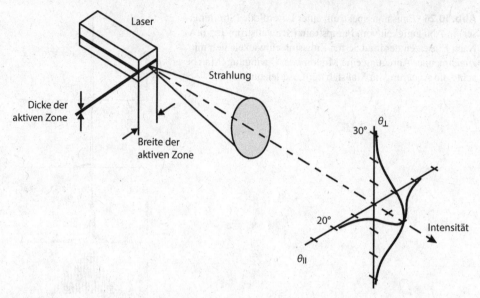

Abb. 10.27 Intensität einer Laserdiode senkrecht (fast axis) und parallel (slow axis) zur aktiven Schicht. Die Halbwertsbreiten sind durch $\Delta\Theta_\perp$ und $\Delta\Theta_\parallel$ gegeben. Die Zahlenwerte können je nach Diodentyp sehr unterschiedliche Werte annehmen, siehe Abb. 10.10 und 10.11

im longitudinalen Einmodenbetrieb haben eine Kohärenzlänge bis zu 30 m. Durch Temperaturschwankungen kommt es bei Einmodenlasern häufig zu Modensprüngen. DFB- und DBR-Laser lassen sich im Vergleich zu konventionellen Fabry-Pérot-Laserdioden (Laserdioden mit parallelen Endflächen) über größere Wellenlängenbereiche ohne Modensprünge durchstimmen. Dieses erfolgt durch Veränderung des Stromes oder der Temperatur.

Bei großer Breite der aktiven Zone ist die Intensitätsverteilung der Strahlung am Austritt aus der aktiven Zone durch Filamentierung bzw. Fadenlasen gekennzeichnet. Nach der Überschreitung des Schwellstromes beginnt die aktive Zone nicht in der gesamten Breite homogen zu strahlen. Es bilden sich 2 bis 10 µm breite „Fäden", die getrennt voneinander emittieren. Mit steigendem Strom vermehren sich die Fäden und ändern ihre Lage, was zu einem starken Rauschen führt. Die Ursache dafür sind verschiedene Inhomogenitäten in der aktiven Zone. Jeder der Fäden strahlt mit unterschiedlicher Frequenz oder Phase und bewirkt eine Strahlaufweitung in der Richtung der aktiven Schicht. Die Intensitätsverteilung senkrecht dazu ist bezüglich der Strahlachse etwa kosinusförmig und fällt an den angrenzenden Bereichen exponentiell ab. Es können in Schichtrichtung auch höhere Hermite-Gauß-Moden auftreten, wie in Kap. 12 und 13 beschrieben. Durch Begrenzung der aktiven Breite auf 10 µm kann eine Emission im transversalen Grundmode erreicht werden. Wegen der Strahlführung senkrecht zur Schichtebene hat der Grundmode hier keinen kreisförmigen, sondern elliptischen Querschnitt.

Die beugungsbedingte Abstrahlcharakteristik in den Ebenen senkrecht und parallel zum pn-Übergang wird durch die Öffnungswinkel $\Delta\Theta_\perp$ und $\Delta\Theta_\parallel$ beschrieben (Abb. 10.27). Dabei werden die Winkel für den Abfall der Intensität auf die Hälfte des

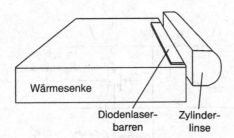

Abb. 10.28 Die Strahlung eines Diodenlaserbarrens kann durch eine zylindrische Mikrolinse (fast-axis-collimation) kollimiert werden. Durch ein weiteres Linsensystem (nicht dargestellt) kann eine Kollimierung auch in der anderen Richtung (slow-axis-collimation) erreicht werden

Maximalwertes angegeben. Der Winkel $\Delta\Theta_\parallel$ hängt von der Breite der Laserschicht ab, wobei Werte zwischen 5° und 40° typisch sind. $\Delta\Theta_\perp$ ist durch die Dicke d der Schicht und die Brechungsindizes der aktiven Zone und der umgebenden Schichten gegeben. Typische Werte liegen zwischen 40° und 80°.

Die divergente Strahlung von Laserdioden kann durch Linsensysteme parallelisiert oder „kollimiert" werden. Ein Beispiel für einen Zylinderlinsen-Kollimator für einen Laserbarren für fast axis collimation zeigt Abb. 10.28.

10.5 Frequenzabstimmung von Diodenlasern

Laseremission ist in Diodenlasern über einen Spektralbereich von etwa 10 % der Zentralwellenlänge möglich. Im folgenden Abschnitt wird die Entstehung dieser großen Linienbreite erläutert und gleichzeitig ein Einblick in die festkörperphysikalische Theorie der Halbleiterlaser gegeben. Anschließend wird der Aufbau frequenzvariabler Diodenlaser diskutiert.

10.5.1 Frequenzabhängige Lichtverstärkung in Halbleitern: Theorie

Licht wird in Halbleitern analog zu atomaren Systemen verstärkt, wenn genügend angeregte Elektronen im Leitungsband vorhanden sind, so dass die induzierte Emission die Absorption durch die Elektronen im Valenzband überwiegt. Der Verstärkungskoeffizient $g(f)$ ist frequenzabhängig, weil induzierte Emission von besetzten Zuständen verschiedener Energie im Leitungsband zu verschiedenen freien Zuständen im Valenzband stattfinden kann.

Abbildung 10.29 zeigt die Energiezustände und einen optischen Übergang in der aktiven Zone eines Diodenlasers, z. B. innerhalb der Schichtdicke d in Abb. 10.4a. In der Nähe der Bandkanten sind die E-k-Beziehungen nach (1.13a und b) näherungsweise quadratisch. Die nach oben zeigende Parabel in Abb. 10.29 zeigt die Energie E_a der Elektronen

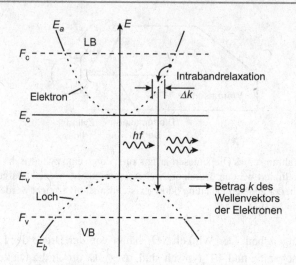

Abb. 10.29 Lichtverstärkung durch optischen Übergang eines Elektrons vom Leitungsband in einen freien Zustand (Loch) des Valenzbandes im aktiven Bereich eines Halbleiters. Da der Photonenimpuls klein ist gegenüber dem Elektronenimpuls $\hbar k$, findet der Übergang zwischen Zuständen mit etwa gleichem k statt. Das eingestrahlte Photon hf erzeugt induzierte Emission durch Elektronen, die zu einem Wellenzahlbereich Δk gehören. Die in diesem Bereich abgebauten Elektronen werden durch Intrabandrelaxation aus benachbarten Bereichen ergänzt

in Leitungsband. Im Valenzband ist die Parabel nach unten orientiert und gibt auch die Energie E_b der Elektronen an. Die freien Plätze auf dieser Parabel entsprechen den positiven Löchern. Die Energieachse der Löcher zeigt entgegengesetzt zu der der Elektronen.

Das Valenzband ist bis zur Fermienergie F_v gefüllt (bei $T = 0\,\mathrm{K}$). Durch den Zufluss von Elektronen ist die Elektronendichte im Leitungsband groß, was zu einer Verschiebung der Fermienergie F_c zu höheren Werten und zu einer Inversion führt (Abschn. 1.6). Die obere Energie des Valenzbandes ist E_v, die untere Kantes des Leitungsbandes hat die Energie E_c. Dazwischen liegt die Bandlücke mit dem Energieabstand $E_g = E_c - E_v$. Innerhalb der Energiebänder hängen die Elektronenenergien E_a und E_b vom Betrag des Wellenvektors k ab, der den Impuls angibt ($p = \hbar k$).

Beim Diodenlaser erfolgen optische Übergänge vom Leitungs- ins Valenzband nach Abb. 10.29 näherungsweise ohne Änderung des Betrages des Wellenvektors k, d. h. senkrecht nach unten. Dabei wird ein Photon der Energie $hf = E_a - E_b$ ausgesendet. Der Übergang zeigt eine inhomogene Verbreiterung. Die „Lebensdauer" eines entleerten Elektronenzustandes (spektrales Loch) im Leitungsband ist durch die Intraband-Relaxationszeit τ gegeben, die für GaAs etwa $\tau \approx 10^{-13}\,\mathrm{s}$ beträgt. Entsprechend (2.19) erhält man für die Breite eines „spektralen Loches" $\Delta f = 1/2\pi\tau \approx 10^{12}\,\mathrm{Hz}$. Der zugehörige Wellenzahlbereich wird mit Δk bezeichnet.

Die differentielle Verstärkung g lässt sich nach (2.15) aus dem Wirkungsquerschnitt für induzierte Emission σ und der Dichte der Besetzungszahlen im Leitungsband (N_2)

und Valenzband (N_1) berechnen

$$\boxed{g(f) = \sigma(N_2 - N_1).}$$ (10.5)

Die Berechnung der Frequenzabhängigkeit von g bzw. N_2 und N_1 ist einfacher, wenn man zunächst k als Variable benutzt. Die Zustandsdichte $\varrho(k)$ für das Leitungs- und Valenzband im so genannten „k-Raum" ist gleich: $\varrho(k) = k^2/\pi^2$ (1.20).

Im k-Raum sind die Besetzungszahldichten N_2 und N_1 durch das Produkt von $\varrho(k)$ mit den Besetzungswahrscheinlichkeiten (z. B. Fermiverteilungen nach (1.16)) f_c und f_v gegeben. Da die Zustandsdichte $\varrho(k)$ pro Wellenzahlintervall angegeben wird mit der Einheit $1/m^2$, muss also in der folgenden Gleichung noch mit Δk multipliziert werden:

$$N_2 - N_1 = \varrho(k)\Delta k(f_c - f_v) = \frac{k^2}{\pi^2}\Delta k(f_c - f_v).$$ (10.6)

Statt des Wellenvektorbetragsintervalls Δk, kann in (10.3) auch das zugehörige Frequenzintervall Δf eingeführt werden:

$$\Delta k = \frac{dk}{dE}\Delta E = \frac{dk}{df}\Delta f.$$ (10.7)

Damit wird aus (2.15), (10.3) und (10.4) die differentielle Verstärkung

$$g(f) = \sigma(N_2 - N_1) = \sigma\frac{k^2}{\pi^2}\frac{dk}{df}\Delta f(f_c - f_v).$$ (10.8)

Um einen Zusammenhang zwischen k und der Emissionsfrequenz f für die Berechnung von dk/df herzustellen, werden parabolische Bänder angenommen (Abschn. 1.6, (1.13a und b)):

$$E_a - E_c = \frac{\hbar^2 k^2}{2m_c}, \quad \text{und} \quad E_b - E_v = -\frac{\hbar^2 k^2}{2m_v}.$$ (10.9)

Dabei ist E_a die Energie eines Elektrons im Leitungsband mit der effektiven Masse m_c und E_b die Energie im Valenzband mit der effektiven Masse m_c.

Aus Abb. 10.29 erhält man für die Energie der Photonen hf:

$$\begin{aligned}
hf &= E_g + (E_a - E_c) - (E_b - E_v) \\
&= E_g + \frac{\hbar^2 k^2}{2}\left(\frac{1}{m_c} + \frac{1}{m_v}\right) = E_g + \frac{\hbar^2 k^2}{2m_r}.
\end{aligned}$$ (10.10)

Dabei wird m_r als reduzierte effektive Masse eines Elektron-Loch-Paares bezeichnet und $E_g = E_c - E_v$ ist der Bandabstand.

Durch Auflösen von (10.7) nach k und Differenzieren erhält man:

$$\frac{dk}{df} = \pi \, (2m_r)^{1/2} \, (hf - E_g)^{-1/2} \, . \tag{10.11}$$

Damit erhält man aus (10.5) und (10.8) sowie anschließender Verwendung von (10.7) für die differentielle Verstärkung $g(f)$ in Abhängigkeit von der Emissionsfrequenz f:

$$\boxed{g(f) = \frac{\sigma (2m_r)^{3/2}}{\pi \hbar^2} (hf - E_g)^{1/2} (f_c - f_v) \Delta f \, .} \tag{10.12}$$

Die Laserschwelle kann für $g > 0$ überschritten werden. Dafür muss in (10.5) $N_2 - N_1 > 0$ oder in (10.9) $f_c - f_v > 0$ sein.

Das Pumpen erfolgt durch Injektion von Elektronen in die aktive Schicht der Laserdiode. Nach Abschn. 1.6 hat eine Erhöhung der Elektronendichte N ein Ansteigen der Fermienergie F_c zur Folge.

Für die Besetzungswahrscheinlichkeiten der Zustände wird meist eine Fermi-Verteilung (1.16) für die Elektronen im Leitungsband angenommen

$$f_c = \frac{1}{\exp\left[(E_a - F_c)/kT\right] + 1} \tag{10.13}$$

und ebenso im Valenzband

$$f_v = \frac{1}{\exp\left[(E_b - F_v)/kT\right] + 1} \, , \tag{10.14}$$

wobei F_c und F_v die Fermienergien im Leitungs- und Valenzband sind (Abb. 10.29). Wegen der Ladungsträgerinjektion stimmen die Fermienergien der Elektronen im Leitungsband F_c und der Löcher im Valenzband F_v nicht mehr überein. Deshalb werden die Verteilungen f_c und f_v auch als Quasi-Fermiverteilungen bezeichnet.

10.5.2 Frequenzabhängigkeit der Verstärkung

Nach (10.9) und (10.10) lassen sich die Elektronenenergien E_a und E_b durch die Frequenz der Strahlung ausdrücken

$$E_a - F_c = (hf - E_g)\frac{m_r}{m_c} + E_c - F_c \, , \tag{10.15}$$

$$E_b - F_v = -(hf - E_g)\frac{m_r}{m_v} + E_v - F_v \, . \tag{10.16}$$

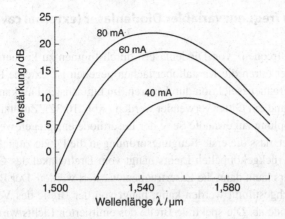

Abb. 10.30 Faser-zu-Faser-Verstärkung des Halbleiterlaserverstärkers (semiconductor laser amplifier) SLA (VV48-2-72-9) der Firma Siemens bei 40, 60, 80 mA Injektionsstrom und $T = 20\,°C$. Zur Abschätzung der internen Verstärkung des Chips sind für die Ein- und Auskopplung jeweils ca. 3 dB in Rechnung zu stellen, womit sich bei 80 mA eine maximale Chip-Verstärkung von ca. 22 dB ergibt (nach Diez, HHI Berlin)

Abb. 10.31 Verstärkung in Abhängigkeit von der Eingangsleistung bei $\lambda = 1555$ nm und einem Injektionsstrom von $I = 80$ mA und $T = 20\,°C$, dabei entspricht 0 dBm einer Leistung von 1 mW. Bauelement wie in Abb. 10.30

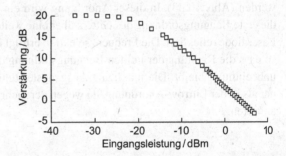

Hieraus (und aus (10.11) sowie (10.12)) ergibt sich, dass die Differenz der Fermiverteilungen $f_c - f_v$ in (10.12) monoton mit der Frequenz abnimmt. Im Gegensatz dazu steigt die Funktion $(hf - E_g)^{1/2}$ oberhalb der dem Bandabstand entsprechenden Frequenz E_g/h monoton an. Damit steigt auch der Verstärkungskoeffizient g zunächst mit der Frequenz an, erreicht ein Maximum und sinkt dann wieder ab wegen des exponentiellen Abfalls der Fermiverteilung. Dieses Verhalten ist in Abb. 10.30 für einen speziellen Laserverstärker dargestellt. Parameter ist dabei der Anregungsstrom I, der eine proportionale Dichte der Elektronen erzeugt und damit das Fermi-Niveau F_c anhebt. Abb. 10.31 zeigt die Sättigung der Verstärkung, d. h. die Abnahme von g mit der Eingangsleistung.

Mit den vorgestellten Gleichungen lässt sich der Verstärkungsfaktor g näherungsweise berechnen, jedoch müssen zur Herstellung einer genauen Übereinstimmung mit dem experimentellen Wert in Abb. 10.30 und 10.31 noch zusätzliche Effekte, z. B. die elektrische Wechselwirkung zwischen den Ladungsträgern berücksichtigt werden.

10.5.3   Aufbau frequenzvariabler Diodenlaser (external cavity laser, ECL)

Um die Emissionsfrequenz von Diodenlasern durchstimmen zu können, werden anstatt des Resonators, der durch die Kristalloberflächen gegeben ist, externe Resonatoren verwendet, die eine Frequenzselektion durchführen. Im einfachsten Fall kann dazu eine kollimierende Optik und ein Gitter verwendet werden (Abb. 10.32). Zusätzlich muss die der externen Rückkopplung zugewandte Seite der Laserdiode entspiegelt werden. Das Gitter wird so angeordnet, dass die erste Beugungsordnung in die Diode zurückreflektiert wird. Die Frequenz des rückgekoppelten Lichts hängt vom Drehwinkel des Gitters ab. Durch Drehung des Gitters kann dann die Laserfrequenz variiert werden. Der Bereich, über den die Frequenz durchgestimmt werden kann, hängt von der Breite des Verstärkungsspektrums der Laserdiode ab. Die spektrale Breite des emittierten Lichts wird von der Länge des Resonators und der Auflösung des Gitters bestimmt.

In Abb. 10.32 ist ein frequenzvariabler Diodenlaser in der Littrow-Anordnung dargestellt. Die Auskopplung des Laserstrahls wird dabei durch das am Gitter reflektierte Licht realisiert. Der Nachteil, dass sich in dieser Anordnung bei Drehung des Gitters auch die Richtung des ausgekoppelten Strahls ändert, kann in der Littman-Anordnung vermieden werden (Abb. 10.33). In dieser Anordnung wird ein zusätzlicher Spiegel verwendet, der die erste Beugungsordnung des Gitters über eine weitere Beugung am Gitter zurück in die Laserdiode reflektiert. Die Frequenzselektion erfolgt hier über eine Drehung des Spiegels, so dass die Richtung der nullten Beugungsordnung des Gitters als ausgekoppelter Strahl unbeeinflusst bleibt. Die maximale Ausgangsleistung dieser Anordnung ist jedoch kleiner als in der Littrow-Anordnung, da wegen der mehrfachen Reflexionen erhöhte Verluste auftreten.

Abb. 10.32 Diodenlaser in
Littrow-Anordnung

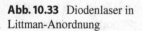

Abb. 10.33 Diodenlaser in
Littman-Anordnung

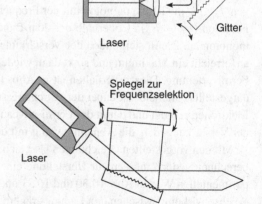

10.5.4 Frequenzstabile und abstimmbare DFB- oder DBR-Laser

Bei Abstimmungsbereichen von einigen Nanometern werden DFB-Laser (distributed feedback) oder DBR-Laser (distributed Bragg reflector, z. B. Abb. 10.14) eingesetzt. Die Wellenlänge kann nach Abb. 10.34 durch den Strom variiert werden. Im Bild ist ein Modensprung zu erkennen. Eine Abstimmung kann auch durch Veränderung der Temperatur erfolgen.

In Abb. 10.35 ist der schematische Aufbau eines DFB-Lasers dargestellt. Oberhalb der aktiven Zone befindet sich dabei ein geätztes Gitter, das für die longitudinale Modenselektion sorgt. Die Frontfacette des DFB-Lasers wird mit $R < 0,1\,\%$ entspiegelt und bildet zusammen mit der Gitterstruktur den Laserresonator. Die Reflexion der Lichtwelle an den Gitterfurchen bewirkt einerseits durch konstruktive Interferenz die Ausbildung einer bevorzugten Mode, und andererseits aufgrund destruktiver Interferenz die Unterdrückung

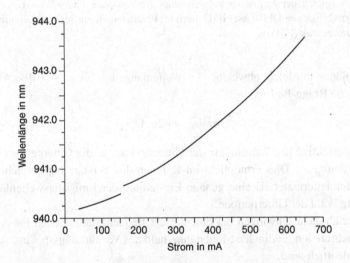

Abb. 10.34 Abhängigkeit der Wellenlänge vom Strom bei einer DFB-Laserdiode. Bei etwa 150 mA tritt ein Modensprung auf

Abb. 10.35 Schematische Darstellung einer DFB-Laserdiode

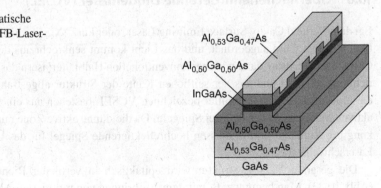

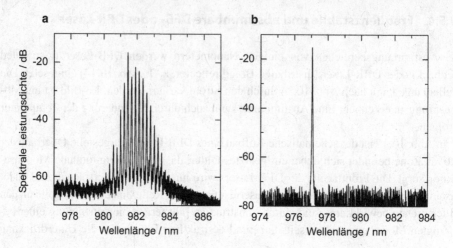

Abb. 10.36 Vergleich der Emissionsspektren eines freilaufenden Fabry-Pérot-Lasers **a** mit einem frequenzstabilisierten DFB-Laser **b** (Copyright: Ferdinand-Braun-Institut, Leibniz-Institut für Höchstfrequenztechnik (FBH))

von Nebenmoden mit leicht abweichender Wellenlänge um bis zu −60 dB (Abb. 10.36). Hierbei gilt die Bragg-Bedingung:

$$m\lambda_{\text{Bragg}} = 2n\Lambda , \tag{10.17}$$

wobei n der effektive Brechungsindex der Gitterstruktur, Λ die Gitterperiode und m die Beugungsordnung ist. Dies ermöglicht im Rahmen des Verstärkungsbereiches des verwendeten Halbleitermaterials eine genaue Einstellung der Emissionswellenlänge durch die geeignete Wahl der Gitterperiode.

Im Vergleich dazu schwingen bei einem nicht frequenzstabilisierten Fabry-Pérot-Diodenlaser mehrere longitudinalen Moden innerhalb des Verstärkungsspektrums an, wie in Abb. 10.36 deutlich wird.

10.6   Oberflächenemittierende Diodenlaser (VCSEL)

Bei dem Vertical Cavity Surface Emitting Laser, oder kurz VCSEL, ist der Resonator vertikal auf dem Chip angeordnet, und das Licht kommt senkrecht aus der Oberfläche des Chips. Im Gegensatz dazu wird bei konventionellen Halbleiterlasern das Licht in Schichtrichtung verstärkt und aus der seitlichen Kante der Struktur abgestrahlt. Daher werden diese oft auch als Kantenemitter bezeichnet. VCSEL bestehen aus einer dünnen Schicht aktiven Mediums zwischen zwei Spiegeln. Da die dünne aktive Zone nur geringe Verstärkung pro Rundlauf ergibt, müssen hochreflektierende Spiegel für das Überschreiten der Laserschwelle sorgen.

Die gesamte VCSEL-Struktur wird epitaktisch in vertikaler Richtung aufgebracht (Abb. 10.37). Man beginnt z. B. mit dem Aufbringen von n-dotierten AlAs-GaAs-Bragg-

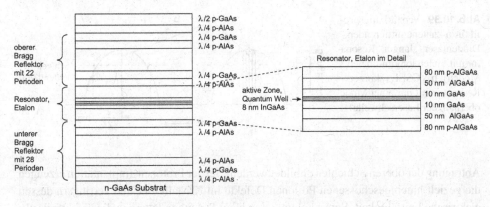

Abb. 10.37 Aufbau eines exemplarischen VCSELs. Die Schichten außerhalb der aktiven Zone im Resonator dienen zur Anpassung der Resonatorlänge an die Wellenlänge

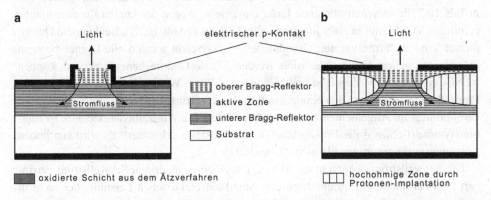

Abb. 10.38 Querschnitt durch zwei häufig verwendete VCSEL-Strukturen. **a** Top Emitting Mesa Laser; **b** Proton Implanted Surface Emitting Laser

Reflektor-$\lambda/4$-Schichten. Diese Schichten wirken wie ein dielektrischer Vielschichtenspiegel und erreichen eine Reflektivität von über 99 %. Die aktive Zone besteht entweder aus einer einheitlichen undotierten Schicht aus InGaAs oder aus mehreren undotierten Quantum Wells aus InGaAs in GaAs. Die oberste Schicht besteht aus p-dotierten AlAs-GaAs-Bragg-Reflektor-Schichten. Ein einzelner VCSEL hat einen Durchmesser von 0,5 µm bis über 30 µm und eine Höhe von einigen Mikrometern. Der VCSEL kann sowohl nach oben („Top Emitter") wie auch nach unten („Bottom Emitter") durch das Substrat strahlen, welches bei Wellenlängen von 900–1000 nm transparent ist. Am gebräuchlichsten sind allerdings die Top-Emitter.

Nach dem Aufbringen der einzelnen Schichten, was z. B. über MBE (Molecular Beam Epitaxy) erfolgt, werden die einzelnen VCSEL auf einem Wafer strukturiert (Abb. 10.38). Dies geschieht durch photolithographische Prozesse, nasschemische Ätzmethoden, Protonenimplantation oder durch geeignete Kombination der Verfahren. Durch die Ätzmethoden entstehen so genannte Mesa-VCSEL (span.: Mesa = Tafel, Plateau), die durch

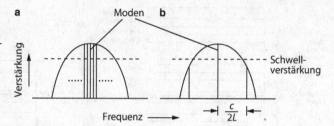

Abb. 10.39 Verstärkungsprofil für **a** kantenemittierenden Diodenlaser („langer" Resonator mit vielen longitudinalen Moden); **b** VCSEL („kurzer" Resonator mit nur einer Mode oberhalb der Laserschwelle)

Abtragung der oberen Schichten gebildet werden. Bei der Protonen-Implantation erzeugen die gezielt hineingeschossenen Protonen Defekte im Kristallgitter und verringern dessen elektrische Leitfähigkeit. Somit kommt es zu einer Strombündelung in die defektfreie aktive Zone.

Die Wellenlänge von VCSELs hängt vom Material der aktiven Zone ab, ähnlich wie in Tab. 10.2 für kantenemittierende Laser dargestellt. Wegen der kurzen Resonatorlänge emittieren VCSEL nur in einer longitudinalen Frequenz (Abb. 10.39). Bei kleinem Durchmesser kann auch transversaler Grundmodebetrieb erreicht werden. Sie können bequem in 2-dimensionalen Arrays angeordnet werden. Da sie Oberflächenemitter sind, können VCSEL noch vor dem Zersägen und Montieren auf dem Wafer getestet werden, was die Prozesskosten gegenüber den Kantenemittern stark verringert. Der Divergenzwinkel im Fernfeld liegt im Allgemeinen zwischen 15° und 25°. Die Abstrahlcharakteristik ist rotationssymmetrisch, was die Einkopplung in eine Glasfaser erleichtert. Es wird von hohen Kopplungswirkungsgraden bis zu 90 % berichtet.

Die Schwellströme liegen unter 100 µA. Durch einen niedrigen Schwellstrom verringert man bei höherem Betriebsstrom den Anteil der elektrischen Leistung, der nicht in Licht umgewandelt wird. Dadurch erhält man höhere Quantenwirkungsgrade und auch

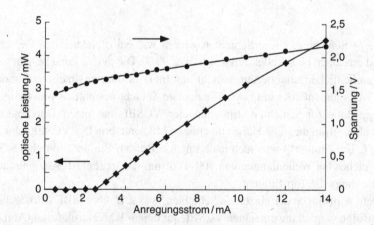

Abb. 10.40 Strom-Lichtleistungs- und Strom-Spannungskennlinie eines VCSEL mit 20 µm Durchmesser und 850 nm Emissionswellenlänge

eine geringere Wärmeentwicklung. Außerdem wird so eine schnelle Modulation ohne großen Vorstrom möglich. Die Abhängigkeit der Ausgangsleistung und der notwendigen Versorgungsspannung vom Strom eines VCSEL mit einem relativ großen Durchmesser von 20 µm zeigt Abb. 10.40. GaAlAs-VCSELs mit 750 bis 980 nm Wellenlänge werden für Computer-Mäuse und die Detektion von Sauerstoff verwendet.

10.7   Halbleiterlaser für tieferes Infrarot und THz-Strahlung

Die klassischen Bleisalzlaser haben starke Konkurrenz durch die Quantenkaskadenlaser erhalten, die auch Terahertz-Strahlung erzeugen (siehe Physik Journal 8 (2008) 31).

10.7.1   Bleisalzlaser

Die Bleisalz-Diodenlaser ($Pb_{1-x}Sn_xSe$, u. a.) strahlen im Bereich von 3 bis 30 µm hauptsächlich bei Temperaturen < 100 K (Tab. 10.2). Sie sind wie die anderen pn-Diodenlaser aufgebaut, wobei p- oder n-Leitung von der Stöchiometrie abhängt, d. h. vom Verhältnis der Elemente Blei Pb, Zinn Sn und Selen Se im Kristall. Der Bandabstand und die Wellenlänge werden wie bei den III-V-Halbleitern über die Zusammensetzung bestimmt. Zusätzlich kann eine Abstimmung über einen Bereich von 200 cm^{-1} (entspricht 10 % bei einer Wellenlänge von 10 µm) durch Kühlung erfolgen. Eine Feinabstimmung kann durch den Diodenstrom und die damit verbundene Temperaturänderung erreicht werden.

Bleisalzlaser wurden hauptsächlich in der Spektroskopie eingesetzt zur Untersuchung und Detektion von molekularen Gasen, z. B. Luftverunreinigungen. Für solche Anwendungsgebiete dringen jedoch zunehmend Quantenkaskadenlaser vor.

10.7.2   Quantenkaskadenlaser

Quantenkaskadenlaser (QCL) wurden 1994 von F. Capasso und Mitarbeitern in den Bell-Laboratorien, USA erfunden. Es handelt sich um Bauelemente, die keine Diodenstruktur aufweisen. Die Strahlung entsteht durch Übergänge von Elektronen zwischen scharfen Energiezuständen in einem Quantengraben (Abb. 10.41). Dagegen wird die Strahlung in „Quantum-well"-Lasern durch die Rekombination eines Elektron-Loch-Paares erzeugt (Abb. 10.4), d. h. einen Übergang vom Leitungs- ins Valenzband.

Die Lage und Abstände der Energiezustände sind durch die Breite des Quantengrabens bestimmt, der durch Molekularstrahl-Epitaxie (MBE, molecular beam epitaxy) sehr präzise hergestellt werden kann. Bis zu 75 Quantengräben können übereinander angeordnet oder „kaskadiert" werden, so dass ein injiziertes Elektron in einer solchen Quantenkaskade bis zu 75 Photonen erzeugt. Der Elektronentransport zwischen den lichtemittierenden Quantengräben erfolgt über eine Halbleiterschichtfolge, die ein so genanntes Miniband darstellt. Die gesamte Kaskadenstruktur umfasst mehrere 100 Schichten und basiert auf

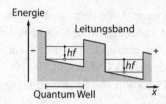

Abb. 10.41 Struktur eines Quantenkaskadenlasers (QCL). Die Laserübergänge finden zwischen Zuständen eines Quantengrabens oder Quantenfilms im Leitungsband statt. Die Übergangsfrequenzen wachsen mit abnehmender Breite des Quantengrabens. Es werden bis zu 100 Quantengräben hintereinander geschaltet. Zwischen den Quantengräben befinden sich noch sogenannte Minibandstrukturen, die zum Transport der Elektronen zwischen den Gräben dienen

dem Verfahren des „band-structure-engineering". Die Lichtemission erfolgt senkrecht zur Schicht ähnlich wie bei VCSELs.

Quantenkaskadenlaser basieren auf InP oder GaAlAs. Durch geeignete Breiten der Quantengräben werden Laser mit Wellenlängen von 2 μm bis zu 300 μm gebaut. QCL arbeiten inzwischen auch bei Raumtemperatur kontinuierlich. Die spektralen Breiten können auf bis zu 10 kHz herabgesetzt werden. Die Abstimmbereiche betragen inzwischen über 20 % und es sind Ausgangsleistungen von mehreren Watt möglich.

QCL-Laser werden insbesondere in der Spektroskopie und der Industrie dort eingesetzt, wo bisher Filterphotometer verwendet wurden und die Messungen durch das Fehlen spektral reiner Quellen begrenzt waren. Anwendungsbeispiele sind der Nachweis von CH_4, N_2O, NO, CO und anderen Spurengasen zur Schadstoffanalyse. Die Breite der Quantengräben kann so dimensioniert werden, dass Strahlung im THz-Bereich auftritt (siehe auch Abschn. 17.4, 1 THz entspricht 300 μm Wellenlänge).

10.8   Violette, blaue und grüne GaN-Laser

Für grüne, blaue und violette Diodenlaser wurden zwei Materialsysteme untersucht: II-VI-Halbleiter auf der Basis von ZnSe und die III-V-Nitride auf der Basis von GaN. Diese Halbleitersysteme verfügen über Bandlücken, die groß genug für die Emission kurzwelliger Strahlung sind. Charakteristische Daten sind in Tab. 10.3 dargestellt. Die Entwicklung der GaN-Laser schreitet voran, so dass weitere Fortschritte zu erwarten sind.

Tab. 10.3 Vergleich von ZnSe- und GaN-Diodenlasern (Stand 2010). GaN-Laser haben deutlich höhere Lebensdauern und sind kommerziell erhältlich

Stellung der atomaren Bestandteile im Periodensystem	ZnSe (II-VI)	GaN (III-V)
Lebensdauer cw bei 300 K (h)	10^2	10^4
Schwellspannung (V)	3,7	4,9
Ausgangsleistung cw (mW)	60	100
Kürzeste Wellenlänge bei 300 K (nm)	474	360

10.8.1   II-VI-Laser

Grün und blau emittierende Leuchtdioden und Halbleiterlaser aus ZnSe-Verbindungen werden schon seit längerer Zeit durch Molekularstrahlepitaxie (MBE) hergestellt. Als Substratmaterial wird meist GaAs aufgrund der guten Gitteranpassung und der vorhandenen Technologie zur kompatiblen Prozessierung verwendet. Auch die Homoepitaxie auf ZnSe-Substraten wurde demonstriert.

Kommerzielle Anwendungen werden aber durch die noch nicht ausreichende Lebensdauer behindert. Die schnelle Degradation wird ähnlich wie in den Anfangszeiten der III-V-Laser durch Defekte (nichtstrahlende Rekombinationszentren) verursacht, die sich im Betrieb vervielfachen.

10.8.2   III-V-Nitrid-Laser

Leuchtdioden (light emitting diode, LED) aus GaN und GaInN wurden erstmals 1993 von der japanischen Firma Nichia Chemicals auf den Markt gebracht. Diese sehr hellen blauen und später auch grünen LEDs sind etwa 100-fach lichtstärker, als die bisher erhältlichen blauen SiC-LEDs waren. Im Jahre 1996 wurde ebenfalls von dieser Firma der erste violette Halbleiterlaser bei 390 nm aus diesem Material vorgestellt. Die Herstellung erfolgt durch metallorganische Gasphasenepitaxie MOCVD.

GaN war als Substrat zunächst nicht technisch verfügbar, daher begnügte man sich oft mit Saphir oder SiC, die in etwa die gleiche Gitterkonstante haben. Durch den Übergang zu quaternären Systemen wie z. B. BAlGaN ist es möglich, Gitteranpassung an SiC zu erzielen. Zusätzlich kann man mit diesen Materialsystemen zu noch kürzeren Wellenlängen gelangen.

Die Prozessierung wie z. B. das Spalten des hexagonalen GaN auf Saphir und die Herstellung der Spiegel ist relativ schwierig, deshalb wurde inzwischen die Herstellung von GaN-Substraten erfolgreich vorangetrieben. Es werden aber weiterhin auch Saphir-Substrate verwendet, die nach Beschichtung u. a. durch Laserschneiden („dicing") getrennt werden.

Trotz hoher Schwellstromdichten von fast $4\,\text{kA/cm}^2$ sind GaN-Laser sehr robust, was auf die hohe Härte dieses Materials zurückgeführt wird. Deshalb werden diese Laser zunehmend kommerziell genutzt.

Inzwischen werden auch grüne InGaN-Laserdioden mit Wellenlängen bis 550 nm produziert. Für Laserdioden von 510–513 nm wurden Lebensdauern von 5000 Stunden abgeschätzt. In dieser Zeit steigt die Betriebsstromstärke um 30 % an.

10.8.3   Anwendungen

Das weitaus größte Marktpotenzial besteht für kurzwellige Laserdioden in der optischen Speichertechnik. Kleine Wellenlängen ermöglichen höhere örtliche Auflösung beim Ablesen, so dass die Datendichte auf optischen Speicherplatten erheblich gesteigert werden kann. Als Weiterentwicklung von CDs (compact disc) und DVDs (digital versatile disc) werden inzwischen Blu-ray-DVD-Systeme unter Einsatz von violett emittierenden GaN-Laserdioden bei 405 nm angeboten.

Eine zukünftige Anwendung sind Laserprojektionssysteme z. B. für Piko-Projektoren. Dabei werden Laserbündel in den drei Grundfarben Rot, Grün und Blau mittels einer schnellen optischen Ablenkeinheit auf eine Projektionsfläche geleitet. Dort entsteht aufgrund des fein fokussierbaren Laserstrahls ein sehr scharfes und wegen des monochromatischen Laserlichts äußerst farbreines und brillantes Bild, das auch problemlos über größere Entfernungen projiziert werden kann. Der Einsatz von Laserdioden (rot: InGaAsP, grün und blau: InGaN) würde hier einen großen Fortschritt darstellen.

10.9 Halbleiterlaser für die Telekommunikation

Moderne Telekommunikations-Netzwerke übertragen die Daten mit Hilfe von optischen Fasern. Daher benötigt man für diese Anwendungen Laser im Bereich der spektralen Fenster bei 1,3 µm für mittlere Reichweiten und 1,55 µm für große Reichweiten (Abb. 10.22). Es werden kantenemittierende und oberflächenemittierende Laser (VCSEL) verwendet. Letztere werdem vor allem für kurze Übertragungsstrecken < 500 m mit Wellenlängen von z. B. 850 nm eingesetzt.

Gegenwärtig sind InP und verwandte Verbindungen (InGaAsP, InGaAlAs) geeignete Materialien. Obwohl die GaAs-Technologie beträchtliche Fortschritte gemacht hat, sind GaAs-Laser nur für den spektralen Bereich unterhalb oder bis nahe an 1,3 µm einsetzbar. Laser auf GaAs-Basis (z. B. mit 800–900 nm) sind daher für kurze Reichweiten geeignet.

Für einfache Anwendungen sind Fabry-Pérot-Laserdioden geeignet, obwohl sie in einem breiten Spektrum senden, welches temperaturabhängig ist. Will man Daten auf mehrere Wellenlängen gleichzeitig übertragen (Wellenlängen-Multiplexen, engl.: wavelength division multiplex WDM), benötigt man Dioden mit einem stabilen Monomode-Betrieb. Dieser wird von Distributed Feedback Lasern (DFB) erreicht, bei denen für die Rückkopplung integrierte Gitterstrukturen eingesetzt werden. Die Temperaturabhängigkeit des Spektrums ist bei diesen Lasern geringer als bei den Fabry-Pérot-Strukturen. Der Wellenlängenabstand beim Multiplexen beträgt z. B. 20 nm, so dass Laser erforderlich sind, die z. B. über 100 nm abgestimmt werden können.

Die einfachste Methode zur Datenübertragung mit kontinuierlichen Lasern nutzt eine Modulation des Diodenstromes. Aufgrund der Lebensdauern der Photonen im Resonator und der angeregten Elektronen sowie parasitären Kapazitäten hat dieses Verfahren seine Grenzfrequenz bei etwa 20 GHz. Alternativ können integrierte Modulatoren eingesetzt werden. Dabei kommen der Elektroabsorptions-Modulator (EAM) und der elektrooptische Mach-Zehnder-Modulator (MZM) bei Frequenzen bis über 40 Gbits/s zum Einsatz.

Höhere Datenraten in einem Wellenlängen-Kanal können durch den Einsatz von gepulsten Lasern erreicht werden. Beim Einsatz von Pulsen im ps-Bereich kann eine Datenrate bzw. ein Datenstrom von z. B. 40 Gbits/s gemultiplexed werden, so dass mehrere Datenströme gleichzeitig übertragen werden (Optical Time Division Multiplexing (OTDM)), z. B. 4 × 40 Gbits/s. Geeignete kurze Pikosekunden-Laserpulse können durch Modenkoppelung erzeugt werden (Abschn. 17.4).

Datenraten bis 1 Tbit/s = 1000 Gbit/s lassen sich über eine einzige Glasfaser durch Wellenlängenmultiplex WDM übertragen.

Für die Erzeugung von Licht unterschiedlicher Wellenlängen werden Mikrolaser erforscht, die sich in Siliziumchips integrieren lassen, auf denen auch die elektronische Ansteuerung der Laser, deren Modulation und Einkopplung in die optische Übertragungsfaser stattfindet. Für die Modulation stehen Silizium-Mikromodulatoren zur Verfügung, die durch Ladungsträgermodulation in pn-Übergängen Datenraten bis 20 Gbit/s pro Wellenlängenkanal erlauben.

Integrierte Systeme aus Laserlichtquellen, optischen Wellenleitern mit Kopplern, Modulatoren und Filtern usw. werden als Silizium-Photonik bezeichnet. Die dafür erforderlichen Strukturen werden auf SOI, silicon on insulator (oxide)-Wafern in CMOS-Fabrikationsanlagen hergestellt. Für die erforderlichen Laser werden allerdings noch zusätzliche Materialien, z. B. InGaAsP eingesetzt.

10.10 Aufgaben

10.1 Ist Silizium ein geeignetes Lasermaterial?

10.2 Worin besteht der Vorteil bei Al-freiem Halbleitermaterial?

10.3 Ein Diodenlaser hat bei 20 °C einen Schwellstrom von 10 mA. Die charakteristische Temperatur beträgt $T_0 = 100$ °C. Wie groß ist der Schwellstrom bei 30 °C?

10.4 Ein Diodenlaser mit einer Wellenlänge von 800 nm hat eine Abstrahlfläche mit den Abmessungen von 1 μm (in Richtung des pn-Überganges, fast axis) und 5 μm (slow axis). Man schätze die entsprechenden Divergenzwinkel ab.

10.5 Geben Sie eine Linsenanordnung zur Erzeugung eines zylindrischen Parallelstrahls aus einem Diodenlaser an.

10.6 Ein Laserdiodenarray besteht aus 10 nicht gekoppelten Einzeldioden mit Abmessungen nach Aufgabe 4 mit einem Abstand von jeweils 5 μm. Man gebe die Beugungsmaßzahlen an.

10.7 Welchen Reflexionsgrad besitzt die Grenzfläche GaAs/Luft? Wie kann der Reflexionsgrad herabgesetzt werden?

10.8   Ein Diodenlaser mit einer Wellenlänge von 750 nm hat eine Länge von 500 μm bei einem Brechungsindex von $n = 3$. Die Verstärkungsbandbreite beträgt 50 nm. Man berechne den Frequenzabstand und die maximale Zahl der longitudinalen Moden.

10.9   Nennen Sie Methoden zur Frequenzselektion.

10.10   Vertikal emittierender Halbleiterlaser, VCSEL: Bei welcher Länge des Lasers aus Aufgabe 8 oszilliert nur eine longitudinale Mode? Wie groß muss der Spiegelreflexionsgrad sein, damit der Laser bei $g_0 = 100 \, \text{cm}^{-1}$ anfängt zu oszillieren?

10.11   Ein GaAlAs-Laser (für CD-Player) hat folgende Daten: $\lambda = 780$ nm, optische Leistung (pro Austrittsfenster) $P = 5$ mW, Schwellstrom $I_{th} = 30$ mA, differenzieller Quantenwirkungsgrad $\eta_{diff} = 25 \%$ (pro Fenster), Serienwiderstand $R = 4 \Omega$. Wie groß ist die elektrische Leistung P_{el}?

Hinweise: Der differenzielle Quantenwirkungsgrad ist gegeben durch $\eta_{diff} = N_{Photon}/N_{Elektron} = (e\lambda\Delta P)/(hc\Delta I)$. Nehmen Sie an, dass die Spannung U_{th} (bei I_{th}) etwa gleich dem Bandabstand ist.

Weiterführende Literatur

1. Bachmann F, Loose P, Poprawe R (Hrsg.) (2007) High Power Lasers. Springer
2. Meschede D (2005) Optik, Licht und Laser. Vieweg+Teubner
3. Miller SE, Kaminow IP (2008) Optical Fiber Telecommunications. Academic Press, London
4. Nakamura S, Fasol G (2000) The Blue Laser Diode. Springer, Berlin
5. Prost W (1997) Technologie der III/V-Halbleiter. Springer, Berlin
6. Sze SM (2006) Physics of Semiconductor Devices. John Wiley & Sons

FELs, kohärente Röntgen- und Atomstrahlen 11

In diesem Kapitel werden drei wissenschaftlich interessante Lasertypen beschrieben, die auf anderen physikalischen Konzepten, als bisher besprochen, beruhen:

- Freie-Elektronen-Laser (FEL) beruhen auf der Lichtemission von Elektronenstrahlen in einem periodischen Magnetfeld. Damit lässt sich Strahlung im Spektralbereich vom Infraroten bis zum Röntgenlicht erzeugen, was den Emissionsbereich anderer Lasertypen bei weitem übertrifft.
- Kohärente XUV- und Röntgenstrahlung kann auch durch stimulierte Emission von Ionen in laserinduzierten Plasmen erzeugt werden. XUV oder EUV bedeutet „extremes UV" mit Wellenlängen unter 100 nm, während Röntgenstrahlung Wellenlängen von 50 pm bis 10 nm bezeichnet.
- Im Jahre 1997 wurde erstmals die Erzeugung kohärenter Atomstrahlen realisiert. Dafür wurde ein „atomic laser" oder „Atomlaser" benutzt, wobei die Bezeichnung Laser hier nicht ganz korrekt ist, da kein Licht emittiert wird, sondern Atome.

Diese drei Lasertypen sind konzeptionell und auch bezüglich der Strahleigenschaften völlig verschieden und werden hier trotzdem in einem Kapitel dargestellt, um zukünftige Perspektiven aufzuzeigen.

Mit dem Freie-Elektronen-Laser FLASH von der Großforschungseinrichtung DESY in Hamburg wurden im Jahre 2007 Wellenlängen bis 6 nm erzeugt. Daneben werden hoch ionisierte Plasmen zur Erzeugung von Röntgenstrahlung eingesetzt. Die darin befindlichen Ionen hoher Ladungszahl zeichnen sich durch elektronische Zustände hoher Energie aus und bei Übergängen entsteht Röntgenstrahlung. Die kürzesten damit realisierten Wellenlängen liegen bei 4 nm.

© Springer-Verlag Berlin Heidelberg 2015
H.J. Eichler, J. Eichler, *Laser*, DOI 10.1007/978-3-642-41438-1_11

Abb. 11.1 Photonenenergien und Brillanzen von kurzwelligen FELs im Vergleich zu Synchrotron-Strahlungsquellen (nach W. Ackermann u. a. Nature Photonics, 1 (2007), 336-342). Die höchsten Brillanzen liefert bisher die Linac Coherent Light Source LCLS

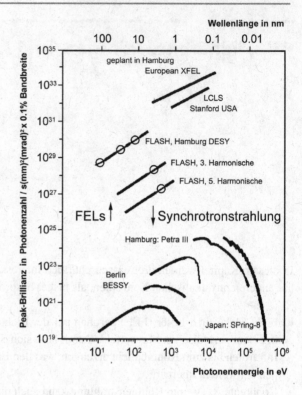

Die Brillanz B solcher Laser wird gegeben durch

$$\text{Brillanz} = \frac{\text{Photonenzahl}}{\text{Pulsdauer} \times \text{Fläche} \times \text{Raumwinkel} \times 0{,}1\,\%\,\text{Bandbreite}} .$$

Die Brillanz B wird in der Einheit

$$[B] = 1\,\text{Photon}/(\text{s} \cdot \text{mm}^2 \cdot \text{mrad}^2 \cdot 0{,}1\,\%\,\text{Bandbreite})$$
$$= 1\,\text{Schwinger} = 1\,\text{Sch}$$

angegeben.

Dabei gibt der Faktor „0,1 % Bandbreite" an, dass bei einem kontinuierlichen Spektrum der Strahlung die Bandbreite zu 0,1 % der Nutzwellenlänge anzusetzen ist. Dies kann durch spektrale Filterung erreicht werden.

Plasmabasierte Röntgenlaser sind durch sehr hohe Spitzen-Brillanzen bis etwa 10^{30} Photonen/(s·mm²·(mrad)²·0,1 % Bandbreite) = 10^{30} Sch ausgezeichnet (Abb. 11.1).

Die entsprechenden Werte der Synchrotronstrahlung liegen bei 10^{24}. Synchrotronstrahlungspulse besitzen jedoch wesentlich höhere Repetitionsfrequenzen von etwa 500 MHz, so dass ihre mittlere Brillanz wesentlich höher ist als die von Röntgenlasern.

FELs erreichen Spitzen-Brillanzen von 10^{33} Sch. Dies sind heute noch aufwendige Anlagen und existieren nur in wenigen Laboratorien. An der Entwicklung kompakter Geräte wird jedoch gearbeitet.

11.1 Freie-Elektronen-Laser (FEL)

Bei den bisher realisierten FELs wird die Strahlung durch schnelle Elektronen erzeugt, die sich durch ein örtlich periodisches, transversales Magnetfeld bewegen und dort oszillieren. Derartig beschleunigte Elektronen senden Licht senkrecht zur Oszillationsrichtung, d. h. in ihrer Bewegungsrichtung, aus. Die gerichtete Strahlung eines FELs entsteht also nicht durch induzierte Emission zwischen atomaren Energieniveaus, ist aber trotzdem kohärent und wird daher als Laserstrahlung bezeichnet.

11.1.1 Aufbau

Die Energie bei einem FEL stammt aus einem Strahl hochenergetischer Elektronen, welche relativistische Geschwindigkeiten, d. h. nahezu Lichtgeschwindigkeit, aufweisen. Die Elektronenenergien betragen einige 10 MeV bis 15 GeV und werden mit Elektronenbeschleunigern erzeugt. Die Elektronen werden nach Abb. 11.2 durch ein statisches, transversales, räumlich periodisches Magnetfeld gestrahlt. Dies lässt sich durch eine Gruppe von Magnetpolen mit alternierender Polarität, Undulator genannt, aufbauen.

Die Elektronen beschreiben im transversalen Magnetfeld eine oszillierende Bahnkurve, welche durch die Lorentz-Kraft verursacht wird. Durch diese beschleunigte Bewegung wird vorzugsweise in Strahlrichtung der Elektronen eine polarisierte elektromagnetische Welle bestimmter Frequenz ausgesandt und verstärkt. Zur Erzielung von Lasertätigkeit im

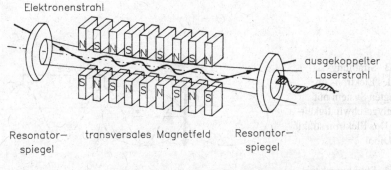

Abb. 11.2 Aufbau eines Elektronenstrahllasers mit Undulator. Resonatoren mit Spiegeln wie dargestellt werden für langwellige FELs eingesetzt. Die Erzeugung von VUV- und Röntgenstrahlung erfolgt meist ohne Spiegel durch Superstrahlung (SASE-FEL). Es gibt auch „geseedete" FELs, bei denen die gezeigte Anordnung ohne Spiegel als Verstärker dient, z. B. beim FERMI-FEL in Trieste, Italien, mit Photonenenergien von 20–100 eV oder beim LCLS in Stanford mit 500 eV bis 15 keV

Infraroten oder Sichtbaren wird ein optischer Resonator verwendet. Der Elektronenstrahl wird nach Abb. 11.2 seitlich an den Spiegeln vorbei in die Magnetfeldstruktur einge-schossen. Röntgen-FELs werden allerdings als single-pass-Systeme oder Superstrahler realisiert, da keine absorptionsarmen und hochreflektierenden Spiegel zum Resonatorauf-bau zur Verfügung stehen.

11.1.2 Spontane Emission

Zur Beschreibung der abgegebenen Strahlung des Elektrons wird zunächst ein Koordi-natensystem benutzt, welches sich mit dem Elektron in Strahlrichtung bewegt. In diesem System führt das Elektron eine Sinusschwingung aus. Man erhält einen Dipolstrahler, des-sen Abstrahlcharakteristik in Abb. 11.3 dargestellt ist.

Zur Bestimmung der Wellenlänge muss die spezielle Relativitätstheorie herangezogen werden, da das Elektron nahezu Lichtgeschwindigkeit besitzt, z. B. $v = 0,999.93 \cdot c$. Aufgrund der Längenkontraktion wird die Undulatorperiode L im mitbewegten System um den Faktor $1/\gamma$ verkürzt.

$$\gamma = \frac{1}{\left(1 - (v/c)^2\right)^{1/2}} = E/mc^2 \,. \tag{11.1}$$

Hierbei ist E die Gesamtenergie des Elektrons und $mc^2 = 0{,}511\,\text{MeV}$ die Ruheenergie. Im mit nahezu Lichtgeschwindigkeit mitbewegten System wird eine linear polarisierte Welle mit der Wellenlänge

$$\lambda_\text{e} = L/\gamma \tag{11.2}$$

erzeugt, wobei L die Länge der Undulatorperiode ist.

Durch Rücktransformation ins Laborsystem ergibt sich ein stark deformierter Strah-lungskegel (Abb. 11.4). Wie bei der Synchrotronstrahlung erfolgt die Emission praktisch nur in Vorwärtsrichtung unter dem Divergenzwinkel

$$\Theta = 1/\gamma \,. \tag{11.3}$$

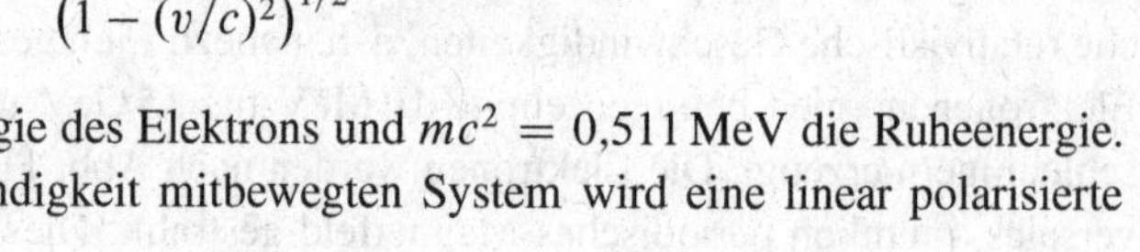

Abb. 11.3 Strahlungsver-teilung des Elektrons im mitbewegten System mit der Relativgeschwindigkeit $v' = 0$. Das Elektron strahlt wie ein Dipol

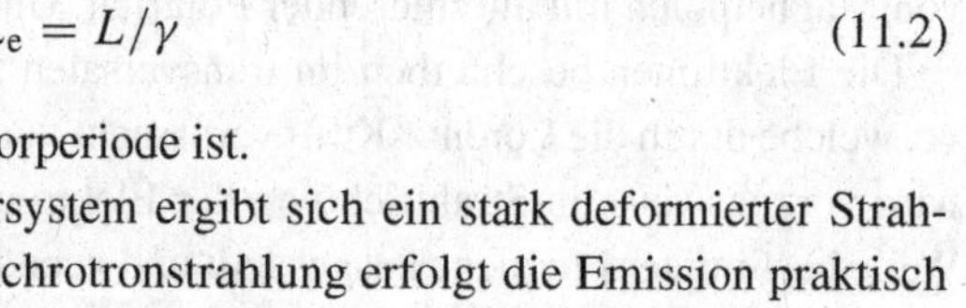

Abb. 11.4 Strahlungskegel des Elektrons im Laborsystem. Die Strahlung entspricht der spontanen Emission

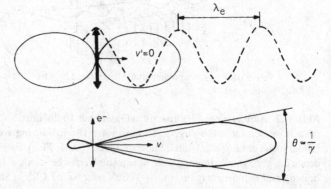

Tab. 11.1 Spontane Emission beim Elektronenstrahllaser mit Undulatorperiode $L = 2$ cm

Elektronenenergie	γ	Wellenlänge λ_L	Divergenz Θ
10 MeV	20	25 µm	25 mrad
50 MeV	100	1 µm	10 mrad
500 MeV	1000	10 nm	1 mrad

Die abgestrahlte Wellenlänge erfährt durch den relativistischen Dopplereffekt, siehe Kap. 19, in Vorwärtsrichtung eine Verkürzung, so dass sich die Wellenlänge im Laborsystem ergibt zu

$$\lambda_L = \lambda_e \left(1 - (v/c)^2\right)^{1/2} / (1 + v/c) \qquad (11.4)$$
$$\approx L/2\gamma^2, \quad \text{mit } v \approx c.$$

Für Undulatorperioden von $L = 2$ cm erhält man nach Tab. 11.1 beispielsweise Emissionswellenlängen λ_L bis in den nahen Röntgenbereich.

Da die Anfangsenergie des Elektrons durch das Magnetfeld B teilweise in Oszillationsenergie umgewandelt wird, ist (11.1) nicht exakt gültig. Dies führt auch zu einer Korrektur von (11.4):

$$\lambda_L(k) = \lambda_L(1 + k^2) = (L/2\gamma^2)(1 + k^2) \quad \text{mit} \qquad (11.5)$$
$$k = eBL/2\pi mc^2.$$

Das abgestrahlte Spektrum hängt von der Zahl N der Undulatorperioden ab, da das Elektron einen kohärenten Wellenzug mit N Perioden aussendet. Die Fourieranalyse ergibt für die Halbwertsbreite

$$\Delta\lambda/\lambda_L \leq 1/2N. \qquad (11.6)$$

Gleichheit gilt für Undulatorstrahlung in einem Synchrotron. Bei FELs ist $\Delta\lambda$ meist viel geringer.

11.1.3 Lichtverstärkung

Das Elektron im Undulator soll nun noch zusätzlich mit einer in gleicher Richtung laufenden Lichtwelle in Wechselwirkung treten. In Abb. 11.5 ist die Bahn eines Elektrons in einem Undulator und eine eingestrahlte Lichtwelle mit der Wellenlänge λ gezeigt. Die Phasenlage zwischen Elektronenbahn und Lichtwelle bestimmt, ob das Elektron beschleunigt oder verzögert wird. Im Fall a) von Abb. 11.5 ist die Feldstärke der Lichtwelle E parallel zur transversalen Geschwindigkeit der Elektronen v_t, und es tritt eine Beschleunigung der Elektronen auf. Dies entspricht dem Fall der Absorption von Strahlung. Im Fall b) sind E und v_t antiparallel, und das Elektron gibt durch seine Verzögerung kinetische Energie an das Strahlungsfeld ab. Dies kann als Lichtverstärkung durch stimulierte Emission interpretiert werden.

Abb. 11.5 Wechselwirkung einer Lichtwelle mit einem Elektron in einem Undulator: **a** Absorption ($P > 0$); **b** Lichtverstärkung durch stimulierte Emission ($P < 0$). (E = Feldstärke der Lichtwelle, v = Geschwindigkeit der Elektronen, P = aufs Elektron übertragene Leistung)

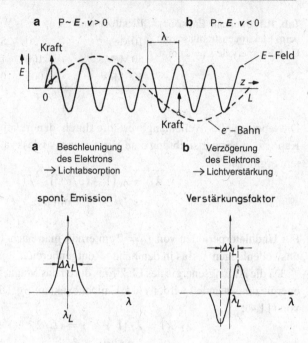

Abb. 11.6 Spektrale Verteilung der spontanen Emission und Lichtverstärkung in einem FEL

Die Phasenlage zwischen Elektronenbahn und Lichtwelle ändert sich entlang der Ausbreitungsrichtung, da Elektronen und Licht geringfügig verschiedene Geschwindigkeiten besitzen. Wenn in der Zeit L/v die Lichtwelle gerade eine Wellenlänge λ mehr zurückgelegt hat als der Elektronenweg L beträgt, so kommen alle Phasen gleich häufig vor, und es ergibt sich keine Verstärkung. Dies ist der Fall für

$$L/v = (L + \lambda)/c \quad \text{oder} \tag{11.7}$$
$$\lambda = (c/v - 1)L \approx L(1 - v/c) = L/2\gamma^2 = \lambda_L \,.$$

Dies entspricht gerade dem Maximum der spontanen Emission nach (11.4). Für etwas höhere Frequenzen dagegen tritt Lichtverstärkung auf, für kleinere Frequenzen Absorption wie in Abb. 11.6 dargestellt.

Mit einem Aufbau ähnlich wie in Abb. 11.2 wurde z. B. eine Verstärkung im infraroten Bereich von 7 % erzielt. Durch Rückkopplung konnte Lasertätigkeit mit einem Wirkungsgrad von 0,1 % erreicht werden.

Der große Abstimmbereich ermöglicht Anwendungen in der Infrarotspektroskopie. Ein dafür geeignetes Gerät steht z. B. in Rossendorf bei Dresden zur Verfügung.

11.1.4 Self-Amplified Spontaneous Emission, SASE-FEL

Das Funktionsprinzip eines kurzwelligen FEL mit intensiver Emission im Röntgenbereich wurde im Jahre 1999 vom Hamburger Forschungszentrum DESY getestet und wird zur

Zeit weiter entwickelt. Dieser Röntgenlaser arbeitet ohne Spiegel durch Self-Amplified Spontaneous Emission oder Superstrahlung wie ähnlich wie in Abschn. 2.6 dargestellt (SASE-FEL). In einem etwa 300 m langen Beschleuniger mit Undulator fliegen hochenergetische Elektronen in einem periodischen Magnetfeld auf einem Schlingerkurs und senden dabei spontan Röntgenstrahlung aus wie oben dargestellt. Die spontan entstehende Strahlung ist etwas schneller als die Elektronen und wirkt daher auf die vor ihr herfliegenden Elektronen ein. Dadurch werden einige Elektronen abgebremst, andere beschleunigt. In den Elektronenpaketen entwickelt sich dadurch eine periodische Dichtemodulation mit der Wellenlänge der emittierten Strahlung, die dann zur kohärenten und intesiven Emission führt. Bei einer Zahl von n Elektronen wächst die Spitzenintensität mit n^2 statt mit n im inkohärenten Fall.

In Hamburg wurde mit einem solchen FEL, genannt FLASH, eine Wellenlänge von nur 6 nm erzeugt. Eigenschaften von FLASH und anderer FELs sind in Abb. 11.1 dargestellt. In Hamburg ist ein weiterer FEL im Bau, der Röntgenstrahlung mit Wellenlängen bis in den Bereich von 0,1 nm erzeugen soll. Der über 3 km lange unterirdische Tunnel für diesen XFEL ist 2014 als Rohbau fertiggestellt. Geplant ist, damit atomare und molekulare Nano-Strukturen z. B. in Viren und Zellen aufzuklären sowie schnell ablaufende chemische Reaktionen im fs-Bereich zu verfolgen.

11.2 Röntgen- und XUV-Laser mit hochionisierten Atomen

Die Energie langwelliger Röntgenstrahlung bei $\lambda = 10$ nm beträgt etwa 124 eV. Derartig hohe Energiedifferenzen sind in den äußeren Schalen von neutralen Atomen oder Molekülen nicht vorhanden. Energien dieser Größenordnung treten jedoch in den äußeren Schalen hoch ionisierter Atome auf. Nach der Bohrschen Theorie lassen sich als Beispiel die Übergänge der Balmer-Serie (Übergang von der Hauptquantenzahl $n = 3 \rightarrow 2$) für das H-Atom, das He^+-Ion und das C^{5+}-Ion berechnen.

Nach (5.1) und Abb. 5.1 erhält man

$$\begin{aligned}
\text{H-Atom:} \quad & \lambda_B = 656\,\text{nm}, \\
\text{He}^+\text{-Ion:} \quad & 164\,\text{nm}, \\
\text{C}^{5+}\text{-Ion:} \quad & 18\,\text{nm}.
\end{aligned} \qquad (11.8)$$

Hochionisierte Atome in Plasmen sind also als aktives Medium für Röntgenlaser geeignet, und es wurde eine Vielzahl derartiger Laser im Wellenlängenbereich zwischen 600–10 Å realisiert (Tab. 11.2).

Kurzwellige Röntgenlaser sind prinzipiell auch durch Übergänge zu unbesetzten Elektronenzuständen in inneren Schalen in Atomen möglich. Ein noch nicht realisiertes Beispiel ist die klassische K_α-Strahlung von Kupfer mit einer Wellenlänge von 1,5 Å = 0,15 nm entsprechend einer Photonenenergie von 8 keV. Die Anregung derartiger Innerschalenübergänge ist z. B. durch Pumpen mit Strahlung einer Wellenlänge möglich, die

Tab. 11.2 Beispiele für XUV- und Röntgenlaser. λ stellt die Wellenlänge, g den erzielten Verstärkungskoeffizienten und L die Länge der Superstrahler dar

Laserübergang	Inversionserzeugung	λ (nm)	g (cm^{-1})	L (cm)	Pumpleistung (W/cm^{-2})
Kr^{8+} ($4d \rightarrow 4p$)	Elektronenstoß	32,8	80		
Ti^{12+} ($3p \rightarrow 3s$)	Elektronenstoß	32,6	35		
Zn^{20+}		21,2			
Se^{24+} ($3p \rightarrow 3s$)	Elektronenstoß	21	30		
Ge^{22+} ($3p \rightarrow 3s$)	Elektronenstoß	19,6	1,5	10	10^{14}
Mo		18,9			
C^{5+} ($n = 3 \rightarrow 2$)	Rekombination	18,2	4,1	0,7	$5 \cdot 10^{13}$
Pd^{22+} ($4d \rightarrow 4p$)	Elektronenstoß	14,7	65		
Ag^{23+} ($4d \rightarrow 4p$)	Elektronenstoß	13,9	10		
Sn		13,5			
Mo^{32+} ($3p \rightarrow 3s$)	Elektronenstoß	13,1	4	3,5	$4 \cdot 10^{14}$
Yb^{42+} ($4d \rightarrow 4p$)	Elektronenstoß	5,0	1	3,5	$1,4 \cdot 10^{14}$
Al^{12+} ($n = 3 \rightarrow 2$)	Rekombination	4,24	10	0,4	
Au^{51+} ($4d \rightarrow 4p$)	Elektronenstoß	3,56	2		
Ne^{+} ($2p \rightarrow 1s$)	Innerschalenphoto-ionisation	1,46	65	0,3	

Tab. 11.3 Charakteristische Strahlungsparameter der plasma-basierten Röntgenlaser

Linienbreite $\Delta\lambda/\lambda$	$\sim 10^{-3}$–10^{-4}
Divergenz	≥ 3 mrad
Pulslänge	~ 10–100 ps
Pulsenergie	µJ–mJ
Effizienz	10^{-5}–10^{-7}
Pulsabstand	Einige min oder s (Anregung mit geringer Pumpenergie)
Peak-Brillanz B	$\sim 10^{28}$ (für Zn^{20+}-Laser bei $\lambda = 21,2$ nm)

kurzwelliger als die Wellenlänge des Übergangs ist. Die Besetzungsinversion wird jedoch durch den Auger-Effekt beeinflusst, der zu einer schnellen Relaxation mit typischen Zeiten von 10^{-14} s führt. Beim Auger-Effekt wird das Loch in einer inneren Schale strahlungslos mit einem äußeren Elektron aufgefüllt; die überschüssige Energie wird auf ein zweites äußeres Elektron übertragen, welches als Auger-Elektron den Atomverband verlässt. Die schnelle strahlungslose Auger-Rekombination erfordert fs-Pumppulse. Mit Innerschalen-anregung von Ne 1 s mit einem FEL konnte im Jahre 2012 fs-Laserstrahlung bei etwa 1,46 nm oder 849 eV realisiert werden.

Ein Überblick über bisher realisierte kurzwellige Laser in hochionisierten Atomen ist in Tab. 11.2 dargestellt. Charakteristische Strahlungsparameter sind in Tab. 11.3 zusammengefasst.

Gegenwärtig gelten drei Entwicklungsrichtungen für plasma-basierte Röntgenlaser als besonders Erfolg versprechend: elektronenstoßgepumpte Röntgenlaser, insbesondere im „transienten Bereich", Rekombinationslaser und elektrisch gepumpte Systeme. Darüber hinaus sind auch die bereits erwähnten Innerschalenlaser von Bedeutung. Auch FELs erzeugen Röntgenstrahlung und werden daher als Röntgenlaser bezeichnet, sind jedoch bisher wesentlich aufwendiger zu realisieren als plasma-basierte Laser.

11.2.1   Elektronenstoßanregung

Die heute existierenden Röntgenlaser mit Wellenlängen kleiner als 25 nm basieren auf Übergängen in hochionisierten Atomen. Diese werden durch Bestrahlung von Festkörpern mit kurzen Pulsen aus Hochleistungslasern erzeugt und durch Elektronenstoß oder Rekombination angeregt. Als Target dienen typischerweise Folien und Festkörperoberflächen, die von einer oder zwei Seiten auf einer Fläche von 100 μm Breite und einer variablen Länge bis zu 5 cm bestrahlt werden (Abb. 11.7). Für Röntgenlaser sind keine Spiegel verfügbar. Daher arbeitet das System als Superstrahler. Die Pumplaserpulse müssen nun sowohl ein Plasma von Ionen in der notwendigen Konfiguration, wie z. B. neon- oder nickelähnlichen Ionen, des verwendeten Targetmaterials erzeugen und darüber hinaus in diesen Ionen durch Elektronenstoß die Besetzungsinversion zwischen den Niveaus des Laserübergangs liefern.

Erfolgreiche Experimente wurden an mehreren Laboratorien in den USA, GB, Frankreich, Deutschland und Japan durchgeführt. Als günstig hat sich dabei die sog. Vorpulstechnik erwiesen, bei der ein geringer Teil des Pumppulses als Vorpuls zur Erzeugung eines Vorplasmas verwendet wird, das nach einer Verzögerung von wenigen ns dann durch den Hauptimpuls in den notwendigen Ionisationszustand versetzt und die Besetzungsinversion erzeugt wird. Das Vorplasma erlaubt eine bessere Einkopplung des zweiten Laserpulses und führt zu einer homogeneren Plasmaausbildung.

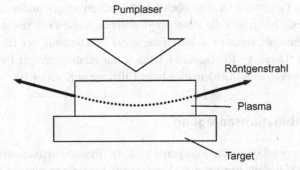

Abb. 11.7 Prinzip eines Röntgenlasers. Durch Beschuss der Targetoberfläche mit einem kurzen Laserpuls hoher Leistung entsteht ein Plasma als aktives Medium. Das Verstärkungsgebiet hat z. B. eine Länge von 10–20 mm und einen Durchmesser von 0.1 mm. Der Röntgenstrahl verläuft im aktiven Medium leicht gekrümmt, da die Elektrondichte nach oben abnimmt

Abb. 11.8 Elektronenstoßanregung des Ti-Röntgenlasers. Durch einen ns-Vorpuls werden in einem Plasma neonähnliche Ti-Ionen (Ti^{12+}) erzeugt. Durch einen ps-Pumppuls wird das obere Laserniveau 3p angeregt. Der Laserübergang erfolgt nach 3 s

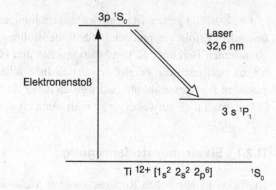

Vor allem in neonähnlichen Ionen wurden durch Elektronenstoß $2s^2\,2p^5\,3p$ Zustände besetzt, von denen Laserübergänge nach $2s^2\,2p^5\,3s$ mit Wellenlängen von 32,6 nm (Titan), 19,6 nm (Ge) oder bei der bisher kürzesten Wellenlänge um 3,5 nm (Au) erhalten wurden. Die verwendeten Laserintensitäten liegen im Bereich zwischen 10^{13}–10^{15} W/cm^2, und das erzeugte Plasma hat Temperaturen von einigen 100 eV bis keV, wobei 1 keV einer Elektronentemperatur von 10^7 K entspricht. Die Besetzungsinversion ist wesentlich durch die Lebensdauer des unteren Laserniveaus bestimmt, die sehr kurz sein sollte. Die Verstärkungskoeffizienten g betragen im allgemeinen einige cm^{-1}. Derartige Röntgenlaser erforderten zur Anregung ursprünglich den Einsatz sehr großer Lasersysteme mit Ausgangsenergien von einigen 10 J bis kJ.

Ein wichtiger Schritt zu kleineren (table top) Röntgenlasern hin ist 1995 mit der Demonstration eines so genannten „transienten Verstärkungsregimes" in neonähnlichen Ionen gelungen. Durch einen ps-Puls wird eine sehr schnelle Plasmaaufheizung durch Elektronenstoß in einem Vorplasma erreicht, das mit einem ns-Vorpuls erzeugt wurde. Für das Lasern ist der kurze ps-Puls verantwortlich, der die oberen Laserniveaus stärker anregt als die unteren (Abb. 11.8). Dieser Anregungsmechanismus ist durch sehr hohe Verstärkungskoeffizienten von $g > 30$ cm^{-1} und kurze Röntgenlaserpulse (ps-Bereich) gekennzeichnet. Im Gegensatz zu dem oben beschriebenen so genannten quasistationären Verstärkungsregime hängt hier die Besetzungsinversion nicht mehr von der Lebensdauer des unteren Niveaus ab, sondern ist durch die spezielle Dynamik der Elektronenstoßanregung bestimmt. Derartige Röntgenlaser können mit relativ geringer Pumpenergie von einigen Joule arbeiten, aber trotzdem eine hohe Effizienz von besser 10^{-6} erreichen.

11.2.2 Rekombinationsanregung

Ein weiteres Pumpverfahren für Röntgenlaser nutzt Rekombinationsprozesse aus. Mit Nd:Glas oder CO$_2$-Lasern werden z. B. Kohlenstoff-Fasern von einigen μm Durchmesser und 1 bis 2 cm Länge verdampft. Es entsteht ein fast vollständig ionisiertes Plasma, welches schnell expandiert. Rekombination führt zu wasserstoffähnlichen Ionen, wobei vorwiegend angeregte $n = 3$-Zustände besetzt werden, entweder direkt oder durch Kas-

Abb. 11.9 Rekombi-
nationsanregung beim
C^{5+}-Röntgenlaser. Das obere
Laserniveau ($n=3$) wird direkt oder durch Kaskaden aus
höheren Niveaus besetzt. Das
untere Laserniveau ($n=2$) hat
eine sehr kurze Lebensdauer

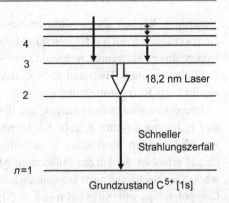

kaden aus höheren Niveaus (Abb. 11.9). Das $n = 2$-Niveau zerfällt schnell durch Emission von Licht in den Grundzustand $n = 1$, so dass eine Überbesetzung von $n = 3$
gegenüber $n = 2$ auftritt. Bei C^{5+} ergibt sich eine Wellenlänge von 18,2 nm. Verstärkungskoeffizienten von $g \sim 3$–$6\,cm^{-1}$ sind bei Pulslängen bis 100 ns mit magnetischem
Plasmaeinschluss erreicht worden. Rekombinationsgepumpte Laser lassen sich auch in
He- und Li-ähnlichen Ionen (Mg^{9+}, Al^{10+}, S^{13+} u. a.) verwirklichen. Die bisher kürzesten Wellenlängen von 4,2 bis 4,6 nm wurden im He-ähnlichen Al^{11+} erzeugt. Verwendet
wurde ein Nd-Pumplaser mit 60 J Energie und 100 ps Länge. Die Verstärkung betrug
$G = I/I_0 = 50$ bei einer Plasmalänge von 4 mm, was für praktische Anwendungen
noch verbessert werden muss. Bemerkenswert ist allgemein, dass im Vergleich zu elektro-
nenstoßangeregten Röntgenlasern wesentlich kleinere Werte für das Produkt gL erhalten
werden konnten.

11.2.3 Elektrisch angeregte Gasentladungs-Laser

Eine weitere interessante Methode für Röntgenlaser besteht in der Nutzung einer Kapil-
larentladung. Hier erzeugt ein Hochstrompuls in einer gasgefüllten Kapillare von einigen
mm Durchmesser und einer Länge von $l = 10$ bis 20 cm durch Elektronenstoß sowohl
ein Plasma im notwendigen Ionisationszustand als auch gleichzeitig die Besetzungsinversion. Verstärkung mit $gl \sim 15$ ist in Ar bei Wellenlängen von 41,0 nm und S bei 61,0 nm
demonstriert worden. Die Divergenzwerte dieser Röntgenkapillarlaser sind gering und liegen im Bereich von 5–10 mrad.

11.2.4 Perspektiven, EUV-Lithografie

Zur Demonstration von Röntgenlasern wird meist auf Resonatoren verzichtet, so dass nur
Röntgen-Superstrahlung beobachtet wird. Da alle Materialien nur geringe Reflexion im
nahen Röntgenbereich aufweisen, sind Spiegel für Röntgenlaser schwierig herzustellen.

Neuerdings können aber Multilayerspiegel mit Reflexionskoeffizienten um 50 % produziert werden, die auch erfolgreich in Halb-Resonatoren für einen Zweifachdurchlauf des Röntgenlasers verwendet werden. Denkbar sind Spiegel, die auf der Bragg-Reflexion an Kristallen beruhen. Hier sind Reflexionskoeffizienten über 50 % zu erwarten, allerdings nur für harte Röntgenstrahlung unterhalb von 1 nm.

Interessant sind Anwendungen, die die hohe Eindringtiefe der Röntgenstrahlung und ihre Kohärenz ausnützen, z. B. Röntgenholographie für die dreidimensionale Abbilung von biologischen Strukturen, Materialforschung und Röntgeninterferometrie. Darüber hinaus erlauben die kurzen Pulsdauern Messungen mit hoher Zeitauflösung. Außerdem wächst die Nachfrage nach kompakten kohärenten EUV-Quellen für die Lithographie von Computerchips mit Strukturbreiten ≤ 20 nm. Dafür werden kompakte table-top-EUV-Laser mit Wellenlängen um 13 nm benötigt. Inzwischen erzeugen bereits ArF-Laser mit Wellenlängen um 193 nm solche kleinen Strukturen.

Besonders fortgeschritten ist die Entwicklung von Zinn-EUV-Lasern durch die Firma Cymer in den USA, die auch Excimer-Laser für die Lithographe zur Herstellung von Halbleiterchips, vorwiegend Si-Chips, herstellt.

Bei diesen Sn-Lasern werden Kügelchen (droplets) aus Zinn durch einen gepulsten CO_2-Laser auf einige 10^5 K aufgeheizt, so dass EUV-Licht mit 13,5 nm neben anderen Wellenlängen abgestrahlt wird. Die EUV-Strahlung wird von einem Hohlspiegel mit Silizium-Molybden-Multischichten aufgefangen. Dieser Spiegel selektiert die 13,5 nm Strahlung, die über einen Zwischenfokus in die Beleuchtungsoptik für den Lithographie-Prozess geleitet wird. Angestrebt werden EUV-Pulsfolgefrequenzen von 100 kHz und mittlere EUV-Leistungen von 250 Watt bei einem Wirkungsgrad von 5 %. Um dies zu erreichen, kann ein Vorpuls mit 1064 nm Wellenlänge verwendet werden, der das Sn-droplet mit 20 µm Durchmesser aufheizt, so dass es auf 300 µm expandiert und den CO_2-Puls optimal absorbiert.

11.3   Kohärente Atomstrahlen

Elektronen-, Atom-, Molekül- und andere Teilchenstrahlen werden bereits seit langem in Forschung und Technik verwendet. Dabei handelt es sich um Teilchen, die sich mit etwa einheitlicher Geschwindigkeit in einer Richtung bewegen. Die Bahnen sind Geraden im feldfreien Raum und bilden ein Strahlenbündel, ähnlich wie ein Lichtstrahlenbündel, das vereinfacht ebenfalls oft als Strahl bezeichnet wird.

Nach der Quantenmechanik ist jedem bewegten Teilchen eine Welle zuzuordnen, und dies trifft auch für einen Teilchenstrahl zu. Wegen statistischer oder thermischer Schwankungen der Teilchengeschwindigkeit sind die Wellenlängen und Ausbreitungsrichtungen der Teilchen jedoch leicht unterschiedlich, so dass ein Teilchenstrahl im allgemeinen wenig kohärent ist.

In den letzten Jahren ist es jedoch gelungen, freie Atome sehr stark abzukühlen und damit hoch kohärente Atomstrahlen zu erzeugen. Nach der Heisenbergschen Unschärferelation ist die Position eines Atoms der Masse m über einen Abstand verschmiert, der durch die thermische de Broglie-Wellenlänge λ gegeben ist:

$$\lambda = h \big/ \sqrt{2mk_B T} \,,$$

wobei k_B die Boltzmannkonstante und T die Temperatur des Gases ist, in dem sich das Atom befindet. Bei Raumtemperatur ist λ sehr viel kleiner als der mittlere Abstand zwischen zwei Atomen, so dass deren Wellenlängen unkorreliert sind. Wenn das Gas jedoch gekühlt wird, erhöht sich λ, so dass sich die Wellenfunktionen benachbarter Atome überlappen und schließlich eine kohärente Welle bilden. Dieser Übergang wird als Bose-Einstein-Kondensation bezeichnet. Die Kondensation ist nur bei Teilchen mit ganzzahligem Spin möglich, nicht aber bei Elektronen, die halbzahligen Spin besitzen.

Die Kühlung der Atome erfolgt dabei zunächst durch z. B. Einstrahlung von Laserlicht mit einer Frequenz, die etwas unterhalb der Mittenfrequenz eines optischen Überganges liegt. Das Licht wird absorbiert und in alle Richtungen gleichmäßig abgestrahlt, wobei das Frequenzspektrum nun um die Mittenfrequenz zentriert ist. Deshalb wird im Mittel mehr Energie abgestrahlt als absorbiert, so dass eine Energieabnahme oder Kühlung des Gases eintritt.

Eine weitere Kühlung ist durch Verdampfung möglich. Dazu werden die Gasatome in speziellen magnetischen Feldern, so genannten Fallen, gesammelt. Die hochenergetischen, schnellen Atome lässt man entweichen, so dass sich wiederum eine Kühlung ergibt. So wurde eine Bose-Einstein-Kondensation von 10^7 Natrium-Atomen auf einer Länge von 0,3 mm mit Temperaturen von 2 μK gebildet. Die Kondensate existieren bisher einige Sekunden.

Die Kondensation von Atomen in den tiefsten Energiezustand oder Grundzustand einer magnetischen Falle ist analog zur Ausbildung einer stehenden Welle in einem Laserresonator durch stimulierte Emission von Photonen, so dass die Falle als ein Atomresonator mit magnetischen Spiegeln angesehen werden kann. Um einen kohärenten Atomstrahl aus der Falle auszukoppeln, wird durch einen kurzen Hochfrequenzimpuls die Richtung des magnetischen Moments der Atome verändert, so dass einige oder alle Atome aus der Falle entweichen können. Die Kohärenz der so erzeugten Atomwelle wurde durch Interferenzexperimente zwischen Strahlen, die aus zwei separaten Kondensaten stammen, nachgewiesen.

Die Bose-Einstein-Kondensation erlaubt so die Erzeugung ultrakalter, kohärenter Atomstrahlen. Weiterreichende grundlegende Experimente auch im Hinblick auf Anwendungen werden durchgeführt.

11.4 Aufgaben

11.1 Schätzen Sie die charakteristischen Daten (Elektronenenergie, Strahldivergenz) für einen Elektronenstrahllaser (FEL) ab, der UV-Strahlung bei 100 nm erzeugen soll.

11.2 Man berechne die Energiezustände eines Elektrons im Feld eines Z-fach geladenen Atomkerns nach dem Bohrschen Atommodell. Man gebe die Wellenlänge der längsten Balmer-Linie (Übergang $n = 3 \rightarrow 2$) für H und die wasserstoffähnlichen Ionen He$^+$, C^{5+}, Al^{11+} an. Man vergleiche mit den gemessenen Wellenlängen von Tab. 11.2 und begründe den Unterschied.

11.3 Berechnen Sie die Temperatur, bei der die thermische de-Broglie-Wellenlänge eines Na-Atoms größer als 1 nm wird.

Weiterführende Literatur

1. Rohringer N et al. (2012) Atomic inner-shell x-ray laser at 14.6 nanometers pumped by an x-ray free electron laser. Nature 481:488–491
2. Schmahl G (2004) Röntgenoptik. In: Bergmann L, Schaefer C, Lehrbuch der Experimentalphysik, Bd. 3, Optik. Walter de Gruyter, Berlin
3. Pfau T (2004) Optik mit Materiewellen. In: Bergmann L, Schaefer C, Lehrbuch der Experimentalphysik, Bd. 3, Optik. Walter de Gruyter, Berlin

Ausbreitung von Lichtwellen 12

In der geometrischen Optik wird angenommen, dass sich Licht in der Luft oder im Vakuum geradlinig als ein Bündel von Lichtstrahlen ausbreitet. Aufgrund der Welleneigenschaften ergeben sich in der Realität erhebliche Abweichungen von dieser einfachen
Vorstellung, insbesondere bei der Ausbreitung seitlich begrenzter Lichtbündel, wie sie
von Lasern emittiert werden. Im Idealfall lassen sich Laserstrahlenbündel als sogenannte
„Gaußstrahlen" beschreiben, die bei gegebenem Durchmesser minimale Strahldivergenz
aufweisen. Reale Strahlen lassen sich durch die „Strahlqualität" bschreiben.

Mit Glasfasern lässt sich Licht auch auf gekrümmten Wegen führen, wobei die Verluste
durch Absorption und Strahldivergenz sehr gering sein können.

12.1 Ebene und Kugel-Wellen, Beugung

Licht ist eine elektromagnetische Welle, welche mathematisch durch die Maxwell-Glei-
chungen beschrieben wird. Aus diesem Gleichungssystem kann die Wellengleichung
(12.1) abgeleitet werden, die hier in skalarer Näherung dargestellt wird. In einem x, y, z
Koordinatensystem wird die elektrische Feldstärke von Licht E durch folgende Differen-
zialgleichung beschrieben

$$\left(\frac{\partial^2}{\partial x^2} + \frac{\partial^2}{\partial y^2} + \frac{\partial^2}{\partial z^2} - \frac{1}{c^2} \frac{\partial^2}{\partial t^2} \right) E(x, y, z, t) = 0 \,. \qquad (12.1)$$

Dabei ist die Feldstärke $E(x, y, z, t)$ eine Funktion der Ortskoordinaten und der Zeit t.
Die Lichtgeschwindigkeit $c = c_0/n$ ist durch die Geschwindigkeit im Vakuum c_0 und
den Brechungsindex n gegeben. Die Intensität oder Leistungsdichte I wird durch das
Quadrat der Feldstärke beschrieben

$$I \sim |E|^2 \,.$$

© Springer-Verlag Berlin Heidelberg 2015
H.J. Eichler, J. Eichler, *Laser*, DOI 10.1007/978-3-642-41438-1_12

12.1.1 Ebene Wellen

Die einfachste Lösung ist eine ebene Welle (Abb. 1.1), die sich beispielsweise in z-Richtung ausbreitet

$$E(z,t) = E_0 \cos(\omega t - kz)$$
$$= (E_0/2)\exp{-\mathrm{i}\,(kz - \omega t)} + \mathrm{c.\,c.} \tag{12.2}$$

Dabei ist E_0 die Amplitude der Feldstärke und c. c. bedeutet der konjugiert komplexe Ausdruck des ersten Summanden. Häufig wird c. c. zur Vereinfachung der Schreibung auch weggelassen, obwohl es dastehen müsste. Die Kreisfrequenz w ist mit der Frequenz

$$f = c/\lambda \quad \text{durch} \quad \omega = 2\pi f$$

verknüpft, wobei λ die Wellenlänge und c die Lichtgeschwindigkeit darstellen. Der Betrag des Wellenvektors ist

$$k = 2\pi/\lambda\,.$$

Durch Einsetzen von (12.2) in die Wellengleichung erhält man für k den oben angegebenen Ausdruck

$$k^2 = \omega^2/c^2\,, \quad \text{d. h.} \quad k = \pm\omega/c\,. \tag{12.3}$$

Die Orte z maximaler Feldstärke sind bei ebenen Wellen durch

$$\omega t - kz = -2\pi m \quad (m = \text{ganze Zahl}) \quad \text{oder}$$
$$z = \omega t/k + 2\pi m/k = \pm ct + m\lambda \tag{12.4}$$

gegeben. Die Orte maximaler Feldstärken bzw. ebenen Phasenflächen (Abb. 1.2) breiten sich mit Lichtgeschwindigkeit aus. Der Abstand benachbarter Phasenflächen ist gleich der Wellenlänge λ. Positives k bedeutet Ausbreitung der Welle in positiver z-Richtung, negatives k in der entgegengesetzten Richtung.

12.1.2 Kugelwellen

Eine weitere Lösung der Wellengleichung (12.1) sind Kugelwellen

$$E(r) = \frac{A}{r}\exp{-\mathrm{i}\,(kr - \omega t)} + \mathrm{c.\,c.}\,, \quad \text{mit}$$
$$r = \sqrt{x^2 + y^2 + z^2}\,, \tag{12.5}$$

wobei r den Radius vom Ausgangspunkt der Welle angibt. Die Amplitude der Feldstärke A/r nimmt mit zunehmendem Radius r ab. Die Phasenflächen sind Kugeln. Abbildung 1.2 zeigt das Verhalten der Welle in einer Schnittebene durch das Erregerzentrum. Kugelwellen nach (12.5) haben für kleine r beliebig große Amplituden $E(r)$. Es gibt keine Lichtquellen, die ein solches Verhalten zeigen. Realistischer ist Dipolstrahlung, die sich in hinreichend großen Abständen vom Zentrum wie eine Kugelwelle verhält (siehe Abb. 2.8). Gleichung (12.5) ist also nur in hinreichend großen Abständen vom Zentrum anzuwenden.

12.1.3 Begrenzte Wellen, Beugung

Die bisher betrachteten idealen ebenen Wellen und Kugelwellen sind als Modelle für Laserstrahlen nur eingeschränkt brauchbar. Eine ebene Welle ist unendlich ausgedehnt und eine Kugelwelle breitet sich in alle Richtungen aus. Beides entspricht nicht einem Laserstrahl, der eine bestimmte Ausbreitungsrichtung und einen endlichen Strahlquerschnitt besitzt. Zu einem verbesserten Modell für einen Laserstrahl kommt man, wenn man eine ebene Welle betrachtet, die durch eine Blende seitlich begrenzt wird wie in Abb. 12.1 dargestellt. Dadurch wird ein Strahl mit konstanter Intensität über den Blendenquerschnitt erzeugt. Experimentell zeigt sich, dass ein derartiges Rechteckintensitätsprofil hinter der Blende nicht erhalten bleibt. In großen Abständen ($z > d^2/\lambda$) entsteht ein verbreitertes abgerundetes Profil mit Nebenmaxima.

Die Veränderung des Intensitätsprofils einer Lichtwelle hinter der Blende wird als Beugung bezeichnet. Diese wird nach dem *Huygensschen Prinzip* dadurch erklärt, dass jeder Punkt der Blendenöffnung Kugelwellen abstrahlt. Die Kugelwellen addieren sich im rechten Halbraum hinter der Blende zu einer resultierenden Feldverteilung. Bei der Addition ist der jeweilige Gangunterschied oder die Phase der Kugelwellen zu betrachten. Ist der Gangunterschied Null, z. B. auf der Symmetrieachse, so addieren sich die Amplituden der Wellen, und es entsteht ein Intensitätsmaximum. In Abb. 12.1 werden zwei Wellen be-

Abb. 12.1 Intensitätsverteilung bei Beugung am Spalt mit der Breite d. In ähnlicher Weise wird auch Beugung an einer Lochblende beobachtet

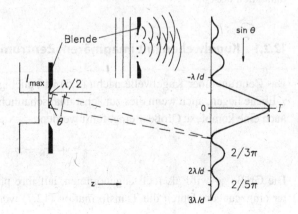

trachtet, die in der Spaltebene den Abstand der halben Spaltbreite $d/2$ haben. Beträgt der Gangunterschied $\lambda/2$, so löschen sich die Wellen aus, da die Amplituden entgegensetzt gerichtet sind. Dies ist in den Richtungen mit dem Winkel θ

$$\sin\theta = k\frac{\lambda}{d} \quad \text{mit} \quad k = \pm 1, \pm 2, \dots \tag{12.6}$$

der Fall. In diesem Fall gibt es zu jeder Kugelwelle, die in der unteren Hälfte der Blende entsteht, eine auslöschende Kugelwelle aus der oberen Hälfte der Blende. Eine ausführlichere Rechnung ergibt die in Abb. 12.1 dargestellte Intensitätsverteilung.

Zusammenfassend ist festzustellen, dass eine seitlich begrenzte ebene Welle ihr Intensitätsprofil ändert, indem sie auseinanderläuft oder divergiert. Dies tritt auch bei Laserstrahlen auf. Ähnliches ergibt sich nämlich auch, wenn das Intensitätsprofil am Anfang nicht durch ein Rechteck, sondern z. B. durch eine örtliche Gauß-Verteilung gegeben ist. Diese divergiert auch, bleibt aber immer eine Gauß-Verteilung. Der Divergenzwinkel ist kleiner als bei einem Rechteckprofil. Wegen diesen vorteilhaften Eigenschaften werden Laser oft so gebaut, dass Wellen mit gaußförmigem Intensitätsprofil emittiert werden. Die Eigenschaften derartiger Gaußscher Strahlen werden im folgenden beschrieben. Es handelt sich dabei nicht um Strahlen im mathematischen Sinne, sondern um seitlich begrenzte Lichtwellen, die auch als Gauß-Bündel bezeichnet werden.

12.2 Gauß-Strahlen

Laser können in verschiedenen transversalen Feldverteilungen oder Moden angeregt werden und abstrahlen. Der Grundmode TEM_{00} hat eine besonders einfache und für Anwendungen geeignete, gleichförmige Feldverteilung. Bei Resonatoren mit Hohlspiegeln weist der TEM_{00}-Mode in seiner Intensität ein Gauß-Profil auf. Im folgenden soll untersucht werden, wie sich eine Lichtwelle mit einem derartigen Profil ausbreitet. Es wird sich herausstellen, dass sich solche Lichtwellen als Kugelwellen mit imaginärem Quellpunkt darstellen lassen.

12.2.1 Kugelwellen mit imaginärem Zentrum

Das Zentrum einer Kugelwelle nach (12.5) ist beliebig. Es kann auch in der komplexen z-Ebene liegen, auch wenn dies zunächst unanschaulich ist. Deshalb kann in (12.5) statt z auch eine komplexe Größe q eingeführt werden:

$$z \to z + \mathrm{i}z_R = q \,. \tag{12.7}$$

Die Größe z_R wird als reell angenommen, auf ihre physikalische Bedeutung wird später eingegangen. Durch die Transformation (12.7) werden Kugelwellen mit imaginären

Zentren erzeugt:

$$E(r,z,t) = \frac{A}{\sqrt{q^2 + r^2}} \exp{-i}\left(k\sqrt{q^2 + r^2} - \omega t\right) \quad \text{mit}$$

$$r = \sqrt{x^2 + y^2} \,. \tag{12.8}$$

Wird der z-achsennahe, so genannte paraxiale Bereich betrachtet, so gilt mit $r \ll |q|$:

$$E(r,z,t) \approx \frac{A}{q} \exp{-i}\left(kq\sqrt{1 + r^2/q^2} - \omega t\right)$$

$$\approx \frac{A}{q} \exp{-i}\left(kq\left(1 + \frac{r^2}{2q^2}\right) - \omega t\right)$$

$$= \frac{B}{q} \exp\left(-i\frac{kr^2}{2q}\right) \exp{i}\,(\omega t - kz) \,. \tag{12.9}$$

Dabei ist $B = A\exp(kz_{\mathrm{R}})$ ebenso wie A eine zunächst unbestimmte Amplitude. Der komplexe Parameter $1/q$ kann nach Aufspaltung in Real- und Imaginärteil auch in folgender Form geschrieben werden:

$$\frac{1}{q(z)} = \frac{z - iz_{\mathrm{R}}}{z^2 + z_{\mathrm{R}}^2} = \frac{1}{R(z)} - i\frac{2}{kw^2(z)} \,. \tag{12.10}$$

Die Größen $w(z)$ und $R(z)$ bedeuten Strahlradius und Krümmungsradius eines Gauß-Bündels, wie sich gleich herausstellen wird. Damit ist:

$$E(r,z,t) \approx \frac{B}{q} \exp\left(-\frac{r^2}{w^2(z)}\right) \exp\left(-i\frac{kr^2}{2R(z)}\right) \exp{i}\,(\omega t - kz) \,. \tag{12.11}$$

Gleichung (12.11) ist neben den bereits zitierten ebenen und kugelförmigen Wellen eine weitere allerdings näherungsweise Lösung der Wellengleichung im achsennahen Bereich (s. o.). Sie wird als Gauß-Strahl bezeichnet und beschreibt die Ausbreitung von so genannten TEM$_{00}$-Laserstrahlen.

12.2.2 Strahlradien

Die Lösung (12.11) der Wellengleichung besitzt eine Amplitude, die in r-Richtung durch eine Gauß-Funktion $\exp(-r^2/w^2)$ beschrieben wird. Die örtliche Intensitätsverteilung $I \sim |E|^2$ ist gegeben durch (Abb. 12.2)

$$\boxed{I/I_{\max} = \exp\left(-2r^2/w^2(z)\right) \,.} \tag{12.12}$$

Der Laserstrahl breitet sich in z-Richtung aus. $w(z)$ ist der Strahlradius, bei dem die Intensität I auf $I_{\max}/e^2 = 0{,}135\,I_{\max}$ gefallen ist (12.12).

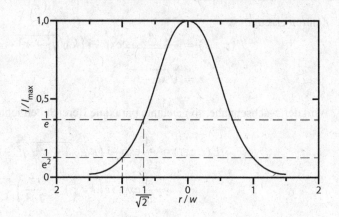

Abb. 12.2 Intensitätsprofil eines Gaußschen Strahls transversal zur Ausbreitungsrichtung. Am Strahlradius w ist $I/I_{\max} = 1/e^2$. Im Laserstrahlenschutz wird der Strahlradius $w' = w/\sqrt{z}$ benutzt mit $I/I_{\max} = 1/e$

Die Intensität oder Leistungsdichte I wird durch die Leistung dP beschrieben, die durch ein Flächenelement dA fällt: $I = dP/dA$. Durch Integration erhält man den Zusammenhang zwischen der Laserleistung P und der maximalen Intensität $I_{\max}$:

$$P = \frac{\pi}{2} w^2 I_{\max} \, .$$

Die Leistung $P(\varrho)$, die durch eine symmetrisch angeordnete Kreisblende mit dem Radius ϱ fällt, ist gegeben durch

$$P(\varrho) = P\left(1 - e^{-2(\varrho/w)^2}\right) \, .$$

Innerhalb des Strahlradius w liegt als 85,5 % der Laserleistung $P : P(w) = P(1 - e^{-2}) = 0{,}865 P$.

Die in (12.10) eingeführte Größe

$$w(z) = \sqrt{\frac{2}{k z_R}} \sqrt{z^2 + z_R^2} = w_0 \sqrt{1 + z^2/z_R^2} \quad \text{mit}$$

$$\boxed{w_0 = \sqrt{2z_R/k} = \sqrt{z_R \lambda/\pi}}$$

(12.13)

wird als Strahlradius $w(z)$ bezeichnet. w_0 ist der Strahlradius an der engsten Stelle, d. h. in der Strahltaille. Die Abhängigkeit des Strahlradius von der Ausbreitungskoordinate z ist im Abb. 12.3 dargestellt. Für $z = z_R$ weitet sich ein Gaußscher Strahl auf das $\sqrt{2}$-fache des Wertes $w(0) = w_0$ auf. Die Größe

$$\boxed{b = 2z_R \quad \text{mit} \quad z_R = \frac{w_0^2 \pi}{\lambda}}$$

(12.14)

wird daher als Fokuslänge oder konfokaler Parameter bezeichnet; z_R heißt Rayleighlänge. *Ein Gaußscher Strahl wird nach (12.13) entweder durch den Radius der Strahltaille w_0 oder die Rayleighlänge z_R charakterisiert.*

Abb. 12.3 Ausbreitung eines Gaußschen Strahls: Änderung des Strahlradius $w(z)$ sowie des Krümmungsradius $R(z)$ der Wellenfronten

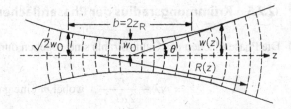

Weitere Eigenschaften von Gauß-Strahlen werden in den Aufgaben 12.1 bis 12.4 besprochen.

12.2.3 Divergenzwinkel

In großen Abständen ($z \gg z_R$) wächst der Strahlradius etwa linear mit z an:

$$w(z) = w_0 \cdot \frac{z}{z_R} \, . \tag{12.15}$$

Daraus ergibt sich der Divergenzwinkel (Abb. 12.3) des Gauß-Strahls zu

$$\boxed{\theta = \lim_{z \gg z_R} \frac{w(z)}{z} = \frac{w_0}{z_R} = \frac{\lambda}{\pi w_0} \, .} \tag{12.16}$$

Eine kreisförmige Blende mit dem Durchmesser $d = 2w$ würde bei Beleuchtung mit einer ebenen Lichtwelle eine gebeugte Welle mit dem Divergenzwinkel

$$\theta_k = 1{,}22\lambda/d = 0{,}61\lambda/w_0 > \theta \tag{12.17}$$

ergeben. Der Winkel θ_k gibt den Radius des ersten dunklen Ringes k des Beugungsbildes an, ähnlich wie in Abb. 12.1 für eine Spaltblende dargestellt.

Der Gauß-Strahl divergiert also schwächer als andere seitlich begrenzte Lichtwellen, was hier allerdings nur am Beispiel eines Strahls mit Rechteckprofil gezeigt wurde. Deshalb wird ein Gauß-Strahl auch als beugungsbegrenzt bezeichnet.

12.2.4 Laserstrahlenschutz

Die mittlere Leistungsdichte in einem Laserstrahl mit dem Radius w ist erheblich kleiner als die maximale Leistungsdichte im Zentrum des Strahles. Im Laserstrahlenschutz, siehe Kap. 24, werden daher kleinere Strahlradien w' und kleinere Divergenzwinkel θ' eingesetzt, siehe Abb. 12.2:

$$w' = w/\sqrt{2} \quad \text{und} \quad \theta' = \theta/\sqrt{2} \, .$$

12.2.5   Krümmungsradius der Phasenflächen

Die Phasenflächen des Gauß-Strahls sind gegeben durch

$$z = m\lambda - \frac{r^2}{2R(z)} , \quad \text{wobei } m \text{ eine ganze Zahl bedeutet.} \qquad (12.18)$$

Dies sind Parabeln mit dem Krümmungsradius

$$\boxed{R(z) = z + \frac{z_R^2}{z} .} \qquad (12.19)$$

Für $z \gg z_R$ gilt $R(z) \approx z$, d. h. in großer Entfernung von der Strahltaille sind die Phasenflächen Kugeln mit den Zentren bei $z = 0$.

Für $z \to 0$ gilt $R(z) \to \infty$, und es ergeben sich ebene Wellenfronten. Ein Gauß-Strahl kann daher als eine Mischung zwischen einer ebenen Welle und einer Kugelwelle aufgefasst werden, wie in Abb. 12.3 dargestellt ist.

12.2.6 q-Parameter

Bei der Ausbreitung eines Gauß-Strahls ändern sich der Strahlradius $w(z)$ und Krümmungsradius $R(z)$ als Funktion des Abstandes z von der Strahltaille. Statt $w(z)$ und $R(z)$ zu betrachten, ist es oft einfacher, den komplexen Parameter q zu verwenden, welcher $w(z)$ und $R(z)$ nach (12.10) enthält.

$$q(z) = z + \mathrm{i}z_R = z + q(0) \qquad (12.20)$$

hängt nach (12.7) linear von z ab. In der Strahltaille ist

$$q(0) = \mathrm{i}z_R , \qquad (12.21)$$

wobei

$$z_R = \pi w_0^2 / \lambda \qquad (12.22)$$

nach (12.14) ist. Man erkennt daran, dass ein Gauß-Strahl durch die Lage und den Durchmesser seiner Strahltaille gegeben ist. Bei der Ausbreitung eines Gauß-Strahls ändert sich der q-Parameter. Auch Linsen und andere optische Elemente ergeben Transformationen des q-Parameters, die durch „ABCD-Matrizen" beschrieben werden. Oft lässt sich jedoch die Ausbreitung von Gauß-Strahlen ohne diese Matrizen einfacher berechnen, so dass diese in der folgenden elementaren Darstellung nicht benutzt werden.

12.2.7 Höhere Hermite-Gauß-Moden

Neben dem Gauß-Strahl gibt es weitere Lösungen der Wellengleichung mit folgendem x-Anteil:

$$E_m(x) = H_m(\xi) \exp(-\xi^2/2) , \tag{12.23}$$

wobei

$$H_0 = 1 , \qquad H_1(\xi) = 2\xi ,$$
$$H_2(\xi) = 4\xi^2 - 2 , \quad H_3(\xi) = 8\xi^3 - 12\xi \tag{12.24}$$

als Hermitesche Polynome bezeichnet werden. Der Index gibt die Ordnung des Polynoms an und gleichzeitig die Zahl der Nullstellen. Durch Vergleich mit (12.11) folgt

$$\xi = x\sqrt{2}/w_0 . \tag{12.25}$$

Einige nach (12.23) berechnete Feld- und Intensitätsverteilungen sind in Abb. 12.4 dargestellt. Derartige höhere Moden in x-Richtung treten beispielsweise bei Halbleiterlasern auf.

Die Hermiteschen Funktionen nach (12.23) bilden ein orthogonales Funktionssystem. Jede beliebige andere Funktion oder Feldstärkeverteilung auf der x-Achse lässt sich als Summe dieser Funktionen darstellen. Damit gehört zu jeder beliebigen Feldverteilung auf der x-Achse eine Lösung der Wellengleichung im ganzen Raum. Die Hermiteschen Funktionen nach (12.23) haben jedoch die besondere Eigenschaft, dass die Feldverteilungen in

Abb. 12.4 Feldstärkeverteilungen $E(x)$ und Linien konstanter Intensität von Hermite-Gauß-Strahlen oder TEM_{m0}-Moden nach (12.23). Die Feldverteilung in y-Richtung wird durch eine Gauß-Kurve gegeben

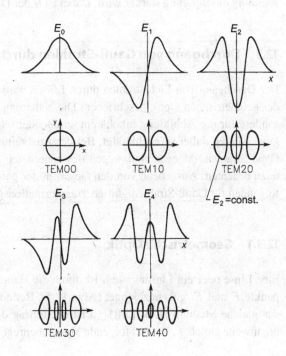

x-Richtung für jeden Wert von z zueinander ähnlich sind. Nur der Wert des Strahlradius $w(z)$ ändert sich. Bei anderen Verteilungen auf der x-Achse, z. B. einer Rechteckfunktion wie sie hinter einem gleichmäßig beleuchteten Spalt nach Abb. 12.1 auftritt, ändert sich dagegen bei der Lichtausbreitung die Form der Anfangsverteilung.

Andere Modenformen, die durch Produktbildung $E_m(x)E_n(y)$ entstehen und Nullstellen in x- und y-Richtung besitzen, zeigt Abb. 13.5.

12.2.8 Radien und Divergenz höherer Moden

Aus Abb. 12.4 ist ersichtlich, dass sich die höheren Moden über einen größeren x-Bereich erstrecken als der Gauß-Grundmode. Für den Abstand des äußersten Maximums von der Strahlmitte gilt näherungsweise:

$$x_m \approx \sqrt{1+m} \cdot w_0 \, , \qquad (12.26)$$

wobei w_0 der Radius in der Strahltaille der Grundmode ist.

Der Divergenzwinkel

$$\theta_m \approx \sqrt{1+m} \cdot \theta \qquad (12.27)$$

der höheren Moden nimmt ebenfalls zu, da wegen der Modulation des Feldes in x-Richtung die Beugung stärker wird. Dabei ist θ der Divergenzwinkel der Grundmode.

12.3 Durchgang von Gauß-Strahlen durch Linsen

Der Durchgang von Lichtstrahlen durch Linsen wird näherungsweise durch die Gesetze der geometrischen Optik beschrieben. Die Näherung der geometrischen Optik ist insbesondere für die Abbildung inkohärent strahlender Objekte geeignet. Probleme der Beugung werden dabei vernachlässigt. Bei der Ausbreitung von Laserstrahlen, insbesondere Gauß-Strahlen, dagegen sind wegen des begrenzten Stahldurchmessers Beugungseffekte zu beachten. Ausgehend von den Gesetzen der geometrischen Optik werden daher im folgenden für Gauß-Strahlen gültige Transformationsgleichungen angegeben.

12.3.1 Geometrische Optik

Eine Linse oder ein Linsensystem ist durch die Hauptebenen H und H' und die Brennpunkte F und F' gekennzeichnet (Abb. 12.5). Befindet sich auf beiden Seiten der Linse das gleiche Medium (z. B. Luft), so ist der Betrag der Bildbrennweite und der Objektbrennweite gleich f. Es sind folgende Vorzeichenregeln zu beachten. *Die Abstände rechts*

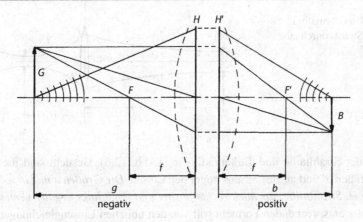

Abb. 12.5 Bild durch eine Linse nach der geometrischen Optik. G = Gegenstandsgröße, g = Gegenstandsweite, B = Bildgröße und b = Bildweite

von den jeweiligen Hauptebenen sind positiv (z. B. b), die nach links sind negativ (z. B. g). Ähnliches gilt für Gegenstands- und Bildgrößen: Abstände nach oben (z. B. G) sind positiv, nach unten negativ (z. B. B).

Es gilt folgende Abbildungsgleichung:

$$\frac{1}{f} = \frac{1}{b} - \frac{1}{g} \quad \text{oder} \quad \frac{1}{b} = \frac{1}{g} + \frac{1}{f}. \tag{12.28}$$

Der Abbildungsmaßstab β beträgt

$$\beta = B/G = b/g. \tag{12.29}$$

Mit diesen Gleichungen kann die Bildlage und -größe berechnet werden. Für dünne Linsen fallen beide Hauptebenen H und H' zusammen.

Die Gleichung (12.28) kann bewiesen werden, wenn angenommen wird, dass von jedem Objektpunkt eine Kugelwelle ausgeht. Betrachtet man das Bild eines Punktes auf der Achse, so ist der Krümmungsradius an der Stelle der (dünnen) Linse $R_1 = -g$ (g ist negativ). Direkt hinter der Linse ist der Krümmungsradius der Kugelwelle $R_2 = -b$. Die Minuszeichen werden eingeführt, da Radien R für konvexe (R_1) Wellenfronten positiv und für konkave (R_2) negativ definiert werden. Da die Linse am Rande schneller durchlaufen wird als in der Mitte, ändert sich der Krümmungsradius entsprechend (12.28).

12.3.2 Transformation von Gauß-Strahlen

Im folgenden soll der Durchgang von Gauß-Strahlen durch Linsen der Brennweite f beschrieben werden. Gegeben sei ein einfallender Strahl mit bestimmtem Abstand a der

Abb. 12.6 Transformation
eines Gauß-Strahls durch eine
Linse

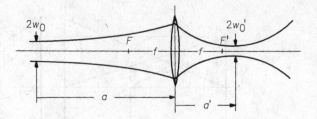

Linse von der Strahltaille und Taillenradius w_0 (Abb. 12.6). Gesucht sind die entsprechenden Größen a' und w_0' des Strahls hinter den Linsen. *Die Größen a und a' werden von*
der jeweiligen Strahltaille aus nach rechts positiv und nach links negativ gemessen. Zur
Ableitung der entsprechenden Formeln soll von den üblichen Linsengleichungen (12.28)
ausgegangen werden. Eine Linse transformiert eine einfallende Kugelwelle mit dem Radius $R_1 = -g$ in eine durchtretende Kugelwelle mit $R_2 = -b$. Also folgt aus (12.28):

$$\frac{1}{R_2} = \frac{1}{R_1} - \frac{1}{f} \,. \tag{12.30}$$

Die Radien R sind positiv für konvexe Wellenfronten und negativ für konkave, jeweils von
einem Beobachter von der Linse aus betrachtet. Da bei einem Gauß-Strahl der Radius w
direkt vor und hinter einer (dünnen) Linse gleich bleibt, gilt unter Berücksichtigung von
(12.10)

$$\frac{1}{q_2} = \frac{1}{q_1} - \frac{1}{f} \,. \tag{12.31}$$

Die komplexen Strahlparameter q_1, q_2 vor und hinter der Linse ergeben sich aus den Ray-
leighlängen z_R, z_R' bzw. Strahltaillen w_0, w_0' nach (12.7) zu

$$q_1 = a + \mathrm{i} z_R$$
$$q_2 = a' + \mathrm{i} z_R' \,. \tag{12.32}$$

Aus (12.31) bis (12.32) folgt

$$\boxed{a' = -f + \frac{f^2(f - a)}{(f - a)^2 + z_R^2}} \quad \text{und} \tag{12.33}$$

$$\boxed{w_0'/w_0 = f \left/ \sqrt{(a - f)^2 + z_R^2} \,, \quad \text{mit} \quad z_R = \frac{\pi w_0^2}{\lambda} \right.} \tag{12.34}$$

Die Gleichungen ergeben den Radius w_0' und den Abstand a' der Strahltaillen hinter der
Linse (Abb. 12.6). Wenn z_R klein gegen den Abstand $a - f$ ist, erhält man die üblichen
Linsengleichungen (12.28) und (12.29) der geometrischen Optik.

Ein interessanter Sonderfall ergibt sich, wenn die Taille des einfallenden Strahles mit der vorderen Brennebene der Linse zusammenfällt, d. h. für $a = f$. In diesem Fall ist $a' = -f$ und $w_0' = \lambda f/\pi w_0$. Die Strahltaille hinter der Linse liegt also dann in der hinteren Brennebene.

12.3.3 Fokussierung eines Gauß-Strahls

Bei vielen Anwendungen des Lasers ist es notwendig, den Laserstrahl auf einen möglichst kleinen Fleck (w_0') zu fokussieren. Dazu sollte z_R bzw. w_0 nach (12.34) möglichst groß gemacht werden. Dann gilt

$$w_0' = \frac{\lambda f}{\pi w_0} \, . \tag{12.35}$$

Diese Gleichung wird in der Regel benutzt, um den Strahlradius w_0' bei Fokussierung eines Laserstrahls durch eine Linse zu berechnen. (Es handelt sich um einen minimalen Wert, der im Grunde nur für $z_R \gg a - f$ gilt.)

Damit der einfallende Strahlradius w_0 durch die Linse mit dem Durchmesser D nicht beschnitten wird, muss $w_0 \leq D/2$ sein. Also ist

$$\boxed{w_0' \geq 2f\lambda/\pi D \, .} \tag{12.36}$$

Zur Erzielung kleiner Fleckdurchmesser muss der Linsendurchmesser möglichst groß sein. Da die Brennweite f z. B. einer bikonkaven Linse etwa gleich ihrem Krümmungs-radius und damit größer als ihr Durchmesser ist, entsprechen die kleinsten erreichbaren Fleckdurchmesser $w_0' \geq 2\lambda/\pi$ etwa der Wellenlänge λ. Die Tiefenschärfe beträgt $2z_R'$ und kann nach (12.13) berechnet werden.

12.4 Fernrohre und Ortsfrequenzfilter

Zur Aufweitung von Laserstrahlen werden Fernrohre eingesetzt. Damit verbunden ist eine Verringerung der Divergenz der Strahlung. Dies ist beispielsweise für die Übertragung von Laserstrahlung über größere Entfernungen wichtig.

12.4.1 Kepler-Fernrohr

Ein Fernrohr nach dem Prinzip von Kepler besteht aus einem Objektiv mit der Brenn-weite f_2 und einer zweiten Linse kürzerer Brennweite f_1, die beim normalen Fernrohr Okular genannt wird (Abb. 12.7). Die Brennweiten beider Linsen fallen zusammen, wenn

Abb. 12.7 Geometrisch-optischer Strahlengang in einem Kepler- und Galilei-Fernrohr

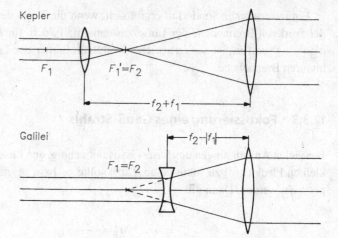

das Fernrohr auf unendlich eingestellt ist. Bei einem parallel einfallenden Lichtbündel wird der Durchmesser von d auf D vergrößert, wobei nach der geometrischen Optik (Abb. 12.7) gilt:

$$D/d = f_2/f_1 \,. \tag{12.37}$$

Eine genauere Betrachtung eines Systems zur Strahlaufweitung muss den Wellencharakter des Lichtes mit berücksichtigen. Für Gauß-Strahlen gilt Abb. 12.8. Die Strahltaille w_{01} wird durch die Linse 1 abgebildet. Es entsteht eine Taille $w'_{01} = w_{02}$ etwas außerhalb des Brennpunktes dieser Linse. Durch die Linse 2 wird der Strahldurchmesser mit der Taille w'_{02} vergrößert. Der Radius w'_{02} wird maximal, wenn die Zwischentaille $w'_{01} = w_{02}$ in die linke Brennebene der Linse 2 gebracht wird. Dies hat zur Folge, dass die Taille w'_{02} in der rechten Brennebene dieser Linse liegt. Mit Hilfe der Abbildungsgleichungen für Gauß-Strahlen erhält man

$$w'_{02} = w_{01} \frac{f_2}{f_1} \sqrt{\left((a - f_1)^2 + z_{R_1}^2 \right) \Big/ z_{R_1}^2} \,.$$

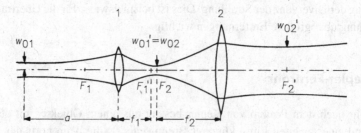

Abb. 12.8 Strahlaufweiter für Gauß-Strahlen

Hat der einfallende Strahl seine Taille w_{01} im Brennpunkt F_1 und ist außerdem $F_1' = F_2$, so erhält man wie in der geometrischen Optik (Abb. 12.7) die Gleichung (12.37):

$$w_{02}' = w_{01} \frac{f_2}{f_1} \quad \text{für} \quad a = f_1 . \tag{12.38}$$

Für die Divergenzwinkel der Strahlung vor und nach der Aufweitung gilt dann:

$$\boxed{\theta_2 = \theta_1 \frac{f_1}{f_2} ,} \tag{12.39}$$

d. h. die Divergenz wird durch die Aufweitung verkleinert.

12.4.2 Galilei-Fernrohr

Beim Strahlaufweiter nach Kepler wird die Strahlung durch die erste Linse fokussiert. Dadurch kann es bei Hochleistungslasern zu einem elektrischen Durchbruch in der Luft kommen. Hier ist ein Aufweiter nach dem Prinzip von Galilei sinnvoll (Abb. 12.7). Dabei wird Linse 1 als Zerstreuungslinse mit negativer Brennweite gewählt. Man kann, genau wie beim Kepler-Typ, beide Brennpunkte zusammenfallen lassen. In diesem Fall gelten obige Gleichungen (12.38) und (12.39), wobei f_1 durch $|f_1|$ zu ersetzen ist.

12.4.3 Ortsfrequenzfilter

Oft ist die Feldstärkeverteilung eines Laserstrahls nicht durch das ideale TEM_{00}-Gauß-Profil gegeben, sondern es sind Störungen überlagert wie in Abb. 12.9 dargestellt. Staub oder Kratzer in optischen Systemen können zu solchen Störungen führen. Die „Reinigung" eines solchen Laserstrahls kann durch ein so genanntes Raum- oder Ortsfrequenz-filter erfolgen (Abb. 12.9). Bei einem derartigen Filter wird der Laserstrahl durch eine Linse oder ein Objektiv fokussiert. Parallel einfallende Strahlung, die einem Gauß-Strahl mit großem Durchmesser entspricht, wird in der Brennebene fokussiert. Man bringt in

Abb. 12.9 Prinzip eines Ortsfrequenzfilters

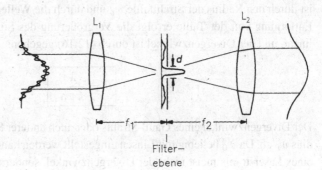

den Brennpunkt eine Lochblende, deren Öffnung etwas größer als der Fleckdurchmesser ist. Damit läuft der Gauß-Strahl ungehindert durch die Blende. Lichtwellen, die beispielsweise durch Streuung an Staub entstehen, breiten sich abweichend von Gauß-Strahl kugelförmig um das Streuzentrum aus. Dies hat zur Folge, dass hinter der Linse die Streuwellen nicht durch die Lochblende hindurchtreten. Störwellen werden somit räumlich vom Gauß-Strahl getrennt und ausgeblendet. Oft wird ein Raumfilter mit einem Strahlaufweiter kombiniert.

Eine genauere Beschreibung des Raumfilters nach Abb. 12.9 kann mit Hilfe der Fouriertransformation erfolgen. In der Brennebene der Linse 1 entsteht das Fourier- bzw. Ortsfrequenzspektrum des einfallenden Strahlprofils. Hohe Ortsfrequenzen befinden sich seitlich von der Achse und werden somit ausgeblendet. Man nennt das in Abb. 12.9 dargestellte Raumfilter daher auch Tiefpassfilter, da niedrige Ortsfrequenzen passieren können.

Der Durchmesser d der Lochblende muss auf jeden Fall größer sein als die Strahltaille eines idealen Gauß-Strahls in der Brennebene (12.35)

$$d > 2f\lambda/\pi w \, , \tag{12.40}$$

wobei w der Radius des einfallenden Strahls ist. Andererseits soll d klein sein, damit Nebenmaxima nicht durch die Blende treten können. Man kann zeigen, dass dies der Fall ist, wenn d kleiner als der Durchmesser der so genannten ersten Fresnelzone ist:

$$d < 2\sqrt{f\lambda} \, . \tag{12.41}$$

In der Praxis wird man innerhalb obiger Grenze d möglichst groß wählen, um die Schwierigkeiten bei der Justierung zu erleichtern. Typische Werte für Raumfilter für die Holographie liegen bei $d \approx 40\,\mu\text{m}$, wobei man als erste Linse z. B. ein Mikroskopobjektiv mit $f = 4\,\text{mm}$ wählt.

12.5   Ausbreitung realer Laserstrahlen

Laserstrahlen sind im Idealfall TEM_{00}-Gauß-Strahlen. Real emittieren viele Laser jedoch Strahlung mit komplizierten Intensitätsverteilungen. Die Ausbreitung eines Gauß-Strahls ist durch den Radius der Strahltaille w_0 und durch die Wellenlänge λ bestimmt. In großer Entfernung von der Taille erfolgt die Vergrößerung des Strahlradius in guter Näherung linear, und der Divergenzwinkel ist durch (12.16) gegeben:

$$\boxed{\theta = \frac{\lambda}{\pi w_0}} \, .$$

Der Divergenzwinkel eines Gauß-Strahls oder auch anderer Strahlen hängt vom Taillenradius w_0 ab. Da w_0 beliebig mit Linsen eingestellt werden kann, wird zur Charakterisierung eines Laserstrahls meist nicht der Divergenzwinkel, sondern das Strahlparameterprodukt

$\theta \cdot w$ mit der Einheit mm · mrad angegeben. Für Gauß-Strahlen ist das *Strahlparameter-produkt* nur von der Wellenlänge abhängig:

$$\theta w_0 = \frac{\lambda}{\pi} . \tag{12.42a}$$

12.5.1 Beugungsmaßzahl M^2

Der Gauß-Strahl (TEM$_{00}$) ist wegen seiner minimalen Divergenz für viele Anwendungen optimal. In der Praxis zeigen jedoch viele Laserstrahlen oft Abweichungen von diesem Idealfall. Ursache dafür kann das Anschwingen höherer transversaler Moden sein, es können Amplituden- oder Phasenstörungen aufgrund einer inhomogenen Verstärkung des Lasermediums auftreten oder es können sich Teilstrahlen ausbilden und überlagern.

Alle diese Effekte können dazu führen, dass das reale Strahlprofil vom idealen Gauß-Profil abweicht. Für reale Laserstrahlen sind sowohl der Taillenradius w_0 als auch der Divergenzwinkel θ um den Faktor M größer als beim Gauß-Strahl. In diesem Fall erhält man für das *Strahlparameter-Produkt*

$$\theta w_0 = M^2 \frac{\lambda}{\pi} . \tag{12.42b}$$

Die Größe M^2 wird *Beugungsmaßzahl* genannt. Die minimale Beugungsmaßzahl $M^2 = 1$ tritt beim Gauß-Strahl (TEM$_{00}$) auf. Häufig wird auch die *Strahlqualität K*

$$K = \frac{1}{M^2} \tag{12.43}$$

zur Beschreibung realer Laserstrahlen eingesetzt. Ein Gauß-Strahl hat eine Strahlqualität von $K = 1$, reale Laserstrahlen von $K < 1$.

Abbildung 12.10 zeigt schematisch die Ausbreitung eines Gauß-Strahles ($M^2 = 1$ und $K = 1$) im Vergleich mit einem Strahlungsfeld mit nicht beugungsbegrenzter Strahlqualität ($M^2 > 1$ und $K < 1$), wobei dieselbe Lage und Größe der Strahltaillen angenommen

Abb. 12.10 Ausbreitung von Laserstrahlen mit $M^2 = 1$ und $M^2 > 1$ bei gleichem Radius w_0 der Strahltaille

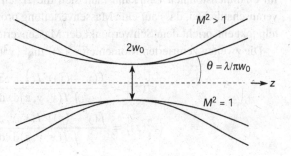

wurde. Betrachtet man zwei Laserstrahlen mit gleichem Strahlradius aber verschiedenem M^2, die mit der gleichen Linse fokussiert werden, sieht das Bild anders aus. Der Strahl mit kleinerem M^2 hat einen kleineren Durchmesser der Strahltaille und eine geringere Divergenz. Daraus ergibt sich der Zusammenhang zwischen M^2 und Fokussierbarkeit: Bei einer vorgegebenen Linse nimmt der kleinste mögliche Fokusdurchmesser proportional zu M^2 zu.

12.5.2 Bestimmung von M^2

Zur Messung der Beugungsmaßzahl M^2 wird der zu vermessende Laserstrahl mit einer Linse fokussiert und somit eine Strahltaille nach Abb. 12.10 erzeugt. Zur Ermittlung von M^2 wird der Strahldurchmesser an mindestens zehn Stellen längs des Strahlverlaufes bestimmt, wobei die Hälfte der Messwerte innerhalb der Rayleighlänge z_R liegen soll. Die zweite Hälfte ist in größerer Entfernung als der doppelten Rayleighlänge von der Strahltaille zu ermitteln. Es wird der Strahlradius $w(z)$ als Funktion des Abstandes z von der Strahltaille aufgetragen (Abb. 12.10). Daraus erhält man den Radius der Strahltaille w_0 und die Strahldivergenz θ, so dass man die Beugungsmaßzahl ermitteln kann:

$$\boxed{M^2 = w_0 \theta \frac{\pi}{\lambda} \ .} \tag{12.42c}$$

12.5.3 Definition der Strahlradien

Nach ISO 11146 wird der Strahldurchmesser über so genannte Momente definiert. Es wird ein x-y-z-Koordinatensystem gewählt, wobei z die Ausbreitungsrichtung darstellt.

Die ersten Momente $\langle x(z) \rangle$ und $\langle y(z) \rangle$ geben die Lage des Strahlmittelpunktes oder Strahlschwerpunktes an:

$$\langle x(z) \rangle = \frac{\int x I(x,y,z) \mathrm{d}x \mathrm{d}y}{\int I(x,y,z) \mathrm{d}x \mathrm{d}y} \quad \text{und}$$

$$\langle y(z) \rangle = \frac{\int y I(x,y,z) \mathrm{d}x \mathrm{d}y}{\int I(x,y,z) \mathrm{d}x \mathrm{d}y} \ . \tag{12.44a}$$

Im eindimensionalen Fall kann man sich die ersten Momente durch das Drehmoment veranschaulichen, dass auf eine Massenverteilung proportional zu I wirkt. Der Strahlmittelpunkt entspricht dem Schwerpunkt der Massenverteilung.

Die zweiten zentrierten Momente $\langle x^2(z) \rangle$ und $\langle y^2(z) \rangle$ werden Varianz genannt:

$$\langle x^2(z) \rangle = \frac{\int (x - \langle x \rangle)^2 I(x,y,z) \mathrm{d}x \mathrm{d}y}{\int I(x,y,z) \mathrm{d}x \mathrm{d}y} \quad \text{und}$$

$$\langle y^2(z) \rangle = \frac{\int (y - \langle y \rangle)^2 I(x,y,z) \mathrm{d}x \mathrm{d}y}{\int I(x,y,z) \mathrm{d}x \mathrm{d}y} \tag{12.44b}$$

Die Wurzel der Varianz $\sqrt{\langle x^2(z)\rangle}$ oder $\sqrt{\langle y^2(z)\rangle}$ wird als Standardabweichung bezeichnet. Die doppelten Standardabweichungen definieren die Strahlradien w_x und w_y in x- und y-Richtung:

$$w_x = 2\sqrt{\langle x^2(z)\rangle} \quad \text{und} \quad w_y = 2\sqrt{\langle y^2(z)\rangle} \,. \tag{12.45}$$

Bei rotationssymmetrischen Verteilungen gilt $w_x = w_y$. Für den TEM$_{00}$-Mode ergibt die Berechnung von (12.45) die übliche Definition des Strahldurchmessers als Abstand zwischen den Stellen im Strahl, bei denen die Intensität auf $1/e^2 = 13{,}5\,\%$ vom Maximalwert abgefallen ist.

12.5.4 Laserstrahlen mit $M^2 > 1$

Nach dem ISO-Verfahren der Momente können die M^2-Werte für verschiedene Gauß-Hermite- oder Laguerre-Strahlen berechnet werden. Für die TEM$_{m0}$-Strahlen mit $m = 0, 1, 2, \ldots$ erhält man unterschiedliche M^2-Werte in x- und y-Richtung:

$$M_x^2 = 2m + 1 \quad \text{und} \quad M_y^2 = 1 \,. \tag{12.46}$$

In Abb. 12.11 sind die Profile verschiedener Moden TEM$_{m0}$ und die entsprechenden M_x^2-Werte angegeben. Dabei wurden zusätzlich die Wellenflächen berücksichtigt. Bei reinen TEM$_{m0}$-Strahlen liegen in der Taille ebene Wellenfronten vor. Es können jedoch auch gaußähnliche Strahlprofile mit verzerrten Wellenfronten auftreten. In diesem Fall ist $M^2 > 1$.

12.5.5 Messung mit elektronischer Kamera

Die Berechnung der Strahlradien nach (12.45) erfordert die Kenntnis der zweidimensionalen Intensitätsverteilung der Strahlung $I(x, y)$. Zur Messung können elektronische Kameras eingesetzt werden. Einige Firmen (z. B. Spiricon) liefern komplette M^2-Messgeräte mit einer Kamera und der erforderlichen Soft- und Hardware.

Bei hohen Laserleistungen und bei Wellenlängen, für die keine Kamera zur Verfügung steht, wird die Intensitätsverteilung $I(x, y, z)$ des Strahls mit einer kleinen Lochblende oder einer Schneide abgetastet.

12.5.6 Messung mit beweglichen Blenden

Zur Verringerung der messtechnischen Anforderungen sind in der ISO 11146 weitere Verfahren zur Bestimmung der Strahlradien vorgesehen. Diese messen nicht die Momente der räumlichen Intensitätsverteilung.

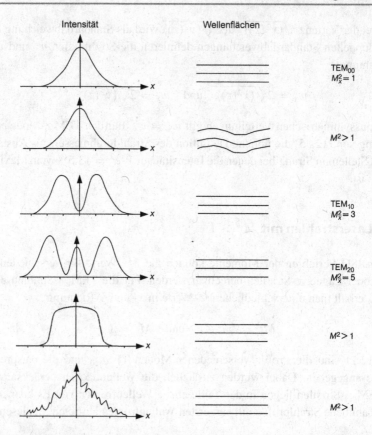

Abb. 12.11 Beispiele für das Strahlprofil verschiedener transversaler Moden TEM_{m0} und andere Intensitätsverteilungen, Darstellung der Wellenflächen (d. h. Flächen konstanter Phase) und Angabe von M^2

Die drei weiteren Verfahren beruhen auf Transmissionsmessungen, wobei sich eines der folgenden Bauelemente durch den Strahl bewegt: variable kreisförmige Apertur (variable aperture), beweglicher Spalt (moving slit) oder bewegliche Schneide (moving edge).

Mit einer kreisförmigen Apertur mit variablem Durchmesser können kreissymmetrische Intensitätsverteilungen untersucht werden. Dabei wird die Apertur nicht bewegt, sondern nur der Durchmesser verändert. Im Fall eines Gauß-Strahls entspricht die freie Apertur dem Strahlendurchmesser, sofern die Transmission 86,5 % beträgt. Dieser Zusammenhang dient dann der Definition eines Strahldurchmessers für beliebige Intensitätsverteilungen.

Bei der Verwendung eines beweglichen Spaltes ist dieser zunächst so zu positionieren, dass die Transmission maximal wird. Die Spaltbreite darf nicht größer als 1/20 des Strahldurchmessers sein. Der Spalt wird dann seitwärts verschoben, bis nur noch 13,5 % der Maximalleistung hindurch treten. Der Abstand der beiden Spaltpositionen, bei denen die Transmission jeweils 13,5 % beträgt, wird als Strahldurchmesser definiert. Für die Intensitätsverteilungen ohne Kreissymmetrie soll die Messung des Strahldurchmessers in Richtung der beiden Hauptachsen durchgeführt werden.

Die Messung mit der beweglichen Schneide wird im Folgenden genauer erläutert, da dieses Verfahren relativ einfach zu realisieren ist.

12.5.7 Messung mit beweglicher Schneide

Zur Messung des Strahldurchmessers wird eine Schneide senkrecht zur Ausbreitungsrichtung durch den Strahl gefahren und der Transmissionsgrad $T(x')$ als Funktion der Schneidenposition x' gemessen. Dabei muss der Detektor groß genug sein, damit auch gebeugte Strahlung erfasst wird. Der Strahlradius wird als Differenz der Position definiert, bei denen die Transmission 16 % und 84 % beträgt. Im Fall eines Gauß-Strahls stimmt der so ermittelte Strahldurchmesser mit der $1/e^2$-Breite der Intensitätsverteilung überein.

Die Transmission $T(x')$ eines Gauß-Strahles der Leistung P in Abhängigkeit von der Schneideposition x' ist für den Fall, dass die Schneide aus dem Strahl herausgezogen wird:

$$T(x') = \frac{1}{P} \int_{-\infty}^{x'} \int_{-\infty}^{+\infty} I(x,y) \mathrm{d}x \mathrm{d}y = \sqrt{\frac{2}{\pi}} \frac{2}{\mathrm{d}} \int_{-\infty}^{x'} \exp \frac{-2x^2}{w^2} \mathrm{d}x$$

$$= \frac{1}{2} \left[\mathrm{erf}\sqrt{2}\frac{x'}{w} + 1 \right], \quad \text{mit} \quad I(x,y) = I_{\max} \exp \frac{-2(x^2 + y^2)}{w^2} . \quad (12.47a)$$

Eine weitere Berechnung erfordert die Benutzung einer Tabelle oder Rechnerausgabe der Fehlerfunktion erf. Man erhält:

$$T\left(-\frac{w}{2}\right) \approx 0,16 \quad \text{und} \quad T\left(+\frac{w}{2}\right) \approx 0,84 . \quad (12.47b)$$

Abbildung 12.12 skizziert die Bestimmung des Strahlradius nach (12.47b) mit der Schneidenmethode für einen Gauß-Strahl. Die Schneide wird von links nach rechts durch den Strahl gefahren. Der so ermittelte Strahlradius stimmt nur für einen Gauß-Strahl mit dem Strahlradius exakt überein, der nach einer vollständigen Messung des Strahlprofils nach (12.44a), (12.44b) und (12.45) berechnet wird.

12.5.8 Strahldichte

Die mittlere Leistung und die Beugungsmaßzahl einer Strahlungsquelle lassen sich durch den Begriff der *Strahldichte L* (engl. *brightness*) zusammenfassen. Die Strahldichte be-

Abb. 12.12 Darstellung zur
Bestimmung des Strahl-
radius mit beweglicher
Schneide. Oben: radiale Intensitätsverteilung eines
Gauß-Strahls. Unten: Transmission in Abhängigkeit von
der Schneidenposition x'.
Der Strahlradius ist durch den
84 %- und 16 %-Wert definiert

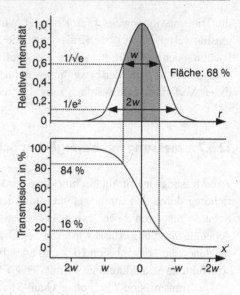

schreibt die Leistung pro Fläche A und Raumwinkel Ω:

$$L = \frac{P}{A\Omega} \, .$$

Da bei gegebener Fläche der Strahltaille der Raumwinkel durch die Beugungsmaßzahl
und die Wellenlänge der Strahlung bestimmt ist, ergibt sich mit $\Omega = \theta\pi$:

$$\boxed{L = \frac{P}{\lambda^2 (M^2)^2} \, .} \tag{12.48}$$

Aufgrund der quadratischen Abhängigkeit der Strahldichte von der Beugungsmaßzahl M^2
verfügen z. B. kommerzielle Laser im Multimodebetrieb ($M^2 > 30$) selbst bei mittleren
Leistungen von mehreren kW über vergleichsweise geringe Strahldichten. Strahlungsquellen mit nahezu beugungsbegrenzter Strahlqualität ermöglichen mit Leistungen im
Bereich mehrerer 100 W weitaus höhere Strahldichten.

12.6 Optische Materialien

Laser strahlen vom Ultravioletten über den sichtbaren Bereich bis ins ferne Infrarote. Für
die Herstellung von Linsen, Prismen, Fenstern und Spiegeln werden daher eine Reihe
von unterschiedlichen Materialien eingesetzt. Die Wellenlängen, bei denen die Materiali-
en durchlässig sind, hängen von der inneren Energiestruktur ab. Absorption tritt auf, wenn
durch Licht ein Übergang vom Energiegrundzustand in ein höheres Niveau erfolgen kann
(Kap. 1). Es gibt keine Materialien, die für alle Frequenzen oder Wellenlängen transparent sind. Als Beispiel ist in Abb. 12.13 die Absorption von Quarzglas als Funktion der

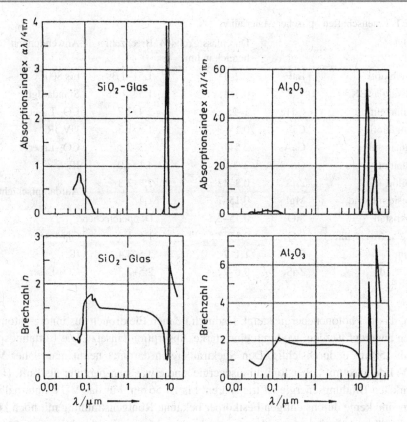

Abb. 12.13 Absorption und Dispersion optischer Materialien als Funktion der Wellenlänge λ. Der Absorptionsindex ist durch $\alpha\lambda/4\pi n$ gegeben, wobei α der Absorptionskoeffizient ist

Wellenlänge dargestellt. Bei $9\,\mu m$ tritt eine starke Absorption durch Gitterschwingungen auf, bei $0{,}035\,\mu m$ eine Absorption durch Elektronenübergänge. Man beachte, dass sich im Bereich der Absorptionslinien auch die Brechzahl stark ändert. Eine Zusammenstellung verschiedener optischer Materialien zeigt Tab. 12.1.

12.6.1   Ultravioletter Bereich

Das ultraviolette Spektrum erstreckt sich von der Grenze des Sichtbaren bei 400 nm bis zu einigen nm, wobei technisch wichtige, kommerzielle Laser bis etwa 150 nm existieren. Laser mit kürzeren Wellenlängen werden nur in wenigen Laboratorien betrieben.

Für den nahen ultravioletten Bereich (300 bis 400 nm) gibt es zahlreiche optische Gläser. Spezielle Quarzgläser sind transparent bis unterhalb von 200 nm. Für noch kürzere Wellenlängen bis zu etwa 100 nm kann Magnesiumfluorid, Calciumfluorid oder Lithiumfluorid verwendet werden. Generell wachsen die Materialprobleme für kürzere Wellen-

Tab. 12.1 Eigenschaften optischer Materialien

Material		Durchlässigkeits-bereich in µm	Brechzahl n	Anwendungen
Bariumfluorid	BaF_2	0,2–11	1,51–1,39	bis 800 °C
Borsilikatglas BK7		0,4–1,4	1,53–1,48	Standardglas
Cadmiumtellurid	CdTe	1–25	2,4–2,7	CO_2-Laser
Calziumfluorid	CaF_2	0,15–9	1,5–1,3	UV, IR
Galliumarsenid	GaAs	2,5–16	3,3–2,1	CO_2-Laser
Germanium	Ge	2–12	4,1–4,0	IR
Zinksulfid	ZnS	0,3–13	2,7–2,3	Aufdampfschichten
Magnesiumfluorid	MgF_2	0,15–7	1,4	
Quarzkristall	SiO_2	0,15–2,5	Doppelbrechend	
Quarzglas (fused silica)	SiO_2	0,15–3,5	1,5–1,4	Glasfasern
Silizium	Si	1,1–7	3,5–3,4	IR
Zinkselenid	ZnSe	0,6–22	2,5–2,3	CO_2-Laser

längen, da die Photonenenergie steigt. Dadurch können Elektronen aus inneren atomaren Schalen angeregt werden, wodurch eine starke Absorption einsetzt. Die Luftatmosphäre wird ab 150 nm undurchsichtig. Den Spektralbereich darunter nennt man daher Vakuum-UV. Edelgase mit hoher Ionisationsenergie sind etwas transparenter als Luft. He mit der stärksten Bindungsenergie ist transparent bis zu 56 nm. Für das VUV unterhalb von 100 nm sind keine durchsichtigen Festkörper bekannt. Röntgenstrahlung mit noch kürzerer Wellenlänge kann jedoch wiederum verschiedene Materialien durchdringen.

Bei hohen Strahlungsdichten werden optische Materialien beschädigt. Die Schwellen dafür sind im ultravioletten Bereich niedriger als bei anderen Wellenlängen, insbesondere bei Verspiegelungs- und Antireflex-Schichten.

12.6.2 Sichtbarer Bereich

Das sichtbare Licht erstreckt sich zwischen Wellenlängen von 400 nm bis 700 nm. In diesem Bereich werden als optische Materialien insbesondere Silikat-Gläser eingesetzt. Sie zeichnen sich durch hohe Transparenz, Beständigkeit und geringe Kosten aus. Die Transparenz dieser Materialien reicht bis ins Infrarote bei 1,5 oder 2 µm, so dass beispielsweise für den Neodymlaser bei 1,06 µm normale Optiken verwendet werden können.

12.6.3 Infraroter Bereich

Für den infraroten Spektralbereich wurden eine Reihe von Materialien entwickelt, insbesondere in der Nähe der Wellenlängen, bei welchen Luft transparent ist, d. h. von 1 bis 2 µm (nahes Infrarot), 3 bis 5 µm (mittleres Infrarot) und 8 bis 12 µm (thermisches Infrarot). Bis zu 2 µm können viele Materialien des sichtbaren Lichtes benutzt werden. Im 3 µm- bis 5 µm-Band liegen eine Reihe von Absorptionsbändern von Luft. In diesem Bereich emittieren chemische Laser und der CO-Laser. Im tieferen Infrarot um 10 µm strahlt der CO_2-Laser. Wichtige Materialien für den infraroten Spektralberich sind Fluoride und Halbleiter (Germanium, Galliumarsenid, u. a., Tab. 12.1). Halbleiter sind meist im Sichtbaren undurchsichtig. Statt Fluoriden werden auch andere Halogenide, z. B. Kochsalz NaCl, benutzt. Diese Materialien sind mehr oder weniger hygroskopisch. Besondere Anforderungen werden an Materialien für optische Fasern im Infraroten gestellt, z. B. für den CO_2-Laser oder medizinische 3 µm-Laser. Dabei werden zur Zeit Chalkogenid-Gläser, z. B. As- oder Ge-Selenide und Telluride sowie polykristalline Halogenide wie AgCl oder AgBr untersucht. Teilweise sind auch metallische oder Glas-Hohlleiter geeignet.

12.7 Optische Fasern

Zum Transport von Laserstrahlung werden in der Nachrichtentechnik, Elektrotechnik, Materialbearbeitung und Medizin optische Lichtleitfasern eingesetzt. Fasern bestehen aus einem zylindrischen Kern mit einem Durchmesser zwischen 3 und 1000 µm. Im sichtbaren und benachbarten Spektralbereichen wird Quarzglas (SiO_2 reinst oder dotiert mit GeO_2) mit einem Brechungsindex von $n_1 = 1{,}47$ eingesetzt. Dieser Kern ist mit einem etwas anderen Quarzglas (SiO_2) umhüllt, welches einen kleineren Brechungsindex aufweist.

Zur Einkopplung in die Faser wird die Laserstrahlung mit einer Linse gebündelt, so dass der Durchmesser des Strahls etwas kleiner als der des Faserkerns ist. In Abb. 12.14 ist die Einkopplung strahlenoptisch dargestellt. Die Einkoppellinse kann durch Schmelztechnik auf die Faserendfläche integriert werden. In der Faser findet an der Grenzfläche Kern-Mantel Totalreflexion statt, sofern der Einstrahlwinkel gegen die Eintrittsfläche der Faser nicht zu groß wird. Überschreitet man einen maximalen Eintrittswinkel ε, wie es für den gestrichelten Strahl in Abb. 12.14 der Fall ist, wird auch der Grenzwinkel für Totalreflexion in der Faser überschritten (Abschn. 14.1). Den Ausdruck $\sin \varepsilon$ nennt man

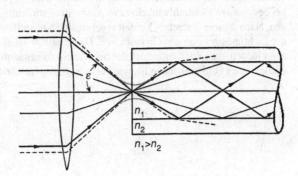

Abb. 12.14 Einkopplung und Strahlausbreitung in einer optischen Faser. An der Grenzfläche Kern-Mantel findet Totalreflexion statt

n_1
n_2
$n_1 > n_2$

numerische Apertur

$$\boxed{A_{\mathrm{N}} = \sin \varepsilon = \sqrt{n_1^2 - n_2^2}\,.}$$ (12.49)

Mit den Werten $n_1 = 1{,}47$ und $n_2 = 1{,}46$ erhält man $\sin \varepsilon = 0{,}17$. Bei größeren Brech-zahldifferenzen, z. B. bei Quarzglasfasern, die mit Kunststoff ummantelt sind, kann die numerische Apertur größer sein, z. B. $\sin \varepsilon \approx 0{,}4$.

Bei der Einkopplung von Licht in Fasern muss der Öffnungswinkel des einfallenden i. allg. fokussierten Strahls kleiner sein als der Wert, der durch die numerische Apertur der Faser gegeben ist. Beim Austritt aus einer ungekrümmten Faser wird im Idealfall mit einem Öffnungswinkel abgestrahlt, der dem des einfallenden Strahls entspricht. Der maximale Öffnungswinkel des austretenden Strahls ist ebenfalls durch die numerische Apertur begrenzt.

12.7.1   Moden in ebenen Lichtleitern

Aufgrund der Welleneigenschaften des Lichtes können sich nur bestimmte stationäre Feld-verteilungen (Moden) in einer Lichtleitfaser ausbreiten. Dies soll zunächst für den Fall eines ebenen Wellenleiters diskutiert werden, der nur in einer Richtung begrenzt ist. In Abb. 12.15 sind die Phasenflächen von ebenen Wellen, die unter verschiedenen Winkeln in einen Wellenleiter eingestrahlt werden, dargestellt. Durch Reflexion an den Grenzflä-chen entstehen Phasenflächen mit zwei unterschiedlichen Richtungen. Bei Totalreflexion ist ein kleiner Phasensprung zu berücksichtigen. Unter den dargestellten Einstrahlwinkeln tritt additive Interferenz aller Wellen auf. Dadurch entstehen in transversaler Richtung pe-riodische Feldverteilungen. Die Zahl m gibt die Nullstellen dieser Moden im Faserkern an. Bei Erhöhung des Einstrahlwinkels steigt der Modenindex m. Moden niedriger Ord-nung entstehen bei kleinem Winkel. Weichen die Einstrahlbedingungen von den gezeigten

Abb. 12.15 Feldverteilung verschiedener Moden in Schichtwel-lenleitern. Die Moden entstehen durch konstruktive Interferenz bei bestimmten Einstrahlwinkeln bzw. Ausbreitungsrichtun-gen. Nach diesem einfachen Modell ergeben sich Nullstellen der Lichtfeldstärke an den Grenzflächen. Die genauere Theorie zeigt jedoch, dass auch außerhalb der Schicht ein so genanntes evaneszentes Feld vorhanden ist, wie bei $m = 0$ eingezeichnet

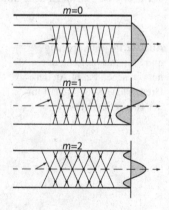

Winkeln ab, so entsteht destruktive Interferenz und eine stationäre Ausbreitung der eingestrahlten Welle ist nicht möglich. Bei steigendem Einstrahlwinkel wird schließlich der Grenzwinkel der Totalreflexion überschritten. Es existiert daher nur eine gewisse Maximalzahl M von möglichen Moden.

12.7.2 Moden in Glasfasern

Die Struktur der Moden in Fasern ist komplizierter als in ebenen Wellenleitern. Es treten transversal elektrische TE-Moden und transversal magnetische TM-Moden auf. Die EH- und HE-Moden haben longitudinale Komponenten, wobei der erste Buchstabe die stärkere Feldkomponente angibt (E – elektrisch, H – magnetisch). Von besonderer Bedeutung ist der Grundmode HE_{11}, der eine ähnliche Intensitätsverteilung aufweist wie der TEM_{00}-Mode im freien Raum.

Zur Beschreibung der Ausbreitung von Moden in zylindrischen Fasern werden zwei Parameter eingeführt: die normierte Frequenz V und die Ausbreitungskonstante β in der Faser:

$$V = \frac{2\pi}{\lambda} a \sqrt{n_1^2 - n_2^2}$$

$$\beta = n \frac{2\pi}{\lambda} \quad \text{mit} \quad n = \frac{c}{c'} . \tag{12.50}$$

Die Größe V hängt von der Lichtwellenlänge λ (im Vakuum), dem Radius des Faserkerns a und den Brechzahlen n_1 und n_2 von Kern und Mantel ab. Die Bezeichnung normierte Frequenz erklärt sich durch die reziproke Wellenlänge in (12.50). Die Ausbreitungskonstante β entspricht dem Betrag k des Wellenvektors und wird durch den effektiven Brechungsindex der Faser bestimmt, der die Ausbreitungsgeschwindigkeit c' des Modes in der Faser angibt (c = Vakuumlichtgeschwindigkeit).

In Abb. 12.16 wird die Ausbreitungskonstante β als Funktion der normierten Frequenz V für die verschiedenen Moden dargestellt. Besonders interessant sind Fasern in denen sich nur der Grundmode HE_{11} (entspricht TEM_{00}) ausbreiten kann. Man entnimmt Abb. 12.16 die Bedingung für eine Monomodefaser:

$$V = \frac{2\pi}{\lambda} a \sqrt{n_1^2 - n_2^2} < 2{,}405 . \tag{12.51}$$

Daraus kann bei gegebenen Brechzahlen und Wellenlänge der maximale Kernradius für eine Monomodefaser berechnet werden. Für $\lambda = 630\,nm$, $n_1 = 1{,}47$ und $n_2 = 1{,}46$ erhält man $a < 1{,}4\,\mu m$. Die Wellenlänge, welche bei einer gegebenen Faser dem Wert $V = 2{,}405$ entspricht, nennt man „cut-off wavelength". Oberhalb dieser Wellenlänge überträgt die Faser nur eine Wellenlänge. Für die Nachrichtenübertragung bei 1500 nm Wellenlänge werden Monomodefasern mit etwa 8 μm Durchmesser verwendet.

Abb. 12.16 Ausbreitung
verschiedener Moden in einer Stufenindexfaser. TE =
transversal elektrisch, TM =
transversal magnetisch, HE,
EH = longitudinal elektrisch
und magnetisch. Die Indi-
zes entsprechen nicht in allen
Fällen der Zahl der Nullstellen in zwei Richtungen. Der
Grundmode HE_{11} hat eine ähnliche Intensitätsverteilung wie
der TEM_{00}-Mode, der bei der
Ausbreitung im freien Raum
auftritt

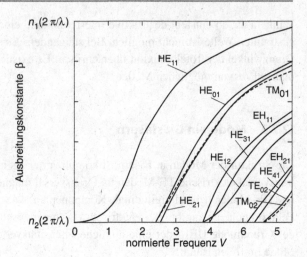

Die maximale Zahl der Moden M in einer Faser nimmt mit dem Kernradius zu. Näherungsweise gilt für $M \gg 1$:

$$M \approx \frac{V^2}{2}. \tag{12.52}$$

Beispielsweise erhält man für eine Faser mit $a = 50\,\mu\text{m}$, $n_1 = 1{,}47$, $n_2 = 1{,}46$ und
$\lambda = 630\,\text{nm}$ eine Anzahl von $M = 3600$ Moden.

12.7.3 Stufenindexfaser

Die bisher besprochene Stufenindexfaser weist einen abrupten Sprung des Brechungsindex zwischen Kern und Mantel auf (Abb. 12.17 a). Die Kerndurchmesser liegen etwa
zwischen einigen μm bis 1 mm. Bei kleinem Kerndurchmesser breitet sich nur eine Mode
in der Faser aus, was für die Nachrichtentechnik günstig ist, da nur geringe Pulsverbrei-
terungen durch Modendispersion auftreten. Bei großen Kerndurchmessern können sich
mehrere Moden gleichzeitig ausbreiten. Dadurch kann der Laserstrahl je nach Ausbreitungsrichtung unterschiedliche Laufzeiten in der Faser aufweisen. Im Fall der Nachrichtenübertragung kommt es somit zu Laufzeitverbreiterungen kurzer Signale. Aufgrund der
hohen numerischen Apertur ist die Einkopplung von Sendedioden jedoch relativ leicht.
Multimode-Stufenindexfasern werden daher zur Nachrichtenübertragung über kurze Strecken, in der Medizin zur Bildübertragung aus Körperhöhlen durch Endoskopie sowie in
der Materialbearbeitung zur Übertragung hoher Laserleistungen eingesetzt. Dabei wird
die Strahlung leistungsstarker Laser, z. B. Nd:YAG, über die Entfernung von einigen Metern an den Einsatzort geführt. Es können bei großem Kerndurchmesser kontinuierliche
Leistungen bis über zehn Kilowatt übertragen werden.

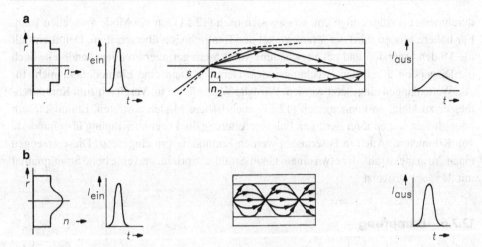

Abb. 12.17 Optische Fasern: **a** Stufenindexfaser; **b** Gradientenfaser. Gezeigt ist jeweils das Profil des Brechungsindex, sowie die Verbreiterung kurzer Pulse bei der Übertragung

12.7.4 Gradientenfasern

Die Gradientenfaser wurde aus der Anforderung entwickelt, die Moden-Dispersion zu verkleinern und die numerische Apertur möglichst groß zu halten. Der Brechungsindex variiert bei diesem Fasertyp kontinuierlich zwischen dem Zentrum und dem Mantel (Abb. 12.17 b). Durch dieses Gradientenprofil werden die verschiedenen Laufzeiten der einzelnen Moden teilweise ausgeglichen. Die Moden niedrigerer Ordnung bewegen sich überwiegend in zentralen Bereichen mit hohem Brechungsindex, wodurch die Ausbreitungsgeschwindigkeit reduziert wird. Eine derartige Korrektur der Laufzeiten kann jedoch nur für schmale Wellenlängenbereiche erzielt werden. Diese Beschränkung liegt an der Dispersion, d. h. an der Wellenlängenabhängigkeit des Brechungsindex. Gradientenfasern werden mit Kerndurchmessern um 50 μm überwiegend in der optischen Nachrichtentechnik eingesetzt.

Die Gradientenindexfaser hat damit ähnlich große Kerndurchmesser wie andere Multimodefasern und ermöglicht relativ einfache Einkopplung von Laserlicht und Verbindung verschiedener Faserstücke. Optisch verhält sich eine solche Faser ähnlich wie eine Serie von Linsen. Die Intensitätsverteilung am Faseranfang wird dadurch periodisch in der Faser reproduziert, wobei, anders als in Abb. 12.17 gezeigt, die Periodenlänge wesentlich größer ist als der Kerndurchmesser.

12.7.5 Einmodefaser, Single-mode fiber

Eine deutliche Verbesserung der Übertragungscharakteristik von Signalen, d. h. eine geringere Pulsverbreiterung, erhält man durch den Einsatz von Einmodefasern. Der Kerndurchmesser beträgt einige µm, so dass sich nach (12.51) nur ein Mode ausbreiten kann. Für höhere Moden wird der Grenzwinkel der Totalreflexion überschritten. Damit entfällt die Modendispersion und bei Verwendung von Lasern geringer Frequenzbandbreite auch die Dispersion durch den Brechungsindex. Dennoch kann eine Einmodefaser nicht für alle Wellenlängen eingesetzt werden. Wird die Wellenlänge im Vergleich zum Kerndurchmesser zu klein, so können nach (12.51) auch höhere Moden auftreten. Einmodefasern ermöglichen wegen ihrer geringen Pulsverbreiterung die Datenübertragung über hunderte von Kilometern. Auch in Faserlasern werden Einmodefasern eingesetzt. Diese erzeugen einen Ausgangsstrahl, der etwa einem Gauß-Strahl entspricht, und eine hohe Strahlqualität mit $M^2 = 1$ aufweist.

12.7.6   Dämpfung

Die Transmission T einer Faser der Länge L kann durch eine Exponentialfunktion beschrieben werden

$$T = \frac{P}{P_0} = e^{-\alpha L} , \tag{12.53}$$

wobei P_0 die Eingangs- und P die Ausgangsleistung und α den Schwächungskoeffizienten darstellen. In der Fasertechnik wird die Dezibelskala verwendet, und man definiert die Verluste $\overline{\alpha}$ zu

$$\overline{\alpha} = \frac{10\alpha}{\ln 10} = \frac{10}{L} \log_{10} \frac{P_0}{P} \quad \text{in dB/km} . \tag{12.54}$$

Damit wird die Dämpfung D einer Faser

$$D = 10 \log \frac{P_0}{P} = \overline{\alpha} L \quad \text{in dB} . \tag{12.55}$$

Den Zusammenhang aus Transmission T und Dämpfung D erhält man aus

$$T = 10^{-D/10} = 10^{-\overline{\alpha} L/10} . \tag{12.56}$$

In Abb. 12.18 sind die Verluste von Fasern aus Quarzglas dargestellt. Optimale Transmission mit $\overline{\alpha} = 0{,}2\,\text{dB/km}$ wird bei $\lambda = 1{,}55\,µm$ erreicht. Mit (12.56) erhält man damit nach 100 km Faserlänge eine Transmission von $T = 1\,\%$ und einen Absorptionskoeffizienten von $\alpha = 5 \cdot 10^{-7}\,\text{cm}^{-1}$.

Aufgrund des Verlustminimums bei etwa $1{,}55\,µm$ wird dieser Wellenlängenbereich für die optische Informationsübertragung auf langen Strecken genutzt. Verluste treten auch in gekrümmten Faserbereichen auf, wenn dort keine Totalreflexion stattfindet, so dass das im Kern geführte Licht in den Mantel abgestrahlt wird.

Zur Kompensation der Verluste bei Glasfaserübertragungsstrecken werden Faserverstärker eingesetzt, die relativ breitbandig sind. Diese bestehen aus Quarzfasern mit einer Länge von einigen 10 Metern, die mit Erbium dotiert sind (Konzentration 10^{-18} bis 10^{-19} cm^3). Gepumpt wird mit Laserdioden mit einer Wellenlänge von 980 nm; eine alternative Pumpwellenlänge liegt bei 1480 nm. Die Verstärkung liegt bei 30 dB, was einem Verstärkungsfaktor von 1000 entspricht, wobei die Verstärker bei einigen 10 mW Ausgangsleistung gesättigt sind.

12.7.7 Fasermaterialien

Quarzfasern (SiO_2) werden im nahen UV-, sichtbaren und nahem IR-Bereich bis etwa 2 μm Wellenlänge eingesetzt. Bei höheren Wellenlängen absorbieren sie relativ stark (Abb. 12.18), so dass sie im mittleren Infraroten nicht eingesetzt werden können. Die Entwicklung neuer Fasermaterialien für Laser zwischen 3 und 10 μm konzentriert sich auf Chalcogenide und Schwermetall-Halide. Aus der letzten Gruppe sind Fluorid-Gläser für den Wellenlängenbereich zwischen 2 und 5 μm, z. B. den medizinischen Erbiumlaser, geeignet. Für den CO_2-Laser eignet sich die Thallium-Bromid-Faser bis zu etwa 20 W. Für höhere Leistungen werden Hohlfasern eingesetzt. Der Kern besteht aus Luft und der Mantel beispielsweise aus Quarzglas, welches mit PbO dotiert ist.

Für manche Anwendungen, z. B. in der Medizin oder für die Informationsübertragung über kurze Strecken, werden auch Fasern aus Kunststoff eingesetzt (POF = plastic optical fiber). Diese werden als Multimode-Fasern mit Kerndurchmessern von über 500 μm ausgebildet und können wegen des großen Durchmessers relativ einfach an die Lichtquelle (es können lichtemittierende Dioden verwendet werden) gekoppelt werden. Die Verbindung von POF-Segmenten und das Handling sind ebenfalls weniger kompliziert als bei Quarzglasfasern.

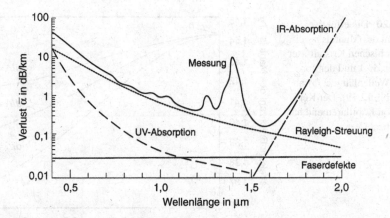

Abb. 12.18 Beispiel für Verluste von Quarzglasfasern in Abhängigkeit von der Wellenlänge. Die starke Absorption um 1,4 μm kommt durch Verunreinigungen, z. B. durch Wasser (OH$^-$-Gruppe)

12.7.8 Photonische Kristallfasern

Photonische Kristallfasern bestehen aus einem Kern aus Quarzglas, der von einer regelmäßigen Anordnung von axialen Hohlzylindern umgeben ist (Abb. 12.19). Bei der Herstellung werden Kapillaren und Stäbe aus Glas gebündelt und anschließend bei hohen Temperaturen gezogen, wobei Druckluft in die Kapillaren geblasen wird, um ein Kollabieren zu verhindern.

Die entstehende, regelmässige Anordnung der Hohlzylinder wird als photonischer Kristall bezeichnet, entsprechend der regelmässigen Anordnung der Atome in einem normalen Kristall. Die effektive Brechzahl des Mantels n_2 hängt von dem Verhältnis von Durchmesser d und Abstand Λ der Kapillaren ab.

Die Abhängigkeit von der Wellenlänge λ (Dispersion von n_2) ist durch die normierte Wellenlänge λ/Λ gegeben (Abb. 12.20). Analog zu (12.50) wird eine normierte Frequenz V gebildet, wobei in der Gleichung der Kernradius a durch Λ ersetzt wird. Ähnlich wie in (12.51) tritt bei der photonischen Kristallfaser Monomode-Betrieb bei $V < \pi$ auf. Für $d/\Lambda < 0{,}45$ wird die Faser sogar unabhängig von λ monomodig. Der Vorteil photonischer

Abb. 12.19 Beispiel für eine photonische Kristallfaser. Der Kern besteht aus Quarzglas ohne Kapillaren (Brechzahl n_1). Er ist von einem Mantel mit luftgefüllten Kapillaren mit dem Durchmesser d umgeben (effektive Brechzahl n_2). Der Abstand der Kapillaren ist Λ

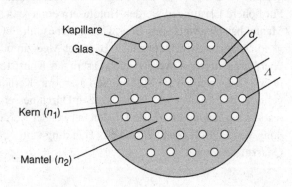

Abb. 12.20 Die effektive Brechzahl des Mantels n_2 einer photonischen Kristallfaser hängt von d/Λ und der normierten Wellenlänge λ/Λ ab (siehe Abb. 12.19). Der Kern ist frei von Kapillaren und hat die Brechzahl n_1

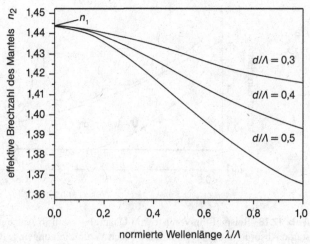

Kristallfasern liegt darin, dass sich die effektive Materialbrechzahl n_2 durch die geometrischen Bedingungen einstellen lässt. Weiterhin erhält man große Modenfelddurchmesser, was zur Übertragung hoher Leistungen günstig ist.

12.8 Aufgaben

12.1

(a) Beweisen Sie für den TEM_{00}-Mode, dass an der Stelle des Strahlradius (w) die Intensität auf 13 % gefallen ist.

(b) Wie hoch ist die Intensität bei $r = 2w$?

12.2 Man beweise: bei einem Gauß-Strahl liegt 86,5 % der Laserleistung innerhalb des Strahlradius w.

12.3 Für einen Laserstrahl (TEM_{00}) mit 0,7 mm Durchmesser wird eine Leistung von 40 mW gemssen. Wie hoch ist die mittlere und maximale Leistungsdichte?

12.4 Der TEM_{00}-Mode ist durch das Gauß-Profil $I/I_{max} = \exp\left(-2r^2/w^2\right)$ gegeben. Wie groß ist I_{max} bei einem Laser mit der Leistung P und dem Strahlradius w?

12.5 Ein He-Ne-Laser von 1 m Länge besitzt am Ausgangsspiegel einen Strahlradius von $w = 0,3$ mm. Der Resonator besteht aus zwei Spiegeln mit gleichen Krümmungsradien. Wie groß ist die Strahltaille?

12.6 Beweisen Sie: ein Gauß-Strahl mit einer bestimmten Wellenlänge wird allein durch den Radius der Strahltaille bestimmt.

12.7

(a) Wie groß ist der Divergenzwinkel eines He-Ne-Lasers (TEM_{00}) mit einem Strahltaillendurchmesser von 0,7 mm?

(b) Skizzieren Sie das Strahlprofil und zeichnen Sie den Strahldurchmesser ein.

12.8 Ein Laserstrahl (Grundmode) mit dem Radius w_0 und dem (halben) Divergenzwinkel $\theta = \lambda/(\pi w_0)$ wird durch eine Linse mit der Brennweite f fokussiert. Beweisen Sie, dass für den Strahlradius im Brennfleck w' gilt: $w' = f\lambda/(\pi w_0)$. Gehen Sie von Überlegungen der Strahlenoptik aus und betrachten Sie verschiedene parallele Strahlenbündel, die um den Divergenzwinkel θ geneigt sind.

12.9

(a) Wie groß ist der Fokus eines Ar-Laserstrahls von 2 mm Durchmesser auf der Netzhaut des Auges?

(b) Wie hoch ist die Leistungsdichte auf der Netzhaut bei einer Laserleistung von 1 W ($f_{\text{Auge}} = 25\,\text{mm}$, $\lambda = 488\,\text{nm}$)?

12.10 Ein Gaußscher Strahl ist durch Lage und Größe der Strahltaille w_0 gegeben. Durch eine Linse mit der Brennweite f ist der Strahl so zu transformieren, dass seine Strahltaille w_0' in dem Abstand D vom Ort der Strahltaille w_0 auftritt.

(a) Welche Brennweite muss die Linse besitzen?

(b) In welchem Abstand a vom Ort der Strahltaille w_0 muss die Linse aufgestellt werden?

(c) Berechnen Sie als Zahlenbeispiel $w_0 = 0,6\,\text{mm}$; $w_0' = 0,2\,\text{mm}$; $\lambda = 1,06\,\mu\text{m}$; $D = 5\,\text{cm}$.

12.11 Der Strahl eines CO_2-Lasers (10 mm Durchmesser, TEM_{00}, cw, 1 kW) wird mit einer Linse fokussiert ($f = 15\,\text{cm}$). Berechnen Sie im Fokus: den Strahldurchmesser, die mittlere Leistungsdichte und Tiefenschärfe. Skizzieren Sie den Strahlverlauf und das Strahlprofil.

12.12 Berechnen Sie ein optisches System für einen He-Ne-Laser, bei dem der Strahl von 0,7 cm auf 2 cm aufgeweitet wird. Wie würde ein derartiges System für einen gütegeschalteten Festkörperlaser aussehen?

12.13 Berechnen Sie den Blendendurchmesser für ein Raumfilter für einen He-Ne-Laser (Strahldurchmesser 1 mm), das mit einem Objektiv mit der Vergrößerung 40× eingesetzt wird.

12.14 Berechnen Sie ein optisches System zur Strahlaufweitung eines He-Ne-Lasers, mit dem auf dem Mond ein Strahldurchmesser von 100 m entsteht (Entfernung $\approx$ 380.000 km).

12.15 Eine Faser hat eine Dämpfung von 10 dB/km (50 dB/km). Berechnen Sie die Transmission für eine Faser von 2 m Länge.

12.16 Ein Laserstrahl wird in einer Faser (Schwächung: $0,03\,\text{m}^{-1}$) transportiert.

(a) Wie hoch ist die Transmission nach 10 m und 100 m?

(b) Geben Sie die Dämpfung in dB/km an.

12.17 Entwerfen Sie ein System zur Einkopplung von Strahlung eines 100 W-Nd-Lasers (1,06 μm, Durchmesser 5 mm) in eine Faser mit 0,1 mm Kerndurchmesser. Berechnen Sie

(a) den Fokusdurchmesser,
(b) die Fokuslänge,
(c) die Leistungsdichte auf der Eintrittsfläche der Faser.
(d) Vergleichen Sie den maximalen Eintrittswinkel mit der Apertur der Faser (Brechzahlen 1,55 und 1,50).

12.18 Wie lange darf ein 100 kW-Laserpuls dauern, damit der Strahl durch eine Faser von 0,6 mm Durchmesser geführt werden kann (Zerstörungsschwelle $H = 20\,\mathrm{J/cm^2}$)?

(a) Wie groß ist die maximale Pulsenergie eines Nd:YAG-Lasers, die mit einer Faser von 50 μm Durchmesser übertragen werden kann? Die Zerstörungsschwelle ist wellenlängenabhängig und beträgt bei 1,06 μm etwa $60\,\mathrm{J/cm^2}$.
(b) Wie hoch ist die entsprechende Pulsleistung bei Normal- und Q-Switch-Pulsen von 100 μs und 10 ns Dauer?

12.19 Man berechne die Transmission beim Durchgang einer Schneide durch einen Gauß-Strahl der Leistung P in Abhängigkeit von der Schneidenposition x'.

Weiterführende Literatur

1. Eichler HJ, Kronfeld H-D, Sahm J (2015) Das Neue Physikalische Grundpraktikum. Springer, Berlin

Optische Resonatoren

13

Das in einem Laser zwischen den Spiegeln hin- und herlaufende Licht bildet stehende Wellen, die bestimmte räumliche Verteilungen der elektrischen Feldstärke besitzen. Diese Verteilungen werden Schwingungsformen oder Moden des optischen Resonators genannt.

Für die verschiedenen Moden werden Bezeichnungen der Form TEM_{mnq} verwendet als Abkürzung für Wellen mit *transversaler elektrischer* und *magnetischer* Feldstärke. Dabei bedeuten m und n die Zahl der Nullstellen der Feldstärkeverteilung auf den Spiegeln in einem rechtwinkligen oder Polar-Koordinatensystem quer zur Laserachse. q gibt die Zahl der Feldstärkemaxima auf der Achse an. Oft interessiert lediglich die transversale Feldstärkeverteilung, beschrieben durch TEM_{mn}. Durch die Angabe von m und n ist die Intensitätsverteilung über den Querschnitt des Laserstrahls bestimmt. Die Verteilung der Feldstärke in Richtung der Laserachse wird auch axialer oder longitudinaler Mode genannt. Jeder Mode gekennzeichnet durch m, n, q hat eine andere Lichtfrequenz.

13.1 Planspiegelresonator

Der klassische Fabry-Pérot-Resonator, welcher aus zwei planparallelen Spiegeln gebildet wird, fand Anwendung insbesondere beim ersten Rubinlaser. Bei Laserdioden wird die aktive Zone durch parallele Spaltflächen begrenzt, wobei im Halbleiterkristall ein Fabry-Pérot-Resonator entsteht. Außerdem wird ein derartiger Resonator als Pérot-Fabry-Interferometer oder -Etalon und Interferenzfilter eingesetzt.

13.1.1 Axiale Moden

Zwischen den Spiegeln des Resonators wird das Licht hin und herreflektiert, und es bilden sich ebene stehende Wellen oder axiale (bzw. longitudinale) Moden aus (Abb. 13.1). Die

© Springer-Verlag Berlin Heidelberg 2015
H.J. Eichler, J. Eichler, *Laser*, DOI 10.1007/978-3-642-41438-1_13

Abb. 13.1 Phasenflächen und
Feldstärkeverteilungen axialer
Moden in einem Plan-Plan-
Resonator

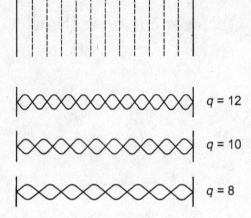

$q = 12$

$q = 10$

$q = 8$

Resonatorlänge L ist also ein ganzzahliges Vielfaches der halben Wellenlänge $\lambda_q/2$:

$$L = q\frac{\lambda_q}{2}, \quad q = 1, 2, 3, \ldots . \tag{13.1}$$

Für die Frequenz $f_q = c/\lambda_q$ eines axialen Mode folgt daraus

$$f_q = q\frac{c}{2L} . \tag{13.2}$$

Der Abstand zweier axialer Moden beträgt

$$\Delta f = f_q - f_{q-1} = \frac{c}{2L} . \tag{13.3}$$

Ein Ausschnitt aus dem äquidistanten Frequenzspektrum der axialen Moden für ein festes L ist in Abb. 13.2 zusammen mit dem Verstärkungsfaktor $G(f)$ dargestellt, der durch die

Abb. 13.2 Axiale Modenspektren und Verstärkungsfaktor
eines Lasers

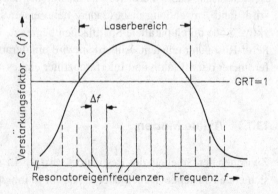

Linienform beschrieben wird. In einem Laser werden die Moden anschwingen, für die die Schwellwertbedingung $GRT \geq 1$ erfüllt ist (2.28). Falls der Reflexionsgrad der Spiegel R und der Transmissionsfaktor des Resonators T nur wenig frequenzabhängig sind, ist der Bereich mit $G\dot{R}T \geq 1$ etwa durch die Linienbreite bestimmt. Bei einem He-Ne-Gaslaser mit einem 30 cm langen Resonator und einer Linienbreite von $\Delta f_L = 1,5$ GHz treten damit bis zu 3 Moden auf: $n \approx \Delta f_L / \Delta f = 3$. In einem entsprechenden Rubin-Festkörperlaser mit $\Delta f_L = 330$ GHz entstehen etwa 700 axiale Moden.

Da die Resonatorlänge L statistisch schwankt, ist die Frequenz f eines Lasermode nicht konstant. Ursachen für Änderungen der geometrischen und optischen Länge des Resonators sind z. B. Temperatur- und Druckschwankungen, mechanische Erschütterungen und Änderung des Brechungsindex des aktiven Mediums. In guten kommerziellen He-Ne-Lasern werden z. B. Frequenzschwankungen eines Mode von etwa $\Delta f' = 1$ MHz erreicht. Dies entspricht einer Längenstabilität des Resonators von $\Delta L = L |\Delta f'| / f < 1$ nm, wobei $L \approx 0,5$ m und $f \approx 5 \cdot 10^{14}$ Hz betragen.

13.1.2 Resonatorverluste

Wird ein Resonator, z. B. ein Interferenzfilter, mit Licht bestrahlt, so ist die Anregung von stehenden Wellen auch möglich, wenn von der Resonanzfrequenz f_q etwas abgewichen wird. Die zulässige Abweichung ist durch die Verluste eines Modes gegeben. Diese bestehen aus den Verlusten durch Beugung (δ_B), Absorption (δ_D) und Reflexion (δ_R):

$$\boxed{\delta = \delta_R + \delta_D + \delta_B \,.} \tag{13.4}$$

Die Verluste bei Reflexion an den Spiegeln betragen

$$\delta_R = 1 - R \,, \tag{13.5}$$

wobei R der Reflexionsgrad der (gleichen) Spiegel ist.

Der Absorptionsverlust δ_D errechnet sich zu

$$\delta_D = 1 - e^{-L\alpha} \approx L\alpha \,, \tag{13.6}$$

wobei α der Absorptionskoeffizient des Materials zwischen den Spiegeln ist.

Die Beugungsverluste δ_B sind für unendlich ausgedehnte Spiegel Null. Für endliche Spiegel geben sie das Verhältnis der an einem begrenzten Spiegel mit $R = 1$ vorbeilaufenden Leistung zur einfallenden Leistung einer im Resonator umlaufenden Welle an.

Die Verluste δ bewirken eine endliche Halbwertsbreite df eines Mode

$$\boxed{df = \frac{c\delta}{2\pi L} = \frac{f}{Q} \,,} \tag{13.7}$$

wobei Q als Güte (engl. quality) bezeichnet wird und c die Lichtgeschwindigkeit ist.

Die Finesse F gibt den Modenabstand Δf dividiert durch die Halbwertsbreite eines Mode df an:

$$\boxed{F = \Delta f/df = \pi/\delta\,.}$$ (13.8)

Diese Beziehung hat beispielsweise bei der Berechnung von Etalons zur Frequenzselektion Bedeutung, wobei für δ hauptsächlich nur der Reflexionsverlust zu berücksichtigen ist.

13.2 Hohlspiegelresonator

Resonatoren für Laser werden meistens aus Hohlspiegeln aufgebaut, wie im Abschn. 13.3 dargestellt. In einem derartigen Resonator bilden sich Feldverteilungen aus, die den im vorangegangenen Kap. 12 besprochenen Hermite-Gauß-Strahlen entsprechen. Von besonderem Interesse ist der Grundmode TEM_{00}. Dieser ist charakterisiert durch die Lage der Strahltaille, sowie den Taillenradius w_0 (Abb. 13.3). Der dazu gehörende Gauß-Strahl ist dadurch bestimmt, dass die Krümmmmungsradien der Spiegel R_1 und R_2 gleich den Krümmungsradien der Wellenfronten sind. Dies entspricht dem Verhalten beim Planspiegelresonator mit unendlich ausgedehnten Spiegeln, in dem der Grundmode eine ebene Welle ist, deren Phasenflächen ebenfalls mit der Spiegeloberfläche übereinstimmen.

Aus den Spiegelradien R_1 und R_2 und dem Spiegelabstand L können die Radien w_1 und w_2 der Feldstärkeverteilungen auf den Spiegeln berechnet werden. Dazu werden die komplexen Strahlparameter q_1 und q_2 auf den Spiegeln nach (12.10) eingeführt:

$$\frac{1}{q_1} = \frac{1}{R_1} - \frac{i\lambda}{\pi w_1^2}$$ (13.9)

$$\frac{1}{q_2} = \frac{1}{R_2} - \frac{i\lambda}{\pi w_2^2}\,.$$ (13.10)

Abb. 13.3 Anpassung eines Gauß-Strahls an einen Hohlspiegelresonator

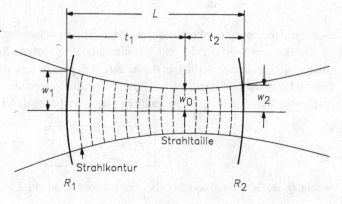

R_1 und R_2 sind positiv zu setzen, falls die konkave Spiegelseite nach innen zeigt, andernfalls negativ. Die beiden Strahlparameter sind nach (12.7) verknüpft durch

$$q_2 = q_1 + L \ . \tag{13.11}$$

Aus (13.9) bis (13.11) können q_1 und q_2 eliminiert werden. Es ergibt sich eine komplexe Gleichung, die nach Aufspaltung in Real- und Imaginärteil zwei Gleichungen zur Bestimmung von w_1 und w_2 liefert. Die Lösung für w_1 ist:

$$w_1^4 = \left(\frac{\lambda R_1}{\pi} \right)^2 \frac{R_2 - L}{R_1 - L} \left(\frac{L}{R_1 + R_2 - L} \right) \ . \tag{13.12}$$

Die Lösung für w_2 erhält man durch Vertauschen der Indizes 1 und 2.

Statt der Krümmungsradien R_1 und R_2 werden auch oft die Spiegelparameter

$$g_1 = 1 - L/R_1 \quad \text{und} \quad g_2 = 1 - L/R_2 \tag{13.13}$$

benutzt. Damit folgt nach (13.12)

$$w_1^4 = \left(\frac{\lambda L}{\pi} \right)^2 \frac{g_2}{g_1 - g_1^2 g_2} \ . \tag{13.14}$$

Der Radius w_2 ergibt sich nach (13.12) oder (13.14) durch Vertauschung der Indizes 1 und 2 oder aus

$$g_1 w_1^2 = g_2 w_2^2 \ . \tag{13.15}$$

Der Abstand t_1 des Spiegels R_1 von der Strahltaille und der Taillenradius w_0 ergeben sich analog zu (13.10) mit $R_0 = \infty$ und (13.11) aus

$$q_1 = q_0 + t_1 = \frac{i \pi w_0^2}{\lambda} + t_1 \ . \tag{13.16}$$

Einsetzen in (13.9) und Trennung in Real- und Imaginärteil ergibt

$$t_1 = \frac{L(R_2 - L)}{R_1 + R_2 - 2L} = \frac{g_2(1 - g_1)L}{g_1 + g_2 - 2g_1 g_2} \ , \quad t_2 = L - t_1 \tag{13.17}$$

und

$$w_0 = \left(\frac{L\lambda}{\pi} \right)^{1/2} \cdot \left(\frac{g_1 g_2 (1 - g_1 g_2)}{(g_1 + g_2 - 2g_1 g_2)^2} \right)^{1/4} \ . \tag{13.18}$$

Diese Gleichung liefert reelle Lösungen nur für $0 \leq g_1 g_2 \leq 1$. Außerhalb dieses Bereiches sind Resonatoren nicht stabil.

Zur Kennzeichnung eines kommerziellen Lasers werden oft sowohl der Strahlradius w_1 oder w_2 am Endspiegel als auch der Divergenzwinkel θ angegeben. Dieser kann aus w_0 unter Benutzung von (12.15) berechnet werden:

$$\theta = \frac{\lambda}{\pi w_0}. \tag{13.19}$$

Für einen nicht beugungsbegrenzten Strahl muss zusätzlich die Beugungsmaßzahl M^2 miteinfließen (siehe Abschn. 12.5). Außerdem muss eine eventuelle Linsenwirkung des Auskoppelspiegels berücksichtigt werden.

13.2.1 Höhere Transversalmoden

Der Grundmode TEM_{00} ist dadurch gekennzeichnet, dass quer zur Strahlrichtung ein Gauß-Profil vorhanden ist. Bei den höheren transversalen Moden liegen komplizierte Intensitätsverteilungen vor, wobei durch Interferenzeffekte Nullstellen quer zur Strahlrichtung auftreten. Die elektrische Feldstärke und damit die Intensität kann als Lösung der Wellengleichung berechnet werden, wie in Kap. 12 beschrieben ist.

Die Feldverteilung der transversalen Moden hängt davon ab, ob runde oder rechteckige Spiegel verwendet werden. Im Falle einer rechteckigen Geometrie geben der Index m und n in TEM_{mnq} die Zahl der Nullstellen in x- und y-Richtung an. Bei kreisförmiger Symmetrie geben m und n die Nullstellen in r- und ϕ-Richtung (Polarkoordinaten) an. Die Verteilung des elektrischen Feldes zu einem bestimmten Zeitpunkt ist in Abb. 13.4

Abb. 13.4 Feldvektoren transversaler Moden für runde und quadratische Spiegel (nach Koechner). Nach einer halben Oszillationsperiode kehren sich die elektrischen bzw. magnetischen Feldvektoren in der Richtung um

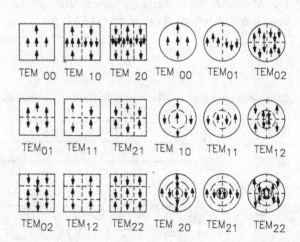

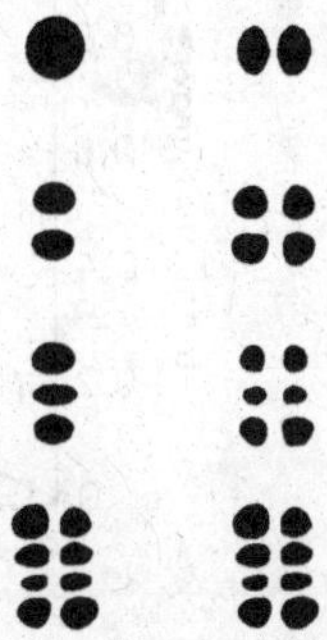

Abb. 13.5 Experimentelle Intensitätsverteilung einiger Transversalmoden in Rechtecksymmetrie

TEM_{0n} TEM_{1n} n

0

1

2

3

dargestellt. Die Struktur der transversalen Moden hängt nicht von dem longitudinalen Modenindex q ab.

Die Intensitätsverteilung bei rechteckigen Spiegeln zeigt Abb. 13.5 und ist entsprechend (12.25) mit $\xi = x/w$ und $\eta = y/w$ im hier vorliegenden zweidimensionalen Fall gegeben durch:

$$I_{mn}(x, y) \sim H_n^2(\xi) H_m^2(\eta) \exp\left(-2\left(\xi^2 + \eta^2\right)\right) . \tag{13.20}$$

Die Hermiteschen Polynome sind im Anschluss an (12.25) angegeben. w ist der effektive Radius der TEM_{00}-Mode (Abb. 12.3).

Im Fall runder Spiegel ist die Intensitätsverteilung I_{pl} des transversalen Modes p, l gegeben durch

$$I_{pl}(r, \phi) = I_0 \rho^l \left(L_p^l(\rho)\right)^2 \cos^2(l\phi) \exp(-\rho) \quad \text{mit}$$
$$\rho = 2r^2/w^2 . \tag{13.21}$$

Die Intensitätsverteilung I_{00} ergibt wieder das Gauß-Profil als Grundmode, wobei w der Strahlradius ist. $L_p^0(\rho)$ ist das verallgemeinerte Laguerre-Polynom mit

$$L_0^l(\rho) = 1 \; ; \quad L_1^0(\rho) = 1 - \rho \; ; \quad L_2^0(\rho) = 1 - 2\rho + \left(\frac{1}{2}\right)\rho^2 . \tag{13.22}$$

Die Intensitätsverteilung für die zylindersymmetrischen Moden TEM_{00}, TEM_{10} und TEM_{01}^* zeigt Abb. 13.6. Der Index ($*$) bedeutet, dass es sich um eine Überlagerung zweier um 90° gedrehter Moden mit gleichem Index handelt, so dass sich eine radialsymmetrische Verteilung ergibt.

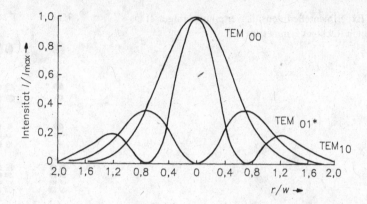

Abb. 13.6 Radiale Intensitätsverteilung der Moden TEM_{00}, TEM_{01}^* und TEM_{10} mit Radialsymmetrie (nach Koechner). TEM_{01}^* entsteht durch Überlagerung zweier TEM_{01}-Moden

Abb. 13.7 Überlagerung transversaler Moden in einem Laser ohne Modenselektion

Der Strahlradius nimmt mit zunehmender Ordnung p, l der Moden zu. Auf der Basis von (13.21) erhält man für Strahlradius und Divergenz höherer Moden

$$w_{pl} = w\sqrt{2p + l + 1}$$
$$\theta_{pl} = \theta\sqrt{2p + l + 1}\,. \tag{13.23}$$

Abbildung 13.7 zeigt eine Überlagerung verschiedener Transversalmoden, wie sie in einem Laser ohne Modenkontrolle beobachtet wird.

Für die Frequenzen der Moden p, l, q liefert die Theorie

$$f_{plq} = c/2L\left[q + \pi^{-1}(p + 2l + 1)\arccos\sqrt{g_1 g_2}\right]\,. \tag{13.24}$$

Zur Berechnung der Frequenzen rechteckiger Moden muss p durch m und $2l$ durch n ersetzt werden. Beispiele für Modenspektren sind in Abb. 13.8 dargestellt. Bei Planspiegelresonatoren ($g_1 = g_2 = 0$) geht (13.24) für TEM_{00} in $f_q = qc/2L$ (13.2) über. Bei Hohlspiegelresonatoren verkleinert sich die „Resonatorlänge" mit zunehmendem Abstand von der Achse, was zu einer Erhöhung der Frequenz führt.

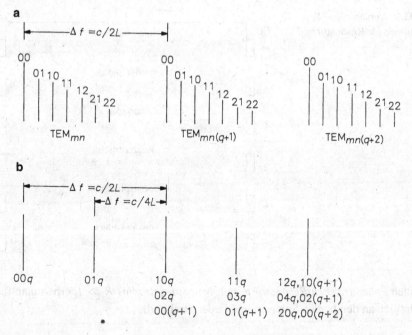

Abb. 13.8 Frequenzen transversaler Moden bei **a** großem Krümmungsradius der Spiegel; **b** symmetrischem konfokalem Resonator

13.3 Resonatortypen

Im folgenden werden einige spezielle Konfigurationen beschrieben, die in der Praxis häufig zu finden sind. Ein Resonator wird durch den Abstand L und die Radien R_1 und R_2 der Spiegel gegeben (Abb. 13.9). Die Strahlradien w_1, w_2 des TEM$_{00}$-Modes an den beiden Spiegeln lassen sich mit (13.12) bis (13.15) bestimmen. Der Radius der Strahltaille w_0 errechnet sich nach (13.18), die Lage der Strahltaille aus (13.17).

Symmetrische Resonatoren haben Spiegel mit gleichem Krümmungsradius $R = R_1 = R_2$. Es gilt für die Strahlradien an den beiden Spiegeln w_1 und w_2:

$$w_1^2 = w_2^2 = \frac{\lambda R}{\pi} \sqrt{\frac{L}{2R - L}} \; . \tag{13.25}$$

Die Strahltaille liegt in der Mitte des Resonators mit dem Radius w_0:

$$w_0^2 = \frac{\lambda}{2\pi} \sqrt{L(2R - L)} \; . \tag{13.26}$$

Abb. 13.9 Verschiedene Konfigurationen für Resonatoren

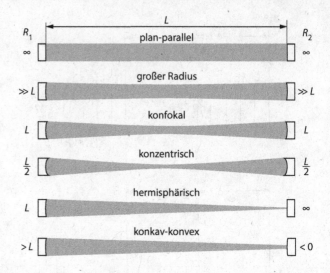

Für einen *symmetrischen Resonator mit großem Spiegelradius* $R \gg L$ erhält man für die Strahlradien an den beiden Spiegeln und in der Strahltaille

$$w_1^2 \approx w_2^2 \approx w_0^2 \approx \frac{\lambda}{\pi} \sqrt{\frac{RL}{2}} . \tag{13.27}$$

Der Strahlradius ändert sich im Laser praktisch nicht. Für die Frequenzen der einzelnen Moden erhält man das Spektrum nach Abb. 13.8. Nach (13.24) ist der Frequenzabstand der Transversalmoden klein gegen den longitudinalen Abstand.

Der *symmetrische konfokale Resonator* ist gegeben durch $R = R_1 = R_2 = L = 2f$. Die Brennpunkte der Spiegel mit der Brennweite $f = R/2$ fallen in der Mitte des Resonators zusammen. Die Strahlradien $w_1 = w_2$ sind minimal im Vergleich zu anderen Resonatoren bei gegebener Länge L

$$w_1 = w_2 = \sqrt{\lambda L/\pi} \quad \text{und} \quad w_0 = w_1/\sqrt{2} . \tag{13.28}$$

Das Frequenzspektrum f_{mnq} erhält man aus (13.24) mit $g_1 = g_2 = 0$ zu

$$f_{mnq} = (2q + m + 2n + 1)c/4L . \tag{13.29}$$

Man bezeichnet das Spektrum als entartet, da verschiedene Moden die gleiche Frequenz aufweisen (Abb. 13.8).

Konfokale Resonatoren können auch verschiedene Spiegelradien haben. Die Resonatorlänge ist dann gegeben durch

$$R_1/2 + R_2/2 = f_1 + f_2 = L . \tag{13.30}$$

Abb. 13.10 Stabilitätsdiagramm für Resonatoren

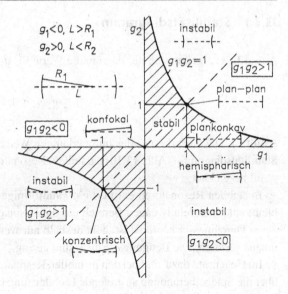

Asymmetrische konfokale Resonatoren haben Spiegelparameter g_1 und g_2 mit verschiedenen Vorzeichen, d. h. $g_1g_2 < 0$. Daher liegen sie in den nicht erlaubten Bereichen des Stabilitätsdiagramms Abb. 13.10.

Der *konzentrische Resonator* ist gegeben durch $R = R_1 = R_2 = L/2$. Die Spiegeloberflächen liegen auf einer gemeinsamen Kugel. Der Grundmode entspricht einer klassischen Kugelwelle. An den Spiegeln ist der Strahlradius groß, während in der Mitte des Resonators ein beugungsbegrenzter Brennpunkt auftritt. Da die Krümmungszentren der Spiegel zusammenfallen, wird der Resonator auch als konzentrisch bezeichnet.

Für einen *Plan-konkav-Resonator* mit einem ebenen Spiegel erhält man die Strahltaille an diesem Spiegel. Der Resonator verhält sich wie eine Anordnung mit zwei gleichen Hohlspiegeln der Länge $2L$, welche durch Ergänzung des Resonators mit seinem Spiegelbild entsteht. Ein Sonderfall ist der *hemisphärische Resonator* mit $R_1 = L, R_2 \to \infty$, welcher mit $w_2 \to 0$ einen beugungsbegrenzten Punkt am ebenen Spiegel liefert. Die Beugungsverluste sind in diesem Fall groß, da $w_1 \to \infty$ ist. Daher ist es günstiger, R etwas grösser als L zu wählen.

Konkav-konvex-Resonatoren zeichnen sich durch großes Grundmodenvolumen bei relativ kurzer Baulänge aus. Auch für diesen Resonatortyp mit $R_2 < 0$ gibt es stabile Bereiche. An der Grenze der Stabilität liegt der *konzentrische Resonator* dieses Typs, bei welchem die Krümmungsmittelpunkte beider Spiegel zusammenfallen. Es gilt: $R_1 > L$ und $R_2 = L - R_1 < 0$. In Abschn. 13.4 wird ein instabiler konkav-konvex-Resonator beschrieben.

Der *plan-parallele Resonator* wird wenig eingesetzt, hauptsächlich in Verbindung mit Lasermedien mit hoher optischer Verstärkung. Ist diese nur gering, so sind Plan-Plan-Resonatoren schwierig zu justieren.

13.3.1 Stabilitätsdiagramm

Aus (13.14) ergeben sich nur dann reelle Werte für w_1, wenn die Stabilitätsbedingung

$$0 \leq g_1 g_2 \leq 1 \qquad\qquad (13.31)$$

erfüllt ist. Die nach dieser Gleichung erlaubten Werte von g_1 und g_2 lassen sich in einem Stabilitätsdiagramm (Abb. 13.10) darstellen. Resonatoren, die (13.31) erfüllen, werden als stabil bezeichnet.

In stabilen Resonatoren existiert ein gaußförmiger Grundmode, und die Lichtenergie bleibt auf einen relativ engen Bereich um die Resonatorachse konzentriert. Bei Spiegeln, deren Durchmesser begrenzt ist, geht deshalb nur wenig Licht über die Spiegelberandung hinaus verloren. Die Beugungsverluste sind gering.

Im Gegensatz dazu sind bei den instabilen Resonatoren die Beugungsverluste hoch. Die über die Spiegelberandung austretende Lichtleistung kann jedoch bei instabilen Resonatoren als ausgekoppelte Laserausgangsleistung benutzt werden, so dass diese Lichtleistung keinen echten Verlust bedeuten muss. Bei stabilen Resonatoren wird das Licht meist durch teildurchlässige Spiegel ausgekoppelt. Instabile Resonatoren werden im nächsten Abschnitt genauer behandelt.

In Abb. 13.10 ist der schraffierte Bereich den stabilen Resonatoren zuzuordnen. Es sind die bereits diskutierten Resonatoranordnungen eingetragen: konfokaler Resonator ($g_1 = g_2 = 0$), plan-konkaver Resonator ($g_1 = 1$), hemisphärischer Resonator ($g_1 = 1, g_2 = 0$), Plan-plan- oder Fabry-Pérot-Resonator ($g_1 = g_2 = 1$), symmetrische Resonatoren ($g_1 = g_2$), konzentrischer Resonator ($g_1 = g_2 = -1$).

13.4 Instabile Resonatoren

In Bereichen $g_1 g_2 > 1$ und $g_1 g_2 < 0$ sind die Resonatoren instabil, d. h. es existiert kein Gauß-Strahl als Grundmode und die Beugungsverluste sind hoch. Bei aktiven Medien mit großen Durchmessern können jedoch instabile Resonatoren zum Laseraufbau vorteilhaft verwendet werden, da sie eine gleichförmige Intensitätsverteilung im Resonator liefern. Vorraussetzung ist eine hohe Verstärkung g_0 des Lasermediums mit der Länge L_g. Es gilt die Bedingung $2g_0 L_g > 1{,}5$.

Die Feldverteilung kann durch begrenzte Kugelwellen approximiert werden. Von besonderer Bedeutung ist der (asymmetrische) konfokale instabile Resonator der einen nahezu parallelen Ausgangsstrahl liefert, wie in Abb. 13.11 dargestellt. Die Feldverteilung im Resonator hat einen Durchmesser D, der etwa dem Durchmesser des aktiven Mediums entsprechen sollte. Das Lasermedium befindet sich in der Nähe des Spiegels mit dem Radius R_1. Der Durchmesser d des Auskoppelspiegels mit dem Radius $R_2 < 0$ bestimmt

Abb. 13.11 Konfokaler instabiler Resonator

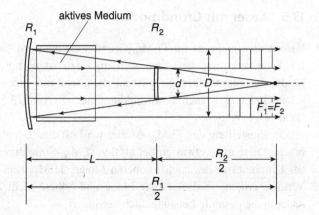

den geometrischen Auskoppelgrad δ_g:

$$\delta_g = 1 - \frac{d^2}{D^2} = 1 - \frac{1}{M^2} \quad \text{mit} \quad M = \frac{D}{d} . \tag{13.32}$$

Die Größe M gibt die Vergrößerung des Strahldurchmessers durch das Spiegelsystem an. Bei einem stabilen Resonator mit teildurchlässigem Auskoppelspiegel entspricht δ_g dem Transmissionsgrad $1 - R$. Die optimale Auskopplung ergibt sich aus den Eigenschaften des Lasermediums, wie im Abschn. 2.7 dargestellt.

Bei einem instabilen Resonator muss die Verstärkung so groß sein, dass der Laserstrahl nur wenige Umläufe im Resonator ausführt. Danach wird er seitlich an dem kleineren Spiegel vorbei heraus geführt und erscheint als ausgekoppelter Laserstrahl mit einem „Loch" in der Strahlmitte.

Aus geometrischen Überlegungen folgt für die Krümmungsradien der Spiegel für den konfokalen instabilen Resonator

$$R_1 + R_2 = 2L \quad \text{und} \quad \left| \frac{R_1}{R_2} \right| = \frac{D}{d} . \tag{13.33}$$

Daraus folgt:

$$R_1 = \frac{2ML}{M - 1}$$

und $\tag{13.34}$

$$R_2 = \frac{-2L}{M - 1} .$$

Eine genauere wellenoptische Analyse von instabilen Resonatoren ergibt, dass die geometrische Auskopplung nach (13.32) wegen Beugungseffekten etwas zu groß ist. Dies kann bei einer genaueren Dimensionierung des Resonators berücksichtigt werden.

Der instabile Resonator wird bei Lasern mit großen Verstärkungsfaktoren wie dem CO_2- und Excimer-Lasern oder Festkörperlasern eingesetzt. Bei großem aktivem Querschnitt kann eine bessere Strahlqualität als bei stabilen Resonatoren erzielt werden.

13.5   Laser mit Grundmode

Laser sollen meistens im TEM_{00}-Grundmode oder mit einer ähnlichen kontinuierlichen Intensitätsverteilung betrieben werden. Dazu ist es notwendig, die höheren TEM_{mn}-Moden zu unterdrücken. Dies ist möglich, weil mit zunehmender Ordnung der transversalen Moden m, n auch die Strahldurchmesser (Abb. 13.5 und 13.6) und die Beugungsverluste anwachsen.

Zur Einstellung des TEM_{00}-Modes wird oft eine Lochblende in den Resonator eingebracht. Diese muss etwas größer als der TEM_{00}-Strahldurchmesser, aber etwas kleiner als der Durchmesser des nächst höheren Modes TEM_{10} sein. Dadurch werden die TEM_{10}-Verluste erhöht, so dass dieser Mode und höhere nicht anschwingen. Allerdings wird dadurch die gesamte Leistung auch verringert.

Die Größe der Beugungsverluste sind in Abb. 13.12 als Funktion der Fresnelzahl F dargestellt:

$$F = a^2/L\lambda \, . \tag{13.35}$$

Dabei ist a der Spiegeldurchmesser oder der Durchmesser einer Blende, die dicht am Spiegel aufgestellt ist, und L die Resonatorlänge. Beim konfokalen Resonator ist nach (13.28) $L\lambda = \pi w_1^2$ und $F = a^2/\pi w_1^2$. Die Beugungsverluste für den Grundmode werden klein, sofern $F > 1$ oder der Blendendurchmesser a größer als der Strahldurchmeser $2w_0$ wird. Die höheren Moden TEM_{10}, TEM_{20} usw. haben deutlich höhere Verluste.

Bei einem Fabry-Pérot-Resonator mit $R_1 = R_2 \to \infty$ gehen auch die Modenradien $w_1 = w_2 \to \infty$. Deshalb sind auch die Beugungsverluste bei gleicher Fresnelzahl höher

Abb. 13.12 Beugungsverluste δ_B einiger Moden für konfokale und Fabry-Pérot-Resonatoren

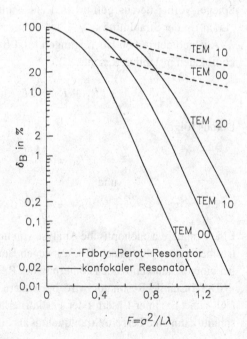

als beim konfokalen Resonator. Wegen der hohen Beugungsverluste ist es nicht sinnvoll, einen Fabry-Pérot-Resonator mit kleinen Blenden zu betreiben, sondern es sollte $F \gg 1$ sein.

Da der konfokale Resonator bei gegebener Resonatorlänge den kleinsten Modenradius $w_1 = w_2$ hat, sind bei diesem Resonator auch die Beugungsverluste bei gegebener Fresnelzahl minimal. Dies bedeutet jedoch nicht, dass der konfokale Resonator für den Aufbau eines Lasers am günstigsten sein muss.

Der Resonator für einen Laser ist u. a. so zu dimensionieren, dass der Grundmodedurchmesser etwa dem Durchmesser des aktiven Mediums entspricht. Außerdem soll der Modendurchmesser sich im Medium wenig ändern. Dies führt zu Resonatoren mit großem Spiegelradius. Diese sind aber justierempfindlich, da eine kleine Spiegelverkippung zu einer starken Verschiebung der Resonanz führt. Eine Alternative sind instabile Resonatoren.

Bei instabilen Resonatoren hat eine homogene, grundmodenartige Feldverteilung ebenfalls die geringsten Verluste, so dass sich eine derartige Verteilung in einem Laser von selbst einstellt. Die Feldverteilung füllt das aktive Medium gut aus. Der Auskoppelspiegel muss zur Einstellung des gewünschten Auskoppelgrades einen Durchmesser besitzen, der kleiner als der Durchmesser des aktiven Mediums ist. Da Spiegel mit kleinem Durchmesser schwer herzustellen sind, sind instabile Resonatoren vor allem für Lasermedien mit großen Querschnitten geeignet. Außerdem ist es mit instabilen Resonatoren schwierig, kleine Auskoppelgrade präzise einzustellen. Deshalb sind instabile Resonatoren hauptsächlich für hochverstärkende Lasermedien geeignet, bei denen der Auskoppelgrad unkritisch ist.

Die voranstehenden Überlegungen sind zu modifizieren, falls der Spiegelabstand wesentlich länger als das aktive Medium sein darf, wie z. B. bei Festkörperlasern. Dann können für eine gute Anpassung des Modendurchmessers an das aktive Medium Konkav-Konvex-Resonatoren eingesetzt werden. Außerdem sind Resonatoren mit internen Linsen und Teleskopen gebräuchlich.

Statt scharf begrenzte Spiegel oder Lochblenden zur Modenselektion zu verwenden, werden teilweise auch Gradientenspiegel oder Gauß-Spiegel mit einem gaußförmigen Reflexionsverlauf über den Querschnitt verwendet. Dadurch werden Strahlinhomogenitäten durch Beugungseffekte an scharfen Lochblenden- oder Spiegelkanten vermieden, so dass sich gute Strahlqualitäten ergeben.

13.6 Resonatoren für Dioden- und Faserlaser

In Diodenlasern wird die Strahlung meist durch den integrierten Wellenleiter geführt. Deshalb wird der Resonator im einfachsten Fall durch zwei plan-parallele Flächen senkrecht zum Wellenleiter gebildet. Dies trifft auch bei Faser- und anderen Wellenleiter-Lasern zu.

Für spezielle Anwendungen werden Diodenlaser aber auch mit externen Spiegeln betrieben. Beispiele sind in Kap. 10 dargestellt.

13.7 Aufgaben

13.1 Welche Längenänderungen dürfen bei einem 50 cm langen He-Ne-Laser auftreten, damit die Frequenzschwankung höchstens 1 MHz beträgt?

13.2 Wie lang darf ein He-Ne-Laser und CO_2-Laser (100 W) sein, damit nur ein longitudinaler Mode auftritt?

13.3 Wie groß ist die Divergenz eines He-Ne-Lasers (TEM_{00}) mit einem Strahldurchmesser von 0,7 mm? Welcher Strahldurchmesser tritt in einem Abstand von 10 m vom Laser auf?

13.4 Man beweise: Asymmetrische konfokale Resonatoren sind instabil.

13.5 Berechnen Sie die charakteristischen Strahlenradien (TEM_{00}) für einen Ar-Laser-Resonator mit einer Wellenlänge $\lambda \approx 500$ nm und mit $R_1 = 6$ m; $R_2 = 2$ m; $L = 0,5$ m.

13.6 Berechnen Sie bei einem 1 m langen He-Ne-Laser mit konfokalem Resonator die Strahldurchmesser in der Mitte und am Ausgang des Lasers ($\lambda = 633$ nm).

13.7 Wie hoch ist die Linienbreite eines passiven Fabry-Pérot-Resonators mit einer Resonatorlänge von 1 m und einem Auskoppelspiegel mit einem Reflexionsgrad von $R = 99,5\%$?

13.8 Ein Resonator wird aus zwei Spiegeln mit den Radien $R_1 = -0,8$ m und $R_2 = 1,2$ m gebildet. Geben Sie den Spiegelabstand an, ab welchem der Resonator instabil wird.

13.9 Ein konfokaler Resonator eines Argonlasers ($\lambda = 514$ nm) von $L = 0,8$ m Länge soll im TEM_{00}-Mode strahlen. Die Verstärkung beträgt $G = 1,6$. Schätzen Sie den Durchmesser einer Modenblende ab.

13.10 Berechnen Sie einen konfokalen instabilen Resonator für einen CO_2-Laser von $L = 1$ m Länge. Die Auskopplung soll $\delta_g = 20\%$ betragen.

Weiterführende Literatur

1. Hodgson N, Weber H (2005) Laser Resonators and Beam Propagation. Wiley-VCH, Weinheim

Spiegel und Antireflexschichten

Die einfachsten Laserspiegel bestehen aus polierten Metallen, z. B. Kupfer für infrarote CO_2-Laser, oder Metallschichten, z. B. Gold, Silber, Aluminium auf Glasträgern, für sichtbares Licht. Die Reflexion des Lichtes findet an der Oberfläche statt, wobei stets ein Teil des Lichtes in das Metall und das Trägermaterial eindringt und dort absorbiert wird. Teilweise kann Licht auch durch den Spiegel hindurchtreten, was insbesondere für Laserauskoppelspiegel notwendig ist.

Auch an den Grenzflächen von durchsichtigen Stoffen, wie Glas, Wasser und auch an anderen so genannten dielektrischen, d. h. nicht absorbierenden Materialien, wird Licht reflektiert. Der Reflexionsgrad bei senkrechtem Einfall beträgt z. B. an der Grenzfläche Luft-Glas etwa 4 %, kann aber bei streifendem Einfall oder auch bei Totalreflexion auf 100 % anwachsen. Die für die Reflexion und Brechung an einer Grenzfläche gültigen Gesetze werden im folgenden Abschn. 14.1 behandelt.

Durch Stapelung von Schichten aus zwei durchsichtigen Materialien mit unterschiedlicher Brechzahl entsteht eine Folge von Grenzflächen, die zu einer hohen Reflexion bei beliebigem Einfallswinkel führen kann. Derartige dielektrische Vielschichtenspiegel sind für die Lasertechnik von großer Bedeutung, da im Idealfall keine Absorption stattfindet. Die Leistung eines einfallenden Strahls wird somit ohne Verluste auf den reflektierten und durchtretenden Strahl verteilt. Der Aufbau von dielektrischen Vielschichtenspiegeln wird im Abschn. 14.3 dargestellt.

Durch Aufbringen von Schichten auf die Oberflächen optischer Materialien kann deren Reflexion nicht nur erhöht, sondern auch vermindert werden. Dies wird als Entspiegelung bezeichnet.

Beschichtete Platten, die schräg in Laserstrahlen angeordnet sind, werden als Strahlteiler verwendet, wobei das Teilungsverhältnis von der Wellenlänge abhängt und durch die Schichtdicken im verwendeten Schichtpaket polarisationsabhängig eingestellt wird.

Ähnliche Aufgaben wie Spiegel können auch neuartige Elemente erfüllen, die als Phasenkonjugatoren bezeichnet werden. Sie bestehen aus gitter- oder schichtförmigen Strukturen und reflektieren einen einfallenden Lichtstrahl immer in sich selbst zurück. Eine

© Springer-Verlag Berlin Heidelberg 2015
H.J. Eichler, J. Eichler, *Laser*, DOI 10.1007/978-3-642-41438-1_14

einfallende Lichtwelle mit beliebiger Phasenfläche wird so reflektiert, dass die rücklaufende Welle die gleiche Phasenfläche, aber die umgekehrte Ausbreitungsrichtung besitzt. Phasenkonjugatoren finden für Hochleistungslaser-Verstärker Anwendung zur Kompensation von Phasenstörungen und werden in Abschn. 14.5 erläutert.

14.1 Reflexion und Brechung

In Materie breitet sich das Licht mit der Geschwindigkeit

$$\boxed{c' = \frac{c}{n}} \tag{14.1}$$

aus, wobei $c = 2{,}998 \cdot 10^8\,\mathrm{m/s}$ die Lichtgeschwindigkeit im Vakuum und n der Brechungsindex des jeweiligen Materials ist. Fällt Strahlung auf eine Grenzfläche, so tritt Reflexion und Brechung auf. Während bei der Reflexion der Einfallswinkel Θ_1 gleich dem Austrittswinkel Θ_1' ist, errechnet sich die Richtung des gebrochenen Strahles Θ_2 gemäß

$$\boxed{n_1 \sin \Theta_1 = n_2 \sin \Theta_2\,,} \tag{14.2}$$

wobei n_1 und n_2 die Brechungsindizes der Medien 1 und 2 sind (Abb. 14.1). Durchsichtige Stoffe haben Brechungsindizes von $n = 1$ bis etwa 3, Glas hat den Wert $n \approx 1{,}5$ (Tab. 14.1). Statt des Brechungsindex n wird auch oft die Brechzahl $n' = n/n_\mathrm{L}$ angegeben, wobei n_L der Brechungsindex der Luft ist. Dieser beträgt im sichtbaren Spektralbereich $n_\mathrm{L} = 1{,}000292$.

14.1.1 Reflexionsgrad

Die Gleichungen von Fresnel beschreiben die Intensität des reflektierten und des transmittierten Lichtes an einer dielektrischen Grenzfläche. Das einfallende Licht wird in zwei

Abb. 14.1 Reflexion
($\theta_1 = \theta_1'$) und Brechung
an einer optischen Grenzfläche

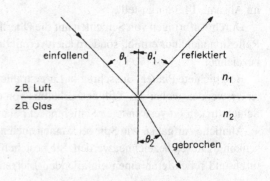

Tab. 14.1 Abhängigkeit des Brechungsindex von der Wellenlänge (Dispersion) für verschiedene Materialien. Die Indizes charakterisieren unterschiedliche Spektrallinien

	n_C (rot) (656 nm)	n_{D2} (gelb) (589 nm)	n_F (blau) (486 nm)	n_H (violett) (399 nm)
Wasser, 20 °C	1,331	1,333	1,337	1,343
Kronglas	1,516	1,519	1,525	1,535
Flintglas	1,614	1,619	1,631	1,653

Polarisationskomponenten zerlegt: R_s und R_p geben die reflektierte Intensität für Strahlung mit der elektrischen Feldstärke senkrecht (s) und parallel (p) zur Einfallsebene an:

$$R_s = \left(\frac{\sin(\Theta_1 - \Theta_2)}{\sin(\Theta_1 + \Theta_2)} \right)^2$$
$$R_p = \left(\frac{\tan(\Theta_1 - \Theta_2)}{\tan(\Theta_1 + \Theta_2)} \right)^2 . \tag{14.3}$$

Für den Reflexionsgrad gilt bei senkrechtem Einfall:

$$\boxed{R = R_s = R_p = \left(\frac{1 - n_1/n_2}{1 + n_1/n_2} \right)^2 .} \tag{14.4}$$

In Abb. 14.2 ist der Verlauf von R_s und R_p für eine Luft-Glasfläche mit $n = 1,52$ dargestellt.

Abb. 14.2 Reflexionsgrad beim Einfall von Licht auf eine Glasfläche mit $n = 1,52$ für s- und p-Polarisation. Unter dem Brewster-Winkel Θ_p wird nur eine Polarisationsrichtung reflektiert

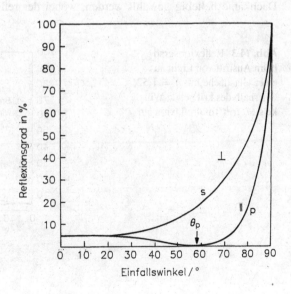

Unter dem Brewster-Winkel Θ_p wird nur die senkrechte Komponente reflektiert, d. h. $R_p = 0$. Dies geschieht, wenn $\Theta_1 + \Theta_2 = 90°$ wird, oder

$$\boxed{\tan \Theta_p = n_2/n_1 \ .} \tag{14.5}$$

Eine einfache Erklärung dieses Effektes liegt darin, dass die Emission eines elektrischen Dipols in Schwingungsrichtung Null ist.

14.1.2 Totalreflexion

Völlig anders sieht der Verlauf des Reflexionsgrades aus, wenn der Strahl vom optisch dichten ins optisch dünnere Medium verläuft ($n_1 > n_2$). Nach Abb. 14.3 erhält man oberhalb des kritischen Winkels Θ_c Totalreflexion. Man erhält Θ_c aus dem Brechungsgesetz mit $\Theta_2 = 90°$:

$$\sin \Theta_c = n_2/n_1 \ . \tag{14.6}$$

Fällt Licht mit einem Einfallswinkel $> \Theta_c$ auf eine Grenzfläche, so wird der Strahl verlustfrei reflektiert. Für den Übergang Glas/Luft ist $\Theta_c \approx 42°$.

Die Totalreflexion wird in verschiedenen Prismen zur Umlenkung von Lichtstrahlen ausgenutzt. Abbildung 14.4 zeigt ein 90°-Umlenkprisma. Die Eintritts- und Austrittsflächen sollten entspiegelt sein. In einem *Reflexionsprisma* wird ein einfallender Lichtstrahl parallel zu sich selbst reflektiert, sofern er senkrecht zur 90°-Kante des so genannten *Dachkantenprismas* einfällt. Die Einfallsrichtung kann also in der Ebene senkrecht zur Dachkante beliebig gewählt werden, wobei der reflektierte Strahl immer parallel zum

Abb. 14.3 Reflexionsgrad beim Austritt von Licht aus einer Glasfläche mit $n = 1{,}52$. Oberhalb des kritischen Winkels Θ_c tritt Totalreflexion auf

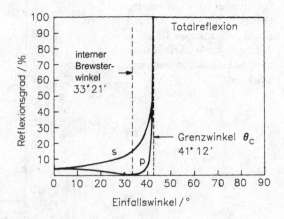

Abb. 14.4 Totalreflektion an einem 90°-Umlenkprisma (unten) und Dachkantenprisma (oben) für 180°-Strahlumlenkung. Das Dachkantenprisma kann um die 90°-Kante gedreht werden, ohne dass sich die Richtung des reflektierten Strahls ändert

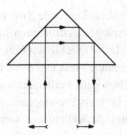

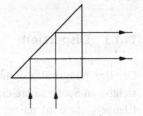

einfallenden bleibt. Ist der einfallende Strahl schräg zur Dachkante gerichtet, so ist der reflektierte Strahl nicht mehr parallel zum einfallenden Strahl. Ein Dachkantenprisma kann also nur Strahlrichtungsschwankungen in einer Richtung kompensieren. Dagegen reflektiert ein so genannter *Tripelspiegel* (Abb. 14.5) einen Strahl bei paralleler Einfallsrichtung immer parallel zu sich selbst. Ein Tripelspiegel besteht entweder aus 3 ebenen Spiegeln, die jeweils einen Winkel von 90° einschließen und damit eine Kubusecke bilden, oder aus einem Glasprisma, das eine abgeschnittene Ecke aus einem Kubus darstellt.

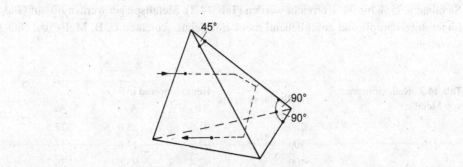

Abb. 14.5 Tripelspiegel (Würfelecke): Ein Lichtstrahl fällt in dem oben markierten Punkt auf die Eintrittsfläche, die einer Schnittfläche des Würfels, gebildet aus drei Flächendiagonalen, entspricht. Der Lichtstrahl wird an den drei Flächen reflektiert, die die Würfelecke bilden und läuft antiparallel zur Einfallsrichtung zurück, allerdings tritt ein Strahlversatz auf. Die Brechung an der Eintrittsfläche ist nicht gezeichnet

Totalreflektierende Tripelspiegel eignen sich als hochreflektierende, selbstjustierende Laserspiegel. Astronauten haben eine Matrix von Tripelspiegeln auf dem Mond abgestellt. Diese reflektieren Laserlicht, das von einer Erdstation ausgesandt wird, und erlauben sehr genaue Messungen des Erde-Mond-Abstandes aus Laufzeitmessungen. Matrizen aus Tripelspiegeln werden auch als Rückstrahler im Verkehrswesen verwendet und in der Lasertechnik als Pseudophasenkonjugatoren bezeichnet. Sie erzeugen jedoch keine phasenkonjugierte Wellenfront, sondern kehren nur die Ausbreitungsrichtung einer Wellenfront lokal um.

Auf der Totalreflexion beruht auch die Lichtleitung in Glasfasern (Abschn. 12.5).

14.1.3 Dispersion

Der Brechungsindex optischer Materialien hängt von der Wellenlänge des Lichts ab. Im sichtbaren Spektralbereich nimmt der Brechungsindex mit abnehmender Wellenlänge zu. Blaues Licht wird stärker gebrochen als rotes (Tab. 14.1 und Abb. 12.12). Bei Prismen nach Abb. 18.5 führt die Dispersion zu einer spektralen Zerlegung des Lichtes.

14.2 Metallspiegel

Komplizierter ist die Beschreibung der Reflexion an Metallflächen. Bei linearer Polarisation von schräg einfallendem Licht kann das reflektierte Licht elliptisch polarisiert sein. Der nicht reflektierte Anteil wird im Spiegel absorbiert, was zur Zerstörung der Oberfläche führen kann. Hohe Reflexionsgrade von 99 % treten im Infraroten auf, während im Sichtbaren 95 % bis 98 % erreicht werden (Tab. 14.2). Metallspiegel werden oft auf Glasträger aufgedampft und anschließend meist mit Schutzschichten (z. B. MgF_2 und SiO_2) versehen.

Tab. 14.2 Reflexionsgrad R von Metallen

Wellenlänge in nm	Reflexionsgrad in %		
	Al	Ag	Au
220	91,5	28,0	27,5
300	92,3	17,6	37,7
400	92,4	95,6	38,7
550	91,5	98,3	81,7
1000	94,0	99,4	98,6
5000	98,4	99,5	99,4
10.000	98,7	99,5	99,4

14.3   Dielektrische Vielschichtenspiegel und Entspiegelungen

Durch Aufbringen von dünnen Schichten auf optischen Oberflächen lassen sich die Reflexionseigenschaften stark verändern. Interferenzen an diesen Schichten führen zu Ver- oder Entspiegelung, d. h. Reflexionserhöhung oder -verminderung. Verwendet werden durchsichtige Schichten, die als *dielektrisch* bezeichnet werden. Die Brechzahlen oder Brechungsindizes verschiedener Aufdampfmaterialien, die zur Herstellung dünner dielektrischer Spiegel verwendet werden, sind in Tab. 14.3 dargestellt.

14.3.1   Entspiegelung

Nach Abb. 14.2 und 14.3 wird an einer Grenzfläche Glas-Luft bei senkrechtem Einfall etwa 4 % reflektiert. Durch Bedampfen mit einer dielektrischen Schicht der optischen Dicke

$$nd = \lambda/4 \qquad (14.7)$$

lässt sich die Reflexion für eine spezielle Wellenlänge λ vermindern oder gänzlich verhindern. Die Verminderung der Reflexion erfolgt durch Interferenz der an der Vorder- und Rückseite der $\lambda/4$-Schicht reflektierten Wellen. Dadurch, dass $n_1 < n < n_2$ ist, findet die Reflexion jeweils am dichteren Medium statt. Im beiden Fällen erfolgt der gleiche Phasensprung von π. Wegen des geometrischen Gangunterschiedes sind die beiden Wellen nach Reflexion um $\lambda/2$ verschoben. Sind die beiden Amplituden gleich, so überlagern sich deshalb die beiden reflektierten Wellen zu Null. Dazu muss die Brechzahl der Schicht n zwischen dem der Luft (n_1) und des Glases (n_2) liegen. Bei senkrechtem Einfall gilt für den Reflexionskoeffizienten

$$R = \left(\frac{n_1 n_2 - n^2}{n_1 n_2 + n^2} \right)^2 . \qquad (14.8)$$

Für

$$n = \sqrt{n_1 n_2} \qquad (14.9)$$

wird der Reflexionskoeffizient gleich Null.

Tab. 14.3 Brechzahlen verschiedener Aufdampfmaterialien. Die Werte weichen von den Brechzahlen der kompakten Materialien ab und sind auch vom Herstellungsprozess abhängig

Wellenlänge	SiO$_2$	Ta$_2$O$_5$	HfO$_2$	MgF$_2$	ZnS	Al$_2$O$_3$
488 nm	1,463	2,188	1,894	1,379	2,401	1,635
532 nm	1,461	2,174	1,886	1,379	2,380	1,631
633 nm	1,457	2,152	1,874	1,378	2,348	1,624
1064 nm	1,450	2,117	1,861	1,376	2,296	1,615

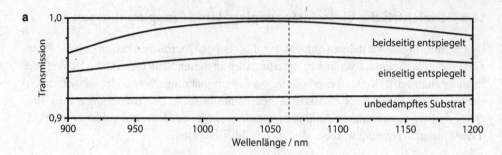

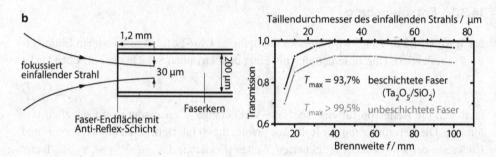

Abb. 14.6 **a** Transmissionsspektrum einer Glasplatte (BK7) mit einer 2-Schicht-Entspiegelung bestehend aus SiO_2 ($n = 1,45$) und Ta_2O_5 ($n' = 2,1$). Die Restreflexion bei 1064 nm ist z. B. kleiner als 0,2 %; **b** Entspiegelung der Endfläche einer SiO_2-Stufenindexfaser mit $A_N = 0,22$, siehe Kap. 12

Häufig werden Linsen mit $\lambda/4$-Schichten aus MgF_2 beschichtet, wobei die Bedingung (14.9) im gesamten sichtbaren Spektralbereich nur näherungsweise erfüllt ist. In diesem Fall erhält man bei $n_2 \approx 1,6$ eine Verringerung der Reflexion auf etwa 1 %, die weitgehend unabhängig von der Wellenlänge ist.

Nicht für alle Gläser und andere optische Materialien ist es möglich, das ideale Schichtmaterial mit geeigneter Brechzahl gemäß (14.9) zu finden. In diesen Fällen kann man zwei Schichten zur Entspiegelung verwenden (Abb. 14.6). Die obere, der Luft zugewandte Schicht hat einen kleineren (n) und die untere, auf dem Substrat liegende Schicht einen größeren Brechungsindex (n') als das Substrat. In diesem Fall muss sich die Gesamtreflexion aus den Feldstärkereflexionskoeffizienten

$$r_1 = (n_1 - n')/(n_1 + n')\,, \quad r_2 = (n' - n)/(n' + n)\,, \quad r_3 = (n - n_2)/(n + n_2)$$

an den einzelnen Grenzflächen zu Null addieren unter Berücksichtigung der Phasenunterschiede Δ_1 und Δ_2 der beiden Schichten mit zu bestimmtenden Dicken:

$$r_1 + r_2 e^{-i\Delta_1} + r_3 e^{-i(\Delta_1 + \Delta_2)} = 0\,. \tag{14.10}$$

In der komplexen Zahlenebene stellt diese Gleichung ein Dreieck mit den Seitenlängen $|r_1|$, $|r_2|$ und $|r_3|$ dar. Die Bedingung an die Brechzahlen n' und n ist jetzt keine Gleichung mehr wie (14.9). Vielmehr genügt es jetzt, Ungleichungen zu erfüllen:

$$|r_1| < |r_2| + |r_3|, \quad |r_2| < |r_1| + |r_3|, \quad |r_3| < |r_1| + |r_2| \, . \tag{14.11}$$

Diese Dreiecksungleichungen sind praktisch leicht zu realisieren. Nach Vorgabe der Schichtbrechzahlen n_2 und n_3 werden Δ_1 und Δ_2 aus den Winkeln des Dreiecks, das Gleichung (14.10) in der komplexen Zahlenebene bildet, berechnet; Δ_1 und Δ_2 erhält man mit dem Cosinus-Satz aus den Seitenlängen $|r_1|, |r_2|, |r_3|$.

Mit mehreren Schichten können auch Entspiegelungen für zwei Wellenlängen, z. B. 1,06 und 0,53 µm hergestellt werden.

Antireflexschichten lassen sich auch auf die Endflächen von Glasfasern aufbringen, um Verluste bei der Ein- und Auskopplung zu vermeiden, siehe Abb. 14.6b.

14.3.2   Laserspiegel

Der Reflexionsgrad R eines teildurchlässigen Spiegels ist mit der Transmission T und der Absorption A, die auch die Streuung mit einschließt, verbunden durch

$$R + T + A = 1 \, . \tag{14.12}$$

Besonders für Laserauskoppelspiegel ist zu fordern, dass sie möglichst absorptionsfrei sind, also $A \ll T$. Die Absorption im Spiegel bedeutet einen Verlust, durch den ein Teil der erzeugten Laserleistung aufgezehrt wird. Im Falle hoher Leistungen kann die Absorption zur Erwärmung und schließlich zur Zerstörung des Spiegels führen. Metallische Spiegel (Tab. 14.2) haben im Infraroten Reflexionsgrade bis über 99 %. Allerdings ist besonders im Sichtbaren die Absorption nicht vernachlässigbar, so dass sie selten als Laserspiegel eingesetzt werden.

Verlustarme Spiegel mit hohem Reflexionsgrad können durch Stapel von $\lambda/4$-Schichten realisiert werden:

$$nd = \lambda/4 \, . \tag{14.7}$$

Schon eine dielektrische Schicht auf einem Substrat kann die Reflexion beträchtlich erhöhen. Im Gegensatz zur Reflexionsminderung muss die Schicht einen Brechungsindex n haben, der größer als der des Glases ist:

$$n_1 < n > n_2 \, .$$

Dadurch wird der Phasensprung an der Grenzfläche zwischen Schicht und Glas vermieden, während er an der Fläche Luft-Glas mit dem Wert π auftritt. Damit ist der gesamte Gangunterschied der beiden reflektierten Wellen λ, so dass diese sich konstruktiv überlagern. Beispielsweise erhöht eine hochbrechende Schicht aus ZnS ($n = 2,3$) den Reflexionsgrad von Glas ($n_2 = 1,5$) von 4 % auf über 30 % im Bereich von etwa 300 nm.

Abb. 14.7 Aufbau eines Viel-
schichten-Spiegels

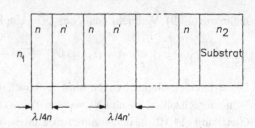

Höhere Reflexionsgrade von über 99 % werden mit Vielschichtenspiegeln erzielt, die nahezu verlustfrei sein können. Diese bestehen aus abwechselnd hoch- und niedrigbrechenden, transparenten Schichten der optischen Dicke $nd = n'd' = \lambda/4$, die auf ein Substrat aufgebracht werden (Abb. 14.7). Konstruktive Überlagerung der an den Grenzflächen reflektierten Lichtwellen führt bei großer Schichtzahl zu einem hohen Reflexionsgrad.

Der Reflexionsgrad eines Vielschichtenspiegels bei der Zentralwellenlänge in Abhängigkeit von den Brechungsindizes der Schichten n, n' $(n > n')$ des Substrates n_2 und der Luft n_1 sowie der Anzahl der niedrigbrechenden Schichten m ist für senkrechten Lichteinfall näherungsweise gegeben durch:

$$R = \left[\frac{n^2(n/n')^{2m} - n_1 n_2}{n^2(n/n')^{2m} + n_1 n_2} \right]^2 \approx 1 - 4\frac{n_1 n_2}{n^2}\left(\frac{n'}{n}\right)^{2m} . \tag{14.13}$$

Die Gesamtzahl der Schichten ist ungerade:

$$k = 2m + 1 . \tag{14.14}$$

In Abb. 14.8 ist als Beispiel der Reflexionsgrad eines Ta_2O_5-SiO_2-Schichtpaketes auf Glas in Abhängigkeit von der Schichtzahl k angegeben. Bei großen Schichtzahlen geht die

Abb. 14.8 Reflexionsgrad
R eines dielektrischen Viel-
schichtspiegels für eine
Wellenlänge von 633 nm. Die
Ziffern geben die Schichtzahl
an (nach C. Scharfenorth, Opt.
Institut, TU Berlin)

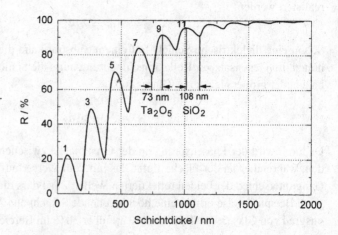

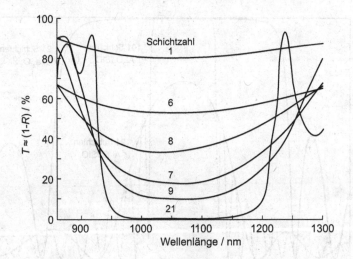

Abb. 14.9 Reflexionsgrad $R \approx 1 - T$ von dielektrischen Spiegeln mit unterschiedlicher Schichtzahl als Funktion der Wellenlänge. Die zentrale Wellenlänge mit maximaler Reflexion beträgt 1064 nm. (Die 8. niedrigbrechende Schicht vermindert den Reflexionsgrad gegenüber der 7. Schicht (siehe auch Abb. 14.8)

Reflexion gegen 100 %, sofern die Absorption der Schichten klein ist. Realisiert wurden Reflexionsgrade von über 99,99 %.

Der Reflexionsgrad ist stark wellenlängenabhängig, wie in Abb. 14.9 und 14.10 gezeigt. Maximale Reflexion ergibt sich für eine Zentralwellenlänge λ, bei der die optische Schichtdicke gerade die $\lambda/4$-Bedingung erfüllt. Weicht die eingestrahlte Wellenlänge von der Zentralwellenlänge ab, so sinkt der Reflexionsgrad. Die direkte Messung von Re-

Abb. 14.10 Transmission und Reflexion von zwei unterschiedlichen dielektrischen Spiegeln für Zentralwellenlängen von 532 und 1064 nm. Insgesamt jeweils 21 Schichten aus Ta_2O_5 und SiO_2. Mit steigender Wellenlänge wird die Spiegelbreite größer

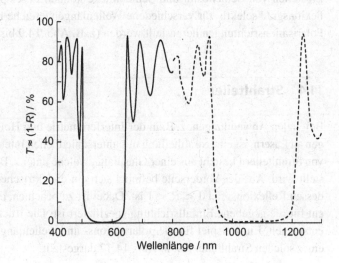

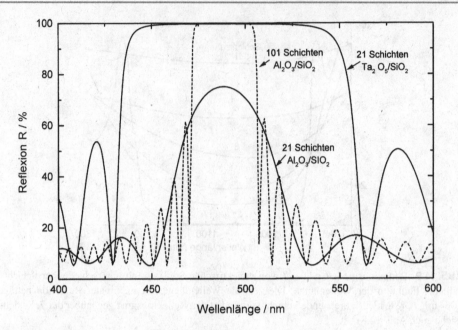

Abb. 14.11 Berechneter Reflexionsgrad R von dielektrischen Spiegeln aus den Materialkombinationen Al_2O_3/SiO_2 und Ta_2O_5/SiO_2. Bei kleinem Brechzahlunterschied lassen sich mit hohen Schichtzahlen schmale Reflexionsbanden realisieren

flexionsgraden ist schwierig, deshalb wird meist die Durchlässigkeit oder Transmission angegeben. Wenn Absorption und Streuung vernachlässigt werden können, ergibt sich der Reflexionsgrad zu $R \approx 1 - T$.

Durch Auswahl von Schichtmaterialien mit geeigneten Brechungsindizes, sowie das Einstellen von Schichtzahl und Schichtdicke können Laserspiegel mit bestimmtem Reflexionsgrad selektiv für verschiedene Wellenlängenbereiche für jeden Winkel und beide Polarisationsrichtungen hergestellt werden (z. B. Abb. 14.9 bis 14.11).

14.4 Strahlteiler

Bei vielen Anwendungen, z. B. in der Interferometrie und Holographie oder bei Messungen an Lasern, ist eine Strahlteilung mit unterschiedlichen Intensitäten notwendig. Ein Typ von Strahlteilern besteht aus einer Glasplatte, welche unter z. B. 45° in den Laserstrahl gestellt wird. Auf der Vorderseite befindet sich ein dielektrischer teildurchlässiger Spiegel, dessen Reflexionsgrad $0 < R < 1$ ist. Dabei ist zu beachten, dass der Reflexionskoeffizient für die gegebene Einfallsrichtung spezifiziert ist. Die Rückseite ist meist breitbandig entspiegelt. Ein Beispiel für die polarisations- und wellenlängenabhängige Transmission eines solchen Strahlteilers ist in Abb. 14.12 dargestellt.

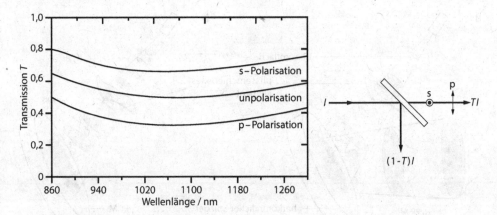

Abb. 14.12 Strahlteiler mit einem berechneten Teilungsverhältnis von 1 : 1 bei 45° Einfallswinkel für unpolarisierte Strahlung von 1064 nm Wellenlänge. Für s- bzw. p-Polarisation werden andere Teilungsverhältnisse gemessen

Pellicle-Strahlteiler (pellicle = engl. Membran) bestehen z. B. aus einer dünnen, gespannten Nitrozellulose-Folie, welche mit dielektrischen Schichten bedampft sein können. Der Vorteil liegt darin, dass nur ein vernachlässigbarer geometrisch optischer Strahlversatz im durchtretenden Strahl auftritt. Allerdings sind derartige Strahlteiler mechanisch empfindlich.

Als Teiler ohne Strahlversatz können auch dielektrische oder metallische Schichten benutzt werden, welche diagonal in einem zusammengesetzten Glaswürfel sitzen. Je nach Ausführung können die einzelnen Polarisationskomponenten mit gleicher oder unterschiedlicher Intensität reflektiert werden. Polarisierende Strahlteiler dienen als Polarisatoren und werden in Kap. 15 behandelt.

14.5 Phasenkonjugatoren

In den letzten 30 Jahren wurden *nichtlineare optische Reflektoren*, so genannte Phasenkonjugatoren, entwickelt. Diese reflektieren Laserlicht nur, wenn es eine hinreichend hohe Leistungsdichte besitzt. Sie besitzen außerdem die interessante Eigenschaft, dass sich die Wellenfronten der reflektierten Welle zeitumgekehrt zu den Wellenfronten der einfallenden Welle ausbreiten, d. h. die Wellenfronten bleiben erhalten, aber ihre Ausbreitungsrichtung wird umgekehrt (engl. wave front reversal). Dies bedeutet, dass die Welle nicht dem Reflexionsgesetz ebener Spiegel gehorcht, sondern in sich selbst zurückläuft (Abb. 14.13). Daher können Phasenstörungen in optischen Systemen und Laserresonatoren mit Hilfe von Phasenkonjugatoren kompensiert werden, indem das optische System zweifach in unterschiedlichen Richtungen durchlaufen wird. Bei einem phasenkonjugierenden Spiegel sind die Wellenfronten der einfallenden und der reflektierten Welle gleich, aber die Ausbreitungsrichtung ist an jeder Stelle der Wellenfront umgekehrt.

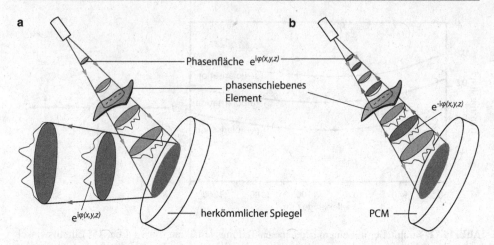

Abb. 14.13 Beim Durchlaufen einer Lichtwelle durch ein phasenschiebendes Element wird die Phasenfläche verformt. Nach Reflexion an einem phasenkonjugierenden Spiegel (PCM – phase conjugating mirror) und nochmaligem Durchlaufen durch das Element wird die ursprüngliche Wellenfront wiederhergestellt. Im Unterschied zu einem herkömmlichen Spiegel, bei dem die Welle nach dem Reflexionsgesetz reflektiert wird und divergiert, erfolgt die Reflexion am PCM nicht nach dem Reflexionsgesetz, sondern die Welle läuft in sich selbst zurück

Mathematisch ist die einfallende Welle gegeben durch:

$$E(x, y, z, t) = \frac{1}{2} E_0(x, y, z) \exp i 2\pi \left(f t + \Phi(x, y, z) \right) + \text{c. c.} , \qquad (14.15)$$

wobei f die Frequenz ist und die Amplitude E_0 und Phase Φ zur komplexen Amplitude A zusammengefasst werden können:

$$A = (E_0/2) \exp 2\pi i \Phi . \qquad (14.16)$$

Für eine ebene Welle, die sich in z-Richtung ausbreitet, ist die Phase $\Phi = kz$, wobei $k = 2\pi/\lambda$ und λ die Wellenlänge darstellen. Die phasenkonjugierte Welle hat die gleichen Wellenfronten oder Phasenflächen, allerdings ist das Vorzeichen der Phase $\Phi(x, y, z)$ umgekehrt. Die phasenkonjugierte Welle ist daher bestimmt durch:

$$E_{\text{PC}}(x, y, z, t) = \frac{1}{2} E_0(x, y, z) \exp i 2\pi \left(f t - \Phi(x, y, z) \right) + \text{c. c.} . \qquad (14.17)$$

Die komplexe Amplitude der phasenkonjugierten Welle, gegeben durch:

$$A_{\text{PC}} = (E_0/2) \exp -2\pi i \Phi = A^* \qquad (14.18)$$

ist *konjugiert komplex* zur Amplitude A der einfallenden Welle, was den Begriff der *Phasenkonjugation* erklärt.

Die phasenkonjugierte Welle (14.17) läuft mit gleichen Wellenfronten in umgekehrter Richtung zur einfallenden Welle (14.15). Dies kann leicht am Beispiel einer ebenen Welle gezeigt werden, welche die Phase $\Phi = -kz$ besitzt. Diese Änderung des Vorzeichens $z \to -z$ bedeutet eine Umkehr der Ausbreitungsrichtung.

In Abb. 14.13 ist die Elimination einer Phasenstörung durch einen Phasenkonjugator dargestellt. Eine derartige Störung entsteht z. B. durch einen Brechungsindexsprung in einem Laserstab und wird durch den Ausdruck $e^{i\varphi(x,y,z)}$ symbolisiert. Da die am phasen-konjugierenden Spiegel reflektierte Wellenfront identisch mit der der einfallenden Welle ist, wird die Phasenstörung nach dem Zurücklaufen durch das phasenstörende Element vollständig kompensiert.

14.5.1 Vierwellenmischung

Die Methoden zur Erzeugung von Phasenkonjugation sind Vierwellenmischung und stimulierte Streuung, die beide auf nichtlinearen optischen Effekten beruhen. Vierwellenmischung kann als spezieller Prozess der Echtzeitholographie verstanden werden. Dabei werden Materialien verwendet, deren Brechzahl oder Absorptionskoeffizient von der eingestrahlten Lichtintensität abhängt, z. B. so genannte photorefraktive Kristalle oder sättigbare Absorberschichten.

Wie bei der Holographie interferieren bei der Vierwellenmischung nach Abb. 14.14 eine Gegenstands- und eine Referenzwelle miteinander (Abschn. 23.6), die hier als Signalstrahl A und Pumpstrahl A_1 bezeichnet werden. Durch Interferenz ergibt sich in einem Medium mit intensitätsabhängiger Durchlässigkeit am Ort $z = 0$ eine Transmissionsfunktion t

$$t(x,y) \sim |A_1(x,y,0) + A(x,y,0)|^2 = |A_1|^2 + |A|^2 + A_1 A^* + A_1^* A . \qquad (14.19)$$

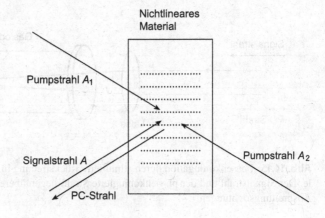

Abb. 14.14 Phasenkonjugation durch Vierwellenmischung in einem nichtlinearen Material, in dem ein transientes, d. h. nur während der Lichteinstrahlung existierendes, Beugungsgitter durch Interferenz des Pump- und Signalstrahls erzeugt wird $|A_1 + A|^2$

Nichtlineares Material

Pumpstrahl A_1

Signalstrahl A

PC-Strahl

Pumpstrahl A_2

Im Gegensatz zur Rekonstruktion von Hologrammen wird ein Phasenkonjugator mit einem zweiten Pumpstrahl $A_2 = A_1^*$ beleuchtet, der zu A_1 gegenläufig ist. In der Ebene $z = 0$ des nichtlinearen Materials entsteht damit eine Lichtfeldstärke

$$A_1^* t(x, y) \sim |A_1|^2 A_1^* + |A|^2 A_1^* + |A_1|^2 A^* + A_1^{*2} A \,. \tag{14.20}$$

Der Summand $A_{PC} = |A_1|^2 A^*$ ergibt die phasenkonjugierte Welle. Die anderen drei Anteile in (14.20) ergeben weitere Wellen, die jedoch hier nicht von Interesse sind und in dicken nichtlinearen Materialien durch Bragg-Beugung unterdrückt werden können.

Nachteilig bei der Phasenkonjugation durch Vierwellenmischung ist, dass zwei Pumpwellen für das reflektierende nichtlineare Material benötigt werden, die durch einen Laser erzeugt werden müssen. Den experimentellen Aufbau eines phasenkonjugierten Spiegels mit Vierwellenmischung zeigt Abb. 14.14.

14.5.2   Induzierte Streuung

Einfacher ist der in Abb. 14.15 dargestellte Aufbau eines selbstgepumpten phasenkonjugierenden Spiegels, welcher auf induzierter Streuung, besonders stimulierter Brillouin-Streuung in Flüssigkeiten (z. B. Schwefelkohlenstoff, Aceton) oder Gasen (CH_4, SF_6, Xe) beruht. Auch Multimode-Glasfasern sind gute Phasenkonjugatoren. Ein phasenkonjugierender Spiegel besteht z. B. aus einer Flüssigkeitsküvette, in welche eine intensive Laserwelle eingestrahlt wird. Durch zunächst spontane Streuung entsteht eine rücklaufende Welle, die sich mit der einfallenden überlagert. Beide Wellen bilden in der Flüssigkeit Interferenzstreifen und induzieren ein Phasengitter. Dieses wirkt ähnlich wie ein Vielschichtenspiegel mit dem Unterschied, dass die Schichtebenen gekrümmt sind und eine phasenkonjugierte Welle reflektieren.

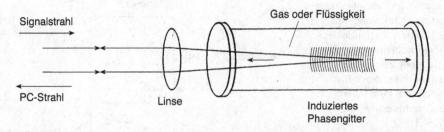

Abb. 14.15 Phasenkonjugation durch stimulierte Rückstreuung in einer Gas- oder Flüssigkeitszelle. Der Signalstrahl und der phasenkonjugierte Strahl liegen übereinander, haben aber umgekehrte Ausbreitungsrichtungen

14.5.3 Kompensation von Phasenstörungen in optischen Verstärkern und Lasern

Die Phasenkonjugation wird in Oszillator-Verstärker-Systemen (engl. master oscillator power amplifier = MOPA) benutzt, wie in Abb. 14.16 dargestellt. Ein Laserstrahl vom Oszillator läuft durch den Verstärker auf den phasenkonjugierenden Spiegel zu. Dort wird er reflektiert und auf dem Rückweg durch den Verstärker nochmals verstärkt. Durch eine Viertelwellenlängenplatte oder einen Faradayrotator wird die Polarisationsrichtung nach zweimaligem Durchlauf um 90° gedreht und die Strahlung dann durch den Polarisator aus dem Verstärkersystem ausgekoppelt. Die Phasenkonjugation führt zu einer Verdopplung der effektiven Verstärkerlänge bei gleichzeitiger Elimination von Phasenstörungen, wie z. B. thermischen Linsen, im Verstärker, so dass die gute Strahlqualität des Oszillators erhalten bleibt, wie in Abb. 14.17 dargestellt.

Besonders geeignet sind phasenkonjugierende Spiegel bisher für den Aufbau von Festkörperlasersystemen im Pulsbetrieb. In einem kommerziellen Nd:YAG-MOPA werden z. B. 40 Watt mittlere Leistung bei einer Pulsfolgefrequenz von 100 Hz und einer Pulsbreite von 4 ns realisiert. Im Labor wurden über 200 Watt Ausgangsleistung mit einem 2-stufigen Nd:YALO-MOPA bei mittleren Pulsfolgefrequenzen von etwa 1 kHz und Pulsbreiten von etwa 100 ns mit nahezu beugungsbegrenzter Strahlqualität demonstriert.

Außerdem können Phasenkonjugatoren als Laserspiegel benutzt werden. Damit können Phasenstörungen in Laserresonatoren kompensiert werden, z. B. die thermischen Effekte in Laserkristallen oder Gasentladungen. Zusätzlich ergibt sich eine verringerte Empfindlichkeit gegenüber Dejustierungen der Spiegel. Der Einsatz von phasenkonjugierten Spiegeln in Resonatoren und MOPAs besteht jedoch nicht in einem einfachen Ersatz von

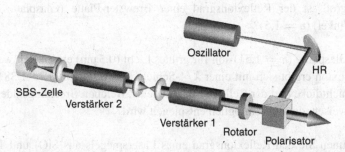

Abb. 14.16 Laser-System bestehend aus einem Master-Oszillator und 2 Verstärkern, die mit einer phasenkonjugierenden Zelle (SBS = Stimulierte Brillouin-Streuung) im Doppelpass betrieben werden. Das 2-stufige, kurzbrennweitige Linsensystem verhindert, dass der aus einem Nd:YALO-Verstärker austretende Strahl durch die thermische Linse in diesem Verstärker in den nächsten Verstärker fokussiert wird. Bei Verwendung von Nd:YAG als Laserkristall wird zwischen den Verstärkern ein Quarzrotator angeordnet, der zur Kompensation der Depolarisation in den Verstärkern dient. Das dargestellte Nd:YALO-MOPA-System liefert eine mittlere Leistung von über 200 W (nach A. Haase, O. Mehl, Optisches Institut, TU Berlin)

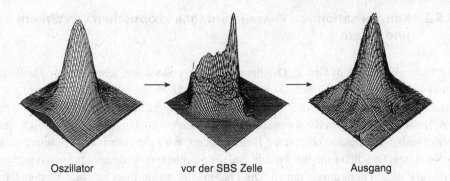

| Oszillator | vor der SBS Zelle | Ausgang |

Abb. 14.17 Örtliche Intensitätsprofile eines Laserstrahls, der in einem Oszillator-Verstärkersystem erzeugt wird. Der Oszillator emittiert ein „sauberes" TEM$_{00}$-Profil, das nach dem ersten Verstärkerdurchlauf durch Phasenstörungen stark verzerrt ist. Nach Phasenkonjugation in einer SBS-Zelle und Rücklauf durch den Verstärker wird ein Ausgangsstrahl mit großer Pulsenergie und hoher örtlicher Strahlqualität erzeugt

konventionellen, dielektrischen Spiegeln, sondern erfordert eine sorgfältige Abstimmung von Lasersystemen und Phasenkonjugatoren.

14.6   Aufgaben

14.1 Welcher Anteil des Lichtes wird an einer Glasplatte ($n = 1,5$) bei senkrechtem Einfall reflektiert?

14.2 Wie groß ist der Reflexionsgrad einer Brewster-Platte (Glasplatte unter dem Brewster-Winkel) ($n = 1,5$)?

14.3 Eine Glasplatte ($n = 1,51$) soll für grünes Licht ($0,5\,\mu m$) entspiegelt werden. Welche Restreflexion ergibt sich mit einer $\lambda/4$-Schicht aus MgF$_2$ mit $n = 1,38$? Wie groß sind die Schichtdicke und der Reflexionskoeffizient? Welchen Brechungsindex sollte die Schicht aufweisen, damit bestmöglich entspiegelt wird?

14.4 Berechnen Sie den Reflexionsgrad eines Laserspiegels aus SiO$_2$ und Ta$_2$O$_5$ nach Tab. 14.3 mit 7 Schichten und vergleichen Sie das Ergebnis mit Abb. 14.8. Wie dick sind die Schichten für rote Strahlung mit einer Wellenlänge von $0,633\,\mu m$?

Weiterführende Literatur

1. Eichler HJ (2004) Interferenz und Beugung. In: Bergmann L, Schaefer C, Lehrbuch der Experimentalphysik, Bd. 3, Optik. Walter de Gruyter, Berlin
2. Meister, S (2009) Functional optical coatings on fiber end-faces. Mensch & Buch Verlag, Berlin

Polarisation

15

Licht breitet sich im Vakuum und nicht begrenzten isotropen Materialien als eine transversale elektromagnetische Welle aus. Die elektrische und magnetische Feldstärke schwingen senkrecht zur Ausbreitungsrichtung und stehen aufeinander senkrecht. Dieser Schwingungszustand der Feldstärke wird als transversale Polarisation bezeichnet. Eine derartige Lichtwelle ist also nicht symmetrisch gegenüber Drehung um die Ausbreitungsrichtung. Man unterscheidet lineare, zirkulare und elliptische Polarisation. Lichtstrahlung mit statistisch schwankender Polarisation wird als unpolarisiert bezeichnet.

In doppelbrechenden Materialien hängt die Ausbreitungsgeschwindigkeit von der Polarisationsrichtung ab. Es ergeben sich Anwendungen als Polarisationsfilter (oder Polarisatoren), Strahlteiler, Polarisationsdreher und -wandler.

Bei der Ausbreitung von Licht in isotropen Glasfasern können longitudinale Feldkomponenten auftreten. Die Ausbreitungsgeschwindigkeit hängt in Glasfasern von der Polarisation ab, siehe Kap. 12.

15.1 Arten der Polarisation

Bei transversaler Polarisation sind verschiedene Schwingungsformen möglich, z. B. linear, zirkular und elliptisch.

15.1.1 Lineare Polarisation

Bei einer linearen Polarisation schwingt die elektrische Feldstärke in einer Ebene, wie in Abb. 1.1 dargestellt. Jede Schwingungs- oder Polarisationsrichtung senkrecht zur Ausbreitungsrichtung ist möglich.

Das direkte Licht der Sonne und von Glüh- und Gasentladungslampen ist unpolarisiert. Dies bedeutet, dass alle Schwingungsrichtungen in der Lichtwelle vorkommen. Man kann die Schwingungsrichtungen in zwei senkrecht zueinander liegende Komponenten zerle-

© Springer-Verlag Berlin Heidelberg 2015
H.J. Eichler, J. Eichler, *Laser*, DOI 10.1007/978-3-642-41438-1_15

Abb. 15.1 Zirkular polarisiertes Licht besteht aus zwei
senkrecht zueinander linear
polarisierten Wellen gleicher
Amplitude, die gegeneinander
um $\lambda/4$ phasenverschoben sind

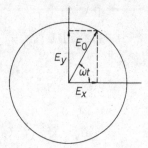

gen. In jeder dieser Polarisationsrichtungen ist dann 50 % der Lichtintensität enthalten. Dies bedeutet, dass ein ideales Polarisationsfilter 50 % des unpolarisierten Lichtes durchlässt.

15.1.2 Zirkulare Polarisation

Neben der linearen Polarisation gibt es auch zirkulare und elliptische Polarisation. Dabei bewegt sich die elektrische Feldstärke schraubenförmig durch den Raum. Zirkulare Polarisation kann aus zwei senkrecht zueinander linear polarisierten Wellen gleicher Amplitude zusammengesetzt werden (Abb. 15.1). Die beiden Wellen müssen eine viertel Wellenlänge gegeneinander verschoben sein, was durch ein $\lambda/4$-Plättchen bewirkt wird. An einer bestimmten Stelle können die beiden Wellen mit der Frequenz f durch

$$E_x(t) = E_0 \cos 2\pi f t \quad \text{und} \quad E_y(t) = E_0 \sin 2\pi f t \qquad (15.1)$$

beschrieben werden. Die Welle breitet sich in z-Richtung aus, die senkrecht zur x- und y-Achse steht. Wie in Abb. 15.1 dargestellt, setzen sich $E_x(t)$ und $E_y(t)$ zu einer Gesamtfeldstärke E_0 zusammen, die mit der E_x-Richtung den Winkel $\omega t = 2\pi f t$ einschließt. Dieser Winkel wächst mit der Zeit, so dass die Gesamtfeldstärke auf einem Kreis umläuft.

15.1.3 Elliptische Polarisation

In Abb. 15.2 wird die Überlagerung zweier senkrecht zueinander linear polarisierter Wellen unterschiedlicher Amplitude dargestellt. Dabei wird der Gangunterschied zwischen beiden Wellen von 0, $\lambda/8$, $\lambda/4$, usw. verändert. Beträgt der Gangunterschied 0, $\lambda/2$ (allgemein $n\lambda/2, n = 0, 1, \ldots$), so entsteht wieder linear polarisiertes Licht, wobei nach Abb. 15.2 zwei Polarisationsrichtungen auftreten. Beträgt der Unterschied $\lambda/4$, $3\lambda/4$, usw., so bildet sich elliptisch polarisiertes Licht verschiedener Drehrichtung. Falls die Amplituden gleich sind, ergibt sich nach (15.1) als Sonderfall zirkular polarisiertes Licht. In allen anderen Fällen entsteht elliptisch polarisierte Strahlung.

Eine linear polarisierte Welle kann in beliebige Polarisationen übergeführt werden. Dabei wird die Welle auf ein doppelbrechendes Kristallplättchen gestrahlt. Dieses zerlegt die Strahlung in zwei linear polarisierte Anteile, die aufgrund der unterschiedlichen

Abb. 15.2 Durch Überlagerung zweier senkrecht
zueinander linear polarisierter Lichtwellen verschiedener
Amplitude entsteht elliptisch
oder linear polarisiertes Licht

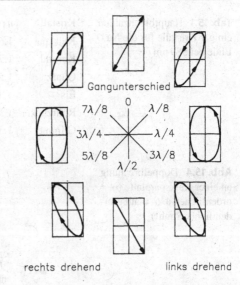

Brechungsindizes in der Phase gegeneinander verschoben werden. Hinter dem Plättchen
setzen sich die beiden Teilwellen zu einer resultierenden Lichtwelle zusammen. Die Dicke des Plättchens bestimmt, ob elliptisch, zirkular oder wieder linear polarisiertes Licht
entsteht.

15.2 Doppelbrechung

Isotrope, d. h. amorphe oder kubisch kristalline Materialien brechen die Strahlung entsprechend dem Brechungsgesetz nach (14.2). Bei nicht isotropen Kristallen tritt Doppelbrechung auf. Doppelbrechung kann auch durch mechanische oder elektrische Spannungen
in isotropen Medien erzeugt werden. Eine einfallende Schwingung wird im doppelbrechenden Medium in zwei senkrecht zueinander schwingende Komponenten zerlegt. Beide
linear polarisierten Strahlen breiten sich mit unterschiedlicher Lichtgeschwindigkeit aus,
d. h. sie haben verschiedene Brechungsindizes, wie in Abb. 15.3 für einen optisch einach-
sigen Kristall dargestellt ist.

Abb. 15.3 Abhängigkeit des
Brechungsindex $n^o(\Theta)$ und
$n^e(\Theta)$ von der Ausbreitungsrichtung Θ für ordentlich (o =
ordinary) und außerordentlich
(e = extraordinary) polarisiertes Licht. $n_o = n_1$ und
$n_e = n_2$ sind die in Tab. 15.1
dargestellten Hauptbrechzahlen

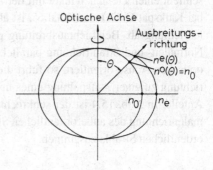

Tab. 15.1 Hauptbrechzahlen einiger Kristalle für die Na D-Linie bei 589 nm

Kristall	n_1	n_2	n_3	Art der Doppelbrechung
Kalkspat	1,6584	1,4864	–	Einachsig negativ
Korund	1,7682	1,6598	–	Einachsig negativ
Quarz	1,5442	1,5533	–	Einachsig positiv
Eis	1,309	1,313	–	Einachsig positiv
Rohrzucker	1,5382	1,5658	1,5710	Zweiachsig
Glimmer	1,5612	1,5944	1,5993	Zweiachsig

Abb. 15.4 Doppelbrechung an einer Kalkspatplatte (o. = ordentlicher, a. o. = außerordentlicher Strahl)

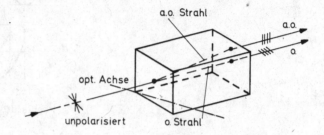

Der Brechungsindex des ordentlichen Strahls ist von der Ausbreitungsrichtung im Kristall unabhängig wie in einem isotropen Material. Der Brechungsindex des außerordentlichen Strahls hängt von der Ausbreitungsrichtung ab und ist in dem Polardiagramm Abb. 15.3 durch eine Ellipse gegeben. Das Polardiagramm ist rotationssymmetrisch um die optische Achse. Für Lichtausbreitung in dieser Richtung sind die ordentlichen und außerordentlichen Brechungsindizes gleich.

Die Ebene zwischen optischer Achse und Ausbreitungsrichtung heißt Hauptschnitt. Der ordentliche Strahl ist senkrecht zum Hauptschnitt polarisiert, der außerordentliche Strahl parallel.

An der Grenzfläche zu Luft oder einem anderen Material folgt der ordentliche Strahl dem Brechungsgesetz. Beim außerordentlichen Strahl liegen die Wellenfronten nicht mehr senkrecht, sondern leicht schräg zur Strahlrichtung. Als Normalenrichtung bezeichnet man die Normale zu den Wellenfronten. Beim außerordentlichen Strahl muss man zwischen Normalenrichtung und Strahlrichtung unterscheiden. Für die Normalenrichtung gilt das Brechungsgesetz mit dem außerordentlichen Brechungsindex. Die Strahlrichtung schließt einen kleinen Winkel mit der Normalenrichtung ein. Dieser Winkel beträgt z. B. bei Kalkspat $CaCO_3$ maximal 6°, ist aber nicht konstant, sondern hängt von der Normalenrichtung ab. Bei Lichtausbreitung parallel oder senkrecht zur optischen Achse sind Normalen- und Strahlrichtung parallel. Ist die Oberfläche einer Kristallplatte schräg zur optischen Achse orientiert, so führt die Abweichung von Normalenrichtung und Strahlrichtung zu einer Aufspaltung eines unpolarisierten Strahl in zwei senkrecht polarisierte Anteile. In Abb. 15.4 ist der senkrechte Einfall auf die Oberfläche dargestellt. Die Normalenrichtung des außerordentlichen Strahls fällt dabei mit der Ausbreitungsrichtung des ordentlichen Strahls zusammen.

Die Abweichung der Strahlrichtung von der Normalenrichtung führt zum *beam-walk-off* und macht sich z. B. bei der Frequenzverdopplung von Laserlicht in nichtlinearen Kristallen nachteilig bemerkbar. Sofern der durch beam-walk-off hervorgerufene Strahlversatz klein gegen den Strahldurchmesser ist, kann dieser Effekt vernachlässigt werden.

15.3 Polarisatoren

Linear polarisiertes Licht kann aus elliptisch oder unpolarisierter Strahlung durch dichroitische Filter, Doppelbrechung und Reflexion erzeugt werden. Doppelbrechende $\lambda/4$-Plättchen erzeugen aus linearer Polarisation zirkular polarisiertes Licht. Eine Drehung der Polarisationsebene kann durch $\lambda/2$-Plättchen erreicht werden.

15.3.1 Dichroitische Polarisationsfilter

Zur Erzeugung von linear polarisiertem Licht werden häufig dichroitische Polarisationsfilter eingesetzt. Dichroismus bedeutet hier, dass Licht einer Polarisationsrichtung selektiv absorbiert wird. Zur Herstellung von dichroitischen Polarisationsfolien werden organische Farbstoffmoleküle in eine Folie eingebettet. Die Moleküle haben längliche Form und sind ausgerichtet. Die Absorption wird damit für eine Polarisationsrichtung nahezu 100 %, während die Transmission in der anderen Richtung groß ist, z. B. 45 %. Im infraroten Spektralbereich bestehen Polarisationsfilter aus ausgerichteten Metallnadeln (Whiskers), welche durch Aufdampfen auf Träger gebracht werden.

15.3.2 Polarisationsprismen

Doppelbrechende Prismen werden in mehreren Versionen zur Polarisation von Licht verwendet. Das oft erwähnte Nicolsche Prisma wird kaum noch eingesetzt. Das Glan-Taylor- und Glan-Thompson-Prisma erzeugen aus einem unpolarisierten Strahl einen polarisierten, wobei ein Strahl die ursprüngliche Richtung beibehält (Abb. 15.5 und 15.9). Die andere Polarisation erfährt an der Grenzfläche der beiden Prismen Totalreflexion, wodurch dieser Strahl aus dem Strahlengang gespiegelt wird. Wird Kalkspat als Material verwendet, so können die Prismen zwischen 0,3 bis 2,3 μm Wellenlänge eingesetzt werden.

Polarisations-Prismen sind für höhere Leistungen zugelassen, wenn zwischen den beiden Prismen ein Luftspalt vorhanden ist. Bei konventionellen Prismen ist eine Kittschicht vorhanden, welche bei hoher Laserleistung zerstört werden kann. Beim Wollaston-Prisma wird ein unpolarisierter Strahl in zwei Strahlen zerlegt, die unter verschiedenen Winkeln zur Einfallsrichtung aus dem Prisma treten. Den Aufbau eines variablen Strahlteilers mit einem Glan-Taylor-Prisma zeigt Abb. 15.9.

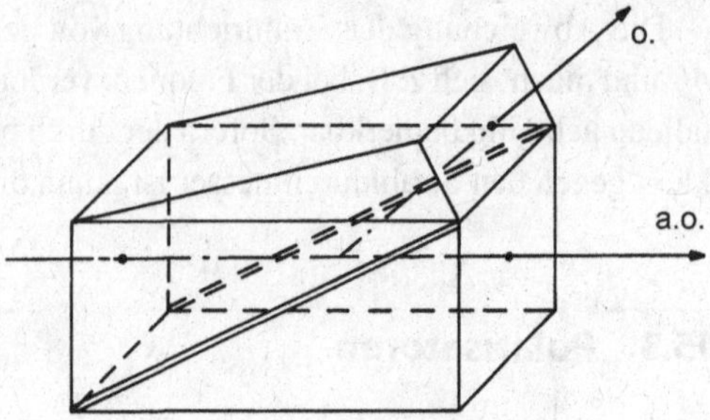

Abb. 15.5 Polarisationspris-
men nach Glan-Thompson (o
= ordentlicher Strahl, a. o. =
außerordentlicher Strahl

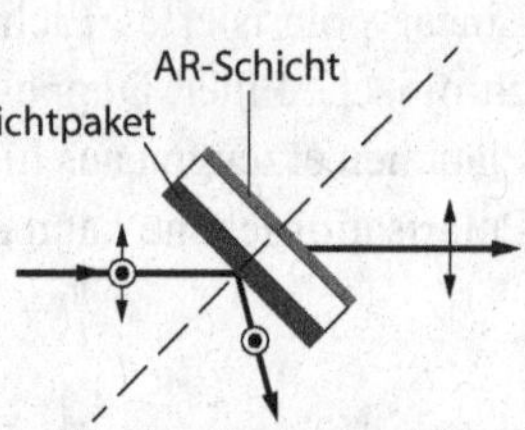

Abb. 15.6 Dünnschicht-
polarisator (AR-Schicht:
Antireflex-Schicht)

15.3.3   Brewsterplatten, Dünnschichtpolarisatoren

Eine Platte aus Glas oder einem anderen durchsichtigen Material wirkt polarisierend,
wenn sie schräg in einen Lichtstrahl gestellt wird. Wie im vorigen Kap. 14 beschrieben, ist der Reflexionsgrad der Plattenoberflächen für senkrechte (s) und parallele (p)
Polarisation verschieden. Ist der Einfallswinkel gleich dem Brewsterwinkel, so wird die
p-Komponente der Strahlung überhaupt nicht reflektiert, so dass die reflektierte Strahlung
vollständig s-polarisiert ist. Allerdings ist der s-Reflexionsgrad deutlich kleiner als 100 %,
so dass eine Brewsterplatte ein Polarisator mit geringem Wirkungsgrad ist. Trotzdem werden Brewsterplatten in Lasern oft als Polarisatoren eingesetzt, da sie für die p-Polarisation
sehr geringe Verluste besitzen. Die unvollständige s- Transmission reicht bei geringer Verstärkung des Lasermediums aus, um die senkrechte Polarisation zu unterdrücken, so dass
die Laserstrahlung vollständig p-polarisiert wird.

Zur Verbesserung der polarisierenden Wirkung von Brewsterplatten, z. B. für Anwendungen in hochverstärkenden Lasern, werden auch mehrere Brewsterplatten hintereinander verwendet. Eine ähnliche Wirkung kann mit Dünnschichtpolarisatoren erreicht werden, die ähnlich wie ein dielektrischer Spiegel aus mehreren Schichten bestehen, die
schräg durchstrahlt werden (Abb. 15.6).

15.3.4   λ/4- und λ/2-Plättchen

Zur Erzeugung von zirkular polarisiertem Licht werden $\lambda/4$-Plättchen aus Glimmer oder
Quarz benutzt. Die Plättchen weisen eine Kristallachse in der Schichtebene auf, welche

Abb. 15.7 Funktion einer
$\lambda/4$-Platte. Durch Einstrahlung
von linear polarisiertem Licht
entsteht zirkular polarisiertes.
Die Richtung des linear polarisierten Lichtes muss unter 45°
zur optischen Achse stehen.
Bei anderen Winkeln entsteht
eine elliptische Polarisation

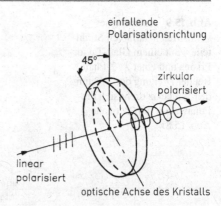

Abb. 15.8 Funktion einer $\lambda/2$-Platte. Die Polarisationsrichtung
kann um beliebige Winkel 2α gedreht werden, wobei α der
Drehwinkel der Platte ist

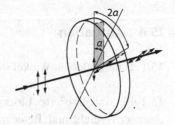

markiert sein sollte. Die Richtung der linearen Polarisation der eingestrahlten Wellen muss
unter 45° zu dieser Vorzugsrichtung liegen. Die Brechungsindizes in Richtung der Kristallachse und senkrecht dazu sind verschieden, so dass zwei Wellen mit unterschiedlicher
Geschwindigkeit vorhanden sind. Dadurch entsteht ein Phasenunterschied zwischen den
beiden Wellen.

Die Dicke wird so gewählt, dass der Gangunterschied $\lambda/4$ beträgt, und dann zirkular
polarisiertes Licht entsteht (Abb. 15.7). Die volle Wirkung kann nur für eine Wellenlänge erreicht werden. Aus einem Polarisator mit einer $\lambda/4$-Platte lässt sich ein optischer
Isolator aufbauen, der Licht in einer Richtung passieren lässt und reflektiertes Licht unterdrückt.

Zur Drehung der linearen Polarisation werden $\lambda/2$-Plättchen eingesetzt. Durch Rotation des Plättchens kann die Richtung der Polarisation kontinuierlich verändert werden
(Abb. 15.8).

In Abb. 15.9 ist ein variabler verlustfreier Strahlteiler dargestellt, wie er beispielsweise
in der Holographie eingesetzt wird. Linear polarisiertes Licht fällt auf ein Polarisati-
onsprisma, welches zwei senkrechte Strahlen verschiedener Polarisation liefert. Durch
Drehen der $\lambda/2$-Platte von 0 auf 45° wird die Polarisation des einfallenden Strahles von 0
auf 90° mitgedreht. Dadurch kann die Intensität stufenlos zwischen beiden Strahlen beliebig aufgeteilt werden. Eine weitere (nicht gezeichnete) $\lambda/2$-Platte kann die Polarisation
der beiden Ausgangsstrahlen in gleiche Richtung bringen.

Abb. 15.9 Aufbau eines
verlustfreien variablen Strahl-
teilers mit einem Glan-Taylor-
Prisma und einer $\lambda/2$-Platte.
Bei der Drehung der $\lambda/2$ um
den Winkel α dreht sich die
Polarisation um 2α (siehe
Abb. 15.8)

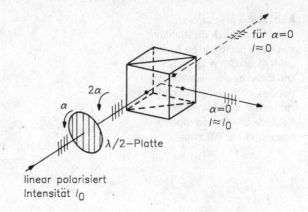

15.4   Aufgaben

15.1 Unter welchem Winkel stehen Brewster-Fenster eines Argonlasers ($n = 1{,}52$)?

15.2 Ein unpolarisierter Laserstrahl fällt auf 3 Polarisatoren, die jeweils um 60° gegeneinander verdreht sind. Berechnen Sie die Intensität nach dem 1., 2. und 3. Filter.

15.3

(a) Wie dick ist eine einfache $\lambda/4$-Platte aus Quarz?
(b) Ähnlich Funktion wie $\lambda/4$-Platten haben auch Platten höherer Ordnung, die einen
      Gangunterschied $(2k + 1) \cdot \lambda/4$ zwischen ordentlichem und außerordentlichem Strahl
      erzeugen, wobei k eine ganze Zahl ist. Wie dick ist eine solche Platte mit einer Dicke
      von ungefähr 0,5 mm ($n_1 = 1{,}5442$, $n_2 = 1{,}5533$, $\lambda = 589$ nm, siehe Tab. 15.1)?

15.4 Welche Funktion hat eine $\lambda/2$-Platte?

15.5 Welche Bedingungen muss man beim Aufstellen einer $\lambda/4$-Platte zur Erzeugung
von zirkular polarisiertem Licht beachten?

Weiterführende Literatur

1. Hecht E (2005) Optik. Oldenbourg

Modulation und Ablenkung

Für viele Laseranwendungen muss der Strahl moduliert oder abgelenkt werden. Neben mechanischen Bauelementen werden dazu hauptsächlich akustooptische oder elektrooptische Verfahren und Bauelemente eingesetzt: akusto- und elektrooptische Modulatoren, Strahlablenker, Pockels- und Kerr-Zellen. Außerdem sind magnetische Faraday-Dreher als optische Isolatoren und sättigbare Absorber zur Erzeugung kurzer Laserpulse wichtig.

16.1 Mechanische Modulatoren und Scanner

Eine einfache Möglichkeit der Amplitudenmodulation von Licht besteht darin, den Lichtstrahl mechanisch zu unterbrechen, z. B. durch einen Photoverschluss. Zur periodischen Modulation werden rotierende Scheiben mit Schlitzen (Chopper) oder schwingende, stimmgabelähnliche Systeme verwendet. Mit mechanischen Modulatoren sind Schaltzeiten im Bereich von Millisekunden und Frequenzen von einigen kHz üblich. Höhere Frequenzen und kleinere Schaltzeiten sind schwierig zu erreichen, da zur Beschleunigung der Masse des Unterbrechers große Kräfte notwendig werden.

Als mechanische Ablenkelemente werden z. B. rotierende Prismen mit mehreren Facetten sowie Spiegel verwendet, die nach dem Prinzip des Galvanometers bewegt werden. Vorteile mechanischer Ablenkelemente sind die vergleichsweise geringen Verluste an den spiegelnden Oberflächen und die große Auflösung, allerdings ist die Zugriffszeit gering. Kommerzielle Ablenksysteme haben eine Auflösung von 10^2 bis 10^4 Punkten pro Linie, die Zugriffszeit beträgt 0,1 bis 1 ms. Die Elemente erzeugen meist eine Ablenkung in nur einer Dimension. Durch Hintereinanderschalten zweier Systeme kann eine zweidimensionale Ablenkung erreicht werden.

Speziell für Festkörperlaser mit hohen mittleren Leistungen oder größeren Wellenlängen von z. B. 3 µm wurden FTIR-Modulatoren für die Güteschaltung entwickelt. Der Abstand zweier Prismen nach Abb. 16.1 wird piezoelektrisch verändert. Ist der Abstand klein, so wird die innere Totalreflexion verhindert, und der Strahl kann passieren. Dieser

H.J. Eichler, J. Eichler, *Laser*, DOI 10.1007/978-3-642-41438-1_16

Abb. 16.1 FTIR-Güteschalter (frustrated total internal reflection = behinderte Totalreflexion). **a** Aufbau und Funktionsweise: der einfallende Lichtstrahl wird bei großer Spaltbreite d an der ersten Grenzfläche des Spaltes total reflektiert. Bei kleiner Spaltbreite wird die Totalreflexion durch den optischen Tunneleffekt aufgehoben. Die Spaltbreite kann durch Spannungspulse an dem Piezoelement und dadurch erzeugte Druckwellen in den Prismen aus YAG oder anderen Materialien gesteuert werden. **b** Berechneter Transmissionsgrad als Funktion der Spaltbreite

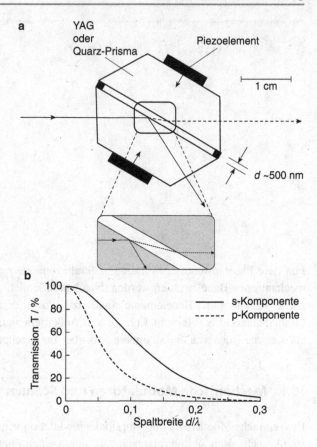

Vorgang wird durch die Abkürzung FTIR = frustrated total internal reflection beschrieben. Bei größerem Abstand (µm) findet Totalreflexion statt, und der Lichtweg ist blockiert.

16.2   Akustooptische Modulatoren

Ultraschallwellen sind periodische Dichteschwankungen. Sie erzeugen in dem Material, in dem sie sich ausbreiten, eine örtlich periodische Änderung des Brechungsindex, die auf Licht wie ein Beugungsgitter wirkt (Debye-Sears-Effekt). Man kann Beugung am dünnen oder dicken Gitter unterscheiden. Am dünnen Gitter (Raman-Nath) gilt für den Beugungswinkel θ nach Abb. 16.2

$$\sin \theta = \frac{\lambda}{\Lambda n} . \tag{16.1}$$

Dabei bezeichnet λ/n die Lichtwellenlänge im Medium mit dem Brechungsindex n und $\Lambda = v/f$ die Wellenlänge bzw. den Gitterabstand des Ultraschalls. Diese hängt von

Abb. 16.2 Beugung am dünnen Ultraschall-Gitter. Die
Theorie dazu ist von Raman
und Nath entwickelt worden

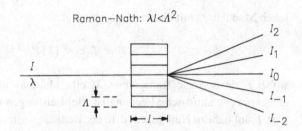

der Schallfrequenz f (typisch 50 bis 500 MHz) und der Schallgeschwindigkeit $v \approx$ $5 \cdot 10^5$ cm/s ab. Der maximale Beugungswirkungsgrad für ein dünnes sinusförmiges Phasengitter berechnet sich zu 33,8 %. Für ein Gitter der Dicke l treten im Bereich der Raman-Nath-Streuung mit $\lambda l < \Lambda^2$ mehrere Beugungsordnungen auf.

16.2.1 Bragg-Anordnung

Wird das Gitter dick gegen den Gitterabstand Λ, so nimmt die gebeugte Intensität im Abb. 16.2 ab. Es entsteht destruktive Interferenz zwischen gebeugten Wellen längs einer Gitterlinie. Zur Erzeugung von Interferenzen an räumlichen Gittern $\lambda l > \Lambda^2$ muss die Geometrie nach Bragg eingestellt werden (Abb. 16.3). Dabei sind λ die Wellenlänge und l die Dicke des Modulators. Konstruktive Interferenz tritt bei Einstrahlung unter dem Bragg-Winkel Θ gegen die Gitterebene auf

$$\sin \Theta = \frac{\lambda}{2 \Lambda n} . \tag{16.2}$$

Der Vorteil dicker Ultraschall-Gitter liegt darin, dass der Wirkungsgrad bis zu 100 % betragen kann und nur eine Beugungsordnung auftritt. Die Transparenz eines akustoopti-

Abb. 16.3 Beugung am
dicken akustooptischen Modulator in Bragg-Anordnung

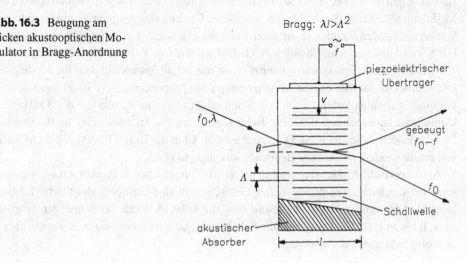

schen Modulators mit dickem Gitter beträgt

$$T = T_0 \cos^2 \left(M P^{1/2} / \lambda \right) , \tag{16.3}$$

wobei T_0 die normale Transparenz, M eine Material- und Geometriekonstante und P die eingekoppelte akustische Leistung ist. Bei Leistungen um $P \approx 10\,\text{W}$ kann die Transparenz T auf nahezu Null gehen, d. h. der Beugungswirkungsgrad steigt auf 100 %.

16.2.2 Laufende und stehende Ultraschallwellen

Bei den Anordnungen nach Abb. 16.2 und 16.3 wird die Ultraschallwelle nach Durchlaufen des Modulators absorbiert, so dass keine stehenden Wellen entstehen. Man erhält damit Beugung an einem bewegten Gitter. Durch den Doppler-Effekt tritt eine Frequenzverschiebung des gebeugten Lichtes auf. Während das hindurchlaufende Licht die Frequenz f_0 beibehält, ergibt sich in den ersten Beugungsordnungen $f_0 \pm f$, wobei f die Ultraschallfrequenz darstellt. Bei der Schallausbreitungsrichtung nach Abb. 16.3 ergibt sich das negative Vorzeichen, bei umgekehrter Richtung das positive.

Stehende Ultraschallwellen erhält man, wenn die einfallende Welle reflektiert wird. Das durchtretende Licht ist dann mit der Frequenz $2f$ amplitudenmoduliert, was z. B. zur Modenkopplung von Lasern ausgenutzt wird. Stehwellenmodulatoren werden vor allem zur hochfrequenten periodischen Modulation von Licht eingesetzt. Um eine Lichtmodulation mit beliebiger Amplitudenverteilung zu erreichen, wird meist die Beugung an laufenden Ultraschallwellen ausgenutzt.

16.2.3 Modulatoren

Anordnungen nach Abb. 16.3, die mit laufenden Schallwellen arbeiten, werden sowohl als Modulator als auch als Strahlablenker eingesetzt. Um hier eine Amplitudenmodulation des hindurchlaufenden Strahles zu erhalten, muss die akustische Leistung geschaltet werden. Die Schaltzeiten sind hauptsächlich durch die Laufzeit $\tau = d/v$ der Ultraschallwelle über den Lichtstrahldurchmesser d begrenzt. v ist die Schallgeschwindigkeit im Modulator. Die Bandbreite der Modulation ist daher umgekehrt proportional zum Strahldurchmesser. Für einen normalen Strahl von $d = 0{,}8\,\text{mm}$ erhält man eine Bandbreite um 3 MHz, bei Ultraschallfrequenzen um 100 MHz. Bei Fokussierung des Strahles steigt die Bandbreite. Da sich jedoch dabei auch die Divergenz erhöht, kann die Bragg-Bedingung nicht mehr voll erfüllt werden, so dass der Beugungswirkungsgrad fällt.

Akustooptische Modulatoren werden z. B. als Güteschalter in Festkörperlasern eingesetzt. Im Vergleich zu elektrooptischen Güteschaltern sind geringere elektrische Treiberleistungen notwendig, so dass Güteschaltung mit höheren Wiederholfrequenzen möglich ist, z. B. bis zu 100 kHz. Dabei sind die Schaltzeiten jedoch relativ lang, z. B. entsprechend dem obigen Beispiel etwa 300 ns.

16.2.4 Strahlablenker

Bei akustooptischen Ablenksystemen nach Abb. 16.3 muss die Ultraschallfrequenz, d. h. die Wellenlänge Λ, variiert werden. Jedem Wert Λ entspricht ein anderer Beugungswinkel Θ. Da jedoch die Bragg-Bedingung (16.2) nur für ein Wertepaar Θ und Λ erfüllt ist, variiert bei Veränderung von Λ der Beugungswirkungsgrad. Dieser Effekt kann bei Strahlablenkern dadurch behoben werden, dass die Richtung der Schallwelle verkippt wird, so dass (16.2) wieder gilt. Die Verkippung wird durch mehrere dicht nebeneinanderliegende Ultraschallübertrager (array), die phasengerecht angesteuert werden, erreicht.

Die Zahl der Bildpunkte N, die von einem Strahlablenker erzeugt werden kann, beträgt zwischen $N = 100$ bis 1000 pro Linie mit einer Zugriffszeit von einigen μs.

16.2.5 Akustooptische Materialien

Für die Anwendung als Modulator oder Strahlablenker werden sowohl dicke und dünne als auch laufende und stehende Gitter eingesetzt. Wegen der geringen Absorption im sichtbaren und benachbarten Bereichen und der hohen Belastbarkeit wird in kommerziellen Modulatoren oft Quarzglas eingesetzt. Ein anderes Material ist TeO_2. Dieses benötigt geringere elektrische Treiberleistungen.

Als piezoelektrischer Übertrager zur Erzeugung der Ultraschallwelle (Abb. 16.3) dient vorzugsweise $LiNbO_3$, wobei typische Spannungen von 7 bis 10 V bei HF-Leistungen um 1 W erforderlich sind.

16.3 Elektrooptische Modulatoren

Mit elektrooptischen Modulatoren können kleine Schaltzeiten bis in den Bereich von 100 ps und Modulationsfrequenzen bis in den Mikrowellenbereich erreicht werden. Ein Nachteil ist, dass relativ hohe Spannungen von einigen kV benötigt werden. Mit elektrooptischen Bauelementen wird die Polarisationsrichtung der Strahlung gedreht. Mit Hilfe eines Polarisationsfilters wird danach die Drehung in eine Modulation der Intensität umgesetzt.

16.3.1 Pockelszellen

Zur elektrooptischen Modulation wird vorwiegend der Pockels-Effekt ausgenutzt. Dabei ändert sich unter dem Einfluss eines elektrischen Feldes die Doppelbrechung von Kristallen. Es treten für eine Strahlrichtung im Kristall zwei senkrechte Polarisationsrichtungen auf, für die sich die Lichtgeschwindigkeit und der Brechungsindex unterscheiden. Der

Tab. 16.1 Elektrooptische Parameter (nach Koechner) für Kristalle in longitudinalen Pockels-Zellen bei $\lambda = 0{,}63\,\mu m$. Die Spannungen für ADP, KDP und KD*P gelten für longitudinale Zellen. Sie können nach (16.5) mit $d = l$ berechnet werden. Der Wert für LiNbO$_3$ bezieht sich auf eine transversale Anordnung mit $d/l = 9/25$

Material	$n = n_0$	$r((\mu m/V) \cdot 10^{-6})$	$U_{1/2}$ (kV)
Ammoniumdihydrogenphosphat (ADP)	1,522	$r_{63} = 8$	11
Kaliumdihydrogenphosphat (KDP)	1,512	$r_{63} = 11$	8
Deuteriertes KDP (KD*P)	1,508	$r_{63} = 24$	4
Lithiumniobat (LiNbO$_3$)	2,286	$r_{22} = 7$	2
		$r_{33} = 31$	
Cadmiumtellurid (CdTe)	2,60	$r_{41} = 6{,}8$ (bei 10,6 μm)	

Unterschied im Brechungsindex Δn ist dem Betrag E der anliegenden Feldstärke proportional (linearer elektrooptischer Effekt):

$$\Delta n = n^3 r E = n^3 r U/d \ . \tag{16.4}$$

Dabei ist r eine von der Orientierung abhängige Materialkonstante (Tab. 16.1), n der Brechungsindex und U die Spannung, die über den Elektrodenabstand d die Feldstärke $E = U/d$ im Kristall erzeugt. Durch die Brechzahländerung Δn entsteht ein Phasenunterschied zwischen den Komponenten einer Lichtwelle, die in beide Polarisationsrichtungen schwingen. Beträgt der optische Wegunterschied $\Delta n l = \lambda/2$, so ist der Phasenunterschied $\delta = \pi$, wobei l die durchstrahlte Kristalllänge ist. Die entsprechende Spannung $U_{1/2}$ nennt man Halbwellenspannung. Sie kann aus $\Delta n l = \lambda/2 = n^3 r U_{1/2} l/d$ berechnet werden (16.5), wobei λ die Wellenlänge ist. Im Allgemeinen ist der Phasenunterschied δ zwischen den beiden unterschiedlich polarisierten Wellen nach dem Durchlaufen des Kristalls

$$\boxed{\delta = \pi U/U_{1/2} \quad \text{mit} \quad U_{1/2} = \lambda d/2n^3 r l \ .} \tag{16.5}$$

Bei einer Pockels-Zelle wird das Licht auf den Kristall mit einer Polarisationsrichtung eingestrahlt, die unter 45° gegen die beiden Hauptpolarisationsrichtungen geneigt ist, so dass die beiden senkrecht polarisierten Komponenten im Kristall gleiche Amplituden besitzen (vgl. Lyot-Filter). Nach dem Durchlaufen des Kristalls haben die beiden Wellen unterschiedliche Phasen und setzen sich daher im allgemeinen zu einer elliptisch polarisierten Welle zusammen. Für $\Delta n l = 0, \lambda, 2\lambda$, usw. ergeben sich in der ursprünglichen Richtung linear polarisierte Wellen und für $\Delta n l = \lambda/2, 3\lambda/2, \ldots$ senkrecht zur ursprünglichen Richtung linear polarisierte Wellen. Wird hinter dem Kristall ein Polarisator angebracht, so wird nur ein Teil der polarisierten Welle durchtreten. Ist die Durchlassrichtung des Polarisators senkrecht ($\perp$) oder parallel ($\parallel$) zur Polarisation der auf den Kristall einfallenden

Abb. 16.4 Elektrooptischer
Modulator mit Pockels-Zelle in
longitudinaler Anordnung

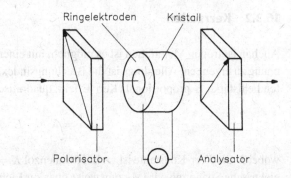

Welle (Abb. 16.4), so ist die Transmission gegeben durch:

$$T_\perp = T_0 \sin^2\left(\frac{\pi}{2}\frac{U}{U_{1/2}}\right) \quad \text{und} \quad T_\parallel = T_0 \cos^2\left(\frac{\pi}{2}\frac{U}{U_{1/2}}\right). \tag{16.6}$$

T_0 gibt die maximale Transmission des Systems an, die ohne Polarisation gemessen wird.

Longitudinale Pockels-Zelle: Wird das elektrische Feld parallel zur Lichtausbreitung an den Kristall gelegt (Abb. 16.4), so gilt $l = d$ und $U_{1/2}$ ist unabhängig von den Kristallabmessungen (Tab. 16.1). Um die Spannungen zu halbieren, kann das Licht über einen Spiegel zweimal durch den Kristall geschickt werden, oder zwei Kristalle können optisch in Serie und elektrisch parallel geschaltet werden.

Transversale Pockels-Zelle: Bei geeigneter Orientierung des Kristalls kann das elektrische Feld senkrecht zur Lichtausbreitungsrichtung an den Kristall gelegt werden. $U_{1/2}$ ist dann von dem Verhältnis l/d abhängig; bei großer Länge l und kleiner Dicke d ist die Betriebsspannung vergleichsweise gering. Dadurch wird der Einsatz als Breitbandmodulator bis etwa 100 MHz möglich. Bei großer Länge l wird die Kapazität der Zelle groß, so dass der Betrieb bei höheren Modulationsfrequenzen schwierig wird.

Als Kristalle werden für den sichtbaren und nahen infraroten Spektralbereich u. a. Kaliumdihydrogenphosphat (KH_2PO_4, kurz KDP) und Lithiumniobat ($LiNbO_3$) eingesetzt. KDP-Kristalle sind von etwa 0,4 bis 1,3 µm transparent. Die Länge und Dicke der Kristalle betragen bis zu einigen cm. Die Verluste $1 - T_0$ liegen bei einigen Prozent. Die Spannung kann bei longitudinalen Pockels-Zellen z. B. über aufgedampfte ringförmige oder durchsichtige Elektroden zugeführt werden. Statt KDP werden auch KD*P-Kristalle verwendet, in denen der Wasserstoff durch Deuterium ersetzt ist. In diesen Kristallen ist die Modulationsspannung geringer. Die Leistungsdichte des zu modulierenden Lichtes kann bei Lichtpulslängen von 10 ns bis zu 40 MW/cm² betragen.

$LiNbO_3$-Kristalle haben größere elektrooptische Parameter und damit geringere $U_{1/2}$-Spannungen als KDP. Allerdings liegt die Strahlenbelastbarkeit etwa eine Größenordnung unter der von KDP. Für den Spektralbereich von 1 bis 30 µm kann Cadmiumtellurid CdTe verwendet werden. Wegen der größeren Wellenlängen sind die erforderlichen Spannungen relativ groß.

16.3.2 Kerrzellen

Auch in isotropen Materialien ist es möglich, mit einer elektrischen Spannung Doppelbrechung zu erzeugen. Allerdings ist die Brechungsindexänderung dem Quadrat der angelegten Feldstärke E proportional (Kerr-Effekt, quadratischer elektrooptischer Effekt).

$$\Delta n = K \cdot \lambda \cdot E^2 , \tag{16.7}$$

wobei K die Kerr-Konstante ist (z. B. Nitrobenzol $K = 245 \cdot 10^{-14}\,\text{mV}^{-2}$ bei 589 nm). Die elektrische Spannung wird vorzugsweise quer zur Lichtausbreitungsrichtung angelegt. Bei Kerr-Zellen sind die notwendigen Betriebsspannungen beträchtlich größer als bei Pockels-Zellen.

Kerr-Zellen können auch mit der elektrischen Feldstärke von Lichtpulsen angesteuert werden (optischer Kerr-Effekt). Damit lassen sich Schaltzeiten im ps-Bereich erzielen. Dies wird z. B. ausgenutzt, um sehr kurze Lichtimpulsdauern zu messen, die elektrisch nicht aufgelöst werden können. Zur Messung wird der Lichtimpuls durch einen Kerrschalter geschickt, der zu verschiedenen Zeiten von einem anderen, möglichst noch kürzeren Lichtpuls geöffnet wird. Damit kann die momentane Intensität zu verschiedenen Zeiten gemessen werden.

16.4 Optische Isolatoren

16.4.1 Faraday-Effekt

Auch magnetooptische Effekte können zur Modulation von Licht ausgenutzt werden. Als Faraday-Effekt wird die Drehung der Polarisationsebene von linear polarisiertem Licht verstanden, das durch Materie hindurchtritt, die sich in einem homogenen Magnetfeld befindet. Die Richtung der Drehung der Polarisationsebene stimmt mit der Stromrichtung in der Spule überein, durch die das Magnetfeld erzeugt wird. Experimentell ergibt sich ein linearer Zusammenhang zwischen Drehwinkel δ und magnetischer Feldstärke H (in A/m)

$$\boxed{\delta = l \cdot V \cdot H .} \tag{16.8}$$

Darin ist V die Verdet-Konstante (z. B. für Bleisilikatglas $V = 0{,}07$ Winkelminuten/A) und l die durchstrahlte Materiallänge. Wird zur Erzeugung des Magnetfeldes eine lange Spule mit N Windungen und der Länge l verwendet, welche vom Strom I durchflossen wird, so ist

$$H = N \cdot I / l \quad \text{und}$$
$$\delta = V N I . \tag{16.9}$$

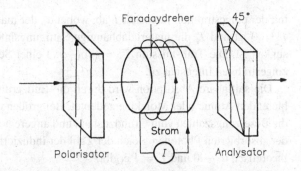

Abb. 16.5 Optischer Isolator oder Richtungsleiter mit Faraday-Dreher

16.4.2 Faraday-Dreher

Bei Lasersystemen tritt oft das Problem auf, dass reflektiertes Licht eine unerwünschte Rückkopplung verursacht. Dies kann mit einem optischen Isolator oder Richtungsleiter vermieden werden, der Licht in Vorwärtsrichtung durchlässt, während zurücklaufendes Licht absorbiert wird. Eine derartige „optische Diode" besteht aus einem Polarisator und dem Faraday-Dreher, welcher die Polarisationsebene um 45° dreht (Abb. 16.5). Hinter dem Faraday-Dreher befindet sich ein Analysator, dessen Durchlassrichtung um 45° gegen die des Polarisators gedreht ist, so dass Licht vom Polarisator kommend durchtreten kann. Umgekehrt laufendes Licht wird vom Faraday-Dreher ebenfalls in der Polarisation um 45° gedreht, jedoch in gleicher Richtung wie vorher, so dass es gegenüber der Durchlassrichtung des Polarisators um 90° gedreht ist und damit ausgelöscht wird.

Wegen der hohen erforderlichen Ströme arbeiten Faraday-Dreher für Pulslaser z. B. Nd:YAG-Laser auch im Pulsbetrieb. Ein kommerzielles Gerät entlädt zur Erzeugung des Magnetfeldes einen 80 µF-Kondensator mit 500 V in eine Spule, wobei Spulenströme von 500 A entstehen. Inzwischen werden Faraday-Dreher für optische Isolatoren hauptsächlich mit Permanentmagneten betrieben.

Faraday-Dreher können auch zur Amplitudenmodulation benutzt werden. Wegen der großen Induktivität der Magnetfeldspule sind die erreichbaren Modulationsfrequenzen wesentlich kleiner als bei elektrooptischen Modulatoren.

Zur Drehung der Polarisationsebene können auch ferroelektrische Kristalle, die kein äußeres Magnetfeld benötigen, verwendet werden. Diese Kristalle sind für den Einsatz in optischen Isolatoren für niedrige Leistungen beispielsweise von Halbleiterlasern geeignet.

16.5 Sättigbare Absorber

In sättigbaren Absorbern ist die Transmission eine Funktion der eingestrahlten Lichtintensität. Der Absorptionskoeffizient α nimmt gemäß

$$\alpha = \frac{\alpha_0}{1 + I/I_s} \tag{16.10}$$

mit der eingestrahlten Intensität I ab, wobei α_0 der maximale Absorptionskoeffizient bei $I = 0$ ist und I_s die materialabhängige Sättigungsintensität, bei der α auf $\alpha_0/2$ abgesunken ist. Die Transmission $T = \exp(-\alpha x)$ einer Schicht der Dicke x nimmt mit der eingestrahlten Intensität zu.

Die sättigbare Absorption wird durch die Entleerung des Grundzustandes der absorbierenden Atome oder Moleküle gedeutet. Bei großen eingestrahlten Intensitäten werden die Besetzungszahlen vom Grundzustand und angeregten Zustand gleich, so dass die Zahl der absorbierten Photonen gleich der Zahl der induziert emittierten Photonen ist und sich theoretisch $\alpha \to 0$ und $T = 1$ ergibt.

Für die Lasertechnik sind besonders sättigbare Absorber mit kurzen Schaltzeiten von Interesse, damit sich nach dem Abschalten der Lichtintensität schnell wieder die Anfangstransmission T_0 einstellt. Als sättigbare Absorber werden unter anderem Farbstofflösungen verwendet. Über die Farbstoffkonzentration und die Absorberdicke kann die Anfangstransmission T_0 eingestellt werden. Für den Farbstoff Cryptocyanin gelöst in Methanol (Güteschalter für Rubin-Laser) ist die Sättigungsintensität $I_s \approx 5\,MW/cm^2$. Für Neodymlaser werden beispielsweise YAG-Kristalle verwendet, die mit Cr^{4+} dotiert sind ($I_s \approx 6\,kW/cm^2$ berechnet aus der Schwellenenergiedichte von $27\,mJ/cm^2$ und einer Lebensdauer von $4\,\mu s$ (nach Koechner)). Für CO_2-Laser können Gase wie SF_6 verwendet werden.

Sättigbare Absorber werden als passive, d. h. selbsttätig bei Überschreiten einer gewissen Eingangsintensität öffnende Schalter zum Q-Switch von Lasern eingesetzt, um kurze Laserpulse zu erzeugen, wie im nächsten Kapitel dargestellt.

Die Erzeugung ultrakurzer Pulse mit Dauern von Femtosekunden fs $= 10^{-15}\,s$ bis Pikosekunden ps $= 10^{-12}\,s$ erfolgt durch axiale Modenkopplung von Lasern (z. B. Ti-Sa oder Faserlaser) unter Verwendung von Halbleiterschaltern (sesam = semiconductor saturable absorber mirror) oder Kohlenstoffschichten (Graphene oder Carbon Nanotubes CNT).

16.6 Aufgaben

16.1 Bei einem akustooptischen Modulator aus Quarzglas (in Bragg-Anordnung) wird beim Einschalten einer Ultraschallfrequenz von $f = 100\,MHz$ ein He-Ne-Laserstrahl um $\delta = 10,6\,mrad$ abgelenkt. Wie groß ist die Schallgeschwindigkeit?

16.2 Wie groß ist der Brechzahlunterschied Δn in einem transversalen KD*P-Modulator der Länge $l = 2\,cm$ ($n = 1{,}508$) bei Anlegen der $\lambda/2$-Spannung ($\lambda = 500\,nm$)?

16.3 Man bestimme die $\lambda/2$-Spannung $U_{1/2}$ für einen transversalen KD*P-Modulator der Länge $l = 2\,cm$ und Breite $d = 3\,mm$ für einen He-Ne-Laser. Wie groß ist der Brechzahlunterschied Δn? (Man benutze die Werte aus Tab. 16.1 und die Gleichungen (16.5) und (16.4). Man vergleiche das Ergebnis für Δn mit der vorherigen Aufgabe.)

16.4 Ein passiver Q-Switch (Cryptocyanin) wird bei einem Rubinlaser eingesetzt. Die Lebensdauer des oberen Niveaus beträgt $2 \cdot 10^{-11}$ s und der Absorptionsquerschnitt $8 \cdot 10^{-16}$ cm^2. Wie groß ist die Sättigungsintensität?

Weiterführende Literatur

1. Reider GA (2004) Photonik: Eine Einführung in die Grundlagen. Springer, Wien

Pulsbetrieb 17

Der erste im Jahre 1960 gebaute Rubinlaser und zahlreiche weitere Laser, z. B. die Excimerlaser, werden nur gepulst betrieben. Bei anderen Lasern ist gepulster und kontinuierlicher Betrieb möglich, wobei der Pulsbetrieb oft weniger Aufwand erfordert und deshalb zuerst entdeckt worden ist. Außerdem können im Pulsbetrieb momentan wesentlich höhere Lichtleistungen erreicht und damit neuartige optische Effekte beobachtet werden, die zahlreiche interessante wissenschaftliche und technische Anwendungen besitzen.

Die einfachste Art, einen Laser gepulst zu betreiben, ist die gepulste Anregung. Sie bietet sich z. B. bei Festkörperlasern an, die mit einer kurzzeitigen Blitzlampenentladung gepumpt werden. Die Laseremission folgt dabei oft nicht dem Anregungspuls, sondern besitzt eine Substruktur. Die Emission ist in Form einzelner Intensitätsspitzen oder Spikes moduliert.

Durch verschiedene Techniken wie Güteschaltung, Pulsauskopplung, Modenkopplung und Pulskompression kann die Dauer der Laseremission gegenüber der Anregungsdauer stark verkürzt werden. Es ist damit möglich, Pulsdauern von wenigen Femtosekunden zu erzeugen und zu Untersuchungen schnell ablaufender Prozesse einzusetzen. Diese Techniken, mit denen folgende Pulsdauern erreicht wurden, sollen dargestellt werden:

Festkörperlaser, gepulste Blitzlampen-Anregung	10 µs
Festkörperlaser, Güteschaltung	1 ns
Festkörperlaser (Titan-Saphir), Modenkopplung	5 fs
Ti-Sa-Laser, Modenkopplung + Chirp-Pulskompression	> 1 fs
N_2-Gaslaser, gepulste elektrische Anregung	100 ps
Ar^+-Gaslaser, Modenkopplung	100 ps
Diodenlaser, gepulste Anregung	5 ps
Farbstofflaser, gepulste Blitzlampen-Anregung	1 µs
Farbstofflaser, Modenkopplung	25 fs
Attosekundenlaser, EUV durch Höhere Harmonische	100 as

© Springer-Verlag Berlin Heidelberg 2015
H.J. Eichler, J. Eichler, *Laser*, DOI 10.1007/978-3-642-41438-1_17

17.1   Relaxationsschwingungen

Bei Festkörperlasern, die mit Blitzlampen gepumpt werden, hat die gepulste Laseremission oft eine stark unregelmäßige Struktur. Am Beispiel des Rubinlasers wird im Abb. 9.3 gezeigt, dass die Laserintensität aus „Spikes" mit statistischer Amplitude, Zeitdauer und Abstand besteht. Kontinuierliche Rubin- oder Nd:YAG-Laser zeigen ein „Spiking" nur beim Einschalten nach Abb. 17.1. Ähnliche Erscheinungen treten bei Störungen eines kontinuierlich betriebenen Lasers auf. Die beobachteten Spikes und Einschwingvorgänge werden als Relaxationsschwingungen bezeichnet. Die Theorie dieser Erscheinungen ist im Abschn. 2.8 skizziert.

Das Auftreten einer Relaxationsschwingung kann auch ohne Rechnung wie folgt verstanden werden. Nach dem Einsetzen des Pumpvorganges baut sich im laseraktiven Medium eine Besetzungszahl N_2 des oberen Laserniveaus auf. Im Gleichgewichtsfall stellt sich N_2 auf den Schwellwert für Lasertätigkeit N_{2s} ein (vgl. Kap. 2). Beim Anschwingen des Lasers ist jedoch die Photonendichte im Resonator klein, so dass die induzierte Emission zunächst vernachlässigbar ist. Daher wird die Besetzungszahl N_2 den Schwellwert N_{2s} stark überschreiten (Abb. 17.2). Durch die hohe Besetzungsinversion baut sich das Strahlungsfeld sehr schnell auf. Dabei steigt die Photonendichte weit über den Gleichge-

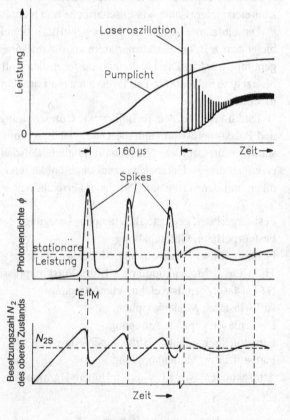

Abb. 17.1 Beispiel für Relaxationsschwingungen beim Einschalten eines Nd:YAG-Lasers („spiking") (nach Kneubühl und Sigrist)

Abb. 17.2 Darstellung der Photonendichte Φ und der Besetzungsdichte N_2 bei Relaxationsschwingungen in einem Festkörperlaser (nach Koechner)

wichtswert an. Dadurch wird das obere Laserniveau so schnell entleert, dass durch den Pumpvorgang nicht mehr genügend Atome angeregt werden können. Die Inversion sinkt somit unter den Schwellwert und die Laserleistung fällt auf einen kleinen Wert. Durch das Pumpen kann nun wieder das obere Laserniveau bevölkert werden, da die induzierte Emission klein geworden ist. Damit beginnt ein neuer Zyklus, und auf diese Art entsteht ein zweiter, dritter, usw. Laserspike.

Bei relativ geringer Pumpleistung pendeln sich die Schwingungen nach Abb. 17.1 und 17.2 auf einen Wert ein, der dem Gleichgewichtszustand entspricht. Beim Pumpen mit intensiven Pulsen fällt die Besetzungsinversion nach einem „Spike" so weit ab, dass die Emission völlig zum Erliegen kommt und die Laseremission aus Einzelspikes besteht. In kontinuierlich gepumpten Festkörperlasern manifestieren sich nach einer kleinen Störung die Relaxationsschwingungen in gedämpften sinusförmigen Oszillationen mit einer bestimmten Abklingzeit.

Die Relaxationsschwingungen können durch die Ratengleichung beschrieben werden, wobei sich Computer-Lösungen nach Abb. 17.2 ergeben. Für Vierniveau-Laser kann man näherungsweise folgende Gleichungen ableiten.

Bei Beginn des Pumpens kann die induzierte Emission vernachlässigt werden. Vernachlässigt man auch die spontane Emission, so erhält man aus (2.43) für die Besetzungsdichte N_2 des oberen Laserniveaus

$$\frac{dN_2}{dt} = W_pN \quad \text{für} \quad t < t_E ,\qquad (17.1)$$

wobei W_P die Pumpleistung (in Photonen/s) und N die Dichte der Laseratome ist. Dabei gibt t_E die Zeit an, bei der noch keine Lasertätigkeit erfolgt. Dabei wird angenommen: $N_1 \ll N_2 \ll N_0$ und $N_0 \approx N$. Dabei sind $N_{1/2}$ die Atomdichte im unteren/oberen Laserzustand und N_0 im Grundzustand. Gleichung (17.1) besagt, dass die Besetzungsdichte N_2 linear mit der Zeit anwächst, so wie es in Abb. 17.2 für kleine Zeiten $t < t_E$ gezeigt ist.

Während der Ausbildung des „Spike" wird in der Ratengleichung (2.43) der Term der induzierten Emission größer als die anderen Summanden:

$$\frac{dN_2}{dt} = -N_2\sigma c\Phi \quad \text{für} \quad t_E < t < t_M .\qquad (17.2)$$

Dabei sind σ der Wirkungsquerschnitt für stimulierte Emission und t_M die Zeit bis zur Ausbildung des Pulsmaximums (Abb. 17.2). Für die Photonendichte Φ erhält man nach (2.44) eine ähnliche Gleichung

$$\frac{d\Phi}{dt} = +N_2\sigma c\Phi \quad \text{für} \quad t_E < t < t_M .\qquad (17.3)$$

Die Photonendichte wächst nach (17.3) fast exponentiell mit der Zeit an. Dagegen fällt nach (17.2) die Besetzungszahl N_2 auf einen kleinen Wert ab, der kleiner als der stationäre Wert N_{2s} sein kann. Die Photonendichte erreicht in diesem Zeitbereich ihr Maximum. Da danach die Besetzungszahl N_2 sehr klein ist, wird die Photonendichte durch Abstrahlung durch den Spiegel und andere Verluste abgebaut (siehe (2.44)):

$$\frac{\mathrm{d}\Phi}{\mathrm{d}t} \approx -\frac{\Phi}{\tau_r} \quad t > t_M \,. \tag{17.4}$$

Dabei ist τ_r die Aufenthaltszeit eines Photons im Resonator (2.42). Die Spikeamplitude nimmt nach (17.4) auf einen kleinen Wert ab und kann erst wieder groß werden, wenn N_2 durch Pumpen den Schwellwert überschreitet. Die Besetzung des oberen Laserniveaus N_2 wächst wieder entsprechend (17.1) an

$$\frac{\mathrm{d}N_2}{\mathrm{d}t} \approx W_p N \quad \text{für} \quad t > t_M \,, \tag{17.5}$$

so dass ein neuer Spikezyklus eingeleitet wird. Bei den nächsten Zyklen werden die Maxima kleiner und nähern sich dem Gleichgewichtszustand an.

Die numerischen Rechnungen ausgehend von den hier dargestellten einfachen Bilanzgleichungen ergeben einen regelmäßigen Zug von Relaxationsschwingungen. In der Praxis zeigen die Laser jedoch oft unregelmäßige ungedämpfte „Spikes". Dies liegt daran, dass die Dämpfung sehr klein ist, so dass der Gleichgewichtswert nicht während des Pumppulses erreicht wird. Früher wurde zusätzlich angenommen, dass mechanische und thermische Störungen zu Unregelmäßigkeiten in den Spikes führen. Es hat sich jedoch gezeigt, dass unregelmäßige Relaxationsschwingungen oder Spikes auch grundsätzliche Ursachen haben. Diese bestehen darin, dass ein Laser meist in mehreren longitudinalen und auch transversalen Moden oszilliert. Das dynamische Verhalten jedes einzelnen Modes kann durch Ratengleichungen ähnlich wie in Abschn. 2.8 beschrieben werden, wobei eine Kopplung der Moden durch den gemeinsamen Besetzungsabbau entsteht. Das gekoppelte Gleichungssystem hat bereits bei Existenz von nur 2 Moden regelmäßige und irreguläre oder chaotische Lösungen je nach den verschiedenen auftretenden Parametern. Das statistische Spiken von Lasern ist damit ein Beispiel für das Auftreten von Chaos in nichtlinearen Systemen.

Falls für spezielle Anwendungen regelmäßiges Spiken erforderlich ist, muss der Laser in einem einzigen longitudinalen und transversalen Mode betrieben werden, meist dem TEM_{00}-Mode. Die Spitzenleistung der Spikes kann dann mehrere Zehnerpotenzen größer sein als die mittlere Leistung. Falls nur ein Spike als Ausgangsimpuls gewünscht wird, muss die Anregung kurz genug sein, z. B. der Pumplichtimpuls bei einem Festkörperlaser.

Eine Methode, noch kürzere Laserpulse mit höherer Spitzenleistung zu erzeugen, ist die im nächsten Abschnitt beschriebene Güteschaltung.

17.2 Güteschaltung

Durch Verkürzung der Emissionsdauer eines Lasers kann eine Erhöhung der Spitzenleistung bei gegebener Pumpenergie erreicht werden, was für viele Anwendungen von Interesse ist. Dieses wird durch eine Güteschaltung oder „Q-Switch" erreicht, wobei so genannte Riesenimpulse entstehen. Das Q steht für quality (Güte).

Abb. 17.3 Zeitlicher Ablauf
bei der Güteschaltung (nach
Köchner).
Pumpleistung: Licht der Blitzlampe.
Resonatorverluste: Änderung
durch Schaltung der Pockels-
zelle.
Inversion: Kurvenform ist
durch Integration des Blitzlam-
penpulses gegeben.
Laserleistung: es entsteht ein
kurzer Puls (Δt = ns-Bereich
mit hoher Leistung (MW))

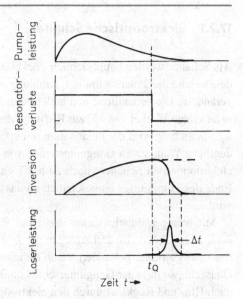

Bei normalem Pulsbetrieb wird z. B. bei Nd:YAG-Festkörperlasern ein Pumppuls von
etwa 100 µs Dauer eingestrahlt. Bei genügender Pumpleistung schwingt der Laser nach
einigen µs an, und es entsteht Laserstrahlung während der gesamten Pumpdauer. Auf das
Spiking wurde im letzten Abschnitt eingegangen. Zur Erhöhung der Leistung des Laserpulses kann man den Laser erst anschwingen lassen, wenn während des Pumpprozesses
die maximale Besetzungsinversion erreicht ist. Dies ist am Ende des Pumppulses der Fall,
falls die Lebensdauer des oberen Niveaus groß gegen die Pumpdauer ist. Durch die Güteschaltung wird der Resonator während des Pumpens zugeschaltet. Der Strahlengang
zwischen den Spiegeln wird unterbrochen, oder es werden die internen Verluste erhöht.
Erst am Ende des Pumppulses wird der Resonator zur Zeit t_Q freigegeben. Aufgrund der
hohen Inversion entsteht dann ein kurzer Laserpuls mit hoher Spitzenleistung. Der Vorgang ist in Abb. 17.3 skizziert.

Die Güteschaltung liefert nur dann eine starke Erhöhung der Pulsleistung, wenn die
Lebensdauer des oberen Laserniveaus größer ist als die Pumpdauer. Bei starkem Pumpen
wird die Pulsdauer Δt durch die Laufzeit der Strahlung im Resonator gegeben, d. h. der
Laserstrahl läuft nur einmal zwischen den Spiegeln im Abstand L hin und her:

$$\Delta t = \frac{2L}{c} , \tag{17.6}$$

wobei c die mittlere Lichtgeschwindigkeit im Resonator ist. Man erreicht Pulsdauern von
wenigen ns, bei Spitzenleistungen im GW-Bereich. Die Pulsenergie ist durch die Zahl der
angeregten Laseratome im Medium begrenzt. Durch die zusätzlichen Verluste des Güte-
schalters liegt die Pulsenergie etwas geringer als die Gesamtenergie im Normalbetrieb.

17.2.1 Elektrooptische Schalter

Als Schalter werden hauptsächlich Pockelszellen z. B. aus KDP (Abschn. 16.3) verwendet, welche die Polarisation der Strahlung unter dem Einfluss eines elektrischen Feldes verändern. Die ordentliche und außerordentliche Polarisationsrichtung des Kristalls liegt unter einem Winkel von 45° zur Richtung der Polarisation der Strahlung. Bei Anlegen der $\lambda/2$-Spannung wird die Polarisation um 90° gedreht, indem die ordentliche und außerordentliche Welle einen Gangunterschied von $\lambda/2$ erhalten. Damit kann der Aufbau eines elektrooptischen Schalters nach Abb. 17.4 a) erfolgen. Die $\lambda/2$-Spannung wird erst am Ende des Pumppulses eingeschaltet, so dass zu diesem Zeitpunkt der Lichtweg geöffnet wird.

Mit weniger Bauelementen und einer geringeren Spannung kommt die Anordnung nach Abb. 17.4 b) aus. Bei Anlegen der $\lambda/4$-Spannung wird das linear polarisierte Licht des Lasers zirkular polarisiert. Nach Reflexion tritt die Strahlung nochmals durch die Pockelszelle, so dass der Gangunterschied dann $\lambda/2$ beträgt. Die Polarisation wird also erst nach Hin- und Rücklauf durch den elektrooptischen Kristall um 90° gedreht, so dass die reflektierte Strahlung nicht durch den Polarisator laufen kann. Der Lichtweg ist also ver-

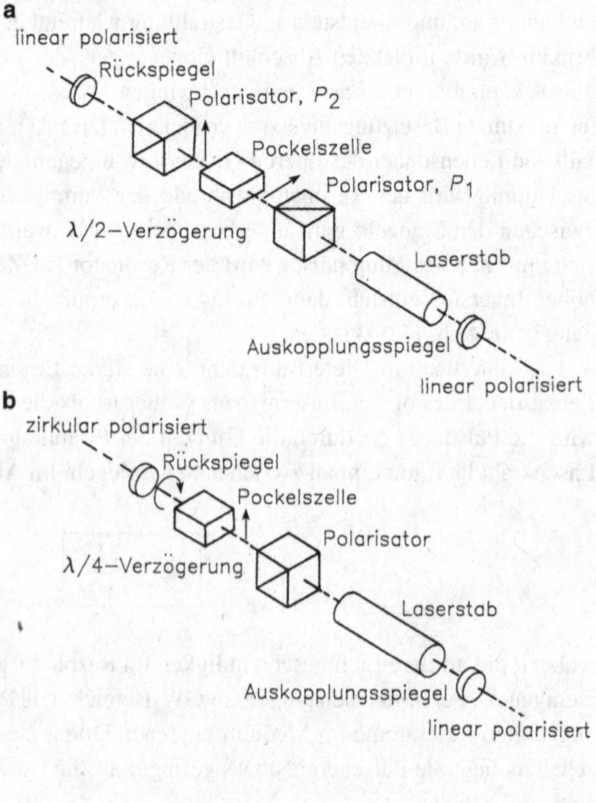

Abb. 17.4 Elektrooptische Güteschaltung (nach Koechner).
a Anordnung mit $\lambda/2$-Spannung an Pockelszelle, beim Einschalten wird der Resonator durchlässig,
b Anordnung mit $\lambda/4$-Spannung, so dass sich nach Hin- und Rücklauf durch die Pockelszelle eine Gesamtdrehung der Polarisationsebene um 90° ergibt, so dass der Polarisator sperrt. Beim Abschalten der Spannung tritt keine Polarisationsdrehung mehr auf. Der Resonator hat nur noch geringe Verluste, so dass sich ein Laserpuls aufbaut

schlossen. Erst am Ende des Pumppulses wird die $\lambda/4$-Spannung abgeschaltet, so dass der Resonator durchgängig wird. Die erforderlichen Spannungen sind nur halb so groß wie in der Anordnung nach Abb. 17.4 a).

Mit elektrooptischen Schaltern können Schaltzeiten von weniger als 1 ns erreicht werden.

17.2.2 Andere Schalter

Im infraroten ($> 3\,\mu\text{m}$) und ultravioletten Spektralbereich stehen keine kommerziellen elektrooptischen Schalter zur Güteschaltung zur Verfügung. Daher werden auch mechanische Schalter eingesetzt. In Frage kommen Drehspiegel oder Drehprismen. Der Resonator ist nur innerhalb einer sehr kurzen Zeit ausreichend genau justiert, während welcher der Riesenpuls entsteht. Die Drehung muss mit dem Pumppuls genau synchronisiert werden. Hauptsächlich für $3\,\mu\text{m}$-Laser werden auch FTIR-Schalter eingesetzt (Abb. 16.1).

Zur Güteschaltung werden auch akustooptische Modulatoren in den Strahlengang gebracht. Beim Anlegen einer Hochfrequenz-Spannung entsteht eine Ultraschallwelle, an welcher Beugung des Laserstrahles stattfindet. Die entstehenden Verluste können ein Anschwingen des Lasers verhindern. Wird die Spannung abgeschaltet, so wird der Modulator durchlässig und Laserstrahlung kann entstehen. Die Schaltzeiten sind in der Regel größer als bei elektrooptischen Schaltern, es sind jedoch höhere Schaltfolgefrequenzen möglich. Mit akustooptischen Modulatoren werden beispielsweise kontinuierlich gepumpte Festkörperlaser in Güteschaltung betrieben. Es können Pulsfolgefrequenzen von einigen kHz erreicht werden, wobei die Pulsleistung etwa 1000fach größer ist als die mittlere Leistung.

Als passive Schalter werden sättigbare Absorber eingesetzt. Bei diesen Bauelementen ist die Transmission von der Strahlungsintensität abhängig. Mit steigender Intensität werden immer mehr Elektronen in einen angeregten Zustand gepumpt, von wo aus sie durch stimulierte Emission wieder in den Grundzustand übergehen. Wenn die Besetzungszahlen in angeregtem und Grundniveau gleich werden, erscheint der sättigbare Absorber transparent. Die Konzentration des absorbierenden Mediums wird so gewählt, dass der Laser anfangs nur mit geringer Intensität anschwingt. Mit wachsender Verstärkung wächst auch die Transmission des sättigbaren Absorbers. Die Folge ist, dass sich ein Riesenimpuls aufbaut, der bei maximaler Besetzungsinversion den Absorber sättigt und ausgekoppelt wird.

Als sättigbare Absorber dienen Farbstoffe in Lösungen (z. B. Malachitgrün, DODCI), Halbleiterbauelemente (SESAM) und ionendotierte Kristalle (z. B. Cr^{4+}:YAG).

Mit passiven Schaltern lassen sich sehr einfache und kompakte Mikrolaser herstellen. Auf ein dünnes Substrat (z. B. 1 mm Nd:YAG) wird epitaktisch eine dünne Absorberschicht aufgewachsen (z. B. 100 µm Cr^{4+}:YAG), die Endflächen werden poliert und mit dielektrischen Spiegeln beschichtet. Nach dem Schneiden des Substrats erhält man eine Vielzahl von Minikavitäten, die nur 1 mm^3 groß sind und im diodengepumpten Betrieb

Abb. 17.5 Passive Güteschal-
tung mit einem sättigbaren
Absorber (z. B. Cr^{4+}:YAG)
bei einem diodengepumpten
Mikrolaser (z. B. Nd:YAG,
Nd:VO_4)

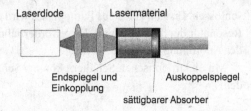

gütegeschaltete Festkörperlaserpulse mit hoher Wiederholrate und exzellentem Strahlprofil abgeben (s. Abb. 17.5). Durch Variation der Absorberdicke und Dotierung lassen sich
beispielsweise Energien von 1–100 µJ mit etwa 1 ns Dauer erzeugen.

Bei größeren Systemen haben passive Schalter den Nachteil, dass sie Riesenimpulse
mit relativ großen zeitlichen Schwankungen liefern.

17.3 Puls-Auskopplung (cavity-dumping)

Bei der Güteschaltung wird Energie durch die hohe Besetzung des oberen langlebigen
Laserniveaus gespeichert und in Form eines kurzen Laserimpulses emittiert. Im Falle
der Puls-Auskopplung wird Lichtenergie im Resonator gespeichert. Dazu bringt man das
kontinuierlich gepumpte Lasermaterial zwischen zwei hochreflektierende Spiegel. Die
Lichtenergie im Resonator baut sich dann bis zu einem hohen Wert auf. Wird nun z. B.
ein akustooptischer Ablenker im Resonator, der während des Energieaufbaus des Lichtfel-
des transparent ist, angesteuert, so kann ein kurzer Lichtpuls aus dem Resonator gelenkt
werden.

Cavity-dumping wird verwendet, um beispielsweise mit kontinuierlich gepumpten
Argon- oder Kryptonlasern kurze Impulse mit hoher Ausgangsleistung zu erzeugen. Eine
Güteschaltung hat hier keinen Sinn, da die Lebensdauer des oberen Niveaus zu klein
ist. In einem Argonlasersystem mit Puls-Auskopplung kann die Spitzenleistung die cw-
Ausgangsleistung um den Faktor 30 bis 50 übertreffen, während bei optimaler Pulsfol-
gefrequenz die zeitliche Durchschnittsleistung der cw-Ausgangsleistung etwa entspricht.
Die Pulsfolgefrequenz kann vom Einzelpulsbetrieb bis zum 20 MHz-Betrieb eingestellt
werden; die Pulsbreiten liegen zwischen 15 und 30 ns.

17.4 Modenkopplung

Die in einem Laser anschwingenden axialen Moden sind im freilaufenden Betrieb weitgehend unabhängig voneinander. Sie besitzen statistische und zeitlich schwankende Pha-
senbeziehungen zueinander. Durch konstruktive und destruktive Überlagerung der Feldstärkeamplituden kann es zu starken Intensitätsschwankungen kommen, die im Resonator
umlaufen und durch die Verstärkung noch vergrößert werden. Eine solche spontane Mo-

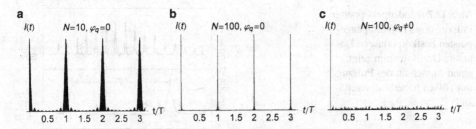

Abb. 17.6 Zeitlicher Verlauf der Laserintensität $I(t) \propto E(t)^2$ für die Überlagerung von N Lasermoden, links und Mitte ohne Phasendifferenz zur Zeit $t = 0$, rechts für statistische Phasen ($q = 10^6$)

denkopplung führt zu einer statistischen, schnellen Modulation der Laserleistung. Diese beispielsweise bei Gaslasern auftretenden Fluktuationen lassen sich durch einen Einmodenbetrieb beseitigen. Es ist jedoch auch möglich, die konstruktive Überlagerung von benachbarten Moden zu erzwingen. Gelingt es, die Phasendifferenzen der anschwingenden Moden so zu unterdrücken, dass die Feldstärkeamplituden sich bei jedem Resonatorumlauf an einem Ort alle konstruktiv überlagern, so kann man sehr kurze Pulse mit hohen Intensitäten erzeugen. Die zeitabhängige Feldstärkeamplitude an einem Ort im Resonator φ_q der Länge L setzt sich aus einer Summe N benachbarter axialer Moden mit der Frequenz f_q und der Phase der Feldstärke E_q zusammen (vgl. Abschn. 13.1).

$$E(t) = \sum_{q=q_0}^{q_0+(N-1)} E_q \cos\left(2\pi f_q t + \varphi_q\right) = \sum_{q=q_0}^{q_0+(N-1)} E_q \cos\left(2\pi q \frac{t}{T} + \varphi_q\right) . \quad (17.7)$$

In der Gleichung wurde berücksichtigt, dass die Frequenz einer axialen Mode q gegeben ist durch $f_q = q\frac{c}{2L} = q/T$ (13.2). Dabei wurde die Umlaufzeit im Resonator zu $T = 2L/c$ gesetzt. q_0 bezieht sich auf die niedrigste Laserfrequenz.

In Abb. 17.6 ist die Intensität dargestellt, die sich aus der Berechnung nach (17.7) ergibt. Für $\varphi_q = 0$ reproduziert sich nach (17.7) und Abb. 17.6 jeweils nach einem Vielfachen der Resonatorumlaufzeit $T = 2L/c$ die maximale Feldstärkeamplitude. Es entsteht so durch Interferenz ein einzelner kurzer Puls, der zwischen den Endspiegeln hin- und hergeworfen wird (Abb. 17.7). Der Laser emittiert einen entsprechenden Pulszug und man spricht von Modenkopplung.

Die Pulsdauer τ von modengekoppelten Lasern mit der Linienbreite Δf wird prinzipiell durch das Puls-Bandbreiteprodukt

$$\boxed{\tau \Delta f \geq K} \quad (17.8)$$

begrenzt. Bei einem als Wellenpaket beschriebenen ultrakurzen Laserpuls sind die mittlere Pulsdauer τ und die Halbwertsbreite der zugehörigen Frequenzverteilung Δf über (17.8) miteinander verknüpft. Diese Gleichung folgt aus der Fouriertransformation zwischen

Abb. 17.7 Modengekoppelter
Pulszug eines blitzlampenge-
pulsten Festkörperlasers. Das
untere Oszillogramm zeigt
einen Ausschnitt des Pulszuges
mit 10fach höherer Zeitauflösung

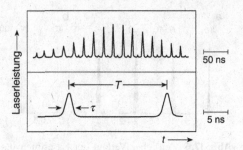

dem Zeitverlauf der Feldstärke $E(t)$ und Frequenzverteilung (Spektrum). Die Konstante
K ist dabei abhängig von der Form des Wellenpaketes. Zahlenwerte für typische Pulsformen sind $K = 0{,}44$ für Gauß-Pulse und $K = 0{,}31$ für sech^2-förmige Pulse.

Die Zahl N der innerhalb der Laserlinienbreite Δf anschwingenden Moden ist

$$N = \Delta f \frac{2L}{c} \, ,$$

und mit (17.8) ergibt sich

$$\tau \geq \frac{K}{N} \frac{2L}{c} \, . \tag{17.9}$$

Je mehr Moden N miteinander koppeln, desto schärfer werden die Maxima und umso
kürzer werden die Pulse. Für breitbandig emittierende Lasermedien können mehr als $N >
10^5$ Moden miteinander gekoppelt und somit Femtosekundenpulse erzeugt werden. Dabei
hängt bei Pulsen mit nur wenigen Schwingungsperioden die Plusform von der Phase der
elektrischen Feldstärke ab (Abb. 17.8).

Derartig kurze Pulse oder Wellenpakete weisen Besonderheiten bei der Ausbreitung
in Materie auf. Durch ihre große Frequenzbreite hat die Dispersion eines Materials (Wellenlängenabhängigkeit des Brechungsindexes) einen entscheidenden Einfluss. Sie hat zur

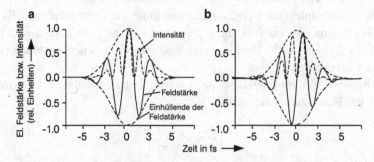

Abb. 17.8 Bei ultrakurzen Lichtpulsen (mit nur wenigen Schwingungsperioden) hängt die maximale Feldstärke und Intensität von der Phase der Schwingung ab. **a** Kosinusähnliche Schwingung:
maximale Intensität. **b** Sinusähnlich: etwas geringere maximale Intensität

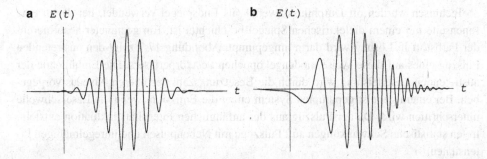

Abb. 17.9 Feldstärke eines ultrakurzen Pulses vor **a** und nach **b** Durchgang durch ein normal dispersives Material

Folge, dass sich bei normaler Dispersion die höherfrequenten Pulsanteile gegenüber den niederfrequenten verzögern. Diese Gruppengeschwindigkeitsdispersion bewirkt eine zeitliche Verbreiterung der Pulse (Abb. 17.9) und eine variable momentane Frequenz, was als chirp (engl. Zwitschern) bezeichnet wird.

Durch die hohen Spitzenintensitäten der Pulse können auch nichtlineare Effekte wie die Selbstphasenmodulation auftreten. Dabei wird durch die Intensitätsabhängigkeit des Brechungsindexes die Phase $\Phi \sim I(t)$ des transmittierten Pulses moduliert, was zu einer Vergrößerung der Frequenzbreite des Pulses führt, weil $f = d\Phi/dt$.

Man kann Modenkopplung durch verschiedene Techniken erreichen, die darauf beruhen, dass ungekoppelte Moden beim Resonatorumlauf höhere Verluste erleiden als gekoppelte. Es wird allgemein zwischen passiver und aktiver Modenkopplung unterschieden. Bei passiven Bauelementen werden die Verluste durch die Pulsintensität selbst reguliert, in aktiver Bauweise werden die Resonatorverluste oder die Verstärkung von außen moduliert.

17.4.1 Modenkopplung mit einem sättigbaren Absorber (passiv)

Die bereits bei der passiven Güteschaltung (Abschn. 17.2) beschriebenen sättigbaren Absorber werden auch zur Modenkopplung eingesetzt. Durch Pumpen des Lasermaterials schwingt der Laser an, ohne dass der Absorber geschaltet wird. Die Intensität im Resonator fluktuiert, da zunächst viele Moden ungekoppelt angeregt werden (Abb. 17.6 c)). Fluktuationen mit höherer Intensität werden schwächer absorbiert, wodurch sich die verlustärmeren, gekoppelten Moden durchsetzen und bei jedem weiteren Umlauf weiter verstärkt werden. Die sich an der Laserschwelle befindenden Moden mit einer Phasendifferenz werden so lange unterdrückt, bis sie durch Phasenstörungen und Anschwingprozesse zufällig die richtige Phasenlage zu bereits gekoppelten Moden erlangen. In diesem Fall tragen sie konstruktiv zu dem sich formierenden Puls und der Sättigung des Absorbers bei. Ein modengekoppelter Laserpuls benötigt einige Umläufe, um sich zu stabilisieren.

Technisch wurden oft Durchflussküvetten als Endspiegel verwendet, bei denen eine Innenseite mit einem dielektrischen Spiegel beschichtet ist. Ein geeigneter absorbierender Farbstoff in Lösung wird darin umgepumpt. Abbildung 17.7 zeigt den austretenden Pulszug eines auf diese Weise modengekoppelten Festkörperlasers. Die Einhüllende der austretenden Laserleistung wird durch die Besetzungszahl des oberen Niveaus vorgegeben. Bei einem gepulst gepumpten System endet die Emission, wenn die Laserschwelle unterschritten wird. Da der Pulszug aus der anfänglichen Intensitätsfluktuation entsteht, treten statistische Schwankungen auf: Pulszüge mit Nebenpulsen und unregelmäßigen Intensitäten.

Inzwischen haben sich Halbleiterstrukturen (SESAM = semiconductor saturable absorber mirror) als passive Güteschalter weitgehend durchgesetzt. Dafür werden ähnliche Halbleitermaterialien wie für Diodenlaser (siehe Kap. 10) verwendet.

17.4.2   Modenkopplung mit kollidierenden Pulsen (passiv)

Beim Colliding-Pulse-Modelocked (CPM)-Laser laufen zwei ultrakurze Lichtpulse in einem Ring gegenläufig um und treffen sich immer zeitgleich in einem Flüssigkeitsdüsenstrahl, in dem der sättigbare Absorber gelöst ist. Die Verstärkung erfolgt in einem Farbstoffstrahl, in dem mit einem kontinuierlichen Pumplaser eine Besetzungsinversion erzeugt wird. Verstärker und Absorber haben einen solchen Abstand zueinander, dass sich die Besetzungsinversion stets in der Zeit $T/2$ regenerieren kann.

Die Modenkopplung erfolgt beim gleichzeitigen Durchgang beider Pulse durch den Absorberstrahl, der nur einige hundertstel Millimeter dick ist. Die kollidierenden Pulse bilden ein Interferenzmuster, das den Absorber völlig aufschaltet. Die Vorderflanken der Pulse werden dadurch aufgesteilt. Durch eine Sättigung der Verstärkung (s. Abschn. 2.5) wird die hintere Pulsflanke abgeschnitten. Durch diese Mechanismen lassen sich Pulsdauern bis in den ps-Bereich realisieren. Um fs-Pulse zu erzeugen, ist es notwendig, die dispersiven Effekte zu berücksichtigen. Der in Abb. 17.10 dargestellte CPM-Laser besitzt dazu eine Prismensequenz, durch die höherfrequente Pulsteile weiter außen umlaufen.

Damit kann die Gruppengeschwindigkeitsdispersion kompensiert werden. Mit dieser Anordnung konnten kurze Farbstofflaserpulse von 27 fs Länge mit $\lambda = 620$ nm erzeugt werden (Valdmanis und Fork, 1986).

17.4.3   Modenkopplung mit einem Modulator (aktiv)

Bei der aktiven Modenkopplung werden mit einem elektrooptischen oder akustooptischen Modulator die Verluste im Laserresonator mit der Frequenz $c/2L$ moduliert, die der reziproken Umlaufzeit eines Pulses im Resonator entspricht. Dadurch werden nur Photonen, die den Modulator im Zeitpunkt maximaler Transmission treffen, mit geringen Verlusten

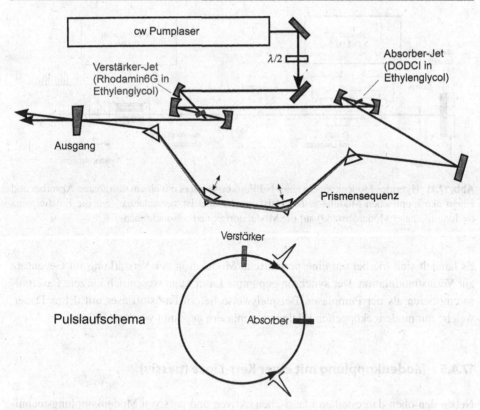

Abb. 17.10 CPM-Farbstoff-Ringlaser mit zwei gegenläufigen Femtosekunden-Pulsen (CPM: Colliding-Pulse-Modelocked)

im Resonator hin- und herreflektiert und durch das aktive Medium verstärkt. Es entsteht ein im Resonator hin- und herlaufender Puls, und es wird ein Pulszug emittiert.

Aktive Modenkopplung wird bei kontinuierlich und gepulst gepumpten Lasern eingesetzt. Die Reproduzierbarkeit der Pulse ist oft besser als bei der passiven Modenkopplung. Dagegen lassen sich mit passiver Modenkopplung kleinere Pulszeiten erzielen.

Bei der hybriden Modenkopplung werden aktive und passive Modenkopplung kombiniert, wodurch man kurze und stabile Pulse bekommt. Ein solches System ist in Abb. 17.11 zu sehen.

17.4.4 Synchrones Pumpen (aktiv)

Wird mit einem modengekoppelten Laser ein anderer Laser gepumpt, so kann dieser ebenfalls modengekoppelt emittieren, falls die Resonatorlängen aufeinander abgestimmt sind.

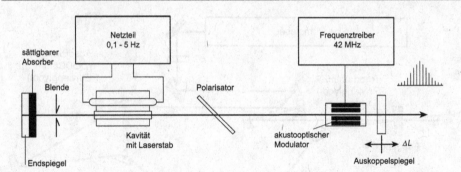

Abb. 17.11 Hybrides Modenkoppeln eines Nd:Festkörperlasers mit einem sättigbaren Absorber und einem akustooptischen Modulator. Der Auskoppelspiegel ist verschiebbar, um die Pulsfrequenz (= longitudinaler Modenabstand) auf die Modulatorfrequenz abzustimmen

Es handelt sich hierbei um eine periodische Modulation der Verstärkung im Gegensatz zur Verlustmodulation. Der synchron gepumpte Laser kann wesentlich kürzere Laserpulse emittieren als der Pumplaser. Beispielsweise liefern Farbstofflaser mit 0,1 ps Dauer, welche mit modengekoppelten Edelgas-Ionenlasern gepumpt werden (100 ps).

17.4.5 Modenkopplung mit einer Kerr-Linse (passiv)

Neben den oben dargestellten klassischen aktiven und passiven Modenkopplungstechniken wird inzwischen zur Femtosekundenerzeugung mit Ti-Sa-Lasern vor allem die Kerr-Linsen-Modenkopplung verwendet. Verwendet man im Strahlengang ein Material mit einem intensitätsabhängigen Brechungsindex, so tritt neben der Selbstphasenmodulation, die das Pulsspektrum verbreitert, auch eine Selbstfokussierung auf. Da die Intensität eines im Grundmode laufenden Lasers senkrecht zur Strahlrichtung gaußförmig abnimmt, kommt es zu einer Modulation des Brechungsindex, die wie eine Linse wirkt. Modenkopplung erreicht man durch Modulation der Verstärkung, indem man die Überlappung zwischen Resonatormode mit Kerrlinsenwirkung und Pumpvolumen optimiert. Eine Verlustmodulation der ungekoppelten Moden, welche zu einer schwächeren Selbstfokussierung führt, kann mit einer einfachen Blende erzielt werden.

Beide Techniken werden bei Festkörperlasern angewendet. Besonders bieten sich Materialien mit vibronisch verbreiterten Übergängen wie Ti :Saphir an (Abschn. 9.5), die aufgrund ihres breiten Emissionsspektrums (und großen nichtlinearen Brechungsindex n_2) für die Erzeugung kurzer Pulse geeignet sind. Die Kerrlinse entsteht in dem wenige Millimeter dicken Laserkristall selbst, so dass man einen denkbar einfachen Aufbau bekommt. Bei den kürzesten erzeugten Pulsen (8 fs, $\lambda \approx 800$ nm) wurden spezielle dispersionskompensierende Spiegel eingesetzt (Abb. 17.12). Die dielektrischen Vielschichtenspiegel besitzen eine frequenzabhängige Eindringtiefe des reflektierten Lichtes, wodurch sich sogar Chirpeffekte höherer Ordnung kompensieren lassen.

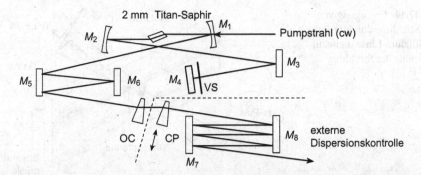

Abb. 17.12 Titan-Saphir-Femtosekundenlaser (8 fs) mit dispersionskompensierenden Spiegeln M5 und M6 und vertikalem Spalt (VS) als Blende für Kerrlinsen-Modenkopplung (Stingl, Lenzner, Spielmann und Krausz, Wien 1995). OC ist ein Auskoppelspiegel. Danach wird eine externe Dispersionskontrolle mit den Spiegeln M7 und M8 zur weiteren Pulsverkürzung vorgenommen

17.4.6 Femtosekunden-Faserlaser

Mit Glasfasern lassen sich fs-Laser sehr stabil und kompakt aufbauen. Als Lasermaterial wird z. B. eine Yb-dotierte Glasfaser verwendet (Abb. 17.13), die mit einem 980 nm Diodenlaser über eine Strahlweiche WDM (wavelength division multiplexer) gepumpt wird. Die Zentralwellenlänge von Yb:Glas beträgt etwa 1030 nm, die Linienbreite 40 nm. Das in der Yb-dotierten Faser erzeugte Licht wird über die linke single-mode Faser SMF in eine Freistrahl-Polarisationsoptik eingekoppelt. Diese besteht aus einer $\lambda/2$-Platte als Polarisationsdreher HWP, einer $\lambda/4$-Platte QWP, einem polarisierendem Strahlteiler PBS, einer drehbaren doppelbrechenden Platte sowie einem optischen Isolator, der Licht nur in der angegebenen Richtung durchlässt.

Die Modenkopplung beruht auf Änderung der Polarisation in den Fasern als Funktion der Laserlichtleistung. Diese laserinduzierte Doppelbrechung hat eine ähnliche Ursache wie die intensitätsabhängige Brechung einer Kerr-Linse. Bei richtiger Einstellung der polarisierenden Elemente bei einer bestimmten Laserspitzenleistung wird der Freistrahlbereich optisch durchlässig, so dass Pulse mit einigen 10 nJ Energie und 100 fs Pulsbreite entstehen.

Abb. 17.13 Schema eines ANDi-Faserlasers (all normal dispersion)

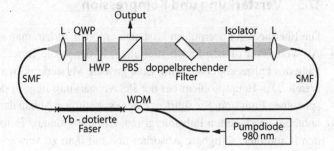

Abb. 17.14 Erzeugung von
THz-Strahlung durch fs-Pulse.
Die Silizium-Linse dient zur
Bündelung der Strahlung

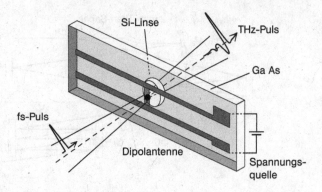

Durch mehrstufige Nachverstärkung mit Fasern größeren Querschnitts lassen sich mittlere Leistungen bis etwa 1 kW ergeben, geeignet zur Materialbearbeitung.

17.4.7   Erzeugung von Terahertz-Strahlung

Strahlung im THz-Bereich zwischen 10^{11} bis 10^{12} Hz kann durch Quantenkaskadenlaser (Abschn. 10.7) oder ultrakurze Laserpulse erzeugt werden (Abb. 17.14). Im letzteren Fall werden fs-Pulse auf einen photoleitenden Schalter fokussiert. Dieser besteht aus GaAs, auf das zwei Metallstreifenleitungen aufgedampft sind. Die Laserstrahlung erzeugt zwischen den Leitungen Ladungsträger, die durch das elektrische Feld beschleunigt werden. Der kurze Strompuls, der etwa die Dauer des Laserpulses hat, ist die Quelle für einen kurzen elektromagnetischen Puls, der von der als Dipolantenne wirkenden Streifenstruktur abgestrahlt wird. Der kurze Puls (Pulsdauer z. B. $\tau = 100$ fs) enthält Frequenzkomponenten bis $f = K/\tau = 4$ THz, falls für die in (17.8) definierte Konstante $K = 0{,}4$ gilt.

Kontinuierliche THz-Strahlung kann durch Differenzfrequenzbildung (siehe Abschn. 19.4) in einer photoleitenden Dipolantenne erzeugt werden. Der Photostrom ist mit der THz-Differenzfrequenz zweier abgestrahlter GaAs-Laser z. B. mit etwa 850 nm Wellenlänge moduliert und führt zur Abstrahlung einer elektromagnetischen Welle mit der THz-Frequenz.

17.5   Verstärkung und Kompression

Die Energie von Laserpulsen lässt sich erhöhen, indem man sie durch Verstärker schickt. Als Verstärker dienen Lasermaterialien, in denen die Besetzungsinversion beim Durchgang des Pulses abgebaut wird. Eine größere Verstärkung wird bei Mehrfachdurchläufen erzielt. Das Hauptproblem bei der Pulsverstärkung liegt in der ungewollten, verstärkten spontanen Emission. Sie führt zu einem vorzeitigen Abbau der Inversion und einem nichtkohärent überlagerten Pulsuntergrund. Um die spontane Emission zu unterdrücken, werden Raumfilter, sättigbare Absorber und mit dem zu verstärkenden Puls synchronisierte

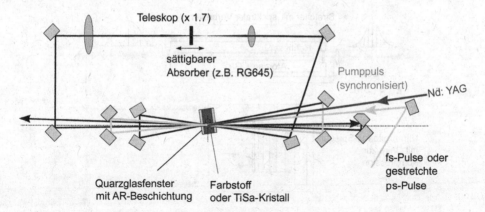

Abb. 17.15 Pulsverstärkeranordnung mit sechs Durchläufen. Für die Verstärkung von Titan-Saphir-Laserpulsen wird ein Titan-Saphir Kristall an Stelle des Farbstoffes eingesetzt

Abb. 17.16 Verstärkung von gechirpten Pulsen (Chirped pulse amplification)

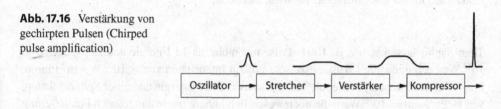

Pumppulse verwendet. Abb. 17.15 zeigt einen Farbstoffverstärker mit sechs Pulsdurchläufen. Die letzten beiden Durchgänge werden durch ein Teleskop mit sättigbarem Absorber separiert. Der Pumppuls eines frequenzverdoppelten Nd:YAG-Lasers trifft synchron mit dem zu verstärkenden Femtosekundenpuls aus einem CPM-Laser auf (Colliding-Pulse-Modelocked-Laser). Es lassen sich Verstärkungsfaktoren bis 10^6 realisieren.

Bei geringen optischen Einweg-Verstärkungen, z. B. in Ti-Sa-Kristallen, werden auch „regenerative" Verstärker verwendet. Dabei wird der zu verstärkende Puls in einen Laser unterhalb der Schwelle eingekoppelt, z. B. mit einer Pockelszelle. Nach einigen 10 Umläufen wird der verstärkte Puls ausgekoppelt.

Bei großen Pulsspitzenintensitäten treten Materialprobleme auf. Um dennoch eine hohe Verstärkung zu erhalten, werden ultrakurze Pulse häufig vor ihrer Verstärkung auseinandergezogen (Abb. 17.16). Sie erhalten nach Durchgang durch einen Glasblock eine zeitliche Verbreiterung und einen starken Chirp. Dadurch wird die Pulsspitzenintensität stark vermindert. Nach der Verstärkung werden die Pulse rekomprimiert. Diese externe Rekompression funktioniert z. B. nach dem gleichen Prinzip wie die Prismensequenz im CPM-Laser. Eine moderne Form eines Hochleistungspuls-Kompressors zeigt Abb. 17.17. Hier wird durch Chirp eine spektrale Verbreiterung in einer gasgefüllten Hohlfaser erzeugt. Häufig werden auch Gitterkompressoren eingesetzt, bei denen die einzelnen Frequenzanteile des Pulses (Abb. 17.18) unterschiedliche Laufzeiten besitzen. Es lässt sich mehr als 1000fache Pulsverkürzung erreichen. Mit Verstärker-Kompressor-Anordnungen mit

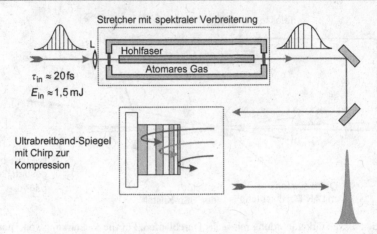

Abb. 17.17 Kompressor mit Chirp durch Hohlfaser und Spiegel zur anschließenden Chirpkompensation (nach Krausz und Uiberacker, TU Wien, Jahr 2000)

Titan-Saphir lassen sich z. B. 100 fs-Pulse mit mehr als 1 J Energie und Leistungen von 10^{13} Watt erzeugen, die fokussiert zu sehr großen Intensitäten von $> 10^{20}$ W/cm^2 führen. Projektiert sind Lasersysteme mit 30 fs Pulsdauer, 300 J Energie und einer Spitzenleistung von 10 Petawatt $= 10^{16}$ Watt, die noch wesentlich höhere Intensitäten durch Fokussierung ergeben.

Zur Pulsverkürzung bei kleinen Leistungen, z. B. direkt hinter einem fs-Laser, schickt man den ultrakurzen Puls durch eine Glasfaser, wo durch nichtlineare Effekte (z. B. Selbstphasenmodulation) eine spektrale Verbreiterung eintritt. Gleichzeitig bewirkt die Dispersion der Faser einen starken Chirp. Rekomprimiert man die Pulse nach der Faser, so sind sie kürzer als vorher, da sie eine größere Frequenzbreite besitzen. Die 27 fs-Pulse aus einem CPM-Laser konnten dadurch auf 6 fs verkürzt werden.

In geeigneten Fasern können „chirp" und Kompression im selben Material erzeugt werden. Baut man eine derartige Faser in die Rückkopplung eines Farbzentrenlasers ein, so entsteht ein so genannter Solitonenlaser.

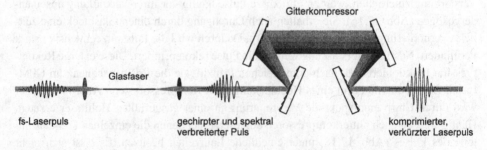

Abb. 17.18 Pulsverkürzung nach Durchgang durch eine Faser mit einem Gitterkompressor

17.6 Aufgaben

17.1 Ein Festkörperlaser liefert normale Pulse von 0,5 ms Dauer mit 10 mJ.

(a) Wie groß ist die Pulsleistung?

(b) Wie steigt die Leistung im Q-Switch-Betrieb an (Pulsdauer 5 ns; Idealfall: keine Verluste?)

(c) Wie groß ist die mittlere Leistung bei einer Pulsfolgefrequenz von 100 Hz?

17.2 Schätzen Sie die minimale Pulsdauer im Q-Switch-Betrieb zweier Festkörperlaser mit Resonatoren von 1 m und 0,3 m Länge ab.

17.3 Die Linienbreite eines Nd:YAG-Lasers bei $\lambda = 1,06\,\mu m$ beträgt 190 GHz. Wie groß ist die erreichbare Pulslänge bei Modenkopplung in einem 1,5 m langen Resonator? Mit welcher Frequenz muss der akustooptische Modulator an einem Ende des Resonators betrieben werden? Wie groß ist der Pulsabstand?

17.4 Wie groß ist die erreichbare Pulslänge bei Modenkopplung eines Argonlasers von 1 m Länge ($\lambda = 488\,nm$, Linienbreite 4 GHz)? Wie groß ist die Frequenz des akustooptischen Modulators?

17.5 Man berechne die Phasenschiebung eines Laserpulses mit der Intensität $I(t)$ und der Pulsdauer τ_P, der durch ein Material mit der Dicke d und der intensitätabhängigen Brechzahl $n = n_0 + n_2 I(t)$ läuft. Man nehme an, dass sich im Material (z. B. einer Glasfaser) die Intensität nicht ändert. Wie kann man die veränderte Bandbreite des Pulses hinter dem Material ausnutzen?

17.6 Man schätze die minimal mit einem Titan-Saphir-Laser erreichbare Pulsdauer aus dem Emissionsspektrum des Kristalls (Abb. 9.15) für sech^2-förmige Pulse ab.

17.7 Erzeugung kurzer Pulse durch Modenkopplung: Man berechne die Summe der Feldstärken von N benachbarten axialen Moden in einem modengekoppelten Laser, d. h. $\varphi_q = 0$. Zur Vereinfachung setze man in (17.7) die Feldstärkeamplitude $E_q = E_0$, d. h. als konstant an.

Man berechne auch den zeitlichen Verlauf der Gesamtintensität und zeige, dass diese aus einer Folge kurzer Pulse besteht. Wie groß ist die Pulsfolgefrequenz bei 1 m und 1 mm Resonatorlänge? Die Abhängigkeit der Maximalintensität und der Pulsdauer von der Zahl N der gekoppelten Moden ist zu untersuchen.

Man schätze die Zahl der gekoppelten Moden (bei 1 m Resonatorlänge) und die erreichbaren Pulsdauern ab für

- einen Argonlaser (Verstärkungsbandbreite $\approx 7\,GHz$)
- einen Farbstofflaser (Verstärkungsbandbreite $\approx 10\,THz$)
- einen Titan-Saphir-Laser.

Weiterführende Literatur

1. Diels JC, Rudolph W (2006) Ultrashort Laser Pulse Phenomena. Academic Press

Frequenzselektion und -abstimmung

18

In einem Laserresonator sind im allgemeinen mehrere axiale und transversale Wellenformen (Moden) angeregt. Die Frequenzen oder Wellenlängen dieser Moden können verschiedene Werte im Bereich der Linienbreite des Übergangs (etwa $1{,}5 \cdot 10^9$ Hz beim 633 nm He-Ne-Laser, einige 10^{14} Hz oder 100 nm beim TiSa-Laser) annehmen. Durch Verwendung frequenzselektiver Elemente im Resonator kann die Zahl der angeregten Wellenformen und damit der Emissionsbereich des Lasers auf einen kleinen Teil der Linienbreite reduziert werden. Im Grenzfall ist die Anregung einer einzelnen axialen Wellenform möglich. Durch Änderungen an den frequenzselektiven Elementen (z. B. Verkippen eines Prismas, Gitters oder Etalons) kann die Emission eines Lasers im Bereich der Linienbreite kontinuierlich abgestimmt werden.

Andererseits kann auch außerhalb des Lasers eine Frequenzumsetzung unter Ausnutzung nichtlinearer optischer Effekte erreicht werden. Mit derartigen Prozessen kann die Frequenz um diskrete Beträge (Frequenzvervielfachung, Summen- und Differenzfrequenzerzeugung, Raman-Streuung) oder auch kontinuierlich (parametrischer Oszillator, Spin-Flip-Raman-Laser) verschoben werden (Kap. 19).

18.1 Frequenzabstimmung

In Abb. 18.1 sind einige kommerzielle Lasersysteme angegeben, die über größere Wellenlängenbereiche kontinuierlich durchstimmbar sind. Farbstofflaser können durch Verwendung verschiedener Farbstoffe und Abstimmelemente von 0,3 bis 1 µm eingestellt werden. Durch Frequenzverdopplung in nichtlinearen Kristallen lässt sich der Wellenlängenbereich im Ultravioletten bis 0,2 µm erweitern. Eine Ausdehnung ins Infrarote bis 5 µm ist mit parametrischen Oszillatoren oder durch stimulierte Raman-Streuung möglich.

Die F-Zentren-Laser ergänzen die Spektren der Farbstofflaser in das nahe Infrarot. Farbstoff- und F-Zentrenlaser werden zunehmend durch vibronische Festkörperlaser er-

© Springer-Verlag Berlin Heidelberg 2015
H.J. Eichler, J. Eichler, *Laser*, DOI 10.1007/978-3-642-41438-1_18

Abb. 18.1 Emissionsbereiche kontinuierlich abstimmbarer Lasersysteme

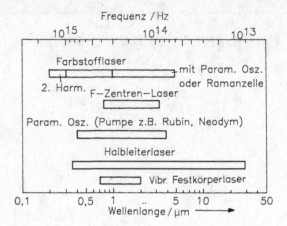

setzt, die einfacher zu handhaben und stabiler sind. Parametrische Oszillatoren werden in Abschn. 19.4 ausführlicher dargestellt. Halbleiterlaser können nur über relativ kleine Bandbreiten abgestimmt werden, durch Verwendung verschiedener Materialien ergibt sich jedoch für diese Laser ein weiter Emissionsbereich von 0,35 bis 30 μm. In Abb. 18.1 sind zur Ergänzung auch die Wellenlängen von Diodenlasern angegeben, die in Kap. 10 beschrieben sind.

Neben den dargestellten Systemen zur Erzeugung kontinuierlich abstimmbarer Laserstrahlung gibt es weitere, die in kommerziellen Geräten bisher weniger angewendet werden: Frequenzvervielfachung und Frequenzmischung in Gasen und Dämpfen zur Erzeugung von VUV-Strahlung bis 20 nm, Hochdruckgaslaser (IR-Molekül- und Excimerlaser, Abstimmbereiche relativ klein), Spin-Flip-Raman-Laser zur Abstimmung von CO_2- und CO-Lasern. Eine Zusammenstellung abstimmbarer Laser gibt auch Abb. 3.1.

In verschiedenen Materialien kann Laseremission nicht nur auf einem, sondern auch auf mehreren Übergängen mit verschiedenen Mittenfrequenzen erreicht werden. Beispielsweise können CO_2-Laser und andere Moleküllaser eine Reihe von eng benachbarten Linien emittieren. Mit einem frequenzselektiven Element (z. B. Gitter) kann die Frequenz um diskrete Beträge zwischen den einzelnen Emissionslinien abgestimmt werden. Innerhalb der Breite einer Linie ist eine weitere Abstimmung möglich.

18.2 Longitudinale Modenselektion

Durch Einsatz einer Modenblende kann erreicht werden, dass der Laser in der transversalen Grundmode TEM_{00} strahlt. Die Selektion der longitudinalen Moden und der entsprechende Monomodebetrieb sind schwieriger und aufwendiger zu erzielen. Dabei muss zwischen homogener und inhomogener Linienverbreiterung unterschieden werden.

18.2.1 Spektrales „hole-burning"

Bei der inhomogenen Verbreiterung tritt der Effekt des spektralen „hole-burning" auf. Dies führt dazu, dass die Überbesetzung im Bereich der Frequenzen der einzelnen Moden abgebaut wird. Die Besetzungsdichte erhält also Minima nach Abb. 2.7. Die einzelnen Moden schwingen unabhängig voneinander, es besteht kein „Wettbewerb" zwischen ihnen. Daher werden alle Moden oberhalb der Schwellenverstärkung angeregt.

18.2.2 Räumliches „hole-burning"

Anders ist es im Fall der homogenen Linienverbreiterung. Der Mode mit der höchsten Verstärkung schwingt zuerst an. Dadurch entsteht jedoch kein „Loch" im Verstärkungsspektrum, da der Mode mit allen Atomen oder Molekülen in Wechselwirkung tritt. Das gesamte Verstärkungsprofil wird somit flacher, wie in Abb. 2.6 dargestellt. Ein spektrales „hole-burning" findet nicht statt. Falls keine weiteren Effekte auftreten, würde somit Monomodebetrieb entstehen. In der Praxis beobachtet man jedoch mehrere Moden mit Sprüngen zwischen ihnen. Dies wird durch das Phänomen des räumlichen „hole-burning" erklärt.

Der anschwingende Mode stellt eine stehende Welle im Resonator dar, wie in Abb. 18.2 dargestellt. In den Wellenbäuchen wird die Besetzungsinversion stark abgebaut („hole-burning"). Dagegen bleibt sie in den Knoten erhalten. Deshalb können auch weitere longitudinale Moden anschwingen, so dass sich ein Multimode-Betrieb ergibt.

Das räumliche „hole-burning" kann in Ringlasern vermieden werden, da dort laufende Lichtwellen vorhanden sind. So lässt sich Monomodebetrieb erreichen, was zu einer Laseremission mit einer einzigen Frequenz führt.

Abb. 18.2 Räumliches „hole-burning". In einem Mode ist die Inversion in achsialer Richtung räumlich moduliert. ($E =$ Feldstärke, $\rho =$ Strahlungs- oder Energiedichte, $N_2 - N_1 =$ Besetzungszahldifferenz, $T = \lambda/c =$ Schwingungsdauer)

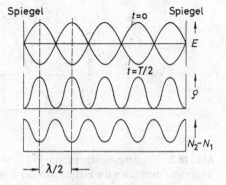

18.2.3   Kurze Laser für Einfrequenzbetrieb

Eine Verkleinerung der Resonatorlänge L führt zu einer Vergrößerung des longitudinalen Modenabstandes $\Delta f = c/2L$. In besonderen Fällen kann dies zu einem Monomodebetrieb führen. Ein Beispiel ist der He-Ne-Laser mit einer Linienbreite (durch Doppler-Effekt) von 1,5 GHz. Bei einer Länge von $L = 10$ cm errechnet man den Modenabstand ebenfalls zu $\Delta f = c/2L = 1{,}5$ GHz. Damit kann nur ein Mode innerhalb der Linienbreite anschwingen. Durch Feinabstimmung der Resonatorlänge kann man die Modenfrequenz in das Maximum des Verstärkungsprofils legen.

18.2.4   Laser mit frequenzselektiven Elementen

Monomodebetrieb kann durch Einfügen von Frequenzfiltern in den Resonator erreicht werden. Ein Beispiel dafür ist das Fabry-Pérot-Etalon, welches aus einer planparallelen Platte mit verspiegelten Oberflächen besteht. Die Anordnung hat Transmissionsmaxima mit den Frequenzabständen (Dispersionsgebiet) $\Delta f_D = c'/2d$ und der Breite $\delta f = \Delta f_D/F$ (Abschn. 18.5). Dabei sind c' die Lichtgeschwindigkeit im Glas, d die Dicke des Etalons und F die Finesse.

. Ein Lasermode kann anschwingen, wenn die Verstärkung G größer als der Schwellwert $1/TR$ ist (2.28). Dabei ist R der Reflexionsgrad der (gleichen) Spiegel und T die Transmission des Resonators, welche hauptsächlich durch das Verhalten des Etalons bestimmt wird. Wie in Abb. 18.3 dargestellt, ist $1/TR$ stark frequenzabhängig. Für den Monomodebetrieb muss die Dicke des Etalons so gewählt werden, dass Δf_D größer als die halbe Breite des Verstärkungsprofils ist (Abb. 18.3). Durch Verkippen des Resonators

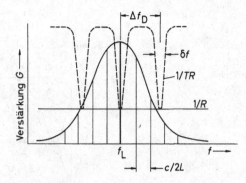

Abb. 18.3 Frequenzselektion durch FPI-Etalon in einem Laserresonator. Die *parallelen, senkrechten Striche* markieren die Frequenzen der longitudinalen Lasermoden mit dem Abstand $c/2L$. Für den zentralen Mode mit der Frequenz f_L ist der Schwellwert $1/RT$, also schwingt dieser Mode an (T = Transmission des Etalons, R = Reflexionsgrad der Laserspiegel)

Abb. 18.4 Verschiedene Interferometer zur Modenselektion in Resonatoren. **a** und **b** Fabry-Pérot-Reflektoren, **c** internes Fabry-Pérot-Etalon, **d** Michelson-Interferometer, **e** und **f** Fox-Smith-Interferometer

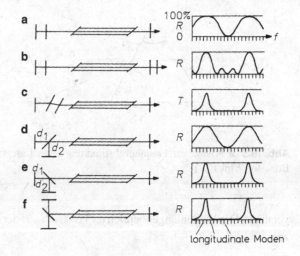

longitudinale Moden

kann ein Mode des Etalons auf das Maximum des Verstärkungsprofils justiert werden. Die Finesse F wird durch die Verspiegelung bestimmt (Abschn. 18.5). Sie muss so gewählt werden, dass die Breite δf kleiner als der longitudinale Modenabstand ist.

Fabry-Pérot-Etalons werden auch als Reflektoren zur Frequenzselektion eingesetzt (Abb. 18.4a und b). Günstiger ist es jedoch meist, die FPI-Etalons in Transmission zu verwenden (Abb. 18.4c)), da diese in Transmission frequenzselektiver sind als in Reflexion.

Neben dem FPI-Etalon können zur Modenselektion auch andere Interferometer verwendet werden, deren Verhalten in Abb. 18.4 skizziert sind. In den folgenden Abschnitten werden weitere Bauelemente, welche zur Wellenlängenabstimmung und -selektion eingesetzt werden, beschrieben.

18.3 Prisma

In einem Prisma werden Lichtstrahlen in Abhängigkeit von der Wellenlänge gebrochen (Abb. 18.5a). Der Ablenkwinkel α ist bei symmetrischem Durchgang gegeben durch

$$\sin\frac{\alpha+\gamma}{2} = n(\lambda)\sin\frac{\gamma}{2}.\tag{18.1}$$

Dabei bedeutet $n(\lambda)$ den Brechungsindex des Materials, der von der Wellenlänge λ abhängt.

Bei Anordnung eines Prismas in einen Laserresonator (Abb. 18.5a) wird nur Licht eines engen Wellenlängenbereiches $d\lambda$ in den Resonator zurückreflektiert und dort weiter

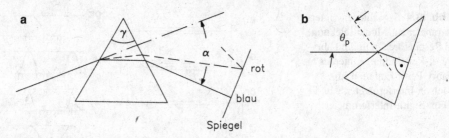

Abb. 18.5 a Prisma zur Frequenzabstimmung eines Lasers; **b** Brewster Reflexionsprisma (θ_p = Brewster-Winkel)

verstärkt. Der Wellenlängenbereich dλ lässt sich aus der Winkeldispersion dα/dλ abschätzen:

$$\frac{d\alpha}{d\lambda} \approx 2\alpha \frac{dn}{d\lambda} .$$
(18.2)

Dabei ist dn/dλ durch die Wellenlängenabhängigkeit des Brechungsindex bestimmt, und α ist der Ablenkwinkel nach Abb. 18.5a. Mit dem Divergenzwinkel θ des Laserstrahls ergibt sich:

$$d\alpha \approx \theta .$$
(18.3)

Damit erhält man den Wellenlängenbereich, welchen die Anordnung nach Abb. 18.5a in den Resonator zurückspiegelt. Der Emissionsbereich des Lasers ist also gegeben durch:

$$d\lambda \approx \frac{\theta}{d\alpha/d\lambda} \approx \frac{\theta}{2\alpha dn/d\lambda} .$$
(18.4)

Für Quarzglas im sichtbaren Spektralbereich ist dn/d$\lambda \approx 1000\,\text{cm}^{-1}$. Die Winkeldispersion beträgt also dα/d$\lambda = 2000\,\text{cm}^{-1}$. Die Divergenz für einen Laser im Grundmode beträgt etwa $\theta = \lambda/\pi w_0 \approx 2 \cdot 10^{-4}$ für $\lambda = 0{,}5\,\mu\text{m}$, $w_0 = 0{,}8\,\text{mm}$. Damit ergibt sich d$\lambda \approx 1\,\text{nm}$. Der Emissionsbereich des Lasers kann davon erheblich abweichen. Er hängt von der Verstärkung im Lasermedium und deren Frequenzabhängigkeit ab. Zur weiteren Verringerung des Emissionsbereiches können mehrere Prismen hintereinander verwendet werden.

Prismen werden u. a. zur Frequenzselektion in Edelgasionenlasern benutzt. Dabei kann eine Fläche als Spiegel verwendet werden (Abb. 18.5b). Das Prisma kann so geschnitten werden, dass der Strahl unter dem Brewster-Winkel einfällt. Durch Drehung des Prismas lässt sich eine Abstimmung des Lasers erreichen.

18.4 Gitter

Zur Wellenlängenselektion werden meist Reflexionsgitter verwendet, die auch als Blaze-Gitter in Littrow-Anordnung, Echelette-, Echelle-Gitter bezeichnet werden. Diese bestehen aus einer Anzahl paralleler Furchen (Abb. 18.6), z. B. in Glas oder einem Kunststoffabdruck. Das auf eine Facettenfläche fallende Licht wird reflektiert und gebeugt. Die an den einzelnen Facetten gebeugten Teilwellen überlagern sich zu einer Welle, die entgegengesetzt zur einfallenden Welle läuft, wenn der Gangunterschied zwischen den Teilwellen ein ganzzahliges Vielfaches der Wellenlänge λ ist:

$$2d \sin\alpha = m\lambda \quad \text{mit} \quad m = 1, 2, 3. \ldots \tag{18.5}$$

Der Winkel zwischen einer Facettenfläche und der mittleren Oberfläche des Gitters heißt Blaze-Winkel α_B. Trifft Licht senkrecht auf die Facettenflächen, so wird Licht mit der Blaze-Wellenlänge $\lambda_B = (2d \sin\alpha_B)/m$ reflektiert (Abb. 18.6). Für λ_B hat das Gitter den maximalen Reflexionsgrad. Bei leichtem Verkippen des Gitters gilt das Reflexionsgesetz an verspiegelten Facettenflächen nicht mehr, da durch Beugung kugelähnliche Wellen entstehen. Für jeden Winkel α wird entsprechend (18.5) eine Wellenlänge reflektiert.

Die Winkeldispersion ergibt sich zu

$$\frac{d\alpha}{d\lambda} = \frac{\tan\alpha}{\lambda}. \tag{18.6}$$

Das Gitter kann analog zu Abb. 18.5 in einen Resonator eingesetzt werden. Es gilt dann $d\alpha \approx \theta$ (18.3) und man erhält für den Wellenlängenbereich

$$d\lambda \approx \frac{\theta}{d\alpha/d\lambda}. \tag{18.7a}$$

Für ein Gitter mit $m = 1$, $N = 2000$ Linien/mm, $d = 0{,}5\,\mu\text{m}$, $\lambda = \lambda_B = 0{,}5\,\mu\text{m}$, $\alpha = 30°$ ergibt sich als Beispiel eine Winkeldispersion von etwa $d\alpha/d\lambda = 10^4\,\text{cm}^{-1}$. Mit einem derartigen Gitter lässt sich nach (18.7a) bei einer Divergenz des Laserstrahls von

Abb. 18.6 a Reflexionsgitter zur Abstimmung von Resonatoren; **b** Ausschnitt zur Berechnung von $\lambda_B = (2d \sin\alpha_B)/m$

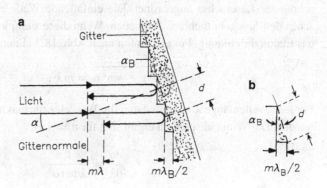

$\theta = 2 \cdot 10^{-4}$ ein Laseremissionsbereich $d\lambda = 0,2$ nm erzielen. Dies ist weniger als mit dem im vorigen Abschnitt beschriebenen Prisma, wobei ein Laserstrahl mit $w_0 = 0,8$ mm vorausgesetzt wird. Das Auflösungsvermögen ist also $\lambda/d\lambda = 2500$.

Für das Auflösungsvermögen gilt auch

$$\boxed{\frac{\lambda}{d\lambda} = N \cdot m \,,}$$ (18.7b)

wobei N die Zahl der ausgeleuchteten Gitterfurchen ist. Bei Benutzung eines Gitters mit 1,6 mm Breite und 2000 Linien/mm in erster Ordnung ($m = 1$) würde sich ein Auflösungsvermögen von 3600 ergeben. Dies ist in ungefährer Übereinstimmung mit den Ergebnissen aus (18.7a). Um das Auflösungsvermögen möglichst groß zu machen, werden in Laserresonatoren vor dem Gitter strahlaufweitende Teleskope oder Anordnungen mit Prismen benutzt. Gleichzeitig wird damit die Energiedichte auf dem Gitter herabgesetzt, wodurch Beschädigungen vermieden werden können. Beispielsweise erhält man bei einer Ausleuchtung von 50 mm für obiges Gitter ein Auflösungsvermögen von 10^5.

Reflexionsgitter werden z. B. in Farbstofflasern zur Wellenlängenselektion eingesetzt. Durch die Drehung des Gitters kann entsprechend (18.5) eine Abstimmung erreicht werden. Der mögliche Abstimmbereich und die effektive Reflexion des Gitters hängen von der Form und dem Reflexionsvermögen der Furchen ab. Zur Erhöhung des Reflexionsvermögens werden Gitter metallisiert. Im sichtbaren Spektralbereich kann je nach Ausführung mit einem Gitter ein Abstimmbereich von einigen 100 nm bei einer effektiven Reflexion von etwa 90 % erzielt werden.

18.5 Fabry-Pérot-Etalon

Ein Fabry-Pérot-Etalon besteht aus zwei parallelen, teildurchlässigen Spiegeln, die beispielsweise auf eine plan-parallele Glasplatte (Brechungsindex n) aufgebracht werden (Abb. 18.7). Die Spiegel können auch auf zwei Glasplatten aufgedampft werden, zwischen denen sich auch Luft oder ein anderes Gas befinden ($n \approx 1$) kann. Damit diese Spiegel nicht als Resonatorspiegel wirken, wird das Etalon als Frequenzselektor meist schräg zur Laserachse angeordnet. Die einfallende Welle ergibt nach Reflexionen zwischen den Spiegeln mehrere Teilwellen. Wenn diese sich phasengerecht überlagern, wird das Etalon durchlässig. Für ein Etalon nach Abb. 18.7 lautet die Bedingung dafür:

$$2d\sqrt{n^2 - \sin^2\alpha} = m\lambda \,, \quad m \in \mathbb{N} \,.$$ (18.8)

Für jede Wellenlänge λ können damit die Winkel α für maximale Transmission berechnet werden. Die Winkeldispersion ergibt sich für $n = 1$ zu:

$$\frac{d\alpha}{d\lambda} = \frac{1}{\lambda \tan\alpha} \,.$$ (18.9)

Abb. 18.7 Fabry-Pérot-Etalon

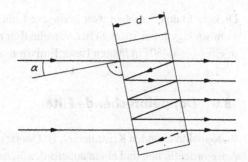

Bei kleinem Kippwinkel α sind bedeutend höhere Werte für die Winkeldispersion als beim Prisma und Gitter möglich, so dass auch eine weit bessere Frequenzselektion erzielt werden kann. Die Abstimmung eines Etalons kann durch Drehung, Änderung des Spiegelabstandes d (z. B. beim Keiletalon oder wedge filter) oder des Brechungsindex n (z. B. durch Druckveränderung eines Gases zwischen den Spiegeln) erfolgen.

Durch ein Etalon werden bei festem d, n, α mehrere Spektrallinien gleichzeitig durchgelassen. Der Frequenzabstand dieser Linien (Dispersionsgebiet) beträgt für $\alpha = 0$ und $n = 1$:

$$\Delta f_D = c/2d \ . \tag{18.10}$$

Diese Beziehung entspricht der Gleichung (13.3) für die transversalen Moden eines Lasers. Eine eindeutige Frequenzselektion findet also nur statt, falls die Frequenzbreite des einfallenden Lichtes kleiner als das Dispersionsgebiet ist. Bei Verwendung von Etalons als Frequenzselektoren ist daher oft eine Vorselektion mit z. B. einem oder mehreren dünneren Etalons notwendig. Bei ebenen Wellen und beliebig großen Durchmessern ist das Etalon in einem Bereich $\Delta\lambda$ bzw. Δf durchlässig, wobei die mittlere Wellenlänge λ durch (18.8) gegeben ist:

$$-\frac{\Delta\lambda}{\lambda} = \frac{\Delta f}{f} = \frac{\Delta f_D}{Ff} \ . \tag{18.11}$$

Die Finesse F ist durch das Reflexionsvermögen R der Spiegel gegeben:

$$F = \frac{\pi\sqrt{R}}{1 - R} \ . \tag{18.12}$$

Für $R = 10$ bis $97\,\%$ ergibt sich beispielsweise $F = 11$ bis 100. Das Auflösungsvermögen $\lambda/\Delta\lambda$ nach (18.11) nimmt bei großen d und R im Vergleich zum Gitter und Prisma sehr große Werte an. Das reale Auflösungsvermögen kann jedoch bei divergenten Lichtwellen mit begrenztem Durchmesser bedeutend geringer sein.

Durch Variation der Dicke können sehr unterschiedliche Linienbreiten $\Delta\lambda$ oder Δf eingestellt werden. Sehr kurze Etalons mit $d \approx \lambda$ werden auch als Interferenzfilter bezeichnet. Die relativen Linienbreiten liegen bei diesen im Bereich von $\Delta\lambda/\lambda \approx 0{,}01$.

Dickere Etalons ergeben weit geringere Linienbreiten. Etalons mit einer Dicke von etwa 1 cm sind, evtl. bei zusätzlicher Vorselektion mit einem kürzeren Etalon, ausreichend, um in einem etwa 50 cm langen Laser Emission nur in einem axialen Mode zu erzielen.

18.6 Doppelbrechende Filter

In doppelbrechenden Kristallen (z. B. Quartz) spaltet eine linear polarisierte Lichtwelle in einen ordentlichen und einen außerordentlichen Strahl auf, die senkrecht zueinander polarisiert sind und verschiedene Brechungsindizes n_o und n_e besitzen. Nach Durchlaufen des Kristalles können die beiden Teilwellen unterschiedliche Phasen haben, so dass sie sich zu einer elliptisch polarisierten Welle zusammensetzen, die bei Durchtritt durch einen Polarisator geschwächt wird (Abb. 18.8 unten). Wenn die Phasendifferenz einem ganzzahligen Vielfachen der Wellenlänge λ entspricht, ergibt sich hinter dem Kristall wieder linear polarisiertes Licht (Abb. 18.8 oben), das mit voller Amplitude vom Polarisator durchgelassen wird:

$$|n_o - n_e|\, d = m\lambda\,. \tag{18.13}$$

Die Abstimmung auf eine andere Wellenlänge kann durch Kippen erfolgen, wodurch die effektive Dicke d und die Brechzahldifferenz $|n_o - n_e|$ geändert werden. Brechzahländerung kann auch durch Anlegen eines elektrischen Feldes erfolgen (siehe Pockelszelle).

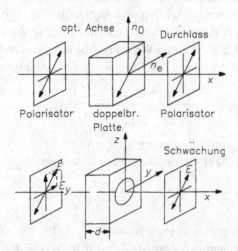

Abb. 18.8 Wirkungsweise eines Lyot-Filters. Die Durchlasswellenlänge, bei der maximale Transmission auftritt, wird durch Gleichung (18.13) beschrieben. Bei abweichender Wellenlänge tritt eine Schwächung auf, dabei wird in der doppelbrechenden Platte elliptisch (Bild unten) oder um 90° gedrehtes linear polarisiertes Licht (Bild oben) erzeugt, welches der Polarisator nicht vollständig passieren lässt. Zur Vermeidung von Reflexion wird die Platte oft unter dem Brewster-Winkel aufgestellt

Ähnlich wie bei einem Fabry-Pérot-Etalon wird ein Dispersionsgebiet definiert:

$$\Delta f = \frac{c}{|n_{\mathrm{o}} - n_{\mathrm{e}}| \, d} \, . \qquad (18.14)$$

Der Durchlassbereich einer einzelnen doppelbrechenden Platte mit Polarisator ist gleich dem halben Dispersionsgebiet und damit relativ breit. Es werden daher häufig mehrere Platten und Polarisatoren hintereinander (Lyot-Filter) verwendet, um eine bessere Frequenzselektion zu erzielen. Ein Vorteil eines doppelbrechenden Filters gegenüber einem Fabry-Pérot-Filter ist, dass keine Spiegel am Filter notwendig sind, die nur für einen begrenzten Frequenzbereich konstante Reflexion haben. Ein doppelbrechendes Filter ist also über einen größeren Wellenlängenbereich einsetzbar. Außerdem können wegen der fehlenden Spiegel die Verluste gering sein. Doppelbrechende Filter werden beispielsweise zur Abstimmung und Frequenzeinengung von kontinuierlichen Farbstofflasern verwendet.

18.7 Aufgaben

18.1 Was bedeutet räumliches „hole-burning", und wie kann man es vermeiden?

18.2 Schätzen Sie die Zahl der Moden (und die Kohärenzlänge) in einem Argonlaser mit 50 cm Länge ab. Berechnen Sie Dicke und Reflexionsgrad eines Etalons zur Erzielung von Monomode-Betrieb.

18.3 Eine Etalon besteht aus zwei gleichartig verspiegelten Glasplatten im Abstand L voneinander. Das Dispersionsgebiet beträgt $\Delta f_{\mathrm{D}} = 5 \cdot 10^9$ Hz und die Auflösung $\Delta f = 50$ MHz. Berechnen Sie den Abstand L der Platten, die Finesse, Güte und den Reflexionsgrad der Spiegel.

18.4 Wie groß ist der Emissionsbereich eines Farbzentrenlasers bei 2,5 μm, der mit einem Prisma abgestimmt wird? Der Strahldurchmesser beträgt 5 mm und die Dispersion $\mathrm{d}n/\mathrm{d}\lambda = 1{,}5 \cdot 10^5 \, \mathrm{m}^{-1}$.

18.5 Man schätze den Emissionsbereich eines Farbstofflasers bei $\lambda = 0{,}5$ μm ab, der mit einem Reflexionsgitter ($\alpha = 30°$, 2000 Linien/mm) abgestimmt wird. Der Strahldurchmesser am Gitter beträgt 10 mm.

18.6 Ein He-Ne-Laser (632 nm) wird an der Ultraschallwelle (500 MHz) eines akustooptischen Bauelementes in erster Ordnung gebeugt. Wie groß ist die Änderung der Wellenlänge?

18.7 Man schätze den Emissionsbereich (Wellenlängenbereich) eines Lasers mit internem Prisma zur Frequenzselektion ab. (Man beweise (18.2) und (18.4), wobei kleine Prismenwinkel γ vorausgesetzt werden.)

Weiterführende Literatur

1. Duarte F (Hrsg) (1996) Tunable Lasers Handbook. Academic Press

Frequenzumsetzung

19

Der Spektralbereich von Lasern kann durch verschiedene Verfahren der Frequenzumsetzung wesentlich erweitert werden. Zunächst soll der Doppler-Effekt zur Erzeugung kleiner Frequenzänderungen z. B. für messtechnische Anwendungen behandelt werden. Von besonderer Bedeutung sind nichtlineare optische Effekte, wie die Frequenzverdopplung und die stimulierte Raman-Streuung.

19.1 Doppler-Effekt

Bei der Reflexion an einem bewegten Spiegel (Abb. 19.1) entsteht eine Frequenzänderung

$$\Delta f = \frac{-2v}{c} f_0 \cos\alpha \,.$$

(19.1)

Dabei sind f_0 die Frequenz der unter dem Winkel α einfallenden Welle und c die Lichtgeschwindigkeit. Wenn sich der Spiegel mit der Geschwindigkeit v in Einfallsrichtung bewegt, so wird Δf negativ, und die reflektierte Welle hat eine kleinere Frequenz. Wird z. B. eine Spiegelgeschwindigkeit $v = 1,5\,\text{m/s}$ angenommen, so ergibt sich bei senkrechtem Einfall eine relative Frequenzverschiebung $\Delta f/f_0 = 10^{-8}$.

Größere Frequenzänderungen als durch mechanisch bewegte Spiegel lassen sich durch Beugung von Licht an Ultraschallwellen erzeugen (Abschn. 16.2). Hier ist die Frequenzänderung Δf_0 des Lichtes gegeben durch die Frequenz f_S der Ultraschallwelle:

$$\Delta f_0 = n f_S \,, \quad n = \pm 1, \pm 2, \pm 3, \dots$$

(19.2)

Dabei gibt n die Beugungsordnung an. Um optimale Beugungseffizienz zu erhalten, arbeitet man meistens mit $n = 1$. Erreichbar sind Schallfrequenzen von etwa $f_S = 10^9\,\text{Hz}$, so dass sich für rotes Licht mit $f_0 = 5 \cdot 10^{14}\,\text{Hz}$ ergibt $\Delta f_0/f_0 = 2 \cdot 10^{-6}$.

© Springer-Verlag Berlin Heidelberg 2015
H.J. Eichler, J. Eichler, *Laser*, DOI 10.1007/978-3-642-41438-1_19

Abb. 19.1 Frequenzverschiebung durch Doppler-Effekt bei Reflexion an einem bewegten Spiegel mit der Geschwindigkeit v

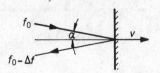

Höhere Schallfrequenzen und damit größere Frequenzänderungen können optisch durch stimulierte Brillouin-Streuung angeregt werden, jedoch wird dieser Streuprozess im Gegensatz zur stimulierten Raman-Streuung (Abschn. 19.5) selten zur Frequenzumsetzung von Lasern eingesetzt. Sehr große, relativistische Dopplereffekte treten im Freie-Elektronen-Laser FELs auf, siehe Kap. 11.

19.2 Nichtlineare optische Effekte

Die elektrische Feldstärke E einer Lichtwelle in einem Material lässt Elektronen mitschwingen und induziert so elektrische Dipole. Die Dichte der Dipolmomente wird als elektrische Polarisation P (nicht zu verwechseln mit Polarisation = Schwingungszustand) bezeichnet. Die sich zeitlich ändernde Polarisation der mitschwingenden Atome führt zur Aussendung von Strahlung. Ist das Licht schwach, so ist der Zusammenhang zwischen Polarisation und einfallender Feldstärke linear (klassische Optik). Für große Lichtfeldstärken erweist sich ein Potenzreihenansatz zur Beschreibung der dann auftretenden nichtlinearen optischen Effekte als nützlich:

$$P = \varepsilon_0(\chi_1 E + \chi_2 E^2 + \chi_3 E^3 + \ldots) \, . \tag{19.3}$$

Darin ist $\varepsilon_0 = 8{,}854 \cdot 10^{-12}\,\mathrm{As/Vm}$ die Dielektrizitätskonstante des Vakuums. Die Koeffizienten oder Suszeptibilitäten χ_i nehmen mit zunehmender Ordnung schnell ab. Für Festkörper gilt typisch: $\chi_1 \approx 1$, $\chi_2 \approx 10^{-12}\,\mathrm{m/V}$, $\chi_3 \approx 10^{-21}\,\mathrm{m^2/V^2}$. In einer vollständigeren Beschreibung sind χ_i als Tensoren aufzufassen. Nichtlineare optische Suszeptibilitäten 2. Ordnung χ_2 treten nur in anisotropen Kristallen, Flüssigkristallen sowie anderen anisotropen Materialien auf. Mit Hilfe der nichtlinearen Gleichung (19.3) lassen sich Frequenzveränderungen des Lichtes in optischen Medien ableiten.

19.2.1 Frequenzmischung

Werden in einem Kristall zwei ebene Wellen

$$E_i = \frac{A_i}{2} \exp\mathrm{i}(k_i x - \omega_i t) + \mathrm{c.c.} \, , \quad i = 1, 2 \tag{19.4}$$

mit den Kreisfrequenzen $\omega_i = 2\pi f_i$ und den Wellenvektoren $|\boldsymbol{k}_i| = 2\pi n_i/\lambda_i = n_i \omega_i/c$ eingestrahlt, so erhält man aus (19.3) für die Polarisation 2. Ordnung:

$$P_2(\omega, \boldsymbol{k}) = \varepsilon_0 \chi_2 E_1(\omega_1, \boldsymbol{k}_1) E_2(\omega_2, \boldsymbol{k}_2) . \tag{19.5}$$

Nach Einsetzen von (19.4) und Ausmultiplikation entstehen in (19.5) ebene Polarisationswellen mit den Summen- und Differenzfrequenzen

$$\boxed{\begin{aligned} \omega &= \omega_1 \pm \omega_2, 2\omega_1, 2\omega_2 \quad \text{und} \\ k &= \boldsymbol{k}_1 \pm \boldsymbol{k}_2, 2\boldsymbol{k}_1, 2\boldsymbol{k}_2 . \end{aligned}} \tag{19.6}$$

Der kubische Term in (19.3) liefert im Fall drei verschiedener Lichtwellen folgende resultierende Frequenzen ω' und Wellenvektoren $\boldsymbol{k}'$:

$$\boxed{\begin{aligned} \omega' &= \omega_1 \pm \omega_2 \pm \omega_3, 3\omega_1, 2\omega_1 \pm \omega_2 \quad \text{usw.} \\ \boldsymbol{k}' &= \boldsymbol{k}_1 \pm \boldsymbol{k}_2 \pm \boldsymbol{k}_3, \dots . \end{aligned}} \tag{19.7}$$

Die verschiedenen Polarisationsanteile strahlen wie schwingende Dipole Lichtwellen ab, deren Frequenzen durch die Summen und Differenzen nach (19.6) und (19.7) gegeben sind. Damit kann durch Einstrahlung von intensivem Laserlicht in Materialien eine große Anzahl verschiedener Kombinationsfrequenzen erzeugt werden. Es lässt sich so eine Umsetzung der Frequenz von Laserlicht in andere Spektralbereiche erreichen.

19.3 Frequenzverdopplung und -vervielfachung

Wird in einem Kristall nur eine Lichtwelle mit der Kreisfrequenz $\omega_1 = 2\pi f_1$ eingestrahlt (Abb. 19.2), so ergibt sich ein nichtlinearer Anteil der Polarisation, der mit der doppelten eingestrahlten Kreisfrequenz $\omega = 2\omega_1$ schwingt. Mit dieser Frequenz wird eine Lichtwelle, die zweite Harmonische, abgestrahlt. Um maximale Intensität in Richtung der eingestrahlten Welle zu erreichen, müssen der Polarisationsanteil mit $2\omega_1, 2\boldsymbol{k}_1$ und die erzeugte Lichtwelle (Kreisfrequenz $\omega = 2\omega_1$, Wellenvektor $\boldsymbol{k}$) phasengleich durch das Material laufen. Es muss gelten

$$\boxed{|\boldsymbol{k}| = \frac{n\omega}{c} = |2\boldsymbol{k}_1| = 2\frac{n_1 \omega_1}{c} .} \tag{19.8}$$

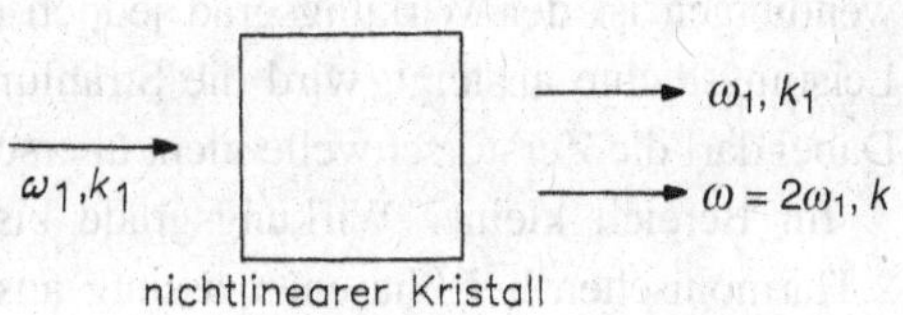

Abb. 19.2 Frequenzverdopplung von Licht

ω_1, k_1

ω_1, k_1

$\omega = 2\omega_1, k$

nichtlinearer Kristall

Abb. 19.3 Brechungsindex
von KDP für Rubin-Laserlicht
n_1^o und für dessen 2. Harmonische n^e als Funktion des
Winkels zwischen Licht-
ausbreitungsrichtung und
optischer Achse

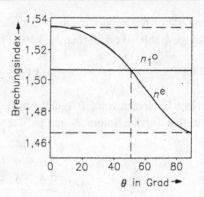

Die Anpassung der Phase ist erfüllt, wenn die Brechungsindizes n, n_1 für die beiden
Wellen gleich sind. Um die Brechungsindizes anzupassen (index matching) kann die Doppelbrechung ausgenutzt werden.

Ein optisch einachsiger Kristall besitzt für senkrecht (ordentlich) und parallel (außerordentlich) zum Hauptschnitt (= Ebene aus Einfallsrichtung und optischer Achse) polarisiertes Licht verschiedene Brechungsindizes. Zur *Phasenanpassung* müssen Grundwelle
und zweite Harmonische ordentlich bzw. außerordentlich polarisiert sein mit den verschiedenen Brechungsindizes n_1^o und n^e. Während n_1^o unabhängig ist vom Einstrahlwinkel Θ
bezüglich der optischen Achse, ist $n^e(\Theta)$ stark winkelabhängig (Abb. 19.3). Bei geeigneter Wahl der Richtung, z. B. $\Theta \approx 50°$ in Abb. 19.3, gelingt es, beide Brechungsindizes
anzupassen (Typ I Phasenanpassung).

Ein weiteres Verfahren zur Phasenanpassung besteht darin, den Kristall in der Lichtausbreitungsrichtung mit einer Periode Λ, gegeben durch

$$\frac{2\pi}{\Lambda} = k = k - 2k_1 = \frac{\omega_1}{c}(n - n_1) \,, \tag{19.9}$$

örtlich zu strukturieren oder zu „polen". Dieses Verfahren wird als Quasiphasenanpassung
bezeichnet und erfordert keine Doppelbrechung des nichtlinearen Materials, aber dafür
höheren Aufwand bei der Präparation. Das periodische Polen wird häufig bei dem stark
nichtlinearen Material LiNbO$_3$ angewandt. Das PPNL (periodically poled LiNbO$_3$) wird
häufig zur Frequenzverdopplung von Festkörper- und Diodenlasern kleiner Leistung in
dem sichtbaren Spektralbereich angewandt, z. B. um grüne Laserpointer zu bauen.

Mit Phasenanpassung sind theoretisch Wirkungsgrade bis zu 100 % für Frequenzverdopplung möglich. Mit intensiven Lasern wurden bis zu 90 % erreicht. Bei vielen Anwendungen ist der Wirkungsgrad jedoch erheblich kleiner. Da er quadratisch mit der
Leistungsdichte ansteigt, wird die Strahlung meist in den Verdopplerkristall fokussiert.
Dabei darf die Zerstörschwelle nicht überschritten werden.

Im Bereich kleiner Wirkungsgrade bis etwa 20 % lässt sich die Intensität I der
2. Harmonischen bei Phasenanpassung aus der Intensität I_1 der Grundwelle sowie der

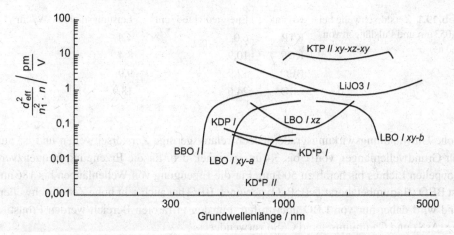

Abb. 19.4 Effektiver nichtlinearer optischer Koeffizient d_{eff} verschiedener Kristalle für phasenan-gepasste Frequenzverdopplung verschiedener Grundwellenlängen (I = Typ I; II = Typ II; n_1 und n sind die Brechzahlen der Grundwelle und 2. Harmonischen) (nach Fa. Gsänger, Optoelektronik, Planegg)

Kristalllänge L berechnen zu:

$$I = \frac{2\omega_1^2}{c^3\varepsilon_0} \frac{d_{\text{eff}}^2}{n_1^2 n} I_1^2 L^2 . \tag{19.10}$$

Zahlenwerte für die nichtlinearen Koeffizienten $d_{\text{eff}} \approx \varepsilon_0\chi_2$ sind in Abb. 19.4 für verschiedene Kristalle angegeben.

Für hohe Umwandlungswirkungsgrade gilt bei Phasenanpassung:

$$I = I_1 \tanh^2 \sqrt{\frac{2\omega_1^2 d_{\text{eff}}^2 I_1 L^2}{c^3\varepsilon_0 n_1^2 n}} . \tag{19.11}$$

19.3.1 Kristalle

Klassische nichtlineare, optische Materialien sind KDP (Kaliumdihydrogenphosphat KH_2PO_4) und ähnlich aufgebaute Kristalle (ADP, RDA, CDA). Sie sind von etwa 0,2 bis 1,9 μm transparent. Die Schwelle, bei der aufgrund der eingestrahlten Leistungsdichte Kristallschäden auftreten, liegt bei über $400\,\text{MW/cm}^2$ bei 10 ns-Impulsen mit einer Wellenlänge von 1,06 μm. In Tab. 19.1 ist die Zerstörschwelle für eine kürzere Puls-dauer dargestellt. Ebenfalls gebräuchlich ist Lithiumniobat $LiNbO_3$. Es ist transparent von etwa 0,4 bis 5,2 μm und hat wesentlich größere nichtlineare Koeffizienten als KDP. Die Zerstörungsschwelle liegt jedoch wesentlich niedriger als bei KDP. Einen ähnlichen Transparenzbereich, nichtlinearen Koeffizienten und Zerstörschwelle hat Lithiumiodat $LiIO_3$. Ein weiteres Material ist KTP (Kaliumtitanylphosphat $KTiOPO_4$). Es besitzt sehr

Tab. 19.1 Zerstörschwelle bei 1,053 μm und Pulslängen von 1,3 ns

Kristall	Energiedichte J/cm^2	Leistungsdichte GW/cm^2
KTP	6,0	4,6
KDP	10,9	8,4
BBO	12,9	9,9
LBO	24,6	18,9

hohe Umwandlungswirkungsgrade, jedoch relativ geringe Zerstörschwellen und ist nur für Grundwellenlängen von 1 bis 3,4 μm geeignet, d. h. für die Erzeugung frequenzverdoppelten Lichtes bis herab zu 500 nm. Für die Erzeugung von Wellenlängen bis 186 nm ist BBO (Bariumbetaborat β-BaB_2O) geeignet. BBO hat auch sehr hohe Zerstörschwellen und wird dabei nur von LBO übertroffen. Für den infraroten Bereich werden Proustite Ag_3AsS_3 und Cadmiumselenid CdSe verwendet.

Der Wirkungsgrad der Frequenzverdopplung steigt quadratisch mit der Leistungsdichte an. Bei niedrigen Leistungen, wie beispielsweise beim diodengepumpten Nd:YAG-Laser, ist deshalb ein Einsatz innerhalb des Resonators vorteilhaft. Die Leistung ist innerhalb des Resonators um den Faktor $1/T$ höher, wobei T der Transmissionsgrad des Ausgangsspiegels ist. Zudem verbleibt die bei einem Durchlauf durch den Kristall nicht konvertierte Strahlung im Resonator und wird beim nächsten Durchlauf in die 2. Harmonische umgewandelt. Der Einbau des Verdopplerkristalls in den Resonator führt häufig zu einer zeitlichen Instabilität des Lasers. Durch sorgfältige Konstruktion und Ausführung des Aufbaus können diese Stabilitätsprobleme jedoch gelöst werden. Insbesondere bei kommerziellen diodengepumpten Nd:YAG-Lasern wird der Verdopplerkristall häufig in den Resonator eingebaut.

19.3.2 Höhere Harmonische

Neben der Frequenzverdopplung aufgrund des quadratischen Anteils der nichtlinearen Polarisation in (13.3) ist Frequenzverdreifachung möglich, für die der kubische Anteil der Polarisation verantwortlich ist. Wegen der kleinen nichtlinearen optischen Koeffizienten χ_3 ist ein hoher Wirkungsgrad schwer zu erreichen. Günstiger ist es oft, das frequenzverdoppelte Licht noch einmal in einem nichtlinearen Kristall mit der Grundwelle zu mischen (Abb. 19.5).

Treten noch höhere Potenzen in (19.3) auf, so ergeben sich neben der 2. und 3. Harmonischen durch Frequenzvervielfachung weitere höhere Harmonische. Diese können aber auch durch mehrfache Frequenzverdopplung und Summenfrequenzbildung erzeugt werden.

Kommerziell werden z. B. Neodym-Laser mit Frequenzvervielfachung angeboten, die neben der Grundwelle mit 1,06 μm kohärentes Licht der Wellenlänge 213 nm (frequenzverfünffacht), 266 nm (zweifach frequenzverdoppelt), 355 nm (frequenzverdreifacht) und 532 nm (frequenzverdoppelt) liefern (Abb. 19.5).

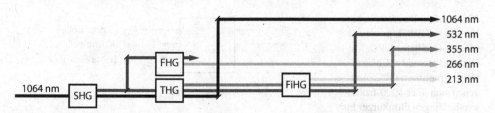

Abb. 19.5 Anordnung zur Frequenzvervielfachung von intensiven Laserpulsen (SHG – second harmonic generation – Frequenzverdoppler (1064 nm → 532 nm), THG – third harmonic generation – Verdreifachung durch Summenfrequenzbildung (1064 nm u. 532 nm → 355 nm), FHG – fourth harmonic generation – Frequenzverdoppler zur Erzeugung der 4. Oberwelle (532 nm → 266 nm), FiHG – fifth harmonic generation – Summenfrequenzbildung (532 nm u. 355 nm → 213 nm))

Auch Titan-Saphir-Laser werden mit Frequenzvervielfachung betrieben und ergeben so kurzwelligere, abstimmbare Strahlung, siehe Kap. 9.

19.4 Parametrische Verstärker und Oszillatoren

Werden in einem Kristall zwei Wellen mit unterschiedlichen Frequenzen ω_1, ω_2 eingestrahlt, so ergeben sich nach (19.6) nichtlineare Polarisationsanteile, die mit der Summen- und Differenzfrequenz $\omega_1 \pm \omega_2$ schwingen und entsprechende Wellen abstrahlen. Die Differenzfrequenzbildung kann auch zur *parametrischen Lichtverstärkung* ausgenutzt werden. Dabei wird in einen nichtlinearen Kristall eine intensive Pumpwelle mit der Frequenz ω_p und eine zu verstärkende Signalwelle mit der Frequenz ω_s eingestrahlt (Abb. 19.6). Im Kristall entsteht eine Welle mit der Differenzfrequenz

$$\omega_i = \omega_p - \omega_s ,$$ (19.12)

die so genannte Hilfswelle (engl. idler wave). Damit dieser Prozess effektiv abläuft, müssen die Brechungsindizes angepasst sein, d. h. es muss gelten

$$n_i\omega_i = n_p\omega_p - n_s\omega_s .$$ (19.13)

Die Hilfswelle wechselwirkt nun ihrerseits mit Signal- und Pumpwelle. Durch Differenzfrequenzbildung von Pump- und Hilfswelle, wobei gemäß (19.13) ebenfalls Anpassung der Brechungsindizes vorliegt, entsteht eine Welle mit der Frequenz $\omega_s = \omega_p - \omega_i$. Durch diesen Prozess wird die eingestrahlte Signalwelle verstärkt. Mit einigen cm langen LiNbO$_3$-Kristallen konnten z. B. Verstärkungsfaktoren für die Signalwelle bis zu $G \approx 100$ erreicht werden.

Ein *parametrischer Oszillator* besteht aus einem nichtlinearen Kristall, der mit einer intensiven Pumpwelle bestrahlt wird und von zwei Spiegeln eingeschlossen ist (Abb. 19.6). Aus dem stets vorhandenen Rauschen des elektromagnetischen Feldes wird nun durch

Abb. 19.6 **a** Parametrischer Verstärker OPA, **b** parametrischer Oszillator OPO. Mit Optical Parametric Chirped Pulse Amplifiern OPCPA ergeben sich über 1000-fache Verstärkungen ultrakurzer Pulse bis 5 fd, $> 1\,\mu$J bei 1000 kHz

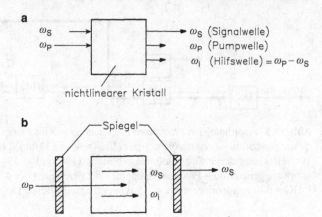

parametrische Verstärkung diejenige Lichtwelle verstärkt, für deren Frequenz die Brechungsindizes nach (19.13) angepasst sind. Wegen der Reflexion an den Spiegeln läuft die Signalwelle mehrfach durch den Kristall und wird insgesamt verstärkt, falls die Verstärkung im Kristall größer ist als die Verluste im Resonator sind. Schließlich stellt sich eine stationäre Amplitude ein. Bei dem Verstärkungsprozess entsteht gleichzeitig eine Hilfswelle mit der Frequenz $\omega_i = \omega_p - \omega_s$.

Beim zweifach resonanten Oszillator ist der Reflexionsgrad der Spiegel für die Signal- und Hilfswelle hoch. In diesem Fall ist eine Unterscheidung von Signal- und Hilfswelle nicht mehr sinnvoll.

Ein parametrischer Verstärker oder Oszillator kann bei fester Pumpfrequenz abgestimmt werden, indem die Brechungsindizes variiert werden und so Phasenanpassung für verschiedene Paare von Signal- und Hilfswellenfrequenzen erzielt wird. Der Brechungsindex kann z. B. durch Drehen des Kristalls (Abb. 19.7) oder über die Temperatur verändert werden.

Abb. 19.7 Abstimmkurve eines parametrischen Oszillators aus BBO. Der Winkel gibt die Lichtausbreitungsrichtung in Bezug auf die optische Achse an. Bei einem Winkel von z. B. 40° und einer Pumpwellenlänge $\lambda_p = 266$ nm entsteht ein Wellenlängenpaar von etwa 0,35 μm und 1,1 μm (nach A. Fix u. a. DLR)

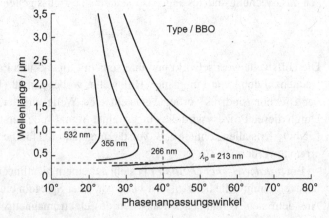

Parametrische Oszillatoren sind vor allem als kontinuierlich abstimmbare Lichtquellen für Spektralbereiche von Interesse, in denen keine direkt abstimmbaren Laser zur Verfügung stehen. Es werden Umwandlungswirkungsgrade bis zu einigen 10 % erreicht. Mit $LiNbO_3$ wird parametrische Oszillation im kontinuierlichen Betrieb erreicht, z. B., mit einem Nd:YAG-Laser als Pumpe.

19.5 Stimulierte Raman-Streuung

Durch Raman-Streuung können eine Reihe neuer Laserfrequenzen erzeugt werden. Der Raman-Effekt kann als inelastischer Streuvorgang von Photonen mit Molekülen (Abb. 19.8) aufgefasst werden, denen dabei Schwingungsenergie zugeführt oder entnommen wird. Ein einfallendes Lichtquant hf_P wird durch Streuung in ein Quant hf_S übergeführt, wobei die Differenzenergie $hf_R = h(f_P - f_S)$ vom Molekül absorbiert wird. Es gilt

$$\boxed{f_S = f_P - f_R\,.}\quad \textit{Stokes-Streuung} \qquad (19.14)$$

Die Raman-Verschiebung f_R hängt von den Anregungszuständen des Moleküls ab (Tab. 19.2). Der in Abb. 19.8a dargestellte Vorgang beschreibt die Erzeugung der ersten Stokes-Linie.

Wenn sich das Molekül vor der Streuung in einem angeregten Zustand befindet, kann das gestreute Photon nach Abb. 19.8b eine höhere Energie als das einfallende haben, und es gilt

$$\boxed{f_{AS} = f_P + f_R\,.}\quad \textit{Anti-Stokes-Streuung} \qquad (19.15)$$

Abb. 19.8 Raman-Streuung an Molekül mit Schwingungsfrequenz f_R. **a** Erzeugung der ersten Stokes-Linie; **b** Erzeugung der ersten Anti-Stokes-Linie

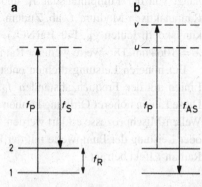

Tab. 19.2 Raman-Verschiebung f_R einiger Gase

Medium	H_2	HF	CH_4	N_2
f_R in cm^{-1}	4155	3962	2914	2330

Tab. 19.3 Optische und nichtlineare Eigenschaften verschiedener Raman-aktiver Kristalle

Material	Transparenzbereich	Raman-Verschiebung cm^{-1}	Raman-Verstärkungskoeffizient bei 1064 nm in cm/GW
$Ba(NO_3)_2$	$0,35 \ldots 1,8\,\mu m$	1047	11
$KGd(WO_4)_2$	$0,35 \ldots 1,8\,\mu m$	768	4,4
		901	3,5
$CaCO_3$ (Calcit)	$0,21 \ldots 2,3\,\mu m$	1087	4,3
$GdVO_4$	$0,35 \ldots 5,5\,\mu m$	882	4,5
$BaSO_4$	$0,21 \ldots 4,2\,\mu m$	985	2,7
Diamant	$0,23 \ldots 2,5\,\mu m$	1332	12
Silizium	$1,2 \ldots 10\,\mu m$	521	bis 100

In diesem Fall handelt es sich um die Erzeugung der ersten Anti-Stokes-Linie. Die Zwischenniveaus u und v in Abb. 19.8 können reell oder virtuell sein, d. h. nur eine sehr kurzfristige Anregung der Moleküle beschreiben. Bei reellen Zwischenniveaus spricht man von Resonanz-Raman-Streuung, die wesentlich effektiver ist als die normale spontane Raman-Streuung.

Die bisher behandelte spontane Raman-Streuung ist ungerichtet und hat nur einen geringen Wirkungsgrad. Sie eignet sich daher nicht zur Frequenzumsetzung von Laserlicht. Bei hohen eingestrahlten Intensitäten kann jedoch die Raman-Streuung in Vorwärts- oder auch Rückwärtsrichtung sehr effektiv werden, was als stimulierte Streuung bezeichnet wird. Der dadurch erzeugte Strahl der 1. Stokeslinie besitzt ähnliche Qualität wie der zum Pumpen benutzte, einfallende Laserstrahl.

Beim stimulierten Raman-Effekt regt die Pumpfrequenz f_P viele Moleküle ins Niveau u an, so dass eine Inversion bezüglich dem Niveau 2 entsteht. Dadurch wird die Strahlung mit der Frequenz f_S durch stimulierte Emission verstärkt, was ähnlich wie bei einem Superstrahler zu einer gerichteten Emission führt. Die Verstärkung $G = \exp(g_R I_P L)$ hängt von der Pumpintensität I_P und der Interaktionslänge des Pumpstrahls mit dem Ramanaktiven Medium L ab. Zudem skaliert sie mit dem materialspezifischen Verstärkungskoeffizienten g_R. Für $Ba(NO_3)_2$ gilt $g_R \geq 11\,cm/GW$ bei der Pumpwellenlänge $\lambda = 1064\,nm$. Die Werte weiterer Raman-aktiver Kristalle sind in Tab. 19.3 angegeben.

Bei höheren Leistungsdichten entstehen neben der ersten Stokes-Linie noch weitere Linien mit den Frequenzabständen f_R. Das gleiche gilt für die erste Anti-Stokes-Linie. Diese Linien höherer Ordnung können durch kaskadierende Raman-Streuung sowie Vier-Wellen-Mischprozesse erklärt werden. Die maximale Umwandlungsrate η für die Energie oder Leistung der Pumpwelle mit der Frequenz f_P in die Stokes-Welle mit f_S durch den Raman-Effekt beträgt

$$\eta = (f_P - f_R)/f_P . \tag{19.16}$$

Mit dem f_R-Wert für Methan aus Tab. 19.2 erhält man z. B. beim Pumpen mit einem frequenzverdoppelten Nd:YAG-Laser (532 nm) einen theoretischen Wirkungsgrad von

a

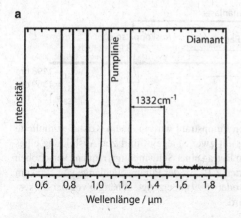

b

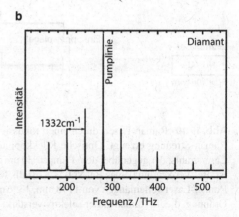

Abb. 19.9 Spektrum der stimulierten Raman-Streuung in einem Diamant-Kristall, aufgetragen über **a** der Wellenlänge und **b** der Frequenz (berechnetes Spektrum). Die eingestrahlten Laserpulse mit einer Wellenlänge von 1064 nm hatten eine Pulsbreite von 80 ps und wurden auf einen Fleckdurchmesser von 80 μm fokussiert. Die angegebene Raman-Verschiebung von 1332 cm^{-1} entspricht etwa 40 THz

$\eta = 84\,\%$ bei einer erzeugten Wellenlänge von 630 nm. Praktisch erreichbare Wirkungsgrade sind kleiner.

Eine einfache Anordnung zur Erzeugung eines Raman-verschobenen Strahls besteht aus einer längeren Gaszelle unter hohem Druck von etwa 10 bis 100 bar, welche z. B. mit Methan gefüllt ist. Zur Erhöhung der Leistungsdichte wird die Pumpstrahlung in das Gas fokussiert. Derartige Raman-Zellen werden insbesondere mit Festkörper- oder Excimerlasern gepumpt, wobei neue Linien im UV und IR erzeugt werden.

Seit den letzten Jahrzehnten werden hauptsächlich Festkörpermaterialien zur Raman-Frequenzumsetzung verwendet. Die Frequenzverschiebungen starker Raman-Linien liegen dabei oft um 1000 cm^{-1}, wie z. B. in Diamant bei 1332 cm^{-1} (Abb. 19.9). In organischen Kristallen mit C-H-Gruppen treten Verschiebungen von 3000 cm^{-1} auf. Fällt zusätzlich zur intensiven Pumpstrahlung auch die frequenzverschobene Strahlung auf ein Raman-Material ein, so wird diese verstärkt.

Diodengepumpte SiO$_2$-Glasfasern werden so als Raman-Verstärker in Glasfaser-Übertragungsstrecken verwendet. Dabei wird ein Teil der Glasfaserstrecke, der optisch mit einer Laserdiode gepumpt wird, als Verstärker benutzt. Die Verstärkerlängen betragen einige Kilometer.

Bei einer einfachen Raman-Zelle entstehen bei starkem Pumpen gleichzeitig mehrere Linien. Durch selektive Spiegel an den Enden der Zelle bzw. des Ramankristalls kann ein Raman-Laser aufgebaut werden, wie in Abb. 19.10 dargestellt, bei dem eine gewünschte Emissionslinie selektiv verstärkt wird.

Von Mitarbeitern der Firma Intel in Kalifornien wurde 2004 ein Silizium-Raman-Laser auf Wellenleiterbasis demonstriert, der auch oft verkürzt als Siliziumlaser bezeichnet wird. Dieser wird jedoch mit einem III–V-Diodenlaser bei z. B. 1550 nm optisch gepumpt und stellt keinen elektrisch angeregten Silizium-Diodenlaser dar.

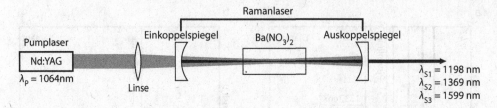

Abb. 19.10 Raman-Laser: durch einen fokussierten Pumpstrahl wird in einem Kristall stimulierte
Raman-Streuung erzeugt. Optische Rückkopplung mit zwei Spiegeln führt zur Ausbildung eines
Laserstrahls, der gegenüber dem Pumpstrahl um den Betrag einer Schwingungsfrequenz verschoben
ist. Bei Verwendung eines $Ba(NO_3)_2$-Kristalls werden z. B. aus der Pumpwellenlänge von 1064 nm
Raman-Laserwellenlängen von 1198 mm, 1396 nm oder 1599 nm erzeugt, abhängig von der Stokes-
Ordnung, die im Raman-Laser selektiv verstärkt wird

19.6 Kontinuumserzeugung

Ein intensiver Lichtimpuls, der sich in Materie ausbreitet, ändert durch seine hohe Feldstärke den Brechungsindex. Dadurch wird die Laufzeit der verschiedenen Teile der Pulse,
z. B. Vorderflanke, Maximum und Rückseite, verschieden, und es kommt hinter dem Material zu einer starken Phasenmodulation. Da sich die Phase zeitlich ändert, variiert auch
die Frequenz während des Impulses, was auch als chirp (auf Deutsch „Zwitschern", siehe
auch Abschn. 17.5) bezeichnet wird. Durch diese Selbstphasenmodulation lässt sich mit
einem intensiven Lichtpuls ein breites Spektrum erzeugen, das als Weißlichtkontinuum
bezeichnet wird. Diese Kontinua (Abb. 19.11) können den gesamten sichtbaren Spektralbereich überdecken, aber auch im Infraroten und Ultravioletten erzeugt werden.

Als Materialien dienen Wasser und andere Flüssigkeiten sowie Gläser und Kristalle.
Als Lichtquellen werden Piko- oder Femtosekundenpulse von Festkörper- und Farbstofflasern verwendet. Bei einem 100 fs-Impuls reichen einige µJ Laserenergie aus, um bei
1 mm Materialstärke ein Kontinuum zu erzeugen.

Seit einigen Jahren werden auch verstärkt photonische Kristallfasern (siehe Abschn. 12.7) mit hohem nichtlinearen Brechungsindex n_2 zur Erzeugung eines besonders
breiten Weißlichtspektrums (Superkontinuum) mit Femtosekundenpulsen eingesetzt, die
sich durch eine hohe Konversionseffizienz der eingestrahlten Laserpulse auszeichnen. Die
Mikrostrukturierung der Faser (Abb. 12.19) führt zur Entstehung von ausgedehnten ver-
botenen Zonen innerhalb der Faser. Der eingestrahlte Puls kann sich daher nur in einem
sehr kleinen zentralen Bereich der Faser (wenige µm) ausbreiten.

Gleichzeitig ist es zudem durch eine geeignete Strukturierung der Faser möglich, die
Gruppengeschwindigkeitsdispersion (GVD) der Faser so anzupassen, dass die GVD im
Spektralbereich des propagierenden Pulses einen Nulldurchgang besitzt. Auf diese Weise
lassen sich lange Wechselwirkungsstrecken zwischen den Femtosekundenpuls mit höchs-
ter Spitzenintensität und der Faser erreichen.

Der Wellenlängenbereich eines Superkontinuums liegt etwa zwischen 350 und 2200 nm,
wobei derartige Lichtquellen spektrale Energiedichten von 1 nJ/nm und Ausgangsleistun-

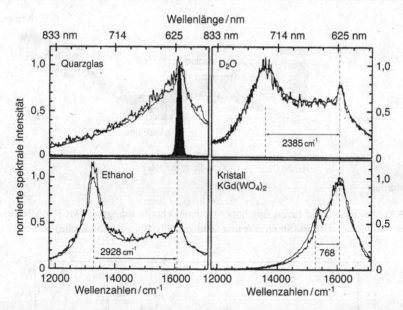

Abb. 19.11 Spektren von Kontinuumsstrahlung, die durch Fokussierung ultrakurzer Lichtimpulse mit einer Wellenlänge von 625 nm, Dauer etwa 100 fs, Energie etwa 0,5 mJ in den angegebenen Materialien (Schichtdicke 1 cm) erzeugt wurden. Es ist die spektrale Intensitätsverteilung jeweils für einen Einzelpuls sowie über 50 Pulse gemittelt dargestellt, was zu einer Glättung des Spektrums führt. Bei D_2O, Ethanol und KGW treten stark verbreiterte Ramanlinien auf. Oben links ist auch das Spektrum eines eingestrahlten Pulses dargestellt (nach Jähnig und Elschner, Optisches Institut der TU Berlin)

gen von 8 W aufweisen. Die Pulswiederholfrequenzen betragen bis zu 100 MHz, gegeben durch die eingestrahlte Pulsfolgefrequenz.

Ultrakurze Kontinuum-Laserpulse werden zur spektroskopischen Materialuntersuchung vielfach angewendet. Es können damit z. B. schnell ablaufende chemische und biologische Vorgänge durch Beobachtung zeitaufgelöster Absorptionsspektren untersucht werden. Eine weitere Anwendung besteht in der optischen Kohärenz-Tomographie (OCT), die es erlaubt, Zellen und andere Strukturen in lebendem Gewebe in Tiefen bis zu 3 mm unter der Hautoberfläche mit μm-Auflösung nicht-invasiv abzubilden.

19.7 Erzeugung hoher Harmonischer in Gasen

Bei der Wechselwirkung intensiver Laserstrahlung $\geq 10^{13}$ W/cm^2 mit Edelgasen wurde Ende der 80er Jahre erstmals die Erzeugung von Harmonischen hoher Ordnung > 15 beobachtet (Abb. 19.12). Aufgrund der Inversionssymmetrie des Gases ergeben sich nur Harmonische ungerader Ordnung. Eine charakteristische Intensitätsverteilung ist in Abb. 19.13 gezeigt. Einem starken Abfall in den niedrigen Ordnungen, die in diesem Bild nicht gezeigt sind, folgt z. B. bis zur 61. Harmonischen ein Bereich nahezu gleich-

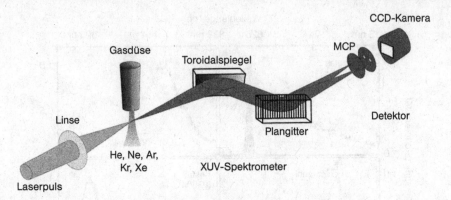

Abb. 19.12 Anordnung zur Erzeugung hoher Harmonischer in Edelgasen (MCP = Microchannel-plate mit Fluoreszenzschirm) (Sommerer und Sandner, Max-Born-Institut Berlin)

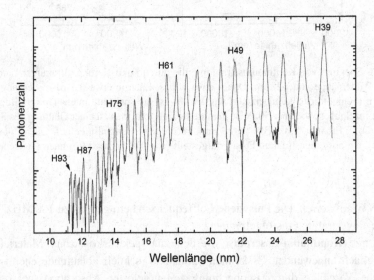

Abb. 19.13 Spektrum hoher Harmonischer in Neon bei einer eingestrahlten Wellenlänge von 1053 nm mit einer Intensität von 10^{14} W/cm^2 bei einer Pulsdauer von 800 fs und 60 μm Strahlradius. Die Zahlenwerte der Photonenzahlen sind stark von experimentellen Parametern abhängig (s. Text). Die Breite einer Harmonischen ist durch die Auflösung des Spektrometers gegeben (Schulze, Sommerer und Sandner, Max-Born-Institut Berlin)

bleibender Intensität, das so genannte Plateau. Anschließend fällt die Intensität an der so genannten „Cutoff"-Harmonischen stark ab.

Die „hohe Harmonischen Generation" (HHG) liefert eine kohärente Strahlungsquelle im VUV/XUV, mit der das Wasserfenster (Spektralbereich von 4,4 nm bis 2,2 nm) erreicht wird. Als Wasserfenster wird der Spektralbereich zwischen den Absorptionskanten von Kohlenstoff und Sauerstoff bezeichnet, in dem die Strahlung von den Kohlenstoffatomen absorbiert wird, Sauerstoff hingegen noch transparent ist. Strahlung in diesem Wellenlängenbereich wird vor allem zur Untersuchung biologischer Substanzen in wässriger Lösung benötigt.

Zur Erzeugung höherer Harmonischer werden überwiegend die Edelgase Xe, Kr, Ar, Ne und He verwendet. Die Cutoff-Photonenenergie W_p ist näherungsweise gegeben durch

$$W_p = I_p + 3,17 \frac{e^2 E^2}{4m\omega^2} , \qquad (19.17)$$

wobei I_p das Ionisierungspotenzial der Gasatome und E und ω die Feldstärke und Frequenz des einfallenden Lichtes darstellen. e und m sind die Elektronenmasse und Ladung.

Da die leichteren Atome eine höhere Ionisierungsenergie haben, kann mit ihnen eine höhere maximale Photonenenergie erreicht werden. Wesentlicher ist eine höhere Sättigungsintensität für die Ionisation, wodurch es möglich ist, sie einer höheren Feldstärke E auszusetzen, was ebenfalls zu hoher Cutoff-Energie und kurzen Wellenlängen führt. Schwere bzw. größere Atome haben allerdings eine höhere Polarisierbarkeit als leichtere bzw. kleinere Atome, sie weisen daher im elektrischen Feld größere nichtlineare Dipolmomente auf, welche höhere Photonenzahlen bei der HHG niedriger Ordnung ergeben.

Im Bereich von 10 eV bis 40 eV wurde ein Wirkungsgrad bis 10^{-5} bei der HHG in Argon ermittelt. Für Photonenenergien zwischen 43 eV und 73 eV wird von einer Energiekonversion bei der HHG in Neon von rund 10^{-10} bei Verwendung eines Nd:Glas-Lasers mit einer Pulsdauer von 650 fs berichtet. Für den Bereich von 40 eV bis 150 eV wird eine Energiekonversion von 10^{-6} bis 10^{-8} angegeben. Diese vergleichsweise hohen Werte beziehen sich auf verschiedene Femtosekundenlaser, z. B. Cr : LiSAF ($\lambda = 825$ nm) bzw. Ti : Sa-Laser (790 nm), bei Pulsdauern von < 100 fs.

Bei der HHG treten signifikante Impulsverkürzungseffekte auf. Im Jahre 2000 ist es gelungen, ausgehend von einem 7 fs-Puls bei 770 nm (etwa 1 eV) einen weichen Röntgenpuls bei 90 eV zu erzeugen mit einer Pulsdauer von etwa 1 fs, was kürzer ist als die Oszillationsperiode von 2,6 fs des Ausgangslasers. Mit ähnlichen Experimenten ist im Jahr 2008 die Erzeugung von einzelnen Pulsen mit 80 Attosekunden Dauer gelungen. Im Jahr 2012 gelang es einen as-Puls zu demonstrieren, der aus einem UV-Superkontinuum im Bereich von 55 bis 130 eV generiert wurde.

Neben den hohen Harmonischen stehen im VUV/XUV-Spektralbereich eine Reihe weiterer Strahlungsquellen zur Verfügung, bzw. befinden sich in der Entwicklung, u. a.: Synchrotron-/Undulatorstrahlung, Freie-Elektronen-Laser (FEL), XUV-Laser, Röntgenlaser (XRL) und Laserplasma-Linienstrahlung. Diese Strahlungsquellen haben sehr unterschiedliche physikalische Eigenschaften, und der apparative Aufwand zur Strahlungserzeugung ist verschieden, so dass die für die jeweilige Anwendung passende Strahlungsquelle gewählt werden muss. Für einige Anwendungen stehen diese Strahlungsquellen aber in direkter Konkurrenz. So können Experimente, die in der Vergangenheit mit Synchrotronstrahlung durchgeführt wurden, inzwischen auch mit HHG-Strahlung erfolgen. Die Vorteile liegen dabei hauptsächlich in der ultra-kurzen Pulsdauer sowie im geringeren apparativen, finanziellen und räumlichen Aufwand.

19.8 Aufgaben

19.1 Man berechne die nichtlineare Polarisation P_{NL} nach (19.3) mit $\chi_3 = 0$, die durch Einstrahlung einer ebenen Welle mit der Kreisfrequenz ω_1 und dem Wellenvektor $\boldsymbol{k}_1$ entsteht, und diskutiere die physikalische Bedeutung (Frequenzverdopplung, optische Gleichrichtung) der auftretenden Summanden.

19.2 Die Erzeugung der 2. Harmonischen (Frequenzverdopplung) lässt sich durch den Energiesatz erklären, der beim Stoß zweier Photonen mit der Energie $\hbar\omega_1 = hf_1$ und deren Vereinigung zu einem Photon der Energie $\hbar\omega$ gültig ist. Man zeige, dass die Bedingung der Phasenanpassung (19.8) aus der Impulserhaltung bei diesem Stoß folgt.

19.3 Warum muss ein Kristall zur Frequenzverdopplung justiert werden?

19.4 Bei der Phasenanpassung Typ II zur Erzeugung der 2. Harmonischen wird eine Grundwelle verwendet, die teilweise ordentlich und teilweise auch außerordentlich polarisiert ist. Wie lautet die Bedingung für die Impulserhaltung? Welche Beziehung besteht zwischen den Brechzahlen der drei beteiligten Wellen bei Phasenanpassung?

19.5 Zwei Wellen mit gleicher Frequenz aber unterschiedlicher Richtung werden auf einen dünnen nichtlinearen Kristall eingestrahlt. In welcher Richtung entsteht die 2. Harmonische?

19.6 Wie groß ist die Intensität I der 2. Harmonischen bei der Frequenzverdopplung von Laserstrahlung mit $I_1 = 1\,\text{W/cm}^2$ und einer Wellenlänge von $1\,\mu\text{m}$ in verschiedenen Kristallen mit $L = 1\,\text{cm}$?

19.7 Welche kürzeste Wellenlängen lassen sich durch mehrfache Frequenzverdopplung in Kristallen erzeugen (vergl. Tab. 12.1)?

19.8 Durch Fokussierung von Nd-YAG-Strahlung ($\lambda = 1{,}06\,\mu\text{m}$) in eine Ramanzelle gefüllt mit Methan entsteht Strahlung mit ungefähr $3\,\mu\text{m}$. Die Raman-Verschiebung beträgt $2914\,\text{cm}^{-1}$. Berechnen Sie die genaue Wellenlänge.

Weiterführende Literatur

1. Rhee H (2012) Stimulated Raman Scattering Spectroscopy in Crystalline Materials and Solid-State Raman Lasers. Mensch & Buch-Verlag, Berlin

2. Lux O (2013) Laser Frequency Conversion by Stimulated Raman Scattering in the Near Infrared Spectral Region. Mensch & Buch-Verlag, Berlin

3. Weber H (2004) Nichtlineare Optik. In: Bergmann L, Schaefer C, Lehrbuch der Experimental-physik, Bd. 3, Optik. Walter de Gruyter, Berlin

4. Shen YR (1984) The Principles of Nonlinear Optics. John Wiley, New Jersey

5. Sutherland RL (2003) Handbook of Nonlinear Optics. CRC Press

6. Alfano R (2006) The Supercontinuum Laser Source. Springer

Stabilität und Kohärenz

20

Die Eigenschaften von Laserstrahlen, wie Frequenz, Leistung, Strahlprofil, Richtung, Polarisation, sind nicht stabil, sondern schwanken, was sich störend auf viele Anwendungen auswirkt. Beispielsweise führen Schwankungen der Frequenz oder Wellenlänge von He-Ne-Lasern zu einer begrenzten Messgenauigkeit bei interferometrischen Längenmessungen. Schwankungen der Energie und des Strahlprofils von Pulslasern, die zum Bohren verwendet werden, ergeben Unterschiede des Lochdurchmessers und der Form der produzierten Löcher. Wie in Kap. 3 dargestellt, ist es daher notwendig, die Schwankungen zu erfassen und für spezielle Anwendungen hinreichend klein zu halten. Die dabei auftretenden Probleme sind meist technischer Art und können im folgenden nur angedeutet werden. Der Schwerpunkt der folgenden Ausführungen liegt in der Erläuterung von Begriffen, die zur Beschreibung von Stabilitätseigenschaften verwendet werden, d. h. der Art und Größe der Schwankungen. Außerdem sollen einige fundamentale Stabilitätsgrenzen dargestellt werden.

Besonders stabil lassen sich kontinuierliche Laser aufbauen, worauf sich die folgenden Abschnitte in erster Linie beziehen. Die Stabilisierung von gepulsten Lasern ist schwieriger, da dazu geeignete, schnell arbeitende elektronische Schaltungen aufwendig sind. Die fundamentalen Stabilitätsgrenzen sind daher mit gepulsten Lasern schwieriger zu erreichen. Grundsätzlich sind aber für Pulslaser die gleichen, die Stabilität begrenzenden Effekte wie bei kontinuierlichen Lasern vorhanden.

20.1 Leistungsstabilität

In diesem Abschnitt sollen einige technische Probleme dargestellt werden, die zu Schwankungen der Ausgangsleistung von Lasern führen. Auf das grundsätzlich immer auftretende und nicht völlig vermeidbare Schrotrauschen wird in Abschn. 20.3 eingegangen.

© Springer-Verlag Berlin Heidelberg 2015
H.J. Eichler, J. Eichler, *Laser*, DOI 10.1007/978-3-642-41438-1_20

Bei elektrisch angeregten Lasern werden Schwankungen durch die begrenzte Stabilität der Netzgeräte hervorgerufen. Unterscheiden lassen sich Langzeitschwankungen mit Zeitkonstanten von Minuten oder Stunden, die z. B. durch Temperaturänderungen hervorgerufen werden, Schwankungen im Bereich der Netzfrequenz von 50 Hz und Vielfachen davon, sowie Schwankungen im Bereich einige 10 kHz, die z. B. durch interne Schaltfrequenzen des Netzgerätes verursacht werden.

Eine weitere Quelle von Leistungsschwankungen kann in mangelnder Stabilität des optisch-mechanischen Aufbaus liegen. Temperaturänderungen, Erschütterungen und akustische Störungen können zu Spiegelbewegungen und Veränderungen im Laserstrahlengang führen und zu entsprechenden Leistungsschwankungen.

Auch das aktive Medium selbst kann zu Instabilitäten führen, z. B. durch Plasmaschwingungen in Gasentladungslasern und thermische Phasenstörungen in optisch gepumpten Festkörperlaserstäben. Die Leistungsschwankungen hängen dann von den Betriebsbedingungen der Laser ab, z. B. Entladungsstrom sowie Gasdruck und Magnetfeld bei Ionenlasern.

Bei Multimodelasern ohne Phasenkopplung treten statistische Modulationen der Ausgangsleistung mit den Differenzfrequenzen der oszillierenden longitudinalen und transversalen Moden auf. Die Frequenzen liegen bei typischen Gas- und Festkörperlasern im Bereich einiger 10 bis 100 MHz. Die dadurch verursachten Leistungsschwankungen werden als Modenverteilungsrauschen bezeichnet.

Zur Charakterisierung von Leistungsschwankungen werden von Laserherstellern verschiedene Kenngrößen angeben. Als Amplitudenstabilität wird oft die Änderung der Laserleistung etwa innerhalb einer Stunde angegeben, nachdem der Laser warmgelaufen ist. Typische Werte für kommerzielle Edelgasionenlaser liegen z. B. bei 2–3 %. Dieser Wert kann durch eine Rückkoppelschaltung zur Leistungsstabilisierung bei Bedarf um mehr als einen Faktor 10 verringert werden.

Als optisches Rauschen werden Leistungsschwankungen im Frequenzbereich von etwa 10 Hz bis zu einigen MHz bezeichnet. Bei guten Edelgasionenlasern liegt der relative quadratische Mittelwert dieser Schwankungen bei weniger als 1 %. Eine ähnliche Bedeutung und damit auch eine vergleichbare numerische Größe hat die maximale Welligkeit (ripple).

20.1.1 Richtungsstabilität

Neben Intensitätsfluktuationen treten auch Richtungsschwankungen bei Lasern auf. Derartige Veränderungen der Strahlachse können mit Quadrantendetektoren untersucht werden. Sie werden durch Änderungen der Position des Lasermediums im optischen Resonator verursacht und können durch geeignete Maßnahmen am mechanischen Aufbau reduziert werden. Die Richtungsschwankungen sollten deutlich geringer sein als die Strahldivergenz.

20.1.2 Polarisationsstabilität

Zu unterscheiden sind Laser mit polarisierter und unpolarisierter Strahlung. Letztere haben wie natürliches Licht keine definierte Polarisationsebene.

Durch Brewsterplatten oder andere polarisierende Elemente im Resonator kann eine bestimmte Polarisationsrichtung der Laserstrahlung erzeugt werden. Die zu dieser Vorzugsrichtung senkrechte Polarisationsrichtung ist dann nur noch zu einem kleinen Anteil in der Strahlung enthalten. Bei polarisierten He-Ne-Lasern wird z. B. ein Intensitätsverhältnis von < 0,01 für die beiden Polarisationsanteile angegeben.

Es ist im allgemeinen nicht möglich, aus unpolarisierter Laserstrahlung mit einem Polarisator stabile polarisierte Laserstrahlung zu erzeugen. Die Strahlung hinter dem Polarisator zeigt vielmehr oft eine Intensitätsmodulation mit der fundamentalen Resonatorfrequenz $c/2L$. Außerdem tritt ein Leistungsverlust auf, so dass es günstiger ist, die Strahlung durch interne Elemente zu polarisieren.

20.2 Frequenzstabilität

Für spektroskopische und andere messtechnische Anwendungen werden frequenzstabile Laser benötigt. Prinzipiell ist die Frequenzbreite δf eines Monomodelasers durch den Einfluss der spontanen Emission begrenzt:

$$\delta f = \pi h f \, (\Delta f_P)^2 \, \mu / P \, . \tag{20.1}$$

Dabei ist f die Emissionsmittenfrequenz und P die Ausgangsleistung. Das Plancksche Wirkungsquantum beträgt $h = 6,6 \cdot 10^{-34}$ J s.

$$\Delta f_P = (1 - R) c / 2\pi L$$

ist die Bandbreite des passiven Resonators, der aus Spiegeln mit dem Reflexionsgrad $R = (R_1 + R_2)/2 \approx \sqrt{R_1, R_2}$ im optischen Abstand L besteht.

$$\mu = N_2 / (N_2 - N_1)_t$$

ist ein Faktor, der die Stärke der spontanen Emission charakterisiert, wobei N_2 die Besetzungszahl des oberen Laserniveaus und $(N_2 - N_1)_t$ die Besetzungszahldifferenz an der Laserschwelle (threshold) ist.

Für einen He-Ne-Laser mit $\lambda = 632$ nm, $f = 5 \cdot 10^{14}$ Hz, $hf = 3,3 \cdot 10^{-19}$ Ws, $P = 1$ mW, $L = 10$ cm, $R = 99 \%$, $\mu = 1$ ist

$$\delta f(\text{He-Ne}) = 5 \cdot 10^{-2} \, \text{Hz} \, .$$

Diese geringe Linienbreite ist nur mit extrem hohem Aufwand zu realisieren. Schwankungen der Laserlänge L führen zu wesentlich größeren Frequenzinstabilitäten, wie weiter unten erläutert wird.

Für einen Diodenlaser mit $\lambda = 0{,}85\,\mu m$, $f = 3{,}5 \cdot 10^{14}\,Hz$, $P = 3\,mW$, $L = nl = 3{,}5 \cdot 300\,\mu m$, $R = 30\,\%$, $\mu = 3$ (Diodenlaser arbeiten stark über der Schwelle) erhält man

$$\delta f(\text{GaAs}) = 1{,}5 \cdot 10^6\,Hz .$$

Die Messungen an Diodenlasern zeigen Werte, die um den sogenannten Henry-Faktor 10 bis 100 größer sind. Dies ist auf Modulation des Brechungsindex im Lasermedium zurückzuführen, die durch Fluktuationen der Elektronendichte in Folge spontaner Emission entsteht.

Die genaue Mittenfrequenz ist durch die Eigenfrequenz f des Resonators bestimmt, welche vom Spiegelabstand L abhängt:

$$f = mc/2L , \quad m = \text{ganze Zahl} . \tag{20.2}$$

Differenzieren dieser Gleichung zeigt, dass Schwankungen des Spiegelabstands zu folgenden Frequenzänderungen führen:

$$\frac{\Delta f}{f} = -\frac{\Delta L}{L} . \tag{20.3}$$

Im allgemeinen sind die durch Abstandsänderungen ΔL technisch bedingten Änderungen Δf der Laserfrequenz wesentlich größer als die theoretisch mögliche Linienbreite δf nach (20.1).

Kurzzeitige ($< 1\,s$) Frequenzänderungen Δf werden durch akustische und mechanische Störungen des Resonators verursacht sowie Stromschwankungen in Gasentladungen. Temperaturänderungen dagegen führen zu Langzeitschwankungen ($\gg 1\,s$). Passive Maßnahmen zur Frequenzstabilisierung bestehen in geeigneten konstruktiven Maßnahmen, z. B. Verwendung von Invar als Material mit kleinem Ausdehnungskoeffizenten für die Spiegelabstandhalter, einen stabileren Resonatoraufbau sowie Abschirmung von Schwingungen und Luftturbulenzen. Eine weitere Erhöhung der Frequenzgenauigkeit kann durch eine aktive Stabilisierung erreicht werden, wofür es wiederum verschiedene Verfahren gibt, wie die Zeeman- oder Lamb-dip-Stabilisierung.

20.2.1 Lamb-dip

Man erwartet maximale Ausgangsleistung eines Monomodelasers, wenn die Resonatorfrequenz auf die Mitte der Verstärkungslinie stabilisiert ist. Durch so genanntes spektrales Lochbrennen trifft dies bei Gaslasern mit dopplerverbreiterten Linien nicht zu. Es zeigt sich, dass bei dopplerverbreiterten Lasern die Leistung in Abhängigkeit von der Frequenz eine kleine Eindellung, den Lamb-dip, in der Linienmitte aufweist (Abb. 20.1). Dieser Effekt kann zur Frequenzstabilisierung auf die Mittenfrequenz ausgenutzt werden.

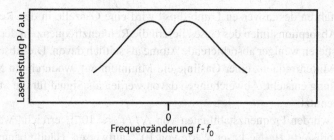

Abb. 20.1 Ausgangsleistung eines dopplerverbreiterten Gaslasers, z. B. He-Ne-Laser, im Einmodebetrieb als Funktion der Frequenz. In der Linienmitte entsteht der Lamb-dip

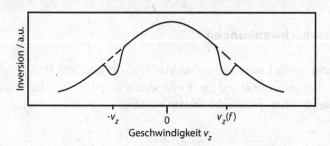

Abb. 20.2 Verteilung der invertierten Atome in einem Gaslaser als Funktion der axialen Geschwindigkeit v_z. Die „Löcher" (bei $|v_z| = \frac{c}{f}(f - f_0)$) entstehen durch stimulierte Emission von Photonen der Laserfrequenz f in (und entgegengesetzt) zur Laserachse. Bei Laserbetrieb auf der Mittenfrequenz, d. h. $f = f_0$ und somit $v_z = 0$, entsteht der Lamb-dip (Abb. 20.1)

Der Lamb-dip beruht auf dem Doppler-Effekt bei der Emission der Strahlung von den thermisch bewegten Atomen. Wird Licht in axialer z-Richtung mit der Frequenz f emittiert, so stammt das Licht von Atomen mit der Geschwindigkeitskomponente v_z. Tritt dagegen bei gleicher Frequenz Emission in $-z$-Richtung auf, so sind für die Abstrahlung Atome mit $-v_z$ verantwortlich. Damit entstehen bei Emission einer Laserfrequenz f zwei „Löcher" in der Geschwindigkeitsverteilung nach Abb. 20.2. Zur Ausgangsleistung tragen also zwei Gruppen von Atomen bei. In der Linienmitte haben die Atome die Geschwindigkeit Null. Verschiebt man die Frequenz auf die Mitte, so überlappen sich die beiden Löcher und es entsteht der Lamb-dip in der Ausgangsleistung nach Abb. 20.1, da nur noch eine Gruppe von Atomen zur Emission beiträgt, nämlich die mit $v_z = 0$.

20.2.2 Aktive Stabilisierung

Durch den Lamb-dip ist die Linienmitte genauer definiert als durch das Maximum des Verstärkungsprofils. Abweichungen vom Minimum werden registriert und zur Steuerung des Resonators herangezogen. Dies kann durch die Verschiebung eines Spiegels mit Hilfe piezoelektrischer Stellglieder erfolgen.

Beim Verfahren des „inversen Lamb-dips" wird eine Gaszelle in den Resonator eingebaut. Die Absorptionslinien des Gases liefern die Referenzfrequenz. In der Linienmitte ($v_z = 0$) existieren weniger absorbierende Atome als seitlich davon. Die Absorption weist also bei der Mittenfrequenz einer Gaslinie ein Minimum auf, wodurch ein Maximum in der Laserleistung entsteht. Abweichungen davon werden als Signal für die Steuerung des Resonators benutzt.

Im Labor wurden Frequenzstabilitäten von $\Delta f/f \approx 10^{-13}$ erreicht, während kommerzielle stabilisierte He-Ne-Laser Werte von 10^{-8} aufweisen. Häufig benutzte Absorptionszellen für He-Ne- und Ionenlaser sind mit Jod (I_2) gefüllt. Für die 3,39 µm-Linie des He-Ne-Lasers wird CH_4 und für den CO_2-Laser wird CO_2, OsO_4 oder SF_6 verwendet.

20.2.3 Phasenschwankungen

Da die Frequenz eines Lasers nicht ganz stabil ist, ist auch die Phase nicht stabil und schwankt beliebig zwischen 0 und 2π. Es ist jedoch möglich, zwei Laser so zu koppeln, dass ihre Phasendifferenz praktisch konstant wird und nur noch sehr wenig variiert.

20.3 Schrotrauschen, Squeezed States

Ein idealer Laser mit stabiler Frequenz und Amplitude emittiert eine Lichtwelle, deren Feldstärke an einem festen Ort durch eine ideale zeitliche Sinusschwingung beschrieben wird. Die Amplitude der Welle und ihre Leistung sollten also konstant sein. Da jedoch Licht auch als Photonenstrom aufgefasst werden kann, treten dennoch Schwankungen der Amplitude und Leistung auf. Wird während eines Zeitintervalls T eine mittlere Photonenzahl N gezählt, so ist die mittlere statistische Abweichung ΔN gegeben durch

$$\Delta N = \sqrt{N} \tag{20.4}$$

$$\Delta N/N = 1/\sqrt{N} . \tag{20.5}$$

Bei großen Photonenzahlen ist die relative Abweichung klein, während sich große relative Abweichungen bei kleinen Photonenzahlen N ergeben.

Wird statt der Photonenzahl die mittlere Leistung P mit einem Detektor gemessen, der eine Frequenzbandbreite B besitzt, so zeigt das Detektorausgangssignal im Zeitbereich Fluktuation mit einer charakteristischen Zeitdauer $T = \frac{1}{2}B$, was durch Fouriertransformation bewiesen werden kann. Damit ergibt sich mit $N = PT/hf$

$$\Delta P = \sqrt{2hfPB} . \tag{20.6}$$

Diese Leistungsschwankungen werden als Schrotrauschen bezeichnet, da sie sich aus dem gequantelten oder „geschroteten" Charakter des Photonenstroms ergeben. Das Schrotrauschen begrenzt die Genauigkeit von Experimenten, bei denen kleine Leistungsänderungen gemessen werden, z. B. beim Nachweis von Spurengasen durch Absorptionsmessungen, oder beim Nachweis kleiner Längenänderungen durch Interferometrie.

Das Schrotrauschen kann auch berechnet werden, wenn man sich die Lichtleistung als statistische Folge kurzer Impulse, den Photonen, vorstellt. Die spektrale Zerlegung eines derartigen Impulses liefert ein so genanntes weißes Spektrum, in dem alle Frequenzen mit gleicher Amplitude vertreten sind. Die mittlere Rauschleistung pro Frequenzintervall ist dann wieder durch (20.6) gegeben. Das Schrotrauschen ist vor allem bei hohen Frequenzen zu beobachten, bei niederen Frequenzen dominieren die in Abschn. 20.1 beschriebenen technischen Rauschquellen.

20.3.1 Squeezed States

Mit dem Schrotrauschen der Leistung einer Lichtwelle sind auch Phasen- bzw. Frequenzschwankungen verknüpft, wie in Abb. 20.3a dargestellt. Wegen des Photonencharakters einer Lichtwelle kann diese also nicht als ideale Sinusschwingung existieren.

In den letzten Jahren konnte in verschiedenen Experimenten gezeigt werden, dass sich das Schrotrauschen von Licht durch verschiedene nichtlineare Prozesse herabsetzen lässt, z. B. parametrische Oszillation oder Vierwellenmischung. Es entstehen dann so genannte

Abb. 20.3 Elektrische Feldstärke für drei verschiedene Zustände: **a** Normaler kohärenter Zustand mit Amplituden- und Phasenschwankungen, **b** Squeezed state mit Stabilisierung der Amplitude. Die dargestellte vollständige Stabilisierung der Amplitude konnte bisher nicht erreicht werden, **c** Squeezed state mit Stabilisierung der Phase. Die mittlere Feldstärke ist durch die *ausgezogene Linie* gegeben. Die *gestrichelten Linien* geben den Schwankungsbereich an

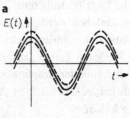

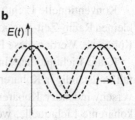

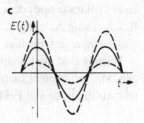

„squeezed states" oder „gequetschte", d. h. rauschreduzierte Lichtstrahlen mit

$$\Delta N < \sqrt{N} \,. \tag{20.7}$$

Allerdings muss dabei in Kauf genommen werden, dass die Phasenschwankungen $\Delta\phi$ zunehmen, wie in Abb. 20.3 b) dargestellt. Es können auch „squeezed states" mit reduzierter Phasen- oder Frequenzschwankung erzeugt werden, bei denen dann die Schwankungen der Photonenzahl groß werden. Es gilt die Unschärferelation

$$\Delta N\,\Delta\phi > 1 \,. \tag{20.8}$$

„Gequetschtes" Laserlicht könnte für zahlreiche empfindliche Messverfahren und auch zur Verbesserung der optischen Nachrichtenübertragung eingesetzt werden, da damit Amplituden- oder Frequenzschwankungen weitgehend eliminiert werden können. Leider sind die Methoden zur Erzeugung von squeezed states heute noch aufwendig, und die Unterdrückung der Amplitudenschwankungen ist noch gering, so dass routinemäßige Anwendungen noch nicht abzusehen sind.

20.4   Kohärenz

Der Begriff „Kohärenz" bedeutet in deutscher Übersetzung „Zusammenhang". Damit soll beschrieben werden, wieweit die elektrische Feldstärke in einem realen Wellenfeld mit statistisch schwankender Amplitude und Phase an verschiedenen Punkten oder zu verschiedenen Zeiten „zusammenhängt" oder „korreliert" ist und damit einer idealen Welle mit definierter Amplitude und Phase nahekommt. Eine ideale ebene oder Kugelwelle wird als kohärent bezeichnet. Auch ein idealer Gauß-Strahl, der von einem Laser emittiert wird, ist kohärent.

Konventionelle Lichtquellen und auch reale Laser emittieren Lichtwellen, die nur in kleinen Raum-Zeit-Bereichen idealen Wellen entsprechen. Man spricht dann von partieller Kohärenz. Werden diese Bereiche sehr klein, so wird die Welle als inkohärent bezeichnet.

Reale Lichtquellen sind partiell kohärent, wobei unter kohärentem Licht der Idealfall vollständiger Kohärenz verstanden wird und unter inkohärentem Licht der Grenzfall verschwindender Kohärenz. Ein stabilisierter Laser ist in diesem Sinne eine (nahezu) kohärente Lichtquelle, weißes Sonnen- oder Glühlampenlicht ist inkohärent. Das Licht einer Spektrallampe oder eines nicht idealen Lasers ist partiell kohärent. Zur quantitativen Beschreibung der partiellen Kohärenz werden Kohärenzfunktionen bzw. Korrelationsfunktionen eingeführt, die hier jedoch nicht betrachtet werden sollen.

Wichtig sind die Kohärenzeigenschaften von Licht vor allem bei Interferenzanordnungen. Mit kohärentem Licht können Interferenzeffekte, d. h. konstruktive Überlagerungen und Auslöschung von Feldstärken, beobachtet werden, während bei inkohärentem Licht keine Interferenzen auftreten und sich die Intensitäten additiv überlagern. Bei partiell kohärentem Licht ist der Kontrast von Interferenzerscheinungen gegenüber dem Idealfall reduziert. Kohärenz kann also auch als „Interferenzfähigkeit" angesehen werden.

20.4.1 Zeitliche Kohärenz

Man unterscheidet zwischen örtlicher und zeitlicher Kohärenz. Bei letzterer werden die Feldstärken in einem Lichtwellenfeld an einem festen Ort, aber zu verschiedenen Zeiten verglichen oder „korreliert". Es zeigt sich im allgemeinen, dass zwischen den Feldstärken zu zwei verschiedenen nahe beieinander liegenden Zeitpunkten eine nahezu konstante Phasendifferenz vorhanden ist. Überschreitet der zeitliche Abstand jedoch einen gewissen Maximalwert, die so genannte Kohärenzzeit t_c, so schwankt die Phasendifferenz statistisch.

Experimentell kann die Kohärenzzeit mit einem Michelson-Interferometer gemessen werden (Abb. 20.4). Ein Laserstrahl wird dabei über einem Strahlteiler in zwei Teilwellen zerlegt. Diese werden vom Spiegel in sich zurückreflektiert und von dem Strahlteiler wieder vereinigt, wobei ein kleiner Winkel zwischen den Ausbreitungsrichtungen eingestellt wird. Es entsteht daher im Überlagerungsbereich der beiden Teilwellen ein Interferenzstreifensystem.

Die beiden Spiegel haben verschiedenen und variablen Abstand von dem Strahlteiler, so dass die Teilwellen entsprechend der Laufzeitdifferenz t gegeneinander verzögert sind. Die Verzögerung kann so groß gemacht werden, dass keine Interferenz mehr auftritt. An der Abnahme des Kontrastes mit der Abstandsänderung $\Delta L = c \cdot t/2$ kann die Kohärenzlänge l_c und die Kohärenzzeit t_c gemessen werden.

Bei konventionellen Lichtquellen besteht die Emission aus einzelnen spontan emittierten Photonen oder Wellenpaketen mit einer Dauer τ, die der Lebensdauer der emittieren-

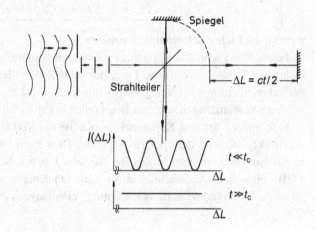

Abb. 20.4 Michelson-Interferometer zur Messung der Kohärenzzeit t_C. Der Kontrast der Intensitätsverteilung $I(\Delta L)$ in der Beobachtungsebene an der Stelle ΔL hängt von der Verzögerungszeit t der beiden Teilwellen ab, die durch den Strahlteiler erzeugt werden

Tab. 20.1 Typische Kohärenz-längen kommerzieller Laser

Lasertyp	Kohärenzlänge
Diodenlaser ohne Stabilisierung	< 1 mm
Dioden mit externem Resonator ECDL	100–1000 m
Nd:YAG-Laser, kontinuierlich	1 cm
Mikrochip Nd:YAG-Laser	10 m
He-Ne-Laser, unstabilisiert	20 cm
He-Ne-Laser, stabilisiert	1 km
Argonlaser mit internem Etalon	1 m
Faserlaser, unstabilisert	50 μm
Faserlaser, stabilisiert	100 km

den Energieniveaus entspricht. Von einem Wellenpaket zum anderen schwankt die Phase statistisch, so dass die Kohärenzzeit sich ergibt zu:

$$t_c \approx \tau \ . \tag{20.9}$$

Da die Dauer eines Wellenpaketes bzw. die Lebensdauer τ mit der spektralen Breite Δf nach Abschn. 2.4 verknüpft ist, erhält man:

$$\boxed{t_c \approx 1/\Delta f \ .} \tag{20.10}$$

Obwohl Laser keine statistischen Wellenpakete emittieren, sondern eine Welle mit etwa konstanter Amplitude, lässt sich (20.10) dennoch zur Abschätzung der Kohärenzzeit anwenden. Der korrekte mathematische Zusammenhang zwischen Kohärenzzeit und Frequenzbreite kann mit dem Wiener-Khintchine-Theorem berechnet werden, hängt aber von der genauen Form des Spektrums ab.

Die Strecke, die das Licht in der Zeit t_c zurücklegt, heißt Kohärenzlänge

$$\boxed{l_c = ct_c \approx c/\Delta f = 132\,\mathrm{m\,MHz}/\Delta f \ ,} \tag{20.11}$$

wobei c die Lichtgeschwindigkeit bedeutet.

Für weißes Licht, das den ganzen sichtbaren Spektralbereich enthält, ergibt sich eine kleine Kohärenzlänge von etwa 1 μm. Bei guten Spektrallampen hat man Längen von 1 m gefunden, allerdings bei sehr geringer Intensität. Für Laser ergeben sich je nach Stabilisierung Kohärenzlängen von mm-Bruchteilen bis zu mehreren km (Tab. 20.1).

Eine andere Art von Kohärenzkontrolle ist die Verkleinerung der Kohärenzlänge l_c durch Vergrößerung der spektralen Breite. Dies kann bei Diodenlasern durch schnelle Strommodulation erreicht werden. So lassen sich z. B. Linienbreiten von 1 MHz bis 1 GHz einstellen. Andererseits lassen sich Diodenlaser auf 0,5 Hz stabilisieren. Freilaufende Lasermodule z. B. bei 405 nm Wellenlänge haben Frequenzbreiten von etwa

1000 GHz = 1 THz entsprechend Kohärenzlängen von 140 µm. Für höhere Linienbreiten werden superlumineszente LEDs verwendet mit Kohärenzlängen um 10 µm. Diese
werden für die optische Kohärenztomographie OCT für medizinische Gewebestrukturun-
tersuchungen eingesetzt, um die Lichtstreuung zu unterdrücken.

Einstrahlung von Ultrakurzpulslasern in Flüssigkeiten, Kristalle oder Glasfasern ergibt
„Superkontinuum"-Strahlung mit Kohärenzlängen von 1 µm und weniger, siehe Kap. 19.6.

20.4.2 Örtliche Kohärenz

Die örtliche Kohärenz beschreibt die Korrelation von Feldstärken in zwei verschiedenen
Punkten eines Wellenfeldes zur gleichen Zeit. Die Messung kann über ein Zweistrahlinter-
ferenzexperiment erfolgen (Abb. 20.5). Dabei wird der Zustand der Welle an zwei Orten
quer zur Strahlrichtung untersucht. Vollständige Kohärenz ergibt Interferenzstreifen, die
bis auf Null durchmoduliert sind, sofern die beiden zu vergleichenden Feldstärken gleiche
Amplituden besitzen. Bei partieller Kohärenz nimmt der Kontrast des Interferenzstreifen-
systems ab.

Ein Laser, der in einem einzigen transversalen Mode schwingt, z. B. dem TEM_{00}-Mode
ist (vollständig) örtlich kohärent. Ein transversaler Multimode-Laser hat geringere örtliche
Kohärenz, da die verschiedenen transversalen Moden verschiedene Frequenzen und damit
zeitlich nicht konstante Phasendifferenzen aufweisen.

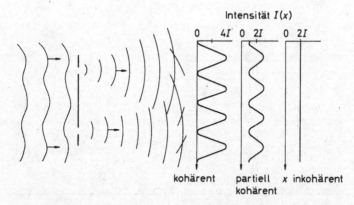

Abb. 20.5 Versuchsprinzip zur Messung der örtlichen Kohärenz. In dem einfallenden Wellenfeld
werden durch eine Doppellochblende zwei Punkte im Abstand x definiert. Hinter den Löchern
bilden sich Kugelwellen aus, die in der Beobachtungsebene interferieren. Der Kontrast der Intensitätsverteilung $I(x)$ gibt den Kohärenzgrad an. Bei inkohärentem Licht ist die $I(x) = 2I$ konstant
und gleich der Summe der Einzelintensitäten I der beiden Kugelwellen. Bei kohärentem Licht
schwankt $I(x)$ zwischen den Werten 0 und $4I$

20.5 Aufgaben

20.1 Die theoretische Grenze für die Linienbreite eines He-Ne-Lasers beträgt etwa $5 \cdot 10^{-2}$ Hz. Wie groß dürfen die Schwankungen des Spiegelabstandes sein, damit dieser Wert erreicht wird?

20.2 Schätzen Sie für einen He-Ne-Laser die Breite des Lamb-dip ab und vergleichen Sie sie mit der Linienbreite.

20.3 Ein Rubinlaser soll eine Köhärenzlänge von 1 m aufweisen. Wie groß muss die Linienbreite sein? Wie kann man die normale Linienbreite von 330 GHz auf diesen Wert einengen?

20.4 Wie groß ist das Schrotrauschen in einem Laserpuls mit einer Energie von 1 nJ und Pulsdauer von 1 ns eines Excimer-Lasers ($\lambda = 0{,}2\,\mu$m)?

Weiterführende Literatur

1. Freyberger M, Haug F, Schleich WP, Vogel K (2004) Quantenoptik. In: Bergmann L, Schaefer C, Lehrbuch der Experimentalphysik, Bd. 3, Optik. Walter de Gruyter, Berlin

Photodetektoren und Energiemessgeräte 21

Eine der wichtigsten Kenngrößen eines Lasers ist dessen Ausgangsleistung, bei gepulsten Lasern die Pulsenergie sowie die Pulsdauer. Zur Messung werden thermische Detektoren und Halbleiter-Photodioden benutzt.

Die örtliche Intensitätsverteilung im Strahlquerschnitt wird mit CCD-Kameras oder CMOS-Bildsensoren gemessen. Pulsformen und -breiten < 100 ps werden mit „Autokorrektoren" durch nichtlineare optische Effekte bestimmt.

21.1 Messtechnische Grundbegriffe

Bei optischen Messungen können die auch sonst üblichen MKSA-Einheiten oder aber photometrische Größen benutzt werden, welche in Tab. 21.1 erklärt und verglichen sind. Laser dienen in der Regel nicht für Beleuchtungszwecke. Daher werden photometrische Begriffe der Lichttechnik, wie Candela, Lumen und Lux selten verwendet. Bei einer Wellenlänge von 555 nm gilt

$$1 \text{ Watt} = 583 \text{ lumen} .$$

Bei Licht anderer Wellenlänge ist zur Umrechnung die spektrale Empfindlichkeitskurve des Auges zu berücksichtigen, die in Kap. 1 dargestellt ist.

Bei Dauerstrichlasern werden zur Bestimmung der Leistung am einfachsten Halbleiterdioden verwendet, die durch den inneren Photoeffekt einen der Leistung proportionalen Strom erzeugen. Nachteilig ist dabei die relativ starke Wellenlängenabhängigkeit des Photostroms. Im Gegensatz dazu ist bei thermischen Detektoren eine Eichung möglich, die weitgehend von der Wellenlänge unabhängig ist.

Bei gepulsten Lasern erfolgt die Messung des zeitlichen Verlaufes der Leistung $P(t)$ mit schnellen Dioden und Oszillographen, oder bei sehr schnellen Pulsen mit einer Streak-Kamera. Bei manchen Messgeräten wird nur eine mittlere Leistung gemessen. Bei solchen integrierenden Instrumenten kann aus der mittleren Leistung die maximale Pulsleistung abgeschätzt werden, sofern die Pulsfolgefrequenz und die Pulsdauer bekannt sind. Die

© Springer-Verlag Berlin Heidelberg 2015
H.J. Eichler, J. Eichler, *Laser*, DOI 10.1007/978-3-642-41438-1_21

Tab. 21.1 Vergleich von radiometrischen und photometrischen Größen

MKSA-System	Photometrisch
Lichtenergie E oder W (von engl. *work*) in Joule = J	Lichtmenge Q in lumen · s
Strahlungsleistung, Power P in Watt = W	Lichtstrom Φ in lumen = lm
Strahlstärke in W/sterad = W/sr	Lichtstärke I in candela = lm/sr
Bestrahlungsstärke, Leistungsdichte, Intensität I in W/m^2	Beleuchtungsstärke E in lux = lm/m^2
Bestrahlung, Energiedichte, Dosis, Flux in J/m^2	Belichtung H in lx · s

Pulsenergie $W = \int P(t)\mathrm{d}t$ erhält man mit Geräten, welche über einen Puls integrieren. Zum Nachweis schwacher Lichtleistungen werden Photomultiplier oder Kanalplatten (channel plates) verwendet.

21.2 Thermische Detektoren

Die Arbeitsweise thermischer Photodetektoren beruht darauf, dass ein Bauteil durch das einfallende Licht erwärmt und die entstehende Temperaturerhöhung gemessen wird. Die Erwärmung kann entweder durch einen Lichtpuls erfolgen (ballistischer Betrieb, Laserkalorimeter) oder durch kontinuierliche Einstrahlung, wobei sich im Gleichgewicht eine konstante Temperaturerhöhung ergibt. Die Temperaturmessung erfolgt mit Thermoelementen, temperaturempfindlichen Widerständen (bei Bolometern) oder mit Hilfe des pyroelektrischen Effekts.

21.2.1 Thermoelemente

Der prinzipielle Aufbau eines mit einem Thermoelement arbeitenden Laserkalorimeters zur Messung der Energie von Laserpulsen ist in Abb. 21.1 dargestellt. Das Licht fällt auf den Messkonus (optischer Sumpf), in dem es nach mehreren Reflexionen nahezu vollständig absorbiert wird. Der Referenzkonus dient dazu, den Einfluss der Hintergrundstrahlung zu erfassen. Die Temperaturerhöhung im Messkonus ist durch $\Delta T = E/C$ gegeben, wobei E die Energie des Laserpulses und C die Wärmekapazität des Messkonus ist. ΔT wird

Abb. 21.1 Aufbau eines Kalorimeters zur Bestimmung der Energie von Laserpulsen

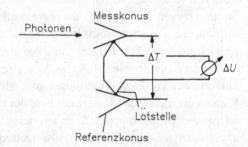

Abb. 21.2 Aufbau einer Thermosäule zur Bestimmung der
Laserleistung. $U_0 = $ Ther-
mospannung, $n = $ Zahl der
Thermoelemente

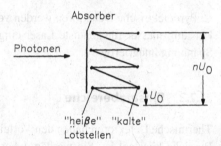

mit Thermoelementen (z. B. Eisen-Konstantan, Manganin-Konstantan, Wismuth-Silber)
in eine Messspannung $\Delta U = a\,\Delta T$ umgewandelt, wobei die Thermokraft $a \approx 10^{-5}\,\text{V/K}$
von dem Material des verwendeten Thermoelementes abhängt.

Abbildung 21.2 zeigt den Aufbau einer Thermosäule (engl. thermopile) für ein kontinuierlich arbeitendes Leistungsmessgerät. Um eine hohe Empfindlichkeit zu erhalten,
wird ein Absorber mit geringer Wärmekapazität verwendet und die Temperaturerhöhung
durch eine Reihenschaltung einer Anzahl von Thermoelementen gemessen.

21.2.2 Pyroelektrische Detektoren

Pyroelektrische Detektoren (Abb. 21.3) bestehen aus Materialien, die eine spontane elektrische Polarisation aufweisen, z. B. Triglyzinsulfat (TGS) oder Bariumtitanat ($BaTiO_3$).
Die Polarisation $P_e(T)$ ist temperaturabhängig. Bei konstanter Temperatur führt die Polarisation zu effektiven Oberflächenladungen $Q = P_e A$ an dem Kristall (Fläche A).
Die Oberflächenladungen werden durch bewegliche Ladungsträger kompensiert. Bei einer
Temperaturänderung ändert sich die spontane Polarisation und die effektive Oberflächenladung, so dass die ursprünglichen Kompensationsladungen nicht mehr neutralisiert sind
und über den Arbeitswiderstand R abfließen. Die entstehende Spannung ist gegeben durch

$$U(t) = R\frac{\mathrm{d}Q}{\mathrm{d}t} = AR\frac{\mathrm{d}P_e}{\mathrm{d}T}\frac{\mathrm{d}T}{\mathrm{d}t}\,.$$

Es treten also nur Spannungen bei zeitlichen Temperaturänderungen auf. Die Größe
$\mathrm{d}P_e/\mathrm{d}T$ ist eine Materialkonstante.

Abb. 21.3 Aufbau eines pyroelektrischen Detektors

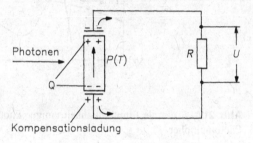

Pyroelektrische Detektoren werden vorwiegend zur Messung der Pulsenergie oder als Leistungsmesser für gepulste Laser eingesetzt, wobei zur Messung der Pulsenergie die Spannung integriert wird.

21.2.3 Einsatzbereiche

Thermische Detektoren haben den Vorteil, dass ihre spektrale Empfindlichkeit über weite Bereiche konstant ist. Sie werden daher besonders im infraroten Spektralbereich sowie zur Messung von absoluten Strahlungsleistungen und -energien eingesetzt. Nachteilig ist die geringere Photoempfindlichkeit und Zeitauflösung. Als Alternativen stehen Photowiderstände und Photodioden zur Verfügung.

Beim Vergleich von Thermoelementen mit pyroelektrischen Detektoren zeigen letztere höhere Photoempfindlichkeit und bessere Zeitauflösung, während Thermoelemente und Thermosäulen einfacher und robuster aufgebaut sind. Die Anstiegszeiten kommerzieller Thermoelemente und Thermosäulen können bis zu 10^{-5} s betragen gegenüber 10^{-9} s bei pyroelektrischen Detektoren. Die kleinste messbare Lichtpulsenergie liegt bei kommerziellen pyroelektrischen Detektoren bei 10^{-6} J.

21.3 Vakuumphotodetektoren

Vakuumdioden, Photomultiplier, Bildwandler und Streakkameraröhren beruhen auf dem äußeren Photoeffekt. Dabei werden durch das einfallende Licht aus einer Kathode im Vakuum Photoelektronen ausgelöst. Die Zahl der Photoelektronen je einfallendes Lichtquant wird als Quantenwirkungsgrad w bezeichnet. Die spektrale Empfindlichkeit ist gleich we/hf, wobei e die Ladung eines Elektrons und hf die Photonenenergie bedeuten.

Quantenwirkungsgrad und spektrale Empfindlichkeit sind stark material- und wellenlängenabhängig (Abb. 21.4). Teilweise werden für die Materialien der Photokathoden

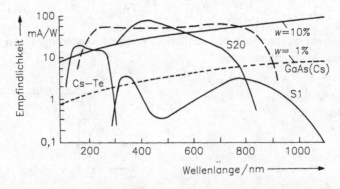

Abb. 21.4 Spektrale Empfindlichkeit einiger Photokathoden z. B. für Vakuum-Photodioden und Photomultiplier

Abb. 21.5 Schaltung einer
Vakuum-Photodiode

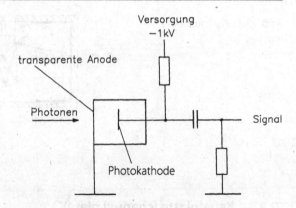

einheitliche Bezeichnungen verwendet (S-number, z. B. S1 und S20 in Abb. 21.4). In anderen Fällen wird die Materialzusammensetzung der Photokathode direkt angegeben (z. B. GaAs(Cs) mit einer sehr flachen spektralen Empfindlichkeitskurve). Bei der Angabe einer spektralen Empfindlichkeitskurve geht häufig auch das Fenstermaterial ein, auf das die Kathode aufgebracht ist. Der äußere Photoeffekt erfordert eine gewisse Minimalenergie der Photonen (Ablösearbeit) und tritt daher vor allem im nahen infraroten, sichtbaren und ultravioletten Spektralbereich auf. Der Einsatz von Vakuumphotodetektoren ist daher auf diese Bereiche begrenzt.

21.3.1 Vakuumdiode

Der einfachste auf dem äußeren Photoeffekt beruhende Detektor ist die Vakuumdiode (Abb. 21.5), bei der die Photoelektronen aus der Kathode von einer gegenüberliegenden Anode abgesaugt werden. Mit derartigen Photodioden kann eine zeitliche Auflösung bis in den Bereich von 100 ps erreicht werden, wobei kurzzeitig Photoströme bis zu einigen Ampere fließen.

21.3.2 Photomultiplier

Eine wesentlich höhere Empfindlichkeit als mit Photodioden wird mit Photomultipliern (Sekundärelektronenvervielfachern, SEV) erreicht (Abb. 21.6). Bei diesen werden die aus einer Photokathode ausgelösten Elektronen beschleunigt und auf eine erste Dynode gelenkt, aus der eine Anzahl von Sekundärelektronen heraustreten. Dieser Verstärkungsprozess wird mit einer Reihe von Dynoden wiederholt. Dadurch werden Verstärkungsfaktoren bis zu 10^8-fach erreicht. Der Verstärkungsprozess ist sehr schnell, so dass Anstiegszeiten im ns-Bereich erzielt werden können. Die Kombination von hoher Verstärkung, großer Bandbreite und geringem Rauschen wird von keinem anderen Detektorsystem übertroffen.

Abb. 21.6 Aufbau eines Pho-
tomultipliers

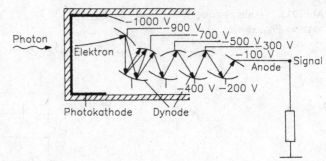

21.3.3   Kanalplatte (channel plate)

Zur Vervielfachung der Sekundärelektronen werden auch Kanalröhrchen verwendet. Diese bestehen aus einem Glasrohr (z. B. 2 mm Innendurchmesser, 50 mm Länge), dessen
Innenwand mit einem schwach leitenden Material beschichtet ist, das außerdem einen
hohen Sekundäremissionskoeffizienten besitzt. Zwischen die Enden des leitenden Bela-
ges entlang des Glasrohres wird eine Spannung gelegt. Ein einfallendes Elektron wird
durch das Feld zunächst beschleunigt und trifft schließlich auf die Wand, wo es Sekundärelektronen auslöst, die ebenfalls beschleunigt werden und weitere Sekundärelektronen
auslösen, so dass ein Multiplikationseffekt wie bei einem Multiplier mit mehreren einzelnen Dynoden auftritt. Mehrere Mikrokanalröhrchen (10 bis 30 μm Innendurchmesser)
können zu einer Kanalplatte kombiniert werden, mit der örtliche Verteilungen der Elek-
tronenstromdichte verstärkt werden können, so dass eine Art Abbildung der Eingangsseite
auf die Ausgangsseite entsteht.

21.3.4   Bildwandler

Bildwandlerröhren dienen dazu, in einem Spektralbereich (z. B. infrarot) vorliegende Bilder (Intensitätsverteilungen) in Bilder eines anderen Spektralbereiches (z. B. sichtbar)
umzuwandeln. Derartige Röhren bestehen aus einer Photokathode, auf die die umzuwan-
delnde Intensitätsverteilung abgebildet wird. Die Zahl der ausgelösten Photoelektronen
ist proportional der Lichtintensität an der betreffenden Stelle. Durch eine elektronen-
optische Linse (kegelförmige Anode in Abb. 21.7) werden die Elektronen in Richtung
eines Leuchtschirms beschleunigt und lösen dort wieder Lichtquanten aus, deren örtliche
Verteilung dem ursprünglichen Bild entspricht. Mit der Bildwandlung kann eine Bildver-
stärkung verbunden sein, d. h. die Helligkeit des Bildes auf dem Leuchtschirm ist größer
als die einfallende Intensität. In der Lasertechnik werden Bildwandlerröhren z. B. in In-
frarotsichtgeräten zur Justierung von infraroten Strahlengängen im Wellenlängenbereich
bis 1500 nm verwendet.

Abb. 21.7 Prinzip einer Bild-
wandlerröhre

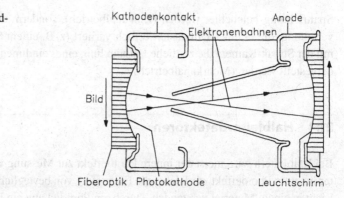

21.3.5   Streak-Kamera

Streak-Kameras sind oszillographenähnliche Geräte, mit denen der zeitliche Verlauf von
kurzen Lichtimpulsen dargestellt werden kann (Zeitauflösung < 500 fs). In der Streak-
Kameraröhre werden die von einem Lichtimpuls an einer Photokathode ausgelösten Elektronen auf einen Leuchtschirm, oft über eine Kanalplatte zur Elektronenvervielfachung,
abgebildet (Abb. 21.8). Die Photokathode wird über einen Spalt beleuchtet, so dass auf
dem Leuchtschirm ein Spaltbild entsteht. Der an der Photokathode entstehende Elektro-
nenstrom und damit das Spaltbild werden durch eine zeitlich ansteigende Spannung an einem Plattenpaar senkrecht zur Spaltrichtung abgelenkt. Der örtliche Intensitätsverlauf der
sich ergebenden Spaltspur auf dem Leuchtschirm entspricht daher dem zeilichen Intensitätsverlauf. Da Photodetektor und Nachweissystem in einer Röhre integriert sind, ergibt
sich eine wesentlich höhere Zeitauflösung als bei der Kombination von einem Photodetektor und einem Oszilloskop. Der Spalt kann nicht nur mit örtlich konstanter Intensität in

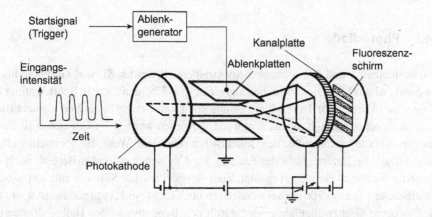

Abb. 21.8 Streak-Kamera

Spaltrichtung beleuchtet werden (Einkanalbetrieb), sondern auch mit einer Intensitätsverteilung, die in einer Dimension örtlich variiert (z. B. einem Spektrum). Es kann dann
mit der Streak-Kamera die zeitliche Entwicklung eines eindimensionalen Intensitätsfeldes
dargestellt werden (Mehrkanalbetrieb).

21.4   Halbleiterdetektoren

Bei Halbleitern wird meist der innere Photoeffekt zur Messung von Licht ausgenutzt. Unter innerem Photoeffekt wird dabei die Erzeugung von beweglichen Ladungsträgern durch
Licht in einem Material verstanden. Durch ein Photon kann ein Elektron vom Valenzband
ins Leitungsband gehoben werden, wodurch ein bewegliches Elektron und ein ebenfalls
bewegliches positiv geladenes Loch entstehen.

21.4.1   Photowiderstand

In einem gleichmäßig dotierten Halbleitermaterial werden durch Lichteinstrahlung bewegliche Ladungsträger erzeugt. Dadurch wird der Widerstand herabgesetzt, was zum
Nachweis von Licht ausgenutzt wird. Verschiedene Bandabstände bzw. verschiedene Stör-
stellenenergien bestimmen die spektrale Empfindlichkeit, z. B. CdS (Wellenlänge maximaler Empfindlichkeit 0,5 µm), PbS (2,5 µm), InSb (6 µm), Ge:Cu dotiert dotiert (20 µm).
Photowiderstände werden hauptsächlich zum Nachweis von infrarotem Licht verwendet.
Oft ist eine Kühlung erforderlich, da sonst die Ladungsträger auch thermisch erzeugt werden können. Die Zeitauflösung von Photowiderständen ist oft nicht sehr groß, kann aber
bei geeignetem Aufbau bis zu 10^{-10} s betragen.

21.4.2   Photodiode

Für den sichtbaren und den infraroten Spektralbereich werden Si- und Ge-Photodioden
verwendet (Abb. 21.9). Diese bestehen aus einem p-n-Übergang, der in Sperrrichtung betrieben wird (Abb. 21.10). Durch Einstrahlung von Licht werden in der Sperrschicht Elektronen und Löcher erzeugt, die als Strom nachgewiesen werden. Im Gegensatz zu einem
homogenen Photowiderstand ist der Dunkelstrom sehr klein. Wenn die Sperrschichtdicke
kleiner ist als die Eindringtiefe des Lichtes, wird zwischen p- und n-Bereich noch ein
undotierter (intrinsic) Bereich eingefügt. Zum Beispiel wird in Silizium eine intrinsische
Bereichsdicke von etwa 700 µm verwendet, um noch Licht bei 1,1 µm nachweisen zu können. Die obere Grenzwellenlänge wird durch den Bandabstand des Halbleitermaterials
bestimmt. Die Quantenenergie wird dann zu klein, um einen Übergang ins Leitungsband
zu bewirken.

Abb. 21.9 Spektrale Empfindlichkeit von Silizium- und Germaniumphotodioden

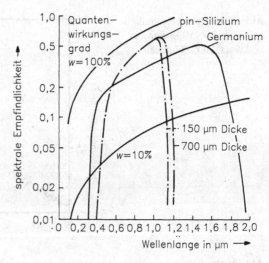

Abb. 21.10 Aufbau und Schaltung einer pin-Photodiode

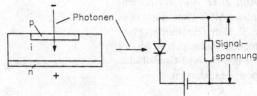

Photodiodenarrays (PDA) bestehen aus einer Reihe von Dioden mit einer typischen Pixelgröße von z. B. $25\,\mu m \times 2500\,\mu m$. Die einzelnen Elemente werden nacheinander ausgelesen. Die Arrays finden Anwendung in der Spektroskopie, wobei der Spalt des Spektrometers etwa die Pixelgröße hat.

21.4.3 CCD-Kamera

Charge-coupled device (CCD) ist ein mikroelektronisches System, das als Photodetektor mit zweidimensionaler räumlicher Ausdehnung dient. Es besteht aus einer Anordnung von eng nebeneinanderliegenden MOS-Dioden, wobei die Abkürzung für metal-oxide semiconductor steht. Abbildung 21.11 zeigt die Photoempfindlichkeit eines Si-NMOS-Sensors im Vergleich zu den weiter hinten besprochenen CMOS-Sensoren für infrarotes Licht. Abbildung 21.12 zeigt das Prinzip einer einzelnen lichtempfindlichen MOS-Diode, wobei der Halbleiter und das Oxyd im allgemeinen aus Si und SiO_2 bestehen. Wird eine negative Spannung an die Metallelektrode angelegt, driften die Majoritätsträger – im Feld von n-dotiertem Si sind es Elektronen – von der Halbleiter-Oxyd-Grenzfläche weg. Es bildet sich eine an Ladungsträgern (Elektronen) verarmte Zone. Die Tiefe dieser Zone kann durch Photonen verringert werden, die den inneren Photoeffekt auslösen. Dabei werden Elektronen und positive Löcher erzeugt. Durch die angelegte Spannung driften die Elek-

Abb. 21.11 Photoempfindlichkeit eines Si-NMOS-Sensors und von CMOS-Sensoren

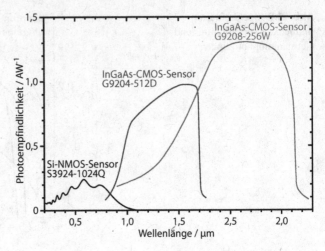

Abb. 21.12 Aufbau einer einzelnen MOS-Photodiode aus n-Si. Durch den inneren Photoeffekt bilden sich an der Halbleiter-Oxyd-Grenzfläche positive Ladungen

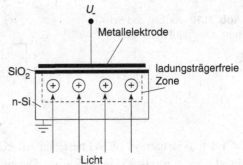

tronen weg, während sich die positiven Löcher an der Grenzfläche anlagern. Die optische Information wird somit als elektrische Ladung gespeichert.

In einem CCD-Array werden die Dioden linear angeordnet. Sie werden häufig in Scannern und Faxgeräten eingesetzt. Zum Auslesen der Lichtinformation sind häufig seitlich vom Array je ein Schieberegister für die geraden und ungeraden Pixel vorhanden (Abb. 21.13). Nach dem Startsignal wird die in jeder Diode gespeicherte Ladung gleichzeitig in das Schieberegister übertragen. Die Ladungen werden dann seriell zum Ausgang transportiert. Dort werden sie in eine Spannung umgewandelt, welche das Videosignal darstellt.

In Digital- und Videokameras werden auf einem Chip CCD-Dioden zweidimensional angeordnet. Aufgrund der Schieberegister haben viele Sensoren einen Füllfaktor von etwa 10 %, d. h. 90 % der Fläche ist lichtunempfindlich. Es gibt jedoch auch Sensoren ohne lichtunempfindliche Bereiche mit einem Füllfaktor von nahezu 100 %. Das Auslesen der Ladung der einzelnen Dioden erfolgt dann jedoch nicht parallel, sondern seriell ähnlich wie bei den Photodiodenarrays. Bei cw-Signalen muss daher ein mechanischer Verschluss und bei Pulsen eine genaue Triggerung des Auslesevorgangs vorgesehen werden.

Typische Abmessungen einer MOS-Diode liegen bei $10 \, \mu m \times 10 \, \mu m$, der Halbleiter ist einige Zehntel mm und Oxydschicht etwa $0,1 \, \mu m$ dick. Ein gebräuchliches Chipfor-

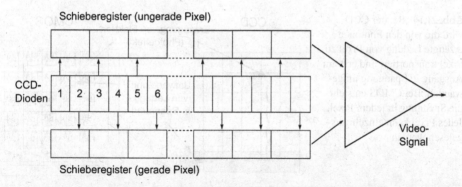

Abb. 21.13 Aufbau eines CCD-Arrays (nach Ingenieurbüro Stresing, Berlin)

mat mit 2048 × 2048 Pixeln besitzt Abmessungen im cm-Bereich und kann leicht in eine Videokamera eingebaut werden. Für eindimensionale Anwendungen, z. B. für ein optisches Spektrometer (optical multichannel analyzer), können die Pixel in einer Richtung elektronisch zusammengefasst werden (binning). Der spektrale Bereich wird durch den Bandabstand des Halbleiters (Si) und die Transparenz der Schichtmaterialien gegeben. Er liegt zwischen 200 nm (und niedriger) bis zu 1100 nm. Im Maximum der Empfindlichkeit (600–800 nm) liegt der Quantenwirkungsgrad um 50 %, die Nachweisempfindlichkeit bei etwa 4 fJ/cm^2 und die Sättigungsgrenze bei 250 pJ/cm^2. Das entspricht einem Dynamikbereich von etwa 16 bit. Das Signal-Rausch-Verhältnis beträgt etwa 900 : 1. Da der Dunkelstrom exponentiell mit der Temperatur ansteigt, kann durch Kühlung (Peltier oder flüssiger Stickstoff) eine Verbesserung erreicht werden.

Neben der beschriebenen CCD-Konstruktion gibt es noch verschiedene andere Varianten. Beispielsweise kann auch ein p-dotiertes Si-Substrat (n-channel CCD) verwendet werden, wobei dann die Steuerspannungen an den Elektroden positiv sind. In diesem Fall wird die optische Information in Form von Elektronen gespeichert und transportiert, was den Vorteil einer höheren Geschwindigkeit hat. Bei einer anderen Bauart mit einem speziellen Dotierungs-Profil (buried-channel CCD) werden die Ladungsträger nicht direkt an der Grenzfläche gespeichert, sondern im Material unter der Grenzfläche. Dadurch wird die Konzentration möglicher Rekombinations-Zentren für die gespeicherten Ladungsträger reduziert. Zur Erhöhung der Empfindlichkeit können CCD-Sensoren mit einer Kanalplatte gekoppelt werden.

Die Erfindung des CCD-Sensors durch Willard Boyle und George Smith wurde im Jahr 2009 mit dem Physiknobelpreis gewürdigt.

21.4.4 CMOS-Bildsensoren

CCD-Elemente geben beim Auslesen ihre Bildinformation seriell von Pixel zu Pixel weiter (Abb. 21.14). Dies erfordert externe Taktgeneratoren, die Leistung und Platinenfläche benötigen. Dagegen wird bei CMOS-Bildsensoren (CMOS = Complementary Metal Oxi-

Abb. 21.14 Bei der CCD
wird die von den Photonen
erzeugte Ladung von Pixel zu
Pixel transportiert und erst am
Ausgang in Spannung umge-
wandelt. Bei CMOS entsteht
die Spannung in jedem Pixel.
Jedes Pixel kann einzeln ausgelesen werden

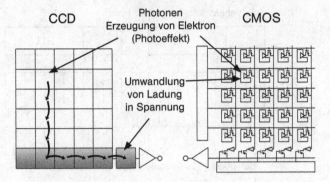

de Semiconductor, dt. komplementärer Metall-Oxid-Halbleiter) die Information ähnlich
wie bei einem Datenspeicherchip ausgelesen. Dies führt zu einer einfacheren Systemin-
tegration und zu einem niedrigeren Leistungsbedarf. Mit CMOS-Fertigungstechnologie
wird die Herstellung kompletter Kameras auf einem Chip möglich. Die Bildverarbeitung
bei CMOS ist flexibler, da beliebige Bildbereiche ausgelesen werden können.

21.5 Messung kurzer Pulse mit Autokorrelator und FROG

Ultrakurze Laserpulse im Bereich weniger Femtosekunden (10^{-15} s) sind so kurz, dass sie
nicht mehr mit Hilfe einer Diode oder einer Streak-Kamera gemessen werden können. Um
dennoch Informationen über den zeitlichen Verlauf der Pulse zu erhalten, kann ein Puls
durch einen zweiten, identischen Puls abgetastet werden (Autokorrelation). Das Prinzip
des Autokorrelators ist in Abb. 21.15 dargestellt. Der zu messende Laserpuls wird durch
einen Strahlteiler in zwei Pulse zerlegt. Über eine Verzögerungsstrecke kann der eine Puls

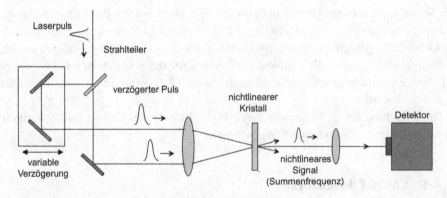

Abb. 21.15 Aufbau eines Autokorrelators zur Messung ultrakurzer Laserpulse. Bei der Überlappung des verzögerten und nicht-verzögerten Pulses entsteht im nichtlinearen Kristall ein frequenz-
verdoppeltes Signal

zeitlich gegenüber dem anderen Puls verschoben werden. Die beiden Strahlen werden dann in einem nichtlinearen Medium (z. B. SHG-Kristall) überlagert. Wenn die beiden Pulse zeitlich überlappen, wird in dem Kristall eine Summenfrequenz generiert. Die Intensität dieses Summenfrequenzsignals ist eine Funktion der Verzögerung zwischen den beiden Pulsen (Autokorrelationsfunktion) und kann durch eine „langsame" Photodiode detektiert werden.

Anhand der Autokorrelationsfunktion lassen sich allerdings keine Informationen über spektrale Verteilungen innerhalb des Pulses sowie Asymmetrien innerhalb der Pulsform gewinnen. Um einen Laserpuls vollständig zu charakterisieren ist es daher notwendig, sowohl die Intensität als auch die Phase des Pulses zu bestimmen.

Eine Weiterentwicklung des Autokorrelators ist die Frequency-Resolved Optical Gating (FROG)-Technik. Hier wird das Autokorrelationssignal zusätzlich spektral aufgelöst. Dadurch entsteht ein 2-dimensionales Signal in der Zeit-Frequenz-Domäne. Aus dieser so genannten FROG-Trace lässt sich mit Hilfe eines iterativen Algorithmus das elektische Feld des Pulses berechnen. Mit der FROG-Technik können sowohl die exakte Pulsdauer als auch der Chirp des Pulses (die zeitliche Veränderung der Frequenz innerhalb eines Pulses) bestimmt werden.

21.6 Aufgaben

21.1 Ein Laser erzeugt auf einer Thermosäule mit 20 Lötstellen eine Temperaturerhöhung von 1,5 °C. Welche Spannung wird angezeigt (Thermo-Kraft $\approx 10^{-5}$ V/K)?

21.2 Zur Messung hoher Laserleistungen wird die Strahlung in einem Hohlraum absorbiert, der mit Wasser gekühlt wird. (spezifische Wärmekapazität $c = 4,2 \cdot 10^3$ J/kg K, Durchfluss = 1 l/min). Wie groß ist die Temperaturdifferenz zwischen dem ein- und ausströmenden Wasser bei einer Leistung von 1 kW?

21.3 Welche Halbleiterdetektoren werden für den CO_2-Laser eingesetzt? Können Ge- oder Si-Dioden verwendet werden?

21.4 Die Leistung eines He-Ne-Lasers wird mit einem Luxmeter (Fläche 0,5 m²) zu 1000 lx gemessen. Wie groß ist die Laserleistung in mW?

Weiterführende Literatur

1. Kingston RH (1995) Optical Sources, Detctors, and Systems. Academic Press

Spektralapparate und Interferometer

Die gebräuchlichsten Geräte zur spektralen Zerlegung von Licht sind Prismen- und Gitterspektrometer sowie Fabry-Pérot-Interferometer. Eine weitere Methode zur direkten Frequenzmessung ist das optische Überlagerungsverfahren (optical heterodyning). Zur Charakterisierung der verschiedenen Spektralapparate werden die Lineardispersion und das spektrale Auflösungsvermögen verwendet. Die Lineardispersion (Einheit z. B. nm/mm) gibt an, wie weit zwei Spektrallinien mit einem bestimmten Abstand $\Delta\lambda$ örtlich im Spektrum voneinander entfernt sind. Das spektrale Auflösungsvermögen $\lambda/\Delta\lambda$ gibt den Abstand zweier noch eben trennbarer Wellenlängen λ und $\lambda + \Delta\lambda$ an.

22.1 Prismenspektrometer

Bei einem Prisma wird die Abhängigkeit des Brechungsindex von der Lichtwellenlänge, die so genannte Dispersion, zur spektralen Zerlegung des Lichtes herangezogen (Abb. 18.5). Ein Lichtbündel, welches im Spektrometer auf ein Prisma fällt, wird je nach Wellenlänge unterschiedlich stark abgelenkt. Da der Brechungsindex mit zunehmender Wellenlänge abnimmt, wird blaues Licht stärker als rotes Licht gebrochen.

In einem Prismenspektrometer wird ein dünner Spalt mit dem zu untersuchenden Licht beleuchtet (Abb. 22.1). Der Spalt befindet sich meist im Brennpunkt einer Linse oder eines Hohlspiegels, so dass ein nahezu paralleles Lichtbündel auf das Prisma fällt. Nach der wellenlängenabhängigen Brechung wird das Bündel mit einer zweiten ähnlichen Linse oder einem Hohlspiegel fokussiert. Dabei entsteht für jede Wellenlänge ein anderes Bild des Spaltes. Diese Bilder stellen die Spektrallinien dar, aus denen sich das Spektrum aufbaut. Nach Abb. 22.1 kann eine Fläche des Prismas verspiegelt werden, so dass das Prisma zweimal vom Licht durchlaufen wird.

Prismenspektrometer sind relativ einfach aufzubauen, sie erreichen jedoch nur eine relativ geringe spektrale Auflösung von $\lambda/\Delta\lambda = 10^4$ bis 10^5. Das Auflösungsvermögen wird durch die Beugung begrenzt. Durch die endliche Größe des Prismas wird das ein-

© Springer-Verlag Berlin Heidelberg 2015
H.J. Eichler, J. Eichler, *Laser*, DOI 10.1007/978-3-642-41438-1_22

Abb. 22.1 Prinzip des Pris-
men- und Gitterspektrometers

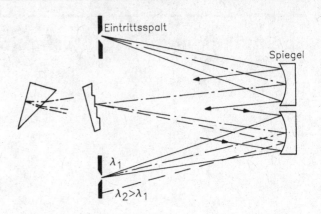

fallende Lichtbündel seitlich beschnitten, d. h. das Prisma wirkt ähnlich wie ein Spalt.
Dies bedeutet, dass selbst bei einem parallelen, monochromatischen Lichtbündel durch
Beugung eine Strahlaufweitung entsteht, wodurch das spektrale Auflösungsvermögen bestimmt wird. Dies hängt von der ausgeleuchteten Basislänge t des Prismas und der Dispersion $dn/d\lambda$ ab:

$$\lambda/\Delta\lambda = t\,dn/d\lambda\,. \tag{22.1}$$

Für schweres Flintglas beträgt $dn/d\lambda = 1730\,\mathrm{cm}^{-1}$, für leichtes Flintglas $960\,\mathrm{cm}^{-1}$
und für schweres Kronglas $530\,\mathrm{cm}^{-1}$. Damit erhält man nach Tab. 22.1 bei einer Basis
$t = 10\,\mathrm{cm}$ ein Auflösungsvermögen von $\lambda/\Delta\lambda = 17.300$. Eine weitere Steigerung des
Auflösungsvermögens ist schwierig, da die Prismen nicht beliebig groß aufgebaut werden
können. Die Dispersion der Prismenspektrographen ist vom Verlauf des Brechungsindex
abhängig und somit keine einfache Funktion der Wellenlänge, so dass eine Eichung mit
einem Wellenlängennormal notwendig ist. Eine höhere Auflösung wird mit dem Gitterspektrometer erreicht.

Tab. 22.1 Auflösungsvermögen verschiedener Spektrometer bei einer Wellenlänge von etwa
500 nm

Spektrometer	Ordnung m	Zahl N der interf. Strahlen	Auflösung $\lambda/\Delta\lambda$
Prisma			
$dn/d\lambda = 1730\,\mathrm{cm}^{-1}$, Basis $t = 10\,\mathrm{cm}$	–	–	17.300
Gitter			
16,5 cm, 600 Linien/mm	3	100.000	300.000
Fabry-Pérot			
$R = 95\%$, 1 cm dick	40.000	60	2400.000
$R = 95\%$, 10 cm dick	400.000	60	24.000.000

22.2 Gitterspektrometer

Bei einem Gitterspektrometer wird das Prisma durch ein Beugungsgitter ersetzt, wobei der prinzipielle Aufbau sonst ähnlich bleibt (Abb. 22.1). Bei fester Wellenlänge λ treten mehrere Beugungsordnungen auf. Bei senkrechtem Einfall von Licht auf das Gitter ist der Beugungswinkel ϕ gegeben durch:

$$\sin\phi = m\lambda/d \quad (m = \pm0, 1, 2, 3, \ldots) , \qquad (22.2)$$

wobei d der Gitterabstand ist. Typische Werte sind $d = 1$ bis $2\,\mu m$. Rotes Licht wird am Gitter stärker gebeugt als blaues.

Die Schärfe der Beugungsmaxima nimmt mit der Zahl N der beleuchteten Gitterstriche zu, so dass sich für das Auflösungsvermögen ergibt:

$$\lambda/\Delta\lambda = Nm . \qquad (22.3)$$

Das Auflösungsvermögen steigt also mit zunehmender Beugungsordnung m und der Zahl der beleuchteten Gitterstriche N. Für gute Gitter erhält man $N \approx 10^5$ Linien. Die Beugungsordnung ist für kleinere Gitterkonstanten auf etwa $m = 3$ beschränkt. Damit erhält man ein Auflösungsvermögen von etwa 300.000 (Tab. 22.1). Typische Werte für $\lambda/\Delta\lambda$ von Gitterspektrometern liegen zwischen 10^5 und 10^6.

Bei Kenntnis der Gitterkonstanten sind absolute Wellenlängenbestimmungen möglich. Die Vereinfachung der Gitterherstellung durch Abdruck (replica) von geritzten Gittern oder durch photographische Ätztechnik (holographische Gitter) hat zu einer großen Verbreitung von Gitterspektrometern geführt.

22.2.1 Reflexionsgitter

Transmissionsgitter, welche aus abwechselnden hellen und dunklen Stufen bestehen, zeichnen sich durch einen relativ kleinen Beugungswirkungsgrad für die 1. Ordnung von etwa 10 % aus. Höhere Intensitäten erhält man bei Phasengittern, die aus Streifen mit unterschiedlichen Brechungsindizes bestehen. Oft werden auch Reflexionsgitter eingesetzt, die aus einer gefurchten metallisierten Oberfläche bestehen. Der Beugungswirkungsgrad kann Werte von nahezu 100 % annehmen, wenn die Furchenform nach Abb. 18.6 gewählt wird. Beim Blaze- oder Echelle-Gitter tritt ein optimaler Beugungswirkungsgrad auf, wenn für eine Beugungsordnung ungefähr das Reflexionsgesetz erfüllt ist. Bei der Littrow-Anordnung stehen die einfallenden Strahlen senkrecht zur Furchenoberfläche. Die Furchenhöhe in Einfallsrichtung muss für eine maximale Reflexion ein ganzzahliges Vielfaches von $\lambda/2$ sein . Insbesondere im Vakuum-Ultravioletten werden Rowland-Gitter eingesetzt. Diese bestehen aus Furchen, die auf einen Hohlspiegel geritzt werden.

Parallel einfallende Strahlen werden im Brennpunkt vereinigt, wodurch eine zusätzliche Abbildungsoptik entbehrlich wird.

Heutzutage werden Gitter meist holographisch hergestellt. Ein Laserstrahl wird aufgeweitet und in zwei Teilwellen aufgespalten. Diese werden unter einem geeigneten Winkel überlagert. Es entstehen parallele Interferenzstreifen, mit welchen eine photoempfindliche Schicht, z. B. ein Photolack, belichtet wird. Durch Entwicklung und Ätzen werden Furchen geeigneter Form auf einem Träger, z. B. Glas, hergestellt.

22.3 Zweistrahlinterferometer

Bei Interferometern wird das zu analysierende Licht in zwei Teilwellen aufgespalten, die geometrisch gegeneinander verzögert und dann wieder überlagert werden. Bei variabler Verzögerung entstehen Intensitätsmaxima für Gangunterschiede, die gleich Vielfachen der Wellenlänge sind. Das Auftreten der Intensitätsmaxima hängt von der Wellenlänge ab, so dass eine Trennung und Messung von Wellenlängen möglich ist. Es gibt verschiedene Möglichkeiten Zweistrahlinterferometer aufzubauen, wobei das Michelson-Interferometer nach Abb. 22.2 (und 20.4) besonders häufig benutzt wird.

Laserinterferometer nach dem Prinzip von Michelson werden auch zur Längenmessung mit hoher Präzision eingesetzt. Eine Laserwelle (Abb. 22.2) trifft auf einen Strahlteiler, so dass sie in zwei Wellen gleicher Intensität zerlegt wird: die durchlaufende Welle 1 und die senkrecht dazu verlaufende Welle 2. Die Welle 2 wird an einem ebenen Referenzspiegel und die Welle 1 über einen Signalspiegel in sich selbst reflektiert. Vom Strahlteiler wird ein Teil der reflektierten Wellen durch eine Blende auf einen Photodetektor gelenkt. Da die beiden Wellenfronten 1 und 2 bei der Überlagerung nicht exakt parallel liegen, entsteht in der Blendenebene durch Interferenz ein Streifensystem. Wird der Signalspiegel längs eines Meßobjektes der Länge ΔL verschoben, so schiebt sich das Streifensystem über die schmale Blende, und der Photodektektor registriert eine Intensitätsmodulation. Dabei treten jeweils Intensitätsmaxima auf, wenn der Signalspiegel um eine halbe Wellenlän-

Abb. 22.2 Interferometer
nach Michelson zur Längenmessung

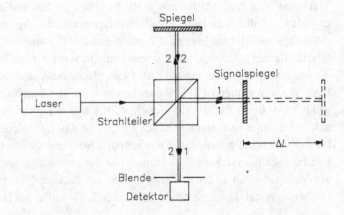

ge weiter bewegt wurde. So kann die Länge ΔL durch Zählen der Intensitätsmaxima m gemessen werden:

$$\Delta L = m \frac{\lambda}{2} . \tag{22.4}$$

Wegen der großen Kohärenzlänge von Laserlicht können Längen bis zu einigen 10 m bis auf Bruchteile der Wellenlänge gemessen werden. Da Interferenzen nur bei Verschiebungen ΔL innerhalb der Kohärenzlänge auftreten, kann das Interferometer auch zur Messung dieser Größe benutzt werden, wie in Abschn. 20.4 dargestellt.

Wenn ΔL auf andere Weise gemessen wird und die zugehörige Zahl m der Maxima gewählt wird, kann mit (22.4) die Wellenlänge bestimmt werden.

22.4 Fabry-Pérot-Interferometer

Ein Fabry-Pérot-Interferometer besteht aus zwei parallelen, teildurchlässig verspiegelten Platten im Abstand d von einigen mm bis cm. Eine einfallende Lichtwelle wird mehrfach zwischen den Platten hin- und herreflektiert, so dass das durchtretende Licht aus vielen Teilwellen besteht. Ist deren Gangunterschied Δ ein Vielfaches der Wellenlänge λ, so tritt ein Transmissionsmaximum auf:

$$\Delta = 2d \sqrt{n^2 - \sin^2 \alpha} = 2nd \cos \beta = k\lambda . \tag{22.5}$$

Dabei bezeichnet α den Einfallswinkel, außerhalb des Interferometers gemessen, und β ist der entsprechende Winkel zwischen den Spiegeln. Die Brechzahl des Mediums zwischen den Spiegeln wird durch n gegeben.

Bei festem Plattenabstand wird Licht verschiedener Wellenlänge unter verschiedenen Einfallswinkeln durchgelassen. Das Fabry-Pérot-Interferometer entspricht dann dem im Abschn. 18.5 beschriebenen FP-Etalon. Zur Aufnahme eines Spektrogramms wird das Etalon mit leicht divergentem Licht beleuchtet. Die Divergenz kann in der Anordnung nach Abb. 22.3 durch die Linsenkombination L_1, L_2 eingestellt werden. Außerdem wird mit L_1, L_2 eine Strahlaufweitung vorgenommen. Verschiedenen Einfallswinkeln entspre-

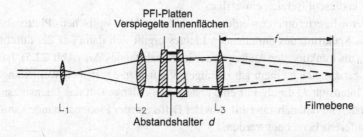

Abb. 22.3 Fabry-Pérot-Interferometer. Die gestrichelten und ausgezogenen Strahlen gehören zu Ringen verschiedener Ordnung k

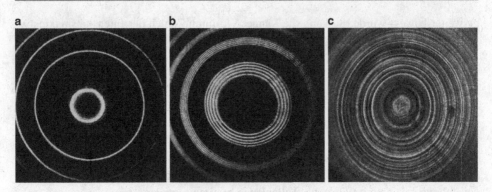

Abb. 22.4 Ringe hinter einem Fabry-Pérot-Interferometer bei Beleuchtung mit einem Laser. **a** 1 Mode, **b** 4 Moden, **c** Frequenzbereich der Laseremission größer als Dispersionsgebiet $c/2d = 1{,}6\,\mathrm{GHz}$

Abb. 22.5 Fabry-Pérot-Interferometer mit Längen-änderung. I_d – im Zentrum durchtretende Intensität, $\lambda_1, \lambda_2, \lambda_3$ – bei verschiedenen Längen Δd durchtretende Wellenlängen, $\Delta\lambda_D$ – Wellenlängenbereich des Dispersionsgebietes

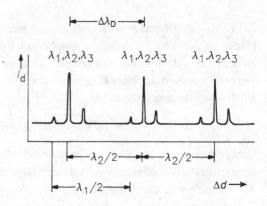

chen in der Brennebene (= Filmebene) der Linse L_3 Kreise mit verschiedenen Durchmessern, so dass einer einfallenden Wellenlänge ebenfalls ein Kreis entspricht (Abb. 22.4), aus dessen Durchmesser die Wellenlänge bestimmt werden kann. Für eine gute spektrale Auflösung müssen die Platten hoch verspiegelt sein (Abschn. 18.5). Da dielektrische Spiegel nur in einem begrenzten Wellenbereich arbeiten, sind die Fabry-Pérot-Interferometer jeweils nur in diesem Bereich einsetzbar.

Fabry-Pérot-Interferometer werden auch mit variablem optischem Plattenabstand betrieben. Das Spektrum des einfallenden Lichtes ergibt sich dann aus der durchtretenden Intensität I_d als Funktion der Änderung des Plattenabstandes Δd (Abb. 22.5). Ist der Plattenabstand gerade gleich einem ganzzahligen Vielfachen der halben Wellenlänge, so tritt eine große Intensität I_d durch. Für eine andere Wellenlänge tritt das Intensitätsmaximum für einen anderen Plattenabstand auf. Aus der Differenz der Plattenabstände kann die Wellenlängendifferenz berechnet werden.

Das Fabry-Pérot-Interferometer kann mit hohem spektralem Auflösungsvermögen $\lambda/\Delta\lambda$ bis 10^8 betrieben werden (Tab. 22.1). Nachteilig ist der kleine nutzbare Wellenlängenbereich $\Delta\lambda_D$ (Dispersionsgebiet), der nur etwa $10^2 \ldots 10^3 \Delta\lambda$ beträgt. Die Berechnung von Auflösungsvermögen und Dispersionsgebiet ist in Abschn. 18.5 beschrieben. Zur Spektralanalyse von Laserstrahlung werden konfokale Fabry-Pérot-Interferometer mit periodischer piezoelektrischer Spiegelbewegung benutzt, die in Verbindung mit photoelektrischer Registrierung des durchtretenden Lichtes eine oszillografische Darstellung des Spektrums ermöglichen (Spectrumanalyzer) (Abb. 22.5).

22.4.1 Interferenzfilter

Fabry-Pérot-Etalons mit geringer Dicke werden als Interferenzfilter eingesetzt, welche nur schmale Spektralbereiche um 10 nm durchlassen. Die Filter bestehen aus einer dünnen planparallelen Schicht mit einer Dicke d um 1 μm. Die Schicht ist auf beiden Seiten hoch verspiegelt. Durch Vielstrahl-Interferenz werden nur die Wellenlängen $m\lambda = 2nd$ ($m = 1, 2, 3, \ldots$) hindurchgelassen, wobei n der Brechungsindex der Schicht ist. Zur Absorption unerwünschter Ordnungen werden Interferenzfilter mit Farbfiltern kombiniert.

22.5 Optisches Überlagerungsverfahren

Bei optischen Überlagerungsverfahren wird die zu analysierende Lichtwelle der Frequenz f_1 mit einer zweiten stabilen Lichtwelle der Frequenz f_2 überlagert und die Gesamtintensität mit einem Photodetektor nachgewiesen (Abb. 22.6). Die gemessene Intensität enthält ein Schwebungsglied, das mit der Differenzfrequenz $(f_1 - f_2)$ der beiden Lichtwellen moduliert ist. Diese kann mit elektronischen Mitteln analysiert werden (Abb. 22.6). Falls f_1 bekannt ist, kann f_2 bestimmt werden.

Das Auflösungsvermögen des optischen Überlagerungsverfahrens ist besser als 10^{10}. Dabei ist es gelungen, Differenzfrequenzen bis unterhalb 1 Hz nachzuweisen. Dies bedeutet, dass die spektrale Breite der verwendeten Laser kleiner als 1 Hz war, was einer Kohärenzzeit von 1 s und einer Kohärenzlänge von 300.000 km entspricht. Das optische Überlagerungsverfahren findet Anwendung beispielsweise bei Laser-Doppler-Geschwindigkeitsmessungen (Abschn. 23.7).

Mit optischen Überlagerungsverfahren können Längenänderungen bis 10^{-15} m gemessen werden. Die Längenänderung muss dabei in Bewegung eines Laserspiegels umgesetzt werden und führt dann zu einer Verschiebung der Lichtfrequenz. Diese wird nach Überlagerung mit einer stabilen Referenzfrequenz als Differenzfrequenz nachgewiesen.

Abb. 22.6 Prinzip des optischen Überlagerungsverfahrens zur Messung von Differenzfrequenzen (optical heterodyning)

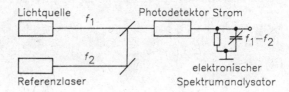

22.6 Aufgaben

22.1 Ein Prisma mit einer Basislänge von $t = 3\,\text{cm}$ besteht aus Flintglas mit folgenden Brechzahlen: $n_{F'} = 1,8297$ bei $\lambda = 480,0\,\text{nm}$ und $n_e = 1,8126$ bei $\lambda = 546,1\,\text{nm}$. Berechnen Sie das Auflösungsvermögen.

22.2 Das Gitter eines Spektrometers besitzt einen Gitterabstand von $1,5\,\mu\text{m}$ und eine Breite von 3 cm. Wie groß ist das Auflösungsvermögen?

22.3 Wie groß ist das Auflösungsvermögen und Dispersionsgebiet Δf_D und $\Delta \lambda_D$ eines Fabry-Pérot-Interferometers, welches einen Plattenabstand von 5 cm hat und für $\lambda = 500\,\text{nm}$ mit $R = 98\,\%$ verspiegelt ist?

Weiterführende Literatur

1. Skrabal P (2009) Spektroskopie. UTB, Stuttgart

Anwendungen und Entwicklungspotenzial 23

Der militärische Einsatz von Hochenergie-Lasern in „Star-Wars"-Projekten hat früher teilweise zu einem negativen Bild der Lasertechnik geführt. Neben diesen futuristischen Vorhaben existiert jedoch eine ganze Palette friedlicher, zum Teil spektakulärer Laseranwendungen. Darunter fallen zentimetergenaue Messungen der Kontinentaldrift und des Abstandes Erde-Mond. Halbleiterlaser und Glasfasern steigern unsere Kommunikationsmöglichkeiten um viele Größenordnungen. Weitere Hauptanwendungsgebiete liegen in der Produktionstechnik sowie in medizinischen Diagnoseverfahren und Therapien. Laserstrahlen mit hoher Leistung werden zur Materialbearbeitung und für die Chirurgie eingesetzt. Die Holographie mit Laserlicht eröffnet neue Möglichkeiten zur dreidimensionalen Bilddarstellung, Mustererkennung und Bildverarbeitung. Diodenlaser sind in CD- und DVD-Speichern weit verbreitet. Derartige Anwendungen der Laser werden in diesem Kapitel an einigen Beispielen dargestellt. Weiteres Anwendungspotential ist bei der Beschreibung der Lasertypen in Kap. 3 bis 11 skizziert.

23.1 Nachrichtenübertragung mit Glasfasern

Eine dünne Glasfaser mit einem Durchmesser von einigen tausendstel Millimetern kann eine Lichtwelle, die von einem Laser als Sender erzeugt wird, über Entfernungen von einigen 100 km übertragen (Abb. 23.1). Mit Zwischenverstärkern sind Glasfaserverbindungen durch die Weltmeere zwischen den Kontinenten möglich. Das in die Glasfaser eingespeiste Laserlicht wird an den Wänden total reflektiert, und es treten an den Oberflächen nur sehr geringe Verluste auf. Zur Minimierung der Pulsverbreiterung durch Laufzeitdifferenzen werden Einmodefasern mit Kerndurchmessern im μm-Bereich verwendet. Als Sender dienen Laserdioden mit Wellenlängen um etwa 800, 1300 und 1550 nm. Eine Standard-Telekom-Faser hat einen 8 μm dicken Kern und einen Mantelaußendurchmesser von 125 μm. Darüber befindet sich noch ein Polymer-Coating.

Zur optischen Nachrichtenübertragung wird die Information dem Sendelaser durch eine geeignete Modulation aufgeprägt, und am Ende der Glasfaser wird dann das Lichtsignal

© Springer-Verlag Berlin Heidelberg 2015
H.J. Eichler, J. Eichler, *Laser*, DOI 10.1007/978-3-642-41438-1_23

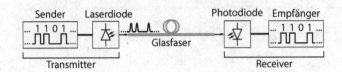

Abb. 23.1 Nachrichtenübertragung mit Glasfasern. In eine Glasfaser können gleichzeitig mehrere Datenkanäle eingekoppelt und übertragen werden

wieder optoelektronisch detektiert und in ein elektrisches Signal umgewandelt. Der Vorteil dieses Systems gegenüber konventionellen Techniken der Nachrichtenübertragung ist, dass Glasfasern mit Lasern als Sender sehr hohe Übertragungskapazitäten erlauben. Man kann auch 10 oder 100 Glasfasern zu Kabeln zusammenfassen. Derartige Anwendungen in der Informationstechnologie stellen zur Zeit einen Schwerpunkt der modernen Optik dar.

Die Idee, Lichtleiter zur Übertragung von Information in Form optischer Signale zu verwenden, war schon in den 60er Jahren bekannt. Jedoch sorgten die hohen Verluste in den damals vorhandenen Glasfasern für ein rasches Abklingen der Signale nach nur wenigen Metern. Erst die theoretischen Arbeiten von Charles Kao zur Beschreibung der Verluste als Folge von Verunreinigungen im Glas sowie der Wellenlängenabhängigkeit von Streuung und Absorption bewirkten immense Fortschritte in der Glasfaserherstellung. Kao wurde dafür im Jahr 2009 mit dem Physiknobelpreis ausgezeichnet.

Die heute hochrein und damit verlustarm produzierten Glasfasern ermöglichen eine sehr hohe Übertragungskapazität. Daher wurden sie zunächst in Telefonnetzen an Stellen verwendet, wo große Nachrichtenströme zusammenlaufen, z. B. bei der Telefonverbindung zwischen Großstädten und Ballungszentren. 1988 wurde das erste Glasfaserunterseekabel verlegt, um eine transatlantische Verbindung über eine Länge von etwa 5000 km zwischen der Ostküste der USA und Europa zu schaffen. Ein 1989 verlegtes transpazifisches Glasfaser- oder Lichtwellenleiterkabel war für eine Datenrate von 280 Mbit/s ausgelegt. Ein 1995/96 verlegtes Unterseekabel arbeitete bereits mit 5 Gbit/s und hatte schon nicht mehr wie bisher etwa alle 50 km eine Signalregeneration mittels optoelektronischer Umwandlung und elektrischer Regenerierung. Stattdessen wurden optische Verstärker (EDFAs) eingesetzt, die die Anzahl der erforderlichen optoelektronischen Umwandlungen und elektrischer Signalregenerierung erheblich reduzierten. Seitdem wuchs die Zahl der Glasfaserverbindungen ständig an. In Japan wurde teilweise das Glasfasernetz bis zum privaten Teilnehmer geführt. Die fibre-to-the-home-Anschlüsse sind dort häufiger als DSL-Verbindungen (digital subscriber line), die mit vergoldeten Kupferdrähten übertragen, und 100 Mbit/s bei 1 Gbit/s Datenrate für jeden Anschluss bereitstellen. Damit ist es auch möglich, Fernsehbilder, Radioprogramme, Daten und beliebige andere Nachrichten auf dem gleichen Netz zu übertragen.

Die Übertragung von Datenraten bis zu 20.000 Gbit/s = 20 Tbit/s über eine Glasfaser ist zur Zeit realisierbar. Dies ist etwa die theoretische Grenze der Übertragungsbandbreite von einzelnen Glasfasern bei Wellenlängen um 1,5 μm. Damit hat eine einzige Glasfaser etwa die 20.000fache Bandbreite des gesamten funktechnischen genutzten Bereiches von der Langwelle bis zum UHF-Band. Um diese enormen Bandbreiten zur gleichzeitigen

Übertragung mehrerer Datenkanäle auszunutzen, werden Wellenlängenmultiplex-Verfahren (wavelength division multiplexing, WDM) entwickelt.

Dies erfordert zahlreiche neuartige optische Bauelemente und integriert optische Netzwerke. Auch für den Aufbau von Telefonvermittlungsstationen, die die einzelnen Teilnehmer miteinander nach Wunsch verbinden, werden rein optische Lösungen gesucht. Bisher nutzt man dafür noch elektronische Systeme, die jedoch in komplexen Netzen bei großen Datenmengen immer aufwendiger werden. Als Alternative sind photonische, d. h. rein optische Schaltsysteme in der Entwicklung. Auch Rechner, z. B. von großen Internetserver-Anlagen, werden zunehmend mit Lichtwellenleitern vernetzt.

Lichtwellenleiter erlangen darüber hinaus zunehmend Bedeutung zur Herstellung von Verbindungen elektronischer und mechanischer Baugruppen für die Bürokommunikation und in Flugzeugen, Kraftfahrzeugen, Haushaltsgeräten sowie Audio- und Videoanlagen. Besonders die Verwendung von polymeren optischen Fasern (POFs) ermöglicht kostengünstige und sichere Verbindungen, um Daten und Signale effizient zu übertragen. Es können sowohl bidirektionale Leitungen als auch komplette Netzwerke realisiert werden.

Laser werden auch zur Freistrahl-Datenübertragung ohne Glasfasern verwendet, z. B. für den Datenaustausch zwischen Satelliten oder von Satelliten zur Erde. Auch zwischen Gebäuden in Städten können Daten mit Laserstrahlung übertragen werden. Allerdings sind Behinderungen durch Nebel und Regen zu beherrschen. Sendelaser werden dafür mit Wellenlängen von 600 bis 800 nm verwendet, teilweise reichen aber auch LEDs dafür aus.

23.2   Materialbearbeitung mit Lasern

Trifft ein Laserstrahl auf Metall oder ein anderes Material, so wird die Strahlenergie absorbiert und das Metall erwärmt. Bei höherer absorbierter Energie schmilzt und verdampft das Material, und man kann diese thermischen Prozesse in verschiedener Weise zur Materialbearbeitung ausnutzen (Tab. 23.1). Das Erwärmen von Stählen führt dazu, dass sich das Kristallgefüge ändert: damit lassen sich Stähle härten. Laserinduziertes Schmelzen wird zum Schweißen ausgenutzt. Zum Schneiden von metallischen Werk-

Tab. 23.1 Physikalische Prozesse zur Laser-Materialbearbeitung sowie deren Vor- und Nachteile gegenüber anderen Verfahren

Erwärmen	Härten, Oberflächenmodifikationen
Schmelzen	Schweißen, Auflegieren, Schneiden
Verdampfen	Bohren, Markieren, Auftragen
Vorteile	Herstellung beliebiger Formen Bearbeitung harter Stoffe Kein Werkzeugverschleiß Mikrobearbeitung Flexible Strahlführung mit Fasern Einsatz in CAM-Systemen
Nachteile	Hohe Anlagekosten (sinkend) Teilweise besondere Anforderungen an Konstruktion, Werkstoffe, Handling

stoffen ist ein Aufschmelzen des Materials und ein Ausblasen der Schmelze mit einem fokussierten Gasstrom üblich, wohingegen beim Bohren das Material lokal verdampft wird. Verdampftes Material kann man wiederum auftragen, um dünne Überzüge und Schichten aus Edelmetallen zu bilden, Materialien zu passivieren oder korrosionsbeständige Beläge zu erzeugen. Man kann solche Auftragungsprozesse auch aus der flüssigen Phase und aus der Gasphase mit Lasern durchführen. Das sind Entwicklungslinien, die für die Mikrotechnologie von großer Bedeutung sind und in deren Richtung heute viel gearbeitet wird. Während Auftragungstechniken sich zur Zeit noch in der Erprobung befinden, werden Laser zum Schneiden, Schweißen, Bohren und Härten schon heute in der industriellen Produktion vielfältig verwendet.

Bei der Anwendung von Laserlicht zur Materialbearbeitung müssen Leistungsdichte und Bestrahlungszeit der Bearbeitungsart entsprechend aufeinander abgestimmt werden. Bei geringer Leistungsdichte und großer Bestrahlungszeit wird durch Wärmeleitung ein großes Materialvolumen erwärmt. Bei hoher Leistungsdichte und kurzer Bestrahlungszeit wird das Material nur im Bereich des auftreffenden Laserstrahls erhitzt, und die Verluste durch Wärmeleitung sind reduziert. Während eines Laserpulses mit der Dauer t führt die Wärmeleitung zur Erwärmung bis in eine Materialtiefe

$$d \approx \sqrt{4kt} \,. \tag{23.1}$$

Darin ist $k = \lambda/c\varrho$ die Temperaturleitfähigkeit des bestrahlten Stoffes, die sich aus der Wärmeleitfähigkeit λ, der spezifischen Wärmekapazität c und der Dichte ϱ ergibt. Mit $k = 0{,}13\,\mathrm{cm}^2\,\mathrm{s}^{-1}$ für Stahl beträgt diese Eindringtiefe $d = 1 \cdot 10^{-4}\,\mathrm{cm}$ bei Bestrahlung mit einem 20 ns-Puls. Bei Bestrahlung mit einem 1 ms-Puls vergrößert sich dieser Wert auf $2 \cdot 10^{-2}\,\mathrm{cm}$. Die optische Eindringtiefe (reziproker Absorptionskoeffizient) von Laserstrahlung liegt bei Metallen bei nur etwa $10^{-6}\,\mathrm{cm} = 10\,\mathrm{nm}$.

Gläser und Halbleiter haben oft eine sehr geringe (lineare) Absorption im sichtbaren und nahen infraroten Spektralbereich, sofern die eingestrahlte Intensität klein ist. Bei hohen Intensitäten tritt durch „Mehrphotonenprozesse" nichtlineare Absorption auf, wodurch die Eindringtiefe des Laserlichtes bis auf einige nm ähnlich wie bei Metallen herabgesetzt wird. Dazu werden Pulslaser mit Dauern in Piko- und Femtosekundenbereich eingesetzt, mit denen sehr präzises Abtragen (Ablation), Bohren und Schneiden vieler Materialien möglich ist (Abb. 23.2).

Abb. 23.2 Leistungsdichten und Pulsdauern zur Materialbearbeitung mit Lasern

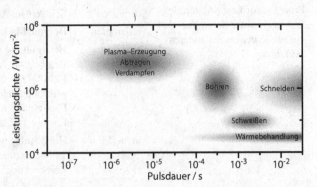

In Abb. 23.2 ist die Laserleistungsdichte in Abhängigkeit von der Bestrahlungszeit für verschiedene Bearbeitungsprozesse aufgetragen. Die Grenzen der Bereiche sind nicht exakt festlegbar; sie hängen vom verwendeten Lasertyp und vom zu bearbeitenden Material ab.

23.2.1 Laser für die Materialbearbeitung

CO_2-Laser werden vor allem zur Bearbeitung mittlerer und größerer Werkstücke eingesetzt. Früher handelte es sich dabei um relativ große Geräte mit einem Volumen von einigen Kubikmetern. Inzwischen bewährt sich die Verwendung von segmentierten Entladungsrohren, welche z. B. quadratisch angeordnet sind. Damit sind kompakte Bauformen möglich (Abb. 6.8).

Die Vorteile gegenüber anderen Verfahren zur Materialbearbeitung bestehen beispielsweise darin, dass beliebige Profile in Bleche geschnitten werden können. Mit konventionellen Verfahren müsste man komplizierte Stanzwerkzeuge für jeden Schnitt bauen oder thermische Trennverfahren einsetzen, die Nacharbeit erfordern. Der Laser stellt demgegenüber ein universelles Werkzeug dar, welches man leicht umstellen kann und mit dem es möglich ist, verschiedenste Anforderungen zu berücksichtigen. Abbildung 23.3 zeigt einige Daten über das Laser-Schweißen. Bei Stahlblechen werden Schweißgeschwindigkeiten von einigen Metern pro Minute erreicht. Bleche bis 6 cm Dicke, z. B. für den Schiffsbau, werden mit 20 kW Faserlasern geschweißt. Der Einsatz von 100 kW-Lasern ist geplant.

Mit Festkörperlasern wurden zunächst Bearbeitungsvorgänge im Mikrobereich durchgeführt, z. B. Bohrungen mit Durchmessern von einigen Mikrometern, Herstellung und Bearbeitung integrierter elektronischer Schaltungen, Abgleichen von elektrischen Widerständen und Schweißungen von Leiterbahnverbindungen auf Platinen elektronischer Geräte.

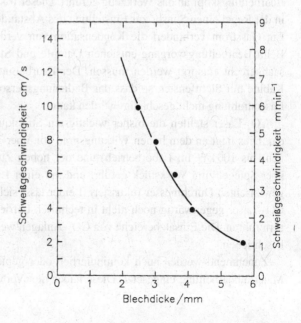

Abb. 23.3 Schweißgeschwindigkeit eines CO_2-Hochleistungslasers von unlegiertem Stahl bei einer konstanten Laserleistung von 3,6 kW

Da Festkörperlaser aber inzwischen Strahlleistungen von einigen 10 Kilowatt erreichen, werden diese aber auch zum Punkt- und Nahtschweißen von Autokarosserien in zunehmendem Umfang angewendet. Die Strahlung wird dazu über Glasfasern zugeführt, was bei CO_2-Lasern nicht möglich ist.

Die Vorteile der Laserverfahren gegenüber konventionellen Bearbeitungstechnologien sind in Tab. 23.1 dargestellt. Es ist möglich, beliebige Formen herzustellen, und sehr harte Werkstoffe zu bearbeiten. Der Laserstrahl verschleisst nicht wie mechanische Werkzeuge und eignet sich hervorragend für die Mikrobearbeitung.

Laserverfahren sind anderen Strahlmethoden zur Materialbearbeitung, wie Schweißen und Schneiden mit Gasbrennern, elektrischen Lichtbögen, Plasma- oder Elektronenstrahlen, in vieler Hinsicht überlegen. Die Laserstrahlung kann bis in den Mikrometerbereich fokussiert werden und ist über Spiegel oder Quarzfasern leicht zu führen und dadurch mit Industrierobotern zur Strahlbewegung koppelbar. Gegenüber klassischen Verfahren, dem Drehen, Fräsen und anderen spanabhebenden Techniken, arbeiten Laserverfahren praktisch ohne Werkzeugverschleiß. Es können alle metallischen Werkstoffe von weich bis spröde, Gläser, Keramik und Kunststoffe bearbeitet werden. Wegen dieser und weiterer Gründe werden Laser zunehmend in der industriellen Fertigungstechnik eingesetzt. Grenzen setzen der apparative Aufwand und die damit verbundenen Kosten.

Heute wird weltweit mit etwa 50.000 Laseranlagen gefertigt. Das Potenzial der möglichen Bearbeitungen mit dem Laserstrahl ist damit noch lange nicht erschöpft. Die jährlichen Wachstumsraten liegen bei mehr als 10 %. Der Weltmarkt für Laserquellen für die Materialbearbeitung beträgt einige Milliarden US $.

Komplette Laser-Anlagen werden von verschiedenen Firmen angeboten, der Leistungsbereich liegt zwischen 100 W und 40 kW. Die Anlagen sind in der Regel computergesteuert und CNC-programmierbar (Abb. 23.4). Die Laserstrahlung wird über einen Bearbeitungskopf an das Werkzeug geführt. Dieser fokussiert den Laserstrahl und enthält in der Regel einen Sensor zur Einstellung des Abstandes zwischen Linse und Werkstück. Ein Gasstrom verhindert die Kondensation von verdampftem Material auf der Linse. Beim Bearbeitungsvorgang entstehen Dämpfe und Stäube, die abgesaugt, gefiltert und sachgerecht entsorgt werden müssen. Der Bearbeitungsvorgang erfolgt häufig in einer Kabine mit Sichtfenster, so dass das Bedienungspersonal durch direkte oder reflektierte Laserstrahlung nicht geschädigt werden kann.

CO_2-Laser stellten die bisher wichtigsten Strahlquellen für die Materialbearbeitung dar. Dies liegt an dem hohen Wirkungsgrad von über 20 %, den hohen Ausgangsleistungen (bis 100 kW im Laborbetrieb) und der hohen Zuverlässigkeit. Die Strahlung wird über Spiegel zum Werkstück geführt und mit einer Linse im Bearbeitungskopf auf den gewünschten Durchmesser fokussiert. Leider lässt sich die 10 µm-Infrarot-Strahlung der CO_2-Laser gegenwärtig noch nicht in technisch befriedigender Weise durch flexible Fasern führen. Die Einsatzbereiche von CO_2-Anlagen werden in den folgenden Abschnitten beschrieben.

Zunehmend werden auch kontinuierlich oder gepulst betriebene Festkörperlaser zur Materialbearbeitung eingesetzt. Diese haben den Vorteil, dass die Infrarot-Strahlung bei

Abb. 23.4 Teilansicht einer
Anlage zum Schneiden und
Schweißen von Blechen. Der
Bearbeitungskopf befindet sich
in verschiedenen Stellungen,
die durch Mehrfachbelichtung
gleichzeitig dargestellt sind
(Firma Trumpf)

kürzeren Wellenlängen von etwa 1 µm liegt und durch Quarzfasern geleitet werden kann. Damit wird eine flexible Strahlführung möglich, so dass der Laserstrahl direkt an Industrieroboter ankoppelbar ist. Die Wirkungsgrade und maximalen Leistungen von lampengepumpten Nd:YAG-Lasern sind geringer als beim CO_2-Laser. Dagegen erreichen diodengepumpte Festkörperlaser, z. B. Yb-Faser- oder Scheibenlaser, inzwischen Wirkungsgrade um 50 % und beugungsbegrenzte Strahlqualität. Auch Diodenlaser direkt, z. B. mit 808 und 940 nm Wellenlänge und bis zu 5 kW Leistung cw, insbesondere mit Faserkopplung, werden zunehmend zur Materialbearbeitung eingesetzt. Mit Ultrakurzpulslasern mit Pulsdauern um 1 ps lassen sich durch Ablation besonders präzise Bohrungen oder Einfräsungen herstellen. Dafür stehen Lasersysteme mit 50 bis 100 MHz Repetitionsfrequenz und mittleren Leistungen bis 200 Watt zur Verfügung.

23.2.2 Anwendungsbereiche

Laser werden äußerst vielfältig in der industriellen Produktionstechnik zur Materialbearbeitung eingesetzt. Erste Anwendungen erfolgten in der Mikrotechnik beim Bohren kleiner Löcher in Lagersteinen für mechanische Uhren oder beim Löten dünner Drähte in der Elektronik. Mit zunehmender Verbreitung der Laser wurden diese aber auch zur Bearbeitung größerer Werkstücke eingesetzt, z. B. im Automobilbau.

Schneiden von Metallblechen, Folien, Glas

Beim Laserschneiden von Blechen, z. B. für Gehäuse, wird das Material zum Schmelzen gebracht. Der flüssige Werkstoff wird durch einen Gasstrahl ausgetrieben. Bei Ver-

Abb. 23.5 Ansicht beim
Schneiden mit einem Laser
(Firma Spectra Physics). Das
verdampfte Blechmaterial wird
in Form kleiner Partikel nach
unten ausgetrieben

wendung von Sauerstoff wird die Schnittgeschwindigkeit, z. B. bei Stählen, beträchtlich
erhöht, da durch die Oxidation zusätzlich Wärme entsteht. Der Laserstrahl kann in einer 3D-Anlage komplizierten Bahnen folgen, auch harte Materialien, die sonst nur mit
der Diamantschleifscheibe linear geschnitten werden können, lassen sich leicht bearbeiten (Abb. 23.5). Vorteile ergeben sich auch bei beschichteten Blechen, organischen Fasermaterialien, Kunststoffen, Keramik, Glas oder drahtverstärkten Gummiteilen. In der
Automobilindustrie werden Schneidelaser insbesondere bei der Entwicklung neuer Ka-
rosserieteile eingesetzt, da die Konturen einfach und schnell verändert werden können.

Schweißen von Metallen und Kunststoffen

Das so genannte Wärmeleitungsschweißen dient zur Verbindung dünner Bleche. Der Laserstrahl wird so über die Materialoberfläche geführt, dass die Siedetemperatur nicht erreicht wird und kaum Verdampfung auftritt. Durch die Einwirkung der Laserstrahlung
verschmelzen die zu verbindendenden Teile, die an der Schweißnaht aneinanderliegen.
Die Schweißnaht ist nicht sehr tief, die Tiefe entspricht etwa der 1,5fachen Breite. Abbildung 23.6 zeigt eine Punktschweißung.

Beim Tiefschweißen liegt die Temperatur über dem Siedepunkt, so dass das örtliche
Schmelzbad durch den Druck des Dampfes in der Schweißnaht bewegt wird. Die Schmelze zirkuliert und wird sogar teilweise über die Materialoberfläche gehoben, wodurch eine
Schweißraupe entsteht. Die Schweißnaht zeichnet sich durch eine feinkörnige Kristallstruktur mit nur wenigen Verunreinigungen aus. Manchmal ist sie fester als der Werkstoff
selbst.

Abb. 23.6 Laserschwei-
ßung: Draht auf Metallstab
(S. Smernos, Standard Elektrik
Lorenz AG)

Im Automobilbau kann das Laserschweißen zu einer Materialeinsparung von z. B.
5 kg pro Auto führen, da durch die hohe Präzision des Verfahrens eine Überlappung der
Schweißfalze entfällt. Vorteile bieten sich beim Schweißen an unzugänglichen Stellen wie
beispielsweise in Rohren. Das Verfahren wird auch in der Elektroindustrie zum Verbinden
verschiedener Materialien eingesetzt.

Diodenlaser z. B. mit Leistungen von 50 bis 200 Watt und 940 nm Wellenlänge eignen
sich zum Schweißen von thermoplastischen Kunststoffen. Beim so genannten Transmissi-
ons-Schweißen wird dazu eine durchlässige Folie auf eine absorbierende Folie gelegt. Der
Laserstrahl tritt durch die durchlässige Folie durch und schmilzt die absorbierende Folie,
so dass beide verschweißen. So können wasserdichte Nähte für Bekleidung hergestellt
werden.

Oberflächenbehandlung, Auftragungsschweißen

Bei der Herstellung von Massenartikeln werden häufig die Oberflächen bestimmter Bauteile einer Wärmebehandlung unterzogen, um die mechanischen und chemischen Eigenschaften oder den visuellen Eindruck zu verbessern. Für diesen Aufgabenbereich werden
zunehmend Laser eingesetzt, um Oberflächen zu härten, zu beschichten und zu legieren.
Abbildung 23.7 zeigt einen Schnitt quer zu einer Oberfläche, die mit einem intensiven CO_2-
Laserstrahl auf einer etwa 4 mm breiten Spur gehärtet wurde. Es wird eine beträchtliche
Steigerung der Härte erzielt, z. B. bei Stahlbauteilen von 25 bis 28 HRC auf 50 bis 60 HRC.

Das Oberflächenlegieren hat sich erst in den letzten Jahren durch den Einsatz von Lasern industriell durchgesetzt. Auf das Werkstück wird eine pulverförmige Substanz (Bor
oder Karbide) aufgebracht, die durch Laserstrahlung mit der Oberfläche verschmolzen
wird. Es entsteht eine neue Legierung, die bei schneller Abkühlung äußerst feinkörnig
und hart sein kann. Zum Beispiel wird diese Art der Oberflächenbehandlung zur Vergü-
tung von Ventilsitzen für Automotoren angewandt.

Ein ähnliches Verfahren ist das Laser-Auftragsschweißen. Dabei wird ein Laser zum
Erhitzen eines Werkstücks und zum Schmelzen eines meist pulverförmigen Auftrags-

Abb. 23.7 Härten einer Oberfläche mit Laserstrahlung:
a Schnittbild senkrecht zur
Oberfläche mit unterschiedlichen Gefügestrukturen;
b Verlauf der Härte (S. Smernos, Standard Elektrik
Lorenz AG)

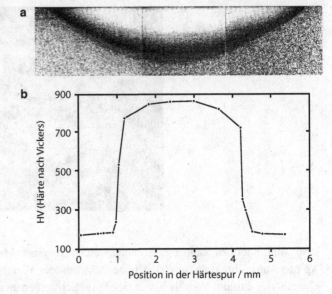

materials verwendet, so dass eine Schichtbildung mit guter Haftung, aber keine Legierung stattfindet. In vielen Industriezweigen dient dies der Veredelung der Oberfläche und
Verbesserung der Eigenschaften eines Werkstücks (Verschleiß-, Korrosions- oder Hitze-
beständigkeit). Neben den häufig eingesetzten CO_2- und Nd:YAG-Lasern werden dazu
vermehrt auch Faser- und Diodenlaser verwendet, da sie leicht integrierbar sind, geringe
Gesamtbetriebskosten aufweisen und sehr gute Ergebnisse ohne thermische Verformung
des Werkstücks liefern.

Etwas einfacher sind die Verfahren beim Lagerhärten, einer Weiterentwicklung klas-
sischer Verfahren durch Wärmebehandlung. Dabei wird die Oberfläche durch die Laserstrahlung bis knapp unter die Schmelztemperatur erhitzt. Das Material geht durch Selbst-
abschreckung durch Wärmeabfluss ins Innere in die härtere Martensit-Phase über, die
meist eine andere (feinkörnigere) Kristallstruktur aufweist (Abb. 23.7a). Damit das Werkstück nicht zu spröde wird oder sich verzieht, darf die Umwandlung nicht zu tief in
die Oberfläche reichen. Die dazu notwendige lokalisierte Erwärmung des Materials lässt
sich mit Lasern in hervorragender Weise erreichen, worin ein besonderer Vorteil dieses
Verfahrens besteht. Anwendungen findet man beim Härten von Zahnrädern oder von Ven-
tilen und Zylinderinnenwänden von Verbrennungsmotoren. Bei hohen Energiedichten und
kurzen Einwirkzeiten und darauffolgender schneller Abkühlung entsteht eine glasartige,
amorphe Phase, man spricht von Laserglasierung.

Bearbeitung von Glas und transparenten Werkstoffen

Gläser sind im sichtbaren und nahinfraroten Spektralbereich meist transparent und absorbieren Licht nur schwach bei geringen Intensitäten. Bei Wellenlängen im mittleren
infraroten Spektralbereich ab etwa 3 µm wird die Absorption jedoch stark, so dass Glä-

ser z. B. mit CO_2-Lasern mit $10\,\mu m$ Wellenlänge stark erwärmen und damit ähnlich wie Metallbleche geschnitten werden. Dabei treten keine scharfkantigen Ecken auf wie beim Trennen von Glasscheiben durch Ritzen und Brechen.

Bei Einstrahlung von ultrakurzen Laserpulsen mit fs- oder ps-Dauer auf z. B. Quarzglas steigt die Absorption jedoch stark mit der Pulsenergiedichte an und die Eindringtiefe des Lichtes kann auf wenige Nanometer zurückgehen. Die absorbierte Energie ist daher auf ein sehr kleines Volumen konzentriert, so dass die Atome im Material ionisiert, d. h. in Ionen und Elektronen zerlegt werden und ein sogenanntes Plasma entsteht. Dieses expandiert schnell, so dass die heissen Elektronen und Ionen aus dem bestrahlten Volumen herausfliegen und das Material an dieser Stelle abgetragen oder ablatiert wird. Dabei wird nur eine geringe Wärmemenge an das umgebende Material übertragen. Es entstehen dadurch bei sukzessiver Einstrahlung von vielen Laserpulsen sehr genaue Bohrungen und Schnitte.

Markieren

Weit verbreitet ist das Beschriften und Markieren mit Lasern. Derartige Aufgaben treten vielfältig auf, z. B. bei der Herstellung von Skalenstrichen auf Glas bei optischen Präzisionsinstrumenten, Kennzeichnen von Produkten der Massenfertigung elektronischer und anderer Bauteile, Schreiben von Strichcodes oder auch einfach das Beschriften von Kugelschreibern. Unterschiedliche Firmen bieten derartige Systeme an, die von Computern gesteuert werden und sehr flexibel verschiedene Arten von Beschriftungen durchführen können. Auch Markierungen im Inneren von Gläsern u. a. durchsichtiger Materialien sind möglich, indem kurze Lichtimpulse in ein Glasbauteil fokussiert werden. Dadurch entstehen kleine Risse, Verfärbungen oder Brechzahländerungen im Material, so dass innere, schwer löschbare Markierungen und Figuren herstellbar sind.

Herstellung von Halbleiterbauelementen

In der Halbleitertechnologie gibt es zahlreiche Anwendungsmöglichkeiten für Laser, wofür hier nur einige Beipiele gegeben werden. Relativ weit verbreitet ist das Laser-Annealing, worunter das Ausheilen von Kristalldefekten verstanden wird, die z. B. durch Ionenimplantation hervorgerufen werden. Bei diesem Verfahren werden die erforderlichen Dotierungsatome als Ionen in den Halbleiterkristall eingeschossen, wobei gleichzeitig unerwünschte Gitterfehler entstehen. Diese heilen durch laserinduzierte Erwärmung wieder aus.

Mit Lasern können auch verschiedene Schichten auf Halbleiteroberflächen aufgebracht werden. Das abzuscheidende Metall oder ein spezielles Halbleitermaterial wird dazu in eine gasförmige Verbindung eingebaut, die sich durch Wirkung der Laserstrahlen an der Halbleiteroberfläche zersetzt und die gewünschte Schicht bildet. Ein besonderer Vorteil dieses Verfahrens ist, dass mit fokussierter Strahlung auf der Oberfläche Leiterbahnen und andere zweidimensionale Strukturen erzeugt werden können.

Das Standardverfahren zur Strukturierung von Halbleiteroberflächen ist die Photolithografie. Hierbei wird ein photoempfindlicher Lack auf die Oberfläche gebracht, der anschließend mit der herzustellenden Struktur belichtet wird. Durch einen chemischen Entwicklungsprozess werden Teile des Photolacks wieder abgelöst. Die freien Teile der Halbleiteroberfläche können nun geätzt, chemisch dotiert, metallisiert oder mit anderen Materialien beschichtet werden, so dass die erforderlichen komplexen Strukturen für integrierte Schaltungen in mehreren Schritten entstehen.

Die Strukturgröße bei integrierten Schaltungen ist durch die Wellenlängen der zur Belichtung verwendeten Strahlung gegeben. Früher wurden vor allem Quecksilberdampflampen mit Wellenlängen von etwa 250 nm verwendet. Zur Verringerung der Strukturgrößen, die für eine erhöhte Packungsdichte der Funktionselemente einer integrierten Schaltung notwendig ist, eignen sich Excimerlaser mit kürzeren Wellenlängen, z. B. ArF-Laser mit 193 nm. Diese werden beispielsweise von der Firma Intel eingesetzt, um integrierte Schaltungen mit nur 40 nm Strukturbreiten zu produzieren. Notwendig sind dazu auch neuartige Photolacke mit Belichtungsschwellen. Zur Herstellung noch kleinerer Strukturen ist der Einsatz von VUV- oder Röntgenlithographie geplant, z. B. bei 13 nm Wellenlänge.

Fest etabliert sind in der Elektronikfertigung Laserverfahren zum Ritzen und Trennen von Halbleiterchips, die in größerer Anzahl auf einem Siliziumsubstrat oder Wafer mit einigen Zentimetern Durchmesser hergestellt werden. Auch Lötungen und der Abgleich von Widerständen durch Materialabtragung werden routinemäßig mit Lasern durchgeführt.

Zukunftstechnologien der Lasermaterialbearbeitung

Die Materialbearbeitung mit dem Laserstrahl ist eine Technologie mit interessanten Perspektiven und Wachstumsmöglichkeiten. Damit die Vorteile voll zur Geltung kommen, müssen Produkt und Fabrikationsanlage aufeinander abgestimmt sein. Lasergerechtes Konstruieren, lasergerechte Werkstoffe und die On-line-Regelung der Verfahren spielen im Vergleich zu alternativen Technologien, wie Elektronen-, Plasma- und Wasser-Strahlverfahren, eine wesentliche Rolle.

Neuartige Anwendungen können sich durch Ausnutzung spezieller Effekte ergeben, zum Beispiel Materialabtragung, sogenannte Ablation, ohne thermische Beeinflussung der Umgebung durch ultrakurze Pulse, Mikrostrukturierung von Halbleiterbauelementen durch laserinduzierte Kristallmodifikation, Oberflächenbeschichtungen oder Leiterbahnherstellung.

Besondere Fortschritte sind durch die Entwicklung von Dioden- und Faserlasern hoher Leistung zu erwarten. Es sind Multimode-Faserlaser mit 50 kW Strahlleistung und Singlemode-Laser mit 10 kW erhältlich. Die Anwendbarkeit dieser Laser wird durch die Robustheit, die kompakte Größe sowie den hohen elektrischen Wirkungsgrad von 30 % verbessert. Damit können Anwendungen in der Materialbearbeitung kostengünstig realisiert werden, die vor einiger Zeit noch unwirtschaftlich waren. So sorgt beispielsweise die Strahlanpassung eines Hochleistungsfaserlasers an verschiedene Schweißaufgaben (homogene Intensitätsverteilung beim Laserlöten, dynamisches Strahlpendeln beim Dickblechschweißen) für eine deutliche Steigerung der Produktivität.

Eine ebenso aussichtsreiche Perspektive haben direkt fasergekoppelte Hochleistungsdi-odenlaser. Im Vergleich zu konventionellen Lasern lassen diese reduzierte Anschaffungs-und Betriebskosten erwarten und werden daher auf verschiedenen Gebieten der industri-ellen Materialbearbeitung in Zukunft bis in den Multikilowattbereich dominierend sein. Fasergekoppelte Hochleistungsdiodenlaser auf GaAs-Basis, die im Spektralbereich um 1000 nm abstimmbar sind, werden z. B. zum Trennen von Glasscheiben, Silizium-Wafern und anderen Halbleitern sowie zum Schweißen von Aluminium eingesetzt, da die Wel-lenlänge in dieser Bandbreite je nach Material so gewählt werden kann, dass eine zur Prozessoptimierung geeignete Absorption auftritt.

Weitere Anwendungsgebiete für Hochleistungslaser bestehen in der Herstellung von effizienten Solarzellen mit hoher Prozessgeschwindigkeit: Trennen von Silizium-Wafern, Herstellung von Isolationsgebieten bei Dünnschicht-Solarzellen, Bohrungen zur Durch-führung von Kontaktdrähten von der Vorder- zur Rückseite. Modengekoppelte UV-Laser ermöglichen beispielsweise die Fabrikation von Solarzellen mit schmaleren Oberflächen-kontakten, die den erzeugten Strom zugleich wesentlich verlustärmer leiten als herkömm-lich aufgebrachte Kontakte im Siebdruckverfahren. Dadurch kann eine höhere Effizienz der Solarzellen erzielt werden.

Die vielfältigen Möglichkeiten zur Materialbearbeitung und die gute Steuerbarkeit des Laserstrahls machen die Laser zu hervorragenden Werkzeugen für die flexible, automa-tische Fertigung. Da sie hinsichtlich ihrer Kompaktheit, Effizienz und Wirtschaftlichkeit weiter optimiert werden, wird die Zahl wirtschaftlich sinnvoller Laseranwendungen in der Produktionstechnik weiterhin stetig zunehmen.

23.3   Laser in der Medizin und Biophotonik

Laser werden in der Medizin einerseits in der Therapie, z. B. in der Laserchirurgie, an-dererseits zur Diagnose angewendet. Die diagnostischen Methoden, wie z. B. optische Tomographie, Spektroskopie und Laser-Doppler-Geschwindigkeits-Messungen, entspre-chen weitgehend Verfahren, die auch in anderen Anwendungsgebieten und der Biophoto-nik (siehe Abschn. 23.3.5) eingesetzt werden.

23.3.1   Wirkungsmechanismen

Bei therapeutischen Anwendungen wird vorwiegend die thermische Wirkung der Laser-strahlung zu chirurgischen Zwecken ausgenutzt (Abb. 23.8). Wird Gewebe mit einem Laser bestrahlt, so erhöht sich die Temperatur durch Absorption. Bei etwa 60 °C koaguliert das Eiweiß und bei etwa 100 °C verdampft das Gewebewasser, bei weiterer Tempera-turerhöhung karbonisiert das Gewebe. Diese Stufen der Beeinflussung von biologischem Material können zur Verödung, zum Abtragen und Schneiden in der Chirurgie eingesetzt werden. Die Temperaturerhöhung und das Volumen des beeinflussten Gewebes hängen

Abb. 23.8 Leistungsdichten und Pulsdauern für verschiedene medizinische Laseranwendungen (nl = nichtlinear)

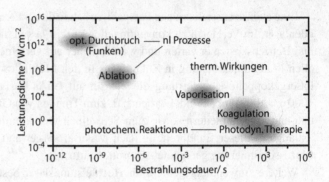

von der Gewebeart (Absorptions- und Streukoeffizient sowie Temperaturleitfähigkeit) und vom Lasertyp (Wellenlänge und Leistungsdichte) ab. Die Laserchirurgie bietet bei hoher Präzision den Vorteil des kontaktfreien aseptischen Einsatzes und die Möglichkeit, auch bei stark durchblutetem Gewebe wegen des Gefäßverschlusses auf Grund der Koagulation nahezu blutlos zu schneiden. Die thermischen Effekte sind bestimmt durch die wellenabhängige Eindringtiefe im Gewebe (Abb. 23.9).

Neben der thermischen Wirkung von Laserstrahlung auf Gewebe, gibt es je nach Bestrahlungsdauer und Leistungsdichte noch verschiedene andere Mechanismen, die medizinisch angewendet werden (Abb. 23.8). Zur Photoablation sind kurze Pulse hoher Leistung erforderlich. Der Effekt tritt auf, wenn die Eindringtiefe der Strahlung von Gewebe im Bereich von Mikrometern liegt und die Pulsdauer so kurz ist, dass keine wesentliche Wär-

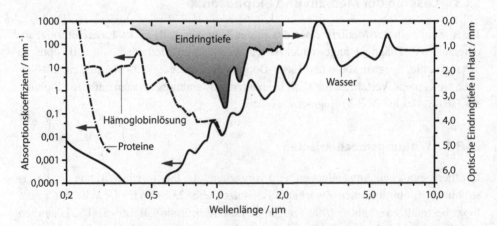

Abb. 23.9 Die Eindringtiefe von Licht in Geweben wird zum großen Teil durch Wasser, den Blutfarbstoff Hämoglobin (hier 2,7 g/dl in H_2O, desoxygeniert) und im UV durch Proteine verursacht. Neben der Absorption ist auch die Lichtstreuung zu berücksichtigen. Die Angaben sind nur qualitativ (Bashkator et al. J. Phys. D: Appl. Phys. 38(2005)2543, Halle et al. Appl. Opt. 12, 555)

meleitung in dieser Zeit auftritt. Mit Gleichung (23.1) kann die Pulsdauer abgeschätzt werden, bei der die Wärmeleitung vernachlässigt werden kann. Dazu wird für d die Eindringtiefe der Strahlung eingesetzt. Bei Photoablation wird also Gewebe durch kurze Pulse abgetragen, ohne dass umliegendes Gewebe durch Wärmeleitung thermisch geschädigt wird. Photoablation wird durch Excimerlaser (ArF, XeCl) oder Festkörperlaser mit Frequenzvervielfachung im Ultravioletten und 3 µm-Erbiumlaser im Infraroten erreicht. Im ultravioletten Spektralbereich kann die Ablation auch durch direktes Aufbrechen chemischer Bindungen erfolgen. Zur Beseitigung (Angioplastie) von Ablagerungen in Blutgefäßen, den so genannten Arterienverkalkungen, wird ein Laserstrahl mit Hilfe eines Glasfaser-Katheters in die Arterie eingeführt und trägt dort die Ablagerungen ab.

Eine weitere Anwendung der Photoablation liegt bei der photorefraktiven Hornhautchirurgie vor. Durch den Einsatz eines Excimerlasers (ArF, 193 nm) oder Festkörperlaser mit Frequenzvervielfachung kann durch Abtragung die Krümmung der Hornhaut so verändert werden, dass eine Brille überflüssig wird (LASIK-Verfahren). Auch in der Zahnheilkunde werden Laser zur Photoablation angeboten: der Erbiumlaser dient zum Bohren zur Entfernung von Karies.

Bei weiterer Steigerung der Leistung und Verkürzung der Pulsdauer tritt im Gewebe ein optischer Durchbruch (Plasma) auf, der eine Druckwelle erzeugt, was zur Photodisruption führen kann. Der Effekt wird in der Augenheilkunde zur Zerstörung der trüben Nachstarmembran und in der Urologie zur Zertrümmerung von Nieren- und Blasensteinen (Lithotripsie) eingesetzt.

Eine interessante photochemische Anwendung liegt in der so genannten photodynamischen Therapie von Tumoren vor. Dabei wird durch intravenöse Zugabe ein Medikament im Tumorgewebe selektiv angelagert. Durch Einstrahlung von roter Strahlung um 630 nm (z. B. Diodenlaser, Farbstofflaser) wird das Medikament in Radikale zerlegt, die den Tumor zerstören. Beispielsweise können streuende kleine Blasentumore auf diese Art behandelt werden. Ungeklärt ist bisher der Mechanismus der Biostimulation, bei welcher schwache Laser im mW-Bereich eingesetzt werden, um das Wachstum von Zellen zu beschleunigen oder andere medizinische Wirkungen zu erzielen.

Die wichtigsten medizinischen Laser, deren Eigenschaften und Anwendungen sind in Tab. 23.2 dargestellt. Besonders verbreitet sind der Dioden-, Nd:YAG- und CO_2-Laser. Bei Augenoperationen werden Diodenlaser, KTP-Laser (= frequenzverdoppelter Nd:YAG) eingesetzt. Mit dem Laserstrahl kann der Arzt durch die Augenlinse in das Augeninnere eindringen und dort Operationen damit durchführen. Netzhautbehandlungen mit dieser Technik stellen heute ein Standardverfahren dar.

Den Vorteilen der Laser stehen als Nachteile gegenüber (Tab. 23.3), dass es sich heute noch um relativ komplizierte Anlagen im Verhältnis zu anderen chirurgischen Werkzeugen handelt, beispielsweise einem Skalpell. Laseranlagen sind mit hohen Kosten verbunden, aber in den nächsten Jahren sind entscheidende Fortschritte zu erwarten. Die Lasertechnik, insbesondere auf der Grundlage der Halbleitertechnologie, befindet sich heute in schneller Entwicklung, und die Geräte werden weniger aufwendig.

Tab. 23.2 Beispiele kommerzieller Laser für die Chirurgie

Typ Betriebsart	Wellenlänge Leistung bzw. Puls-Energie	Eindringtiefe in Gewebe Wirkmechanismus	Anwendungen
Excimerlaser (ArF) gepulst (ns)	193 nm 10 mJ	Eindringtiefe 1 µm Photoablation (photoche-misch)	Hornhautchirurgie am Auge (LASIK-Verfahren, refraktive Hornhautchirurgie)
KTP (Nd:YAG frequenzverd.) quasi-cw = schnell gepulst gepulst (ns)	532 nm 1–200 W 1 J	Eindringtiefe 0,5 mm (Absorption durch Hämo-globin) Koagulation Selektive Photothermolyse	Netzhautchirurgie, Urologie, Dermatologie (Tätowierungs-entfernung), HNO, Chirurgie, Kosmetik
Farbstofflaser cw gepulst	400–800 nm 5 W	Eindringtiefe einige mm Koagulation Photochemie	Dermatologie Photodynam. Therapie Onkologie (selten)
Alexandritlaser gepulst (ns)	700–800 nm 0,1 J	Eindringtiefe einige mm Photodisruption Thermische Wirkung	Steinzertrümmerung Entfernung von Haaren und Täto-wierungen
Titan-Saphir-Laser/Nd:YLF gepulst (fs)	800 nm/ 1053 nm mJ	Photodisruption (optomechanische Effekte)	Hornhautchirurgie am Auge (Femto-LASIK, Schneiden des Flaps)
Diodenlaser cw	um 900 nm oder 630 nm 10–100 W um 1500 nm	Eindringtiefe mehrere mm Koagulation Eindringtiefe einige 0,1 mm	Chirurgie, Urologie, Gynäkolo-gie, HNO, Photodynam. Therapie
Nd:YAG cw	1064 nm 10–50 W	Eindringtiefe mehrere mm Koagulation	Chirurgie, Urologie, Dermatolo-gie, Gynäkologie, u. a.
Nd:YAG gepulst (ns)	1064 nm 10–100 mJ	Photodisruption (optome-chanische Effekte)	Inneres Auge (Entfernen der Nachstarmembran), Steinzer-trümmerung
Ho-Laser quasi-cw	2000 nm 200 W	Eindringtiefe 0,1 mm (Abs. durch Wasser) Thermische Wirkung	Urologie
Tm-Faserlaser	um 2000 nm	ähnlich wie Ho-Laser	Urologie
Er-Laser gepulst	2900 nm 10 mJ	Eindringtiefe 2 µm (Abs. durch Wasser) Pho-toablation (therm.)	Dermatologie, Zahnheilkunde (Bohren)
CO_2-Laser kontinuierlich „Superpuls"	10.600 nm 50 W	Eindringtiefe 10 µm (Abs. durch Wasser) Ther-mische Wirkung	Chirurgie in allen Fachgebieten, Dermatologie

Tab. 23.3 Laser in der Chirurgie	*Vorteile*	Koagulation, nichtblutende Schnitte, hohe Präzision
		Arbeiten in Körperhöhlen mit Glasfasern
		Einfache Kombination mit Mikroskopen u. a. optischen Geräten
		Arbeiten im Augeninnern und im Bereich der Augenlinse
		Scharfe Schnitte und Abtragen durch Photoablation
		Mikrochirurgie
		Phototherapie
		Effekte der Photodisruption
	Nachteile	Hohe Kosten
		Kompliziertes Gerät

23.3.2 Chirurgische Laserverfahren

Medizinische Therapien mit (Laser-)Licht blicken auf eine lange Historie zurück. Die Behandlung von Hautkrankheiten durch Lichttherapien, die Förderung der Vitamin-D-Produktion durch Bestrahlung mit UV-Licht sowie die Nutzung von Sonnenstrahlung zur Behandlung von Augenerkrankungen zählen ebenso dazu, wie die ersten Anwendungen eines Rubinlasers 1961 bzw. 1963 in der Ophthalmologie und der Dermatologie. Im Laufe der Zeit fanden weitere Lasertypen. wie der Argonionen-, der Helium-Neon- und der CO_2-Laser breite Anwendung. Im Jahr 1971 gelang es schließlich, Nd:YAG-Laserstrahlung in eine Lichtleitfaser zu koppeln, wodurch endoskopische Eingriffe möglich gemacht wurden. Bis heute ist eine Vielzahl von Laser-chirurgischen Systemen für unterschiedliche Indikationen entwickelt worden. Beispiele sind Fortschritte in der Augenchirurgie, der Photodynamischen Therapie, zur Steinzertrümmerung (Lithotripsie in der Blase und Niere), der Laser-induziertern interstitiellen Thermotherapie zur Verödung von Tumoren, und nicht zuletzt bei kosmetischen Eingriffen an der Körperoberfläche.

Laser-induzierte interstitielle Thermotherapie (LITT), Laserkoagulation
Speziell die LITT hat sich in den letzten Jahren zu einem wirkungsvollen minimalinvasivem Verfahren bei der Therapie von bestimmten Krebserkrankungen entwickelt. Im Vordergrund steht dabei die thermische Behandlung von bösartigem Gewebe mittels Laserlicht. Die therapeutische Wirkung beruht dabei auf der Umwandlung des vom Gewebe absorbierten Lichts in Wärme, wobei die Absorptionseigenschaften des Gewebes stark mit der Gewebeart variieren. Besonders Tumorzellen zeigen gegenüber gesundem Gewebe eine unterschiedliche Sensibilität auf hypertherme Exposition, sodass durch geeignete Regulation der Temperatur während der LITT gezielt krankhaftes Gewebe zerstört und gesundes erhalten werden kann. Eine häufige Anwendung der LITT ist die Verödung von Tumoren in der Leber. Dazu wird eine Glasfaser in den Tumor geschoben, die das Licht eines kontinuierlichen Nd:YAG-Lasers überträgt. Dieses wird vom Tumorgewebe selektiv absorbiert, der dadurch erwärmt wird. Bei etwa 60 °C koaguliert das Eiweiß, so dass

das Tumor-Gewebe abstirbt und später vom Körper abgebaut wird oder vernarbt. In der Augenheilkunde wird dieses Prinzip in Form der Transpupillaren Thermotherapie (TTT – infraroter cw-Diodenlaser 810 nm) additiv zur Brachytherapie mit [106]Ruthenium bei Aderhautmelanomen verwendet (Sandwich-Technik).

Abtragung von Hautveränderungen

In der ästhetischen Chirurgie werden kosmetisch störende Hautbereiche durch Laserbestrahlung möglichst präzise entfernt. Dabei ist sicherzustellen, dass die Laserstrahlung nur auf den zu entfernenden Bereich beschränkt ist und nur diesen entfernt (ablatiert). Benachbarte einwandfreie Hautbereiche sollen vor Wärmeeinwirkung bei der Behandlung möglichst geschont werden. Dazu ist es notwendig, die Temperatur in der Nähe des einwirkenden Laserstrahls zu kontrollieren und durch geeignete Wahl der Laserparameter gering zu halten.

Abtragung von Tumorvorstufen und Tumoren

Ähnliche Aufgaben treten auch bei der Behandlung von Hautveränderungen in Körperhöhlen auf, z. B. in der Hals-Nasen-Ohren-Heilkunde zum Entfernen von Tumorvorstufen an Stimmbändern und in der Gynäkologie am Gebärmutterhals sowie in der Urologie von Wucherungen in der Harnröhre.

Abtragen von Ablagerungen in Gefäßen

Eine sehr aktuelle Aufgabe ist die Entfernung von Ablagerungen in Blutgefäßen mit Lasern. Hier ist einerseits eine genaue Temperaturkontrolle notwendig, um die Gefäßwand nicht zu beschädigen und andererseits die Konvektion der Wärmeenergie durch Spülflüssigkeiten zu kontrollieren.

Schneiden von Gewebe

Laser werden auch vielfältig zum Schneiden von Gewebe durch Vaporisation verwendet. Auch hier ist eine Temperaturkontrolle notwendig, um Karbonisation und Koagulation von Gewebebereichen, die an den Schnitt angrenzen, zu vermeiden. Anwendungen bestehen in der Chirurgie für die verschiedensten medizinischen Bereiche.

23.3.3 Einsatz von Lasern in verschiedenen Disziplinen

LITT und die weiteren Verfahren dienen zur Behandlung von erkranktem Gewebe und zur Chirurgie in den folgenden medizinischen Disziplinen:

- Ästhetische/kosmet. Chirurgie
- Augenchirurgie
- Dermatologie
- Gastroenterologie

- Gefäßchirurgie
- Gynäkologie
- HNO-Heilkunde
- Neurochirurgie
- Onkologie
- Pneumologie
- Proktologie
- Thoraxchirurgie
- Urologie
- Viszeralchirurgie
- Zahnheilkunde

Augenchirurgie mit Lasern

Im Jahre 1949 setzte Meyer-Schwickerath zunächst die Sonne und dann intensive Xenon-Lampen ein, um Vorstufen der Netzhautablösung am Augenhintergrund und die dadurch häufig eintretende Erblindung des Auges aufzuhalten. Er hatte zuvor festgestellt, dass kleine Narben in der Netzhaut solche Netzhautablösungen begrenzen. Dazu wird das intensive Licht durch das optische System des Auges auf die Netzhaut fokussiert, wobei sich das absorbierende Pigmentepithel punktuell stark erwärmt und nach Koagulation vernarbt. Die Ernährung und Funktion der benachbarten Außenschichten der Netzhaut mit den lichtempfindlichen Stäbchen und Zapfen, die Helligkeit und Farbe des Lichtes als elektrische Nervensignale an das Gehirn senden, und insbesondere die Weiterleitung durch die Nervenfasern der Netzhaut (Innenschicht) bleiben so erhalten.

Die Methode der Lichtkoagulation (LK) am Auge, die heute vorwiegend von Festkörperlasern im sichtbaren (532 nm) und infraroten Spektralbereich (810 nm und 1064 nm) erzeugt wird, dient auch zur Behandlung von diabetischen Augenveränderungen, Gefäßverschlüssen des Augenhintergrundes, Augentumoren, bestimmter Formen der Degeneration der Makula (des gelben Flecks auf der Netzhaut in der Mitte des Augenhintergrundes) sowie zur Augendrucksenkung bei Glaukom. Die Makula erbringt wesentliche Sehleistungen wie Lesen, Erkennen von Gesichtern und Farben. Die übrige Netzhaut hat eine schlechtere Ortsauflösung, ist aber für das Sehfeld ("Gesichtsfeld") und damit für Orientierung und Bewegungserkennung von großer Bedeutung.

In großem Umfang werden Laser zur Behandlung von Fehlsichtigkeit eingesetzt. Diese sind fast immer durch Abweichung der Augapfellänge von der Norm bedingt (Myopie zu lang, Hyperopie zu kurz), sodass die Brennweite des optischen Systems nicht zur Augapfellänge passt. Fehlsichtigkeiten können durch Brillen oder Kontaktlinsen korrigiert werden. Dem normalen Auge wird eine Refraktion von 0 Dioptrien zugeordnet, wenn volle Sehschärfe in der Ferne besteht. Kurzsichtigkeit (minus Dioptrien) führt zu Unschärfe in der Ferne und kann extreme Ausmaße annehmen (z. B. 25 Dioptrien, Fernpunkt 4 cm).

Eine Korrektur mit dem Laser kann bis ca. 6 dpt durch Abtragen (Abflachen) der Hornhautoberfläche erreicht werden. Wird die Oberfläche direkt mit dem Excimer-Laser an der Oberfläche abgetragen/abgeflacht, spricht man von photorefraktiver Keratektomie

(PRK – griechisch: Horn herausschneiden). Dazu muss die Epithelschicht der Hornhaut entfernt oder zurückgeschoben werden. Diese wächst zwar über Tage nach, verursacht aber nach dem Eingriff Schmerzen.

Bei der Laser-in-situ-Keratornileusis (Lasik) wird zunächst mit einem Mikrokeratom (Hornhauthobel) oder einem Femtosekundenlaser (sog. Femto-LASIK) eine dünne Lamelle (Durchmesser etwa 9 mm und Dicke zwischen 100 und 160 µm) in die Hornhaut oberflächenparallel eingeschnitten. Diese Lamelle (flap) behält eine Verbindung zur restlichen Hornhaut, die als „Scharnier" dient. Nach dem Schnitt wird dann der Flap aufgeklappt. Danach wird das tiefere Hornhautgewebe mit dem Licht eines Excimerlasers mit einer Wellenlänge von 193 nm hauptsächlich in der Mitte abgetragen, um die Hornhaut abzuflachen und damit die Kurzsichtigkeit durch Verlängerung der Brennweite zu korrigieren. Anschließend wird der Flap zurückgeklappt, der sofort festhaftet und wieder anwachsen sollte. Mittlerweile setzt sich der Flapschnitt mit dem Femtosekundenlaser immer mehr durch, da Schnittkomplikationen gegenüber dem mechanischen Mikrokeratom seltener sind.

Eine Trübung der Augenlinse wird als Katarakt oder grauer Star bezeichnet. Zuweilen kann man bei Menschen mit fortgeschrittener Katarakt die graue Färbung der Linse in der Pupille erkennen. Dadurch sind Sehschärfe sowie Kontrast- und Farbensehen herabgesetzt. Die getrübte Linse kann fast immer operativ durch ein künstliches Linsenimplantat ersetzt werden. Der Femtosekundenlaser kann zwei Schritte der Operation übernehmen: die Eröffnung der Vorderkapsel und die Zerlegung (Fragmentierung oder Vor-Fragmentierung) der Linse. Als Vorteile des Femtosekundenlaser gelten die wesentlich präzisere Schnittführung bei der Kapseleröffnung und die kleinteilige Zerlegung der Linse, so dass wesentlich schwächere zusätzliche Ultraschalleinstrahlung (schädlich für das Hornhautendothel) als sonst üblich erforderlich ist.

Als Spätfolge der Kataraktoperation kann es zur Ausbildung einer Trübung der hinteren Linsenkapsel mit entsprechender Sehverschlechterung kommen. Zur Behandlung dieses sogenannten Nachstars wird die Pupille medikamentös erweitert, die hintere Linsenkapsel mit Pulsen eines Q-switched Nd:YAG-Lasers geöffnet und dadurch die Trübung ambulant und schmerzfrei beseitigt.

Bei der Glaukombehandlung werden zur Augendrucksenkung verschiedene Laser eingesetzt:

Trabekuloplastik: Hierbei werden mit einem Grünlaser (i.d.R. frequenzverdoppelter cw Nd:YAG-Laser, 532 nm) im Bereich der Abflusswege des Kammerwassers (Trabekelwerk des Kammerwinkels) ca 80–100 thermische Herde von 50 µm Durchmesser, 0,1 s Expositionsdauer und Leistungen zwischen 0,2–1,0 W gesetzt, sodass hierdurch der Abflusswiderstand reduziert wird und der Augeninnendruck sinkt. Alternativ wird heute der gepulste Grün-Laser („Selektive Laser Trabekuloplastik" = SLT; 400 µm Fleckdurchmesser, 3 ns Expositionszeit, ca. 40 Herde) eingesetzt.

Zyklophotokoagulation: Eine Senkung des Augeninnendrucks kann auch durch Verödung der kammerwasserbildenden Strukturen des Auges (sezernierendes Epithel des Ziliarkörpers) erreicht werden. Mit infraroten cw-Lasern (meist Diodenlaser 810 nm, oder

Nd:YAG 1064 nm) wird von außen auf der Bindehaut-Skleraoberfläche ohne Eröffnung des Augapfels durch die bei dieser Wellenlänge transparente Sklera das pigmentierte Ziliarepithel koaguliert (ca. 20 Herde, Expositionsdauer 2 s, ca. 0,5–2,0 W). Wegen der Proliferation des Ziliarepithels ist die Wirksamkeit zeitlich begrenzt.

Laser in der Urologie

Der Laser hat sich in der Urologie hauptsächlich zur Behandlung der gutartigen Vergrößerung der Prostata bewährt. Der Laserstrahl wird über ein faseroptisches endoskopisches System, dem Cystoskop, an das Behandlungsgebiet geführt, um dort Prostatagewebe zu verdampfen. Dabei kommen frequenzverdoppelte Nd:YAG-Laser (532 nm), Diodenlaser (900 bis 1300 nm), Holmiumlaser (2300 nm) und Thuliumlaser-Faserlaser (1900–2000 nm) mit Leistungen bis zu 200 W zum Einsatz.

Ein weiteres Einsatzgebiet ist die Steinzertrümmerung (Lithotripsie), hautsächlich von Harnsteinen. Dabei wird die gepulste Laserstrahlung durch eine optische Faser an den Stein herangeführt. Durch die hohe Leistungsdichte (z. B. 10^{11} W/cm^2) entsteht an der Steinoberfläche ein Plasma, das durch seine Expansion eine Druckwelle im Stein erzeugt. Diese zerkleinert den Stein, so dass die kleinen Bruchstücke abtransportiert werden können. Zum Einsatz kommen beispielsweise Nd:YAG-Laser im Doppelpulsverfahren bei 532 und 1062 nm mit Pulsdauern um 1 μs, Pulsenergien um 200 mJ und Wiederholfrequenzen bis 20 Hz. Andere Lithotripsie-Geräte setzen den Holmium- oder den Alexandritlaser ein.

Laseranwendungen im HNO-Bereich

Der CO_2-Laser wird für die Tumorchirurgie an Weichgeweben im HNO-Bereich eingesetzt. Der Strahl kann in Operationsmikroskope eingekoppelt werden und damit berührungslos auf die zu behandelnden Stellen gerichtet werden. Es können größere und kleinere Tumoren, z. B. im Innern des Kehlkopfes verdampft oder koaguliert werden. Weiterhin können Verengungen der Luftröhre aufgeweitet werden. Typische Laserleistungen liegen im Bereich von 10 W oder mehr.

Infrarotlaser mit Wellenlängen um 1000 nm werden für Operationen in der Nasenhöhle bei chronischer Nasenatmungsbehinderung verwendet. Bei der sogenannten Conchotomie werden Teile der Nasenmuschel koaguliert oder auch verdampft, so dass das Anschwellen der Muscheln reduziert wird. Der Laserstrahl wird über eine Lichtleitfaser in die Nase eingeführt – auch bei engen räumlichen Verhältnissen. Mit dem Laser kann auch überflüssige Schleimhaut des Gaumensegels entfernt werden, wodurch Schnarchprobleme gelöst werden können. Als Laser kommen der Nd:YAG-Laser mit 1064 nm oder auch die preiswerteren Diodenlaser zum Einsatz, die sehr kompakt auch mit aufladbarem Akku-Betrieb mit etwa 10 W Laserleistung auf dem Markt sind.

Alternativ kann auch der frequenzverdoppelte Nd:YAG-Laser bei 532 nm eingesetzt werden. Die grüne Laserstrahlung wird besonders von roten Gewebestrukturen, wie Blutgefäßen oder Pigmenten der Haut, absorbiert. Daher können neben dem Einsatz in der Nasenhöhle auch Gefäßrissbildungen, wie Besenreiser oder Feuermale behandelt werden.

Zur Bearbeitung von Knochen dient der Er:YAG-Laser bei 3000 nm. Die Eindringtiefe der Strahlung in Gewebe und Knochen liegt um 1 μm, so dass mit gepulster Laserstrahlung durch den Prozess der Photoablation sehr präzise Eingriffe bei der Mittelohrchirurgie nahe am Hör- oder Gleichgewichtsorgan möglich sind.

Laser in der Zahnheilkunde

Der Erbiumlaser (Er:YAG, 2940 nm und Er:Cr3+YSGG, 2780 nm) erlaubt den Abtrag von Zahnhartsubstanz zur Entfernung von Karies, wodurch der übliche Bohrer teilweise ersetzt werden kann. Durch die kurzen Pulse und die geringe Endringtiefe der Strahlung kann durch den Vorgang der Photoablation die Zahnsubstanz abgetragen werden, ohne dass am Zahn eine wesentliche Temperaturerhöhung auftritt, die zu Rissen führen würde. Dadurch wird die Zahnbehandlung weniger unangenehm für die Patienten.

Mit der Infrarotstrahlung des CO_2-Lasers kann Gewebe in der Mundhöhle koaguliert, geschnitten oder verdampft werden, was eine Vielzahl von Behandlungen effizienter macht. Zur Verringerung der Wärmeleitung werden sogenannte „Superpulse" im Milli- und Mikrosekundenbereich eingesetzt. Beispiele sind die Korrektur und Entfernung von Lippen- und Zungenbändchen oder die Behandlung empfindlicher Zahnhälse. Aphten und Fieberbläschen (Herpes simplex) können wenige Sekunden lang bestrahlt werden, wodurch eine sofortige Linderung der Schmerzen erfolgt.

Die Infrarotstrahlung des Nd:YAG- oder Diodenlasers dient zur Wurzelbehandlung, zur Anwendung bei Zahnfleischerkrankungen (Paradontitis) und chirugischen Eingriffen. Durch die Wirkung der Strahlung wird eine Keimreduktion in Wurzelkanälen und in Zahnfleischtaschen (Parodontaltasche) erzielt. Zum Zerstören von Keimen wird auch die photodynamische Therapie mit Diodenlasern (z. B. 810 nm) eingesetzt.

Laser in der Dermatologie

Der blitzlampengepumpte Farbstofflaser eignet sich besonders für erweiterte Äderchen (Teleangiektasien), Feuermale (Nävus flammeus), Kupferrose (Rosazea), Blutschwamm und Besenreiser. Die Strahlung mit 595 nm wird hauptsächlich von Hämoglobin absorbiert (selektive Photothermolyse), wodurch eine narbenfreie, selektive Entfernung von Blutgefäßen unter Schonung des umgebenden Gewebes erreicht werden kann. Typisch Pulsbreiten liegen zwischen 0,4 und 40 ms bei Energiedichten um 10 J/cm^2 und mehr. Die Strahlung dringt etwa 1,5 mm in das Gewebe ein. Weitere Anwendungen sind Warzen, Narben, einige Ekzeme und andere. Ähnliche Anwendungen hat der frequenzverdoppelte Nd:YAG-Laser bei 532 nm, der eine etwas geringer Eindringtiefe im Gewebe hat.

Der Nd:YAG-Laser bei 1064 nm hat dagegen eine höhere Eindringtiefe und wird daher zur Behandlung tiefer liegender Gefäße angewandt. Der CO_2 hat eine Eindringtiefe in der Haut von nur 10 μm, so dass Behandlungen an der Oberfläche möglich sind. Weiterhin kann Gewebe verdampft und abgetragen werden. Eine noch kleinere Eindringtiefe von nur 1 μm hat der Erbiumlaser bei 3000 nm, so dass mit dem gepulsten Strahl ein noch präziseres Abtragen von Gewebe möglich ist ohne darunter liegende Bereich thermisch zu schädigen. Die UV-Strahlung des Excimerlasers bei 311 nm wird beispielsweise zur Behandlung der Schuppenflechte und der Weißfleckenkrankheit benutzt.

Laser in der ästhetischen Chirurgie

In der ästhetischen Chirurgie und Kosmetik werden Laser hauptsächlich zur Haar- und Tattoo-Entfernung, zur Faltenglättung und zur Korrektur oberflächlicher Schönheitsschäden der Haut eingesetzt. Für die Entfernung von Tattoos werden überwiegend gütegeschaltete ns-Pulse des Nd-YAG-Lasers (1064 und 532 nm) und des Alexandrit-Lasers (755 nm) benutzt. Mit einem Alexandrit-Laser kann ein Nd-YAG-Kristall ohne oder mit Frequenzverdoppler angeregt werden, so dass mit einem Lasersystem wahlweise alle drei Wellenlängen zur Verfügung stehen. Die Pulse mit einigen Joule können somit die Tattoo-Pigmente je nach Farbe gezielt zerstören.

Zur Haarentfernung werden neben Blitzlampen auch Laserpulse im Bereich um 50 ms eingesetzt. Dabei eignen sich insbesondere Diodenlaser von 810 nm oder auch Nd:YAG-Laser. Bei typischen Energiedichten um $10\,\text{J/cm}^2$ kann das Melanin im Haar thermisch zerstört werden, wodurch das Haar dauerhaft absterben kann. Da helle Haare kein oder nur wenig Melanin enthalten, funktioniert das Laserverfahren für diesen Fall schlecht. Bei der Faltenglättung wird durch Laser im Infraroten (Nd:YAG oder Diodenlaser) durch Pulse um 50 ms Dauer durch thermische Effekte die Produktion von Kollagen in der Dermis angeregt. Ein anderes Verfahren trägt die oberen Hausschichten mit einem gepulsten CO_2-Laser ab, wodurch eine Hautverjüngung entstehen soll. Besenreiser, Feuermale und Blutschwämme können so mit dem Laser entfernt werden. Feuermale werden z. B. durch gepulste Farbstofflaser im orangen Farbbereich (595 nm) mit einigen ms Dauer beseitigt. Durch die Absorption im Hämoglobin steigt die Temperatur und die Blutgefäße können sich verschließen. Weitere Laseranwendungen zielen auf die Beseitigung von Altersflecken, Couperose (Hautrötung), Atherome (Talgzysten), Fibrome (kleine Wucherungen) und andere.

23.3.4 Laser für medizinische Anwendungen

Laser für verschiedene Anwendungen sind in Abschn. 23.3.1, Tab. 23.2 gelistet. Altbewährte Laser, wie die klassischen CO_2- und Nd:YAG-Laser, werden durch Diodenlaser immer stärker verdrängt, die nicht nur kompakter sind sondern auch neue Wellenlängen anbieten, die mit Festkörper- oder Gaslasern nicht erreichbar waren. Diese haben teilweise allerdings höhere Strahldichte oder Brillanz (Leistung pro Abstrahlfläche und Raumwinkel) und sind für Abtragungs- und Schneidprozesse oft noch besser geeignet. Von besonders aktuellem Interesse sind Diodenlaser mit Wellenlängen um 1500 m, deren Strahlung von wasserhaltigem Gewebe sehr gut absorbiert wird und z. B. für die Urologie und Thoraxchirurgie geeignet ist. Diodenlaserstrahlung mit 1500 bis 2000 nm Wellenlänge kann durch Standard-Quarzglasfasern übertragen werden und könnte wegen geringer Eindringtiefe in biologische Gewebe bisher eingesetzte CO_2, Er- und Ho-Laser ersetzen. Dafür ist es notwendig, die Operations-Techniken neu zu validieren.

Außerdem sind Ultrakurzpulslaser von besonderem Interesse. Diese emittieren Lichtimpulse mit fs- bis ns-Dauer und sehr hoher Spitzenleistung, die wegen nichtlinearer

Absorptionszunahme scharf begrenzte Abtragungsbereiche und Schnitte ergeben, hohes Vermarktungspotential.

23.3.5 Biophotonik und medizinische Diagnostik

Die Biophotonik behandelt die Wechselwirkung von Licht und biologischem Material. Besondere Anwendung findet dieses Fachgebiet in der medizinischen, biologischen und biochemischen Forschung und der medizinischen Diagnostik. Dafür gibt es eine Reihe optischer Methoden, die mit Lasern als Lichtquellen wesentlich leistungsfähiger oder überhaupt erst machbar geworden sind. Einige Beispiele werden im Folgenden kurz aufgezählt.

Absorptionsspektroskopie und Fluoreszenzmikroskopie
Strahlt man Licht geeigneter Wellenlänge auf biologische Moleküle, kann es absorbiert werden und das Molekül geht vom Grundzustand X in einen elektronisch angeregten Zustand B über (Abb. 23.10a, auch Abb. 1.9b und 1.10). Die Absorption findet oft im so genannten Singulett-System statt, bei dem der Gesamtspin des Moleküls gleich Null ist (Moleküle haben in der Regel eine gerade Anzahl von Elektronen und in diesem System liegen die Elektronenspins paarweise antiparallel). Die Absorption führt zu einem charakteristischen Minimum im Spektrum des Lichtes hinter der untersuchten Probe und kann damit zum Nachweis dort enthaltener Moleküle benutzt werden.

Nach der Absorption geht das Molekül innerhalb von Pikosekunden in das unterste Vibrations-Rotation-Niveau von B über. Von dort finden Fluoreszenzübergänge in den

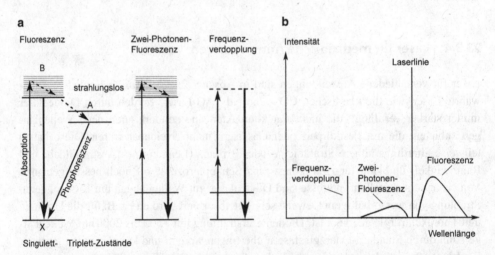

Abb. 23.10 **a** Niveauschema für Fluoreszenz, Zwei-Photonen-Fluoreszenz und Frequenzverdopplung (die Phosphoreszenz ist nur für die Fluoreszenz eingezeichnet, die Aufspaltung des Grundzustandes X ist nicht dargestellt). **b** Spektrum für Fluoreszenz, Zwei-Photonen-Fluoreszenz und Frequenzverdopplung bei Anregung mit einer Laserlinie

elektronischen Grundzustand X statt. Die Lebensdauer von B liegt im ns-Bereich. Da der Übergang in verschiedenen überlappenden Vibrations-Rotation-Niveaus von X enden kann, ist das Fluoreszenz-Spektrum kontinuierlich mit Wellenlängen, die größer als die eingestrahlte Wellenlänge sind (Abb. 23.10b). Die Messung des Spektrums dient oft im Zusammenwirken mit so genannten Fluorophoren (Farbstoffe) zum Nachweis von biologischen Makromolekülen oder Krankheitserregern. Die Fluorophore werden in das biologische Gewebe eingebracht und lagern sich an andere Moleküle an, die dadurch markiert werden. Fluoreszenzmethoden sind oft empfindlicher als Absorptionsmessungen, aber nicht alle Moleküle und biologische Proben zeigen Fluoreszenz. Nach Abb. 23.10 geht ein Teil der angeregten Moleküle strahlungslos vom angeregten Zustand B in den langlebigen Zustand A über. Dieser kann durch den Prozess der Phosphoreszenz in den Grundzustand zerfallen.

Beim Fluoreszenzmikroskop wird die Fluoreszenzstrahlung zur Bildgebung ausgenutzt. Dazu wird der Strahl eines Lasers über einen selektiven Spiegel in den Strahlengang eines Mikroskops eingekoppelt. Es werden oft UV-Laser, wie der frequenzvervielfachte Festkörperlaser, eingesetzt. Dabei kann das gesamte Gesichtsfeld im Mikroskop zur Fluoreszenz angeregt werden. Bei schwacher Fluoreszenz werden Scanning-Mikroskope eingesetzt, bei denen der Laserstrahl beugungsbegrenzt durch das Objektiv auf die Probe fokussiert wird. Das Bild entsteht durch Scannen. Die Fluoreszenz wird auch in der Durchflusszytometrie zur Identifizierung von Zellen eingesetzt.

Genauere Aussagen für die Diagnostik erhält man bei Messung der Fluoreszenzspektren in Abhängigkeit von der Anregungswellenlänge. In diesem Fall kann man „zweidimensionale" Spektren darstellen, wobei die Wellenlängen der Fluoreszenz und der Anregung in einem Diagramm gegeneinander aufgetragen werden. Dieses Verfahren kann insbesondere eingesetzt werden, wenn in vivo die Autofluoreszenz (ohne Farbstoffe oder exogene Fluorophore) am Gewebe untersucht wird.

Neben den Sigulett-Zuständen besitzen Moleküle auch Triplett-Zustände. Bei diesen stehen die beiden Elektronenspins eines Elektronenpaars parallel. Nach Abb. 23.10a (und Abb. 8.2) findet in Konkurrenz zur Fluoreszenz auch ein strahlungsloser Übergang von angeregten Zustand b auf den Triplett-Zustand a statt. Die Lebensdauer von a ist groß (bis in den Sekundenbereich), da der Übergang in den Grundzustand X mit dem Umklappen eines Elektronenspins verbunden ist. Wegen der langsamen Emission ist die Intensität dieser Strahlung, die Phosphoreszenz genannt wird, bei biologischen Molekülen in der Regel gering und daher selten nutzbar.

Fluorescence Lifetime Imaging Microscopy (FLIM): Die Lebensdauer der Fluoreszenzstrahlung liefert zusätzliche Information über die Art eines Moleküls und dessen Wechselwirkung mit der Umgebung. Bei FLIM wird die örtliche Verteilung der Lebensdauer von angeregten Molekülen in einer Probe in einem Mikroskop gemessen. Diese Verteilung kann farbcodiert dargestellt und zum Aufbau eines Bildes einer biologischen Probe benutzt werden.

Total Internal Reflection Fluorescence Microscopy (TIRF): Bei der Totalreflexion (Abschn. 14.1) tritt die Lichtwelle teilweise in den Bereich mit niedrigerer Brechzahl ein. Die

Eindringtiefe liegt je nach Einstrahlwinkel in der Größenordnung der Lichtwellenlänge. Dieser Effekt wird ausgenutzt, um bei der Fluoreszenz nur eine sehr dünne Schicht anzuregen. Dadurch wird die unerwünschte Untergrundsstrahlung so stark reduziert, dass die Fluoreszenz einzelner Moleküle im Mikroskop nachgewiesen werden kann.

Immunofluoreszenz

Das Interessante an Fluorophoren ist, dass sie sich nur an ganz bestimmte biologische Strukturen anlagern. Ein äußerst selektives und bekanntes Beispiel ist die Immunofluoreszenz. Beispielsweise soll in einer Gewebsprobe ein bestimmtes körperfremdes Protein (Antigen) nachgewiesen werden. Dazu stellt man einen Antikörper gegen genau dieses Protein her.

Antikörper (Immun-Globuline) sind Proteine (Eiweiße), die das Immunsystem von Wirbeltieren und Menschen gegen Antigene (körperfremde Substanzen) wie Viren oder Bakterien benutzt, um diese unschädlich zu machen. Antikörper werden von bestimmten Leukozyten (weißen Blutzellen) hergestellt. Sie erkennen manchmal nur ein bestimmtes Antigen, manchmal auch deren Varianten.

Ein spezieller Antikörper wird mit einem Fluorophor markiert. Die markierten Antikörper werden in die Probe gebracht. Dort koppeln sie an das gesuchte Antigen (Protein) an. Damit kann das Protein durch Fluoreszenz nachgewiesen werden. Durch diese Antikörper-Antigen-Reaktion ist der genaue Nachweis von Proteinen, DNS, Chromosomen und Zellstrukturen möglich.

Bisher sind nur wenige Fluorophore für den medizinischen in-vivo-Einsatz zugelassen. Die Entwicklung grün fluoreszierender Proteine (GFP) als weitere Fluorophore durch O. Shimomura (Japan), M. Chalfie und R. Tsien (beide USA) wurde im Jahre 2008 mit dem Chemie-Nobelpreis gewürdigt.

Zwei-Photonen-Fluoreszenz

Die Anregung der normalen Fluoreszenz erfolgt dem Abstand der elektronischen Niveaus entsprechend meist mit blauer oder ultravioletter Strahlung um 400 nm. Bei hoher Intensität treten nichtlineare optische Effekte auf und die Anregung kann auch durch zwei Photonen mit doppelter Wellenlänge erfolgen. Die Anregungswellenlänge befindet sich in diesem Fall in nahen Infraroten um 800 nm. Im Gegensatz zur normalen Fluoreszenz liegt das Spektrum der Zwei-Photonen-Fluoreszenz bei kürzeren Wellenlängen als die der Anregung (Abb. 23.10b). Die Anregungsstrahlung im nahen Infraroten hat im Gegensatz zum UV und Blauen eine Eindringtiefe im Gewebe im mm-Bereich, was Vorteile bei der Anwendung bringen kann. Durch die quadratische Abhängigkeit der Signale von der Anregungsintensität, ergibt sich eine genauere Fokussierung im Scanning-Mikroskop und damit eine bessere Bildauflösung.

Frequenzverdopplung

Nahezu jeder physikalische Effekt kann zur Bildgebung eingesetzt werden, so auch der nichtlineare Effekt der Frequenzverdopplung. Man strahlt mit Pulslasern beispielsweise bei 800 nm ein und erhält ein Signal bei 400 nm (Abb. 23.10). Frequenzverdopplung tritt nur bei nichtspiegelsymmetrischen Molekülen auf. Damit kann in biologischen Proben z. B. die örtliche Verteilung von Kollagen unter einem Scanning-Mikroskop dargestellt werden.

Raman-Spektroskopie und CARS

Die Raman-Streuung ist in Abschn. 19.5 beschrieben. Dabei wird Licht mit der Frequenz f_P in eine Probe eingestrahlt und es entstehen in der gestreuten Strahlung so genannte Stokeslinien mit $f_S = f_P - f_R$ (Abb. 19.8). Die Größen f_R sind charakteristische Schwingungsfrequenzen von Molekülen, welche in der Probe enthalten sind. Das Raman-Spektrum biologisch relevanter Moleküle ist oft sehr viel stärker strukturiert als das Fluoreszenzspektrum und kann daher zum Nachweis bestimmter Moleküle in komplexen Systemen dienen und so auch Informationen über die Struktur von Gewebeproben liefern. Ein Beispiel ist der Nachweis von β-Carotin und Antioxidantien in der Haut, wobei eine Resonanzverstärkung der Raman-Linie durch Wahl einer passenden Anregungswellenlänge möglich ist.

Die (spontane) Raman-Streuung führt i. a. nur zu kleinen Streuintensitäten. Erst die Einführung von Lasern zur Anregung der Raman-Streuung ermöglicht praktikable Messzeiten zur Aufnahme von Raman-Spektren. Auch die oberflächenverstärkte Raman-Streuung *SERS (Surface Enhanced Raman Scattering)* und die stimulierte Raman-Streuung *(SRS)* werden eingesetzt, um hohe Streuintensitäten zu erhalten.

Bei *CARS (Coherent Antistokes Raman Scattering)* werden zwei Laser verwendet, deren Differenzfrequenz auf den Frequenzabstand f_R zweier Schwingungsniveaus eines Moleküls eingestellt wird. Es entsteht eine sehr intensive Antistokeslinie mit $f_{AS} = f_P + f_R$, die als diagnostisches Signal ausgewertet werden kann.

Optische Biosensoren

Biosensoren diesen zum Nachweis eines Analyten in einer biologischen Probe. Der Analyt kann ein Makromolekül, ein Enzym, DNA, Virus oder irgendein anderes biologisches Element sein. Beispielsweise könnte der Analyt ein Antigen sein, zu dem ein Antikörper herstellbar ist. Im Biosensor wird dieser Antikörper auf eine Schicht angebracht. Damit reagiert dieser Biosensor nur mit einem einzigen Antigen. Ist dieses in einer biologischen Probe vorhanden, findet eine selektive Antikörper-Antigen-Bindung statt. Der Nachweis dieser Bindung kann verschiedene optische Effekte hervorrufen: Änderung der eingestrahlten Wellenlänge, wie oben beschrieben, durch lineare und nichtlineare Fluoreszenz, Raman-Effekt und CARS, Frequenzverdopplung, Änderung der Brechzahl.

Optischer Biochip: Man kann einen planaren Wellenleiter matrixförmig mit verschiedenen Antikörpern beschichten. Dabei kann die Matrix aus vielen Hunderten von Elementen bestehen, die jeweils ein Antigen binden können. Dieses befindet sich auf einer biologischen Probe, welche den beschichteten Wellenleiter berührt. Durch die Bindung kann sich beispielsweise die Fluoreszenz verändern. Zum Auslesen wird in den planaren Wellenleiter die Strahlung eines Lasers eingebracht, die sich durch Totalreflexion dort ausbreitet. Ähnlich wie oben unter TIRF beschrieben, tritt die Strahlung etwas in die Beschichtung ein und erzeugt dort ein Fluoreszenzmuster. Die Matrix wird auf ein zweidimensionales Detektorarray abgebildet, z. B. mit einer elektronischen Kamera. Mit diesem System kann eine Probe mit einem Biochip auf Hunderte von Substanzen hin analysiert werden. Dagegen können mit einem faseroptischen Biosensor nur ein oder auch mehrere Substanzen nachgewiesen werden.

Interferometrische Biosensoren: Proteinstrukturen und Zellen sind im optischen Spektralbereich oft fast durchsichtig, so dass diese durch Absorptionsmessungen schwer nachweisbar sind. Mit der Konzentration von Zellen, z. B. in einer Lösung, ändert sich jedoch deren Brechzahl. Diese kann empfindlich mit einem Interferometer nachgewiesen werden. Man beschichtet dazu einen Wellenleiter mit einem Antikörper. Im Fall einer Antikörper-Antigen-Bindung ändert sich die effektive Brechzahl, was z. B. mit einem kompakten Mach-Zehnder-Interferometer nachgewiesen werden kann.

Surface Plasmon Resonance: In Metallschichten treten so genannte Plasmaschwingungen auf, bei denen die Leitungselektronen gemeinsam gegen das Kristallgitter schwingen. Die Plasmaschwingungen können optisch angeregt werden, wobei eine starke Anregung unter einem bestimmten Einstrahlwinkel auftritt. Die Anregung wird durch eine erhöhte Absorption eines Laserstrahls unter diesem Winkel nachgewiesen. Bei einem Biosensor nach diesem Prinzip wird ein auf Glas aufgebrachter dünner Metallfilm mit einem Antikörper beschichtet. Im Fall einer Antikörper-Antigen-Bindung ändert sich die Frequenz der Plasmaresonanz. Damit tritt das Absorptionsminium unter einem veränderten Einstrahlwinkel auf.

Durchflusszytometrie

Unter Zytometrie versteht man die automatische Erkennung und Vermessung von Zellen, insbesondere der Bestandteile von Blut. Bei der Durchflusszytometrie wird ein dünner Flüssigkeitsstrom (z. B. Blut) mit den zu analysierenden Zellen erzeugt. Dabei wird die so genannte hydrodynamische Fokussierung eingesetzt, bei der ein dünner Probenstrahl von einem dickeren Flüssigkeitsstrahl eingebettet wird (Abb. 23.11). Der kleine Durchmesser des laminaren Probenstrahls von etwa 20 µm gewährleistet, dass der Abstand zwischen den einzelnen Zellen so groß ist, dass jeweils nur eine Zelle untersucht wird. Quer zum Probenstrahl wird ein gebündelter Laserstrahl gerichtet. An den Zellen, die durch den Laserstrahl strömen, treten verschiedene optische Effekte auf, die zur Analyse der Zellen ausgenutzt werden. Unter anderem kann die Streuung unter kleinem und großem Winkel registriert werden sowie die Fluoreszenzstrahlung. Diese hat eine isotrope Winkelverteilung und wird meist unter 90° mit Hilfe von verschiedenen Farbfiltern oder einem Spektrometer untersucht.

Bei der Durchflusszytometrie werden auch Fluorophore und Immunofluoreszenz erfolgreich angewendet. Oft werden auch gleichzeitig zwei verschiedene mit Fluorophoren markierte Antikörper eingesetzt. Die Durchflusszytometrie kann auch mit einem System zur automatischen Zellsortierung kombiniert werden. Sie stellt ein wichtiges System in der Biophotonik und medizinischen Diagnostik dar.

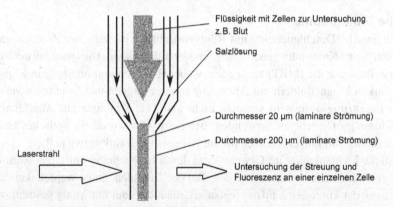

Abb. 23.11 Prinzipieller Aufbau eines Durchflusszytometers. Es wird mit Hilfe der hydrodynamischen Fokussierung ein dünner Flüssigkeitsstrahl mit den zu untersuchenden Zellen erzeugt. Zur Identifizierung der Zellen wird ein fokussierter Laserstrahl an einzelnen Zellen gestreut. Aus der Winkelverteilung des Streulichtes kann die Form der Zellen bestimmt werden. Das Fluoreszenzspektrum ist für die in der Zelle enthaltenen Moleküle charakteristisch

Optische Pinzette (Laser Tweezer)

Photonen besitzen die Energie $E = hf$ und den Impulsbetrag $p = hf/c$, wobei f die Lichtfrequenz und c die Lichtgeschwindigkeit darstellen. Der Impuls ist ein Vektor, wobei p der Betrag dieses Vektors ist. Bei der Brechung ändert das Licht seine Richtung. Dies bedeutet, dass sich der vektorielle Impuls ändert, nicht aber der Betrag. Zwischen den gleich langen Vektoren des Impulses vor der Brechung und nach der Brechung liegt eine vektorielle Impulsänderung. Da der Impuls in einem abgeschlossenen System erhalten bleibt, wird auf das brechende Medium die gleiche Impulsänderung mit entgegengesetztem Vorzeichen übertragen. Zusammengefasst: Bei der Brechung von Licht wird auf das brechende Medium ein Impuls und damit auch eine Kraft übertragen (Kraft = übertragener Impuls/Zeit).

Bringt man ein durchsichtiges Medium, z.B. eine Zelle, in einem Mikroskop in die Nähe eines fokussierten Laserstrahls, werden durch die örtlich unterschiedlichen Brechungen Kräfte ausgeübt. Eine genauere Analyse führt zu dem Ergebnis, dass die Kräfte die Zelle in das Zentrum des Fokus ziehen. Ist die Zelle eingefangen, kann sie durch die Bewegung des Fokus in beliebige Richtungen verschoben werden – wie mit einer Pinzette. Mit diesem System ist es möglich geworden, Mikromanipulationen mit Zellen und Zellbestandteilen präzise auszuführen und dabei auftretende Kräfte im pN-Bereich zu messen. Beispielsweise können DNA-Knäuel auseinandergezogen, molekulare Motoren untersucht und Protein-Protein-Bindungen vermessen werden.

Oft wird die optische Pinzette mit einer so genannten optischen Schere kombiniert. Diese besteht aus einem fokussierten Strahl eines UV-Lasers, mit dem durch Photoablation präzise gebohrt und geschnitten werden kann. Die Kombination einer optischen Schere mit einer optischen Pinzette ermöglicht z.B. gezielt eine Eizelle mit einer ganz bestimmten Samenzelle zu vereinigen (In-vitro-Fertilisation).

Optische Tomographie

Die medizinische Durchleuchtung mit Röntgenstrahlung ist mit einer Strahlenbelastung verbunden, die zu Krebs oder genetischen Schäden führen kann. Dies wird bei der Magnet-Resonanz-Tomographie (MRT) vermieden, wobei Hochfrequenzstrahlung in Kombination mit starken Magnetfeldern zur Abbildung innerer Organe und Strukturen verwendet wird. In Ergänzung dazu wird versucht Licht und THz-Strahlung zur Abbildung innerer Strukturen im Gewebe zu verwenden. Beispielsweise wurde ein optisches Gerät zur Durchleuchtung von Fingergelenken für die Rheumadiagnostik entwickelt.

Die starke Lichtstreuung im Gewebe kann durch Beleuchtung mit ultrakurzen Pulsen im fs-Bereich teilweise eliminiert werden. Bei der Durchleuchtung werden dann nur die Photonen mit der kürzesten Laufzeit registriert, die nicht oder nur wenig gestreut werden. Ähnliches kann durch die Verwendung von im MHz-Bereich amplitudenmodulierten Laserstrahlen (Photonendichtewellen) und phasensensitiver Detektion erreicht werden. Ein weiteres Anwendungsbeispiel ist die optische Mammographie.

Bei der optischen Kohärenztomographie (OCT) wird das Gewebe mit fokussiertem breitbandigem Licht (Superlumineszenz-Diode oder Laser) beleuchtet, das eine Kohärenzlänge im μm-Bereich besitzt. Dieses wird in ein Michelson-Interferometer eingestrahlt. In einem Arm befindet sich das untersuchte Gewebe. Im anderen Arm ist ein verschiebbarer Spiegel angebracht. Man erhält ein Interferenzsignal, wenn die Weglängen in beiden Armen gleich sind. Wegen der kurzen Kohärenzlänge trägt nur eine sehr dünne Gewebsschicht zum Interferenzsignal bei. Die Intensität des Interferenzsignals dient zur Bildgebung. Durch eine Verschiebung des Spiegels und durch seitliches Scannen kann die Gewebsprobe dreidimensional abgetastet werden, woraus ein tomographisches Bild erstellt wird. Auf dem Markt ist ein OCT-Gerät zur dreidimensionalen Vermessung und Bilddarstellung der Netzhaut erhältlich.

23.4   Kernfusion mit Lasern

Die Sonne gewinnt ihre Energie durch Kernfusion. Wasserstoffatomkerne verschmelzen zu Heliumkernen, und bei diesem Prozess wird erhebliche Energie frei. Seit den 50er Jahren wird in Laboratorien verschiedener Staaten versucht, diese Fusionsprozesse auf der Erde zur kontrollierten Energiegewinnung nutzbar zu machen. Der Durchbruch zur technischen Anwendung ist noch nicht erfolgt. Um Fusionsprozesse einzuleiten, ist es notwendig, das Wasserstoffgas, das in den Plasmazustand übergeht, genügend aufzuheizen. Es sind Temperaturen um hundert Millionen Grad Kelvin erforderlich, so dass die Wasserstoffkerne genügend hohe Energie besitzen, damit die Coulomb-Abstoßung zwischen den Atomkernen überwunden werden kann und es zu einer Fusion kommt. Bei diesen hohen Temperaturen braucht man spezielle Vorrichtungen, um das Plasma zusammenzuhalten. Bei den bisherigen Fusionsexperimenten werden dafür magnetische Felder verwendet. Um hohe Temperaturen und lange Einschlusszeiten zu erzielen, werden immer größere und aufwendigere Fusionsanlagen gebaut. Die technische Realisierung von Fusionskraft-

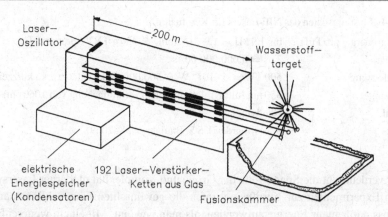

Abb. 23.12 Aufbau des NIF-Fusionslasers (NIF = National Ignition Facility) in den Lawrence-Livermore Laboratorien USA, mit 351 nm Wellenlänge und 1,8 MJ Ausgangsenergie. Das Lasersystem enthält insgesamt 192 parallele Verstärkerketten, so dass eine entsprechende Zahl von Strahlen mit jeweils $40 \times 40 \, cm^2$ Querschnitt über Umlenkspiegel auf das Target fokussiert werden. Das bisherige mit Blitzlampen angeregte Glaslaser-System ist für etwa einen Puls pro Tag ausgelegt. In Zukunft sind Diodenlaser zur Anregung von anderen Festkörper- oder Faserlasern mit Pulsfolgefrequenzen von etwa 10 Hz geplant und ein Target aus den Wasserstoffisotopen Deuterium und Tritium

werken mit magnetischem Plasmaeinschluss wird jedoch erst in einigen Jahrzehnten prognostiziert.

Der Laser ermöglicht es nun, hier einen neuen Weg einzuschlagen. Die Grundidee dabei ist es, ein kleines Kügelchen aus Wasserstoffisotopen, Deuterium und Tritium, in fester Form herzustellen und kurzzeitig mit einem Laser zu bestrahlen und dadurch aufzuheizen. Die Laserenergie muss genügend groß sein, damit die erforderlichen Fusionstemperaturen erreicht werden. Man verwendet einen kurzen Anregungspuls, um zu verhindern, dass während der einsetzenden Fusionsreaktionen das Plasma auseinanderfliegt. Das Plasma wird also bei diesem Prozess nicht durch ein externes Feld eingeschlossen, sondern durch seine eigene Trägheit. Ehe die Plasmateilchen überhaupt wegfliegen können, sollen die Fusionsreaktionen bereits erfolgt sein. Dieser so genannte Trägheitseinschluss verlangt extreme Laser. Es sind Laserenergien von über 10^6 J erforderlich, und diese Energie muss in extrem kurzen Zeiten von etwa 10^{-9} s in das Wasserstofftarget, das etwa einen Durchmesser von 1 mm hat, eingekoppelt werden.

Eine neue Laseranlage für Kernfusionsexperimente ist in Abb. 23.12 skizziert. Der Laser ist in einem Gebäude von etwa 200 m Länge untergebracht, das mehrere Stockwerke besitzt. In dem Gebäude befinden sich 192 Ketten von Lasersystemen, die parallel geschaltet sind und von einem einzigen Laseroszillator angetrieben werden, der die Synchronisation der verschiedenen Laser-Verstärker bewirkt. Die Strahlen aus den Verstärkerketten werden mit Spiegelsystemen aus verschiedenen Richtungen auf das Fusionstarget fokussiert, um eine gleichmäßige Erhitzung des Wasserstoffkügelchens zu erreichen. Die Pulsenergie liegt bei knapp 2 MJ. Ein Vergleich mit dem mikroskopisch kleinen Halblei-

Tab. 23.4 Leistungsdaten des NIF-Lasers für Kernfusion

Ausgangsenergie pro Puls	bis $1{,}9\,MJ = 1{,}9 \cdot 10^6$ Joule $\widehat{=} 450\,g$ TNT-Sprengstoff
Pulsdauer	$3\,ns = 0{,}000.000.003\,s$
Spitzenleistung	$500\,TW = 5 \cdot 10^{14}\,W \widehat{=} 500.000$ Elektrizitätswerke kurzzeitig
Wellenlänge:	$350\,nm$ (ultraviolett, Frequenzverdreifachung von $1060\,nm$)
Material:	Neodymglas
Kosten:	3,5 Milliarden US \$, Baujahr 1998–2009

terlaser verdeutlicht die Spannweite der Größe und Komplexität moderner Lasersysteme. Bei den Experimenten zur Kernfusion traten die gewünschten Kernreaktionen auf, aber man muss dafür mehr Energie aufwenden, als man gewinnt. Mit einem weiterentwickelten Laser nach Abb. 23.12 und Tab. 23.4, hofft man Fusionsreaktionen zu studieren, die für eine Energieerzeugung nutzbar gemacht werden können. Falls die Experimente erfolgreich verlaufen, könnte das erste Demonstrations-Kraftwerk um 2030 in Betrieb gehen.

23.4.1 Raketenabwehr mit Lasern

Die Laser-Leistungsdaten in Tab. 23.4 können benutzt werden, um militärische Anwendungsmöglichkeiten abzuschätzen. Das riesige NIF-Lasersystem hat eine Ausgangsenergie, die etwa $450\,g$ TNT Sprengstoff entspricht. Zum Vergleich wird die von einer Atombombe freigesetzte Energie in Millionen Tonnen TNT gemessen. Der Laser ist also in der zerstörerischen Wirkung überhaupt nicht vergleichbar mit anderen Waffensystemen. Er eignet sich allenfalls dazu, Raketen oder andere militärische Objekte gezielt anzugreifen und zu beschädigen. Ein Hauptunterschied zu konventionellen Waffen könnte sein, dass die Laserenergie mit Lichtgeschwindigkeit über sehr große Entfernungen scharf gebündelt übertragen werden kann. Laser können aber nicht als eine neue Generation von Massenvernichtungsmitteln eingestuft werden.

23.5 Wissenschaftliche Anwendungen

Die oben erläuterte Erzeugung von Plasmen zur Kernfusion ist ein langfristiges wissenschaftliches Projekt. Darüberhinaus werden Laser bei vielen weiteren Untersuchungen in der Physik, Chemie, Biologie und in technischen Disziplinen angewandt. Besonders in der Spektroskopie haben Laserverfahren zu weitreichenden Fortschritten geführt. Die hohe Monochromasie oder Frequenzstabilität der Laser hat die Auflösung spektroskopischer Verfahren enorm gesteigert, so dass fortgeschrittene atomphysikalische Theorien mit hoher Präzision getestet werden können. Nichtlineare optische Methoden führen zur so genannten dopplerfreien Spektroskopie, mit der störende Atombewegungen eliminiert werden können.

Abstandsmessungen werden heute auf Zeitmessungen zurückgeführt. Mit Hilfe von Lasern werden Längen als die Zeitintervalle definiert, die das Licht zum Durchlaufen der zu messenden Strecke benötigt.

Große messtechnische Bedeutung hat die Erzeugung ultrakurzer Lichtimpulse mit Lasern (Kap. 17). Damit können schnelle chemische Reaktionen, z. B. in der Photosynthese von Pflanzen mit hoher Zeitauflösung untersucht werden. Ähnlich wie das Elektronenmikroskop im örtlichen erlaubt der Laser im zeitlichen Bereich die Untersuchung elementarer Strukturen. Mit Lasern lassen sich „Zeit-Mikroskope" aufbauen, die etwa 12 Größenordnungen leistungsfähiger sind als die konventionellen „Zeitlupen", die aus der Film- und Fernsehtechnik bekannt sind.

Die hohe Intensität und Kohärenz des Laserlichtes hat die Entwicklung zweier neuer optischer Wissenschaftszweige stimuliert: nichtlineare Optik und Holographie. In der klassischen Optik, bei kleinen Lichtintensitäten überlagern sich Lichtwellen ohne gegenseitige Beeinflussung. Dieses Prinzip gilt in der nichtlinearen Optik nicht mehr, was zu einer Vielfalt von neuartigen, überraschenden Phänomenen führt. Lichtwellen ändern ihre Frequenz oder Farbe (Abschn. 19.2ff) und können gegenseitig ihre Energien austauschen, was interessante technische Anwendungsperspektiven besitzt. Optische Schaltelemente, ähnlich den elektronischen Transistoren, sind machbar und darauf aufbauend eine neuartige optische Schaltungstechnik. Optische Prozessoren und Computer auf dieser Basis werden die elektronischen Systeme ergänzen und weiterentwickeln. Im Rahmen der „integrierten Optik" und „Silizium-Photonik" werden die dafür notwendigen Technologien entwickelt.

Die wissenschaftliche Bedeutung der Laser und der aus ihnen folgenden neuen Wissenschaftsgebiete ist durch mehrere Nobelpreise gewürdigt worden:

1964 Townes, Basov, Prokhorov – Entwicklung von Masern und Lasern
1971 Gabor – Holographie
1981 Bloembergen, Schawlow – Nichtlineare Optik, Laserspektroskopie
2005 Glauber, Hänsch, Hall – Präzisions-Laserspektroskopie.

23.6 Holographie und Interferometrie

Holographie ist ein Verfahren zur Aufzeichnung und Rekonstruktion von Lichtwellenfeldern und zur Speicherung von dreidimensionalen Bildern. Das von einem beleuchteten Gegenstand reflektierte oder gestreute Lichtwellenfeld (Gegenstandswelle) wird mit einer Referenzwelle überlagert und in einer lichtempfindlichen Schicht gespeichert. Im Gegensatz zur Photographie wird neben der Amplitude auch die Phase der Gegenstandswelle durch Interferenz mit der Referenzwelle aufgezeichnet. Das Hologramm besitzt im allgemeinen keine Ähnlichkeit mit dem Gegenstand. Aus dem Hologramm kann aber bei geeigneter Beleuchtung die Gegenstandswelle rekonstruiert werden, so dass ein räumliches Bild des Gegenstandes entsteht.

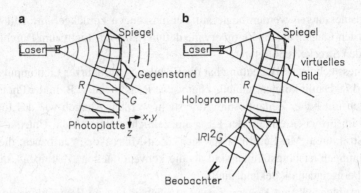

Abb. 23.13 Prinzip der Holographie: **a** Anordnung zur Aufnahme eines Hologramms; **b** Rekonstruktion von Hologrammen

In Abb. 23.13a ist eine Anordnung zur Aufnahme eines Hologramms dargestellt. Zu einer mathematischen Beschreibung des holographischen Prozesses wird die elektrische Feldstärke der Gegenstands- und Referenzwelle in der Form von (14.15) geschrieben. Die Amplituden der Feldstärke $E^0_{G,R}(x, y, z)$ und die Phasen $\Phi_{G,R}(x, y, z)$ können zu komplexen Amplituden der Gegenstands- und Referenzwelle $G(x, y, z)$, $R(x, y, z)$ zusammengefasst werden (siehe (14.16)):

$$G = \left(E^0_G/2\right) \exp 2\pi \mathrm{i} \Phi_G \, , \quad R = \left(E^0_R/2\right) \exp 2\pi \mathrm{i} \Phi_R \, . \tag{23.2}$$

Die Intensität auf der Photoplatte ist gegeben durch $|G(x, y, 0) + R(x, y, 0)|^2$. Diese Intensität belichtet die Photoplatte und ergibt nach dem Entwicklungsprozess eine Amplitudentransmission $t(x, y)$, die näherungsweise proportional zur Intensität und zur Belichtungszeit ist:

$$t(x, y) \sim |G + R|^2 = |G|^2 + |R|^2 + GR^* + G^*R \, . \tag{23.3}$$

Hierbei bedeuten G^* und R^* die konjugiert komplexen Feldstärkeamplituden. Die Amplitude und Phase der Gegenstandswelle ist in dem Interferenzglied $G(x, y, 0) \cdot R^*(x, y, 0)$ bzw. in dem Glied G^*R gespeichert. Die so belichtete und entwickelte Photoplatte ist das Hologramm.

Wird dieses mit einer Wiedergabewelle, die im einfachsten Fall gleich der Referenzwelle R ist (Abb. 23.13b) beleuchtet, so entsteht unmittelbar hinter dem Hologramm die Lichtfeldstärke

$$Rt(x, y) \sim R \cdot \left(|G|^2 + |R|^2\right) + G|R|^2 + G^*R^2 \, . \tag{23.4}$$

Falls die Intensität $|R|^2$ der Referenzwelle in der Hologrammebene konstant ist, beschreibt der Summand $G|R|^2$ in (23.4) eine Lichtfeldstärke, die der Gegenstandswelle $G(x, y, 0)$

entspricht. Davon ausgehend breitet sich eine rekonstruierte Welle, wie die Gegenstandswelle $G(x, y, z)$, in den Raum hinter dem Hologramm aus. (Ist die Feldverteilung einer Welle in einer Ebene bekannt, so ist damit die Welle im gesamten Raum bestimmt.) Die restlichen Summanden in der Gl. (23.4) führen ebenfalls zu Wellen hinter dem Hologramm, die jedoch in andere Richtungen als die rekonstruierte Gegenstandswelle laufen. Ein Beobachter, der in die rekonstruierte Gegenstandswelle schaut, kann nicht unterscheiden, ob die ursprüngliche oder rekonstruierte Welle vorliegt. Er sieht ein dreidimensionales virtuelles Bild des Gegenstandes.

Oben wurden Amplitudenhologramme beschrieben, bei denen die Information in helldunklen Interferenzstreifen gespeichert ist. Derartige Hologramme absorbieren Licht, und sie sind lichtschwach. Daher werden durch photographische Bleichverfahren Phasenhologramme hergestellt, bei denen die Helligkeitsunterschiede in Brechzahlschwankungen umgewandelt werden.

Neben den klassischen Transmissionshologrammen nach Abb. 23.13 werden heute zu Demonstrationszwecken meist Reflexionshologramme verwendet. Die Bilder von diesen Hologrammen können auch mit anderen Lichtquellen wie Leuchtdioden statt mit Lasern rekonstruiert werden. Mit photographischen Schichten werden Volumenreflexionshologramme aufgenommen, wobei die Präparationstechnik ähnlich ist wie bei den beschriebenen Transmissionshologrammen. Zur Herstellung in großen Stückzahlen eignen sich besonders Oberflächenreflexionshologramme, die in Kunststofffolie eingepresst werden. Eine zusätzliche Metallisierung der Oberfläche ergibt einen hohen Reflexionsgrad und damit einen guten Wirkungsgrad bei der Rekonstruktion.

23.6.1 Holographische Interferometrie

Mit Hilfe der Holographie können Formänderungen von Gegenständen, beispielsweise durch Temperaturerhöhung oder mechanische Belastung, mit großer Genauigkeit festgestellt werden. Da andere Verfahren, wie die Speckle-Interferometrie, Vorteile bieten, ist die holographische Interferometrie eher von historischem Interesse.

Wird ein Hologramm genau in die Lage der Photoplatte (Abb. 23.13a) zurückjustiert, so decken sich bei Rekonstruktion das virtuelle Bild und der Gegenstand. Wird der Gegenstand deformiert, so weicht nun die Gegenstandswelle von der rekonstruierten Welle ab. Bei Betrachtung des Gegenstandes erhält man ein holographisches Interferogramm. Es zeigt den Gegenstand von Interferenzstreifen durchzogen, die Linien konstanten Abstandes zwischen den beiden Zuständen entsprechen. Es ist dadurch möglich, geometrische Veränderungen an Messobjekten in der Größenordnung der Lichtwellenlänge direkt zu beobachten. Ein weiteres Verfahren zur Interferometrie besteht darin, durch Doppelbelichtung einer Photoplatte nacheinander zwei Zustände eines Gegenstandes zu registrieren. Durch Rekonstruktion wie bei einem normalen Hologramm ergibt sich das holographische Interferogramm.

23.7 Lichtstreuung zur Charakterisierung von Strömungen

Lichtstreuung an kleinen Teilchen kann in verschiedener Weise messtechnisch ausgenutzt werden, beispielsweise zur Bestimmung von Zahl und Größe von Staubpartikeln oder Aerosolen in der Luft. Zur Bestimmung von Strömungsgeschwindigkeiten von Gasen und Flüssigkeiten wird die Streuung von mitbewegten Teilchen untersucht. Derartige Teilchen sind entweder als Verunreinigung vorhanden oder werden für die Messung gezielt zugesetzt.

Wird Licht an bewegten Teilchen (oder Phasenstörungen) gestreut, so tritt der Doppler-Effekt auf. Im gestreuten Licht entsteht eine Frequenzverschiebung, welche der Geschwindigkeit proportional ist.

Ein Teilchen S bewege sich mit der Geschwindigkeit v (Betrag $|v| = v$, Abb. 23.14). Es wird mit kohärentem Licht mit dem Wellenvektor k bestrahlt. (Der Wellenvektor zeigt in Richtung der Ausbreitung und hat den Betrag $|k| = 2\pi/\lambda$ (λ = Wellenlänge).) Das Licht wird unter dem Winkel β gestreut. Der Wellenvektor des gestreuten Lichtes ist k_s. Die Differenzfrequenz zwischen bestrahlendem und gestreutem Licht beträgt:

$$\Delta f = \frac{1}{2\pi}(k_s - k) \cdot v = \frac{1}{2\pi}(k_s - k) \cdot v \cos\alpha \; . \tag{23.5}$$

Dabei ist α der Winkel zwischen $(k_s - k)$ und v. Da die Lichtgeschwindigkeit sehr groß gegen die Strömungsgeschwindigkeit v ist, gilt $|k_s| \approx |k)| = 2\pi/\lambda$. Damit erhält man für die Frequenzverschiebung Δf näherungsweise

$$\Delta f = (2v/\lambda)\cos\alpha \sin(\beta/2) \; . \tag{23.6}$$

Diese Frequenzverschiebung kann zur Geschwindigkeitsmessung im Bereich zwischen 10^{-5} bis 10^3 m/s herangezogen werden. In der Referenzstrahlmethode wird das gestreute und ungestreute Licht an einem Photodetektor überlagert (Abb. 23.14). Dabei entstehen Schwebungen mit der Differenzfrequenz Δf, welche im Hochfrequenzbereich liegt.

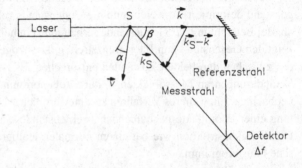

Abb. 23.14 Geschwindig-keitsmessung (Dopplereffekt, Referenzstrahlmethode) durch Lichtstreuung an einem Streuteilchen S mit der Geschwindigkeit v

Anders geht man bei der Zweistrahlmethode vor. Dabei werden in einem Messvolumen zwei kohärente Strahlen überlagert. Diese erzeugen ein Interferenzfeld mit hellen und dunklen Streifen. Das Streulicht eines Teilchens, welches sich durch diese Interferenzstreifen bewegt, ist amplitudenmoduliert. Damit kann die Geschwindigkeit ermittelt werden.

23.8 Laser in Geräten und Gebrauchsgütern

Neben den bisher beschriebenen Anwendungen der Laser in der Kommunikationstechnik, Materialbearbeitung, Medizin und Messtechnik werden Laser einzeln, oder in elektronischen Geräten eingebaut, zu einer Vielzahl weiterer Zwecke eingesetzt (Abb. 23.15).

Laserstrahlen breiten sich sehr gut gebündelt und geradlinig aus und dienen daher als Richtstrahlen beim Bau von Straßen, Kanälen, Tunneln, Gebäuden und auch zur präzisen Ausrichtung bei der Fertigung von Motoren und anderen Maschinen. Die Laufzeit kurzer Laserpulse wird zur genauen und bequemen Entfernungsbestimmung in der Geodäsie gemessen.

Weitere messtechnische Verfahren beruhen auf der örtlichen und zeitlichen Kohärenz der Laser und nutzen Polarisations-, Interferenz, Beugungs- und Streueffekte aus. Interferenzverfahren werden z. B. für hochgenaue Längenmessungen verwendet, die zur Steuerung von Werkzeugmaschinen erforderlich sind. Interferenz und Beugung wird bei holographischen Prüfverfahren ausgenutzt, mit denen Verformungen und Schwingungen von Maschinenteilen untersucht und bildlich dargestellt werden können.

Auch in der Mikroskopie hat der Laser neue Akzente gesetzt. Mit dem Laser-Raster-Mikroskop werden Objekte abgetastet, und man erhält Bilder mit hoher Tiefenschärfe. Mit der so genannten optischen Pinzette können Teile einer Zelle berührungslos manipuliert werden. Dies geschieht durch einen fokussierten Laserstrahl, der aufgrund des Lichtdrucks auf kleine Teilchen wie eine optische Falle wirkt.

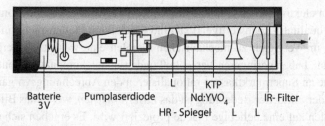

Abb. 23.15 Aufbau eines grün strahlenden Laserpointers. Das Licht einer infraroten Laserdiode mit 808 nm regt einen Nd:YVO$_4$-Kristall zur Emission von Strahlung bei 1064 nm an. Diese wird in einem KTP-Kristall zu 532 nm frequenzverdoppelt

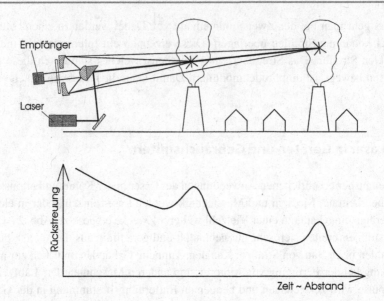

Abb. 23.16 Prinzip des Lidar (Lichtradar) zur Analyse von Luft-Verunreinigungen. Ein kurzer Laserpuls wird an Abgaswolken reflektiert und über ein Teleskop in einem Empfänger nachgewiesen. Aus der Laufzeit des Laserpulses kann die Entfernung zur Abgaswolke ermittelt werden. Die spektroskopische Untersuchung der rückgestreuten Strahlung kann Auskunft über die chemische Zusammensetzung der Abgase geben

Spektrale Untersuchungen der Absorption und Streuung von Laserlicht ergeben hochempfindliche chemische Analyseverfahren, die zum Nachweis von Schadstoffen eingesetzt werden. Damit kann die Abgas-Emission von Kraftwerken und Industrieanlagen aus Entfernungen von mehreren Kilometern kontrolliert werden (Abb. 23.16). Spektroskopische Analyseverfahren sind auch in der Medizin – insbesondere zur Diagnostik von Tumoren – von großem Interesse.

Fast unbemerkt werden im Alltagsleben Laserstrahlen zum Schreiben und Lesen von Information in elektronischen Geräten verwendet. Laserdrucker, durch Computer gesteuert, erzeugen qualitativ hochwertige Texte und Graphiken. Plattenspieler mit Laserabtastung ergeben im Vergleich zu mechanischen Geräten eine wesentlich verbesserte Wiedergabequalität, haben geringeren Verschleiß und erlauben kompaktere Tonträger. Strichcodelesegeräte an Supermarktkassen rationalisieren den Abrechnungsvorgang.

Von besonders aktueller Bedeutung ist das *Laserfernsehen*, wobei das Bild durch farbige Laserstrahlen auf eine beliebige Fläche projiziert wird. Es ergeben sich sehr kontrastreiche Bilder. Zur Kommerzialisierung sind Festkörperlaser oder Diodenlaser vorgesehen.

Laser mit Strahlverteilungsoptiken und beweglichen Ablenkungssystemen werden zur Dekoration und Werbung eingesetzt und sind in Diskotheken und Musikshows anzutreffen. Graphiker und Künstler verwenden Laser als Ausdrucksmittel, schaffen Lichtskulpturen und setzen städtebauliche Akzente.

Abb. 23.17 Strichcode: eine binäre Zahlenfolge wird durch helle und dunkle Balken dargestellt. Benachbarte Balken können zusammengezogen werden

23.8.1   Strichcodelesegeräte

Weit verbreitet sind Strichcodelesegeräte oder Scanner zur Indentifizierung von Waren und Preisen in Geschäften und zur Kennzeichnung von Büchern in Bibliotheken. Die Ware wird dazu mit einem Strichcode (Barcode) gekennzeichnet, das aus mehreren parallelen Balken (englisch: bar) unterschiedlicher Dicke besteht (Abb. 23.17). Mit einem Scanner wird ein Laserstrahl über diesen Barcode geführt, und es wird die rückgestreute Strahlung gemessen. Diese besteht aus einer Folge von Impulsen unterschiedlichen Abstands, die mit einem Photodetektor in ein entsprechendes elektrisches Signal umgewandelt und ausgewertet wird.

Während früher hauptsächlich He-Ne-Laser verwendet wurden, sind nunmehr kompakte Laserdioden im Einsatz. Statt den Abtastlaser manuell über den Strichcode zu führen, wird der Abtaststrahl mit einem bewegten Spiegel oder einem holographischen Strahlablenker über den Strichcode geführt.

Der Aufbau eines Strichcodes ist in Abb. 23.17 dargestellt. Die Grundeinheit besteht aus hellen und dunklen Balken, die die Digitalzahlen 0 und 1 darstellen. Gleiche Balken werden zusammengezogen. So lassen sich beliebige Digitalzahlen darstellen, die auf verschiedene Arten zur Kodierung von Buchstaben und Zahlen verwendet werden können. Einige Möglichkeiten sind in DIN 66236 dargestellt. Weit verbreitet ist das Europäische Artikelnumerierungssystem EAN. Diese Codenummern können vorwärts oder rückwärts gelesen werden, auch ist eine schräge Abtastung möglich. Damit ist diese Art der Kennzeichnung weniger störanfällig.

23.8.2   Compact-Disc CD, DVD, Blu-ray Disc

Die Technologie der optischen *Compact-Disc* begann Ende der 60er Jahre in den Forschungslaboratorien der Firmen Bosch (Berlin) und Philips (Eindhoven). Bereits 1972 wurde der erste optische Videoplattenspieler präsentiert. Zum Abtasten wurde ein He-Ne-Gaslaser mit 633 nm Wellenlänge eingesetzt.

Den Aufbau einer Compact-Disc zeigen Abb. 23.18 und 23.19. Die Information (Sprache, Musik, Videosignale) ist digital als Folge von kleinen Erhebungen verschiedener Länge und Abstände auf einer Kunststoffscheibe in einer spiralförmigen Spur gespeichert. Die Abmessungen dieser so genannten Pits liegen im Bereich von tausendstel Millimeter (μm). Die Pits werden von dem fokussierten Strahl eines Diodenlasers abgetastet. Im

Abb. 23.18 Datenspeicherung
auf einer Compact-Disc

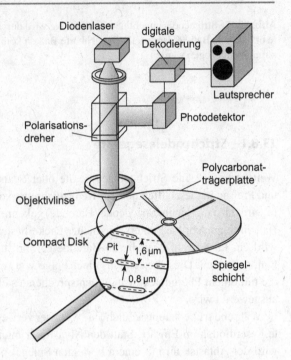

Gegensatz zu einer konventionellen Schallplatte geschieht dies berührungslos und verschleißfrei.

Zur Verbesserung der Abtastung ist die Platte einschließlich der Pits mit einer Metallschicht verspiegelt. Wenn kein Pit vorhanden ist, wird der Laserstrahl an der glatten Oberfläche reflektiert und vom Photodetektor registriert. Trifft dagegen der fokussierte Laserstrahl auf eine Pitkante, so wird der reflektierte Strahl durch Interferenz ausgelöscht,

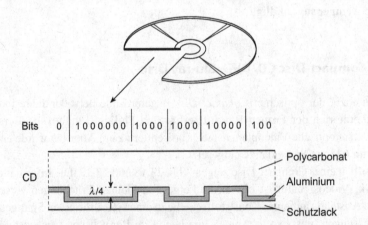

Abb. 23.19 Aufbau einer CD-Speicherplatte. Eine Kante entspricht einer 1

und der Photodetektor empfängt kein Licht mehr. Die Information wird in Hell-Dunkel-Unterschiede umgewandelt. Anschließend wird dieses digitale Signal dekodiert, verstärkt und einem Lautsprecher zur Tonwiedergabe zugeführt.

Beim Lesen der Compact Disc werden Diodenlaser (CD: etwa 780 nm, DVD: 650 nm, Blu-ray Disc: 400 nm) mit Leistungen unterhalb von 1 MW eingesetzt. Die Compact Discs werden in großen Stückzahlen gepresst. Zur Herstellung der Pressmatrizen dienen kurzwellige Festkörperlaser. Eine photoempfindliche Schicht auf einer Scheibe wird mit der digitalen Information belichtet. Nach einer chemischen Entwicklung und Ätzung entstehen an den belichteten Stellen Vertiefungen. In weiteren Prozessschritten wird eine Pressmatrize hergestellt und die Rohlinge aus Polycarbonat mit 0,5 mm Dicke mit dem Pit-Muster gepresst. Die Platten werden mit einer Aluminiumschicht verspiegelt und mit einer 5–10 µm dicken Lackschicht gegen Beschädigungen geschützt. Kratzer, Staub oder Fingerabdrücke auf der Oberfläche stören nicht so sehr wie in der Pit-Ebene, in welche der Laserstrahl fokussiert wird. An der Oberfläche des Polycarbonat-Trägers ist der Strahl aufgeweitet und wird daher durch Streuverluste an kleinen Staubteilchen nur unwesentlich beeinflusst.

Die große Speicherkapazität der CD oder DVD wird auch für Datenspeicherung ausgenutzt. Zunächst wurden *CD-ROMs* (read-only memories oder Festspeicher) entwickelt, die eine Speicherkapazität von etwa 1 Gigabyte auf einer Seite einer CD mit den üblichen 12 cm Durchmesser besitzen. Die Speicherkapazität einer DVD beträgt um 10 Gigabyte. Mit einer Blu-ray Disc werden 25–50 Gigabyte erreicht.

Die gepressten Compact Discs stellen Festspeicher dar, auf die die Daten nur einmal aufgebracht werden, aber dann immer wieder gelesen werden können. Eine einmalig beschreibbare CD ist in Abb. 23.20 dargestellt. Für viele Anwendungen sind jedoch Datenträger erwünscht, die sich wie bei Magnetbändern löschen und neu bespielen lassen. Auch die optische Compact-Disc-Technik bietet hierfür Lösungen. Man verwendet Platten mit einer magnetooptischen Schicht, die mit Halbleiterpulslasern von über 10 Milliwatt Spitzenleistung kurzzeitig lokal erwärmt werden. Dadurch ändert sich die Magnetisierung in der Schicht, was über die Änderung der Polarisation eines schwachen Abtastlasers wieder ausgelesen werden kann. Für mehrfach beschreibbare Compact Discs werden auch so genannte Phase-Change-Schichten verwendet, die auf dem Reflexionswechsel von Halbleiterlegierungen, z. B. GeSbTe, nach optischer Belichtung beruhen.

Abb. 23.20 Aufbau einer einmalig beschreibbaren CD. Zum sequentiellen Schreiben (von unten) werden Diodenlaser wie zum Lesen verwendet, die die Absorption und Brechung des Farbstoffs ändern. Die dargestellten Rillen dienen zur Spurführung

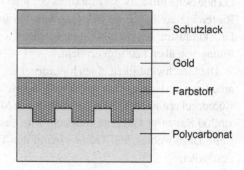

Schutzlack

Gold

Farbstoff

Polycarbonat

23.8.3   Laserdrucker

Parallel zum Fortschritt der elektronischen Datenverarbeitung in den letzten Jahrzehnten ist auch die Drucktechnik zur Datenausgabe entscheidend weiterentwickelt worden. Aus der klassischen Schreibmaschine mit Typenhebeln entstanden Matrix-, Thermo-, Tintenstrahl- und elektrophotographische Drucker, die ursprünglich die Buchstaben nacheinander (seriell) druckten, dann zeilenweise und schließlich seitenweise, was eine sehr schnelle Datenausgabe ermöglicht.

Bei den Seitendruckern spielen elektrophotographische Systeme eine große Rolle, die als Laserdrucker bezeichnet werden. Neben Lasern werden auch lichtemittierende Dioden (LED) als Lichtquellen eingesetzt.

Die Funktion eines Laserdruckers ist in Abb. 23.21a–d dargestellt. Der Druck erfolgt durch Übertragung des Druckbildes auf eine photoleitfähige Trommel, die in der Dunkelheit negative elektrische Ladungen an der Oberfläche speichert. Bei Lichteinstrahlung verschwindet die Oberflächenladung. Der Druck erfolgt in folgenden Schritten:

- Negative Ladungen werden aus einer elektrischen Entladung auf die Trommeloberfläche aufgesprüht (Abb. 23.21a).
- Die Trommel wird durch Belichtung mit einem Laserstrahl oder einer anderen Lichtquelle punktuell entladen, so dass ein nicht sichtbares, latentes Bild der zu druckenden Seite entsteht (Abb. 23.21b). Der Laserstrahl wird dazu parallel zur Trommelachse bewegt. Durch die Rotation der Trommel wird diese auf der ganzen Oberfläche beschrieben.
- Die entladenen Bereiche auf der Trommel bewegen sich an einer Entwicklungseinheit vorbei und nehmen so von dieser negativ geladene Tonerteilchen auf (Abb. 23.21c).
- Das Papier kommt mit der rotierenden Trommel in Kontakt und wird bedruckt (Abb. 23.21d). Die Tonerteilchen werden durch Erhitzung und Druck mit dem Papier fest verbunden.
- Die Trommel wird von überschüssigem Toner gereinigt. Durch Lichteinstrahlung wird sie gleichmäßig entladen, so dass der Druckprozess nach einer vollen Umdrehung der Trommel wieder beim ersten Schritt beginnen kann.

Für den Laserdrucker ist eine elektronische Steuerung erforderlich, welche die zu druckende Seite mit z. B. 300 dpi (dots per inch oder Bildpunkte pro Zoll = 2,5 cm) in einem Rasternetz auflöst. Eine Bildseite wird so in acht Millionen Punkten dargestellt. In der Druckindustrie bei der photographischen Herstellung von Druckmatrizen wird eine Auflösung von über 1200 dpi erreicht.

Die Geschwindigkeit eines Laserdruckers ist vor allem durch die elektronische Vorverarbeitung bestimmt. Das Druckwerk selbst ist außerordentlich schnell. Bei Privat- oder Bürodruckern werden 10 bis 20 Seiten pro Minute erreicht, in der Druckindustrie sind bis zu 200 Seiten pro Minute möglich. Mit Laserdruckern werden auch Farbkopien hergestellt. Dazu werden drei Trommeln mit den Tonerfarben rot, grün und blau hintereinander geschaltet.

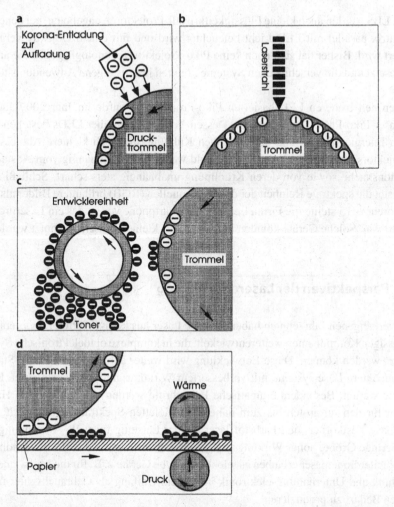

Abb. 23.21 Funktionsablauf eines Laserdruckers: **a** Aufladung der Drucktrommel; **b** Belichtung durch einen Laserstrahl, Erzeugung eines Ladungsbildes; **c** Entwicklung, Erzeugung eines Bildes durch Tonerteilchen; **d** Druckvorgang auf Papier

23.8.4 Laser-Piko-Projektoren

Eine neuere technologische Entwicklung stellen so genannte Piko-Projektoren dar. Dabei handelt es sich um sehr kompakte, tragbare Bildprojektoren, die zur mobilen Darstellung von Fotos und Videos genutzt werden können. Das Bild wird hierzu aus rotem, grünem und blauem (RGB-)Licht erzeugt, welches mittels Optiken kombiniert und anschließend z. B. über ein bewegliches Spiegelsystem Pixel für Pixel mit hoher Frequenz auf eine Projektionsfläche gelenkt wird. Diese Technologie wird als Laser Beam Scanning (LBS) bezeichnet.

Statt LBS werden auch kleine Flüssigkeitkristall-Projektoren angeboten, bei denen eine Pixelmatrix parallel mit LED-Licht beleuchtet wird und mit einem Objektiv vergrößert projiziert wird. Bisher hat sich noch keine Piko-Projektor-Technologie gegen die anderen durchgesetzt und die verschiedenen Systeme könnten jeweils eigene Anwendungsnischen finden.

Neben den früheren LED-basierten Piko-Projektoren wurde im Jahr 2009 auch der erste Laser-Piko-Projektor vorgestellt. Dessen Vorteile gegenüber LEDs bestehen in der höheren Energieeffizienz und der fehlenden Kühlung, die noch kleinere Abmessungen des Projektors ermöglicht. Zudem ist das Bild weitgehend unabhängig vom Abstand zur Projektionsfläche sowie von deren Krümmung unabhängig stets scharf. Schließlich gewährleistet die spektrale Reinheit der drei Laserquellen (RGB) brillantere Bilder als LED-Projektoren. 2015 stellte die Firma Lenovo ein Smartphone vor, in das ein Laserprojektor integriert war. Solche Geräte könnten in Zukunft als kleine Fernseher genutzt werden.

23.9   Perspektiven der Laserentwicklung

In den vergangenen Jahrzehnten haben sich die Laser aus komplizierten Laborgeräten zu zuverlässigen Komponenten weiterentwickelt, die in komplexe optoelektronische Systeme integriert werden können. Diese Entwicklung wird weiter anhalten (Tab. 23.5). Stabilere und kompaktere Lasersysteme mit verbessertem Wirkungsgrad und verringerten Kosten sind zu erwarten. Besonders dramatische Fortschritte werden zur Zeit bei den Halbleiterlasern für den infraroten bis zum nahen ultravioletten Spektralbereich erzielt. Diese haben Gas-, Festkörper- und Farbstofflaser kleiner Leistung für viele Anwendungen ersetzt. Geringe Größe, hoher Wirkungsgrad, hohe Lebensdauer und einfache Handhabung der Halbleiterdiodenlaser erlauben es, elektrooptische Geräte z. B. für die Mess- und Analysetechnik und Unterhaltungselektronik in großem Umfang als Gebrauchsgüter für den täglichen Bedarf zu produzieren.

Die Kombination der Halbleitertechnologie mit Festkörperlasern wird auch für Laser mittlerer und hoher Leistung, für chirurgische Anwendungen oder zur Materialbearbeitung, effizientere und kompaktere Konstruktionen ermöglichen und damit die Verbreitung dieser Anwendungen fördern.

Eine weitere Entwicklungsrichtung der Laser ist das Vordringen in den Ultraviolettbereich und dann zu noch kürzeren Wellenlängen, zum Röntgenbereich. Arbeiten in dieser

Tab. 23.5 Ziele von weiteren Laserentwicklungen

Dioden- und Festkörperlaser	Kompakt, effizient, geringe Kosten
Erweiterung des Spektralbereichs	Ultraviolett- und Röntgenlaser
Hochleistungslaser (cw bei 1 MW)	Diodenlaser, Faserlaser, FELs
Ultrakurze Lichtimpulse im Attosekundenbereich ($1\,\mathrm{as} = 10^{-18}\,\mathrm{s}$)	

Richtung sind zunächst wissenschaftlich motiviert. Derartige Laser werden aber auch hervorragende Werkzeuge zur Untersuchung, Manipulation und Erzeugung kleinster Strukturen im Rahmen der Nanotechnologie sein. Mit der Verkürzung der Wellenlänge kann in submikroskopische, molekulare Bereiche vorgedrungen werden.

Die Hochleistungslaser stellen eine weitere Entwicklungslinie dar. Bereits oben wurde angedeutet, dass immer kräftigere Lasersysteme aufgebaut werden. Für die Materialbearbeitung sind zur Zeit CO_2-Laser mit kontinuierlichen Ausgangsleistungen bis 40 kW verfügbar, was für viele Anwendungen ausreichend erscheint, da z. B. schon Schweißgeschwindigkeiten von 10 m/min bei 10 bis 20 mm dicken Blechen möglich sind. Möglicherweise könnten hier jedoch in Zukunft Hochleistungsfestkörperlaser konkurrieren, da diese eine einfachere Strahlführung über Glasfasern erlauben. Auch Arrays oder Stapel von Diodenlasern mit kontinuierlichen Leistungen im Multikilowattbereich werden zunehmend für die Materialbearbeitung eingesetzt, wenn es gelingt, deren Strahlqualität zu verbessern, d. h. die Divergenz zu verringern. Zur Zeit werden weitere Anwendungen von Lasern besonders in komplexen Fertigungssystemen, beim Rapid Prototyping sowie in der Mikrostrukturtechnik und Dünnschichttechnik für aussichtsreich gehalten.

Das militärische Interesse an Hochleistungslasern scheint zurückzugehen. Möglicherweise sind die für Kernfusionsexperimente geplanten Hochleistungspulslaser aber auch dafür gedacht, das erreichte Know-how für die Wehrtechnik längerfristig zu sichern.

Bei der Erzeugung ultrakurzer Lichtimpulse sind weitere Fortschritte zu erwarten. Der Rekord liegt unter 0,1 Femtosekunde ($0,1 \cdot 10^{-15}$ s). In Kombination mit UV- und Röntgenlasern sind hier weitere Fortschritte bis in den Attosekundenbereich (10^{-18} s) zu erwarten. Kurze Lichtimpulse sind notwendig, um Röntgenlaser anzuregen. Die Entwicklungen von Lasern mit kurzer Wellenlänge und kurzer Impulsdauer stehen also in enger Wechselbeziehung. Ultrakurze und kurzwellige Lichtimpulse werden auch für die Materialbearbeitung und Medizin größere Bedeutung erlangen, da damit nichtthermische Materialabtragung, die so genannte Photoablation, realisiert werden kann.

23.9.1 Zukünftige wissenschaftliche Laseranwendungen

Der Laser stellt ein Messgerät dar, das vielfach für sehr genaue Messungen eingesetzt wird, die zur Verfeinerung des physikalischen Weltbildes dienen (Tab. 23.6). Mit spektroskopischen Untersuchungen an Atomen werden grundlegende physikalische Theorien getestet. Ein anderes Beispiel ist der Aufbau von Gravitationsantennen zum Nachweis

Tab. 23.6 Zukunft von Lasern in der Wissenschaft

Messgerät	Präzisionsexperimente zur Verfeinerung des physikalischen Weltbildes, Auflösung kleinster Raum-Zeitstrukturen
Werkzeug	Speicherung und Manipulation einzelner Atome, Erzeugung von extremen elektrischen Feldstärken zur Beobachtung neuartiger Effekte in Materie

von Gravitationswellen, die von sehr stark beschleunigten Massen im Weltraum emittiert werden. Man erhofft daraus Informationen über den Aufbau und die Entwicklung des Universums. Andererseits werden Laser zur Untersuchung mikroskopischer räumlicher und zeitlicher Strukturen ausgenutzt. Hier sind weitere Fortschritte durch die Erzeugung kürzerer Lichtimpulse zu erwarten, und zukünftige Röntgenlaser werden es erlauben, noch kleinere Raumstrukturen als bisher messend zu erfassen.

Der Laser ist aber nicht nur ein Messgerät, sondern auch ein Werkzeug. Es können heute mit Laserstrahlen einzelne Atome gespeichert werden und an diesen Experimente durchgeführt werden. Es ist zu erwarten, dass es möglich sein wird, einzelne Atome nicht nur festzuhalten, sondern auch zu manipulieren und beispielsweise verschiedene Atome mit Hilfe von Laserstrahlen aneinander zu bringen und chemische Reaktionen mit isolierten Atomen zu untersuchen.

In Materie wird die elektrische Feldstärke durch die Anziehungskraft eines Atomkerns auf ein Elektron charakterisiert. Mit einem Laser kann man wesentlich stärkere Felder und damit neue Effekte erzeugen. Dies führt auf die Gebiete der nichtlinearen Optik und der laserinduzierten Plasmen, die heute schon intensiv bearbeitet werden. In Zukunft sind hier noch überraschende Erkenntnisse zu erwarten.

23.9.2   Zukünftige technische Laseranwendungen

Materialbearbeitung, Medizin und Nachrichtentechnik sind Bereiche, in denen Laser bereits jetzt etabliert sind, und man erwartet in Zukunft einen noch verstärkten Einsatz. Heute werden Laser, beispielsweise in der Materialbearbeitung, verglichen mit konventionellen Techniken noch relativ selten verwendet. Der gesamte Bereich der Laseranwendungen und der damit verbundenen Optik wächst jedoch sehr rasch. Wir sehen heute die Entwicklung eines Gebietes, das als Photonik bezeichnet wird. Damit soll angedeutet werden, dass die moderne Optik in Zukunft einen ähnlichen Schwerpunkt darstellen wird wie das Gebiet der Elektronik heute (Tab. 23.7).

In photonischen Geräten stellen Laser Schlüsselkomponenten dar, ähnlich wie integrierte Schaltkreise in Computern oder anderen elektronischen Geräten. Es ist zu erwarten, dass Laser analog zu elektronischen Baugruppen verstärkt in verschiedenen kommerziellen Geräten eingesetzt werden. Einige derartige Beispiele, denen man bereits heute im täglichen Leben begegnet, sind CD- und DVD-Player, Laser-Drucker, Supermarkt-Scanner. Es werden weitere ähnliche Produkte und Geräte im Gebrauchsgüterbereich

Tab. 23.7 Laseranwendungsgebiete

Gegenwärtig	Materialbearbeitung, Medizin, Informatik, Messtechnik, Sensorik
	Photonik: Laser als Komponente in elektronischen und anderen Systemen (Informatik, Drucker, Display, Messgeräte, Sensoren, Diagnostik usw.)
Zukünftig	Optische Computer, Quanteninformatik, Kernfusion

entwickelt werden und große Verbreitung erlangen. Gute Erfolgsaussichten haben Piko-Projektoren und Laser-Fernseher.

Das Gesamtgebiet der Photonik erweitert sich schnell, und ähnlich wie die Elektronik, welche die bisherigen Computer hervorgebracht hat, will man in Zukunft statt mit Elektronen auch mit Photonen rechnen. Entsprechende Entwicklungsarbeiten werden sehr stark vorangetrieben. Optische Computer sollen größere Informationsmengen als elektronische Computer mit höherer Geschwindigkeit verarbeiten. Es ist jedoch nicht zu erwarten, dass optische Rechner die elektronischen Geräte in naher Zukunft verdrängen werden. Vielmehr werden voraussichtlich elektronische Geräte durch zusätzliche optische Baugruppen ergänzt und in ihrer Leistungsfähigkeit gesteigert. Für die Nachrichtenübertragung mit Glasfasern ist ebenfalls mit der Entwicklung von photonischen Schaltkreisen und Baugruppen z. B. für Stationen der Fernsprechvermittlung zu rechnen.

Ähnlich wie optische Computer werden auch andere Anwendungen des Lasers erst langfristig zum Einsatz kommen. Mit Kernfusion, wie oben diskutiert, ist erst in einigen Jahrzehnten zu rechnen. Voraussetzung dafür ist die Lösung umfangreicher technischer Probleme auf der Basis von physikalischen Ideen und Prinzipien, die erst gefunden werden müssen.

23.9.3 Wirtschaftliche Aspekte

Die Zeitschrift Laser Focus World schätzt den Weltmarkt an Lasern für 2014 auf etwa 10 Milliarden US$ nach 8–9 Milliarden US$ in 2013 und 2012. Davon entfallen etwa 48 % auf Diodenlaser und der Rest auf die verschiedenen anderen Lasertypen. Den Hauptanteil repräsentieren Laser für die Materialbearbeitung, insbesondere CO_2- und Festkörperlaser. Beim Markt für Diodenlaser wird der Hauptanteil von der Telekommunikation und den optischen Speichern eingenommen. Laser finden zu einem geringen Marktanteil Anwendung in der Medizin und in der Grundlagenforschung (Abb. 23.22). Von den zahl-

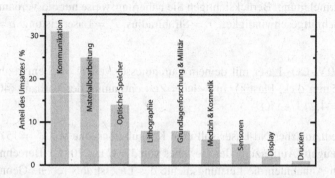

Abb. 23.22 Weltweiter Umsatz von Lasern für verschiedene Anwendungsbereiche (nach Laser Focus World 2013)

reichen Lasertypen haben viele nur wissenschaftliche Bedeutung. Kommerziell wichtig sind hauptsächlich Diodenlaser, Festkörperlaser, CO_2-Laser und Excimerlaser. Ionenlaser, He-Ne-Laser, He-Cd-Laser, Farbstofflaser und andere Typen haben erheblich geringere Umsätze.

In einem Lasergerät, z. B. für die Materialbearbeitung und Medizin, stellen allerdings die eigentlichen Laser nur einen Bruchteil der Kosten dar. Der Preis für Strahlführung, Sicherheitseinrichtungen und weitere Peripherie übersteigt oft bei weitem den des Lasers. In diesem Sinne werden jährlich optische und photonische Geräte und Systeme für über 100 Milliarden Euro produziert.

23.9.4 Zusammenfassung

Die Erfindung des Lasers im Jahre 1960 führte zu kohärenten, leistungsstarken Licht-quellen, mit denen überraschende optische Effekte beobachtet wurden. Darauf aufbauend entstanden neue wissenschaftliche Arbeitsgebiete wie die nichtlineare Optik und Holo-graphie. Laser werden heute für zahlreiche wissenschaftliche, technische und medizi-nische Anwendungen eingesetzt. Diese Gebiete der modernen Optik oder „Photonik" entwickeln sich zu einer eigenen Industrie mit rasch zunehmender wirtschaftlicher Bedeu-tung. Gravierende Risiken dieser neuen Technologien sind bisher nicht deutlich geworden, und es ist zu erwarten, dass Lasergeräte weiterhin zunehmend und vielfältig genutzt wer-den.

23.10 Aufgaben

23.1 Wie viele Fernsehkanäle (Bandbreite 5 MHz) können maximal über einen Laser-strahl mit $\lambda = 1,5\,\mu m$ gleichzeitig übermittelt werden, wenn angenommen wird, dass die Übertragungsbandbreite 10 % der Mittenfrequenz beträgt?

23.2 Berechnen Sie die Schnittiefe beim Schneiden mit einem Laser bei Vernachlässi-gung der Wärmeleitung. Berücksichtigen Sie näherungsweise nur die Verdampfungsener-gie L (v = Schnittgeschwindigkeit, r = Strahlradius, P = Laserleistung, ρ = Dichte des Materials).

23.3 Ein 100 W-CO_2-Laser mit deinem Durchmesser von $D = 1\,cm$ strahlt auf einen Vorhang (0,5 mm dick, Plastik). In welcher Zeit entflammt der Vorhang (400 °C) ($\rho = 1\,g/cm^3$, $c = 4,2\,kJ/kg\,K$)?

23.4 Ein medizinischer Nd-Laser soll eine Koagulationszone von $d = 5\,mm$ Tiefe in $t = 15\,s$ erzeugen (Aufheizung des Gewebes von 37 °C auf 70 °C). Berechnen Sie unter vereinfachten Annahmen die Leistungsdichte des Laserstrahls (ebene Geometrie, keine Wärmeleitung, $c \approx 4100\,J/(kg\,K)$, $\rho = 1000\,kg/m^3$). Wie groß ist die Laserleistung bei einem Strahldurchmesser von 10 mm?

23.5 Ein Excimerlaser wird zur Korrektion der Hornhautkrümmung eingesetzt. Welche Tiefe x wird mit einem 100 mJ-Puls bei einem Strahldurchmesser von $d = 6\,\text{mm}$ abgetragen? (Verdampfungswärme $L \approx 2{,}2 \cdot 10^6\,\text{kJ/kg K}$, Dichte $\rho \approx 1200\,\text{kg/m}^3$)

23.6 Wie groß ist der Gitterabstand in einem Hologramm, wenn eine ebene Referenz- und eine ebene Objektwelle vorliegt, deren Ausbreitungsrichtungen den Winkel α einschließen?

23.7 Ein Laserstrahl ($\lambda = 633\,\text{nm}$) wird senkrecht auf einen Flüssigkeitsstrahl ($v = 8\,\text{m/s}$) gerichtet. Die gestreute Strahlung wird unter 45° zur Einfallsrichtung nachgewiesen. Die Richtungsvektoren für den Einfall, die Streuung und die Geschwindigkeit ergeben eine Ebene. Wie groß ist die Frequenzverschiebung?

23.8 Wie viel bit können auf einer Compact-Disc mit einer Fläche von $10\,\text{cm}^2$ mit einem Laser der Wellenlänge $\lambda = 0{,}8$ und $0{,}4\,\mu\text{m}$ gespeichert werden?

Weiterführende Literatur

1. Hügel H, Graf T (2014) Laser in der Fertigung. Springer Vieweg, Berlin

2. Bliedtner J, Müller H, Barz A (2013) Lasermaterialbearbeitung. Hanser Verlag

3. Iffländer (2001/2010) Solid-State Lasers for Material Processing. Springer

4. Kaminow I, Li T, Willner A (Hrsg) (2013) Optical Fiber Telecommunications. Elsevier

5. Gupta S (2004) Textbook on Optical Fiber Communications and Its Applications. PHI Learning Pvt. Ltd.

6. Bjelkhagen H (2013) Ultrarealistic Imaging – Advanced Techniques in Analogue and Digital Color Holography. CRC

7. Ackermann G, Eichler J (2007) Holography – A Practical Approach. Wiley-VCH, Weinheim

8. Kramme, R (2007) Medizintechnik-Verfahren, Systeme, Informationsverarbeitung. Springer, Heidelberg

9. Raulin C, Karsai S, Bauroth J (2013) Lasertherapie der Haut. Springer, Berlin

10. Dinstl K (2013) Der Laser: Grundlagen und Klinische Anwendung. Springer, Berlin

11. Metelmann H-R, Hammes S (2014) Lasermedizin in der Ästhetischen Chirugie. Springer

12. Weitkamp C (2005) Lidar. Springer in Opt. Sci. Springer, Berlin

13. Popp J, Tuchin V, Chiou A, Heinemann S (Hrsg) (2012) Handbook of Biophotonics. Wiley-VCH, Weinheim

14. Prasad P (2003) Introduction to Biophotonics. Wiley-VCH, Weinheim

15. Liedtke S, Popp J (2006) Laser, Licht und Leben. Wiley-VCH, Berlin

16. Eichler HJ, Eichler J (2005) Laser – HiTech mit Licht. Springer, Berlin

17. Roth M (2014) Trägheitsfusion. Pysik Journal 13 (2014) 18

Sicherheit von Laser-Einrichtungen 24

Selbst bei schwachen Lasern können hohe Leistungs- und Energiedichten auftreten, die zu schweren Unfällen am Auge aber auch an der Haut führen können. Die Expositionsgrenzwerte für einen Augenschaden, die im Folgenden beschrieben werden, liegen erstaunlich niedrig. Daher sind für das sichere Arbeiten mit Lasern Gesetze und Verordnungen zu beachten. Es muss ein *Laserbereich* festgelegt und abgegrenzt werden, in dem die Expositionsgrenzwerte überschritten werden können. In diesem Bereich muss eine Laserschutzbrille getragen werden. Weiterhin muss für jede Laseranlage eine *Gefährdungsbeurteilung* erstellt und ein *Laserschutzbeauftragter* benannt werden.

Die gesetzliche Grundlage des Laserstrahlenschutzes ist die *Arbeitsschutzverordnung zu künstlicher optischer Strahlung* (OStrV). In diesem Gesetz werden die wichtigsten Informationen und Sicherheitsmaßnahmen für den Anwender von Laserstrahlung beschrieben. Zusätzlich sind im Literaturverzeichnung eine Reihe von Informationsschriften zitiert, die etwas spezieller auf besondere Fälle eingehen. Die technischen Grundlagen für die Lasersicherheit sind in verschiedenen Normen beschrieben, die insbesondere für die Gerätehersteller zu beachten sind. Wichtig ist die Normenreihe Sicherheit von Lasereinrichtungen DIN EN 60 825.

Besondere Gefahren durch Laserstrahlung entstehen für das Auge, worauf im folgenden genauer eingegangen werden soll. Das Auge ist im Wellenlängenbereich zwischen 400 und 1400 nm transparent, so dass die Laserstrahlung auf der Netzhaut fokussiert wird (Abb. 24.1). Dabei entsteht ein Brennfleck mit etwa 20 μm Durchmesser, und die Leistungsdichte erhöht sich ungefähr um das 120 000-fache ($\approx$ (Pupillendurchmesser (7 mm) : 20 μm)^2).

In dem Bereich zwischen 400 und 1400 nm ist daher Laserstrahlung sehr gefährlich, so dass schon kleine Leistungen unter 1 mW unter ungünstigen Bedingungen zu einem Netzhautschaden führen können. Besondere Vorsicht ist im Infraroten A (700 bis 1400 nm) geboten, da die Strahlung nicht sichtbar ist.

Im Infraroten B und C (oberhalb von 1400 nm) wird die Strahlung stark vom Gewebewasser absorbiert, so dass sie nur in die oberen Hornhautschichten eindringt. Die

Abb. 24.1 Durchlässigkeit des menschlichen Auges bis zur Netzhaut in Abhängigkeit von der Wellenlänge. Der sichtbare Spektralbereich liegt zwischen 400 und 700 nm

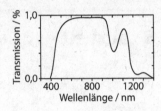

Grenzwerte für eine Schädigung des Auges sind hier höher, da die Fokussierung durch das Auge entfällt.

Auch im Ultravioletten findet eine starke Absorption in der Hornhaut statt. Allerdings sind die Grenzwerte relativ niedrig, da aufgrund der hohen Quantenenergie der Photonen photochemische Prozesse stattfinden, die eine krebserregende Wirkung haben können. Der Schaden ist akkumulativ, d. h. auch geringe Bestrahlungen können über größere Zeiträume zu einer Schädigung führen.

24.1 Expositionsgrenzwerte für das Auge

Die Expositionsgrenzwerte (maximal zulässige Bestrahlung (MZB)) hängen von der Wellenlänge und der Bestrahlungszeit ab. Oberhalb dieser Grenzwerte kann das Auge geschädigt werden. In Tab. 24.1 sind vereinfachte Werte für das Auge im Fall von Einzelpulsen dargestellt. Genauere Angaben entnimmt man Abb. 24.2.

Zahlenwerte und Angaben für wiederholt gepulste Laser können mit Hilfe der Norm DIN EN 60 825-1 oder der GV 18.1 berechnet werden. Dort findet man auch die Werte für die Haut.

Bei der Ermittlung der Leistungs- und Energiedichte sind Mittelwerte über Kreisflächen mit folgenden Durchmessern zu bilden: 1 mm (180–400 nm), 7 mm (400–1400 nm), 1 mm (1400–10^5 nm, $t \leq 3$ s), 3,5 mm (1400–10^5 nm, $t > 3$ s), 11 mm (10^5–10^6 nm).

Tab. 24.1 Expositionsgrenzwerte auf der Hornhaut des Auges (vereinfacht nach BGI 5092, D = Dauerstrichlaser, M = Modengekoppelter Laser, I = Impulslaser, R = Riesenimpulslaser)

Wellen-	Bestrahlungsstärke E				Bestrahlung H			
längen	Betriebsart D		Betriebsart M		Betriebsart M		Betriebsarten I, R	
in nm	Dauer/s	W/m²	Dauer/s	W/m²	Dauer/s	J/m²	Dauer/s	J/m²
180–315	bis 30 000	0,001	$< 10^{-9}$	$3 \cdot 10^{10}$	–	–	10^{-9} bis $3 \cdot 10^{-4}$	30
315–1400	$> 5 \cdot 10^{-4}$ bis 10	10	–	–	$< 10^{-9}$	$1{,}5 \cdot 10^{-4}$	10^{-9} bis $5 \cdot 10^{-4}$	0,005
1400–10^6	$> 0{,}1$ bis 10	1000	$< 10^{-9}$	10^{11}	–	–	10^{-9} bis 0,1	100

Abb. 24.2 Expositionsgrenzwert (maximal zulässige Bestrahlung (MZB)) der Hornhaut des Auges für einige ausgewählte Wellenlängen nach DIN EN 60 825-1 (vereinfacht)

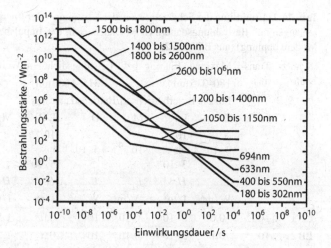

Der Raum, in dem die Expositionsgrenzwerte überschritten werden, heißt *Laserbereich*. Er muss durch Laserwarnschilder sowie möglichst durch Warnleuchten über den Eingangstüren gekennzeichnet werden. Bei Lasern der Klassen 3B und 4 (Abschn. 24.3) muss zusätzlich eine Abgrenzung erfolgen. Darunter versteht man, dass Unbefugte nicht unbeabsichtigt in diesen Bereich gelangen können. Es müssen Laserschutzbrillen vorhanden sein, die von den Anwesenden im Laserbereich immer getragen werden müssen.

24.2 Laser-Schutzbrillen

Schutzbrillen für Laser müssen den Normen DIN EN 207 entsprechen. Sie werden in Schutzstufen LB1 bis LB10 eingeteilt, wobei die Ziffer die optische Dichte angibt. Der Zusammenhang zwischen der Schutzstufe und dem Transmissionsgrad ist in Spalte 2 der Tab. 24.2 gezeigt. Die Berechnung der Schutzstufe für Einzelpulse oder kontinuierlichen Betrieb ist mit Hilfe von Tab. 24.2 möglich. Bei der Berechnung der Leistungs- und Energiedichten (E und H) müssen hier die realen Strahldurchmesser berücksichtigt werden, wobei die $1/e$-Werte benutzt werden.

Auf den Schutzbrillen müssen die Schutzstufe, der Wellenlängenbereich (in nm) und die Betriebsart (D, I, R, M) angegeben werden. Verwechselungen sind gefährlich, da die Brille natürlich nur für die angegegebene Wellenlänge schützt. Die Symbolik ist in Tab. 24.3 erklärt. Die Betriebsart hängt mit der Pulsdauer zusammen (Tab. 24.2).

Die Schutzbrille muss den Laserstrahl 5 s und 50 Pulse standhalten. Bei gepulsten Lasern müssen Korrekturen angebracht werden (BGI 5092).

Für Justierarbeiten am Laser ist es nützlich, wenn der Strahl sichtbar ist. Aus diesem Grund gibt es für sichtbare Strahlung Laser-Justierbrillen, die allerdings keinen vollständigen Schutz bieten (DIN EN 208). Die Leistungsgrenzen und die entsprechende Klassifizierung zeigt Tab. 24.4. Eine Justierbrille schwächt den Strahl entsprechend Klasse 2 ab.

Tab. 24.2 Ermittlung der Schutzstufe aus der Leistungs- oder Energiedichte für verschiedene Wellenlängen und Bestrahlungsdauern (D = Dauerstrich, I = Impulsbetrieb, R = Riesenimpuls, M = Modenkopplung) (aus BGI 5092)

Schutzstufe	Transmissionsgrad	Maximale Energie- bzw. Leistungsdichte im Wellenlängenbereich								
		180–315 nm			315–1400 nm			über 1400 nm		
		Für die Laserbetriebsart/Betriebsdauer in s								
		D	I, R	M	D	I, R	M	D	I, R	M
		$\geq 3\cdot10^{-4}$	10^{-9} bis $3\cdot10^{-4}$	$< 10^{-9}$	$< 5\cdot10^{-4}$	10^{-9} bis $5\cdot10^{-4}$	$< 10^{-9}$	$> 0,1$	10^{-9} bis $0,1$	$< 10^{-9}$
		E W/m²	H J/m²	E W/m²	E W/m²	H J/m²	H J/m²	E W/m²	H J/m²	E W/m²
LB 1	10^{-1}	0,01	$3\cdot10^2$	$3\cdot10^{11}$	10^2	0,05	$1,5\cdot10^{-3}$	10^4	10^3	10^{12}
LB 2	10^{-2}	0,1	$3\cdot10^3$	$3\cdot10^{12}$	10^3	0,5	$1,5\cdot10^{-2}$	10^5	10^4	10^{13}
LB 3	10^{-3}	1	$3\cdot10^4$	$3\cdot10^{13}$	10^4	5	0,15	10^6	10^5	10^{14}
LB 4	10^{-4}	10	$3\cdot10^5$	$3\cdot10^{14}$	10^5	50	1,5	10^7	10^6	10^{15}
LB 5	10^{-5}	10^2	$3\cdot10^6$	$3\cdot10^{15}$	10^6	$5\cdot10^2$	15	10^8	10^7	10^{16}
LB 6	10^{-6}	10^3	$3\cdot10^7$	$3\cdot10^{16}$	10^7	$5\cdot10^3$	$1,5\cdot10^2$	10^9	10^8	10^{17}
LB 7	10^{-7}	10^4	$3\cdot10^8$	$3\cdot10^{17}$	10^8	$5\cdot10^4$	$1,5\cdot10^3$	10^{10}	10^9	10^{18}
LB 8	10^{-8}	10^5	$3\cdot10^9$	$3\cdot10^{18}$	10^9	$5\cdot10^5$	$1,5\cdot10^4$	10^{11}	10^{10}	10^{19}
LB 9	10^{-9}	10^6	$3\cdot10^{10}$	$3\cdot10^{19}$	10^{10}	$5\cdot10^6$	$1,5\cdot10^5$	10^{12}	10^{11}	10^{20}
LB 10	10^{-10}	10^7	$3\cdot10^{11}$	$3\cdot10^{20}$	10^{11}	$5\cdot10^7$	$1,5\cdot10^6$	10^{13}	10^{12}	10^{21}

Tab. 24.3 Beispiele zur Klassifikation von Laserschutzbrillen. Schutzbrillen, die mit „L" statt „LB" klassifiziert wurden, sind auch zulässig

```
DI  1060      L 7   ...   ...
D   630–700   L 8   ...   ...

Laserbetriebsart   *
Wellenlänge (nm)
Schutzstufe
Evtl. Zeichen des Herstellers
Evtl. Prüfzeichen
```

*) D = Dauerstrichlaser, I = Impulslaser, R = Riesenimpulslaser, M = Modengekoppelter Impulslaser

Tab. 24.4 Klassifizierung von Laser-Justierbrillen (aus BGI 5092)

Schutzstufe	Maximale Laserleistung für Dauerstrichlaser		Maximale Energie des Einzelimpulses für Impulslaser		Bereich des spektralen Transmissionsgrades
	Zeitbasis 0,25 s	Beobachtung bis 2 s	Zeitbasis 0,25 s	Beobachtung bis 2 s	
RB 1	10 mW	0,6 bis 6 mW	$2\cdot10^{-6}$ J	$1,2\cdot10^{-6}$ J	10^{-1} bis 10^{-2}
RB 2	100 mW	60 mW	$2\cdot10^{-5}$ J	$1,2\cdot10^{-5}$ J	10^{-2} bis 10^{-3}
RB 3	1 W	600 mW	$2\cdot10^{-4}$ J	$1,2\cdot10^{-4}$ J	10^{-3} bis 10^{-4}
RB 4	10 W	6 W	$2\cdot10^{-3}$ J	$1,2\cdot10^{-3}$ J	10^{-4} bis 10^{-5}
RB 5	100 W	60 W	$2\cdot10^{-2}$ J	$1,2\cdot10^{-2}$ J	10^{-5} bis 10^{-6}

24.3 Laserklassen und Gefährdungspotenzial

Laser werden je nach Gefährdungspotenzial in die Laserklassen 1, 1M, 2, 2M, 3R, 3B und 4 eingeteilt:

Klasse 1: Die zugängliche Laserstrahlung ist ungefährlich. (Je nach Wellenlänge ist für cw-Laser im Sichtbaren eine Leistung von 39 µW zulässig.

Klasse 1M: Die Laserstrahlung ist ungefährlich, sofern keine optischen Instrumente benutzt werden, die den Strahlquerschnitt einengen. Es handelt sich dabei häufig um Laser oder LEDs mit divergenten Strahlen. Es sind auch Systeme mit kollimierten Strahlen mit großem Querschnitt eingeschlossen.

Klasse 1C: Der Laser strahlt nur, wenn ein direkter Kontakt zu Haut oder Gewebe besteht. Es gibt keine Beschränkung der Leistung oder Energie.

Klasse 2: Diese Klasse ist nur im Sichtbaren definiert (400–700 nm). Laser dieser Klasse sind bei einer Bestrahlung bis 0,25 s (bewusste Abwehrreaktion) ungefährlich. Die Leistungsgrenze liegt für kontinuierlich strahlende Laser bei 1 mW.

Klasse 2M: Diese Klasse ist nur im Sichtbaren definiert. Laser dieser Klasse sind bei einer Betrachtung bis 0,25 s ungefährlich, sofern keine optischen Instrumente benutzt werden, die den Strahlquerschnitt einengen.

Klasse 3R: Im sichtbaren Spektralbereich sind die Ausgangswerte 5 mal höher als bei einem Laser der Klasse 2 (5 mW für Dauerstrichlaser). Im nicht sichtbaren Bereich sind die Ausgangswerte bei einer Bestrahlungszeit bis 100 s bis zu 5 mal höher als die bei einem Laser der Klasse 1.

Klasse 3B: Die zugängliche Laserstrahlung ist gefährlich für das Auge und in besonderen Fällen für die Haut. Für Dauerstrichlaser mit Wellenlängen über 315 nm beträgt die obere Leistungsgrenze 0,5 W.

Klasse 4: Die Laserstrahlung ist gefährlich für das Auge und die Haut. Auch diffus gestreute Strahlung kann gefährlich werden. Die Laserstrahlung kann Brand- und Explosionsgefahren hervorrufen. Dauerstrichlaser mit Leistungen über 0,5 W (Wellenlängen über 315 nm) gehören zur Klasse 4.

Das Symbol M bei den Klassen 1M und 2M ist eine Abkürzung für Magnifying Instruments, die bei der Beobachtung nicht verwendet werden dürfen. Bei der Klasse 3R steht das R für relaxed – es gelten leicht entspannte Vorschriften. Abschließend sei ergänzend bemerkt, dass die Einteilung eines Lasers in eine Klasse neben der Wellenlänge auch von der Zeit abhängt, in der ein Laser strahlt. Genaue Werte für die Laserklassen findet man in der Norm DIN EN 60825-1.

24.4   Sicherheitsvorschriften

Die OStrV enthält eine Reihe von Regeln, von denen im folgenden einige zusammengefasst werden:

- Für den Betrieb von Lasereinrichtungen der Klassen 3R bis 4 ist ein Laserschutzbeauftragter schriftlich zu bestellen.
- Laserbereiche müssen gekennzeichnet werden. Bei Lasern der Klasse 4 sollen an den Zugängen zum Laserbereich Warnleuchten angebracht werden. Die Laserbereiche müssen abgegrenzt werden.
- Im Laserbereich müssen Schutzbrillen getragen werden.
- Personen, die sich im Laserbereich aufhalten, müssen jährlich über das zu beachtende Verhalten unterrichtet werden.
- Es müssen Schutzmaßnahmen getroffen werden, falls Brand- oder Explosionsgefahr durch Laserstrahlung besteht.
- Für jeden Laserarbeitsplatz ist eine *Gefährdungsbeurteilung* vor der Inbetriebnahme zu erstellen. Diese zeigt die Gefährdungen und die entsprechenden Schutzmaßnahmen auf.

Weiterführende Literatur

Bücher

1. Sutter E., Schreiber P., Ott G. (1989) Handbuch Laser-Strahlenschutz. Springer, Berlin, Heidelberg
2. Sutter, E. (2008) Schutz vor optischer Strahlung, VDE-Schriftenreihe, VDE-Verlag, Berlin
3. Henderson, R., Schulmeister, K. (2004) Laser Savety. Institute of Physics Publ., Bristol

Normen

4. Optische Strahlungssicherheit und Laser. Teil 1 und 2. (2010) DIN-VDE-Taschenbuch, VDE-Verlag
5. Filter- und Augenschutzgeräte gegen Laserstrahlung. DIN EN 207
6. Augenschutzgeräte für Justierarbeiten an Lasern und Lasergeräten. DIN EN 208
7. Sicherheit von Lasereinrichtungen. Normenreihe. DIN EN 60825

Gesetze, Richtlinien, Informationen

8. Verordnung zum Schutz der Beschäftigten vor Gefährdungen durch künstliche optische Strahlung (Arbeitsschutzverordnung zu künstlicher optischer Strahlung – OStrV) (2010) GV 18, BG ETEM

9. Anhang 1 und 2, Richtlinie 2006/25/EG (Expositionsgrenzwerte künstliche optische Strahlung) (2006) GV 18.1, BG ETEM

10. Umgang mit Lichtwellenleiter-Kommunikationssystemen (LWKS) (2007) BGI 5031, BG ETEM

11. Lasereinrichtungen für Show- oder Projektionszwecke, BGI 5007 (2004), BG ETEM

12. Auswahl und Benutzung von Laser-Schutz und Justierbrillen (2007) BGI 5092, BG ETEM

13. Künstliche optische Strahlung. Eine Handlungshilfe für die Gefährdungsbeurteilung (2013), Broschüre M16, www.hamburg.de/arbeitsschutzpublikationen

14. TROS (Technische Regeln zur Arbeitsschutzverordnung zu künstlicher optischer Strahlung) – Laserstrahlung (2015). www.baua.de

Lösungen

Kapitel 1

1.1 (a) Für die Intensität gilt für $r = 0,1$ m:

$$I = P/A = P/(4\pi r^2) = 8\,\text{W/m}^2$$

und für $r = 1$ m:

$$I = 8 \cdot 10^{-2}\,\text{W/m}^2\,.$$

(b) Die Intensität des He-Ne-Lasers beträgt für $P' = 1$ mW:

$$I' = P'/A' = P'/(\pi d^2/4) = 2600\,\text{W/m}^2\,.$$

1.2 (a) Die Leistung ist durch die Zahl der Photonen pro Zeit N/t gegeben:

$$P = Nhf/t\,.$$

Es folgt:

$$N/t = P/hf = 3,2 \cdot 10^{15}\,\text{Photonen/s}\,.$$

(b) Mit $\lambda = 0,63\,\mu\text{m}$, $h = 6,6 \cdot 10^{-34}\,\text{J s}$ und $c = 3 \cdot 10^8$ m/s erhält man:

$$hf = hc/\lambda = 3,1 \cdot 10^{-19}\,\text{J} = 1,9\,\text{eV}\,.$$

1.3 (a) Die Frequenz beträgt $f = c/\lambda \approx 5 \cdot 10^{14}$ Hz $= 500$ THz und
(b) $f \approx 6 \cdot 10^{14}$ Hz $= 600$ THz.

1.4 Die Energie beträgt für den CO_2-Laser

$$hf = c\lambda = 1,9 \cdot 10^{-20}\,\text{J} = 0,12\,\text{eV}$$

und für den Argonlaser

$$hf = 3,8 \cdot 10^{-19}\,\text{J} = 2,1\,\text{eV}\,.$$

© Springer-Verlag Berlin Heidelberg 2015
H.J. Eichler, J. Eichler, *Laser*, DOI 10.1007/978-3-642-41438-1

1.5 Die Energien der Zustände betragen (Abb. 1.6):

$$E_n = \frac{-13,6}{n^2} \, \text{eV} \quad \text{mit} \quad n = 1, 2, 3, 4 \ldots, \infty$$

Man erhält:

$$E_1 = -13,6 \, \text{eV},$$
$$E_2 = -3,4 \, \text{eV},$$
$$E_3 = -1,5 \, \text{eV},$$
$$E_4 = -0,85 \, \text{eV} \quad \text{und}$$
$$E_\infty = 0 \, \text{eV}.$$

Daraus folgt mit $1 \, \text{eV} = 1,6 \cdot 10^{-19} \, \text{J}$ und $h = 6,62 \cdot 10^{-34} \, \text{J s}$:

$$\lambda_{21} = hc/(E_2 - E_1) = 122 \, \text{nm} \quad \text{und} \quad \lambda_{32} = 656 \, \text{nm}.$$

1.6 Die Energie der Schwingungsniveaus ist gegeben durch:

$$E_v = \left(v + \frac{1}{2}\right) hf \approx \left(v + \frac{1}{2}\right) 0,3 \, \text{eV} \quad \text{mit } v = 0, 1, 2, \ldots$$

Diesen Zuständen sind die Rotationsniveaus überlagert:

$$E_J = J(J + 1)hcB_r \approx J(J + 1) \, 2,5 \cdot 10^{-4} \, \text{eV} \quad \text{mit } J = 0, 1, 2, \ldots$$

Mit diesen Werten kann eine Skizze der Rotations-Vibrationsniveaus hergestellt werden.

1.7 $1,58 \cdot 10^{19}$ Cr-Ionen pro cm^3.

1.8 Aus

$$E = hf = h\frac{c}{\lambda}$$

und $E = 1,2 \, \text{eV} = 1,9 \cdot 10^{-19} \, \text{J}$ folgt als Grenzwellenlänge $\lambda = hc/E = 1 \, \mu\text{m}$ ($h = 6,62 \cdot 10^{-34} \, \text{J s}$ und $c = 3 \cdot 10^8$ m/s). Oberhalb dieser Wellenlänge wird Si transparent.

1.9 Man betrachte einen Halbleiterwürfel mit der Kantenlänge L. Die Leitungselektronen haben darin diskrete Wellenlängen L/n_x, L/n_y, L/n_z, wobei n_x, n_y, n_z ganze Zahlen sind. Die dazu gehörigen Wellenvektoren ergeben sich zu $k_x = \frac{2\pi}{L}n_x$, $k_y = \frac{2\pi}{L}n_y$ und $k_z = \frac{2\pi}{L}n_z$. Im k-Raum werden dadurch Zellen mit dem Volumen $(2\pi/L)^3$ definiert. Ein

Volumenelement im k-Raum wird durch eine Kugelschale mit dem Radius k und der Dicke dk gegeben: $4\pi k^2 dk$. Die Zahl der Elektronenzustände in diesem Volumenelement beträgt $N = 4\pi k^2 dk/(2\pi L)^3 = 4\pi k^2 V dk/(2\pi)^3$, wobei $V = L^3$ ist. Damit wird die Zustandsdichte $\varrho(k) = N/V dk = \frac{1}{2}k^2/\pi^2$. Dies muss wegen des Pauli-Prinzips mit 2 multipliziert werden: $\varrho(k) = k^2/\pi^2$. Der Betrag k des Wellenvektors lässt sich in die Energie $E - E_c = \frac{\hbar^2 k^2}{2m_c}$ umrechnen. Damit gilt: $\varrho_c(E) = \varrho(k)dk/dE$.

1.10 Für $E > E_f$ und $T \to 0$ geht $(E - E_f)/kT \to -\infty$ und damit $f(E) \to 1$.

1.11 Für $E = 0$ ist $f(E) = \frac{1}{\exp(-E_f/kT)+1} < 1$. Für $E = E_f$ ist $f(E_f) = \frac{1}{2}$. Für $E_f \to \infty$ ist $f(\infty) \to 0$. Skizze siehe Abb. 1.15.

1.12 Für $E \gg E_f$ und $E \gg kT$ ist $f(E) = \exp(-E/kT)$.

Kapitel 2

2.1 Gleichung (2.2) ergibt

$$\frac{dI}{I(x)} = -\alpha dx.$$

Daraus folgt:

$$\int_{I_0}^{I} \frac{dI}{I} = -\alpha \int_0^d dx.$$

Die Integration ergibt

$$\ln I \big|_{I_0}^{I} = -\alpha d \quad \text{und} \quad \ln \frac{I}{I_0} = -\alpha d.$$

Daraus folgt

$$\frac{I}{I_0} = \exp(-\alpha d).$$

2.2 (a) Für den Verstärkungsfaktor gilt:

$$G = \frac{P_{aus}}{P_{ein}} = \frac{3\,\text{W}}{1\,\text{W}} = 3.$$

(b) Der Zusammenhang zwischen G und g lautet:

$$G = e^{gx}.$$

Daraus folgt mit $x = 5\,\text{cm}$:

$$g = \frac{\ln G}{x} = 0{,}22\,\text{cm}^{-1}.$$

2.3 Der Verstärkungsfaktor beträgt:

$$G = e^{0{,}05\cdot 12} = 1{,}82.$$

Näherungsweise gilt

$$G = 1 + gx = 1{,}6.$$

2.4 Näherungsweise gilt für kleine Exponenten $G = e^{gl} \approx 1 + gl$. Daraus folgt: $g = 0{,}1\,\text{m}^{-1}$. Die differentielle Verstärkung beträgt 10 % pro Meter.

2.5 Für die natürliche Lebensdauer gilt ($\tau_1 = 12\,\text{ns}$, $\tau_2 = 20\,\text{ns}$):

$$\Delta f = \frac{1}{2\pi}\left(\frac{1}{\tau_1} + \frac{1}{\tau_2}\right) = 21\,\text{MHz}.$$

Dieser Wert ist vernachlässigbar klein gegenüber der Dopplerverbreiterung $\Delta f_{\mathrm{d}} = 1{,}5\,\text{GHz}$ und der Stoßverbreiterung $\Delta f_{\mathrm{S}} = 100\,\text{MHz}$.

2.6 Für die Verbreiterung gilt:

$$\Delta f = \frac{2f}{c}\sqrt{\frac{2kT\ln 2}{m}} = \frac{2}{\lambda}\sqrt{\frac{2kT\ln 2}{m}} = 1{,}4\cdot 10^9\,\text{Hz},\,(k = 1{,}38\cdot 10^{-23}\,\text{J/K},$$
$$m = m_p A = 1{,}66\cdot 10^{-27}\cdot 20{,}2\,\text{kg} = 3{,}3\cdot 10^{-26}\,\text{kg},\,\lambda = 0{,}63\,\mu\text{m}).$$

Die Werte sind nahezu gleich.

2.7 Für die Mittenfrequenz f_{12} nach Abb. 2.3 gilt:

$$f_{12} = \frac{c}{\lambda} = 5\cdot 10^{14}\,\text{Hz}.$$

Damit ist der Emissionsbereich gegeben durch:

$$f_{12} = (5\cdot 10^{14} \pm 0{,}4\cdot 10^{14})\,\text{Hz} = 5\cdot 10^{14}\,\text{Hz} \pm 8\,\%.$$

Näherungsweise gilt für den Wellenlängenbereich:

$$\lambda = 0{,}60\,\mu\text{m} \pm 8\,\% = (0{,}60 \pm 0{,}05)\,\mu\text{m}.$$

2.8 In der zweiten Spalte der Tabelle ist die Leistungsdichte im Resonator I nach folgender Gleichung eingetragen:

$$I = I_S \left(\frac{g_0 d}{1 - RT} - 1 \right) .$$

Die ausgekoppelte Intensität beträgt $I_{out} = I(1 - R)$. Die Ergebnisse sind in der dritten Spalte dargestellt. Die Schwelle tritt bei folgendem Reflexionsgrad auf:

$$R = \frac{(1 - g_0 d)}{T} = 0{,}816 .$$

R	I in W/cm^2	I_{out} in W/cm^2
0,816	0	0
0,85	1,97	0,29
0,9	6,94	0,69
0,95	18,98	0,95
0,98	40,5	0,8
0,99	67,1	0,6
1	90	0

Aus der Tabelle ergibt sich ein optimales Reflexionsvermögen von $R_{opt} = 0{,}95$ und eine Ausgangsleistung von $9{,}5\,mW$. Man beachte, dass $R = \sqrt{R_1 R_2}$ beträgt. Mit $R_2 = 1$ erhält man $R_{1opt} = R_{opt}^2$.

2.9 Es gilt $GRT = 1$ mit $T \approx 1$. Daraus folgt $R \approx 1/G$, wobei $G = e^{gx} \approx 1 + gx = 1 + 0{,}05$, $g = 0{,}1\,m^{-1}$ und $x = 0{,}5\,m$ beträgt. Man erhält $R \approx 95\,\%$. Für die grüne Linie ($g = 0{,}005\,m^{-1}$) erhält man $99{,}75\,\%$. (Man beachte $R = \sqrt{R_1 R_2}$.)

2.10 Der Verstärkungskoeffizient ist definiert durch:

$$dI/dx = gI .$$

Die Frequenzabhängigkeit von g wird durch die Linienformfunktion $F_d(f)$ beschrieben:

$$g(f) = g(f_{12}) F_d(f) \quad \text{mit } F_d(f_{12}) = 1 .$$

Der Dopplereffekt führt zu einer Frequenzverschiebung

$$f \cdot - f_{12} = f_{12} \frac{u}{c} \quad \text{oder} \quad u = \frac{f - f_{12}}{f_{12}} c .$$

Eingesetzt in die Maxwellverteilung ergibt sich:

$$F_d(f) = p(u(f)) = \exp\left(-\frac{mc^2}{2kT}\left(\frac{f - f_{12}}{f_{12}}\right)^2\right).$$

Die Linienbreite Δf_d berechnet sich aus:

$$F_d(f_{12} - \Delta f_d/2) = F_d(f_{12} + \Delta f_d/2) = \frac{1}{2} = e^{-\ln 2}.$$

Man erhält:

$$\Delta f_d = \frac{2 f_{12}}{c}\sqrt{2kT\ln 2/m}.$$

Einsetzen ergibt:

$$F_d(f) = \exp\left(-\left(\frac{2(f - f_{12})}{\Delta f_d}\right)^2 \ln 2\right).$$

2.11 Die Gesamtbesetzungszahlen setzen sich aus den Besetzungszahlen N_{ai} und N_{bk} der Unterniveaus zusammen:

$$N_a = \sum_{i=1}^{g_a} N_{ai} \quad \text{und} \quad N_b = \sum_{k=1}^{g_b} N_{bk}.$$

Unter der Annahme einer Gleichverteilung folgt:

$$N_{ai} = N_a/g_a \quad \text{und} \quad N_{bk} = N_b/g_b.$$

Die Übergangsrate für Absorption ist somit:

$$dN_b/dt = \sum_{i,k} N_{ai} B_{ik} \rho = (\rho N_a/g_a)\sum_{i,k} B_{ik} = \rho N_a B_{\text{abs}}.$$

Für induzierte Emission gilt:

$$dN_a/dt = \sum_{i,k} N_{bk} B_{ki} \rho = (\rho N_b/g_b)\sum_{i,k} B_{ki} = \rho N_b B_{\text{ind}}.$$

Mit $B_{ik} = B_{ki}$ folgt:

$$B_{\text{ind}} = \frac{g_a}{g_b} B_{\text{abs}}.$$

Für den $1s$-Grundzustand des H-Atoms gilt $g_a = 2$ und für den angeregten $2p$-Zustand $g_b = 6$.

2.12 (a) Gleichung (2.43) lautet

$$\frac{dN_2}{dt} \approx W_p N_0 - \frac{N_2}{\tau} - N_2 \sigma c \Phi$$

Im stationären Fall gilt $\frac{dN_2}{dt} = 0$. Man erhält:

$$N_2 = \frac{W_p N_0}{\frac{1}{\tau} + \sigma c \Phi} = \frac{W_p N_0}{\frac{1}{\tau} + \frac{\sigma I}{hf}} = \frac{W_p N_0 \tau}{1 + \frac{\sigma \tau}{hf} I},$$

wobei $I = hfc\Phi$ gesetzt wurde ((1.5) und (1.7)).

(b) Für $N_1 = 0$ gilt (2.15):

$$g = \sigma \cdot N_2 = \frac{W_p N_0 \tau \sigma}{1 * \frac{\sigma \tau}{hf} I}.$$

Für kleine Signale $I \approx 0$ erhält man

$$g_0 = W_p N_0 \tau \sigma.$$

Damit gilt

$$g = \frac{g_0}{1 + \frac{\sigma \tau}{hf} I} = \frac{g_0}{1 + \frac{I}{I_s}} \quad \text{mit} \tag{2.26}$$

$$I_s = \frac{hf}{\sigma \tau}. \tag{2.27}$$

Kapitel 3

3.1 (a) Die Pulsleistung berechnet sich zu

$$P_{max} = \frac{W}{T} = \frac{10 \cdot 10^{-3}}{0{,}5 \cdot 10^{-3}} \frac{J}{s} = 20 \, W.$$

(b) Bei Verkürzung der Pulse auf $5 \cdot 10^{-9}$ s erhält man

$$P_{max} = \frac{10 \cdot 10^{-3}}{5 \cdot 10^{-9}} \frac{J}{s} = 2 \cdot 10^6 \, W = 2 \, MW.$$

(c) Die mittlere Leistung beträgt:

$$P = Wf = 1 \, W.$$

3.2 Für den Zusammenhang zwischen Frequenz f und Wellenlänge λ gilt:

$$f = c/\lambda \,.$$

Durch Differenzieren erhält man:

$$\mathrm{d}f = -\frac{c}{\lambda^2}\mathrm{d}\lambda \,.$$

Einsetzen der ersten Gleichung in die zweite ergibt

$$\mathrm{d}f = -\frac{f}{\lambda}\mathrm{d}\lambda \quad \text{oder} \quad \frac{\Delta f}{f} = -\frac{\Delta\lambda}{\lambda} \,.$$

3.3 (a) Für den Argonlaser gilt $\lambda = 0{,}488\,\mu\mathrm{m}$ und $\Delta f = 4\,\mathrm{GHz}$. Daraus folgt mit $f = c/\lambda$:

$$\Delta f/f = \Delta f \cdot \lambda/c = 6{,}5 \cdot 10^{-6} \,.$$

(b) Für den Farbstofflaser (Rh6G) gilt $\lambda = 0{,}6\,\mu\mathrm{m}$ und $\Delta f = 80\,\mathrm{THz}$. Daraus folgt:

$$\Delta f/f = \Delta f \cdot \lambda/c = 0{,}16 = 16\,\% \,.$$

3.4 Die Feldstärke E wird durch die Intensität I gegeben (1.2):

$$I = \sqrt{\varepsilon\varepsilon_0/\mu\mu_0}E^2 \,.$$

In Vakuum (oder Luft) gilt $\varepsilon = \mu = 1$. Mit $E = 10^{12}\,\mathrm{V/m}$, $\varepsilon_0 = 8{,}858 \cdot 10^{-12}\,\mathrm{A\,s/V\,m}$ und $\mu_0 = 4\pi \cdot 10^{-7}\,\mathrm{V\,s/A\,m}$ erhält man

$$I = 2{,}66 \cdot 10^{21}\,\mathrm{W/m}^2 \,.$$

Die Intensität ist durch $I = P/A$ mit $A = d^2\pi/4 = 1{,}96 \cdot 10^{-11}\,\mathrm{m}^2$ gegeben. Auflösen ergibt

$$P = I/A = 5 \cdot 10^{10}\,\mathrm{W} = 50\,\mathrm{GW} \,.$$

3.5 Die Bandbreite eines Rh6G-Farbstofflasers beträgt $\Delta f = 80\,\mathrm{THz} = 8 \cdot 10^{13}\,\mathrm{Hz}$. Damit erhält man

$$\tau \geq \frac{1}{2\pi\Delta f} = 2 \cdot 10^{-15}\,\mathrm{s} = 2\,\mathrm{ps} \,.$$

Kapitel 4

4.1 Der Neon-Druck beträgt $p_{Ne} = 83$ Pa. Daraus erhält man die Teilchendichte

$$N = \frac{6{,}022 \cdot 10^{23} \cdot 83}{0{,}0224 \cdot 10^5} \frac{1}{m^3} = 2{,}2 \cdot 10^{22} \, m^{-3}$$

und die Zahl der Atome im Laserrohr

$$n = N \cdot V = 2{,}2 \cdot 10^{22} \cdot 1{,}6 \cdot 10^{-7} = 3{,}5 \cdot 10^{15} \, .$$

Bei einer Leistung von $P = 10^{-3}$ W werden pro Sekunde

$$x = \frac{P}{hf} = \frac{P\lambda}{hc} = 3{,}2 \cdot 10^{15} \, s^{-1}$$

abgestrahlt. Damit emittiert jedes Atom pro Sekunde etwa ein Photon

$$\left(\frac{x}{n} = \frac{3{,}2 \cdot 10^{15}}{3{,}5 \cdot 10^{15}} \, s^{-1} \approx 1 \, s^{-1} \right) .$$

4.2 Der $1s^2 \, 2s^2 \, 2p^5$-Rumpf hat einen Bahndrehimpuls $L_R = 1$ und einen Gesamtspin $S_R = \frac{1}{2}$, da durch Hinzufügen eines weiteren p-Elektrons eine abgeschlossene Schale mit dem Gesamtbahndrehimpuls 0 und Gesamtspin 0 entsteht. Der Bahndrehimpuls des np-Elektrons beträgt $l = 1$ und der Spin $s = \frac{1}{2}$.

Der gesamte Bahndrehimpuls mit $L = L_R + l = 2$, 1 oder 0 und der gesamte Spin $S = \frac{1}{2} \pm \frac{1}{2} = 1$ oder 0. Dies entspricht den spektroskopischen Bezeichnungen der Multipletts ^1S, ^3S, ^1P, ^3P, ^1D, ^3D. Durch die Spin-Bahn-Wechselwirkung ergeben sich folgende 10 Energieterme:

$$^1S_0, \, ^3S_1, \, ^1P_1, \, ^3P_2, \, ^3P_1, \, ^3P_0, \, ^1D_2, \, ^3D_3, \, ^3D_2 \text{ und } ^3D_1 \, .$$

4.3 Die Verstärkung beträgt $G = 1 + 0{,}005 \cdot 0{,}2 = 1{,}001$. Die Schwellbedingung lautet $GRT = G\sqrt{R_1 R_2} \, T = 1$. Unter der Annahme, dass der eine Spiegel mit $R_2 = 100\%$ reflektiert und die Transmission $T = 1$ ist, ergibt sich für den Auskoppelspiegel $R_1 > 1/G^2 = 0{,}998$.

4.4 Die Quantenenergie der roten Strahlung berechnet sich zu:

$$hf = \frac{hc}{\lambda} = 6{,}6 \cdot 10^{-34} \cdot 3 \cdot 10^8 / 0{,}63 \cdot 10^{-6} \, J = 3{,}14 \cdot 10^{-19} \, J = 1{,}96 \, eV \, .$$

Der Quantenwirkungsgrad beträgt $\eta = hf/W' = 10\%$.

4.5 Der He-Druck im Laserrohr beträgt ungefähr 500 Pa. Bei der Rückdiffusion liegt ein Außendruck von 10^5 Pa vor. Die Zeit für die Rückdiffusion beträgt $t \approx (500/10^5) \cdot 5 \cdot 364$ Tage ≈ 9 Tage .

4.6 (a) Der Laser emittiert kurze Pulse (< 100 ns), da sich das untere Laserniveau nicht schnell genug entleert und die Inversion abbricht.

(b) Es muss bis zum nächsten Puls gewartet werden, bis sich das untere Laserniveau entleert hat. Für die Pulsfrequenz muss gelten: $f < 1/100$ μs $= 10$ kHz.

4.7 Für ideale Gase gilt

$$pV = NkT$$

mit $k = 1{,}38 \cdot 10^{-23}$ J/K und $T = 1773$ K. Daraus folgt

$$p = \frac{N}{V} kT = 0{,}2 \,\text{Pa} ,$$

wobei $n = N/V = 10^{19} \,\text{m}^{-3}$ gesetzt wurde.

Kapitel 5

5.1 Das axiale Magnetfeld $\boldsymbol{B}$ erzeugt die Lorentz-Kraft $\boldsymbol{F} = -e(\boldsymbol{v} \times \boldsymbol{B})$, wobei e die Elementarladung und $\boldsymbol{v}$ die Geschwindigkeit der Elektronen darstellt. Elektronen, die sich in radialer Richtung bewegen, werden so umgelenkt, dass eine kreis- bzw. spiralförmige Bewegung entsteht. Wird zusätzlich die axiale Elektronenbewegung berücksichtigt, ergeben sich schrauben- oder wendelförmige Bahnen. Dadurch wird der Elektronenstrahl im achsennahen Bereich zusammengehalten.

5.2 (a) Die Spannung beträgt:

$$U = E \cdot 80\,\text{cm} = 320\,\text{V} .$$

(b) Man erhält folgende Ergebnisse:

Strom	$I = i \cdot r^2\pi = 10^3 \cdot 0{,}075^2\pi$ A $= 17{,}7$ A ,
Widerstand	$R = U/I = 18\,\Omega$ und
Leistung	$P = U \cdot I = 5{,}7$ kW .

(c) Die Geschwindigkeit beträgt:

$$v = i/\rho e = 6{,}2 \cdot 10^6 \,\text{m/s} .$$

5.3 Die Temperaturerhöhung ΔT wird durch die spezifische Wärmekapazität c, die erwärmte Masse m und die zugeführte Wärmeenergie Q gegeben:

$$Q = cm\Delta T.$$

Man dividiert diese Gleichung durch die Zeit t

$$P = Q/t = c\Delta Tm/t$$

und erhält

$$\Delta T = P/(c \cdot (m/t)).$$

Mit $m/t = 10\,\text{kg}/60\,\text{s}$ und $P = 5/5 \cdot 10^{-4}\,\text{W} = 10^4\,\text{W}$ berechnet man:

$$\Delta T = 14{,}2\,\overset{\circ}{\text{K}} \quad \text{oder} \quad \Delta T = 14{,}2\,°\text{C}.$$

5.4 Man erhält folgende Ergebnisse: mittlere Leistung

$$P = Ef = 2 \cdot 10^{-3} \cdot 6 \cdot 10^3\,\text{W} = 12\,\text{W}$$

und Spitzenleistung

$$P_{\text{S}} = E/t = 2 \cdot 10^{-3}/2 \cdot 10^{-8}\,\text{W} = 100\,\text{kW}.$$

5.5 Der He-Cd-Laser emittiert eine rote, grüne und blaue Linie. Die Mischung ergibt weiß. Durch Mischung von Argon und Krypton kann mit einem Ionenlaser ebenfalls weiße Strahlung erzeugt werden.

5.6 (a) Es handelt sich um eine zweistufige Elektronenstoßanregung. Die Wahrscheinlichkeit ist jeweils proportional zum Strom. Daraus resultiert eine quadratische Abhängigkeit.

(b) Die Anregung durch Penningstoß oder Ladungsaustausch ist einstufig.

Kapitel 6

6.1 Unter der Annahme gleicher statistischer Gewichte ($g_1 = g_2$) gilt für die Besetzungszahlen des Grundzustandes (N_1) und des Laserniveaus (N_2):

$$\frac{N_2}{N_1} = e^{-\Delta E/kT}.$$

Mit $\Delta E = 0{,}15\,\text{eV}$ und $T = 393\,\text{K}$ und $T' = 1093\,\text{K}$ erhält man:

$$N_2/N_1 = 0{,}01 \quad \text{und} \quad N_2/N_1 = 0{,}2.$$

6.2 Das untere Laserniveau habe die Quantenzahl J. Die Auswahlregel für den R-Zweig lautet $\Delta J = +1$. Damit wird die Energie des Übergangs:

$$\Delta E_J \sim hcB_r\left[(J+1)(J+2) - J(J+1)\right] = hcB_r(2J+2).$$

Das nächste untere Laserniveau besetzt $J+2$, und man erhält $\Delta E_{J+2} \sim hcB_r(2J+6)$. Damit wird die Energiedifferenz zwischen den Rotationslinien

$$\Delta E = \Delta E_{J+2} - \Delta E_J = 4hcB_r \quad \text{oder}$$
$$\Delta E = hc \cdot 2\,\text{cm}^{-1}.$$

6.3 Aus $J_m \approx \sqrt{kT/2hcB_r - \frac{1}{2}}$ folgt ($k = 1,38 \cdot 10^{-23}\,\text{J/K}, h = 6,62 \cdot 10^{-34}\,\text{J s}$):

$$B_r = kT/2hc\left(J_m^2 + \frac{1}{2}\right) = 44\,\text{m}^{-1} = 0,44\,\text{cm}^{-1}.$$

6.4 Man stellt sich das Molekül als zwei Massen vor, die durch eine Feder verbunden sind. Die Massen von N_2 und CO betragen 28,02 und 28,01 atomare Masseneinheiten. Unter der Voraussetzung, dass die Federkonstante gleich ist, ergeben sich auch nahezu gleiche Schwingungsfrequenzen.

6.5 (a) Die Pulsenergie beträgt $E_p = 0,1\,\text{J}$ und die Pulsleistung $P_p = 10^6\,\text{W}$.
   (b) Die mittlere Leistung errechnet sich zu $P = n/t E_p = f E_p = 200\,\text{W}$.

6.6 Aus dem Termschema liest man einen Quantenwirkungsgrad von etwa 30 % ab (für den dominanten Übergang $v = 2 \to v = 1$). Die Reaktionsgleichungen lauten

$$F + H_2 \to H + HF + 132\,\text{kJ/Mol} \quad \text{und}$$
$$H + F_2 \to F + HF + 410\,\text{kJ/Mol}.$$

Es wird im Mittel pro F_2-Molekül ein Wert von 270 kJ/Mol angenommen. Für 1 J benötigt man also $1/2,7 \cdot 10^5\,\text{Mol} = 3,7 \cdot 10^{-6}\,\text{Mol}$. Da 1 Mol $F_2 = 38\,\text{g}$ beträgt, folgt $m = 1,4 \cdot 10^{-4}\,\text{g}$ für 1 J. Berücksichtigt man, dass etwa 70 % der Energie in die Anregungsenergie der Schwingungsniveaus geht und den Quantenwirkungsgrad, wird die notwendige Masse entsprechend größer.

Kapitel 7

7.1 Da die Lebensdauer des unteren Niveaus größer ist als die des oberen, bricht die Inversion schnell zusammen. Daher erfolgt bei den Lasern eine gepulste Anregung im ns-Bereich. Die Pulsfolgefrequenz muss so klein sein, dass sich zwischen den Pulsen das untere Laserniveau entleeren kann. In der Praxis werden Pulse mit Breiten im ns-Bereich und Pulsfolgefrequenzen bis zu einigen 100 Hz erzeugt. Höhere Frequenzen erfordern einen schnellen Gasaustausch.

7.2 Bei longitudinaler Entladung erhält man $U = 500\,\text{kV}$ und bei transversaler $U = 4\,\text{kV}$, falls der Elektrodenabstand 4 mm beträgt.

7.3 Die Länge des Laserpulses beträgt

$$l = c \cdot \delta t = 3 \cdot 10^8 \cdot 20 \cdot 10^{-9}\,\text{m} = 6\,\text{m}\,,$$

so dass er den Resonator etwa 5 mal durchläuft.

7.4 Für die Laserschwelle gilt $GRT \geq 1$. Mit $G = e^{gx} = 5{,}9 \cdot 10^9$ und $T \approx 1$ erhält man $R \approx 1/G \approx 1{,}7 \cdot 10^{-10}$. Der Laser arbeitet also als Superstrahler auch ohne Resonatorspiegel.

7.5 Für die Pulsenergie E berechnet man

$$E = P_S \cdot \tau \approx 20\,\text{ns} \cdot 15\,\text{MW} = 0{,}3\,\text{J} \quad (\text{statt 1 J})\,.$$

Die Durchschnittsleistung beträgt

$$\overline{P} = P_S \cdot \tau \cdot g \approx 20\,\text{ns} \cdot 15\,\text{MW} \cdot 100\,\text{Hz} = 30\,\text{W} \quad (\text{statt 20 W})\,.$$

Die Angaben sind nicht exakt untereinander konsistent. Dies liegt daran, dass typische Werte verschiedener Lasersysteme angegeben werden.

7.6 Man berücksichtigt nur die Verdampfungsenergie:

$$Q = L\rho V = L\rho d A\,.$$

Daraus folgt $d = Q/(L\rho A) = 23\,\mu\text{m}$.

Kapitel 8

8.1 Der Fokusdurchmesser beträgt $d = 2f\Theta = 0{,}1\,\text{mm}$. Die Aufenthaltszeit berechnet man zu $t = d/v = 2\,\mu\text{s}$. Die Triplett-Lebensdauer beträgt 10–100 μs. Die Farbstoffmoleküle werden also durch die Strömung schnell erneuert, so dass die hohe Triplett-Lebensdauer keine Rolle spielt und sich keine wesentliche Triplett-Absorption aufbauen kann.

8.2 Bei einem Quantenwirkungsgrad von 1 beträgt der Wirkungsgrad

$$\eta = \frac{hf_1}{hf_2} = \frac{\lambda_1}{\lambda_2} = 58\,\%$$

8.3 Der lange Resonator mit dem Planspiegel führt zu einem Strahl geringer Divergenz. Zur Auskopplung kann ein Planspiegel (1) verwendet werden. Der Parallelstrahl wird durch den Hohlspiegel (2) im Brennpunkt bei $f_1 = R_1/2$ fokussiert. Der Hohlspiegel (3) bildet den Brennfleck mit einer $1:1$-Abbildung in sich selbst ab. Der Brennfleck steht damit in der Entfernung $2f_2 = R_2$ vom Spiegel (3). Man kann beispielsweise folgende Daten wählen: $f_1 = 5\,\text{cm}$, $f_2 = 2{,}5\,\text{cm}$. Der Resonatorarm zwischen den Hohlspiegeln ist dann 10 cm lang und der Fokus liegt in der Mitte.

8.4 Die Laserwelle läuft nur in einer Richtung, so dass stehende Wellen nicht auftreten, die zum „spatial hole burning" führen. Dadurch werden Modensprünge vermieden. Man erhält Monomode-Laser mit relativ hoher Leistung.

8.5 Die Bandbreite des Lasers beträgt

$$\Delta f = f_1 - f_2 = c(1/\lambda_1 - 1/\lambda_2) = 7{,}6 \cdot 10^{13}\,\text{Hz}\,.$$

Die Pulsdauer für Modenkopplung errechnet sich zu (3.4 oder 17.8):

$$\tau \geq 1/(2\pi\Delta f) = 2 \cdot 10^{-15}\text{s} = 2\,\text{fs}$$

8.6 Aus (10.16) mit $m = 1$ folgt $\Lambda = \lambda/2n = 200\,\text{nm}$. Mit $m = 2$ ist die Gitterperiode doppelt so groß, usw.

Kapitel 9

9.1 (a) Die Cr_2O_3-Dichte beträgt $\rho_{CrO} = 0{,}0005 \cdot \rho = 8 \cdot 0{,}002\,\text{g/cm}^3$. Die Cr-Dichte beträgt $\rho_{Cr} = (104/152)\rho_{CrO} = 0{,}14\,\text{g/cm}^3$. Daraus berechnet man die Cr-Atomdichte:

$$N_{Cr} = N\rho_{Cr}/A = 1{,}6 \cdot 10^{19}\,\text{cm}^{-3}\,.$$

Die maximale Energiedichte beträgt mit $h = 6{,}6 \cdot 10^{-34}\,\text{J s}$ und $c = 3 \cdot 10^8\,\text{m/s}$:

$$N_{Cr}hf = N_{Cr}hc/\lambda = 4{,}5\,\text{J/cm}^3\,.$$

Es handelt sich um einen Drei-Niveau-Laser. Daher kann bei vollständiger Inversion höchstens die Hälfte der Atome zum Laserpuls beitragen. Es kann also maximal eine Laserenergie von $2{,}3\,\text{J/cm}^3$ abgegeben werden.

(b) Das Volumen des Laserstabes beträgt $V = l\pi d^2/4 = 0{,}35\,\text{cm}^3$. Die Pulsenergie wird damit:

$$E = 0{,}35 \cdot 2{,}3\,\text{J} = 0{,}80\,\text{J}.$$

(c) Die Spitzenleistung beträgt (für einen Rechteckpuls):

$$P = E/t = 0{,}8\,\text{J}/10\,\text{ns} = 80\,\text{MW}.$$

Die Intensität im Laserstrahl beträgt:

$$I = P/A = 80\,\text{MW}/(\pi d^2/4) = 1{,}1\,\text{GW/cm}^2.$$

9.2 Die Wellenzahl gibt die Zahl der Wellenlängen pro Zentimeter an. Die Wellenlänge der R_1-Linie beträgt $694{,}3\,\text{nm} = 6{,}943 \cdot 10^{-5}\,\text{cm}$. Die Wellenzahl ist der Reziprokwert: $14.403\,\text{cm}^{-1}$. Da die Wellenzahl ein Maß für die Energie ist, verhält sie sich additiv. Das obere R_2-Niveau besitzt damit eine Wellenzahl von $14.432\,\text{cm}^{-1}$. Dem entspricht eines Wellenlänge von $692{,}9\,\text{nm}$.

9.3 Die Schwellinversion (vgl. (2.45)) beträgt $N_2 - N_1 = (1 - RT)/(\sigma d) = 6 \cdot 10^{16}\,\text{cm}^{-3}$ (mit $R = \sqrt{R_1 R_2} = 0{,}894$ und $T \approx 1$).

9.4 Die Sättigungsintensität beträgt

$$I_S = \frac{hf}{\sigma_{21}\tau} = \frac{hc}{\lambda\sigma_{21}\tau} = 2{,}3 \cdot 10^7\,\text{W/m}^2.$$

Die Sättigungsleistung beträgt:

$$P_S = I_S A = I_S \frac{\pi}{4} d^2 = 1{,}2\,\text{kW}.$$

Die in den Verstärker eingestrahlte Leistung muss deutlich höher (z. B. doppelt so groß) als die Sättigungsleistung sein, um die im Verstärker gespeicherte Energie zu extrahieren.

9.5 (a) Die im Kondensator gespeicherte Energie beträgt:

$$E_C = CU^2/2 = 5\,\text{J}.$$

Davon erscheint 1 % im Laserpuls:

$$E = 50\,\text{mJ}.$$

Die Pulsleistung errechnet sich zu:

$$P = E/\tau = 50 \cdot 10^{-3}\,\text{W s}/0{,}1 \cdot 10^{-3}\,\text{s} = 500\,\text{W}.$$

(b) Für die mittlere Leistung mit $f = 10\,\text{Hz}$ ergibt sich: $\overline{P} = Ef = 0{,}5\,\text{W}$.

9.6 (a) Die Pulsenergie beträgt: $E = 0,015 \cdot 1\,\text{J} = 15\,\text{mJ}$. Daraus erhält man:

$$\text{Pulsleistung} \qquad P = E/(0,2\,\text{ms}) = 75\,\text{W} \quad \text{und}$$
$$\text{mittlere Leistung} \quad \overline{P} = Ef = (20\,\text{Hz})E = 0,3\,\text{W}.$$

(b) Für 5 ns-Pulse erhält man:

$$E = 15\,\text{mJ}, P = E/(5 \cdot 10^{-9}\,\text{s}) = 3\,\text{MW} \quad \text{und} \quad \overline{P} = 0,3\,\text{W}.$$

9.7 Für eine Ellipse gilt $b^2 = a^2 - c^2$ ($2c$ = Abstand der Brennpunkte, $2a$ = große Halbachse, $2b$ = kleine Halbachse). Im Aufgabentext ist festgelegt: $2c = 10\,\text{mm}$ und $a/b = 1,15$. Daraus folgt: $2a = 20,2\,\text{mm}$ und $2b = 17,6\,\text{mm}$.

9.8 (a) Die Lebensdauer von 5,3 ms des unteren Laserniveaus ist zu lang.

(b) Der Absorptionskoeffizient in Wasser und Gewebe ist hoch, so dass die Eindringtiefe nur wenige μm beträgt. Damit werden nur sehr dünne Schichten an der Gewebeoberfläche von der Laserstrahlung beeinflusst. Bei genügend großer absorbierter Laserenergie findet eine starke Aufheizung der Oberflächenschichten statt, die dann schnell verdampfen und abgetragen werden, ohne dass es zu einer Erwärmung des darunter liegenden Gewebes kommt. Das Abtragen dünner Schichten auf diese Art bezeichnet man als Ablation.

9.9 In beiden Systemen ist Cr^{3+} das aktive Lasermedium. Der Rubinlaser ist ein 3-Niveaulaser, dessen unteres Laserniveau der Grundzustand ist. Der Alexandritlaser weist den analogen Laserübergang auf. Zusätzlich gibt es einen kontinuierlich abstimmbaren Übergang, der einem 4-Niveau-System entspricht. Das Grundniveau dieses Übergangs ist im Gegensatz zum Grundniveau des Rubinlasers vibronisch aufgespalten.

9.10 Die Lebensdauer des oberen Laser-Niveaus beträgt bei Raumtemperatur nur 3,2 μs. Die sich damit ergebenden großen Verluste machen hohe Pumpintensitäten erforderlich, die meist mit kontinuierlichen Argonlasern oder frequenzverdoppelten Nd:YAG-Lasern erzeugt werden. Die Anregung mit Blitzlampen ist ebenfalls möglich, jedoch sind dann hohe Lichtleistungen erforderlich, die nur mit kurzen elektrischen Pulsen angeregt werden können. Diese schnelle elektrische Anregung mit hohen Leistungsdichten erfordert spezielle Blitzlampen, ähnlich wie bei lampengepumpten Farbstofflasern. Die Lebensdauer derartiger Lampen ist relativ gering, so dass lampengepumpte Titan-Saphir-Laser wenig gebräuchlich sind. Der Laser hat ein Absorptionsband um 500 nm, so dass zum Pumpen Ar-Laser und frequenzverdoppelte Nd:YAG-Laser geeignet sind.

Kapitel 10

10.1 Bisher nicht. Silizium ist ein indirekter Halbleiter, d. h. es wird nur wenig Licht bei der Rekombination von Elektronen und Löchern in einem pn-Übergang erzeugt. Statt Licht entsteht Wärme. (Es existieren so genannte Laser auf Si-Basis. Es handelt sich nicht um Laser im engeren Sinne, sondern um nichtlineare Frequenzkonverter, so genannte Raman-Laser (Abschn. 19.5).)

10.2 Eine Beschädigung der Endflächen des Halbleiterlasers durch Al-Oxidation wird vermieden.

10.3 $I_S = 10\,\mathrm{mA} \cdot \mathrm{e}^{10/100} \approx 11\,\mathrm{mA}$.

10.4
$$\sin \Theta_x \approx 0{,}8$$
$$\sin \Theta_y \approx 0{,}16$$

10.5 Anordnung aus zwei gekreuzten Zylinderlinsen unterschiedlicher Brennweiten oder Anordnung aus einer normalen Linse und einer Zylinderlinse.

10.6
$$M_x^2 = 1$$
$$M_y^2 = 20$$

10.7
$$R = \left(\frac{3{,}6-1}{3{,}6+1}\right)^2 \approx 32\,\% \quad \text{mit } n_{\mathrm{GaAs}} = 3{,}6\,.$$

Der Reflexionsgrad kann durch Entspiegelung mit einer $\lambda/4$-Schicht mit $n = \sqrt{3{,}6} \approx 1{,}9$ vermindert werden.

10.8
$$\Delta f = \frac{c/n}{2L} = 10^{11}\,\mathrm{Hz} \quad \text{mit } f = 4 \cdot 10^{14}\,\mathrm{Hz}\,,$$
$$\Delta\lambda = \lambda \frac{\Delta f}{f} = \frac{750\,\mathrm{nm}}{4 \cdot 10^3} \approx 0{,}19\,\mathrm{nm}\,,$$
$$N = \frac{50\,\mathrm{nm}}{\Delta\lambda} \approx 250\,.$$

10.9 DFB-Gitter (distributed feedback) oder externe Resonatoren mit Reflexionsgittern.

10.10
$$N = 1\,, \quad \Delta\lambda = 40\,\mathrm{nm}$$
$$\Delta f = 2 \cdot 10^{13}\,\mathrm{Hz}$$
$$L \approx 2\,\mu\mathrm{m}$$

Berechnung des Reflexionsgrades:

$$RG = R \exp\left(100 \cdot 2 \cdot 10^{-4}\right) = R \cdot 1{,}02 = 1$$
$$R = 0{,}98 = \sqrt{R_1 R_2}$$
$$R_1 = 1\,, \quad R_2 = 0{,}96\,.$$

10.11 Für den Strom gilt (Abb. 10.12):

$$I = I_{th} + \Delta I = I_{th} + \frac{e\lambda \Delta P}{nc\eta_{diff}} = 30\,\text{mA} + 12{,}5\,\text{mA} = 42{,}5\,\text{mA}$$

Die Spannung erhält man wie folgt:

$$U = U_{th} + RI = \frac{hc}{\lambda e} + RI = 1{,}59\,\text{V} + 0{,}17\,\text{V} = 1{,}76\,\text{V}$$

Daraus folgt: $P_{el} = UI = 74{,}8\,\text{mW}$.

Kapitel 11

11.1 Die Undulatorperiode wird zu $L = 1\,\text{cm}$ gewählt. Damit errechnet sich die Elektronenenergie E aus $\gamma = \sqrt{L/2\lambda} \approx 220$ zu $E = 0{,}551\,\text{MeV} \cdot \gamma = 121\,\text{MeV}$. Die Strahldivergenz beträgt $\theta = 1/\gamma = 4{,}5\,\text{mrad}$.

11.2 Aus den Gleichungen $E_n = -(13{,}6\,\text{eV})Z^2/n^2$ und $\lambda = hc/E$ erhält man für den Übergang von $n = 3$ nach $n' = 2$ ($1\,\text{eV} = 1{,}6 \cdot 10^{-14}\,\text{J}$, $h = 6{,}62 \cdot 10^{-34}\,\text{J s}$):

$$
\begin{array}{lll}
\text{H} & (Z = 1): & \lambda_{\text{H}} = 656\,\text{nm}, \\
\text{He}^+ & (Z = 2): & \lambda_{\text{He}^+} = 164\,\text{nm}, \\
\text{C}^{5+} & (Z = 5): & \lambda_{\text{C}^{5+}} = 26\,\text{nm}, \\
\text{Al}^{11+} & (Z = 11): & \lambda_{\text{Al}^{11+}} = 5{,}4\,\text{nm}.
\end{array}
$$

Die Unterschiede (für C^{5+} und Al^{11+}) zu den Werten in Tab. 11.2 sind durch relativistische Effekte der schnell in den Atomen kreisenden Elektronen gegeben. Dies ist in der benutzten Gleichung des Bohrschen Atommodells nicht berücksichtigt.

11.3 Aus $mv^2/2 \approx T$ und $mv = h/\lambda$ ergibt sich $\lambda = h/\sqrt{2mT}$. Dann nach T auflösen und Zahlenwerte einsetzen.

Kapitel 12

12.1 Für den TEM_{00}-Mode gilt $I/I_{max} = \exp\left(-2r^2/w^2\right)$.
   (a) Für $r = w$ erhält man: $I/I_{max} = e^{-2} = 0{,}135 = 13{,}5\,\%$.
   (b) Für $r = 2w$ erhält man: $I/I_{max} = e^{-8} = 0{,}0003 = 0{,}03\,\%$.

12.2 Die Leistung P erhält man aus der Intensität I durch Integration: $P = \int I \, dA$. Das Flächenelement dA in Zylinderkoordinaten beträgt $dA = 2\pi r \, dr$ und die Intensität $I = I_{max} \exp\left(-2r^2/w^2\right)$. Innerhalb des Strahlradius w erhält man $P' = \int_0^w I_{max} \exp\left(-2r^2/w^2\right) 2\pi r \, dr = I_{max} \left(1 - \exp(-2)\right) \pi w^2/2$. Die gesamte Leistung beträgt $P = \int_0^\infty I_{max} \exp\left(-2r^2/w^2\right) 2\pi r \, dr = I_{max} \pi w^2/2$. Damit erhält man $P'/P = 86{,}5\,\%$.

12.3 Die mittlere Leistungsdichte wird mit $w = 0{,}35\,\text{mm}$ und $P = 0{,}04\,\text{W}$ zu $I = P/w^2\pi = 103\,\text{kW/m}^2$ berechnet. Die maximale Leistungsdichte ergibt sich aus $P = \int_0^\infty I_{max} \exp\left(-2r^2/w^2\right) 2\pi r \, dr = I_{max} \pi w^2/2$ zu $I_{max} = 2P/w^2\pi = 206\,\text{kW/m}^2$.

12.4 Es gilt $P = \int_A I \, dA = \int_0^\infty I_{max} \exp\left(-2r^2/w^2\right) 2\pi r \, dr = I_{max} \pi w^2/2$. Daraus folgt $I_{max} = 2P/\pi w^2$.

12.5 Es gilt $w = w_0 \sqrt{1 + z^2/z_R^2} = w_0 \sqrt{1 + z^2\lambda^2/\pi^2 w_0^4}$ mit $w = 0{,}3\,\text{mm}$, $z' = 500\,\text{mm}$, $\lambda = 0{,}63\,\mu\text{m} = 0{,}63 \cdot 10^{-3}\,\text{mm}$. Daraus errechnet man:

$$w_{0\,1/2}^2 = \frac{w^2}{4} \pm \sqrt{\frac{w^4}{4} - \frac{z^2\lambda^2}{\pi^2}} \quad \text{und} \quad w_{01} = 0{,}49\,\text{mm}, \ w_{02} = 0{,}08\,\text{mm}.$$

12.6 Beweis: die Formel für die Rayleighlänge: $z_R = \pi w_0^2/\lambda$ hängt nur von w_0 ab. Das gleiche gilt für den Divergenzwinkel $\theta = \lambda/\pi w_0$.

12.7 (a) Es gilt $\theta = \lambda/\pi w_0 \approx 5{,}7 \cdot 10^{-4}\,\text{rad}$ ($w_0 = 0{,}35\,\text{mm}$, $\lambda = 0{,}63\,\mu\text{m}$).

12.8 Ein achsenparalleler Strahl wird im Brennpunkt fokussiert. Ein um den Winkel θ geneigter Strahl wird seitlich um w' verschoben in die Brennebene fokussiert:

$$w' = f \tan\theta = f\theta \quad (= \text{Brennfleckradius}).$$

Für den Divergenzwinkel θ eines Laserstrahls gilt $\theta = \lambda/(\pi w_0)$, und es folgt:

$$w' = f\lambda/(\pi w_0).$$

12.9 (a) Für den Radius des Strahls auf der Netzhaut gilt:

$$w' = \lambda f_{\text{Auge}}/(\pi w_0).$$

Mit $w_0 = 1\,\text{mm}$ erhält man

$$w' = 3{,}9\,\mu\text{m}.$$

(b) Für die Leistungsdichte I gilt $I = P/A$ mit $P = 1\,\text{W}$ und $A = w'^2\pi$. Es folgt: $I = 2{,}1 \cdot 10^{10}\,\text{W/m}^2$.

12.10 Die drei unbekannten Größen a, a' und f sind aus $a - a' = D$ sowie (12.33) und (12.34) zu bestimmen!

12.11 Für den Strahldurchmesser gilt

$$d_f = \frac{2 \cdot f \cdot \lambda}{\pi \cdot w_L} = \frac{2 \cdot 0,15\,\text{m} \cdot 10,6 \cdot 10^{-6}\,\text{m}}{\pi \cdot 5 \cdot 10^{-3}\,\text{m}} = 0,2\,\text{mm}.$$

Die Leistungsdichte I und Tiefenschärfe t berechnet man zu

$$I = \frac{P}{A} = \frac{1000\,\text{W} \cdot 4}{\pi \cdot d_f^2} = \frac{1000\,\text{W} \cdot 4}{\pi \cdot (0,2\,\text{mm})^2} = 3,2 \cdot 10^{10}\,\frac{\text{W}}{\text{m}^2} \quad \text{und}$$

$$t = \pm\frac{\pi \cdot w_f^2}{\lambda} = \pm\frac{\pi (0,1 \cdot 10^{-3}\,\text{m})^2}{10,6 \cdot 10^{-6}\,\text{m}} = \pm 3\,\text{mm}.$$

12.12 Für ein System nach Kepler gilt $2/0,7 = 2,9 = f_2/f_1$. Die Brennweite einer Linse kann frei gewählt werden. Für $f_1 = 3\,\text{cm}$ folgt $f_2 = 8,7\,\text{cm}$. Für Festkörperlaser wird zur Vermeidung von Luftdurchschlägen im Fokus ein Galilei-System eingesetzt: f_1 muss negativ sein. In dieser Gleichung sind die Beträge einzusetzen, und man erhält für $f_1 = -3\,\text{cm}$: $f_2 = 8,7\,\text{cm}$.

12.13 Die Brennweite des Objektivs beträgt $f \approx 200\,\text{mm}/40 = 5\,\text{mm}$, wobei $200\,\text{mm}$ etwa der Tubuslänge eines Mikroskops entspricht, in dem das Objektiv normalerweise eingesetzt ist. Als untere Grenze für den Durchmesser erhält man $d > 2f\lambda/\pi w = 3\,\mu\text{m}$; vergleiche (12.40).

12.14 Der Divergenzwinkel des Laserstrahls beträgt $\theta \approx 50/3,8 \cdot 10^8 \approx 10^{-7}$. Damit erhält man für den Radius der Strahltaille $w_0 = \lambda/\pi\theta = 2\,\text{m}$. Das System kann also aus einem Spiegelteleskop mit einem Spiegelradius von über $2\,\text{m}$ bestehen.

12.15 Für die Dämpfung gilt $D = 10\,\text{dB/km} \cdot 2\,\text{m} = 0,02\,\text{dB}$. Daraus folgt $I/I_0 = 10^{-D/10} = 10^{-0,002} = 99,5\,\%$ (97,7 %).

12.16 (a) Für die Transmission nach $10\,\text{m}$ gilt: $T = \exp(-0,03 \cdot 10) = 74\,\%$ ($= 5\,\%$ für $100\,\text{m}$).

(b) Die Dämpfung beträgt bei $10\,\text{m}$ Länge $D = 10\log 1/T\,1,3\,\text{dB}$. Damit erhält man: $130\,\text{dB/km}$.

12.17 (a) Der Durchmesser D im Fokus einer Linse mit einer angenommenen Brennweite $f = 5\,\text{cm}$, $\lambda = 1,06\,\mu\text{m}$ und $w_0 = 2,5\,\text{mm}$:

$$D = 2w_0' = \frac{2f\lambda}{\pi w_0} = 13,6\,\mu\text{m}.$$

(b) Für die Fokuslänge erhält man:

$$d = \pm \frac{\pi w_0'^2}{\lambda} = 135\,\mu m.$$

(c) Der Fokus liegt vor der Faser, welche möglichst gleichmäßig ausgeleuchtet werden sollte. Die mittlere Leistungsdichte I beträgt mit $P = 100\,W$: $I = P/A = P/w_0^2\pi = 5,1\,MW/m^2$.

(d) Der maximale Eintrittswinkel in die Faser berechnet sich aus: $\tan\alpha = w_0/f \rightarrow \alpha = 2,9°$. Die Apertur der Faser beträgt $\sin\alpha' = \sqrt{n_1^2 - n_2^2} \rightarrow \alpha' = 23°$.

12.18 Die Energiedichte H ist gegeben durch $H = Pt/A = Pt/r^2\pi$ mit $P = 10^5\,W$, $H = 20\,J/cm^2$, $r = 0,3\,mm$. Daraus folgt $t = 0,6\,\mu s$.

(a) Die Zerstörschwelle beträgt $H = Q/r^2\pi$ mit $H = 60\,J/cm^2$ und $r = 25\,\mu m$. Daraus folgt die Pulsenergie $Q = 1,1\,mJ$.

(b) Die Pulsleistung berechnet man aus $P = Q/t$. Mit $t = 100\,\mu s$ (10 ns) folgt $P = 11\,W$ (110 kW).

12.19 Lösung siehe (12.47a).

Kapitel 13

13.1 Es gilt (13.1): $L = q\lambda/2 = qc/(2f)$.

Durch Differenzieren folgt: $dL/L = -df/f \rightarrow |dL| = df/fL$.

Mit $f = c/\lambda = 4,75 \cdot 10^{14}\,Hz$ ($\lambda = 632\,nm$) folgt: $|dL| = 1\,nm$.

13.2 Die Zahl n der longitudinalen Moden ist ungefähr durch die Linienbreite Δf_L, dividiert durch den Modenabstand $\Delta f = c/2L$, gegeben. He-Ne-Laser (Linienbreite $\Delta f_L = 1,5\,GHz$ aus Tab. 2.2):

$$n = 1 = \frac{2L\Delta f_L}{c} \rightarrow L \approx \frac{c}{2\Delta f_L} = 0,1\,m.$$

CO_2-Laser (Linienbreite $\Delta f_L = 60\,MHz$ aus Tab. 2.2):

$$L \approx 2,5\,m.$$

13.3 Der (halbe) Divergenzwinkel ist gegeben durch $\theta = \lambda/(\pi w_0)$, wobei (näherungsweise) $w_0 = 0,35\,mm$ gilt. Mit $\lambda = 632\,nm$ erhält man $\theta = 0,57 \cdot 10^{-3} = 0,57\,mrad$. In $x = 10\,m$ Entfernung (von der Strahltaille) erhält man für den Strahldurchmesser $D = 2 \cdot \theta \cdot x = 11,4\,mm$.

13.4 Es gilt $R_1/2 + R_2/2 = f_1 + f_2 = L$. Damit ist $g_1 + g_2 = (1 - R_1/L) + (1 - R_2/2) = 0$. Resonatoren mit $g_2 = -g_1$ liegen im nicht erlaubten Bereich des Stabilitätsdiagramms, d. h. es lässt sich für diese kein reeller Strahldurchmesser berechnen. Es bildet sich kein um die Resonatorachse konzentrierter Gauß-Strahl aus.

13.5 Mit Hilfe von (13.13), (13.14), (13.17) und (13.18) erhält man: $w_1 = 0,35\,\text{mm}$, $w_2 = 0,40\,\text{mm}$, $w_0 = 0,36\,\text{mm}$ und $t_1 = 107\,\text{mm}$.

13.6 Aus den Resonatorgleichungen erhält man: $2w_0 = 0,63\,\text{mm}$ und $2w_1 = 2w_2 = 0,90\,\text{mm}$.

13.7 Näherungsweise gilt für die Verluste des Resonators $\delta = 1 - R = 0,005$. Die Halbwertsbreite df beträgt:

$$df = \frac{c}{2\pi L}\delta = 0,24\,\text{MHz}.$$

13.8 Die Stabilitätsgleichung lautet $0 \leq g_1 g_2 \leq 1$. Daraus folgt, dass der Laser für $L \geq 1,2\,\text{m}$ und $L \leq 0,4\,\text{m}$ instabil wird.

13.9 Aus Abb. 13.12 entnimmt man für TEM_{10} z. B. bei $\delta_\text{B} = 0,37\,\%$ eine Fresnelzahl $F = a^2/L\lambda \approx 0,4$. Daraus folgt für den Durchmesser der Modenblende $2a = 2\sqrt{0,5 \cdot L\lambda} = 0,9\,\text{mm}$. Damit wird der TEM_{01}-Mode und höhere Moden stark unterdrückt. Aber auch der Grundmode TEM_{00} hat bei $F = 0,5$ noch etwa 20 % Verlust. Der Durchmesser der Modenblende sollte also besser noch etwas größer gewählt werden, so dass sich TEM_{00}-Verluste kleiner als 1 % ergeben, z. B. für $F = 0,8$. Dann sind auch die Verluste für den TEM_{01}-Mode groß genug, um diese zu unterdrücken.

13.10 Es gilt $\delta_g = 1 - 1/M^2 \Rightarrow M = 1,12$. Das Verhältnis der Spiegeldurchmesser beträgt also $D/d = 1,12$. Für die Krümmungsradien der Spiegel gilt $R_1 = 2ML/M - 1 = 18,7\,\text{m}$ und $R_2 = 16,7\,\text{m}$.

Kapitel 14

14.1 Bei senkrechtem Einfall gilt für den Reflexionsgrad

$$R = \left(\frac{1 - n_1/n_2}{1 + n_1/n_2}\right)^2 = 0,04 \quad (n_1 = 1, n_2 = 1,5).$$

An der zweiten Grenzfläche ($n_1 = 1,5, n_2 = 1$) werden ebenfalls 4 % reflektiert. Die Gesamtreflexion beträgt etwa 8 %.

14.2 Für den Brewster-Winkel gilt $\tan\theta_1 = n$, $\theta_1 = 56{,}3°$. Aus dem Brechungsgesetz $\sin\theta_1 = n_2\sin\theta_2$ folgt $\theta_2 = 33{,}69°$ und $\theta_1 + \theta_2 = 90°$. Damit folgt $R_p = 0$ und $R_s = \sin^2(\theta_1 - \theta_2) = 0{,}148 = 14{,}8\,\%$.

14.3 Die Schichtdicke beträgt $nd = \lambda/4$. Daraus folgt $d = 0{,}095\,\mu m$ und $R = \left((1{,}51 - 1{,}38^2)/(1{,}51 + 1{,}38^2)\right)^2 = 1{,}3\,\%$. Für vollständige Entspiegelung ist zu fordern $n' = \sqrt{n_2} = 1{,}23$. Geeignetes Aufdampfmaterial mit derartig kleinem Brechungsindex steht jedoch nicht zur Verfügung.

14.4 Aus der Näherungsgleichung $R \approx 1 - 4n_1 n_2/n^2(n'/n)^{2m}$ folgt mit $m = 3$, $n_1 = 1$, $n_2 = 1{,}5$, $n = 2{,}15$ und $n' = 1{,}46$: $R = 88\,\%$.
Die Schichtdicken betragen $\lambda/4n = 0{,}065\,\mu m$ und $\lambda/4n' = 0{,}115\,\mu m$.

Kapitel 15

15.1 Aus $\tan\theta_B = n$ folgt für den Winkel zwischen der Normalen des Fensters und der Strahlrichtung: $\theta_B = 56{,}7°$.

15.2 Für die Transmission eines Polarisators gilt $T = \cos^2\alpha$. Damit lassen die Polarisatoren auch jeweils $50\,\%$ durch. Die Transmission hinter dem 1., 2. und 3. Polarisator beträgt also $50\,\%$, $25\,\%$ und $12{,}5\,\%$.

15.3 (a) Die Dicke der Platte beträgt $d = m\lambda/n_1 = m\lambda/n_2 + \left(x + \tfrac{1}{4}\right)\lambda/n_2$ mit $x = 0, 1, 2, \ldots$
Daraus folgt

$$m = \left(x + \frac{1}{4}\right)\frac{n_1}{n_2 - n_1}.$$

Man erhält für $x = 0$:

$$m = 42{,}42 \quad \text{und} \quad d = 16{,}18\,\mu m.$$

(b) Für $x = 8$ ergibt sich

$$m = 1399{,}96 \quad \text{und} \quad d = 0{,}53398\,mm.$$

15.4 Bei Einstrahlung von linear polarisiertem Licht wird die Polarisationsrichtung um den Winkel 2α gedreht, wobei der Drehwinkel der Platte α ist.

15.5 Es muss polarisiertes Licht mit einem Winkel von $45°$ zwischen Polarisationsrichtung und Kristallachse eingestrahlt werden.

Kapitel 16

16.1 Der Ablenkwinkel δ ist gleich dem doppelten Braggwinkel $\delta = 2\Theta$ mit

$$\sin\Theta = \frac{\lambda}{2\Lambda}\,.$$

Die Wellenlänge der Ultraschallwelle Λ ist durch die Frequenz f und die Schallgeschwindigkeit v gegeben $\Lambda = v/f$:

$$\sin\Theta = \frac{\lambda f}{2v} \Rightarrow v = \frac{\lambda f}{2\sin\theta} = 5900\,\mathrm{m/s}\,.$$

16.2 Für die Länge l gilt $l = m\lambda/n = (m+\frac{1}{2})\lambda/(n+\Delta n)$. Daraus folgt $m = nl/\lambda$ und $\Delta n = (m+\frac{1}{2})\lambda/l - n = \lambda/2l = 1{,}25 \cdot 10^{-5}$.

16.3 Man erhält $U_{1/2} = \lambda d/2n^3 rl = 570\,\mathrm{V}$. Es gilt $\Delta n = n^3 r U_{1/2}/d = \lambda/2l = 1{,}57 \cdot 10^{-5}$.

16.4 Für die Sättigungsintensität gilt

$$I_\mathrm{s} = hf/(\sigma\tau) = hc/(\lambda\sigma\tau) = 2\cdot 10^{11}\,\mathrm{W/m^2}\,.$$

Kapitel 17

17.1 (a) Für die Pulsleistung gilt:

$$P = \frac{10^{-2}}{0{,}5\cdot 10^{-3}}\,\mathrm{J/s} = 20\,\mathrm{W}\,.$$

(b) Im Q-switch-Betrieb erhöht sich die Pulsleistung auf:

$$P_\mathrm{Q} = \frac{10^{-2}}{5\cdot 10^{-9}}\,\mathrm{W} = 2\,\mathrm{MW}\,.$$

(c) Die mittlere Leistung beträgt:

$$P_\mathrm{mittel} = fW = 1\,\mathrm{W}\,.$$

17.2 Die minimale Pulsdauer ist durch die Laufzeit des Lichts im Resonator gegeben: $\tau \approx 2L/c = 7\,\mathrm{ns}$ und $2\,\mathrm{ns}$.

17.3 Die erreichbare Pulsbreite ist

$$\tau > K/\Delta f = 2\,\text{ps} \quad \text{mit } K = 0{,}4\,.$$

Die Pulse haben einen Abstand von

$$T = \frac{2L}{c} = 10^{-8}\,\text{s} = 10\,\text{ns}\,.$$

Die Pulswiederholfrequenz beträgt

$$f = 10^{8}\,\text{Hz} = 100\,\text{MHz}\,.$$

Da während einer Periode der elektrischen Anregungsspannung zwei Durchlässigkeits-maxima auftreten, muss die elektrische Spannung nur die halbe Frequenz besitzen: $f_{\text{m}} = 50\,\text{MHz}$.

17.4 Analog zu Aufgabe 17.3 gilt:

$$\tau = 100\,\text{ps}$$
$$f_{\text{m}} = 75\,\text{MHz}$$

17.5 Phasenschiebung

$$\Phi = -n\frac{2\pi}{\lambda_{\text{vac}}}d = -\left(n_0 + n_2 I(t)\right)\frac{2\pi}{\lambda_{\text{vac}}}d$$

zeitabhängige Frequenzänderung

$$f(t) - f_0 = \frac{1}{2\pi}\frac{\mathrm{d}\Phi}{\mathrm{d}t} = \frac{n_2}{\lambda_{\text{vac}}}\frac{\mathrm{d}I(t)}{\mathrm{d}t}d$$

maximale Frequenzänderung

$$\Delta f \approx \pm\frac{n_2}{\lambda_{\text{vac}}}\frac{I_{\text{max}}}{\tau_{\text{P}}/2}d$$

Die Frequenzbandbreite des Pulses wird durch Δf verbreitert. Wenn es sich dabei um eine deutliche Verbreiterung handelt, so können die Pulse z. B. mit einem Gitterkompressor auf eine geringere Pulsdauer $\tau_{\text{P}} \approx 1/2\Delta f$ verkürzt werden.

17.6 Puls-Bandbreite-Produkt

$$\tau = \frac{0{,}31}{\Delta f} = \frac{0{,}31}{c\left(1/\lambda_{\text{min}} - 1/\lambda_{\text{max}}\right)}$$
$$= \frac{0{,}31}{c\left((1/0{,}7\cdot 10^{-6}\,\text{m}) - (1/0{,}9\cdot 10^{-6}\,\text{m})\right)} \approx 3\,\text{fs}\,.$$

17.7 Die Überlagerung von N benachbarten axialen Moden nach (17.7) mit konstanter Amplitude E_q und Phase $\phi_q = 0$ ergibt in komplexer Schreibweise

$$E(t) = \frac{E_1}{2} \sum_{n=1}^{N} \exp \mathrm{i}(\omega_0 + n\Omega)t + \text{c.c.} = \frac{E_1}{2} \exp \mathrm{i}\omega_0 t \cdot \sum_{n=1}^{N} \exp \mathrm{i}n\Omega t + \text{c.c.}$$

mit $\omega = 2\pi q_0 / T$ und $\Omega = 2\pi / T$. Die hier auftretende Summe stellt eine geometrische Reihe dar, die aufsummiert werden kann:

$$E(t) = \frac{E_1}{2} \exp \mathrm{i}(\omega_0 + \Omega)t \frac{1 - \exp(\mathrm{i}N\Omega t)}{1 - \exp(\mathrm{i}\Omega t)} + \text{c.c.} = \frac{A(t)}{2} + \frac{A^*(t)}{2}.$$

Die Intensität ergibt sich daraus zu

$$I \sim A(t)A^*(t) = E_1^2 \frac{(1 - \cos N\Omega t)}{(1 - \cos \Omega t)} = E_1^2 \frac{\sin^2\left(\frac{N\Omega t}{2}\right)}{\sin^2\left(\frac{\Omega t}{2}\right)}.$$

Zur Zeit $t = 0$ hat diese Funktion einen Maximalwert von $I \sim E_1^2 N^2$. Dieser Maximalwert tritt auch dann auf, wenn $\frac{\Omega}{2} = \pi$ ist, d.h. $t = T$. Für $t = kT$ mit $k = 0, 1, 2, 3$ wiederholt sich das Maximum, d.h. T entspricht der Periodendauer des nachgekoppelten Impulszuges.

Nach der Zeit $\tau = 2\pi / N\Omega = T/N$ sinkt die Intensität auf den Wert 0 ab. Das heißt, diese Zeit kann als Pulsdauer angesehen werden.

Die Zahl der möglichen Moden kann aus der Frequenzbreite der Verstärkung des jeweiligen Lasermaterials abgeschätzt werden:

$$N \approx \frac{\Delta f}{\Omega / 2\pi}.$$

Für $L = 1$ m ist der axiale Modenabstand $\Omega / 2\pi = \frac{c}{2L} = 150$ MHz und die Pulsperiode $T = \frac{2L}{c} = 6{,}6$ ns. Damit ergibt sich für einen Argonlaser $N \approx 50$ und eine mögliche Pulsdauer $T/N = 130$ ps.

Für einen Farbstofflaser mit der angegebenen Frequenzbreite ist $N \approx 70.000$ und die mögliche Pulsdauer beträgt $\tau = T/N = 100$ fs.

Für einen Titan-Saphirlaser schätze man die Frequenzbreite der Verstärkung aus dem in Kap. 8 dargestellten Fluoreszenzspektrum ab. Daraus kann die minimale Pulsdauer bei Modenkopplung bestimmt werden.

Kapitel 18

18.1 Bei homogener Linienverbreiterung wird durch die stehende Welle eines normalen Resonators das Verstärkungsprofil räumlich moduliert. Dadurch kann es zu Modensprüngen kommen. In einem Ringlaser kann eine laufende Welle erzeugt werden, wodurch das „hole-burning" vermieden wird.

18.2 Der longitudinale Modenabstand beträgt $\Delta f = c/2L = 0{,}3$ GHz und die Linienbreite $\Delta f_{\mathrm{L}} = 4$ GHz. Damit treten etwa $\Delta f_{\mathrm{L}}/\Delta f \approx 13$ Moden auf. Der Frequenzabstand des Etalons muss etwa $\Delta f_D = c/2L' \gtrsim \Delta f_L/2 = 2\,\text{GHz}$ betragen. Daraus folgt für die optische Dicke $L' \lesssim c/\Delta f_L = 15\,\text{cm}$. Die Breite der Etalonmoden $\delta f = \Delta f_D/F$ muss kleiner als der Modenabstand $\Delta f = 0,3\,\text{GHz}$ sein. Daraus erhält man für die Frequenz $F \gtrsim \Delta f_D/\Delta f \approx 7$. Mit $F = \pi\,\sqrt{R}\big/(1-R)$ ergibt sich für das Reflexionsvermögen der Spiegel $R \approx 70\,\%$.

18.3 Den Abstand L erhält man aus $\Delta f_D = c/2L$ zu $L = 3\,\text{cm}$. Die Finesse beträgt $F = \Delta f_D/\Delta f = 100$. Das Reflexionsvermögen R berechnet sich aus $F = \pi\sqrt{R}/(1-R)$ zu $R = 97\,\%$. Die Güte hängt von der Lichtfrequenz ab: $Q = f/\Delta f$. Für rote Strahlung mit $\lambda = 0,63\,\mu\text{m}$ gilt $Q = c/\lambda\Delta f = 9,5 \cdot 10^6$.

18.4 Der Emissionsbereich berechnet sich aus $\delta\lambda = \theta/(2\mathrm{d}n/\mathrm{d}\lambda)$. Die Divergenz des Laserstrahls kann (für den Gauß-Mode) zu $\theta = \lambda/\pi w_0 = 3 \cdot 10^{-4}$ ($w_0 = 2,5\,\text{mm}$) angenommen werden. Man erhält $\delta\lambda \approx 1\,\text{nm}$.

18.5 Nach (18.6) gilt $\mathrm{d}\alpha/\mathrm{d}\lambda = \tan\alpha/\lambda = 1,15 \cdot 10^6\,\text{m}^{-1}$. Die Divergenz des Laserstrahls beträgt $\theta \approx \lambda/\pi w_0 \approx 3,2 \cdot 10^{-5}$ mit $w_0 \approx 5\,\text{mm}$. Mit $\mathrm{d}\alpha \approx \theta$ erhält man $\delta\lambda = 3,2 \cdot 10^{-5}/(1,15 \cdot 10^6)\,\text{m} = 0,03\,\text{nm}$.

Zur Abschätzung kann auch (18.8) benutzt werden: $\lambda/\mathrm{d}\lambda = N \cdot m$. Die Zahl der Gitterstriche beträgt $N = 2000 \cdot 10 = 2 \cdot 10^4$. In erster Beugungsordnung ($m = 1$) erhält man wie oben $\mathrm{d}\lambda = \lambda/(2 \cdot 10^4) \approx 0,03\,\text{nm}$.

18.6 Es gilt $\Delta f = nf_S = 500\,\text{MHz}$ ($n = 1$). Aus $f = c/\lambda = 4,739 \cdot 10^{14}\,\text{Hz}$ folgt $\Delta f/f = -\Delta\lambda/\lambda$ und $\Delta\lambda = -\Delta f\lambda/f = -6,7 \cdot 10^{-4}\,\text{nm}$. Die relative Wellenlängenänderung beträgt $\Delta\lambda/\lambda = -1,06 \cdot 10^{-6}$.

18.7 Für kleine Prismenwinkel γ wird aus (18.1) näherungsweise:

$$\alpha + \gamma \approx n\gamma \quad \text{oder}$$

$$\alpha \approx (n-1)\gamma.$$

Durch Differenzieren erhält man:

$$\frac{\mathrm{d}\alpha}{\mathrm{d}\lambda} \approx \gamma\frac{\mathrm{d}n}{\mathrm{d}\lambda} \approx 2\alpha\frac{\mathrm{d}n}{\mathrm{d}\lambda} \quad \text{(siehe (18.2))}.$$

In der Gleichung wurde (mit $n \approx 1,5$) $\gamma \approx 2\alpha$ gesetzt.

Die Größe $\mathrm{d}\alpha$ wird gleich der Strahldivergenz Θ gesetzt:

$$\mathrm{d}\alpha \approx \Theta.$$

Damit erhält man für den Emissionsbereich des Lasers:

$$\mathrm{d}\lambda \approx \frac{\Theta}{2\alpha\frac{\mathrm{d}n}{\mathrm{d}\lambda}} \quad \text{(siehe 18.4)}.$$

Ein Rechenbeispiel findet sich in Abschn. 18.3.

Kapitel 19

19.1 Die nichtlineare Polarisation ergibt sich aus (19.3) und (19.4) zu

$$P_{NL} = \varepsilon_0 \chi_2 \frac{A_1^2}{y} \exp i(2k_1 x - 2\omega_1 t) + \text{c.c.} + \varepsilon_0 \chi_3 \frac{A_1^2}{2}.$$

Der erste Summand beschreibt eine Polarisationswelle (Dipoldichtewelle), die mit der doppelten Frequenz $2\omega_1$ schwingt wie die eingestrahlte Lichtwelle. Damit wird Licht mit $2\omega_1$ abgestrahlt (Frequenzverdopplung, 2. Harmonische).

Der zeitunabhängige Summand $\varepsilon_0 \chi_3 \frac{A_1^2}{2}$ beschreibt eine zeitlich konstante Polarisation. Dies entspricht einer elektrischen Dipoldichte. Ähnlich wie eine magnetische Dipoldichte in einem Permanentmagneten ein äußeres Magnetfeld hervorruft, erzeugt eine elektrische Dipoldichte ein elektrisches Feld oder auch eine Gleichspannung an der Oberfläche des nichtlinearen Kristalls parallel zur elektrischen Feldstärke des eingestrahlten Lichtes.

19.2 Impulserhaltung bedeutet, dass der Impuls $\hbar k$ des erzeugten Photons (2. Harmonische) gleich der Summe der Impulse der Fundamentalwelle sein muss

$$\hbar \boldsymbol{k} = \hbar \boldsymbol{k}_1 + \hbar \boldsymbol{k}_1 = 2\hbar \boldsymbol{k}_1 \quad \text{oder} \quad |\boldsymbol{k}| = |2\boldsymbol{k}_1|.$$

Nach (19.8) folgt für die Brechzahlen

$$n = n_1.$$

19.3 Es gibt nur einen Kegel von Ausbreitungsrichtungen im Kristall, in welchen die Brechzahlen für die eingestrahlte und die frequenzverdoppelte Welle gleich sind.

19.4 Die Bedingung für Impulserhaltung bei Typ II-Phasenanpassung lautet

$$\boldsymbol{k} = \boldsymbol{k}_1^{\circ} + \boldsymbol{k}_1^{\text{e}}.$$

Daraus folgt für die Brechzahlen (19.8)

$$2n = n_1^{\circ} + n_1^{\text{e}}.$$

19.5 Die 2. Harmonische entsteht in Richtung von

$$\boldsymbol{k} = \boldsymbol{k}_1 + \boldsymbol{k}_1'.$$

Da $|\boldsymbol{k}_1| = |\boldsymbol{k}_1'|$, hat $\boldsymbol{k}$ die Richtung der Winkelhalbierenden von $\boldsymbol{k}$ und $\boldsymbol{k}_1$, wie man durch Skizzieren einsehen kann.

19.6 Die Intensität der 2. Harmonischen berechnet sich aus (19.14), wobei alle Zahlen-werte für $d_{\text{eff}}^2/n_1^2 n$ dem Abb. 19.4 entnommen werden.

19.7 Die kürzesten Wellenlängen, die sich durch Frequenzverdopplung in Kristallen er-zielen lassen, sind durch die Absorption im Ultravioletten bei 150 bis 200 nm begrenzt.

19.8 Für die erste Stokes-Linie gilt $f_S = f - f_R = 1{,}96 \cdot 10^{14}\,\text{Hz}$ mit $f = c/\lambda = 2{,}83 \cdot 10^{14}\,\text{Hz}$ und $f_R = c \cdot 291.400\,\text{m}^{-1} = 8{,}74 \cdot 10^{13}\,\text{Hz}$. Die Wellenlänge beträgt $\lambda_S = c/f_S = 1{,}53\,\mu\text{m}$. Für die 2. Stokes-Linie gilt $f_{2S} = f - 2f_R = 1{,}08 \cdot 10^{14}\,\text{Hz}$ und $\lambda_{2S} = c/f_{2S} = 2{,}77\,\mu\text{m}$.

Kapitel 20

20.1 Es gilt $\Delta f/f > \Delta L/L$. Daraus folgt $\Delta L/L < 10^{-16}$. Für $L = 1\,\text{m}$ erhält man $\Delta L = 10^{-16}\,\text{m}$. (Der Atomdurchmesser beträgt etwa $10^{-10}\,\text{m}$!)

20.2 Der Lamb-dip ist durch die homogene Linienbreite gegeben, welche durch die Le-bensdauer des oberen und unteren Laserzustandes ($\tau_1 = 100\,\text{ns}$, $\tau_2 = 10\,\text{ns}$) bestimmt wird (Abschn. 4.1). Für die homogene Linienbreite folgt $\Delta f = (1/(2\pi))\,(1/\tau_1 + 1/\tau_2) = 18\,\text{MHz}$. Die gesamte Linienbreite (Doppler) beträgt 1,5 GHz.

20.3 Für die Kohärenzzeit t_c und die Kohärenzlänge l_c gilt: $t_c \approx 1/\Delta f$ und $l_c = ct_c \approx c/\Delta f$. Daraus folgt $\Delta f = c/l_c = 3 \cdot 10^8\,\text{Hz} = 0{,}3\,\text{GHz}$. Durch den Einsatz von Etalons in den Resonator ist eine Verringerung der Linienbreite auf diesen Wert möglich.

20.4 Die Energie eines Photons beträgt $E = hf = hc/\lambda = 10^{-18}\,\text{J}$. Die Zahl der Photonen im Laserpuls beträgt $N = 10^{-9}/10^{-18} = 10^9$. Es gilt für das Schrotrauschen $\Delta N/N = 1/\sqrt{N} = 3 \cdot 10^{-5}$.

Kapitel 21

21.1 Es entsteht eine Spannung von $\Delta U = na\,\Delta T = 0{,}3\,\text{mV}$ ($n = 20$).

21.2 Die Laserleistung wird in Wärme umgesetzt:

$$P = \frac{\mathrm{d}Q}{\mathrm{d}t} = \frac{\mathrm{d}m}{\mathrm{d}t} c\,\Delta T\,.$$

Daraus folgt

$$\Delta T = \frac{P}{\frac{\mathrm{d}m}{\mathrm{d}t}c} = \frac{1000}{1/60 \cdot 4{,}2 \cdot 10^3}\,\frac{\text{J\,kg\,K}}{\text{s\,kg\,J}} = 14{,}3\,°\text{C}\,.$$

21.3 Es werden Photoleiter mit kleinem Bandabstand eingesetzt. Ge- oder Si-Dioden besitzen einen zu großen Bandabstand für den Nachweis von Strahlung mit $10\,\mu m$ Wellenlänge.

21.4 Der Lichtstrom berägt $\Phi = 1000 \cdot 0{,}5 \cdot 10^{-4}\,\text{lx} \cdot \text{m}^2 = 5 \cdot 10^{-2}\,\text{lm}$. Bei $555\,\text{nm}$ gilt $1\,\text{W} = 583\,\text{lm}$. Aus dem spektralen Verlauf der Empfindlichkeit des Auges (Abb. 1.3) entnimmt man schätzungsweise bei $632\,\text{nm}$: $1\,\text{W} = 0{,}5 \cdot 583\,\text{lm} \approx 290\,\text{lm}$. Daraus folgt eine Laserleistung von $P = 5 \cdot 10^{-2}/290\,\text{W} \approx 0{,}2\,\text{mW}$.

Kapitel 22

22.1 Die Dispersion beträgt $dn/d\lambda \approx 0{,}0171/(66{,}1 \cdot 10^{-9})\,\text{m}^{-1} \approx 2{,}6 \cdot 10^5\,\text{m}^{-1}$. Das Auflösungsvermögen beträgt damit $\lambda/\Delta\lambda = t\,dn/d\lambda = 7800$.

22.2 Es gilt $\lambda/\Delta\lambda = Nm = 20.000 \cdot m$, wobei $m = 1, 2, 3, \ldots$ die Beugungsordnung darstellt. Für $\lambda = 0{,}5\,\mu m$ berechnet sich die maximale Beugungsordnung m_{max} aus $\sin\phi = m\lambda/d < 1$. Daraus folgt $m_{\text{max}} = 2$.

22.3 Das Dispersionsgebiet beträgt $\Delta f_D = c/2L = 3 \cdot 10^9\,\text{Hz}$ und $\Delta\lambda_D = \lambda\Delta f_D/f = \lambda^2\Delta f_D/c = 2{,}5 \cdot 10^{-12}\,\text{m}$. Das Auflösungsvermögen berechnet sich zu

$$\frac{\lambda}{\Delta\lambda} = \frac{F \cdot f}{f_D} = \frac{F \cdot c}{f_D\lambda} = 3 \cdot 10^7 \quad \text{mit } F = \frac{\pi\sqrt{R}}{1-R} = 155{,}4\,.$$

Kapitel 23

23.1 Die Mittenfrequenz beträgt $f_{12} = c/\lambda = 2 \cdot 10^{14}\,\text{Hz}$. Damit ist die Übertragungsbandbreite $2 \cdot 10^{13}\,\text{Hz}$. Es können darin $2 \cdot 10^{13}/5 \cdot 10^6 = 4 \cdot 10^6$ Fernsehkanäle übertragen werden.

23.2 Zur Verdampfung des Volumens V wird die Energie E benötigt: $E = \rho V L$. Bei einem Schnitt wird das Volumen durch die Tiefe S, die Breite $2r$ und die Länge x bestimmt: $E = \rho S 2 r x L$. Man dividiert durch die Zeit t und löst nach S auf: $S = P/(2rL\rho v)$ mit $P = E/t$ und $v = x/t$.

23.3 Die zugeführte Energie bis zur Entflammung bei $400\,°C$ berechnet sich zu $Q = mc\Delta T$. Mit $m = \rho V = \rho D^2\pi t/4 = 3{,}9 \cdot 10^{-5}\,\text{kg}$ und $\Delta T = 380\,°C$ erhält man $Q = 62{,}7\,\text{J}$. Aus $P = Q/t$ folgt mit $P = 100\,\text{W}$: $t = 0{,}63\,\text{s}$.

23.4 Der Zusammenhang zwischen der Temperaturerhöhung ΔT ($= 33\,°C$) und der Wärmeenergie Q lautet $Q = \rho V c \Delta T$ ($c =$ spezifische Wärmekapazität, $\rho =$ Dichte, $V =$ erwärmtes Volumen). Es gilt: $Q/A = It$ ($I =$ Leistungsdichte des Laserstrahls, $t =$ Bestrahlungszeit, $A =$ bestrahlte Fläche). Damit erhält man: $I = \rho V c \Delta T/(tA) = \rho dc \Delta T/t = 4{,}6 \cdot 10^4\,\text{W/m}^2$. Dabei wurde $V = Ad$ gesetzt. Die Laserleistung beträgt $P = I \cdot A = 3{,}6\,\text{W}$. (Wegen der starken Rückstreuung ist der reale Wert mehr als doppelt so groß.)

23.5 Es wird näherungsweise nur die Verdampfungsenergie berücksichtigt: $E = \rho V \cdot L$ mit $V = d^2 \pi \cdot x/4$. Man erhält mit $E = 0{,}1\,\text{J}$ eine Tiefe der Ablationsschicht von $x = 4 \cdot E/(\rho L d^2 \pi) = 1{,}3\,\mu\text{m}$.

23.6 Es gilt für die Beugung am Gitter $\sin \alpha = \lambda/d$. Daraus folgt für den Gitterabstand $d = \lambda/\sin \alpha$.

23.7 Man benutzt Abb. 23.14 und (23.6). Mit $\beta = 45°$ erhält man aus einfachen geometrischen Überlegungen $\alpha = 22{,}5°$. Damit folgt $\Delta f = (2v/\lambda)\cos \alpha \sin(\beta/2) = 9\,\text{MHz}$.

23.8 Aus den Überlegungen von Helmholtz zum Auflösungsvermögen eines Mikroskops ist bekannt, dass sich ein Lichtbündel durch ein Objektiv mit der Apertur A auf einen Fleck mit dem Durchmesser $d = 1{,}22\lambda/A$ fokussieren lässt. Mit $A = 1$ gilt $d_{\min} = 1{,}22\lambda$.

Bei Fokussierung eines Laserstrahls gilt für den Fokusradius $w = \lambda f/(\pi w_0)$. Bei einem guten Objektiv kann der Linsenradius $w_0 \approx f$ betragen, und man erhält $2w \approx 2/\pi\lambda = 0{,}5\,\mu\text{m}$ ($\lambda = 0{,}8\,\mu\text{m}$) und $2w \approx 0{,}25\,\mu\text{m}$ ($\lambda = 0{,}4\,\mu\text{m}$). Damit wird die theoretische Speicherdichte ungefähr $N = 10\,\text{cm}^3/0{,}5^2\,\mu\text{m}^2 \approx 4 \cdot 10^9\,\text{bit}$ ($\lambda = 0{,}8\,\mu\text{m}$) und $N = 1{,}6 \cdot 10^{10}\,\text{bit}$ ($\lambda = 0{,}4\,\mu\text{m}$). Tatsächlich werden bei der DVD (digital versatile disc) bereits etwa 5 GByte, d. h. $4 \cdot 10^{10}$ bit, Speicherkapazität erreicht bei einer Fläche von $10\,\text{cm}^2$ und einer Wellenlänge von $0{,}635\,\mu\text{m}$.

Sachverzeichnis

Printed in the United States
By Bookmasters